U0250858

# 大气污染防治攻坚战<br>气象工程与非工程措施研究


主　　编　李良福　林　勇

副主编　向　霆　罗泳平

李良福　林　勇　向　霆　罗泳平　李　轲　石　李　青吉铭　杨　磊　陈小敏　陈　洪　著

## 内容简介

本书是作者根据“大气污染防治攻坚战气象工程与非工程措施研究”（2019ZDIANXM07）的科研成果，结合重庆市气象局12年蓝天保卫战人工影响天气大气污染防治野外科学试验的实践经验，参考、借鉴、吸收四川、上海、北京、天津等部分省（市、自治区）人工影响天气实践成果和有关大气物理、大气化学、云雾微物理学、高分子化学、人工影响天气工程技术、大气污染治理工程技术等方面的研究成果与文献资料编著而成。全书共分六章和一个附录，分别对气象工作在大气污染防治攻坚战中的重要性、紧迫性、可行性，大气污染防治攻坚战及其气象工作的相关理论基础，不利气象条件下的大气污染形成机理研究、大气污染风险管理及其对策措施研究、大气污染防治攻坚战中人工影响天气大气污染防治实践与思考等方面进行了详细论述，可供气象部门从事大气污染防治、人工影响天气等方面工作的气象管理人员、理论研究人员、一线工程技术人员参考，同时也可供生态环境部门和其他经济行业从事大气污染防治工作的管理人员和科研人员参考。

**图书在版编目（CIP）数据**

大气污染防治攻坚战气象工程与非工程措施研究/李良福，林勇主编．—北京：气象出版社，2021.4

ISBN 978-7-5029-7413-8

Ⅰ．①大…　Ⅱ．①李…　②林…　Ⅲ．①空气污染—污染防治—研究—中国　Ⅳ．①X51

中国版本图书馆 CIP 数据核字（2021）第 065236 号

**大气污染防治攻坚战气象工程与非工程措施研究**

DAQI WURAN FANGZHI GONGJIANZHAN QIXIANG GONGCHENG YU FEIGONGCHENG CUOSHI YANJIU

---

**出版发行**：气象出版社

**地　　址**：北京市海淀区中关村南大街 46 号　　**邮政编码**：100081

**电　　话**：010-68407112（总编室）　010-68408042（发行部）

**网　　址**：http://www.qxcbs.com　　**E-mail**：qxcbs@cma.gov.cn

**责任编辑**：张锐锐　万　峰　　**终　　审**：吴晓鹏

**责任校对**：张硕杰　　**责任技编**：赵相宁

**封面设计**：博雅锦

**印　　刷**：三河市君旺印务有限公司

**开　　本**：787 mm×1092 mm　1/16　　**印　　张**：25.5

**字　　数**：650 千字　　**彩　　插**：20

**版　　次**：2021 年 4 月第 1 版　　**印　　次**：2021 年 4 月第 1 次印刷

**定　　价**：150.00 元

---

# 前 言

随着我国经济社会高速发展，工业化和城市化不断推进，机动车辆迅速增加，导致我们赖以生存的大气环境受到污染物的严重影响，全国多个城市大面积、长时间的重污染天气时有发生。如2015年12月，北京市就曾发生2次重污染天气，为此北京市政府启动了2次空气质量红色预警，采取了相应的应急管控措施；2016年12月20日河南省南阳市发生重污染天气，00—09时南阳市的空气污染持续“爆表”，$PM_{2.5}$超过350 μg/m³，10时至15时$PM_{2.5}$浓度持续大于300 μg/m³，为应对该污染天气过程，20日0时南阳市政府启动了重污染天气橙色预警应急响应。可见，重污染天气的发生，严重影响了城市环境空气质量和居民的身心健康，制约了我国经济社会的发展。

虽然2013年国务院发布的《大气污染防治行动计划》实施后，$PM_{2.5}$、$PM_{10}$、$NO_2$、$SO_2$和CO等大气污染物的年均浓度逐年下降，总体环境空气质量有所改善，如2017年京津冀、长三角和珠三角区域的$PM_{2.5}$年均浓度相对2012年分别降低了25%、20%和10%，但我国城市空气质量仍然面临严峻的形势。东部城市和区域的$PM_{2.5}$、$PM_{10}$污染仍然较重，北方部分城市和区域冬季空气污染十分严重，国内部分重点区域大气臭氧超标仍然严重。2016年我国约80%的城市$PM_{2.5}$年均浓度高于国家标准，2017年1月，我国338个城市的$PM_{2.5}$月平均浓度达到了78 μg/m³，较2016年同期上涨了14.7%，尤其是京津冀区域$PM_{2.5}$月平均浓度达到128 μg/m³，较2016年同期上涨了43.8%；2018年3月“两会”前后的2月26—28日、3月2—4日、3月9—15日北京连续遭遇多轮重污染天气；2019年1月10—12日北京又连续遭遇重污染天气；2020年春节期间(1月24—28日)京津冀及周边地区、汾渭平原和东北地区出现区域性重污染天气。因此，大气污染治理成为现在我国城市空气质量改善最为紧迫的任务。

大气污染作为工业化和城市化进程的伴生物，在英国、美国、日本、德国、法国、比利时等发达国家也曾不同程度上经历过大气污染事件，甚至成为世界环保史上引以为戒的案例。例如，比利时马斯河谷烟雾事件：1930年12月1—5日，比利时马斯河旁一段长24 km的河谷地段的工业园区出现大雾天气，且园区上空有很强的逆温层，在逆温层和大雾共同作用下，马斯河谷工业园区13个工厂排放的大量烟雾弥漫在河谷上空无法扩散，有害气体在大气层中越积越多，其积存量接近危害健康的极限。在$SO_2$等几种有害气体和粉尘污染耦合叠加效应作用的第3天，河谷工业园区上千人发生胸疼、咳嗽、流泪、咽痛、声嘶、恶心、呕吐、呼吸困难等呼吸道疾病，一个星期内就有60多人死亡，是同期正常死亡人数的10.5倍，成为20世纪最早记录到的大气污染惨案和20世纪十大环境公害事件之一。美国多诺拉烟雾事件：1948年10月26—31日，美国宾夕法尼亚州匹兹堡市南边30 km处一个马蹄形河湾内侧山谷中(两边山丘高约120 m)的多诺拉镇，在持续雾和静风、微风($V \leqslant 0.5$ m/s)天气控制下，空气潮湿寒冷，天空阴云密布，并且在小镇上空形成逆温层，但镇中的硫酸厂、钢铁厂、炼锌厂等工厂烟囱在这种极端天气下却没有停止烟雾排放，使工厂排放的含有$SO_2$等有毒有害物质的气体及金属微粒在重污染天气条件下聚集在山谷中积存不散，这些有毒有害物质附着在悬浮颗粒物上，严重污染了大气，导致小镇中6000人由于在短时间内大量吸入有毒有害气体而突然发病，症状为眼病、咽喉痛、流鼻涕、咳嗽、头痛、四肢乏倦、胸闷、呕吐、腹泻等，造成原患有心脏病或呼吸系统疾病的20人很快死亡，成为20世纪十大环境公害事件之一。美国洛杉矶光化学烟雾事件：1940—1960年，拥有大量汽车的美国城市洛杉矶（西面临海、三面环山）每年从夏季至早秋，只要是晴朗的日子，洛杉矶城市上空就会出现一种由汽车尾气和工业废气排放进入大气的烯烃类碳氢化合物和 $NO_2$ 在强烈的阳光紫外线照射下形成的有毒二次污染混合物的浅蓝色烟雾，弥漫在天空使整座城市上空变得浑浊不堪。这种烟雾使人眼睛发红、咽喉疼痛、呼吸憋闷、头昏、头痛等；使植物大面积受害、松林枯死、家畜患病，妨碍农作物及植物的生长；使橡胶制品老化，材料与建筑物受腐蚀而损坏；使大气浑浊，降低大气能见度从而影响汽车、飞机安全运行，造成车祸、飞机坠落事件增多；还促进患有心脏病、呼吸系统疾病等患者的死亡。仅1955年，洛杉矶因光化学烟雾就导致呼吸系统衰竭死亡的人数超过400，成为最早出现由汽车尾气造成的大气污染事件和20世纪十大环境公害事件之一。英国伦敦烟雾事件：1952年12月4—9日，伦敦市高空受高压系统控制形成逆温层，大量工厂生产和居民燃煤取暖排出的 $CO_2$、CO、$SO_2$、粉尘等气体与污染物难以扩散，积聚在城市上空，使整个伦敦城连续5 d笼罩在黑暗的烟雾中，由于烟雾影响，不仅伦敦大批航班取消，甚至白天汽车在公路上行驶都必须打开大灯，室外音乐会等公共场所活动也被迫停止，结核病、支气管炎、肺炎、肺癌、心脏衰竭等呼吸系统疾病患者显著增多，伦敦市民发病率和死亡率直线上升，在烟雾持续的5 d里，丧生者超5000人，在烟雾过去之后的两个月内有8000多人相继死亡，成为20世纪世界上最大的由燃煤引发的城市烟雾事件和20世纪十大环境公害事件之一。日本四日市大气污染事件：从1959年开始，位于日本东部伊势湾海岸的“石油联合企业城”——四日市，由于石油冶炼产生的废气、重金属微粒与 $SO_2$ 形成硫酸烟雾使天空终年烟雾弥漫。全市平均每月每平方千米降尘量为14 t（最多达30 t），大气的 $SO_2$ 浓度超过标准五六倍，大气中烟雾层厚达500 m，其中漂浮着多种有毒有害气体和金属粉尘，使昔日洁净的城市空气变得污浊，导致很多人出现头疼、咽喉疼、眼睛疼、呕吐等症状，患哮喘病的人数剧增。尤其是1961年，四日市呼吸系统疾病开始在这一带发生，并迅速蔓延，患者中慢性支气管炎占25%，支气管哮喘占30%，哮喘支气管炎占40%，肺气肿和其他呼吸系统疾病占5%；1964年，连续3 d浓雾不散，不少哮喘病患者因此死亡；1967年，一些患者不堪忍受痛苦而纷纷自杀；1972年，四日市哮喘病患者达817人，死亡超过10人，实际患者超过2000人；到1979年10月底，四日市确认患有大气污染性疾病的患者高达775491人，成为20世纪世界因大气污染引起慢性中毒而出名的“四日市哮喘”城市烟雾事件和20世纪十大环境公害事件之一。

英、美、日等发达国家意识到大气污染影响的严重性，在大气污染治理方面采取健全法律、加强绿化、调整产业结构、治理汽车尾气、划定“烟尘控制区”、实施先进技术控制污染物排放、规划打造低碳社会等治理措施。如，英国主要是通过健全法律（1956年颁布了世界上第一部大气污染防治法——《清洁空气法案》）、加强绿化、调整产业结构、治理汽车尾气、划定“烟尘控制区”、实施先进技术节能减排、规划打造低碳社会等治理措施；美国通过健全法律和机构、划分空气质量控制区和建立空气质量保护区、实时监测大气中小颗粒物并制定了空气 $PM_{2.5}$ 含量标准、限制机动车排污、提倡公众参与（空调温度合理调控节能、购买环保产品设备、选择低碳交通出行、大气污染严重时控制户外活动的强度和时间等）、大气污染排放权市场交易机制等治理措施；日本主要通过健全法律法规、鼓励公众参与、充分发挥技术优势节能减排、建立大气污染物质监测系统并实时发布监测数据等；我国也借鉴发达国家大气污染防治经验采取了类似的措施。但这些措施仅仅停留在“按照法律法规和空气质量标准要求，通过先进技术控制污染物向大气中排放，尤其是在发生重污染天气时，采取相应紧急管控措施减少污染物向大气中排放，从而减轻大气污染，提高空气质量水平”等被动地减轻大气污染。而决定城市空气质量的大气污染物浓度由大气污染源的污染物排放强度和气象条件共同决定，但目前城市空气重污染事件的发生却主要归结为不利气象条件，因为大气污染源及其污染物排放强度依据法律、法规和技术标准受到严格管控，而不可能突然增加大气污染排放源和污染物排放强度。天气形势及气象要素与大气污染物的排放、传输、扩散、(光)化学反应以及干湿沉降等方面密切相关。例如，温度和地表湿度对局地扬沙的影响，(光)化学反应对气温、湿度、太阳辐射以及云量的依赖，降水过程对污染物的清除，风对污染物扩散的显著影响，区域污染物传输对大气环流形势的依赖等。通过文献调研，目前还未见主动以人工影响天气大气污染防治技术为核心的大气污染防治攻坚战气象工程与非工程措施系统研究的报道，而重庆市气象局在该方面做了人工影响天气改善空气质量研究型业务“边探索、边研究、边应用”的科学实践。因此，开展以人工影响天气大气污染防治技术为核心的大气污染防治攻坚战气象工程与非工程措施系统研究是大气污染防治的工程与非工程措施研究的有机组成部分，其研究成果具有非常广阔的应用前景和重要的现实意义。

为全面贯彻党的十九大精神，认真落实习近平总书记在全国生态环境保护大会上关于“坚决打赢蓝天保卫战是重中之重，要以空气质量明显改善为刚性要求，强化联防联控，基本消除重污染天气，还老百姓蓝天白云、繁星闪烁”的讲话精神和习近平总书记在2020年全国“两会”参加内蒙古自治区代表团审议时关于“要保持加强生态文明建设的战略定力，牢固树立生态优先，绿色发展的导向，持续打好蓝天、碧水、净土保卫战”的讲话精神以及《中共中央国务院关于全面加强生态环境保护 坚决打好污染防治攻坚战的意见》(中发〔2018〕17号)文件精神，按照《打赢蓝天保卫战三年行动计划》(国发〔2018〕22号)关于“强化区域联防联控，有效应对重污染天气”战略部署和《气象部门贯彻落实〈大气污染防治行动计划〉实施方案》(气发[2013]106号)关于“发展气象干预措施，实施人工影响天气改善空气质量”的具体部署以及中国气象局党组书记、局长刘雅鸣在《2020年全国气象局长会议工作报告》中关于“做好污染防治攻坚战气象服务，保障打赢蓝天保卫战”具体要求，充分发挥气象科技在大气污染防治攻坚战的基础性、现实性、前瞻性作用，切实提升打好、打准、打赢蓝天保卫战的气象科技支撑能力和气象技术保障水平。作者根据中国气象局软科学研究项目——“大气污染防治攻坚战气象工程与非工程措施研究”(2019ZDIANXM07)的科研成果，结合重庆气象局12年蓝天保卫战人工影响天气大气污染防治野外科学试验的实践经验，参考、借鉴、吸收四川、上海、北京、天津等部分省(直辖市、自治区)人工影响天气实践成果和有关大气物理、大气化学、云雾微物理学、高分子化学、人工影响天气工程技术、大气污染治理工程技术等方面的研究成果与文献资料，按照大气污染气象风险管理的思路，编著了《大气污染防治攻坚战气象工程与非工程措施研究》一书。该书从气象在大气污染防治攻坚战中的重要性、紧迫性、可行性，大气污染防治攻坚战及其气象工作的相关理论基础，不利气象条件下的大气污染形成机理研究、大气污染风险管理研究及其对策措施研究、大气污染防治攻坚战的人工影响天气大气污染防治实践与思考等方面进行了详细论述，可供气象行业从事大气污染防治、人工影响天气等方面工作的气象管理人员、理论研究人员、一线工程技术人员参考，同时也可供生态环境部门和其他经济行业从事大气污染防治工作的管理人员和科研人员参考。

本书在编写过程中得到了重庆市人工影响天气指挥部和重庆市生态环境局、重庆市气象局、四川省气象局以及四川省成都市气象局的大力支持。重庆市人工影响天气办公室、四川省人工影响天气办公室、重庆市气象台、重庆市气候中心、重庆市气象服务中心和重庆市合川区气象局、铜梁区气象局、璧山区气象局、江津区气象局、长寿区气象局、涪陵区气象局、北碚区气象局、巴南区气象局、渝北区气象局、沙坪坝区气象局以及成都市气象台、成都市气象局环境生态气象中心、成都市人工影响天气中心等单位提供了大量人工影响天气改善空气质量研究型业务的具体实践资料。本书在第六章第二节人工影响天气大气污染防治实践的案例分析中引用、借鉴、吸收了中国气象局人工影响天气中心、北京市气象局、上海市气象局在中国气象局应急减灾与公共服务司于2018年11月29日组织召开的“大气污染防治人工影响天技术研讨工作会”上提供的专题报告内容，在此表示衷心感谢。

重庆市林业局副局长张洪博士、中国科学技术大学地球和空间科学学院副教授祝宝友博士、复旦大学大气与海洋科学系博士生导师张义军教授、中国气象科学研究院博士生导师董万胜研究员、西南大学资源环境学院博士生导师李航教授等审阅了本书，并提出了许多宝贵意见，在此一并致谢。此外，本书引用了同行在大气物理、大气化学、云雾微物理学、高分子化学、人工影响天气工程技术、大气污染治理工程技术、气象灾害风险评价与风险管理、社会管理与公共服务、气象社会管理与公共气象服务等方面的研究成果和经验总结，除个别文献外，均列出了参考文献，在此向文献作者致以衷心的感谢。

本书由李良福执笔撰写，青吉铭、杨磊、余蜀豫、史利汉、葛的霆参与了本书第一章、第二章、第三章、第四章的部分编写工作；林勇、向霆、罗泳平、李轲、石李、青吉铭、杨磊、陈小敏、周国兵、李永华、向波、李剑莉参与了本书第五章、第六章的部分编写工作；陈洪、廖向花、刘东升参与了本书第六章第二节的部分编写工作。全书由重庆市气象局副局长、重庆市人工影响天气指挥部办公室主任李良福和重庆市生态环境局党组成员（副厅局长级）、重庆市生态环境局大气污染防治攻坚战指挥部指挥长向霆共同校订。

由于作者水平有限、时间仓促，难免有不足之处，敬请读者批评指正。

李良福

2020年10月17日于重庆

# 目　录

# 第一章 概 论

## 第一节 气象保障大气污染防治攻坚战的重要性分析

### 一、气象工作是大气污染防治的重要保障

(一)气象观测是大气污染防治的重要基础

自然现象(火山爆发、森林火灾等)和人类活动(工业生产和生活消耗能源与资源)产生的废气和粉尘进入大气时,就会造成大气污染。这些污染物在大气中的扩散和输送受风和温度的空间分布的制约,大气湍流运动则可以引起污染物的稀释和再分配。大气湍流使空气发生强烈的混合,造成其物理属性的扩散,其强度和尺度远大于分子扩散,是大气中,特别是边界层中各种物理量传输的主要过程。而大气湍流发生的动力条件、热力条件与风速切变和温度分布不均密切相关。因此,大气污染防治必须依据气象观测资料研究大气运动和大气中污染物相互作用的机制,掌握大气运动引起的污染物输送、扩散、沉降、迁移、转化、清除等过程发生、发展、结束的基本规律,才可能科学合理地制定大气污染防治措施。例如,在城市建设和工业区规划中,如何使城市建设与工业区规划布局能够保证对居民和农作物、城市环境的污染影响及危害减到最小,就必须对风向频率等气象要素进行观测与分析,才可能从布局上避免空气重复污染和高污染浓度的发生;在厂址选择与工程环境影响的评价中,须通过现场气象野外观测试验,对拟建厂址地区提供有关通风稀释和扩散能力的分析,才可能从大气环境和空气质量角度做出正确的选址结论和客观科学的评估结论。为此《中华人民共和国气象法》第三十四条第二款明确规定具有大气环境影响评价资质的单位进行工程建设项目大气环境影响评价时,应当使用符合国家气象技术标准的气象资料,从法律层面表明了通过正确气象观测获得的气象观测资料及其分析资料而形成的大气污染气象分析评估结论在大气环境影响评价中的基础性作用。

另外,在大气污染突发事件处置过程中,须通过现场气象观测资料及时分析大气污染突发事件现场的大气稳定度、大气混合层、低层风、湍流、温度等引发污染的气象因子和当时的天气形势,准确掌握污染物在大气中的传输路径、扩散方向、扩散范围,以及扩散后的污染物浓度是否对人体造成伤害等实时状况,才可能确保大气污染突发事件的科学处置,成功应对。

例如,重庆市气象局在 2006 年 3 月 25 日的中国石油天然气集团公司四川石油管理局川东气矿罗家 2 号天然气井发生天然气(含硫化氢气体)渗漏事故气象应急保障服务中,通过罗家 2 号井附近方圆 10 km 范围内布设的 5 个自动气象站和 1 个高空小球测风观测站组成的应急气象观测站(图 1-1),向重庆市人民政府副市长周慕冰任指挥长,中国石油天然气集团公司领导、开县政府和重庆市气象局等市级相关部门领导为成员的“中石油罗家 2 号井井漏事故现场指挥部”提供每小时地面风向、风速、气压、温度、湿度、大气稳定度、大气混合层高度、大气低

层风向和风速、天气现象等气象观测实时资料手机短信服务，并提供高桥镇大气污染气象条件分析、预报的开县气矿天然气渗漏现场气象保障服务材料 137 期(图 1-2)，为顺利实施压井、有序组织群众疏散和安置、划定事故核心区和缓冲区、有效防止人畜中毒，杜绝类似 2003 年 12 月 23 日 21 时 15 分重庆市开县境内中国石油天然气集团有限公司西南油气田分公司川东气矿罗家 16 号井突然发生天然气井喷造成 243 人遇难、4000 多人受伤的特大安全事故发生，确保事故应急处置中“不死一人、不伤一人、不出乱子、不留后遗症”提供了坚实的气象科技支撑和保障。为此，在 2006 年 5 月 19 日召开的“中石油开县罗家 2 号天然气井井漏事故抢险救灾工作总结表彰大会”上，重庆市气象局因事故抢险和处置工作中出色地完成了抢险救灾任务受到了重庆市委、市政府通报表彰(图 1-3)。

图 1-1　罗家 2 号井天然气渗漏事故现场及应急气象观测设备布局与现场气象观测(彩图见书后)

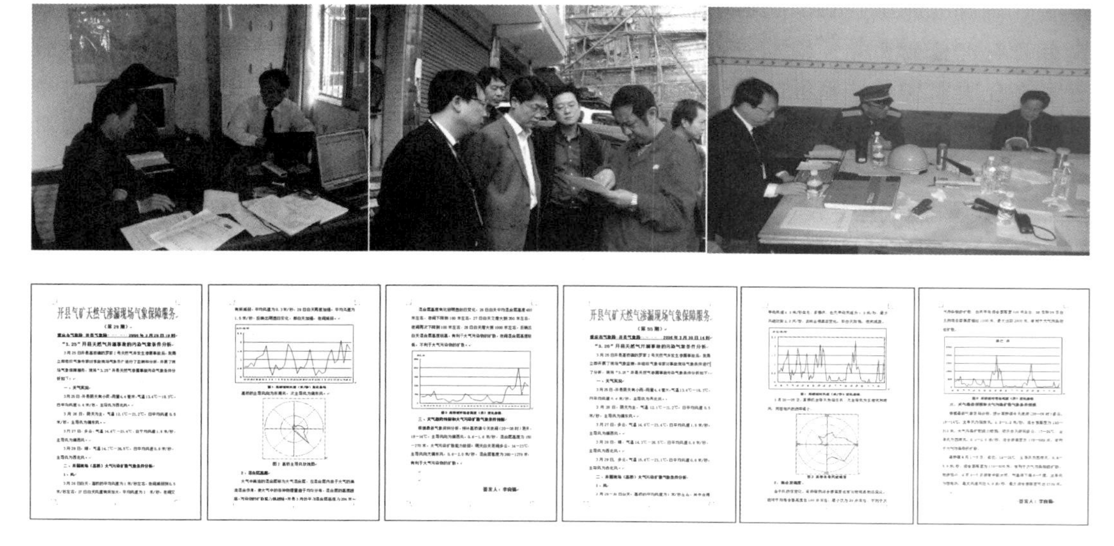
开县气矿天然气渗漏现场气象保障服务

开县气矿天然气渗漏现场气象保障服务

图 1-2　罗家 2 号井天然气渗漏事故气象保障服务材料及现场服务工作示意图(彩图见书后)

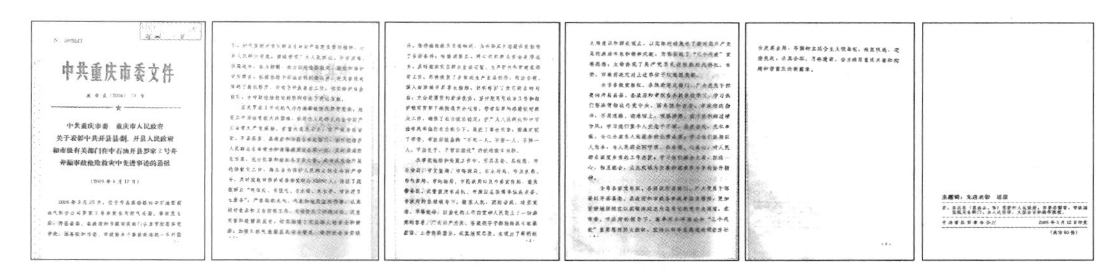
中共重庆市委文件

图 1-3　通报表彰文件(渝委发[2006]10 号)

上述分析表明,气象观测在大气污染防治中具有重要的基础性作用。

(二)气象条件评估是大气污染防治的重要依据

大气污染防治涉及的气象条件评估主要是针对城市建设规划与工业园区规划、厂址选择与工程建设项目大气环境影响、突发大气污染事件应急处置等方面的污染气象条件分析评估。而大气污染不仅与大气中污染物质性质有关,而且还与大气对污染物质的承纳容量密切相关。只有污染物在大气中呈现出足够的浓度,维持足够的时间,并因此危害了人体的舒适、健康和福利或环境时才能形成污染。然而大气的污染物质承纳容量受到风、气压、温度、湿度、大气稳定度、大气混合层高度、逆温层等气象因素的显著影响,并随时变化。因此,大气污染防治必须依据气象观测历史资料分析评估大气的污染物质承纳容量,尤其是分析评估大气运动对污染物输送、扩散、沉降、迁移、转化、清除的大气自净能力,才可能科学合理地制定大气污染防治措施。

例如,《重庆市大气污染防治条例》第十二条就明确规定,市、区、县(自治县)人民政府及其规划编制部门在编制规划时,应当充分考虑本市气象条件,科学规划通风廊道的空间结构和总体布局,以及建筑物密度、高度,确保城市通风廊道畅通。其目的就是,通过气象条件分析评估支撑与城市大气自净能力密切相关的城市通风廊道的空间结构和总体布局科学合理,确保城市通风廊道的畅通不受城市建筑物的影响,从而有效提升城市的大气自净能力,进一步增强大气污染物承纳容量。为此,中国气象局组织国家气候中心、国家气象中心、环境保护部环境工程评估中心编制了于 2017 年 9 月 7 日发布、2018 年 4 月 1 日实施的《大气自净能力等级》(GB/T 34299—2017)的国家标准(图 1-4),针对大气对污染物的扩散稀释能力随着气象条件不同而发生变化的客观事实,开展大气自净能力评估,为科学有效的大气污染防治提供气象科学依据。

中华人民共和国国家标准

GB/T 34299—2017

大气自净能力等级

Grade of atmospheric self-purification capability

图 1-4　《大气自净能力等级》等级国家标准

另外，在大气污染突发事件处置过程中，及时依据事发地实时气象观测资料，动态开展气象条件变化对大气中污染物的扩散、稀释、清除的大气自净能力做评估，能及时为科学合理地实施大气污染应急防控措施提供决策依据。

例如，四川石油管理局川东钻探公司钻井二公司钻井12队工程技术人员对因地面辐射导致近地面大气降温而产生近地面逆温形成大气层结稳定，并影响大气混合层高度，使空气扩散稀释有害气体能力严重下降的认识不足，在2003年12月23日21时15分的天然气井喷的大气污染突发事件处置过程中，未能及时依据事发地的实时气象观测资料分析评估气象条件对大气中污染物的扩散、稀释、清除的大气自净能力，无法掌握“23日夜间晴空、无云、微风的气象条件下，由于地面长波辐射和近地面大气长波辐射共同耦合作用下，最终使气温随高度升高而产生逆温，使最不利于大气污染物扩散的大气稳定层结和污染物容量最小的混合层高度在井喷所在地形成；并且23日夜间开县的大气稳定度为稳定的F级(逆温层是一个最稳定的层结，它会抑制空气的垂直对流，使悬浮在空气中的烟尘、杂质及有害气体都难以向上空扩散)和混合层平均高度(56.2 m)仅为该地历史同期平均混合层高度(319 m)的17.6%”的实际情况，使井队井控工作第一责任人——钻井队队长不能“权衡损益风险，决策当机立断”，没有及时采取放喷管线点火应急防控措施，致使大量含有高浓度 $H_2S$ 的天然气喷出时间延长并进一步扩散，造成243人遇难，4000多人受伤，6.5万多人被疏散撤离，9.3万多人受灾和直接经济损失8200余万元、间接损失应超过1亿元以及对当地生态环境和老百姓身心健康深远影响的特大灾难事故(图1-5)。该案例充分证明了在大气污染突发事件处置过程中及时开展大气自净能力评估对及时实施科学合理的大气污染应急防控措施具有非常重要的现实意义。

图1-5 开县井喷特别重大安全责任事故现场(彩图见书后)

上述分析表明，气象条件评估在大气污染防治中具有非常重要的指导意义，是不可或缺的决策依据。

### (三)气象预报是大气污染防治的重要途径

大气污染防治涉及的气象预报主要是针对空气污染气象条件变化的大气污染扩散气候条件预测和重污染天气预警。虽然大气污染防治的根本途径是控制污染物向大气中排放，但是由于产业结构、能源条件、工艺技术、管理水平、经济能力等各种客观因素限制，单独从污染源向大气排放污染物控制着手并不能解决实际问题，因为污染物在大气中输送、扩散、沉降、迁移、转化、清除的大气自净能力还受到气象条件的制约。当气象条件发生变化时，大气自净能力变化巨大，甚至在几小时内可改变几十倍以上。因此，做好大气污染防治除了通过城市建设规划与工业园区规划合理布局、建筑物密度与高度科学合理、改变能源结构和燃料燃烧方法、采取先进的污染物向大气排放管控工艺技术措施、提高管理水平外，还必须充分利用气象条件制约污染源排放活动，使其成为大气污染防治的现实、有效途径，而气象预报是利用气象条件制约污染源排放活动的关键。为此，中国气象局预报与网络司向各省（自治区、直辖市）气象局，国家气象中心、国家卫星中心、气象探测中心、公共气象服务中心、中国气象科学研究院下发了《关于开展空气污染气象条件预报和重污染天气预警工作的通知》（气预函〔2013〕85 号）（图 1-6），制定了《空气污染气象条件预报业务实施方案》《空气污染气象条件预报等级标准》和《重污染天气预警信号及防御指南（暂行）》，从气象学角度出发，开展对未来大气污染物的稀释、扩散、聚积和清除能力的预报，为提早采取科学合理的大气污染防治措施提供了可靠的气象预报支撑和气象科技保障。

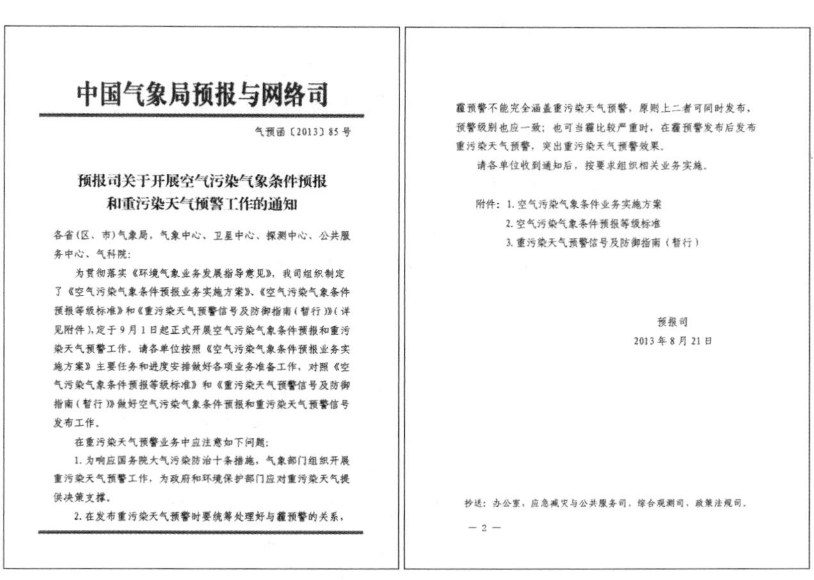

中国气象局预报与网络司

气预函〔2013〕85 号

预报司关于开展空气污染气象条件预报和重污染天气预警工作的通知

各省（区、市）气象局，气象中心、卫星中心、探测中心、公共服务中心、气科院：

为贯彻落实《环境气象业务发展指导意见》，我司组织制定了《空气污染气象条件预报业务实施方案》、《空气污染气象条件预报等级标准》和《重污染天气预警信号及防御指南（暂行）》（详见附件），定于 9 月 1 日起正式开展空气污染气象条件预报和重污染天气预警工作。请各单位按照《空气污染气象条件预报业务实施方案》主要任务和进度安排做好各项业务准备工作，对照《空气污染气象条件预报等级标准》和《重污染天气预警信号及防御指南（暂行）》做好空气污染气象条件预报和重污染天气预警信号发布工作。

在重污染天气预警业务中应注意如下问题：

1. 为响应国务院大气污染防治十条措施，气象部门组织开展重污染天气预警工作，为政府和环境保护部门应对重污染天气提供决策支撑。

2. 在发布重污染天气预警时要统筹处理好与霾预警的关系，霾预警不能完全涵盖重污染天气预警，原则上二者可同时发布，预警级别也应一致；也可当霾比较严重时，在霾预警发布后发布重污染天气预警，突出重污染天气预警效果。

请各单位收到通知后，按要求组织相关业务实施。

附件：1. 空气污染气象条件业务实施方案

2. 空气污染气象条件预报等级标准

3. 重污染天气预警信号及防御指南（暂行）

预报司

2013 年 8 月 21 日

抄送：办公室，应急减灾与公共服务司，综合观测司，政策法规司。

— 2 —

图 1-6　气象部门开展空气污染气象条件预报和重污染天气预警工作文件

例如，2017 年 10 月 30 日，重庆市人民政府主城蓝天行动督查组根据重庆市气象局和重庆市环保局关于“预计未来三天我市仍将持续处于不利气象扩散条件”的气象预报，结合 10 月 29 日重庆市空气质量出现轻度污染，首要污染物为 $PM_{2.5}$ 的实际情况，为进一步降低污染物浓度，力争空气质量达标，及时启动 2017 年第七次空气污染应对工作（图 1-7），并做出以下工作部署。

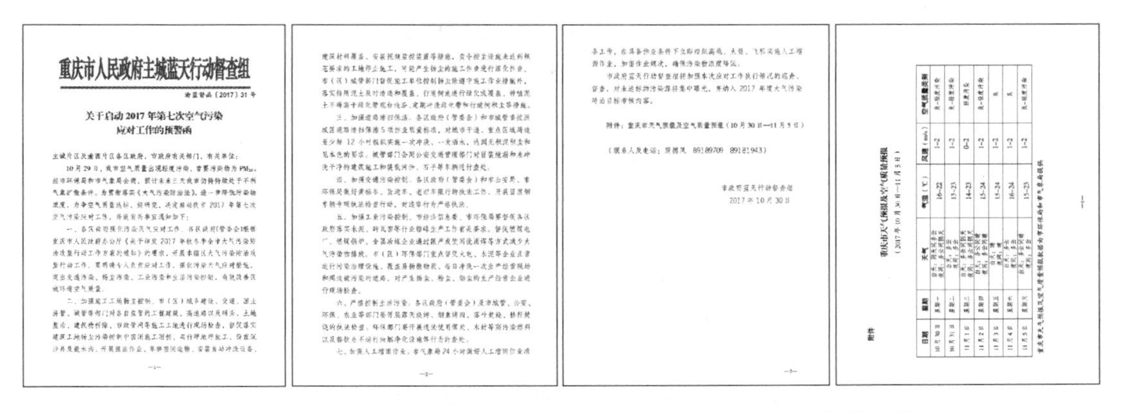

重庆市人民政府主城蓝天行动督查组

渝蓝督函〔2017〕31 号

关于启动 2017 年第七次空气污染应对工作的预警函

图 1-7　重庆市人民政府主城蓝天行动督查组空气污染应对工作的预警函

一是各区政府强化污染天气应对工作。各区政府(管委会)根据重庆市人民政府办公厅《关于印发2017年秋冬季全市大气污染防治攻坚行动工作方案的通知》要求，开展本辖区大气污染防治攻坚行动工作，要明确专人负责应对工作，强化污染天气应对措施，突出交通污染、扬尘污染、工业污染和生活污染控制，有效改善区域环境空气质量。

二是加强施工工地扬尘控制。市(区)城乡建设、交通、国土房管、城管等部门对各自监管的工程建筑、高速路以及码头、土地整治、建筑物拆除、市政管网等施工工地进行现场检查，督促落实建筑工地扬尘污染控制中密闭施工围挡、实行硬地坪施工、设置沉沙井及截水沟、开展湿法作业、车辆密闭运输、安装自动冲洗设备、建筑材料覆盖、安装视频监控装置等措施，责令控尘设施未达到规范要求的工地停止施工，可能产生扬尘的施工作业进行湿化作业。市(区)城管部门督促施工单位控制扬尘，除遵守施工作业措施外，落实待用泥土及时清运和覆盖、行道树池进行绿化或覆盖、种植泥土不得高于绿化带花台边沿、定期冲洗绿化带和行道树积尘等措施。

三是加强道路清扫保洁。各区政府(管委会)和市城管委按照城区道路清扫保洁5项作业质量标准，对城市干道、重点区域周边至少每12 h组织实施一次冲洗、一次洒水，达到无积泥积尘和见本色的要求。城管部门会同公安交通管理部门对冒装撒漏和未冲洗干净的建筑施工和装载河沙、石子等车辆进行查处。

四是加强交通污染控制。各区政府(管委会)和市公安局、市环保局做好黄标车、货运车、老旧车限行的执法工作，开展冒黑烟车辆专项执法检查行动，对违章行为严格执法。

五是加强工业污染控制。市经济信息委、市环保局要督促各区政府落实水泥、砖瓦窑等行业错峰生产工作有关要求。督促燃煤电厂、燃煤锅炉、金属冶炼企业通过限产或使用优质煤等方式减少大气污染物排放。市(区)环保部门重点督促火电、水泥等企业正常运行污染治理设施、覆盖易扬撒物质、每日冲洗一次生产经营现场和周边被污染的道路，对产生扬尘、粉尘、烟尘的生产经营企业进行现场检查。

六是严格控制生活污染。各区政府(管委会)及市城管、公安、环保、农业等部门要开展露天烧烤、烟熏烤肉、落叶焚烧、秸秆焚烧的执法检查。环保部门要开展违法使用煤炭、木材等高污染燃料以及餐饮业不运行油烟净化设施等行为的查处。

七是加强人工增雨作业。市气象局做好24 h人工增雨作业准备工作，在具备作业条件下立即组织高炮、火箭、飞机实施人工增雨作业，加密作业频次，确保污染物浓度降低。

同时市政府蓝天行动督查组将加强本次应对工作执行情况的巡查、督查，对未达标的污染源将集中曝光，并纳入2017年度大气污染防治目标考核内容。

另外，《中华人民共和国大气污染防治法》第六章还专门对重污染天气应对做出了以下规定：

第九十三条：国家建立重污染天气监测预警体系。国务院生态环境主管部门会同国务院气象主管机构等有关部门、国家大气污染防治重点区域内有关省、自治区、直辖市人民政府，建立重点区域重污染天气监测预警机制，统一预警分级标准。可能发生区域重污染天气的，应当及时向重点区域内有关省、自治区、直辖市人民政府通报。省、自治区、直辖市、设区的市人民政府生态环境主管部门会同气象主管机构等有关部门建立本行政区域重污染天气监测预警机制。

第九十四条：县级以上地方人民政府应当将重污染天气应对纳入突发事件应急管理体系。省、自治区、直辖市、设区的市人民政府以及可能发生重污染天气的县级人民政府，应当制定重污染天气应急预案，向上一级人民政府生态环境主管部门备案，并向社会公布。

第九十五条：省、自治区、直辖市、设区的市人民政府生态环境主管部门应当会同气象主管机构建立会商机制，进行大气环境质量预报。可能发生重污染天气的，应当及时向本级人民政府报告。省、自治区、直辖市、设区的市人民政府依据重污染天气预报信息，进行综合研判，确定预警等级并及时发出预警。预警等级根据情况变化及时调整。任何单位和个人不得擅自向社会发布重污染天气预报预警信息。预警信息发布后，人民政府及其有关部门应当通过电视、广播、网络、短信等途径告知公众采取健康防护措施，指导公众出行和调整其他相关社会活动。

第九十六条：县级以上地方人民政府应当依据重污染天气的预警等级，及时启动应急预案，根据应急需要可以采取责令有关企业停产或者限产、限制部分机动车行驶、禁止燃放烟花爆竹、停止工地土石方作业和建筑物拆除施工、停止露天烧烤、停止幼儿园和学校组织的户外活动、组织开展人工影响天气作业等应急措施。应急响应结束后，人民政府应当及时开展应急预案实施情况的评估，适时修改完善应急预案。

第九十七条：发生造成大气污染的突发环境事件，人民政府及其有关部门和相关企业事业单位，应当依照《中华人民共和国突发事件应对法》《中华人民共和国环境保护法》的规定，做好应急处置工作。生态环境主管部门应当及时对突发环境事件产生的大气污染物进行监测，并向社会公布监测信息。

上述分析表明，依据气象预报做大气污染防治工作是必须采取的法定措施，气象预报是大气污染防治不可缺少的重要组成部分，对做好大气污染防治工作具有非常重要的现实意义。

### （四）人工影响天气是大气污染防治的重要手段

大气污染防治工作中首先是控制污染源向大气排放污染物，一旦污染物进入大气，就只能依靠大气自净能力清除污染物。虽然我国采取法律、技术、经济等一系列措施控制污染源向大气排放污染物，确保了在常规气象条件下，充分利用大气的污染物自净能力清除污染物，使大气中污染物的浓度达标，不至于造成大气污染事件发生，但在非常规的不利气象条件下，由于大气的污染物自净能力下降，导致大气中污染物聚集，污染物浓度超标，极易发生大气污染事件。例如，2018 年 11 月 11—15 日，由于京津冀及周边地区受到大雾等极端不利气象条件影响，造成该区域经历了一次大气重污染过程，整体为中度大气污染—重度大气污染，污染主要集中在北京、河北中南部和河南北部。截至 14 日 10 时，区域内北京、石家庄、保定等 13 个城市空气质量达到重度污染，$PM_{2.5}$日均浓度最高达 200 $\mu g/m^3$（石家庄，13 日），$PM_{2.5}$小时浓度最高达 289 $\mu g/m^3$（邢台，13 日 13 时）。北京市 13 日的 $PM_{2.5}$日均浓度为 180 $\mu g/m^3$，$PM_{2.5}$小时浓度最高达 249 $\mu g/m^3$（14 日 10 时）。直到 15 日白天至 16 日的西北向冷空气开始系统性自北向南影响该区域，才使污染状况逐步缓解，到 16 日污染形势才彻底缓解。

面对不利气象条件，如何通过科学技术手段人工干扰大气状态，改变不利气象条件，人为增强大气对已进入大气污染物的输送、扩散、沉降、迁移、转化、清除等方面的大气自净能力，有效降低大气中污染物浓度，削弱大气污染影响程度，从而防止或减少大气污染事件发生，是大气污染防治必须解决的科学难题。通过大量的科学研究和野外试验表明，人工影响天气工程技术是目前唯一可以在一定条件下影响大气自净能力的工程技术手段，尤其是通过实施科学合理的人工增雨可以促进降雨并增加降雨量，使大气污染物湿沉降，从而有效清除大气中的污染物。为此，中国气象局根据《国务院关于印发〈大气污染防治行动计划〉的通知》（国发〔2013〕37 号）精神，向各省、自治区、直辖市气象局，各直属单位，各内设机构印发了《气象部门贯彻落实大气污染防治行动计划实施方案》文件(图 1-8)。该文件要求:发展气象干预措施,实施人工影响天气改善空气质量;尤其要求全国各省(区、市)气象部门到 2015 年形成人工影响天气改善空气质量作业能力,在重污染天气条件下能够采取可行的气象干预措施,组织开展人工影响天气消减雾霾工作,改善空气质量。

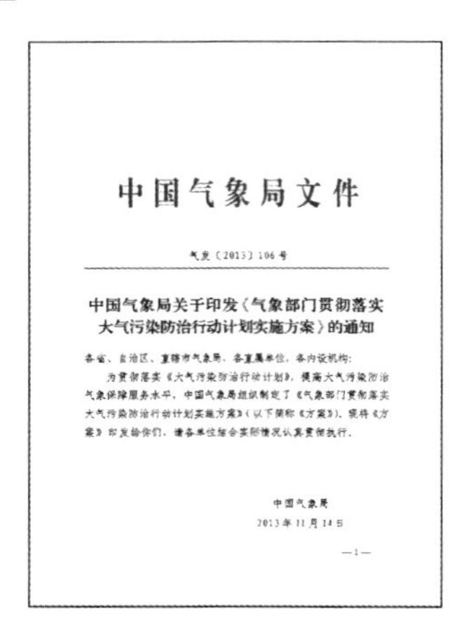

中国气象局文件

气发〔2013〕106号

中国气象局关于印发《气象部门贯彻落实大气污染防治行动计划实施方案》的通知

各省、自治区、直辖市气象局,各直属单位,各内设机构:

为贯彻落实《大气污染防治行动计划》,提高大气污染防治气象保障服务水平,中国气象局组织制定了《气象部门贯彻落实大气污染防治行动计划实施方案》(以下简称《方案》),现将《方案》印发给你们,请各单位结合实际情况认真贯彻执行。

中国气象局

2013年11月14日

—1—

图 1-8　中国气象局印发的实施方案文件

另外,中国共产党重庆市委员会、重庆市人民政府向各区、县(自治县)党委和人民政府,市委各部委,市级国家机关各部门,各人民团体,大型企业和高等院校印发了《重庆市污染防治攻坚战实施方案(2018—2020 年)》(图 1-9),要求:强化气象观测,采用高炮、火箭或飞机等多种方式及时实施人工增雨作业,有效应对污染天气。重庆市人民政府办公厅于 2018 年 9 月 13 日还向各区、县(自治县)人民政府,市政府有关部门,有关单位印发了《重庆市贯彻国务院打赢蓝天保卫战三年行动计划实施方案》(图 1-10),要求:当预测将出现大范围重污染天气时,统一发布预警信息,有关区、县按级别启动应急响应措施,实施区域应急联动,迅速落实减少用煤、减少排气、减少扬尘、减少用车、减少冒烟、增加降雨、增强监管等“五减两增”措施,有效减轻大气污染,引导公众做好防护;深化环保与气象战略合作协议,开展重庆蓝天保卫战人工影响天气大气污染防治野外科学试验,不断完善预报预警联合会商机制;强化气象观测,采用高炮、火箭或飞机等多种方式及时实施蓝天行动人工增雨作业,在现有 10 个地面增雨作业区基础上,逐步扩大地面作业范围,有效应对污染天气。

中共重庆市委文件

渝委发〔2018〕28号

★

中共重庆市委

重庆市人民政府

关于印发《重庆市污染防治攻坚战实施方案(2018—2020年)》的通知

各区县(自治县)党委和人民政府,市委各部委,市级国家机关各部门,各人民团体,大型企业和高等院校:

现将《重庆市污染防治攻坚战实施方案(2018—2020年)》

图 1-9　重庆市委市政府印发的污染防治攻坚战实施方案文件

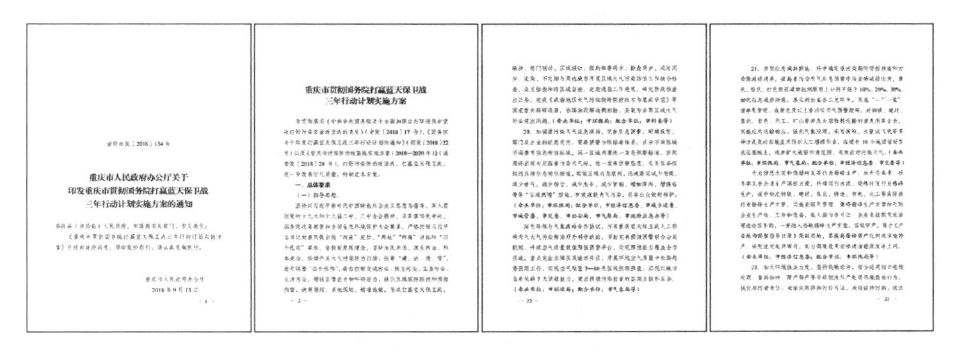

渝府办发〔2018〕134号

重庆市人民政府办公厅关于
印发重庆市贯彻国务院打赢蓝天保卫战
三年行动计划实施方案的通知

重庆市贯彻国务院打赢蓝天保卫战
三年行动计划实施方案

图 1-10 《重庆市贯彻国务院打赢蓝天保卫战三年行动计划实施》方案文件

上述分析表明，人工影响天气对大气污染物的清除具有非常重要的现实意义，是大气污染防治工作中不可或缺的科技手段。

## 二、气象工作是气污染防治攻坚战的有机组成部分

### （一）气象工作在大气污染防治攻坚战的前瞻性作用

气象工作在大气污染防治攻坚战的前瞻性作用具体表现在以下四方面：

一是在确定区域大气环境容量方面的前瞻性作用。由于在满足大气环境目标值（能维持生态平衡并且不超过人体健康要求的阈值）条件下的区域大气环境所能承纳污染物的最大能力或所能允许排放的污染物总量与该区域大气扩散、稀释能力和污染物在大气中的转化、沉积、清除机理密切相关，而区域大气扩散、稀释能力和污染物在大气中的转化、沉积、清除机理又与该区域气象条件的气候特征密切相关。例如，在《开发区区域环境影响评价技术导则》（HJ/T 131—2003）第 3.8 条中关于“环境容量与污染物总量控制”条款中就明确规定必须结合当地地形和气象条件，选择适当方法，才可确定开发区大气环境容量（图 1-11）。

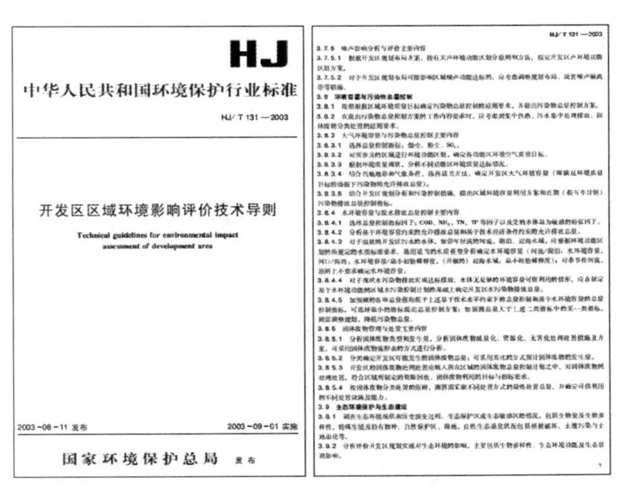

HJ

中华人民共和国环境保护行业标准

HJ/T 131—2003

开发区区域环境影响评价技术导则

Technical guidelines for environmental impact assessment of development area

2003-06-11 发布　　2003-09-01 实施

国家环境保护总局　发布

HJ/T 131—2003

3.7.5 噪声影响分析与评价主要内容

3.8 环境容量与污染物总量控制

3.8.3 大气环境容量与污染物总量控制主要内容

3.8.3.1 选择总量控制指标：烟尘、粉尘、$SO_2$。

3.8.3.2 对所涉及的区域进行环境功能区划，确定各功能区环境空气质量目标。

3.8.3.3 根据环境质量现状，分析不同功能区环境质量达标情况。

3.8.3.4 结合当地地形和气象条件，选择适当方法，确定开发区大气环境容量（即满足环境质量目标的前提下污染物的允许排放总量）。

3.8.4 水环境容量与废水排放总量控制主要内容

3.8.5 固体废物管理与处置主要内容

3.9 生态环境保护与生态建设

7

图 1-11 《开发区区域环境影响评价技术导则》对气象数据需求的规定

因此，区域气象条件的气候特征分析评估是科学合理制定区域大气环境容量的前提条件之一，具有显著的前瞻性作用。

二是在减轻大气污染的城市规划方面的前瞻性作用。根据城市风的气候特征分析评估，

将工业区布置在主导风的下风向，将居民区布置在上风方向，减轻大气污染对居民区影响的主导风原则规划城市布局；以及针对季风区、全年每天有两个主导风向（如山谷风和海陆风）、全年静风频率在50%以上及各风向基本相同的城市，可根据风向频率、不同风向上各级风速频率的气候特征，科学合理规划城市通风廊道和建筑物密度与高度，促进大气污染物输送、扩散、稀释，减轻大气污染对居民区影响。

例如，在《规划环境影响评价技术导则》（HJ/T 130—2014）6.2条款关于"现状调查内容"中就明确规定必须调查规划区的气候与气象特征；8.3条款关于"环境影响预测与评价的方式和方法"中就明确规定环境要素中大气环境影响预测与评价的方式和方法可参照《环境影响评价技术导则 大气环境》（HJ2.2—2018）规定执行（图1-12）。而《环境影响评价技术导则 大气环境》（HJ2.2—2018）涉及空气质量预测模型和预测方法与规划区气象条件的气候特征密切相关（将在建设项目大气环境影响评价的前瞻性作用中详细论述），因此规划环境影响评价也仍然需要气象做前瞻性支撑。又如，香港规划署在制定的《香港规划标准与准则》中充分利用香港的气象历史资料分析评估结论，在《香港规划标准与准则》的"空气流动"专门章节做出详细规定，并提出"应沿主要盛行风的方向布设通风廊，增设与通风廊交接的风道，使空气能够有效流入市区范围内，从而驱散热气、废气和微尘，以改善局部地区的微气候"。德国慕尼黑由于每年都有焚风发生，因此当地规划建设了5条城市通风走廊，让焚风从城市穿过，有效地把城市含有大气污染物的脏空气带出去，取得比较明显的效果。

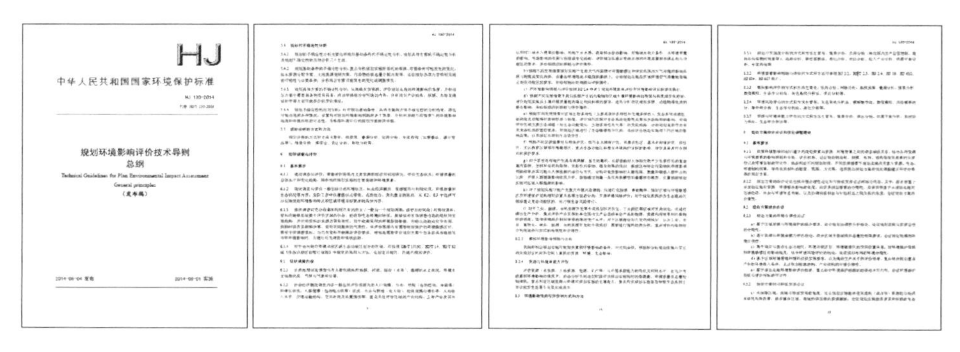
HJ

中华人民共和国国家环境保护标准

规划环境影响评价技术导则
总纲

Technical Guidelines for Plan Environmental Impact Assessment
General principles

图1-12 《规划环境影响评价技术导则》对气象数据需求的规定

因此，城市风的气候特征分析评估是科学合理地规划、建设城市中的工业区和居民区等各种功能区和城市通风廊道、建筑物密度与高度，减轻城市污染的科学依据之一，具有显著的前瞻性作用。

三是在建设项目大气环境影响评价方面的前瞻性作用。由于大气中的污染物质从污染源排除后，其扩散、转移与沉降受多种因素制约，而这些因素的作用又与污染源高度、距离和排放强度密切相关，但根据建设项目所在地的历史气象资料和（或）现场气象观测资料分析评价，通过空气污染数学模型在已知污染源的设计容许排放强度的条件下，预测建设项目投入使用后的大气污染物浓度的时、空分布，从而为建设项目选址、功能布局和污染物向大气排放的控制技术选择、工艺设计以及建设等提供前瞻性决策依据之一。

例如，在《环境影响评价技术导则 大气环境》（HJ2.2—2018）第1条款关于"适用范围"中就明确该技术标准适用于建设项目大气环境影响评价；8.5条款关于"预测模型选择原则"中就明确规定了当项目评价基准年内存在风速≤0.5 m/s的连续时间超过72 h或近20年统计的全年静风（风速≤0.2 m/s）频率超过35%时，应采用规范性附录A（推荐模型清单）中的

CALPUFF 模型进行进一步模拟；同时在采用规范性附录 A 中的推荐模型时，应严格按照规范性附录 B(推荐模型参数及说明)要求获取、应用气象、污染源、地形、地表参数等基础数据(图 1-13)。

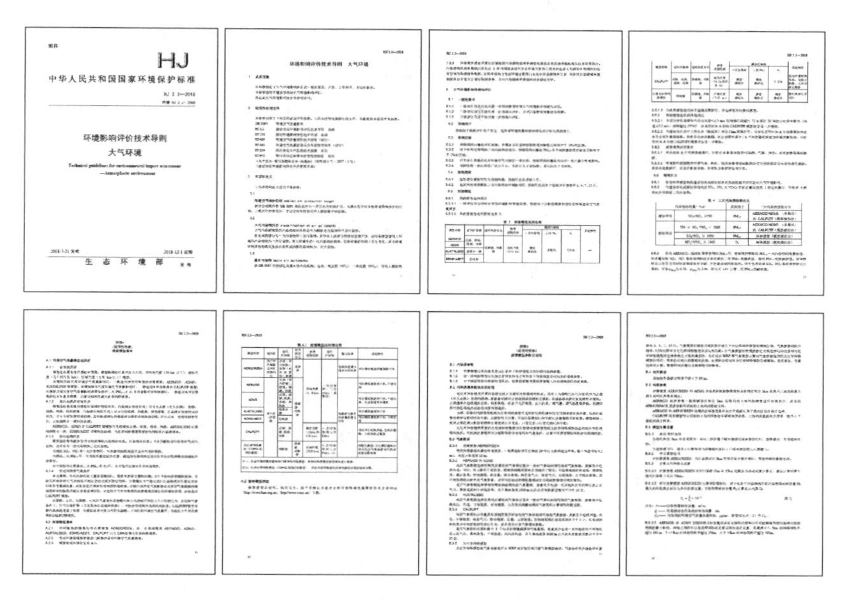
附件

HJ

中华人民共和国国家环境保护标准

环境影响评价技术导则

大气环境

生　态　环　境　部　发布

图 1-13　《环境影响评价技术导则 大气环境》对气象数据需求的规定

因此，建设项目所在地的历史气象资料和(或)现场气象观测资料分析评价在建设项目大气环境影响评价方面具有显著的前瞻性作用。

四是在提前采取大气防治污措施方面的前瞻性作用。通过气象部门与生态环境部门联合开展大气污染扩散气象条件的气候预测和重污染天气预报，为不利气象条件涉及区域的政府、部门、大气污染敏感单位及时采取大气污染预防措施提供了前瞻性的指导。

例如，生态环境部于 2019 年 2 月 26 日发布了中国气象局国家气候中心与生态环境部中国环境监测总站关于“2019 年 3 月大气污染扩散气象条件”会商的气候预测结论：预计 2019 年 3 月，欧亚中高纬度地区大气环流以纬向型为主，冷空气活动势力弱；西太平洋副热带高压较常年偏强，易引导低纬度水汽向我国东部地区输送；北方地区静稳天气发生概率高，污染物扩散条件较差；同时影响我国的冷空气次数较常年同期偏少，强度偏弱。京津冀和汾渭平原气温均较常年同期偏高、湿度较大，大气污染扩散条件差，中下旬发生持续重污染天气概率较高；长三角气温接近常年到偏高、降水偏多，大气污染扩散条件总体较好，为不利气象条件涉及区域的政府提早采取大气污染预防措施提供了可靠的保障。

又如，生态环境部于 2019 年 2 月 20 日向媒体通报了中国环境监测总站、中国气象局国家气象中心及各省级环境监测部门联合会商重污染天气的结论：2019 年 2 月 20—24 日，受不利气象条件影响，叠加元宵节烟花爆竹燃放、节后企业复工复产等因素耦合叠加影响，京津冀及周边地区和汾渭平原将出现一次区域性中度至重度污染过程，个别城市将达到严重污染级别，影响范围包括京津冀中南部、河南大部分地区、山东西部，以及汾渭平原城市。其中京津冀及周边地区：20 日，受北方弱高压影响，北京、唐山、保定等区域中部偏北地区空气质量略有所改善，但区域中南部地区仍将维持重污染态势；23 日受东路冷空气过程影响，北京、唐山、天津及河北东部、山东西部及河南东部污染形势有短时缓解。并且，21—22 日的污染程度最重，部分城市有出现严重污染的风险；25 日，受可能的冷空气过程影响，区域中北部污染形势有一定程度缓解，但以河南为代表的南部地区区域污染有继续维持的可能，具体情况有待进一步跟踪研判。另外，汾渭平原 20—25 日区域整体静稳，大气扩散条件较差，相对湿度较大，预计区域大部分地区将出现中度至重度污染；23 日及 26 日，受可能的东路冷空气及降水过程影响，区域污染形势预计将略有缓解，具体形势有待进一步跟踪研判。

为此生态环境部向河北、山西、山东、河南、陕西省人民政府发函，通报空气质量预测、预报信息，要求各地根据实际情况，及时启动或调整、维持相应级别预警，切实落实各项减排措施，减轻重污染天气影响，最大限度保障人民群众身体健康。河北、山西、山东、河南、陕西省部分城市根据当地空气质量预测、预报结果，及时发布了重污染天气橙色或红色预警。同时，生态环境部派驻京津冀大气污染传输通道城市和汾渭平原各城市的督促检查工作组和跟踪研究工作组，将重点督促检查各地应急减排措施落实情况，跟踪评估各地应急减排措施效果，支撑各地科学应对重污染天气过程。

在此次重污染天气过程中，北京市空气重污染应急指挥部严格按照生态环境部联防联控统一部署，于 2019 年 2 月 21 日发布空气重污染橙色预警，并且预警措施于 2019 年 2 月 22 日 00 时至 25 日 00 时实施，其中，国Ⅰ、Ⅱ机动车和建筑垃圾、渣土、砂石运输车辆限行措施自 2 月 23 日 00 时至 25 日 00 时实施。为做好重污染天气预警应对工作，21 日下午，北京市杨斌副市长组织召开了全市空气重污染橙色预警视频调度会，对空气重污染应对工作进行部署。会上杨斌副市长指出，本次区域污染过程范围广、持续时间长，生态环境部高度重视，已调度京津冀地区联动应急，共同应对此次污染过程，同时还将对各地应急措施落实情况进行督查，要求北京市空气重污染应急指挥部各成员单位严格按照生态环境部统一部署，扎实做好空气重污染应急应对工作。

2019 年 2 月 21 日，北京房山区环保局生态环境执法支队加大执法检查力度，到辖区的物流园对重型柴油车、柴油叉车进行检测(图 1-14)，排放超标的车辆要求立即停用。

图 1-14　北京房山区环保局生态环境执法支队执法检查现场(李木易 摄)(彩图见书后)

2019 年 2 月 22 日，北京市海淀区西北旺镇工地，挂起“空气重污染预警二级(橙色)”警示牌(图 1-15)。工程技术人员在工地现场开展喷淋等降尘作业，从源头上防止或减少污染物进入大气，为北京的空气质量达标做贡献。

2019 年 2 月 22 日，北京朝阳区太阳宫城管队队员与工地的施工人员对露天的土方进行苫盖(图 1-16)。同时，对辖区施工工地进行检查，针对施工围挡、土方苫盖、雾化降尘、车轮带泥等情况进行重点检查，切实做好此次空气重污染应急应对的具体工作。

图 1-15　北京市海淀区西北旺镇工地“空气重污染预警二级（橙色）”警示牌（浦峰 摄）（彩图见书后）

图 1-16　北京市朝阳区太阳宫城管队队员执法检查现场（吴宁 摄）（彩图见书后）

（二）气象条件在大气污染防治攻坚战中的大气污染物清除作用

气象条件在大气污染防治攻坚战中的大气污染物清除作用具体表现在以下三方面：

一是降水对大气污染物的湿清除作用。大气中的雨、雪等降水形式和其他形式的水汽凝结物在下降过程中吸收悬浮于大气中的污染物并将其带到地面，使污染物在大气中减少或者消失。降水对大气污染物清除过程通常称为大气污染物的湿沉降过程，是大气污染物的有效快速清除过程。由于大气污染物的湿沉降过程是由作为湿沉降作用者的降水与作为被湿沉降对象的大气污染物的相互作用的演变过程所完成，因此降水对大气污染物的清除作用与降水和大气污染物的各种性质特征密切相关。大气污染物的浓度时、空分布特征指标对大气污染物的湿沉降过程发生的强度有直接影响。粒子状态的大气污染物的粒子尺度谱分布、粒子密度、带电荷状况、可湿性和可溶性，以及聚集、吸附等作用对大气污染物的湿沉降过程发生的强度有重要影响；气体状态的大气污染物在的降水基本构成单元（雨滴、雪晶）中溶解、吸收和退吸作用的速率，在水或冰晶中溶解、吸收的饱和浓度，以及气体污染物被溶解、吸收后在降水基本构成单元中的扩散、混合与可能发生的化学反应的性质等，对大气污染物的湿沉降过程发生的强度有显著影响。降水的时间、位置、强度等宏观特征指标决定了大气污染物的湿沉降过程发生的可能性和强度，以及降水中的卷夹、电荷、雪晶形状、冰晶形状、雨滴谱等微观特征指标也决定了大气污染物的湿沉降过程发生的强度。因此，降水在大气污染物的湿沉降过程中对大气污染物湿沉降速率和沉降总量起决定作用。

例如，德国科学家Georgii通过多次测量地面大气污染物（大气气溶胶粒子和微量气体）的浓度在雨前和雨后差别的观测数据平均值比较（表1-1），也得到在多雨和多雨季节的地面大气中污染物（特别是气溶胶物质）浓度要比少雨和多雨季节低得多的观测结果。用观测结果找到了在同一地区空气质量降雨后优于降雨前，夏季优于冬季的重要原因就是降水，从而也证明了降水在大气污染物的湿沉降过程中对大气污染物湿沉降速率和沉降总量起决定作用的客观性和科学性。

**表1-1　降水前和降水后地面大气污染物（大气气溶胶粒子和微量气体）的浓度平均值比较表**

| 浓度/(μg/m³) | 气溶胶粒子 | | | 微量气体 | | |
|---|---|---|---|---|---|---|
| | $NH_4^+$ | $NO_3^-$ | $SO_4^{2-}$ | $NH_3$ | $NO_2$ | $SO_2$ |
| 雨前 | 6.7 | 6.0 | 16.7 | 21.6 | 11.9 | 328 |
| 雨后 | 4.7 | 1.6 | 9.7 | 11.0 | 9.1 | 212 |
| 差(%) | 30 | 73 | 42 | 48 | 24 | 36 |

二是降水之外的其他气象因素对大气污染物的干清除作用。大气中除降水之外的空气动力学特征（如摩擦速度 $u^*$、粗糙高度 $z_0$）、大气电场特征、流场分布特征、大气稳定度、平均风场、平均温度场、平均湿度场、湍流场结构参数等气象因素，通过影响大气湍流扩散和重力沉降以及分子扩散对大气污染物（大气气溶胶粒子和微量气体）作用，将悬浮于大气中的污染物输送到地面，使污染物在大气中减少或者消失。降水之外的气象因素对大气污染物清除过程通常称为大气污染物的干沉降过程，是大气污染物的持续不断的清除过程，也是大气污染物清除的主要途径，在大气污染物清除过程中与湿沉降有同等的重要性，尤其在干旱少雨的地区或天气形势下显得更加重要。由于大气污染物干沉降的物理学、化学、生物学过程主要受到降水之外的气象因素、污染物性质、干沉降污染物承载体表面性质的共同影响，因此降水之外的气象因素对大气污染物的干清除作用与降水之外的气象因素、污染物性质、干沉降污染物承载体表面性质等的各种性质特征密切相关。虽然大气污染物干沉降的主要物理过程包括重力沉降、湍流运动、布朗运动、惯性作用和静电作用等，主要化学过程包括化学反应、溶解等，生物学过程包括植被生长生命过程等，但是这些物理学、化学、生物学过程都会受到气象因素的影响。所以气象因素在大气污染物的干沉降过程中对大气污染物干沉降速率和沉降总量具有重要的作用。

例如，根据南京信息工程大学大气物理学院秦阳、朱彬等关于《南京地区气溶胶干沉降观测与数值模拟研究》（南京信息工程大学2017年硕士学位论文）表明：气溶胶干沉降浓度变化受温度、湿度等气象条件和污染气团输送共同作用影响。在下垫面不变的条件下，气溶胶干沉降通量主要受近地面的风速和气溶胶浓度的共同影响。当近地面风速小或者处于静稳天气时，污染物 $PM_{10}$ 的浓度是影响干沉降通量的主要因素。而在大风天时，风速增大可通过影响摩擦速度使得湍流切应力增大，进而影响干沉降通量（图1-17），因此影响干沉降通量的主要因素是风速这一气象因素，并且与污染源减排相比，气象因素是干沉降通量大小的决定性因素。

三是气象因素对大气污染物的化学转化清除作用。污染物进入大气后将继续处于动态催化氧化、光化学氧化反应等化学转化过程中，虽然不同污染物化学反应特点不相同，但是污染物化学转化的方向、速度和强度与污染物本身的特性和大气环境的气象因素密切相关，尤其是大气的湿度、温度、湍流、辐射和云、雾等气象因素对污染物多相化学反应形成新物质导致大气污染物衰减速率影响显著，而大气污染物化学转化形成的新物质可通过沉降方式将其输送到

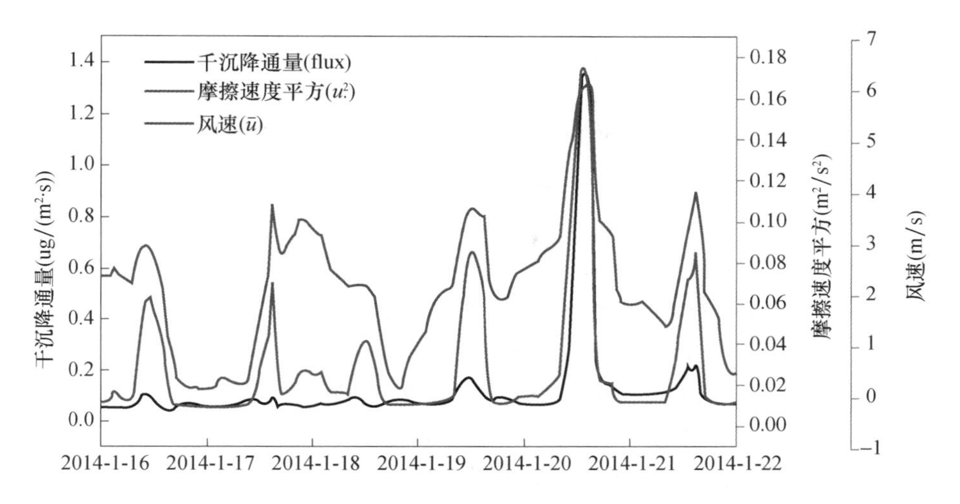


图 1-17　南京地区 2014 年 1 月 16—21 日的干沉降通量、摩擦速度、风速时间序列(彩图见书后)

地面,从而使污染物在大气中减少或者消失。气象因素促进大气污染物的化学转化清除作用过程是非常复杂的过程,已经成为一个新的专门领域——大气污染化学。

例如,空气中有害气体污染物 $SO_2$ 可以通过催化氧化和光化学氧化的两种途经转化为 $SO_3$,进而形成硫酸云雾随天然雨水降落进入地面和水体。但是 $SO_2$ 的催化氧化化学转化过程[$2SO_2+2H_2O+O_2$(Fe、Mn 盐催化剂)$\rightarrow 2H_2SO_4$]没有大气中水分参与是实现不了的转化,进而形成硫酸云雾随天然雨水降落进入地面和水体,因此大气的湿度对 $SO_2$ 化学转化清除具有促进作用。$SO_2$ 的光化学氧化转化过程[$SO_2+O_2$(光照)$\rightarrow 2SO_3$; $SO_3+H_2O$ 水分$\rightarrow H_2SO_4$]没有大气中水分和光照参与是实现不了化学转化,形成硫酸云雾随天然雨水降落进入地面和水体,因此大气的湿度和云雾特征对 $SO_2$ 化学转化清除具有显著影响。

又如,空气中有害气体污染物 $NO_x$、$NH_3$ 在空气湿度大和金属杂质条件下,生成硝酸和硝酸盐,进而形成硝酸云雾随天然雨水降落进入地面和水体。但是 $NO_x$、$NH_3$ 的化学转化过程($NO_2\rightarrow NO_2HO_2\rightarrow HNO_3NH_3\rightarrow NH_4NO_3$)没有大气中水分参与是实现不了化学转化,形成硝酸云雾随天然雨水降落进入地面和水体,因此大气的湿度对 $NO_x$、$NH_3$ 化学转化清除具有促进作用。

另外,中国矿业大学阎杰等在"大气复合污染物及颗粒物间的多相反应对雾霾影响的研究进展"一文中也表明:水溶性离子组分是大气颗粒物的重要组成之一,大气颗粒物中的离子,主要包括 $NH_4^+$ 等阳离子,以及 $PO^{3-}$、$SO_4^{2-}$ 等阴离子。$SO_4^{2-}$ 和 $NH_4^+$ 主要存在于细颗粒物模态,而 $NO_3^-$ 在粗细颗粒物模态中均有存在,其粒径分布与地理位置和气象条件密切相关。$PM_{2.5}$ 中的 $NH_4^+$、$NO_3^-$、$SO_4^{2-}$ 主要来自于气一粒转化,大气中生成粒子的转化率受到其浓度以及湿度和温度等因素的影响。水溶性离子组分在一定的湿度条件下能够增强颗粒物的吸水性,进而影响颗粒物的化学组成及光学性质,形成云雾的凝结核。大气中 $SO_2$ 是形成酸雨的主要成因之一,大气环境中形成云雾凝结核数量多少受到硫酸盐颗粒影响,硫酸盐颗粒的数量增加,云凝结核数量就增加。NO 在大气中进一步被氧化成 $NO_2$、$NO_3$ 和 $N_2O_5$ 等,都容易产生酸雨。此外,NO 与碳氢化合物共存时,在太阳光照射下(云可影响太阳光照射)便可形成光化学烟雾。臭氧在烟炱颗粒物(粒径一般小于 0.5 μm,其成分中 50%是碳)上的损耗速率会随温度的升高而升高,随臭氧浓度升高而降低。臭氧低温时,冰晶表面上的粘着在颗粒物表面的有机污染物暴露于羟基自由基或者一些强氧化性介质中时，更容易被氧化，颗粒物表面的亲水性能被提高，在大气中形成云滴而被快速除去。

复旦大学叶兴南等在“大气二次细颗粒物形成机理的前沿研究”一文中也指出：大气环境湿度对多相酸催化形成有机的大气二次细颗粒物反应速率有很大影响，在酸性无机盐存在时，大气二次细颗粒物反应速率的生成量与大气环境湿度呈强烈的线性关系。气态 $SO_2$ 吸附在 $CaCO_3$ 颗粒表面，吸附态 $SO_2$ 与 $CaCO_3$ 上的吸附水发生相互作用，形成 $SO_3^{2-}$。在矿尘表面生成硝酸盐的化学转化过程中 $HNO_3$ 在 $CaCO_3$ 上的转化实际上是 $Ca(OH)(CO_3H)$ 机制。大气 $CaCO_3$ 表面被一层 $Ca(OH)(CO_3H)$ 覆盖，这是源自于 $CaCO_3$ 的水合反应：

$$CaCO_3(s)+H_2O(g)\rightarrow Ca(OH)(CO_3H)(s)$$

无水条件下，$HNO_3$ 与 $Ca(OH)(CO_3H)$ 反应形成 $H_2CO_3$ 以及硝酸盐。稳定的 $H_2CO_3$ 覆盖层阻止对 $HNO_3$ 的进一步吸附。在大气湿度下，水分使 $H_2CO_3$ 变得不稳定，释放出气态 $CO_2$，促进对 $HNO_3$ 的吸附。具体反应机制如图 1-18 所示。

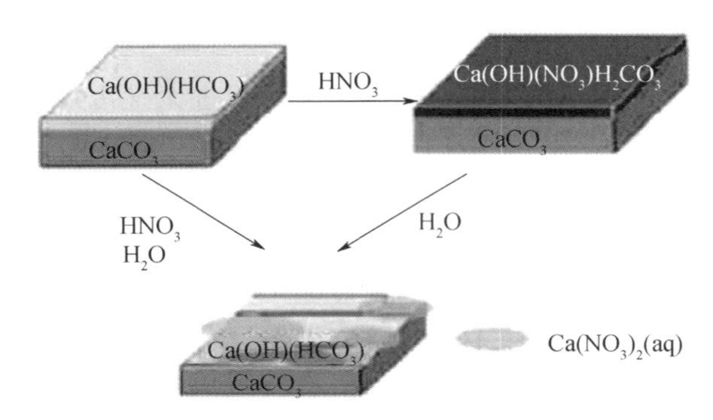


图 1-18　$NO_3^-$ 多相反应形成机制示意图

上述案例的研究成果进一步证明了湿度、温度、湍流、辐射和云、雾等气象因素对污染物进入大气后的化学转化过程有显著影响，具有明显的大气污染物化学转化清除作用。但是需关注污染物化学转化形成新物质对大气和下垫面造成新污染的可能性。

（三）气象工作在大气污染突发事件中的应急保障作用

气象工作在大气污染突发事件中的应急保障作用具体表现在以下几方面：

一是气象工作在大气污染突发事件应急启动时的应急保障作用。气象部门在大气污染突发事件应急启动时，可根据大气污染突发事件所在地的气象历史观测资料和实时观测资料分析评估大气污染突发事件所在地污染气象状况，并结合天气形势预测污染气象状况发展趋势，及时向大气污染突发事件应急部门、单位制定现场处置具体实施方案提供前瞻性的对策建议，为大气污染突发事件应急部门、单位制定科学合理的现场处置具体实施方案提供气象科技支撑和保障。

例如，2006 年“3.25”重庆开县天然气井漏的大气污染突发事件发生时，深刻吸取了 2003 年“12.23”重庆开县天然气井喷的大气污染突发事件发生时应急处置不当造成特大灾难事故教训，并根据开县气象局历史观测资料和实时观测资料分析评估大气污染突发事件所在地污染气象实际状况，第一时间对含 $H_2S$ 气体的井漏天然气采取点火应急处置措施（图 1-19），有效阻止了含 $H_2S$ 气体的井漏天然气进入大气，防止了大气污染事件发生，确保事故应急处置“不死一人、不伤一人、不出乱子、不留后遗症”。

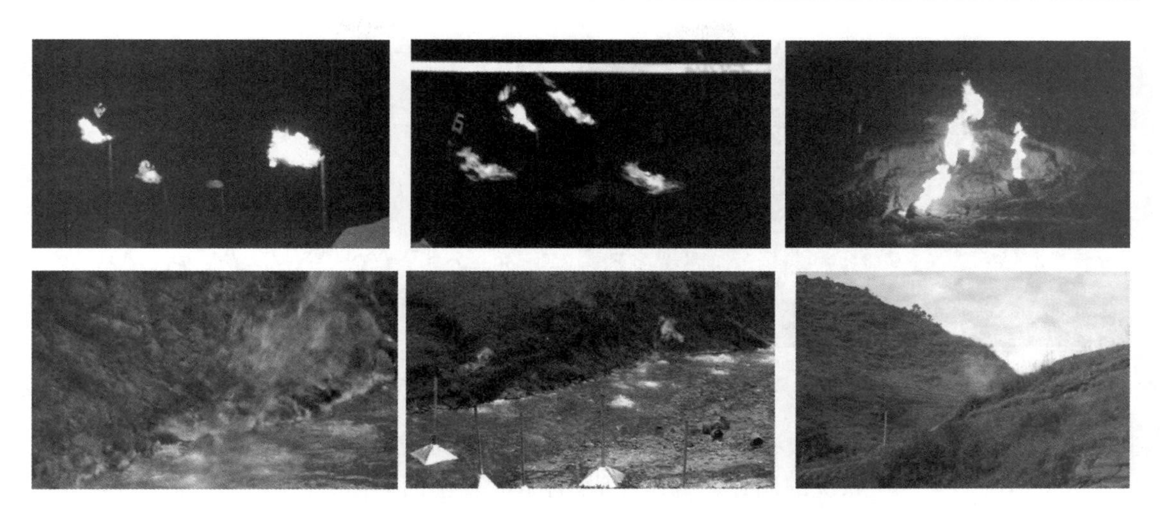

图 1-19 含硫化氢气体的井漏天然气点火应急处置现场(彩图见书后)

二是气象在大气污染突发事件应急处置期间的应急保障作用。气象部门通过大气污染突发事件发生地的实时气象观测资料,结合大气污染突发事件所在地的气象观测历史资料以及天气形势变化趋势,动态分析评估大气污染突发事件发生地的污染气象实时状况和发展趋势,并将污染气象实时状况和发展趋势的分析评估结果快速反馈给大气污染突发事件应急部门、单位,为控制事故现场、制定抢险措施等应急决策提供可靠的依据。

例如,2015 年天津港“8・12”爆炸造成 165 人遇难,798 人受伤,直接经济损失 68.66 亿元的特别重大安全生产责任事故发生后的抢险救灾初期,爆炸核心区的明火在短时间内不能完全扑灭,同时还伴有浓烟,风向风速对空气中的 $H_2S$、HCN、$CHCl_3$、$NH_3$ 和 $GH_8$ 等挥发性有机物等有毒污染物扩散起到决定性作用。因此,救援初期现场指挥部门对风特别是风向的预报要求极高。因为随着风向改变,一些有毒气体扩散方向亦发生改变,将给爆炸核心区救援官兵以及周边居民带来新的危害。如果预报风向有利于污染物向内陆扩散,现场指挥部的工作重点将转变为继续扑灭爆炸点明火并清理现场,同时安排撤离或者疏散方圆 5 km 内的居民。为此,天津市气象局迅速启动了重大突发事件气象保障一级应急响应,密切监视天气、开展天气会商,利用大气污染扩散模式模拟预测污染物扩散方向,并将“8 月 12 日天津西北部存在低压,滨海新区处于低压前部,受西南偏西风控制,13 日低压逐步向东北方向移动,其强度缓慢减弱,14 日滨海新区处于低压底部控制,仍维持西南风,期间有西北风,均由陆地吹向海面,没有偏东分量的风,属于安全风向。15 日低压开始北缩减弱,14 时始,滨海新区开始逐步受海上弱高压外围影响,预报风向将在下午开始转变,由西南风转为东南风”的风场变化趋势预报和事故现场包含风速、风向的每一小时天气实况,以及未来 3 h 滚动天气预报及时反馈给现场指挥部,为现场指挥部及早采取科学合理的应对措施,有效控制事故现场等提供可靠的应急决策依据。现场指挥部依据风场变化趋势预报决定将 72 h 抢险黄金期的工作重点放在核心区抢险上,并根据事故现场风速、风向实况(图 1-20)和未来 3 h 滚动天气预报提前做好应对准备。如,指挥部依据“15 日下午 14 时,风向转为东风,此后出现了东南风或东北风,污染物开始向内陆扩散”的实际情况,及时将指挥部迁移至上风向处,并将警戒区向外围扩大 3 km。

三是气象在大气污染突发事件应急结束后的应急保障作用。气象部门通过大气污染突发

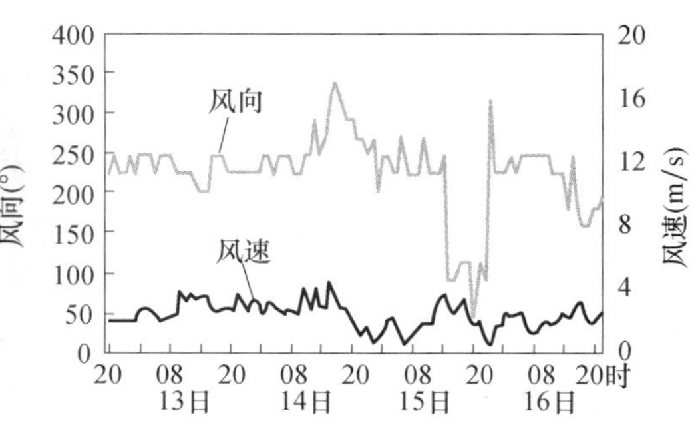


图 1-20　事故现场气象观测及 8 月 12—16 日观测的风向、风速时间序列(彩图见书后)

事件发生单位在大气污染突发事件发生前采取的大气污染防治气象保障措施和大气污染突发事件发生地的污染气象状况的调查、分析、评估，为事故发生的原因、性质、责任和今后整改措施提供科学合理建议，确保事故认定结论客观公正，并配合有关部门进一步完善大气污染防治气象保障措施，有效防止或减少类似大气污染突发事件发生。

例如，2004 年 4 月 16 日，重庆天原化工总厂氯气储存罐发生泄漏爆炸，造成 9 人死亡，3 人受伤。该事故使江北区、渝中区、沙坪坝区、渝北区的 15 万名群众被疏散，直接经济损失 277 万元。在此次安全事故的大气污染气象应急保障服务中，重庆市气象局开展了科学、及时、高效的大气污染气象现场保障服务，提供重庆天原化工总厂猫儿石现场气象保障服务信息材料 85 期，制作了大气污染物扩散预报(图 1-21)，并根据大气扩散条件，制定了最佳爆破时间预报，为重庆市政府组织进行的泄漏储气罐的爆破和事故现场附近 1 km 范围内的 15 万群众安全疏散，以及抢险工作的顺利进行提供了科学决策依据。在 2004 年 4 月 18 日 17 时的现场指挥抢险总结会上，重庆市委黄镇东书记说：这件事情已经大功告成，期间包括公安、武警、消防、环保、气象、安监等部门做了大量工作，各项服务开展得非常认真，对这些单位应该予以表彰，并对他们表示衷心的感谢。同时现场指挥部的领导指出：气象部门的工作非常认真，抢险期间提供了大量科学、有效的预报，其中扩散条件分析预报对安全作业、消除抢险事故隐患和群众疏散都起了关键性的作用。气象部门这次的贡献非常大，应大力表彰。这次应急工作结束后，重庆市安全生产监督管理局等有关部门根据重庆天原化工总厂重大危险源的实际情况，结合气象部门在泄漏期间预报的大气污染物扩散的危险范围，要求尽快制定该厂搬迁方案，确保主城区居民安全。重庆天原化工总厂 2004 年发生氯气储存罐爆炸后全面停产，工厂的异地迁建被纳入重庆市工业企业搬迁工作的重要内容，并于 2005 年 4 月 18 日在重庆涪陵区白涛举行了重庆天原化工总厂环保搬迁建设工程奠基破土仪式，2007 年完成搬迁。

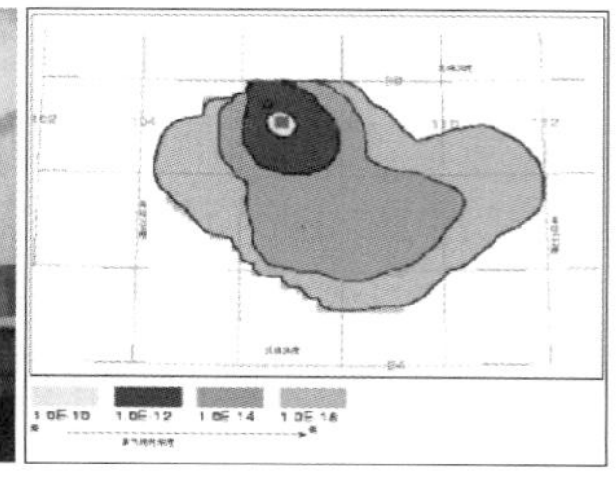

图 1-21　事故现场及与泄漏期间大气污染物扩散预报(彩图见书后)

## 三、气象工作对大气污染防治攻坚战的重要意义

### （一）气象对大气污染防治攻坚战的理论意义

污染物在大气中的传输、扩散、转化、清除等都受到气象因素的影响。因此，大气污染防治离不开气象科学技术的支撑与保障。而与大气污染防治密切相关的气象科学技术为满足大气污染防治的迫切需求，逐渐发展成为专门运用气象学方法研究污染物自排放源进入大气后的扩散、输送、沉降等物理过程和分解、化合等化学过程，以及污染物对天气、气候影响，寻找其规律性，并应用该规律对大气污染气象风险进行预测预估、预报预警和人工影响天气防范的专门学科——空气污染气象学。空气污染气象学是气象学与物理学、化学以及技术科学的交叉学科，是大气边界层、大气湍流、大气化学、大气气溶胶等学科在应用气象学中的一个分支。但是空气污染气象学形成与发展主要是为控制大气污染、改善大气环境提供科学的理论依据，对大气环境的一些基本属性的形成与变化的理论研究具有重要意义。例如，泰勒(G. I. Taylor)关于“空气质点在某时段内的位移方差决定于该时段内脉动风速的拉氏相关特性”的大气扩散统计理论，为人工影响天气大气污染防治的动力扩散稀释和热力扩散稀释，促进悬浮于大气中的污染物输送到地面，使污染物在大气中减少或者消失，从而有效防范大气污染提供了理论支撑和实践基础。云微物理学关于“云滴、雨滴的碰撞、并合与破碎机制”的降水理论，为人工增雨湿沉降大气污染物，使污染物在大气中减少或者消失，从而有效防范大气污染提供了理论支撑和实践基础。

因此，与大气污染防治密切相关的气象科学技术理论对大气污染防治的技术理论具有重要的理论指导意义。

### （二）气象对大气污染防治攻坚战的实践意义

众所周知，空气污染气象学形成与发展都是紧紧围绕大气污染防治实践需求而展开，其发展历程主要可划分为以下几个阶段：

20 世纪 20—60 年代是空气污染气象学发展的第一阶段。1921 年，英国为了弄清军事上施放毒气的气象条件，开始进行大气扩散实验，是污染气象学形成的起步年。20 世纪 40 年代原子能工业兴起，一些国家开始进行放射性物质污染预测和控制的研究，促进了大气扩散实验和理论研究的发展；20 世纪 50—60 年代，随着工业经济发展，一些工业集中的地区和城市相继发生严重的大气污染事件。为了控制和消除大气污染，一些国家开展了城市或区域性的大气污染物输送、扩散、迁移和转化规律的实验和研究，并在一些污染严重的地区开展了大气污染预报的研究，但是研究和处理问题的条件基本上限于均匀、定常条件和 10～20 km 的水平范围，并主要运用高斯模型。因此，这一阶段，空气污染气象学指导大气污染防治实践是局限在均匀、定常的条件下和 20 km 水平范围内的大气污染防治实践，属于局地气象条件影响下的大气污染防治实践。

20 世纪 70—80 年代中期，是污染气象学发展的第二阶段。随着大气污染问题研究与处理的范围日趋扩大，上述均匀、定常条件和 20 km 水平范围的不断突破，迫切需要解决非均匀下垫面条件（如山地、水陆等）、非定常以及不再能满足定常和均一分布的气象条件（如大气层结稳定度分布）下的大气输送与扩散问题。这一时期主要的研究和应用处理，是适应因突破有限条件而带来的对高斯模型的必需的修正和应用考虑，最具有代表性的，如对流边界层和稳定边界层条件下的扩散以及山地地形和水陆交界下垫面条件下的扩散计算，但水平范围仍局限

于 50 km 以内。同时边界层气象学研究进展和大量的成果被引入并有效地推进局地空气污染物扩散计算与应用是这一时期空气污染气象学发展的重要特点。另外，许多气象学者还开展了大气污染对天气、气候影响的研究。虽然该阶段空气污染气象学指导大气污染防治实践突破了均匀、定常的条件，但是大气污染防治实践仍然是仅从 20 km 的水平范围内扩大到 50 km 的水平范围内的小尺度大气污染防治实践，属于小尺度天气系统影响下的大气污染防治实践。

20 世纪 80 年代后期至 90 年代初，是空气污染气象学发展的第三阶段。随着大气边界层气象学实验和理论研究的进一步发展，电子计算机技术的大力推进，自 20 世纪 70 年代初期开始发展起来的三维数值模拟技术得到长足的发展，使得空气污染气象学的研究和应用处理有条件进入了全面实施数值模拟。这一时期以数值模拟技术作各种条件下大气动力学方程组的数值求解的模式大量涌现并日趋成熟完善。采用各种湍流闭合技术乃至直接实现体积平均的大涡模拟技术可以直接描绘支配污染物扩散的湍流涡旋，使模拟结果更为接近真实。中尺度气象学与中尺度气象模拟技术的建立，促使空气污染气象学开创了中尺度空气污染气象学的新领域而不断发展，这一进展尤其为城市空气污染气象学的应用赋予了强大的生命力。如果说在第二阶段对发生在山地地形和水陆交界下垫面条件下的空气污染气象学问题，还可以用一些修正的办法得到一定程度或部分的处理解决的话，那么，对于城市空气污染气象学问题的模拟研究与应用处理，则必须运用全面的数值模拟技术，运用中尺度空气污染气象学的多尺度空气污染模拟技术，才能得到相当完善的处理。因此，这一阶段空气污染气象学指导大气污染防治实践已从 50 km 的水平范围内扩大到 300 km 的水平范围内，属于多尺度天气系统影响下的大气污染防治实践。

20 世纪末至现在，是空气污染气象学发展的第四阶段。在这一阶段由于大气污染化学的蓬勃发展，计算技术的高速发展，不同尺度的天气与气候学动力模型的问世，囊括大气污染物的输送、扩散、化学转化和清除全过程，涉及多种学科的各种尺度的空气污染气象学数值预测、预报模型也相继出现，并逐渐走向业务应用，出现了酸沉降模式，各种尺度的大气质量模式及污染物传输的轨迹模式。另外，空气污染气象学在局地与区域尺度上，正在向大气污染物的浓度预报和对污染源进行实时控制提供依据的方向发展，而在全球尺度的研究上正与气候演变、生态环境变化的研究相融合，尤其是 21 世纪初，人工影响天气技术也逐步应用于大气污染防治的科学试验，开展了污染物进入大气的人工影响天气扩散稀释、清除机制研究和技术应用。此阶段，空气污染气象学指导大气污染防治实践已从局地与区域尺度扩大到全球尺度，属于多尺度天气系统影响下的大气污染防治实践，并且开展了人工影响天气的大气污染防治实践。

上述分析表明，空气污染气象学发展历程就是紧紧围绕大气污染防治的科学实践历程，因此与大气污染防治密切相关的气象科学技术理论对大气污染防治具有重要的实践指导意义。

（三）气象对大气污染防治攻坚战的经济意义

大气污染对经济的影响不容小觑。中国每年因空气污染造成的经济损失约为 GDP 的 1.2%，而由于不合理的能源消费结构、工业废气的大量排放、机动车保有量的不断提高、城镇化进程中大量的建筑扬尘等因素影响，导致作为大气污染的直观表现——城市重污染天气频繁发生，严重影响了经济社会发展。例如，近几年出现了不少“逃离”北上广（北京、上海、广州的简称）等大城市的现象。在这些离开大城市的人群当中，虽绝大部分原因是由于地方的消费水平和收入不成比例，但是不少人也将空气质量差作为其中一个逃离的原因：长时间生活在重污染天气（雾霾）笼罩的城市，不但对身体造成危害，更多的是心理上的压抑。这样大规模的人才“逃离”，对地方的经济发展也会造成一定的影响。在投资发展方面，许多投资者也出于对环境质量的考虑，纷纷选择移民或者空气质量较好的城市，这不免会对国家和地区的经济也造成一些损失，久而久之难免会动摇外来企业投资者的信心，阻碍经济的发展。在应对重污染天气方面，采取“一刀切”的大面积停工、限产、限行必定会给经济增长带来一定的负面影响。同时，重污染天气频发造成地方的公共设施、交通工具等运行维护成本增大，既增加了社会支出，也增加了企业负担。

而充分发挥气象科学技术在大气污染攻坚战中区域大气环境容量标准制定、城市规划编制、建设项目大气环境影响评价和提前采取大气防治污染措施等方面的前瞻性作用和对大气污染物的清除作用以及应急保障作用，对优化城市产业布局、经济结构调整、资源科学配置、企业转变发展方式，科学应对重污染天气和大气污染突发事件具有重要的指导意义。如在区域大气环境容量标准制定和城市规划建设方面，充分考虑风向、风速等气象条件和大气自净能力，进行科学合理的产业布局、经济结构调整、资源配置，可最大限度降低投资成本而又有效提升空气质量。又如针对大气的流动和开放的特性使得大气污染由局部空气污染向区域性空气污染扩散问题，可充分依据重污染天气预报、预警，有效地指导区域各地方政府协同配合、联防联控，形成一个对重点污染源动态精准管控和联动效应的防治体系，精准施策共同应对重污染天气，从而基本消除重污染天气，避免“一刀切”的大面积停工、限产、限行带来的负面影响。针对大气污染突发事件，可根据大气污染突发事件所在地的污染气象条件分析评估和大气污染物扩散预报，科学合理确定污染物可能影响区域和影响时间、精准划定污染突发事件所在地居民必须安全疏散的核心区区域和疏散人员的数量，以及安全返回时间，有效降低了大气污染突发事件的社会影响和应急处置成本。因此，生态环境部部长李干杰于 2017 年 10 月 23 日在中共十九大新闻中心最后一场记者招待会上回答中国气象报记者有关霾天气预报预警合作进展，如何“打赢蓝天保卫战”等问题时表示：气象与环保两部门围绕大气环境治理开展了紧密且卓有成效的合作，相信通过共同努力，一定能满足人民群众对优美生态环境的需要。开展好大气污染防治工作，首先要做好霾天气的预报、预警工作，且预报和预警两方面缺一不可。其中的关键是，既要把大气污染物的排放情况摸清楚，也要把污染物扩散的气象条件搞清楚，这离不开环保和气象两部门的紧密合作。

综上所述，与大气污染防治密切相关的气象科学技术对大气污染防治精准施策、科学治污，有效降低大气污染防治成本，防止或(和)减少大气污染事件发生，降低大气污染程度，促进经济社会发展具有重要的经济意义。

#### (四)气象对大气污染防治攻坚战的政治意义

随着经济社会快速发展，人们的生活水平也日益提高，而人们赖以生存的大气环境日渐恶化，尤其近几年作为大气污染的直观表现——雾、霾天气频繁发生。如，2013 年 1 月北京出现的雾、霾天气高达 26 d。频繁的雾、霾天气不仅给人们的生产和生活活动带来诸多不便，而且也给国家造成了巨大的经济损失，甚至还威胁着人民群众身心健康，受到了社会和公众的广泛关注，也引起了国家和政府的高度重视。为治理雾、霾污染，国家和政府也采取了相应的措施并取得了一定的成效，但效果并不明显。为此，习近平总书记于 2013 年 4 月 25 日在十八届中央政治局常委会上关于第一季度经济形势的讲话中强调“今年以来，我国雾霾天气、一些地区饮水安全和土壤重金属含量过高等严重污染问题集中暴露，社会反映强烈。经过 30 多年快速发展积累下来的环境问题进入了高强度频发阶段。这既是重大经济问题，也是重大社会和政治问题。”习近平总书记还于 2013 年 12 月 10 日在中央经济工作会议上的讲话中强调“要加大污染治理力度。今年以来,各地雾霾天气多发频发,空气严重污染的天数增加,社会反映十分强烈,这既是环境问题,也是重大民生问题,发展下去也必然是重大政治问题。白居易在《长恨歌》中写道:'回头下望人寰处,不见长安见尘雾。'当时的尘雾大概不是现在的雾霾,但这种描写与现在雾霾严重时很相像啊!有关地区和部门要立军令状,立行立改,不能把雾霾当成茶余饭后的一个谈资,一笑了之、一谈了之了!要加大环境治理和生态保护工作力度、投资力度、政策力度,加强污染物减排特别是大气污染防治,推进重点行业、重点区域大气污染治理,加强区域联防联控,把已经出台的大气污染防治十条措施真正落到实处。要加强源头治理,加强生态环境保护,推进制度创新,努力从根本上扭转环境质量恶化趋势。"

因此,大气污染治理和雾霾天气防范问题已经不再是一个简单的环境问题,而是重大的经济问题、社会问题、民生问题,也是重大的政治问题。而充分发挥气象工作在大气污染防治攻坚战的前瞻性作用、气象工作在大气污染防治攻坚战的大气污染物清除作用、气象工作在大气污染突发事件的应急保障作用,扎实做好大气污染防治攻坚战的气象保障工作,有效应对重污染天气,基本消除重污染天气,就是贯彻落实习近平新时代中国特色社会主义思想和党的十九大关于"坚持全民共治、源头防治,持续实施大气污染防治行动,打赢蓝天保卫战"精神,认真落实党中央、国务院决策部署和全国生态环境保护大会要求,坚持新发展理念,坚持全民共治、源头防治、标本兼治的具体实践;就是不断增强"四个意识"、坚定"四个自信"、坚决做到"两个维护"的具体实践。

综上所述,充分发挥气象工作对大气污染治理和重污染天气防范的基础性、现实性、前瞻性作用对坚决打赢蓝天保卫战、基本消除重污染天气具有重要的政治意义。

## 第二节　气象保障大气污染防治攻坚战的紧迫性分析

### 一、不利气象条件下大气污染的严峻形势

清新的空气是一种典型的公共资源,每个人对其都有公平的占有权和使用权,但是随着我国经济社会高速发展,各类污染问题频出,尤其是不利气象条件下的城市大气污染天气过程出现范围增大,出现频次增多,空气质量问题造成的损失也越来越大,严重影响人民群众的身心健康,制约了经济社会健康发展。

例如,2016 年 12 月 16—21 日,我国多个地区遭遇了长时间、大范围的大气污染。作为大气污染直观表现的雾霾天气波及山东、河南、陕西、吉林、辽宁、山西、湖北、安徽、江苏、北京、天津、河北等 10 多个省、市(图 1-22)。

根据中国环境监测总站全国城市空气质量监测网的监测结果统计,此次大气污染过程超过 80 个城市出现重度及以上大气污染,最大影响面积超过 100 万 $km^2$。京津冀及周边区域共 29 个城市出现小时 AQI(空气质量指数)达 500 的情况,其中石家庄、邯郸、安阳、焦作、郑州、漯河、唐山、济南、洛阳、许昌、衡水、临汾 12 个城市小时 AQI 达 500 的时间超过 10 h(图 1-23),并且石家庄更是出现了连续超过 50 h 的严重大气污染,其 $PM_{2.5}$浓度一度超过 1000 $\mu g/m^3$。

此次污染过程始于 12 月 16 日,重污染首先在京津冀及周边区域中南部开始发生并积累,当日空气质量达到重度污染的城市数量为 22 个。17 日,污染范围扩大至整个京津冀及周边区域,污染程度加重,共 21 个城市出现重度及以上污染,其中石家庄、保定、廊坊、邢台、邯郸、临汾 6 个城市为严重污染。18 日,污染范围进一步扩大,污染程度持续加重,京津冀及周边区

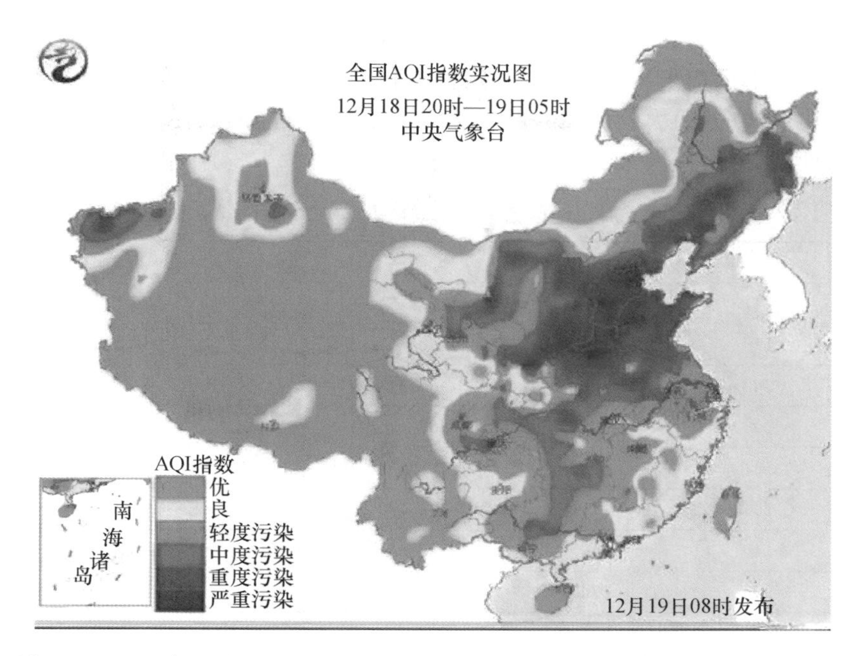


图 1-22 2016 年 12 月 18 日 20 时—19 日 05 时全国 AQI 指数实况(彩图见书后)

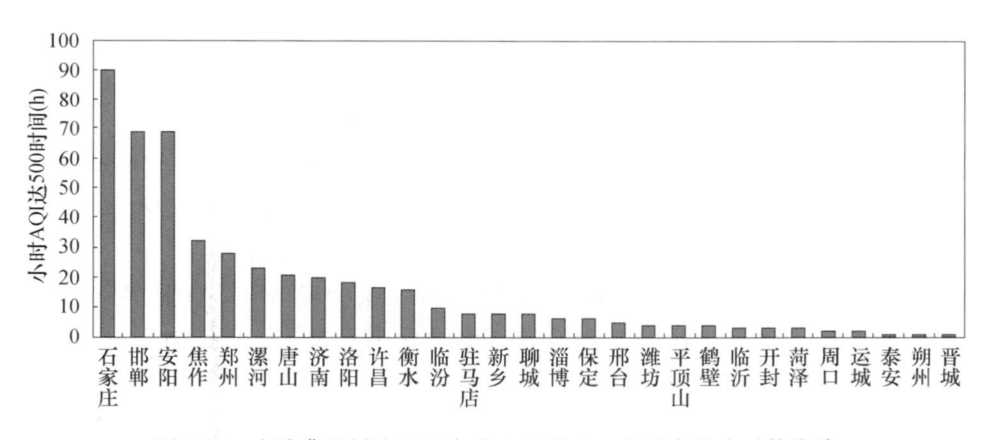


图 1-23 京津冀及周边地区小时 AQI 达 500 的城市及小时数统计

域共 43 个城市出现重度及以上污染,其中严重污染城市有 19 个,污染区域由华北向北扩大至东北部分地区,辽宁省锦州、葫芦岛市出现严重污染。19—20 日,污染达到最严重水平,其间空气质量达到重度污染的城市数量最多为 88 个,达到严重污染的城市数量最多为 46 个,同时污染带向南蔓延,江苏和湖北北部部分城市出现重度污染。21 日起,大气污染形势逐步缓解。22 日,整个大气污染过程结束。

根据丁俊男、赵熠琳、李健军等的分析表明:此次长时间、大范围的大气污染过程的首要污染物为 $PM_{2.5}$,16—21 日,京津冀及周边区域城市 $PM_{2.5}$ 日均浓度平均值达到 200 $\mu g/m^3$。其中京津冀中南部地区受此次大范围污染过程影响明显,颗粒物浓度显著升高,$PM_{2.5}$ 浓度峰值主要出现在 19 日,$PM_{2.5}$ 日均浓度平均值为 274 $\mu g/m^3$,最高日均浓度达到 703 $\mu g/m^3$(表 1-2)。而京津冀区域及周边地区稳定的气象条件是形成此次大气重污染过程的重要原因。重污染过程中的天气持续静稳,其间少云无明显降水,地面风场开始以较弱的偏西南风为主,污染物持续由南向北输送，在太行山东侧及燕山南侧堆积，后期风速微弱，水平扩散条件极为不利，污染物在静风条件下进一步累积和生成。这种不利于污染物扩散的高低空天气形势的配合抑制了污染物的快速消散，为大气污染的形成及维持提供了稳定的大气环境背景，形成了此次污染过程污染浓度高、影响范围大的态势。

**表 1-2　京津冀区域及周边地区部分城市 12 月 16—21 日 $PM_{2.5}$ 日均浓度**　（单位：μg/m³）

| 城市 | 16 日 | 17 日 | 18 日 | 19 日 | 20 日 | 21 日 |
|---|---|---|---|---|---|---|
| 北京 | 117 | 196 | 221 | 223 | 376 | 396 |
| 天津 | 118 | 188 | 290 | 243 | 242 | 263 |
| 石家庄 | 280 | 438 | 482 | 615 | 614 | 542 |
| 保定 | 200 | 265 | 289 | 406 | 289 | 407 |
| 廊坊 | 191 | 290 | 302 | 393 | 263 | 254 |
| 邢台 | 164 | 271 | 354 | 380 | 346 | 220 |
| 衡水 | 148 | 168 | 373 | 295 | 227 | 223 |
| 邯郸 | 203 | 270 | 551 | 703 | 566 | 306 |
| 唐山 | 164 | 227 | 326 | 263 | 342 | 367 |
| 沧州 | 92 | 181 | 313 | 251 | 165 | 224 |
| 郑州 | 136 | 145 | 375 | 607 | 387 | 200 |
| 济南 | 69 | 92 | 177 | 316 | 386 | 241 |
| 太原 | 161 | 202 | 196 | 179 | 128 | 131 |

又如，2012 年 6 月 16—20 日，北京城区及周边地区 7 个地面臭氧观测站（海淀宝联体育公园、中国气象局、顺义区气象局、昌平区气象局、朝阳区气象局、上甸子区域大气本底站和位于河北的固城农业生态站）的观测结果表明：自 2012 年 6 月 16 日起北京城区开始出现 $O_3$ 小时浓度值超过《环境空气质量标准》（GB 3095—2012）二级标准的现象，并一直持续到 2012 年 6 月 22 日的光化学烟雾大气污染事件（图 1-24）。整个光化学烟雾大气污染过程中 $O_3$ 浓度最高值出现在上甸子，17 日 16 时 $O_3$ 浓度达到 375 μg/m³，接近国家二级标准的两倍（图 1-24）。

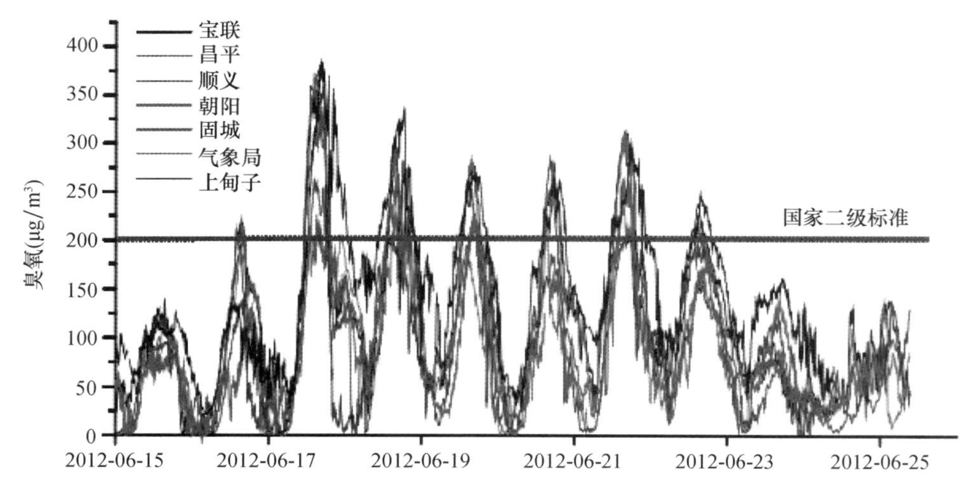


图 1-24　2012 年 6 月 15—25 日北京及周边地区的 $O_3$ 浓度变化（彩图见书后）

马志强等(2013)分析表明:北京的不利气象条件是引发此次光化学烟雾大气污染事件的重要原因。2012 年 6 月 16—17 日,北京地区受暖高压脊控制,其上空出现明显的下沉气流,且天空晴朗少云,有利于辐射升温,导致北京地面出现大范围的干热高温天气,地面 15、16 和 17 日逐时气温最高值分别为 29.8 ℃、35.3 ℃和 37.8 ℃,而相对湿度基本维持在 60%以下(图 1-25)。17 日高温范围覆盖了北京昌平、顺义及以南地区,城区和部分区、县气象站均出现了 35 ℃以上的高温(图 1-26),最大直接辐射甚至达到 877 $W/m^2$,高温和强烈的辐射为光化学反应提供了有利条件,提高了光化学反应速率,而风速持续低于 2 m/s 的偏南风不利于污染的扩散,促进光化学产物的积累,导致 $O_3$浓度达到最高。另外,随着暖高压脊逐渐减弱,18—23 日北京地区高空受不断东移的弱低涡低槽影响,地面位于高压后部,低压前部,处于弱的辐合区。这样的天气形势下,多阵性降水,雨量不大,对污染物的清除作用不明显,反而提高了空气湿度,使得大气相对湿度保持在 60%以上,这样的湿度环境为 $PM_{2.5}$中亲水性颗粒物的增长提供了有利条件,二者作用相叠加造成 19 日开始北京城区 $PM_{2.5}$浓度达到最高(图 1-27)。持续的 $O_3$高浓度污染会使一次污染物($NO_x$、$SO_2$等)迅速氧化为二次气溶胶粒子提升 $PM_{2.5}$浓度,因此 18—24 日,除 22 日凌晨 $PM_{2.5}$浓度有所下降,其余时段 $PM_{2.5}$均维持在较高浓度,特别是海淀宝联站 $PM_{2.5}$日均浓度持续高于 150 $\mu g/m^3$,超过《环境空气质量标准》(GB 3095—2012)二级标准 1 倍,其最高小时浓度甚至高达 350 $\mu g/m^3$。21 日傍晚开始自西南向东北方向先后出现了小雷阵雨伴有局地短时大风,造成 22 日凌晨观测到的 $PM_{2.5}$浓度下降,但是 22 日白天的高温高湿条件又为污染物的迅速积累提供了有利条件。24 日受东移的高空槽降雨云带影响,北京地区普降大雨到暴雨,受到全市连续性降水的影响,此次大范围的大气污染过程才彻底结束。

面对如此严峻的大气污染形势,党中央国务院高度重视。习近平总书记在 2013 年针对大气污染直观表现的雾霾天气问题明确指出,这不仅仅是环境问题,也是重大的经济问题、社会问题、民生问题,发展下去也必然是重大政治问题,要求加强大气污染防治,把已经出台的大气污染防治十条措施真正落到实处,努力从根本上扭转环境质量恶化趋势。

2014 年 2 月 26 日,习近平总书记在北京市考察工作结束时的讲话中强调:应对雾霾污染、改善空气质量的首要任务是控制 $PM_{2.5}$。虽然说按国际标准控制 $PM_{2.5}$对整个中国来说提得早了,超越了我们发展阶段,但要看到这个问题引起了广大干部群众高度关注,国际社会也

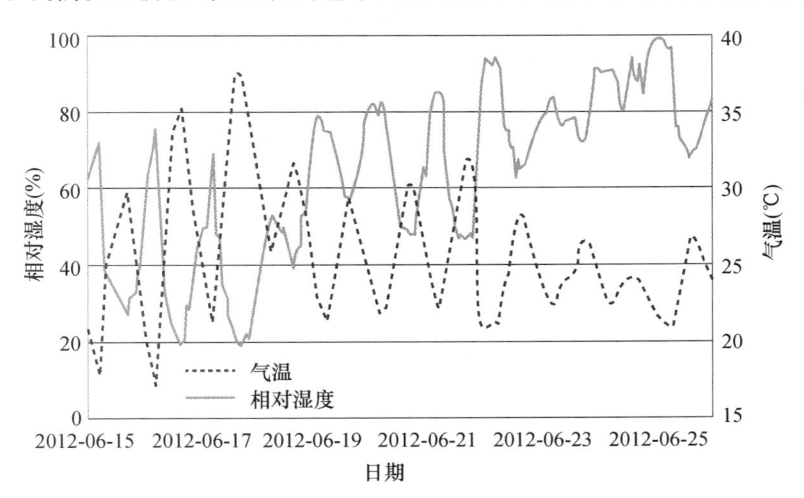


图 1-25 2012 年 6 月 15—25 日北京南郊观象台气温和相对湿度逐时变化(彩图见书后)

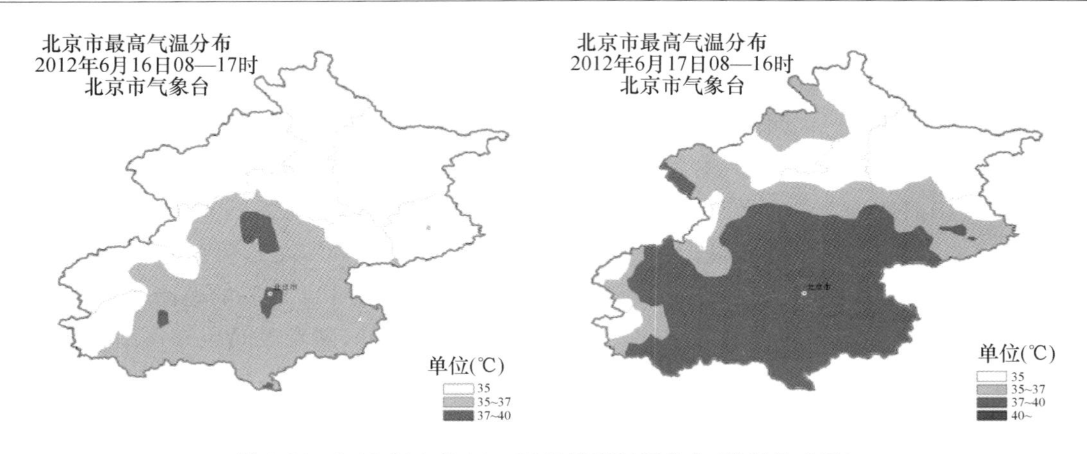


图 1-26　2012 年 6 月 16—17 日最高气温分布(彩图见书后)

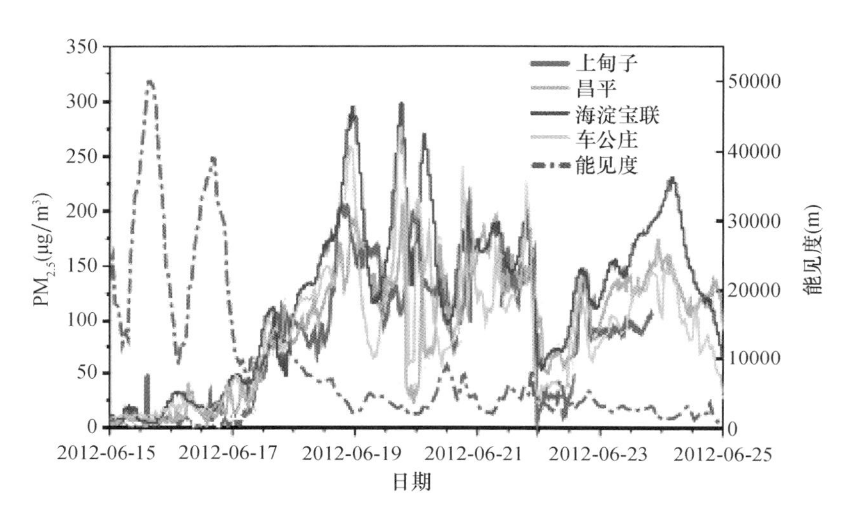


图 1-27　6 月 15—25 日北京地区 4 个站点 $PM_{2.5}$ 浓度和南郊观象台能见度变化(彩图见书后)

关注,所以我们必须处置。民有所呼,我有所应!雾霾问题,发达国家都有过,像德国的鲁尔区、英国的伦敦、法国的巴黎和里昂都走过这个路,美国纽约、洛杉矶也是。北京正在全力以赴治理大气污染,制定了《北京市二〇一三——二〇一七年清洁空气行动计划》,从压减燃煤、严格控车、调整产业、强化管理、联防联控、依法治理等方面都提出了一些重大举措,现在的关键是下大气力抓好落实,不断取得成效。要坚持标本兼治和专项整治并重、常态治理和应急减排协调、本地治污和区域协作相互促进原则,多策并举,多地联动,全社会共同行动,聚焦燃煤、机动车、工业、扬尘四大重点领域,集中实施压减燃煤、控车减油、治污减排、清洁降尘措施。

2016 年 8 月 19 日,习近平总书记在全国卫生与健康大会上的讲话中强调:良好的生态环境是人类生存与健康的基础。经过三十多年快速发展,我国经济建设取得了历史性成就,同时也积累了不少生态环境问题,其中不少环境问题影响甚至严重影响群众健康。老百姓长期呼吸污浊的空气、吃带有污染物的农产品、喝不干净的水,怎么会有健康的体魄?绿水青山不仅是金山银山,也是人民群众健康的重要保障。对生态环境污染问题,各级党委和政府必须高度重视,要正视问题、着力解决问题,而不要去掩盖问题。群众天天生活在环境之中,对生态环境问题采取掩耳盗铃的办法是行不通的。党中央对生态环境保护高度重视,不仅制定了一系列文件、提出了明确要求，而且组织开展了环境督察，目的就是要督促大家负起责任，加紧把生态环境保护工作做好。要按照绿色发展理念，实行最严格的生态环境保护制度，建立健全环境与健康监测、调查、风险评估制度，重点抓好空气、土壤、水污染的防治，加快推进国土绿化，治理和修复土壤特别是耕地污染，全面加强水源涵养和水质保护，综合整治大气污染特别是雾霾问题，全面整治工业污染源，切实解决影响人民群众健康的突出环境问题。

2016 年 12 月 21 日，习近平总书记在中央财经领导小组第十四次会议上的讲话中强调：人民群众关心的问题是什么？是食品安全不安全、暖气热不热、雾霾能不能少一点、湖泊能不能清一点、垃圾焚烧能不能不有损健康、养老服务顺不顺心、能不能租得起或买得起住房，等等。相对于增长速度高一点还是低一点，这些问题更受人民群众关注。如果只实现了增长目标，而解决好人民群众普遍关心的突出问题没有进展，即使到时候我们宣布全面建成了小康社会，人民群众也不会认同。目前，北方一些城镇和广大农村地区冬季大量采用分散燃煤取暖，污染物排放量巨大，是北方地区冬季雾霾加重的主要原因之一。要按照企业为主、政府推动、居民可承受的方针，宜气则气，宜电则电，尽可能利用清洁能源，加快提高清洁供暖比重，争取用五年左右时间，基本实现雾霾严重城市化地区的散煤供暖清洁化。

2017 年 5 月 26 日，习近平总书记在十八届中央政治局第四十一次集体学习时强调：如果经济发展了，但生态破坏了、环境恶化，大家整天生活在雾霾中，吃不到安全的食品．喝不到洁净的水，呼吸不到新鲜的空气，居住不到宜居的环境，那样的小康、那样的现代化不是人民希望的。所以，我们必须把生态文明建设摆在全局工作的突出地位置，既要金山银山，也要绿水青山。努力实现经济社会发展和生态环境保护协同共进。加大环境污染综合治理。要以解决人民群众反映强烈的大气、水、土壤污染等突出问题为重点，全面加强环境污染防治。要持续实施大气污染防治行动计划，全面深化京津冀及周边地区、长三角、珠三角等重点区域大气污染联防联控，逐步减少并消除重污染天气，坚决打赢蓝天保卫战。

尤其是习近平总书记在 2017 年 10 月 18 日的十九大报告中进一步强调：坚持全民共治、源头防治，持续实施大气污染防治行动，打赢蓝天保卫战。习近平总书记在 2018 年 5 月 18—19 日召开的全国生态环境保护大会上再次强调：坚决打赢蓝天保卫战是重中之重，要以空气质量明显改善为刚性要求，强化联防联控，基本消除重污染天气，还老百姓蓝天白云，繁星闪烁。

国务院总理李克强也早在 2013 年 3 月 17 日的十二届全国人大一次会议闭幕后的中外记者见面会上回答法国《费加罗报》记者提问时指出：要打造中国经济的升级版，就包括在发展中要让人民呼吸洁净的空气，饮用安全的水，食用放心食品。一段时期以来，北京，实际上中国东部比较大范围出现雾霾天气，我和大家一样，心情都很沉重。对这一长期积累形成的问题，我们要下更大的决心，以更大的作为去进行治理。绿水青山贫穷落后不行，但殷实富裕环境恶化也不行。我们需要进一步创新发展理念，推动科学发展。一是不能再欠新账，包括提高环保的门槛；二是加快还旧账，包括淘汰落后产能等。政府应当铁腕执法、铁面问责。我们不能以牺牲环境来换取人民并不满意的增长，所以这里很重要的是，不论是污染的状况、食品问题，还是治理和处置的效果，都要公开、透明，让公众、媒体能够充分、有效地加以监督，这也是形成一种倒逼机制，来硬化企业和政府的责任，也可以增强人们自身的防护意识。既然同呼吸，就要共奋斗，大家都尽一把力。政府则是要以更大的决心来让人民放心。

2014 年 3 月 5 日，国务院总理李克强在《政府工作报告》强调："以雾霾频发的特大城市和区域为重点，以 $PM_{2.5}$、$PM_{10}$ 治理为突破口，抓住产业结构、能源效率、尾气排放和扬尘等关键环节，健全政府、企业、公众共同参与新机制，实行区域联防联控，深入实施大气污染防治行动计划。”

2017 年 3 月 5 日，国务院总理李克强在《政府工作报告》提出：坚决打好蓝天保卫战。要求五大举措治理雾霾：一要加快解决燃煤污染问题；二要全面推进污染源治理；三要强化机动车尾气治理；四要有效应对重污染天气；五要严格环境执法和督查问责。

2018 年 6 月 13 日，国务院总理李克强主持召开国务院常务会议，部署实施蓝天保卫战三年行动计划，持续改善空气质量。会议指出，要按照党中央、国务院部署，顺应群众期盼和高质量发展要求，在“大气十条”目标如期实现、空气质量总体改善的基础上，以京津冀及周边地区和长三角地区等重点区域为主战场，通过 3 年努力进一步明显降低细颗粒物浓度，明显减少重污染天数。一要源头防控、重点防治。在重点区域严禁新增钢铁、焦化、电解铝等产能，提高过剩产能淘汰标准。集中力量推进散煤治理。大幅提升铁路货运比例。鼓励淘汰使用 20 年以上内河航运船舶。明年 1 月 1 日起全国全面供应符合国六标准的车用汽柴油。开发推广节能高效技术和产品，培育发展节能绿色环保产业。二要科学合理、循序渐进有效治理污染。在重点区域继续控制煤炭消费总量，有力有序淘汰不达标的燃煤机组和燃煤小锅炉。建立覆盖所有固定污染源的企业排放许可制度，达不到排放标准的坚决依法整治。加强扬尘、露天矿山整治，完善秸秆禁烧措施。坚持从实际出发，宜电则电、宜气则气、宜煤则煤、宜热则热，确保北方地区群众安全取暖过冬。三要创新环境监管方式。推广“双随机、一公开”等监管，鼓励群众举报环境违法行为。严格环境执法督察，开展重点区域秋冬季大气污染、柴油货车污染、工业炉窑治理和挥发性有机物整治等重大攻坚。完善法规标准和环境监测网络，强化信息公开和考核问责，动员全社会力量合力保卫蓝天。

2019 年 3 月 5 日，国务院总理李克强在《政府工作报告》关于“2019 年经济社会发展总体要求和政策取向”中强调：污染防治要聚焦打赢蓝天保卫战等重点任务，统筹兼顾、标本兼治，使生态环境质量持续改善。关于“2019 年经济社会发展总体要求和政策取向”中强调：持续推进污染防治。巩固扩大蓝天保卫战成果，今年二氧化硫、氮氧化物排放量要下降 3%，重点地区细颗粒物（$PM_{2.5}$）浓度继续下降。持续开展京津冀及周边、长三角、汾渭平原大气污染治理攻坚，加强工业、燃煤、机动车三大污染源治理。做好北方地区清洁取暖工作，确保群众温暖过冬。强化水、土壤污染防治，今年化学需氧量、氨氮排放量要下降 2%。加快治理黑臭水体，推进重点流域和近岸海域综合整治。加强固体废弃物和城市垃圾分类处置。企业作为污染防治主体，必须依法履行环保责任。改革创新环境治理方式，对企业既依法依规监管，又重视合理诉求、加强帮扶指导，对需要达标整改的给予合理过渡期，避免处置措施简单粗暴、一关了之。企业有内在动力和外部压力，污染防治一定能取得更大成效。

为此，国务院于 2013 年 9 月 10 日向各省、自治区、直辖市人民政府，国务院各部委、各直属机构下发了《国务院关于印发大气污染防治行动计划的通知》（国发〔2013〕37 号）。《大气污染防治行动计划》明确指出：大气环境保护事关人民群众根本利益，事关经济持续健康发展，事关全面建成小康社会，事关实现中华民族伟大复兴中国梦。当前，我国大气污染形势严峻，以可吸入颗粒物（$PM_{10}$）、细颗粒物（$PM_{2.5}$）为特征污染物的区域性大气环境问题日益突出，损害人民群众身体健康，影响社会和谐稳定。随着我国工业化、城镇化的深入推进，能源资源消耗持续增加，大气污染防治压力继续加大。为切实改善空气质量，制定本行动计划。其总体要求是：以邓小平理论、“三个代表”重要思想、科学发展观为指导，以保障人民群众身体健康为出发点，大力推进生态文明建设，坚持政府调控与市场调节相结合、全面推进与重点突破相配合、区域协作与属地管理相协调、总量减排与质量改善相同步，形成政府统领、企业施治、市场驱动、公众参与的大气污染防治新机制，实施分区域、分阶段治理，推动产业结构优化、科技创新能力增强、经济增长质量提高，实现环境效益、经济效益与社会效益多赢，为建设美丽中国而奋斗。奋斗目标是：经过五年努力，全国空气质量总体改善，重污染天气较大幅度减少；京津冀、长三角、珠三角等区域空气质量明显好转。力争再用五年或更长时间，逐步消除重污染天气，全国空气质量明显改善。具体指标是：到 2017 年，全国地级及以上城市可吸入颗粒物浓度比 2012 年下降 10%以上，优良天数逐年提高；京津冀、长三角、珠三角等区域细颗粒物浓度分别下降 25%、20%、15%左右，其中北京市细颗粒物年均浓度控制在 60 $\mu g/m^3$ 左右。具体要求是：加大综合治理力度，减少多污染物排放；调整优化产业结构，推动产业转型升级；加快企业技术改造，提高科技创新能力；加快调整能源结构，增加清洁能源供应；严格节能环保准入，优化产业空间布局；发挥市场机制作用，完善环境经济政策；健全法律法规体系，严格依法监督管理；建立区域协作机制，统筹区域环境治理；建立监测预警应急体系，妥善应对重污染天气；明确政府企业和社会的责任，动员全民参与环境保护。

为深入贯彻党的十九大精神和习近平生态文明思想，按照党的十九大关于打赢蓝天保卫战的重大决策部署和《中共中央 国务院关于全面加强生态环境保护坚决打好污染防治攻坚战的意见》(中发〔2018〕17 号)要求，国务院于 2018 年 6 月 27 日向各省、自治区、直辖市人民政府，国务院各部委、各直属机构下发了《国务院关于印发打赢蓝天保卫战三年行动计划的通知》(国发〔2018〕22 号)。《打赢蓝天保卫战三年行动计划》明确指出：打赢蓝天保卫战，是党的十九大做出的重大决策部署，事关满足人民日益增长的美好生活需要，事关全面建成小康社会，事关经济高质量发展和美丽中国建设。为加快改善环境空气质量，打赢蓝天保卫战，制定本行动计划。其指导思想是：以习近平新时代中国特色社会主义思想为指导，全面贯彻党的十九大和十九届二中、三中全会精神，认真落实党中央、国务院决策部署和全国生态环境保护大会要求，坚持新发展理念，坚持全民共治、源头防治、标本兼治，以京津冀及周边地区、长三角地区、汾渭平原等区域(以下称重点区域)为重点，持续开展大气污染防治行动，综合运用经济、法律、技术和必要的行政手段，大力调整优化产业结构、能源结构、运输结构和用地结构，强化区域联防联控，狠抓秋冬季污染治理，统筹兼顾、系统谋划、精准施策，坚决打赢蓝天保卫战，实现环境效益、经济效益和社会效益多赢。目标指标是：经过 3 年努力，大幅减少主要大气污染物排放总量，协同减少温室气体排放，进一步明显降低细颗粒物($PM_{2.5}$)浓度，明显减少重污染天数，明显改善环境空气质量，明显增强人民的蓝天幸福感。到 2020 年，二氧化硫、氮氧化物排放总量分别比 2015 年下降 15%以上；$PM_{2.5}$未达标地级及以上城市浓度比 2015 年下降 18%以上，地级及以上城市空气质量优良天数比率达到 80%，重度及以上污染天数比率比 2015 年下降 25%以上；提前完成“十三五”目标任务的省份，要保持和巩固改善成果；尚未完成的，要确保全面实现“十三五”约束性目标；北京市环境空气质量改善目标应在“十三五”目标基础上进一步提高。重点区域范围是：京津冀及周边地区，包含北京市，天津市，河北省石家庄、唐山、邯郸、邢台、保定、沧州、廊坊、衡水市以及雄安新区，山西省太原、阳泉、长治、晋城市，山东省济南、淄博、济宁、德州、聊城、滨州、菏泽市，河南省郑州、开封、安阳、鹤壁、新乡、焦作、濮阳市等；长三角地区，包含上海市、江苏省、浙江省、安徽省；汾渭平原，包含山西省晋中、运城、临汾、吕梁市，河南省洛阳、三门峡市，陕西省西安、铜川、宝鸡、咸阳、渭南市以及杨凌示范区等。具体要求是：调整优化产业结构，推进产业绿色发展；加快调整能源结构，构建清洁低碳高效能源体系；积极调整运输结构，发展绿色交通体系；优化调整用地结构，推进面源污染治理；实施重大专项行动，大幅降低污染物排放；强化区域联防联控，有效应对重污染天气；健全法律法规体系，完善环境经济政策;加强基础能力建设,严格环境执法督察;明确落实各方责任,动员全社会广泛参与。

上述分析表明:虽然我国采取了一系列法律、行政、经济、技术手段进行大气污染防治,但是随着经济社会高速发展,我国的大气污染形势仍然严峻。因此,防范大气污染事件发生,加强大气污染防治攻坚战的气象保障工作,事关人民群众根本利益,事关经济持续健康发展,事关全面建成小康社会,事关实现中华民族伟大复兴中国梦,具有重要现实意义和长远的战略意义。

## 二、大气污染防治攻坚战中大气污染气象风险管理方面的局限性

### (一)大气污染气象风险管理在思想认识方面的局限性

党中央国务院高度重视大气污染防治工作,采取一系列有效措施,进一步加强了大气污染防治工作的组织领导,综合应用法律手段、行政手段、经济手段、科技手段等对大气污染隐患进行排查和治理,有效防止或减少了大气污染事件发生,如期超额完成了 2013 年的《大气污染防治行动计划》制定的五大目标。即与 2013 年相比,2017 年全国 338 个地级及以上城市 $PM_{10}$ 平均浓度下降了 22.7%,京津冀 $PM_{2.5}$ 平均浓度下降了 39.6%,长三角 $PM_{2.5}$ 平均浓度下降了 34.3%,珠三角 $PM_{2.5}$ 平均浓度下降了 27.7%,并且珠三角作为一个重点区域,连续三年低于 35 $\mu g/m^3$,整体达标,而北京市 $PM_{2.5}$ 平均浓度从 89.5 $\mu g/m^3$ 降至 58 $\mu g/m^3$,取得了实实在在的成效。尽管如此,目前我国面临的大气污染形势还非常严峻,尤其是不利气象条件下大气污染防治仍然任重道远。总体上来讲,我国大气污染防治还处在“靠天吃饭”的状态。“天帮忙”,我们日子就好过一点,“天不帮忙”,雾霾就比较重。例如 2017 年、2018 年、2019 年、2020 年北京连续遭遇重污染天气影响就足以让我们警醒。

然而,有的地方政府、相关部门和向大气污染物排放的企业对不利气象条件下大气污染风险认识不到位,应急处置不到位,造成不利气象条件下大气污染风险转变为大气污染事件(空气重污染天气事件)频繁发生。其实质是没有意识到不利气象条件下大气污染事件既是生态环境灾害又是气象衍生、次生灾害,必须按照《中共中央国务院关于推进防灾减灾救灾体制机制改革的意见》(中发[2016]35 号文件)关于“坚持以防为主、防抗救相结合,坚持常态减灾和非常态救灾相统一;努力实现从注重灾后救助向注重灾前预防转变,从应对单一灾种向综合减灾转变,从减少灾害损失向减轻灾害风险转变”的要求,在“不利气象条件”这种非常态的气象条件下,充分利用现代科学技术手段智能分析评估污染源所在地大气自净能力与常态气象条件下大气自净能力差异的实时动态变化趋势,智慧研判不利气象条件可能诱发大气污染事件发生的气象风险,及时采取有效措施,停止或减少常态气象条件下向大气排放污染物,确保污染源所在地污染物的大气容量在不利气象条件下仍然达到国家标准,从而有效防止不利气象条件可能诱发大气污染事件的气象风险向发生大气污染事件转变。

目前,有的地方政府和相关部门还不清楚本地区、本行业那些向大气排放污染物的单位属于在不利气象条件下可能诱发空气质量指数(AQI)上升导致大气污染事件发生(AQI>100)的大气污染气象敏感单位(大气污染气象敏感单位是指根据大气污染物排放单位的地理位置、气候背景、环境条件、大气污染物特性及单位污染源排放管控措施,通过大气污染气象风险综合分析、评估,确认在不利气象条件下可能发生大气污染的单位。)也无法监督、指导大气污染气象敏感单位在常态气象条件下向大气的排放强度需要根据各种不利气象条件下(非常态气

象条件下)大气污染发生的气象风险程度进行精准削减,甚至停止排放,才能有效防范不利气象条件可能诱发的大气污染事件发生。因此,有的地方政府和相关部门对大气污染气象敏感单位的监督、指导还未树立消除或者减轻各种不利气象条件诱发大气污染气象风险,从而有效防范大气污染事件发生的大气污染气象风险管理理念。而有的大气污染气象敏感单位也不清楚本单位各种不利气象条件可能诱发大气污染的气象风险程度,当然也不可能根据各种不利气象条件可能诱发大气污染的气象风险程度采取相应的大气污染防范措施,实现科学治污、精准治染,从而有效防范不利气象条件可能诱发的大气污染事件发生。因此,有的大气污染气象敏感单位也未树立消除或者减轻各种不利气象条件诱发本单位大气污染气象风险,从而有效防范大气污染事件发生的大气污染气象风险管理理念。

例如,《建设项目环境风险评价技术导则》(HJ 941—2018)规定了建设项目大气环境风险预测和评价以及大气环境风险防范要求(图 1-28)。其规定的大气环境风险预测的工作内容是:一级评价需选取最不利气象条件和事故发生地的最常见气象条件,选择适用的数值方法进行分析预测,给出风险事故情形下危险物质释放可能造成的大气环境影响范围与程度。对于存在极高大气环境风险的项目,应进一步开展关心点概率分析。二级评价需选取最不利气象条件,选择适用的数值方法进行分析预测,给出风险事故情形下危险物质释放可能造成的大气环境影响范围与程度。三级评价应定性分析说明大气环境影响后果。其规定的大气环境风险评价范围是:一级、二级评价距建设项目边界一般不低于 5 km;三级评价距建设项目边界一般不低于 3 km。油气、化学品输送管线项目一级、二级评价距管道中心线两侧一般均不低于 200 m;三级评价距管道中心线两侧一般均不低于 100 m。当大气定性终点浓度预测到达距离超出评价范围时,应根据预测到达距离进一步调整评价范围。其规定的大气环境风险预测与评价的气象参数是:一级评价需选取最不利气象条件及事故发生地的最常见气象条件分别进行后果预测。其中最不利气象条件取 F 类稳定度,1.5 m/s 风速,温度 25 ℃,相对湿度 50%;最常见气象条件由当地近 3 年内的至少连续 1 年气象观测资料统计分析得出,包括出现频率最高的稳定度、该稳定度下的平均风速(非静风)、日最高平均气温、年平均湿度。二级评价需选取最不利气象条件进行后果预测。最不利气象条件取 F 类稳定度,1.5 m/s 风速,温度 25 ℃,相对湿度 50%。其大气环境风险防范要求是:应结合风险源状况明确环境风险的防范、减缓措施,提出环境风险监控要求,并结合环境风险预测分析结果、区域交通道路和安置场所位置等,提出事故状态下人员的疏散通道及安置等应急建议。

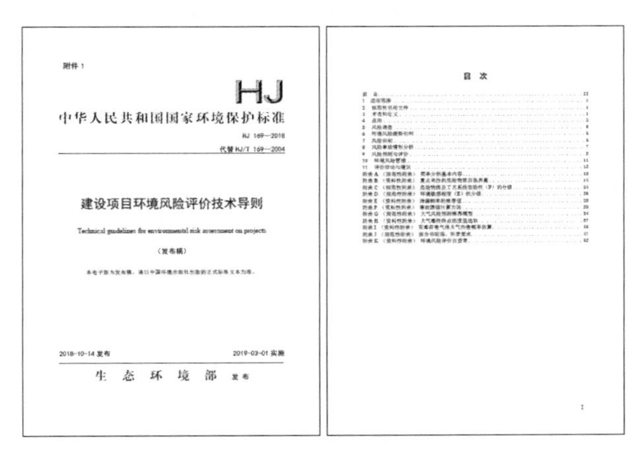
附件 1

HJ

中华人民共和国国家环境保护标准

HJ 169—2018

代替 HJ/T 169—2004

建设项目环境风险评价技术导则

Technical guidelines for environmental risk assessment on projects

(发布稿)

2018-10-14 发布 2019-03-01 实施

生 态 环 境 部 发布

目 次

图 1-28 《建设项目环境风险评价技术导则》(HJ 941—2018)

上述大气环境风险预测、评价和大气环境风险防范要求，仅仅是根据有毒有害和易燃易爆物质生产、使用、储存（包括使用管线运输）的建设项目可能发生的突发事故（不包括人为破坏及自然灾害的事故）导致有毒有害物质进入大气后的大气环境风险预测、评价和防范，而并没有根据有毒有害和易燃易爆物质生产、使用、储存（包括使用管线运输）的建设项目在建设和运行期间由于常态气象条件变化为非常态的不利气象条件导致有毒有害物质进入大气后形成重污染天气的大气污染气象风险预测、评价和防范。

又如，环境保护部办公厅于 2014 年 4 月 3 日向各省、自治区、直辖市环境保护厅（局）和新疆生产建设兵团环境保护局、辽河保护区管理局下发了《关于印发〈企业突发环境事件风险评估指南（试行）〉的通知》（环办[2014]34 号）文件。文件的《企业突发环境事件风险评估指南（试行）》虽然强调了“对于可能造成大气污染的，依据风向、风速等分析环境风险物质少量泄漏和大量泄漏情况下，白天和夜间可能影响的范围，包括事故发生点周边的紧急隔离距离、事故发生地下风向人员防护距离”，但也是仅仅规定了企业突发环境事件风险（以下简称环境风险）评估的内容、程序和方法，而对企业没有发生突发环境风险物质少量泄漏和大量泄漏情况下，由于常态气象条件变化为非常态的不利气象条件导致环境风险物质进入大气后形成重污染天气的大气污染气象风险评估的内容、程序和方法也没有规定。

上述分析表明：各地方和相关部门以及各个大气污染气象敏感单位不仅要高度重视常态气象条件下突发环境风险物质进入大气后的大气环境风险预测、评价和防范，更要高度重视非常态的不利气象条件导致环境风险物质进入大气后形成重污染天气的大气污染气象风险预测、评价和防范，因此大气污染气象风险管理必须按照“两坚持、三转变”的要求，须尽快制定《大气污染气象敏感单位大气污染气象风险评估技术规范》和《大气污染气象敏感单位大气污染防治气象保障技术规范》，尽快提高大气污染气象敏感单位大气污染气象风险管理的思想认知水平，尽快加强大气污染气象敏感单位大气污染气象风险管理水平，才可能有效防止或减少大气污染气象敏感单位在非常态的不利气象条件下造成大气污染物累积形成的大气污染事件。

### （二）大气污染气象风险管理在气象科学素养方面的局限性

根据国家大气污染防治攻关联合中心的科技攻关团队关于“京津冀及周边地区大气重污染，是污染物本地累积、区域传输和二次转化综合作用的结果。远超环境承载力的污染排放强度是大气重污染形成的主因，不利气象条件造成污染快速累积是诱因，大气氧化驱动的二次转化是污染累积过程中颗粒物爆发式增长的动力。而在京津冀及周边地区，符合以下不利条件时极易产生本地累积型重污染：风速小于 2 m/s，对污染物水平扩散极其不利；大气处于静稳状态，垂直扩散能力较差；近地面逆温，混合层高度低于 500 m；大气相对湿度达 60%以上，导致气态前体物向颗粒物加速转化。并且在空气污染过程中，污染累积到一定程度后还会导致气象条件进一步转差，重污染和不利气象条件之间形成显著的‘双向反馈’效应”的初步研究成果表明：大气污染事件产生、发展的内因是污染源向大气排放污染物排放强度，而不利气象条件是大气污染事件产生、发展的外因，因此大气污染事件产生、发展和结束是污染源向大气排放污染物排放强度这个内因和不利气象条件这个外因共同作用的结果，不利气象条件是诱发大气污染事件产生、发展的条件，污染源向大气排放污染物排放强度是大气污染事件产生、发展和结束变化的根本，不利气象条件通过对大气污染源向大气排放的污染物聚积效应而诱发大气污染事件产生、发展。否认大气污染事件产生、发展和结束的污染源向大气排放污染物排放强度所起根本作用，把大气污染事件产生、发展和结束的原因完全归结为不利气象条件，就会陷入了不利气象条件这个“外因论”，是片面的；而只讲污染源向大气排放污染物排放强度这个内因不讲不利气象条件这个外因，忽视大气污染事件产生、发展和结束的外部条件，就会陷入大气排放污染物排放强度这个“内因论”，也是片面的。

根据污染源向大气排放污染物排放强度这个内因与不利气象条件这个外因的唯物辩证关系，防范大气污染的大气污染气象风险管理显得非常重要。由于不利气象条件这个外因属于空气污染气象学科范畴，涉及气象学、物理学、化学以及技术科学等多种学科的微观与宏观多尺度，因此防范大气污染的大气污染气象风险管理属于微观气象条件和宏观气象条件影响下的大气污染防治实践，需要微观、宏观各种尺度的气象科学理论综合指导大气污染防治实践。然而目前大气污染防治实践仅仅停留在天气学尺度的宏观层面，还存在以下局限性：

一是大气污染防治实践在观测层面的局限性。目前大气污染防治实践的微观与宏观气象观测系统还未建立、健全，仅仅依靠适用于天气、气候分析和气候预测预估、天气预报预警的天气学尺度气象观测系统替代大气污染防治实践所需要的城市尺度的空气污染气象垂直观测系统、工业园区局地小区尺度的空气污染气象观测系统和大气污染气象敏感单位局地微尺度的空气污染气象观测系统，并且观测要素也是常规气象要素替代污染气象特殊要素（如近地面10 m处的水平风速、风向替代近地面大气层三维风速、风向和脉动风速），使大气污染防治实践所需要的气象观测资料缺乏有效性，存在局限性。

例如，在重庆大唐国际丰都核电项目大气环境评价中不仅需要重庆市丰都县气象局观测站（107°42′E，29°53′N，海拔 218 m）的常规气象观测资料，还必须在距离丰都县气象局观测站25 km的重庆大唐国际丰都核电项目所在地——丰都何家湾厂址，建立大唐国际丰都核电项目气象观测站（107°51′E，30°06′N，海拔 253.0 m）获取核电项目大气环境评价所需要的常规气象观测资料和距离地面 10 m、30 m、50 m、70 m、100 m 等 5 个高度层的特殊污染气象资料（图1-29），才能满足大气环境评价的资料需求。显然重庆大唐国际丰都核电项目若在建成后的大气污染应急预案演练和大气污染防范工作中仅仅依靠 25 km 外的丰都县气象局观测站常规气象观测资料是存在局限性的。

图 1-29　新建的大唐国际丰都核电项目气象观测站（彩图见书后）

二是大气污染防治实践在气象预报预警层面的局限性。目前大气污染防治实践的大气污染气象敏感单位局地微尺度的污染气象预报预警系统还未建立，仅仅依靠适用于气候预测预估、天气预报预警的天气学尺度气象预报预警系统替代大气污染防治实践所需的大气污染气象敏感单位局地微尺度的污染气象预报预警系统，使大气污染防治实践所需的气象预报预警缺乏精准性，也存在局限性。

例如，重庆（酉阳）年产 20 万 t 林（浆）纸产业化项目是重庆市政府为解决三峡库区产业空心化而实施一项产业发展战略。该项目是年产 50 万 t 林（浆）纸产业化项目的一期工程，工程的工厂选址位于重庆市酉阳县龚滩镇红花村，地理坐标为 108°22′27″E，28°22′21″N。其气候概况是：厂址所在地区位于酉阳县西部，属武陵山区，其地貌为槽谷和平坝，海拔高度为 290～

400 m。总的气候特点:四季分明而季节差异大,雨量充沛而分配不匀,山地立体气候明显,常有暴雨、冰雹、大风、干旱、低温等灾害天气发生。总的说来,此地冬无严寒、夏无酷暑、气候温和。需要应用项目环境评价结论解决的问题是:林浆纸产业化项目工厂在上述气候背景中,急需应用项目环境评价结论回答林浆纸产业化项目是否对库区生态环境造成污染,工厂能否在重庆市酉阳县龚滩镇红花村建设,工厂功能区如何布局、应用哪些科学技术、生产工艺进行怎样改进,采取何种可靠措施才能有效防止大气污染事件发生,污染事件一旦发生应采取哪些预防措施等问题。解决这些问题必须对重庆(酉阳)年产 20 万 t 林浆纸产业化项目进行大气环境评价。评价报告将为促进项目建设,又保护好生态环境提供科学的决策依据。为此重庆市气象局组织有关工程技术人员在重庆年产 50 万 t 林(浆)纸产业化项目一期年产 20 万 t 优质印刷纸工程拟选厂址——重庆市酉阳县龚滩镇红花村进行了污染气象野外观测试验,重点观测了地面常规气象要素,距地面 800～1500 m 高的垂直温度场探测、垂直风扬观测与扩散参数试验。分析了地面(10 m)及各主要高度层风向频率分布特征并绘制风速、风向玫瑰图,不同高度风向频率及平均风速、风速的时空分布,静风、小风随高度的变化,各类稳定度下风速幂指数值;分析了贴地逆温出现频率、厚度、逆温强度及生消规律,低层逆温出现频率、逆温底高、厚度的分布及逆温强度,高层逆温出现频率、逆温底高、厚度的分布及逆温强度;分析了各类大气稳定度下低空温度垂直梯度,不同大气稳定度下混合层厚度及变化规律,逆温层和混合层厚度对大气污染考察物扩散的影响;分析了温度的时空分布,温度场时空分布和相关统计;分析了大气湍流扩散参数。并得到以下评价结论:

(1)拟建项目地处乌江和阿蓬江交汇的武陵山区,地形脊、槽、沟、谷纵横,高差大。由此,拟建项目地区呈现出比较典型的山地气候特征。即山谷风、河谷风、乱流(风向不规则)明显和逆温频率较高。

(2)拟建项目所在地的地面及近地层风向不规则,有风条件下,最多风向北(N)风的频率仅 4.3%,次主导风向西(W)风,出现频率才 3.6%;平均风速小,静风频率高,观测资料统计平均值各风向平均风速多小于 1 m/s,静风频率高达 72.7%。据现场观测资料分析,此地盛行山谷风和河谷风;100～800 m 高度盛行偏东北风,800～1500 m 是比较一致的偏东南风,对高架源排放的污染物的水平输送比较有利。

(3)近地层(200 m 以下)和 800 m 以上逆温频率相对较高,但强度较弱,一般都小于 1 ℃/100 m。逆温多出现在夜间及上午(20～11 时)。

(4)因地形起伏较大,引起垂直动量输送和湍流较强,所以混合层较高和扩散参数比平原地区偏大。

(5)根据该地地形和气候特征,500～800 m 为一有利的扩散空间,建议建设单位设计废气排放的有效高度应在 500 m 以上,且尽可能减少地面和近地层的废气污染物排放。

显然,若林浆纸产业化项目在建成后的大气污染应急处置和大气污染防范工作中仅仅依靠天气学尺度气象预报预警采取措施的针对性、有效性和科学性,肯定不如依靠天气学尺度气象预报预警与建设项目所在地单位局地微尺度污染气象预报预警有机结合而采取措施的针对性、有效性和科学性。

三是大气污染防治实践在人工影响天气大气污染防治层面的局限性。目前大气污染防治实践的人工影响天气大气污染防治作业系统还未建立。目前仅仅依靠适用于抗旱增雨和防雹的天气学尺度人工影响天气作业系统替代大气污染防治实践所需的人工影响天气大气污染物防治的人工影响天气作业系统,并且人工影响天气大气污染防治的大气污染物湿沉降、干沉降、输送稀释、扩散稀释、迁移稀释、化学转化等机制和人工干预工程技术研究与示范工程严重不足，使大气污染防治实践的人工影响天气大气污染防治作业系统缺乏针对性，存在局限性。

例如，重庆市气象局在开展蓝天行动人工增雨作业改善空气质量作业服务，助力重庆市大气污染防治攻坚战中，仅仅依靠 5 部微波辐射计、35 部雨滴谱仪、5 部微雨雷达、1 部雾滴谱仪、4 部多普勒天气雷达、2 部云雷达、2000 余个区域自动气象站、2 部风廓线雷达等组成的地基云水资源及作业条件探测系统，而没有基于飞机机载探测云凝结核、气溶胶粒子、云粒子、云宏观影像、降水粒子、大气环境参数的空基云水资源及作业条件探测系统和基于 FY-4A 卫星监测云系发展演变及作业条件的天基云水资源及作业条件探测系统(图 1-30)，使蓝天行动人工增雨作业改善空气质量作业服务效益受到很大的限制。

图 1-30　空基、天基云水资源及作业条件探测系统(彩图见书后)

（三）大气污染气象风险管理在行政监管方面的局限性

众所周知，空气重污染天气事件产生、发展、结束总是大气污染企业污染物排放强度这个内因与不利气象条件这个外因共同作用的结果，但一些地方各级政府和相关行政管理部门在大气污染气象风险管理中对空气重污染天气事件的内因和外因辩证统一关系处置不当，过分强调了大气污染企业污染物排放强度这个内因是空气重污染天气事件产生、发展、结束的根本原因，忽视了不利气象条件这个外因是空气重污染天气事件产生、发展、结束的外部条件，出现了在不利气象条件的天气预警期间，不论大气污染企业是否在不利气象条件下对空气重污染天气事件发生有没有影响、有没有贡献，不分青红皂白地一律进行关停的“一刀切”现象。这种现象对那些已经投入经费采取了科学应对不利气象条件措施，确保了在不利气象条件下对空气重污染天气事件发生没有影响、没有贡献的大气污染企业极为不公，极易引发“劣币驱逐良币”效应。

针对一些地方环保管控“一刀切”现象，新华社记者顾立林于 2017 年 4 月 16 日在新华网上发表了《环保管控不能“一刀切”》的文章，文章的具体内容如下：

打好大气污染防治攻坚战，既是政治任务、民心工程，也是促进企业转型升级、实现清洁生产的助推器。某省级工业主管部门日前调研发现，一些地方执行环保管控措施，不论企业是否环保达标，一律实行错峰停产，有的达标企业因此被关停 4 个月。针对这种现象，业内专家认为，环保管控要精准施策，营造良好的管控导向。

以产业划线、以区域设界，实行环保管控“一刀切”，是最简单、最省事的办法，对于缓解突发雾霾天气也很见效；但对于推进环保与经济协同发展来说，对于开展一场治理大气污染的持久战和攻坚战而言，其措施还需要进一步完善。

好的环保管控措施，是企业转型升级的“风向标”。要通过严格执行国家环保标准，引导推动企业淘汰落后工艺和产能，实现清洁生产、达标排放。对环保达标企业，给予大力支持，促其健康发展，抢占市场先机；对环保不达标企业，要坚决予以整治，促其改造升级，否则予以关停。如果不加区别地执行同等管控措施，则难以起到优胜劣汰的作用。

不少地方提出“一年确保一半以上优良天气的奋斗目标”，自然是件好事。但是，不改变高能耗、高污染的企业生产方式，没有区域的协同治理，没有严厉的督查问责，要实现空气质量的根本好转，恐怕也是一种奢望。治理大气污染人人有责，公众要参与，企业要担当，政府管理部门的责任更加重大，不仅要有中期目标和短期目标，而且要有奖优罚劣的具体措施，防止出现“失责者宽，尽责者严”的逆向淘汰。

为此，生态环保部李干杰部长在 2018 年 3 月 17 日举行的十三届全国人大一次会议记者会上，就“打好污染防治攻坚战”相关问题回答中外记者提问时回答：关于“一刀切”的问题，首先什么叫“一刀切”？我理解所谓的“一刀切”指的是不分青红皂白，不分是违法还是合法，一竿子打下去，一律进行关停，这叫“一刀切”。企业有污染环境的违法行为，该处理的还得处理。像不分青红皂白，不分好坏的“一刀切”，负责任地说，总体上来讲是不普遍也是不突出的，也是从一开始我们就坚决反对的。当然，在四批督察过程中，个别地方确实出现过类似的问题。出现问题以后，我们及时进行了纠正。未来关于这个问题，我们态度非常明确，绝不允许这么干，绝不允许这样的乱作为来损害影响我们的中央环保督察的大局。将来不仅仅是及时纠偏，还会及时追责问责，并且是严厉严肃的追责问责，发现一起严查一起，说到做到的。我们坚决反对平常不作为，到时候又来乱作为的情况，这种风气，我们要坚决遏制。同时生态环境部针对有些地方为应对环保督查存在“一刀切”现象专门研究制定了《禁止环保“一刀切”工作意见》，并于 2018 年 5 月 28 日发布了《生态环境部明确禁止环保“一刀切”行为》，其内容如下：

为贯彻落实习近平生态文明思想和全国生态环境保护大会精神，根据党中央、国务院批准，中央环境保护督察组将于近期陆续进驻河北、内蒙古、黑龙江、江苏、江西、河南、广东、广西、云南、宁夏 10 省(区)，对第一轮中央环境保护督察整改情况开展“回头看”，并针对打好污染防治攻坚战的重点领域开展专项督察。为防止一些地方在督察进驻期间不分青红皂白地实施集中停工停业停产行为，影响人民群众正常生产生活，生态环境部专门研究制定《禁止环保“一刀切”工作意见》(以下简称《意见》)，请各中央环境保护督察组协调被督察地方党委和政府抓好落实。

《意见》指出，督察组进驻期间，被督察地方应按要求建立机制，立行立改，边督边改，切实解决人民群众生态环境信访问题，切实推动突出生态环境问题查处到位、整改到位、问责到位。在整改工作中要制订可行方案，坚持依法依规，加强政策配套，注重统筹推进，严格禁止“一律关停”“先停再说”等敷衍应对做法，坚决避免集中停工停业停产等简单粗暴行为。

《意见》明确，对于工程施工、生活服务业、养殖业、地方特色产业、工业园区及企业、采砂采石采矿、城市管理等易出现环保“一刀切”的行业或领域，在边督边改时要认真研究，统筹推进，分类施策。对于具有合法手续且符合环境保护要求的，不得采取集中停工停产停业的整治措施；对于具有合法手续，但没有达到环境保护要求的，应当根据具体问题采取针对性整改措施；对于没有合法手续，且达不到环境保护要求的，应当依法严肃整治，特别是“散乱污”企业，需要停产整治的，坚决停产整治。对于督察进驻期间群众环境信访问题，既要推进问题整改，也要注重政策引导，在整改工作中尽可能避免给人民群众生产生活带来不良影响。

《意见》强调，中央环境保护督察边督边改既是加快解决群众身边环境问题的有利时机，也是传导环保压力、压实工作责任的有效举措。被督察地方既要借势借力，严格执法，加快整改；也要因地制宜，分类指导，有序推进。在具体解决群众举报生态环境问题时，要给直接负责查处整改工作的单位和人员留足时间，禁止层层加码、避免级级提速。

《意见》要求，被督察地方党委和政府应从加强政治和作风建设的高度，就禁止环保“一刀切”行为提出具体明确的要求，并向社会公开；要依托一报（党报）一台（电视台）一网（政府网站）加强对督察整改、边督边改情况的宣传报道，及时回应社会关切；要加强对环保“一刀切”问题的查处力度，发现一起查处一起，严肃问责，绝不姑息。中央环境保护督察组也将把环保“一刀切”作为生态环境领域形式主义、官僚主义的典型问题纳入督察范畴，对问题严重且造成恶劣影响的，严格实施督察问责。

因此，地方各级政府和相关行政管理部门在大气污染气象风险管理中，首先要根据大气污染企业所在地的污染气象实时观测资料和应对大气污染事件发生风险而采取的工程性与非工程性防范措施，建立实时动态的智能分析评估大气污染企业在不利气象条件下对空气重污染天气事件发生的影响程度与贡献大小的数值预报预警模型，依据预报预警结论和大气污染企业针对不利气象条件的天气发生期间可能引发空气重污染天气事件发生风险而采取的应急处置措施，科学智慧研判大气污染企业是否停止生产、限制生产、错峰生产，还是按照原计划继续生产，才能充分发挥大气污染企业在应对大气污染事件发生风险而采取的工程性与非工程性防范措施和针对不利气象条件的天气发生期间可能引发空气重污染天气事件发生风险而采取的应急处置措施的投资效益，有效杜绝“劣币驱逐良币”现象发生，真正实现不利气象条件下空气重污染天气事件发生风险的科学管理、精准施策，营造良好的空气重污染天气事件发生风险管控导向。

例如，日本在房屋建筑工地为了防止建筑施工扬尘，采取了在工厂标准化生产方式进行房屋主要构件生产（图 1-31），再运到建筑工地采取搭积木的方法进行现场拼装，并且在施工现场对一些需要现浇混凝土的地方，工人在浇混凝土之前需用高压水枪清洗施工区域，不允许有任何的垃圾残留（图 1-32），同时为了不影响周围居民生活环境，施工现场采取了具有防尘、隔音效果的防尘布对房屋进行帷幕（图 1-33），并且不管是室外场地，还是建筑内作业区域的施工后清扫并非走过场，而是真正用水冲刷，让施工场地达到没有尘土的状态（图 1-34）。另外，施工现场的建筑垃圾也需要分类投放（图 1-35），确保建筑工地看不到渣土。

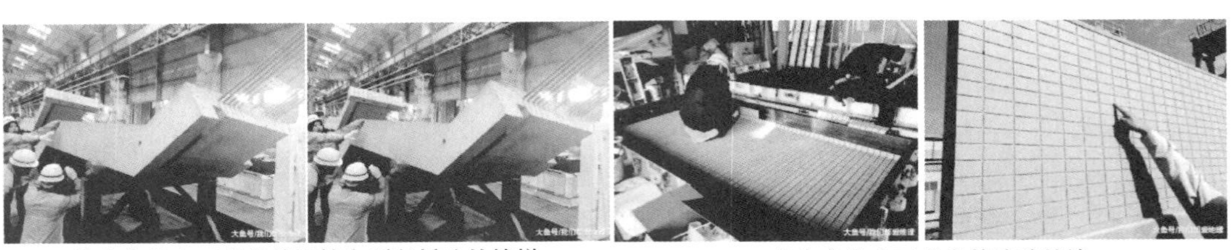

从生产线上下来带着钢筋和预留插孔的楼梯　　从生产线上下来带着墙砖的墙

图 1-31　日本工厂采用标准化生产方式进行房屋构件生产图片(彩图见书后)

图 1-32　浇混凝土之前工人正用高压水枪清洗施工区域(彩图见书后)

建筑物被防尘布包得严严实实的施工现场

房完工后拆除防尘布工地现场对比

图 1-33　防尘布对房屋进行帷幕的施工现场(彩图见书后)

进出车辆确保洁净　　　　工人正使用鞋面清洁器　　　　工地无尘土

图 1-34　没有尘土的施工场地(彩图见书后)

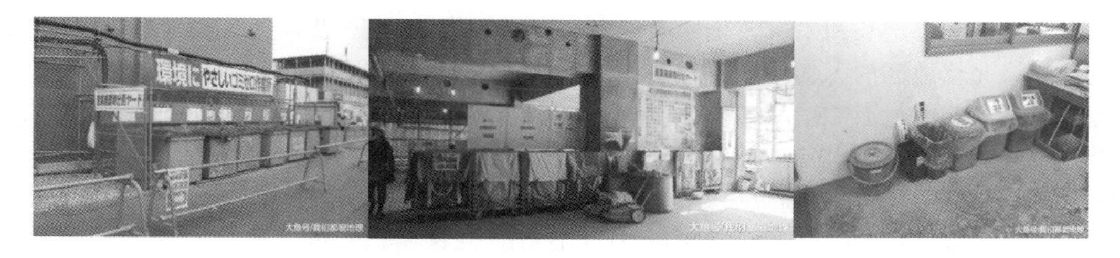

图 1-35　建筑垃圾分类投放现场

因此,若国内的建筑工地采取了类似日本的一系列防止建筑施工扬尘措施,即使在不利气象条件的天气发生期间,建筑施工也不可能对空气重污染天气事件发生有影响、有贡献,就没有必要要求建筑企业停止施工。所以不利气象条件下空气重污染天气事件发生风险的科学管理、精准施策具有非常重要的现实意义。

(四)大气污染气象风险管理在经费保障方面的局限性

根据有关专家研究表明:大气污染防治既是攻坚战,也是持久战,可划分为以下三个阶段:第一阶段是大气污染排放量超过环境容量,各级政府、相关部门和大气污染企业投入巨资,采取一系列措施控制大气污染排放量的“敌强我弱”阶段;第二阶段是各级政府、相关部门和大气污染企业仍需投入巨资进一步加强大气污染形成机理和大气污染防治措施科学研究,进一步强化科技创新措施在大气污染治理的应用,使大气污染治理不断取得成效,但空气质量还会受到温度、湿度、风速风向、降水、辐射和天气形势等气象因素影响,还没摆脱气象条件约束,空气重污染天气时有发生,导致大气污染治理离人民群众的需求和期望仍然有差距的“战略相持”阶段;第三阶段是各级政府、相关部门和大气污染企业常态投入大气污染治理维持经费,大气污染形成机理尤其是气象因素对大气污染影响及其防治机理等研究成果得到充分应用,基本摆脱气象条件对大气污染防治的限制和约束,城市大气环境质量限期达标规划全面实施,以卫星、雷达、高性能计算机和互联网、物联网、大数据、云平台以及智能仿真模型等现代科技支撑为基础的大气污染治理智慧体系基本建成,大气污染问题基本解决的更高阶段。而目前我国正处于大气污染防治攻坚战的“战略相持”阶段,大气污染防治还没摆脱气象条件的限制和约束,空气质量还会受到温度、湿度、风速风向、降水、辐射和天气形势等气象因素影响,还没摆脱气象条件约束,特别是不利气象条件下,空气质量状况就会有波折、波动。

例如,2018 年 3 月 9 日下午起,受不利气象条件影响,污染物开始在京津冀及周边地区中南部累积,并逐渐向区域北部发展。10 日,石家庄到郑州一带沿线城市空气质量达到重度污染,北京市达到中度污染。11 日,受弱偏北风影响,区域北部空气质量有所改善,北京市空气质量恢复到良,但区域中南部持续重度污染。12 日,受较强的系统性东南风影响,山东西部空气质量明显改善，污染气团快速沿太行山由南向北输送，甚至影响到京津冀北部山区。13—14日，太行山和燕山沿线城市多处于重度污染水平，部分城市达到严重污染。15日凌晨开始，随着冷空气的到来，本次区域性污染过程进入尾声。根据国家大气污染防治攻关联合中心组织专家对本次污染过程进行回顾性分析表明，此次污染过程是一次典型的不利气象条件下大气污染物的区域累积和输送过程，具有以下显著特点：一是形成空气污染不利气象条件非常极端。空气污染过程初期，区域大部分地区在持续静稳型重污染天气控制下有助于空气污染物大范围积累形成污染空气团，后期受区域的天气系统性偏南风和地形的耦合影响，污染物在太行山和燕山山前积聚，形成空气污染物辐合带，而沿山城市持续静稳小风，且湿度相对较大，加剧了颗粒物的吸湿增长和二次转化形成更多的空气污染物，进一步增强了污染空气团的污染程度；同时，北京地区的大气环境容量在大气逆温条件的限制和约束下大幅度减少，空气污染过程中北京地区距地面1500 m高度的平均温度和最高温度均为近20年历史同期最高，出现了大范围区域性强逆温，逆温层厚度达千余米，导致大气边界层高度在常态气象条件下的1～2 km降低到400～500 m，使大气环境容量大幅度减少，严重抑制了大气污染物的垂直扩散。二是静稳型空气重污染天气持续时间长，从3月9日起区域污染就开始累积，到15日才逐渐结束，而自2013年以来，持续7天的重污染天气过程不超过10次。三是静稳型空气重污染天气影响地域范围广，此次空气污染过程形成的污染气团在华北地区来回移动并不断累积加强，所过地区均达到重度或以上污染水平，影响城市超50个，甚至影响到张家口和承德，历年来也属罕见。

因此，为了摆脱非常态不利气象条件对大气污染防治的限制和约束，防止不利气象条件诱发大气污染气象风险向大气污染事件转变，杜绝空气重污染天气事件发生，实现大气污染防治攻坚战的战略相持阶段向大气污染问题基本解决的更高阶段转变，各级政府、相关部门和大气污染企业就必须进一步加强气象因素对大气污染影响及其防治机理研究、区域大气污染潜势预测与预报技术研究、区域大气污染气象风险评估与预警技术研究、区域大气污染防治气象保障技术研究、大气污染气象敏感单位大气污染气象风险评估与预警技术研究、大气污染气象敏感单位大气污染防治气象保障技术研究、蓝天保卫战人工影响天气大气污染防治关键技术研究与开发、蓝天保卫战人工影响天气大气污染防治野外科学试验等经费保障和以物联网为基础的蓝天保卫战环境与气象综合观测系统升级改造工程、以智能化为基础的蓝天保卫战环境与气象预报预警系统工程、以智慧化为基础的蓝天保卫战大气污染气象风险评估与预警系统工程、以信息化为基础的蓝天保卫战人工影响天气作业系统升级改造工程、以大数据为基础的不利气象条件下蓝天保卫战大气污染综合治理科学决策支撑工程与大气污染气象敏感单位大气污染防治气象保障工程等工程建设经费保障，才能确保大气污染治理的大气污染气象风险管理现代化水平不断提高，才能不断推进大气污染治理从必然王国向自由王国发展。

目前，有的地方政府、相关部门和大气污染企业在大气污染防治中重点关注污染源向大气排放污染物强度管控的经费保障，忽视了“不利气象条件”这个“大气污染事件产生、发展和结束”外因管控的经费保障，没有安排专门经费支撑大气污染治理相关的气象工程措施和非工程措施，严重制约了大气污染治理的大气污染气象风险管理现代化水平，无意识地延缓了大气污染治理从必然王国向自由王国发展进程。例如，在国家级层面，没有安排大气污染治理相关的大气污染气象风险管控工程建设经费，仅有个别省、市在大气污染防治实践中通过生态环保部门给当地气象部门安排少量经费进行人工增雨改善空气质量作业试验，而这些作业试验由于受经费的约束，也只能依靠气象部门现有天气学尺度的气象观测系统、天气预报预警系统、人工影响天气作业系统等气象资源开展，从而限制了人工影响天气科学技术在大气污染防治方面的效益发挥。如《重庆市生态环境局关于征求〈重庆市环境空气质量达标规划〉意见的函》（渝环函〔2019〕664号，图1-36），在《重庆市环境空气质量限期达标规划》（征求意见稿）2019—2020年大气污染防治重点工程投资估算及年度计划安排中，涉及“不利气象条件”这个“大气污染事件产生、发展和结束”外因管控的工程，仅仅考虑了“蓝天行动人工增雨工程”，其工程投资估算安排的经费只有0.4亿人民币，仅为在建工程总投资估算的0.52%，明显不足。而目前我国蓝天治理总体还处于大气污染防治攻坚战第二阶段的“气象影响型”时期，从全国范围来看，气象条件对$PM_{2.5}$浓度下降的贡献率为9%，人为管控大气污染物排放减少对$PM_{2.5}$浓度下降的贡献率为91%，在同样的大气污染排放条件下，城市年度空气质量优良达标天数由于受气象条件影响，其增加或者减少的幅度可达10%～15%。因此，在正式出台的《重庆市环境空气质量限期达标规划》（2019—2027年）涉及“不利气象条件”这个“大气污染事件产生、发展和结束”外因管控的工程中只安排了建设内容而其建设经费按实际需求保障。

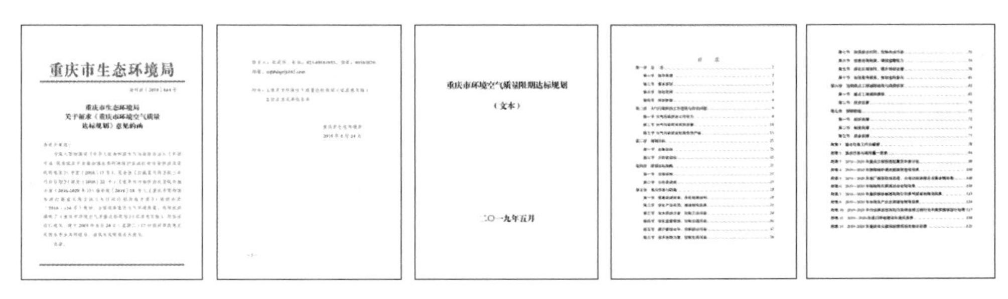
重庆市生态环境局

重庆市生态环境局
关于征求《重庆市环境空气质量达标规划》意见的函

重庆市环境空气质量限期达标规划

（文本）

二〇一九年五月

图1-36　征求《重庆市环境空气质量达标规划》意见的函

上述分析表明，各级政府、相关部门和大气污染企业在大气污染防治攻坚战的战略相持阶段，不仅应加强“污染源向大气排放污染物强度”这个“大气污染事件发生”内因管控的经费保障，而且还必须加强“不利气象条件”这个“大气污染事件产生、发展和结束”外因管控的经费保障，从而不断提高大气污染治理的大气污染气象风险管理现代化水平，才能真正摆脱非常态不利气象条件对大气污染防治的限制和约束，基本消除空气重污染天气事件，才能在“大气十条”目标如期实现、空气质量总体改善的基础上真正持续打赢蓝天保卫战，逐步实现大气污染防治攻坚战的战略由相持阶段向大气污染问题基本解决的更高阶段转变，从而有效加快大气污染治理从必然王国向自由王国发展。

综上所述，大气污染气象风险管理在思想认识、气象科学素养、行政监管、经费保障等四方面存在的局限性问题，导致大气污染防治攻坚战涉及气象工程与非工程措施建设项目还未建立、健全，尤其是人工影响天气大气污染防治野外科学试验还未全面开展，人工影响天气改善空气质量研究型业务科学实践还未全面常态化实施，使气象科技在大气污染防治攻坚战的基础性、现实性、前瞻性作用未能充分发挥。

## 三、做好大气污染防治攻坚战的气象保障工作是气象部门的历史使命

大气污染防治攻坚战是决胜全面建成小康社会“三大攻坚战”之一的污染防治攻坚战有机组成部分，是不断满足人民群众美好生活需求的民生工程，事关全面建成小康社会，事关经济高质量发展和美丽中国建设，而气象事业是经济建设、国防建设、社会发展和人民生活的基础性公益事业，气象工作关系生命安全、生产发展、生活富裕、生态良好。为此，《中华人民共和国

气象法》明确要求气象工作应当把公益性气象服务放在首位，要求各级气象主管机构所属的气象台站应当根据需要发布城市环境气象预报。《中华人民共和国大气污染防治法》也明确要求国务院生态环境主管部门会同国务院气象主管机构等有关部门、国家大气污染防治重点区域内有关省、自治区、直辖市人民政府，建立重点区域重污染天气监测、预警机制，统一预警分级标准；省、自治区、直辖市、设区的市人民政府生态环境主管部门应当会同气象主管机构建立会商机制，进行大气环境质量预报；可能发生重污染天气时，应当及时向本级人民政府报告。

另外，国务院在 2013 年 9 月 10 日向各省、自治区、直辖市人民政府，国务院各部委、各直属机构下发《国务院关于印发大气污染防治行动计划的通知》(国发〔2013〕37 号)的“大气污染防治行动计划”中，进一步明确要求环保部门要加强与气象部门的合作，建立重污染天气监测预警体系。到 2014 年，京津冀、长三角、珠三角区域要完成区域、省、市级重污染天气监测、预警系统建设；其他省(区、市)、副省级市、省会城市于 2015 年年底前完成。要做好重污染天气过程的趋势分析，完善会商研判机制，提高监测、预警的准确度，及时发布监测、预警信息。

为了进一步贯彻落实党的十九大做出的打赢蓝天保卫战的重大决策部署，加快改善环境空气质量，满足人民日益增长的美好生活需要，确保全面建成小康社会、确保经济高质量发展、确保美丽中国建设，国务院在 2018 年 6 月 27 日向各省、自治区、直辖市人民政府，国务院各部委、各直属机构下发的《关于印发打赢蓝天保卫战三年行动计划的通知》(国发〔2018〕22 号)关于“强化区域联防联控，有效应对重污染天气”中，明确要求气象局参与“加强重污染天气应急联动。强化区域环境空气质量预测预报中心能力建设，2019 年年底前实现 7～10 d 预报能力，省级预报中心实现以城市为单位的 7 d 预报能力。开展环境空气质量中长期趋势预测工作。完善预警分级标准体系，区分不同区域不同季节应急响应标准，同一区域内要统一应急预警标准。当预测到区域将出现大范围重污染天气时，统一发布预警信息，各相关城市按级别启动应急响应措施，实施区域应急联动。”在“加强基础能力建设，严格环境执法督察”中，也明确要求气象局参与“强化科技基础支撑。汇聚跨部门科研资源，组织优秀科研团队，开展重点区域及成渝地区等其他区域大气重污染成因、重污染积累与天气过程双向反馈机制、重点行业与污染物排放管控技术、居民健康防护等科技攻坚。大气污染成因与控制技术研究、大气重污染成因与治理攻关等重点项目，要紧密围绕打赢蓝天保卫战需求，以目标和问题为导向，边研究、边产出、边应用。加强区域性臭氧形成机理与控制路径研究，深化 VOCs 全过程控制及监管技术研发。开展钢铁等行业超低排放改造、污染排放源头控制、货物运输多式联运、内燃机及锅炉清洁燃烧等技术研究。常态化开展重点区域和城市源排放清单编制、源解析等工作，形成污染动态溯源的基础能力。开展氨排放与控制技术研究。”

为进一步做好大气污染防治攻坚战的气象保障工作，中国气象局在《“十三五”生态文明建设气象保障规划》中，明确要求各省、自治区、直辖市气象局，计划单列市气象局，各直属单位，各内设机构切实做好以下“提高大气污染防治气象保障服务水平和保障能力”的实施工作：

一是提高霾天气预报预警水平。建立集约化、0～10 d 无缝隙的环境气象预报业务，24 h 时效霾预报准确率(TS 评分)达 0.35；发布 72 h 时效逐 3 h 霾预报产品及霾、能见度的格点化预报产品，发布县级以上地区 1～7 d 空气污染气象条件预报，开展月度和季度时间尺度的霾中长期预测。霾预警时效提前至 48 h。实现雾、霾预报的空间检验，开展国家级模式及京津冀、长三角和珠三角等区域模式产品的对比检验和评估。

二是发展光化学烟雾气象条件预报预警业务。针对不同区域建立光化学烟雾统计预报方法，发展环境气象数值模式对光化学烟雾前体物观测数据的同化模块，提高环境气象模式对臭氧浓度的数值预报能力。加强产品检验和应用，逐步开展光化学烟雾气象条件预报业务。

三是实现霾天气影响评估业务化。基于大气污染气象条件的概率预报产品，延长预评估时效，开展 4～15 d 时效的环境气象中长期预评估服务业务。基于环境气象预报能力的提升和人口、交通等基础数据的完善，结合城市环境气象立体观测数据，开展霾天气事件影响的定量化预评估和颗粒物特征变化趋势分析。通过数值模拟，提供气象条件在空气质量转变中的贡献、模拟减排效果、达标减排量等定量化的评估业务产品，为制定区域污染防治措施提供科学支撑。

四是开展霾对人体健康的影响评估。在霾多发高发重点区域，评价人群暴露度、敏感度和适应能力，开展环境—健康脆弱性综合评估，识别霾敏感人群，建立霾对人体健康脆弱性评价体系，分析霾导致的疾病负担；分析过去不同时空尺度上疾病的分布变化，研究气候变化对病原体和传播媒介等的影响，识别对气候变化敏感的地区，评估气候变化对健康影响的发展趋势。在基础较好的区域逐步开展人体健康环境气象风险评估等业务。

五是提升突发环境事件的气象应急保障能力。针对影响公共安全的突发性核泄漏、有毒气体扩散事件，完善国家级核和有害气体扩散的应急响应预报系统，并在江苏、广东等重点省份推广使用。建立核电厂、危化品场所的地理位置与大气污染物信息数据库；完善核污染物扩散模式的气象场插值模块；通过中尺度气象模式与街区模式嵌套技术，实现污染扩散预报系统在不同尺度上的无缝连接；分别建立与全球区域一体化同化系统的全球预报系统（GRAPES-GFS）和全球集合预报系统耦合的拉格朗日混合单粒子轨道模型（HYSPLIT）的大气扩散模式系统和大气扩散集合预报系统，做好突发核生化环境污染事件气象应急保障。

六是加强星—空—地三基资料在模式系统中的应用，提升雾霾、重大污染天气的预报、预警和服务能力，支撑光化学烟雾气象条件预报、健康气象相关业务发展。

同时，在《中国气象局关于加强生态文明建设气象保障服务工作的意见》（气发[2017]79号）文件中，进一步明确各省、自治区、直辖市气象局，各直属单位，各内设机构在持续实施大气污染防治行动，打赢蓝天保卫战中要充分发挥气象监测预报预警的先导和应急联动作用。其具体要求是：

一是进一步加强重污染天气应对气象保障服务。强化各级环境气象预报中心运行管理，建设环境气象业务平台，提升霾等重污染天气预报准确性，实现预报信息全国共享、联网发布。完善重度及以上污染天气的部门、区域联合预警机制。开展重污染天气过程解析，科学评估气象条件在空气质量转变中的贡献，模拟减排效果。各省（自治区、直辖市）气象局及时修编重污染天气应急预案。

二是进一步强化突发环境事件应急气象保障。完善国家级核泄漏、有毒有害气体扩散等预报预警工作，推进突发环境事件应急气象监测体系建设，提高气象风险信息收集、分析和研判能力。建立核电厂、危化品场所的地理位置与大气污染物信息数据库，研发大气污染扩散模拟技术和模式系统，做好突发核生化环境污染事件气象应急保障。各省（区、市）气象局及时修编突发环境事件应急预案。

“保障打赢蓝天保卫战”是中国气象局党组书记刘雅鸣在《2019 年全国气象局长会议工作报告》中安排部署的 2019 年重点任务之一，明确要求各省、自治区、直辖市气象局，计划单列市气象局，各直属单位，各内设机构要进一步完善国省联动、区域联防的大气污染防治气象服务机制，要求进一步提高中短期环境气象预报精细化水平与准确率，开展月、季节尺度环境气象预测业务，试点开展大气污染防治成效精细化评估业务，联合开展污染防治重大课题研究。中国气象局党组书记刘雅鸣在《2020年全国气象局长会议工作报告》中再次强调“做好污染防治攻坚战气象服务，保障打赢蓝天保卫战”。

综上所述，做好大气污染防治攻坚战的气象保障工作既是气象部门法定职责和历史担当，又是气象部门的历史使命。

## 第三节 气象保障大气污染防治攻坚战的可行性分析

### 一、气象现代化为大气污染防治攻坚战提供了坚实的物质基础

在党的理论和路线、方针、政策指引下，气象部门全面推进现代气象业务体系建设，建成了世界先进的现代气象综合观测系统，建立了完善的现代气象预报、预测系统，形成了完备的现代气象信息系统，使我国气象现代化整体水平迈入世界先进行列(《气象改革开放40年研究》课题组 2019)。

一是建成了世界上规模最大、覆盖最全的天基、空基、地基综合观测系统。构建了地、空、天基观测手段互补、协同运行、交叉检验的一体化观测体系，气象卫星、雷达等监测能力位居世界前列。截至2017年年底，建设完成了国家基准气候站212个、国家基本气象站633个、国家气象观测站1580个，区域自动气象观测站57435个，温度、湿度、风速、风向、气压、降水等基本气象要素全部实现自动化观测；建设完成了天气雷达457部，新一代多普勒天气雷198部、风廓线雷达181部，120个L波段雷达—电子探空仪高空气象探测系统；成功发射了17颗风云系列气象卫星，实现了中国气象卫星观测“天网”的极轨气象卫星“上、下午星业务组网观测”，全球观测时间分辨率从12 h提高到6 h，静止卫星形成了“统筹运行、多星在轨、互为备份、适时加密”的业务运行模式，观测时间分辨率从每小时1次提高到非汛期1次/30 min、汛期每15 min 1次，在应急情况下可加密到每6 min 1次；建设完成了950个GNSS/MET站，653个农业气象观测站，2075个自动土壤水分观测站，7个大气本底站，29个沙尘暴观测站，28个大气成分观测站，376个酸雨观测站，100个辐射观测站，373个海岛自动气象站，536个沿海自动气象站，52个船舶自动气象站，46个沿海气象观测塔，35个石油平台自动气象站，490个雷电观测站组成的基本覆盖全国的雷电观测网络。

二是建成了精细化、无缝隙的现代气象预报、预测系统。全国基本建立智能预报服务“一张网”，发布全国5 km未来10 d精细化智能网格预报和全球10 km网格气象要素预报。气象预报、预测业务基本实现了由传统的人工经验为主的定性分析预报方式，向自动化、客观化和定量化分析预报方向的重大变革，形成了包括全国5 km智能网格气象要素预报，临近、短时、短期、中期、延伸期预报以及月、季、年气候预测等预报、预测产品。基本建成了中国气候观测系统和多圈层耦合的新一代气候系统模式，气候系统模式性能跻身国际前列。

三是建成了完备的现代气象信息系统。建立了先进的现代气象信息业务系统，基本实现了气象工作的网络化和计算机化。到2017年年底，地面广域网络接入速率国家级达到600 Mbps、区域级达40 Mbps、省级达36 Mbps，省—地、地—县线路平均速率分别达到29.7 Mbps和0.88 Mbps，卫星广播系统分发速率达到70 Mbps，系统每日实时收集数据量约2.9 TB，卫星广播系统日播发数据量接近300 GB，国家级中心获取地面观测数据时效由原来的数小时级提高到2 s以内，雷达体扫数据实现同步传输、实时服务，省内3 min省际5 min内即可到达预报

员桌面;全国气象部门共有274台高性能计算机,计算能力达到1434万亿次/s,高性能计算能力已处于国内领先和国际先进水平;全国气象部门有17849套服务器,初步建成气象云国家级中心,47台物理服务器虚拟成684台虚拟机,虚拟化整合比例为1∶15,承载276个业务系统,业务更加简约高效,气象资料存储和处理分析实现海量自动化。

四是气象灾害预警信息发布渠道不断拓展。到2017年年底,依托国家突发事件预警信息发布系统,建成了1个国家级、31个省级、343个地市级、2015个县级预警信息发布机构,汇集了16个部门76类预警信息,实现了自然灾害、事故灾难、公共卫生事件、社会安全事件四类突发事件预警信息分级、分类、分区域、分受众的精准发布,预警信息1 min内发布到受影响地区应急责任人、3 min内覆盖到应急联动部门、10 min内有效覆盖公众和社会媒体。

五是智慧气象服务起步发展。随着大数据、人工智能、云计算、物联网、移动互联网等信息技术的发展,近些年来,智慧气象成为全国气象系统强化气象与经济社会融合发展、转变气象发展方式、打造气象现代化"升级版"的重要方向和途径。目前,我国基本建立了全国3 km智能网格气象预报"一张网"和全球气象要素预报10 km网格,雷达分钟降水预报信息更新频率提高至10 min,实现气象服务由区域站点向任意时段、任意地点延伸,公众可随时随地获取基于位置的精细化气象服务,气象服务由大众性普惠式向分众化、定制式转变。

六是构建了人工影响天气作业体系。目前,我国建立了国家、省、市、县和作业点五级组织领导体系,以及"四级指挥纵向到底、五段流程横向到边"的现代业务体系。我国自主研发的3 km精细化云降水数值预报系统投入业务运行,国产新型高效催化剂的催化效率提高100倍以上,雷达指挥、自动发射、立体播撒的火箭作业系统达到了世界先进水平并用于各地作业。到2017年,全国已有30个省(区、市)以及兵团和农垦等行业的357个市(含地级单位)、2259个县(含县级单位)开展人工影响天气作业,建立了卫星、雷达、自动气象站、人工增雨机载探测系统综合立体观测网络,全国形成了由50余架作业飞机、6183门高炮、8311部火箭构成的空地一体化协同作业体系,作业规模已跃居世界首位。

七是环境气象预报业务体系基本形成。到2017年建成了国家、区域、省、地县四级环境气象预报业务体系,基本建立了雾、霾等重污染天气监测、预警体系,和以雾、霾和沙尘,空气质量预报,以及大气污染气象条件、减排效果评估为核心的渐趋成熟的预报、预警业务,成立了国家级和京津冀、长三角、珠三角区域环境气象预报、预警服务中心,与环保部建立了区域重污染天气联合会商和应急联动机制及重大活动空气质量联合保障机制,23个省(区、市)气象与环保部门联合发布重污染天气预警,262个地、市级以上城市联合开展空气质量预报,大气污染防治气象服务全面推进,气象在打赢蓝天保卫战中发挥了先导联动作用。

这些气象现代化建设成果为大气污染防治攻坚战提供了坚实的物质基础。

## 二、气象科技成果为大气污染防治攻坚战提供了可靠的科技支撑

新中国成立初期,中国科学家在东亚大气环流和季风气候研究方面取得重要进展,在此基础上建立了适合中国天气、气候特点的天气预报业务。改革开放40年来,中国科学家在大气科学以及地球科学和全球变化的很多领域展开了科学研究工作,如台风暴雨灾害天气监测、预测业务系统研究,中期数值天气预报及灾害天气预报研究,短期气候预测系统的建立,中国重大天气气候灾害的形成、预测理论和预测方法研究、中国生存环境演变和北方干旱化趋势研究、青藏高原生态与环境演变研究、中国西部生态环境演变和适应对策研究、生态系统千年评

估等项目，也组织和开展一批在国际上有重要影响的大型科学试验，如青藏高原和极地科学考察、黑河地区和内蒙草原青藏陆-气相互作用试验，以及被称之为“四大科学试验”的“高原野外试验”“南海季风试验”“华南暴雨试验”和“淮河流域能量与水分循环试验”。到 2017 年年底，气象部门形成由 9 个国家级气象科研院所、25 个省级气象科研所、1 个国家重点实验室（灾害天气国家重点实验室）、4 个国家野外观测研究站、1 个国家气象科学数据共享服务平台、16 个部门重点实验室、3 个联合共建实验室、3 个联合研究中心、21 个野外科学试验基地，以及各级业务单位、行业其他力量构成的国家、区域和省（区、市）三级气象科技创新体系。

随着气象科技投入的增加，气象科学研究和技术开发取得明显进步，自主创新能力进一步增强，一大批气象科技创新成果获得国家级科技奖励。2000—2018 年，获国家最高科学技术奖 1 项、国家自然科学奖 6 项、国家科学技术进步奖 18 项、国际气象组织奖 3 项；1981—2017 年，全国气象部门共有 9358 项气象科技成果获奖，其中国家级奖项 133 项，省部级奖项 2570 项，气象部门省局级奖项 3959 项，其他奖项 448 项。这些科研成果在现代气象业务发展中发挥了重要作用。气象预报、预测准确率和精细化程度大幅度提升，中国自主研发的区域和全球数值天气预报模式系统（GRAPES）分别投入业务运行和试运行，可用时效达 7 d，热带气旋 24 h、48 h 路径预报达到世界先进水平；气象卫星探测进入世界先进行列，一些关键技术已达到国际领先水平；在东太平洋台风研究、青藏高原气象科学试验研究、梅雨锋暴雨系统结构及其形成机理研究、南海季风试验研究等领域已在国际大气科学领域占据重要位置；首次利用机载下投式探空仪对台风进行了观测，台风、暴雨综合观测和人工影响天气等外场科学试验取得大量成果；奥运场馆精细化气象要素预报、城市气象灾害短时临近预报预警、气象灾害风险评估，世博会长、中、短期一体化的高分辨数值预报系统等系列成果相继转化为业务服务能力，为北京奥运、上海世博气象保障提供了坚实的科技支撑；在全球变化与区域响应、东亚季风动力学及其预测、短期气候预测、新一代天气预报人机交互处理系统（MICAPS）、人工影响天气关键技术等方面取得丰硕成果，尤其是“首都北京及周边地区大气、水、土环境污染机理及调控研究”973 项目成果被列为世界气象组织示范项目，为北京大气污染控制提供了科学参考。

这些科研能力和科技成果必将有力地推动中国气象事业的发展，为大气污染防治攻坚战提供了可靠的科技支撑。

## 三、人才强业战略为大气污染防治攻坚战提供了重要的智力保障

气象人才队伍迅速成长壮大。随着气象科学和气象业务服务领域的不断拓展，气象科学多学科交叉融合的特点日益彰显，天气、气候、气候变化等众多领域都已成为当代气象工作涉及的重要内容，中国成为世界上气象业务、科技和教育队伍人数最多的国家。特别是进入 21 世纪以来，气象部门全面实施人才强局战略，大力实施“323”人才工程、“双百计划”“青年英才培养计划”等重大人才工程，高层次人才培养取得良好成效。

到 2018 年年底，全国气象部门有两院院士 8 人，正研级专家 1133 人，入选国家人才工程和项目人选 41 人，中国气象局在聘首席预报员、首席气象服务专家、科技领军人才、特聘专家共 149 人。在国家气象科技创新工程三大核心技术领域和台风暴雨强对流天气预报、地面观测自动化、气象卫星资料应用新技术研究与开发等气象事业发展重点领域、急需领域，建设了多支不同层级的创新团队。3 个重点领域创新团队获得国家科技计划支持或表彰。拥有国家“创新人才培养示范基地”“海外高层次人才创新创业基地”“国际科技合作基地”。此外，入选地方和领域人才工程的高层次专家累计 80 余人。

近几年来，中国大气科学领域人才队伍的学历层次明显提高，本科毕业生平均每年增加600余人；硕士研究生平均每年增加150余人；博士研究生平均每年增加近100人，博士、硕士毕业人数呈明显上升的趋势。统计分析还表明，气象部门人才队伍的整体素质也明显提高，截至2017年年底，全国6.7万多人的气象部门国家编制人才队伍中，研究生占总人数的15.0%，本科及以上文化程度占总人数的80.5%，大专及以下文化程度仅占19.5%；正研级职称人数占总人数的1.6%，副研级职称人数占总人数的18.3%，中级职称人数占总人数的45.1%，初级职称人数占总人数的27.7%。

同时，中国还吸引和培养了一大批海外气象学子归国工作。近年来，海内外气象科技人才交流日趋频繁，仅在大气科学领域，教育部"长江学者"计划、中国科学院"百人计划"等都吸引了一批海外学子归国，国家自然科学基金委也资助海外优秀华人科学家与国内科学家进行实质性合作。大批海外华人科学家以不同方式踊跃为国效力。

在国际组织和国际计划中担任重要领导职务的中国气象工作者越来越多，如世界气象组织主席、IPCC第一工作组联合主席、世界气象组织副秘书长、全球能量和水循环试验（GEWEX）计划副主席、大气科学协会（IAMAS）科学指导委员会副主席等职务先后由中国学者担任，中国气象工作者在国际气象领域地位日渐突显。

这些气象科技人才为大气污染防治攻坚战提供了重要的智力保障。

## 四、大气污染防治的气象保障实践为大气污染防治攻坚战提供了丰富的宝贵经验

不论是发达国家历史上发生的比利时马斯河谷烟雾事件、美国多诺拉烟雾事件、美国洛杉矶光化学烟雾事件、英国伦敦烟雾事件、日本四日市大气污染事件，还是我国改革开放初期发生的兰州光化学烟雾事件和近几年发生的北京重污染天气事件，都与不利气象条件密切相关，因此大气污染防治离不开气象科学技术的支撑和保障，所以大气污染防治的发展历程也是气象科学技术支撑大气污染防治气象保障实践的发展历程。大气污染防治的气象保障实践表现在以下几个方面：

一是大气污染气象风险评估实践。大气污染气象风险评估实践主要针对新建、改建、扩建的建设项目和城市规划、工业园区规划、产业规划的规划项目以及区域大气环境容量、城市大气环境容量的环境容量标准等的污染气象野外现场观测试验资料和当地气象观测站观测资料进行大气污染气象风险评估实践，为项目建设、规划编制、环境容量标准制定等管控大气污染事件发生风险提供气象科学技术支撑和保障。近几十年来，我国大气污染气象风险评估实践在污染气象野外现场观测试验方案科学制定，污染气象观测试验仪器设备研发、选型、部局，野外现场观测资料与当地气象观测站观测资料相互补充应用、资料分析和基于大气污染气象风险的大气污染防范对策措施等方面累积大量的实践成果和丰富的实践经验，有的已经固化为法律法规、规范性文件和技术标准。

二是大气污染气象风险预测、预报、预警实践。大气污染气象风险预测、预报、预警实践主要针对大气污染涉及的重点单位、重点地区、重点区域开展大气污染扩散气象条件的气候预测和重污染天气预报、预警，为不利气象条件涉及的重点单位、重点地区、重点区域防范大气污染事件发生及时采取大气污染预防措施提供决策依据。近十几年来，我国大气污染气象风险预测、预报、预警实践在污染气象气候预测方法、模型，重污染天气预报潜势预报方法、模型，重污染天气预警方法、模型，重污染天气预报、预警信息发布和基于大气污染气象风险预测、预报、预警的大气污染防范对策措施等方面累积大量的实践成果和丰富的实践经验，有的已经固化

为法律法规、规范性文件和技术标准。

三是大气污染突发事件气象应急保障实践。大气污染突发事件气象应急保障实践主要针对大气污染源因为意外而发生大气污染物超标准向大气排放形成大气污染突发事件需及时启动的气象应急保障，为大气污染突发事件发生单位和发生地政府、部门制定科学合理的大气污染突发事件发生时、应急期间、应急结束后的现场处置具体实施方案和具体应急处置措施提供决策依据。近十几年来，我国大气污染突发事件气象应急保障实践在大气污染突发事件所在地现场实时观测方案科学制定、应急移动的污染气象观测试验仪器设备研发、选型，现场观测资料与当地气象观测站观测资料相互补充应用、资料分析、基于大气污染突发事件气象应急保障的应急预案和现场应急处置具体措施等方面累积大量的实践成果和丰富的实践经验，有的已经固化为法律法规、规范性文件和技术标准。

四是大气污染人工影响天气防治实践。大气污染人工影响天气防治实践主要针对重点单位、重点地区、重点区域已经进入大气的污染物可能引起或已经造成环境容量超标而采取人工影响天气技术使污染物在大气中稀释、减少或消失、化学转化从而确保重点单位、重点地区、重点区域的空气质量达标。近十几年来，我国大气污染人工影响天气防治实践在人工增雨改善空气质量的试验方案科学制定，试验仪器设备研发、选型、部局，作业条件预报方法、模型，作业效果评估等方面累积大量的实践成果和丰富的实践经验，有的已经固化为法律法规、规范性文件和技术标准。同时还开展了人工消减雾霾探索性试验、人工影响近地面大气层扩散能力探索性试验，这些探索性试验也取得了可喜的实践成果和经验。

上述这些实践成果和经验必将进一步促进大气污染防治气象保障工作的科学发展，同时也大气污染防治攻坚战提供了丰富的宝贵经验。

# 第二章　大气污染防治攻坚战及其气象的相关理论基础

## 第一节　大气污染防治的相关基础知识

### 一、大气污染防治的科学内涵

大气污染是指某些物质进入大气后，其浓度发生变化并持续一定的时间，质变为大气污染物，最终呈现为一种危害人类健康、影响工农业生产的环境污染现象。大量的客观事实表明：由于大气污染是一种流动性污染，大气污染一旦发生，就具有扩散速度快、传播范围广、持续时间长、造成损失大等特点，并且危害人体健康，同时危害工农业生产和动植物生存，最终对整个人类的生存及发展环境造成威胁。因此，大气污染防治实质上就是为了达到环境空气质量控制目标，针对大气污染源排放的大气污染物进行管控和针对大气中已经存在的大气污染物进行治理而采取的多种大气污染物控制与治理方案的技术可行性、环境适应性、实施可能性、经济合理性等进行最优化选择和评价，从而得出最优的控制与治理工程性措施和非工程性措施。大气污染防治包含两个方面：一方面就是针对未进入大气中污染物的管控，即减少或防止大气污染源排放的大气污染物进入大气，从而预防大气污染事件发生；另一方面就是针对已进入大气中污染物的治理，即降低大气中已经存在的大气污染物浓度或清除、转移大气中已经存在的大气污染物，从而防止大气污染风险向大气污染事件转变，有效减轻大气污染对环境和人类的影响程度，防止或减少大气污染事件发生。

大气污染事件总是发生在一个特定区域内，并受该特定域内的地形特征、气候背景、天气现象、气象要素、绿化面积、能源结构、工业结构、工业布局、建筑布局、交通管理、人口密度等多种自然因素和社会因素的影响。因此，必须把大气污染事件发生特定区域内的大气环境看作一个整体，统一规划能源结构、工业发展、城市建设布局等，综合运用各种防治大气污染的法律、行政、经济、管理手段和各种科学技术措施，充分利用大气环境的自净能力，才能真正取得大气污染防治成效。例如，对于我国大中城市存在的颗粒物和 $SO_2$ 等污染的控制，除了应对工业企业的集中点源进行污染物排放总量控制外，还应同时对分散的居民生活用燃料结构、燃用方式、炉具等进行控制和改革，对机动车排气污染、城市道路扬尘、建筑施工现场环境、城市绿化、城市环境卫生、城市功能区规划等方面，一并纳入城市环境规划与管理，才能取得综合防治的显著效果。

### 二、大气污染防治的历史进程

我国 20 世纪 50 年代开始关注大气污染防治问题，20 世纪 70 年代正式开展大气环境保护工作。大气污染防治主要是针对工业大气污染点源排放的大气污染物进行控制为主。随着经济和社会的不断发展，尤其是工业化、城市化进程的加快，我国大气污染成因日益复杂，污染程度不断加深。特别是2000年前后大气污染性质开始发生变化，造成目前大范围区域性污染，导致人们日益关注大气污染问题，对环境污染问题的处理方式及技术也不断演进。根据我国经济社会发展的历史特征和大气污染防治的法律、行政、经济、管理手段和各种科学技术措施的差异与演变，并参考、借鉴、吸收冯贵霞(2016)《中国大气污染防治政策变迁的逻辑——基于政策网络的视角》，周铭凯(2019)《城市基层政府大气污染治理政策执行研究——以X区重污染天气治理为例》，王聪雯(2019)《大气污染防治中公众参与问题研究——以郑州市为例》《蓝天保卫战——中国空气质量改善报告(2013—2018)》的研究成果，将我国大气污染防治的历史进程划分为大气污染防治的行政管控阶段、开启法制管控阶段、引入市场机制管控阶段、突破属地管控的综合治理阶段、走向法治化的合作共治阶段五个阶段。

(一)大气污染防治的行政管控阶段

1956—1978年为我国大气污染防治的行政管控阶段。该阶段主要是通过行政手段对工业大气污染点源排放进行管理控制。新中国成立初期环境保护和大气污染防治的问题还未引起国家和人们的重视。1949年到20世纪50年代初期是环境保护和大气污染防治的空白期。直到20世纪50年代中后期，进入工业恢复和扩大生产阶段，工业生产和环境的矛盾开始显露，才开始有涉及环保的政策措施出现。如1956年国务院颁布的《关于防止厂矿企业中矽尘危害的决定》《工厂安全卫生规程》《防止沥青中毒的办法》，国家计委和卫生部共同制定颁布的《工业企业设计暂行卫生标准》，其初衷在于防止工业企业在生产过程中产生的空气污染物对职工健康危害的“劳动保护”。这一时期的大气污染防治以政府单方面行动为主，依靠行政力量进行防控，制定相关环境标准对污染水平实行管制，重点控制对象是工业大气污染点源排放的污染物，主要内容是防治工业“废气”、消烟除尘，目的在于保护劳动环境、安全生产和保持城乡环境卫生。

这一阶段，由于国家贯彻的发展战略是重工业优先，粗放型的经济增长模式和计划经济体制，并且认为“社会主义制度是不可能产生污染”，导致许多建在大中型城市的工厂没有任何污染防治措施，使大中型城市的大气、水质污染十分严重，城市环境质量急剧恶化。随着污染问题的加剧，国家开始逐步重视。1971年周恩来总理在《接见全国计划会议部分代表的讲话》中指出，要变“三害”为“三利”，搞净化，使废气不致污染空气。根据周总理对解决北京大气污染问题的指示，1971—1972年，北京、上海等城市开展了烟囱除尘工作。1972年4月，国家建委和计委召开烟囱除尘现场会，总结消烟除尘工作基本经验，并提出相关工作原则和措施。在此基础上，1973年4月国家计委颁布《关于进一步开展烟囱除尘工作的意见》，其核心内容是以消除烟尘为主的锅炉改造；1973年11月国家计委、建委、卫生部联合颁布中国第一个环境标准——《工业“三废”排放试行标准》，规定$SO_2$、CO等13种工业污染源废气中有害物质的排放标准。1973年8月，中国召开了第一次环境保护会议，通过了第一个具有法规性质的环保文件——《关于保护和改善环境的若干规定》，开始涉及有关大气污染防治的问题，如“排放有毒废气、废水的企业，不得设在城镇的上风向和水源上游”“工矿企业的有害气体，要积极回收处理”，但并未做专门的具体规定，操作性不强。1974年9月，国家建委在沈阳召开全国消烟除尘经验交流会，《关于全国消烟除尘经验交流会的情况报告》提出大气污染防治的目标和一些重要措施。

这一阶段，国家先后制定了关于工业城市和工业区大气污染防治相关政策，如《关于加强安全生产的通知》(1970年)、《环境保护机构及有关部门的环境保护职责范围和工作要点》

(1974 年)、《关于编制环境保护长远规划的通知》(1976 年)、《关于治理工业“三废”开展综合利用的几项规定》(1977 年)、《关于确定第一批限期治理工矿企业项目的通知》(1978 年)等。尽管这些政策其初衷并非针对大气污染防治,但某些政策措施,如“燃料、电力节约计划完成不好,能耗高于定额的,不能评为大庆式企业”“要管好输油、输气、输热管道,杜绝跑、冒、滴、漏”等政策措施,客观上对大气污染防治起到一定作用。同时,一些地方也开启了大气污染防治工作,但除了个别中心城市外,地方出现的大气污染问题,尤其是带有地方特性的大气污染问题并未引起足够重视,地方大气污染防治政策的制定和实施缺乏科学的规划及相应的技术支撑。如 1968 年内蒙古包头市大气氟污染问题开始凸显,20 世纪 70 年代末排氟量很高,1977—1979 年包头每年向大气排入含氟气体高达 3500～4000 t;大面积农作物受害,家畜因长期食用受氟污染的农作物而患病,农业、畜牧业损失严重。1977 年 4 月由内蒙古环保办公室、包头环保处、包钢环保处共同起草包头地区氟污染综合防治措施研究方案,并上报国家环保办公室,但直到 1979 年 3 月国务院环境保护领导小组在成都召开会议,才正式提出包头地区的氟污染防治问题。又如,1974 年甘肃兰州地区发现了由于当地地形和特殊的产业结构导致的光化学烟雾,科研人员随即开展了大气物理和大气化学的综合研究。随后,北京、上海、广州等城市也有光化学烟雾发生的报道,但并未引起有关部门足够的重视,没有出台相应的防治政策。

因此,这一阶段是地方大气污染防治政策普遍以工业废气排放和消烟除尘为主要的内容,最为典型的措施是由政府引导、发动各企事业单位和群众进行的“消烟除尘大会战”;是我国大气污染防治认知的阶段,大气污染防治的问题尚未进入正式的政府决策议程,没有科学性、针对性的规划,主要集中在安全生产、环境卫生等方面,治理政策及技术工具较为匮乏,社会各界对大气污染防治问题的重视程度和认识水平有限。直至 20 世纪 70 年代末,煤烟型、烟尘型大气污染对居民健康的危害逐渐显现,才引发政府及社会各界对大气污染问题的关注,逐步开展各项科研调查活动,大气环境保护意识得以萌发。

(二)大气污染防治开启法制管控阶段

1979—1991 年为我国大气污染防治开启法制管控阶段。该阶段开启了法制途径下的大气污染法制管控。随着改革开放政策的实施,进一步推动了中国经济的高速增长,大气污染问题凸显,环境保护和大气污染防治的问题引起了国家和人们的重视。1979 年《环境保护法》正式颁布,标志着中国环境保护的大气污染防治开始走上法制轨道。这一阶段中国大气环境质量管理标准实现了全国统一,大气环境保护进入法制管理的新阶段,防治对象从锅炉烟尘污染扩大到机动车尾气排放,政府管控举措不断增多、效力层次不断提升。随着改革开放和工业经济的迅猛发展,中国能源需求和工业规模进一步扩大,综合防治煤烟型大气污染的需求日益迫切。“六五”期间,全国城市的降尘颗粒物超标率达 100%,$SO_2$ 北方城市有 25%超标,酸雨区逐年扩大;1989 年全国 82 个重点城市中,废气排放量达 47395 亿标 $m^3$,占当时全国废气排放总量的 59%;$SO_2$ 排放量为 773 万 t,占当时全国排放总量的 49%。严峻的环境形势加快了中国大气污染防治的法制化步伐。

这一阶段,与国家大气污染防治相关的法律法规和部门、地方行政规章先后制定、颁布、实施。如 1979 年 5 月全国人大通过并颁布《中华人民共和国环境保护法(试行)》,该法在有害气体排放标准、消烟除尘、生产设备和生产工艺等方面做了进一步规定,提出未达国家标准的要限期治理、限制企业生产规模。1982 年和 1984 年国务院分别颁布《征收排污费暂行办法》《关于加强乡镇、街道企业环境管理的规定》。1983 年城乡建设环境保护部颁布《中华人民共和国环境保护标准管理办法》。1987年国务院环保委员会、国家计委等部门颁布《关于发展民用型煤的暂行办法》《城市烟尘控制区管理办法》。尤其是1987年全国人大正式颁布《大气污染防治法》，该法在防治大气污染的一般原则，监督管理，防治烟尘污染，防治废气、粉尘和恶臭污染，以及法律责任等方面做出了规定；提出了$SO_2$等污染物排放的总量控制相关办法；制定大气污染物排放许可证制度、污染物排放超标违法制度、排污收费制度；实施排污申报登记、排污超标收费、大气污染监测等制度。1989年全国人大通过并颁布《中华人民共和国环境保护法》，该法明确了环境保护责任主体，进一步规定了污染防治的具体政策措施和法律责任，规定了地方政府辖区环境保护的"统一监督管理"责任，提出制定环境质量标准、污染物排放标准、环评等方面的环境监督管理要求，将大气污染列入防治环境污染范畴，并提出技术改造、限期治理、对污染严重的企业实行"关停并转迁"等措施。1990年国家环境保护局、公安部、国家进出口商品检验局、中国人民解放军总后勤部、交通部、中国汽车工业总公司联合颁布《汽车排气污染监督管理办法》。尤其是1991年经国务院批准，由国家环境保护局颁布的《中华人民共和国大气污染防治法实施细则》出台，标志着我国大气污染防治工作正式纳入法制化管理轨道。

这一阶段，环境质量标准、污染物排放标准以及技术政策方面的行政法规或部门规章也先后出台。如1979年国家计委、国家经委和国家劳动总局联合颁布了再次修订的《工业企业设计卫生标准》，该标准规定了居住区大气中34种有害物质和车间空气中120种有害物质的最高容许浓度，是我国最早颁布的工业区大气环境质量标准和车间空气质量标准。1982年国务院颁布了我国第一个环境空气质量标准——《大气环境质量标准》，该标准明确规定了大气环境质量进行分级、分区管理。1983年和1989年，国家环境保护局先后颁布了《锅炉烟尘排放标准》《汽油车怠速污染物排放标准》《柴油车自由加速烟度排放标准》《汽车柴油车全负荷烟度排放标准》《硫酸工业污染物排放标准》等；同时，北京、上海、重庆等部分城市开始制定和实施大气污染物的地区排放标准。

这一阶段，国务院规定47个城市作为环境保护重点城市，将这些城市按功能区分类，并提出2000年达到国家功能区大气质量标准的要求；分别对辽宁本溪市、内蒙古包头市大气污染进行综合整治。北京市关闭了污染严重的首钢特钢南厂，消除了北京市区一大污染源。同时确立排污收费制度，继续推行环保设施建设"三同时"制度，开始实施环境影响评价制度，对新建、改建、扩建建设项目形成的新污染源向大气排放大气污染物的控制起到了显著作用。

因此，这一阶段是大气污染防治开始进入政策议程，政策思路发生了明显从限制管控向法制管控转变，把资源的综合利用和企业生产技术升级相统一，防止和治理工业带来的污染。将污染防治工作的重点转向改变城市的能源结构和煤炭加工改造方面，特别是大力发展型煤燃烧，改变能源消费方式、实施节能措施，对污染严重的企业实行"关停并转迁"，从而调整生产布局。污染控制工作重心主要是改造锅炉、消除烟尘、控制大气点源污染，其中污染防治对象从工业废气、燃煤等固定点源扩展到交通运输等移动污染源方面，其显著特点是大气污染防治的法律法规、技术标准逐步完善，大气污染防治开始走向法制化途径。如大中型新建、改建、扩建项目的大气污染防治设施设备"三同时"执行率从1979年的44%上升到1989年的99%。但是在这一阶段，大气污染防治的法律法规、技术标准仍然是以污染源的污染物排放控制为主，而大气污染预防和治理的法律法规、技术标准仍然较少，大气污染防治的经费投入仍严重不足，导致大气污染治理水平总体较低。

（三）大气污染防治引入市场机制管控阶段

1992—2002年为我国大气污染防治引入市场机制管控阶段。该阶段在大气污染防治的法制管控的基础上引入了市场机制的管控手段，确保大气污染防治适应我国经济体制从计划经济体制向社会主义市场经济体制转变。1992年党的“十四大”确立中国经济体制改革的目标是建立社会主义市场经济体制，在开启了以经济建设为中心的新一轮改革开放的同时，也促进中国公共政策走上市场化设计的轨道。这一阶段的大气污染源主要来自燃煤烟尘、工业废气以及汽车尾气，主要污染物为$SO_2$和悬浮颗粒物，煤烟尘、酸雨等污染特征最为突出，少数特大城市属煤烟与汽车尾气污染并重的大气污染类型，空气污染范围从局地污染发展为局地和区域污染并存。因此推行清洁生产、走可持续发展道路是这一阶段大气污染防治的重要战略思想，为大气污染防治开启了新途径，最明显的特征就是开始探索大气污染防治的经济政策，建立大气环境管理的市场机制。大气污染防治在继续强化法制手段并辅以行政手段的同时，开始启用经济手段，将市场机制引入大气环境管理。

这一阶段，在大气污染防治中实施了大气污染预防的环境影响评价制度，大气污染物排放许可证制度，大气污染物排放形成大气污染的大气污染物限期治理制度，将市场机制引入大气环境管理。1991年国家环保总局在上海、徐州等16个城市进行大气排污许可证试点，在此基础上，1993年选择太原、柳州等6个城市开展大气排污交易政策试点工作。部分省、市还出台了相应的法规对大气排污交易给予法律保障，如1993年云南省开远市最早出台《大气排污交易管理办法》，对$SO_2$等大气污染物实施总量收费；1998年山西省人大常委会通过《太原市大气污染物排放总量控制管理办法》。该办法规定了“剩余的允许排放量指标可以留做本单位发展使用或转让给其他排污单位”，是中国第一部提出排污权交易总量控制的地方法规。1996年国务院批复实施国家环保总局提出的《国家环境保护“九五”计划和2010年远景目标》，开始推行主要污染物总量控制和定期公布制度，进一步为排污权交易的实施提供行政决策支持。1993年全国21个省、直辖市、自治区开始试点建立环保投资公司。1999年与美国建立了“二氧化硫排放的市场机制研究”合作，并签署了可行性意向书。1992年国务院批准在贵州、广东两省和柳州、杭州、青岛、重庆等9个城市开展征收工业燃煤二氧化硫排污费和酸雨综合防治试点工作；1999年调整含铅汽油消费税税率。1998年开展招投标试点，将市场竞争机制引入环评市场。

这一阶段，先后配套实施了一些相应的经济管理制度和行政政策。一是继续健全排污许可证制度，开始实行环境标志制度。为推动地方开展大气污染物排污交易和排污补偿，1992年国家环保局发文就大气污染物许可证制度试点工作提出意见，并就排污指标的确定制定了相关管理办法。1993年开始推行环境标志制度，促进节能降耗产品的推广，以减少工业产品对大气环境的损害。陆续颁布了一批实施环境标志的产品目录，如车用无铅汽油、环保车型等，并制定有关管理规定、技术指标和环境标志图形，建立相应的环境标志产品的申报、审批程序。二是不断完善享受政府补贴和所得税减免的行政配套政策。1994年国家科技部、国家环保总局会同国家计委、国家经贸委等11个部委共同组织实施“空气净化工程”，以治理机动车排气污染和燃煤污染为突破口，分别开展“清洁汽车行动”和“清洁能源行动”，将北京、重庆等12个城市作为“清洁汽车行动”示范城市。

因此，这一阶段大气排污交易政策试点取得初步成效，尤其是大污染防治法的修订确立了排污许可证制度的法律基础，为进一步实施大气污染防治经济政策和引入市场机制手段奠定了法律保障。但是，由于缺乏具体明确的法律和标准，以及有效的行为激励和约束机制，相比同时期经济发展水平，大气污染治理绩效仍不容乐观。尽管这一阶段防治大气污染的法律法规、标准体系进一步完善，并开始实施经济政策，引入市场竞争机制，但是仍缺乏相关法律支持，各省、市排污权有偿使用和交易的实践均存在法律基础不足、法律依据不充分的问题，其中排污权有偿取得的法律基础尤其薄弱，仅有个别地市出台地方性法规，导致防治大气污染的法律法规和行政控制执行力较高，经济手段难以充分发挥效力。

（四）大气污染防治突破属地管控的综合治理阶段

2003—2010 年为我国大气污染防治突破属地管控的综合治理阶段。该阶段大气污染防治开始探索性地实施区域大气污染联合防治，尝试打破大气污染防治行政区域属地管控模式。在工业化和城市化急速发展的过程中，我国的能源消费和机动车保有量呈直线增长。$SO_2$、$NO_X$ 等大量污染物排放到大气中，加之煤烟尘、酸雨、悬浮颗粒物、光化学烟雾和扬尘污染等，使区域复合型大气污染特征初步显现，大气污染物长距离输入型城市大气污染事件时有发生，导致大气污染防治形势更加复杂和严峻。而在这一阶段，科学发展观以及"生态文明""和谐社会"等战略思想的提出，促使大气污染防治思路发生重大转变，最显著的特征是开始探索性地实施突破大气污染防治行政区域的大气污染联防控制措施。

这一阶段，北京、上海和珠江三角洲地区是中国较早开始探索大气污染联合防治的区域。这些地区的大气污染联合防治有一个显著共同特点，就是以保障国际性重大会议的空气质量为契机，提升区域大气污染防治效果，并尝试建立大气污染联防联控机制。2008 年北京奥运会期间，国家启动空气质量区域联防联控机制。国家环保部与京津冀、山西、山东等 6 省（区、市）联合制定了《第 29 届奥运会北京空气质量保障措施》，统一污染控制对象，在奥运会前，实施环境综合治理，奥运会期间采取临时污染减排措施，并配套极端天气应急方案。为确保世博会期间环境空气质量达标，上海市会同江苏、浙江两省联合制定长三角区域大气污染联合防治工作方案。与北京、上海地区相比，珠江三角洲地区大气污染联合防治更加注重联合防治机制的可持续性。2002 年 4 月粤港政府签署和发布了《关于改善珠江三角洲空气质素的联合声明（2002—2010 年）》，提出力争到 2010 年实现珠江三角洲二氧化硫（$SO_2$）、氮氧化物（$NO_x$）、可吸入颗粒物（$PM_{10}$）和挥发性有机化合物（VOC）的排放总量比 1997 年分别减少 40%、20%、55%和 55%。2003 年 12 月双方通过了《珠江三角洲地区空气质素管理计划（2002—2010 年）》，2005 年建成粤港珠江三角洲区域空气质量监测网络，2009 年 8 月 19 日粤港两地环保部门在粤港合作联席会议上共同签署《粤港环保合作协议》，同意成立科研小组，联合开展《珠江三角洲地区空气质素管理计划（2002—2010 年）》终期评估，就四种主要大气污染物（$SO_2$、$NO_x$、$PM_{10}$ 和 VOC）的减排执行情况进行总结。粤港双方达成共识继续加强合作，编制并实施《珠江三角洲地区空气质素管理计划（2011—2020 年）》，对二氧化硫（$SO_2$）、氮氧化物（$NO_x$）、可吸入颗粒物（$PM_{10}$）与挥发性有机化合物（VOC）进行联合减排，持续改善珠三角区域空气质量。另外，2008 年广东省政府建立了珠江三角洲区域大气污染防治联席会议制度并明确议事范围，广州市实施《空气综合整治方案（2008—2010 年）》，提出联动珠三角相关城市，共同防治区域空气污染；为推进珠三角环保一体化进程，2009 年广东省政府制定实施《广东省珠江三角洲大气污染防治办法》和《珠江三角洲地区改革发展规划纲要（2008—2020 年）》，早于国家层面明确提出建立区域性大气污染联防联控工作机制；2010 年《广东省珠江三角洲清洁空气行动计划》印发实施，从环境法规标准、管理体制、环境监管、环境经济政策等 6 个方面入手，建立大气污染综合防治决策支撑体系。

这一阶段，大气污染综合防治的法律法规体系、技术标准体系持续完善，尤其在大气污染综合防治的税费征收和财政支持方面持续加强。税费征收和财政支持方面：2003 年国务院颁布《排污费征收使用管理条例》；同年，国家计委、财政部、环保总局等部门联合颁发实施《排污费征收标准管理办法》，进一步扩大 $SO_2$ 排污费征收范围，提高排污收费标准。2007 年国家财政部和环保总局联合制定实施《中央财政主要污染物减排专项资金管理暂行办法》和《中央财政主要污染物减排专项资金项目管理暂行办法》，提高了污染治理专项资金使用率和规范资金项目管理。环境标准和污染物排放标准方面：对机动车排放标准做出多次调整升级，针对重型车、摩托车、农用运输车、城市机动车等不同类别的机动车分别制定污染排放标准。修订了锅炉、火电厂、水泥工业、煤炭工业等行业大气污染物排放标准，新增了储油库、加油站、陶瓷工业、铅工业、饮食业等污染物排放标准。技术政策及规范方面：相关工业行业普及烟气除尘脱硫方法和技术，如 2009 年国家工信部制定实施《钢铁行业烧结烟气脱硫实施方案》，并在新建电厂全面推广。新增了摩托车排放、柴油车排放、燃煤二氧化硫污染排放、禽畜养殖业等方面的污染防治技术政策；新增了防治城市扬尘污染、水泥工业、钢铁工业、工业锅炉、火电厂烟气脱硝等方面的技术规范；新制定了一系列大气固定污染源监测、环境空气质量监测等方面的环境质量监测技术方案和方法。清洁能源政策方面：2003 年中国第一部《清洁生产促进法》颁布实施，并制定了《国家清洁能源行动实施方案》，2004 年国家发改委和环保总局联合颁布了《清洁生产审核暂行办法》，将污染控制贯穿工业生产全过程；推广使用清洁的车用汽油，分批发布合格车用汽油清净剂，并加强在用汽车定期环保监测工作。环境评价管理方面：2003 年全国人大通过《环境影响评价法》，2006 年出台实施《环境影响评价公众参与暂行办法》，2009 年国务院出台《规划环境影响评价条例》。此外，《大气污染防治法》再次进入修改程序。2006 年国家环保部开始组织专家做前期工作，2009 年形成《大气污染防治法（修订草案）》并报国务院法制办。同时，将机动车污染控制正式纳入政策议程，按从源头控制的政策思路，开展一系列政策实践：以分阶段、先试点后推广的方式，连续升级机动车排放标准，严格控制新机动车污染，进一步强化机动车污染排放控制。

这一阶段，国家将主要污染物减排目标与地方政府政绩考核相关联，并向社会公开减排情况和考核结果。$SO_2$ 排放总量控制范围扩大到全国。2006 年国务院批复《“十一五”期间全国主要污染物排放总量控制计划》，要求各省（区、市）将 $SO_2$ 排放总量控制指标纳入本地区经济社会发展“十一五”规划和年度计划。在国民经济与社会发展“十一五”规划中，再次明确提出了 $SO_2$ 排放总量控制的目标（到 2010 年全国 $SO_2$ 排放总量控制要比“十一五”期末减少 10%）。2006 年国家环保总局受国务院委托，与国家电网、华能、大唐等 6 大电力集团和 30 个省、自治区、直辖市政府签订 $SO_2$ 排放总量控制目标责任书。国家环保总局每半年公布各省和重点企业完成情况，并将考核结果向国务院报告、对社会公布，对不能按期完成的，加大惩处力度。另外，开展大气污染防治战略规划研究和防治技术专项研究。2007—2009 年，国家环保部联合科研机构开展“中国环境宏观战略研究”，其中包括大气环境保护战略研究。2006 年国家科技部在“十一五”“863”计划中设立“重点城市群大气复合污染综合防治技术与集成示范”重大项目，并选择珠江三角洲为典型示范区。而珠江三角洲区域大气污染联防联控模式的建立和实施，为保障 2010 年广州亚运会空气质量做出了突出贡献，该模式成为全球继美国南加州和欧洲之后的第三个典型案例。同时，将酸雨、$SO_2$、机动车污染控制研究纳入国家科技攻关项目。

因此，这一阶段大气污染防治的核心在于强化大气主要污染物排放的总量控制，并在此基础上开展大气污染防治战略规划和防治技术的研究，探索性地实施区域大气污染联合防治。

因此，虽然继续采取排污费征收、设立减排专项资金等经济型激励政策和环境保护信息公开、环境影响评价等政策，但在政策执行上仍表现出鲜明的行政驱动和行政控制特征，以达标排放、总量控制、排污许可等为内容的“命令控制型”机制为主。但是这一阶段环境治理理念发生了重要变化，大气污染防治政策制定和技术方法确定获得重要的理论支撑。2003 年中共中央提出了科学发展观的理念，确立了经济发展和环境保护相协调、促进人与自然和谐发展的战略思想；2007 年党的十七大报告首次提出“生态文明”的概念，并正式将之上升到国家战略高度，这表明我国对环境保护和污染防治的科学认知得到大幅度提升，作为环境污染防治的重要领域的大气污染防治正式转化为关系中国经济社会发展道路选择的问题。同时，大气污染防治的实践也取得了重大进展。污染物排放总量控制和区域联防联控试点成效初显，2007 年中国 $SO_2$ 排放总量在统计公报中首次出现下降，全国 $SO_2$ 排放总量与 2006 年同期相比下降 0.88%；2008 年奥运会期间，北京市空气质量达标率为 100%，其中 12 d 达到一级标准，创造了近十年来北京市和华北地区空气质量最好水平。但是，大气污染是长期积累的复合型环境污染，污染治理速度仍远远跟不上中国快速工业化、城镇化进程，这一阶段的环境空气质量并未得到显著改善。2010 年，全国 471 个城市的空气质量监测数据表明，空气质量处于国家三级水平或更低的城市数量占 17.2%；全国 113 个环保重点城市中，有超过 1/4 的城市处于国家空气质量三级水平。行政命令控制型的运动式大气污染治理模式弊端凸显，试点状态下的区域大气污染联防联控并未取得可持续的效果。现行政策仍专注于控制 $SO_2$、烟尘和粉尘等一次污染物减排数量，在 $NO_x$、$PM_{2.5}$ 等其他污染物控制方面仅有一些零散的措施，缺乏多种污染物和污染源的协同控制政策与措施。

（五）大气污染防治走向法治化的合作共治阶段

2010 年至今（2020 年）为我国大气污染防治走向法治化的合作共同治理阶段。该阶段大气污染防治的思想认识程度之深前所未有。党的十九大把污染防治攻坚战作为决胜全面建成小康社会三大攻坚战之一，因此污染防治攻坚战的打赢蓝天保卫战就是政治任务。尤其是 2018 年 5 月在北京召开的全国生态环境保护大会正式确立了习近平生态文明思想，提出绿水青山就是金山银山、良好生态环境是最普惠的民生福祉、用最严格制度最严密法治保护生态环境、共谋全球生态文明建设之路等一系列新思想、新理念、新战略，为加强生态环境保护尤其是大气污染治理提供了思想指引和根本遵循。全党全国在大气污染防治工作中以习近平生态文明思想为根本遵循和最高准则，以“基本消除重污染天气，还老百姓蓝天白云，繁星闪烁”为目标，按照党的十九大关于“坚持全民共治、源头防治，持续实施大气污染防治行动，打赢蓝天保卫战”的重大决策部署和《中共中央国务院关于全面加强生态环境保护坚决打好污染防治攻坚战的意见》（中发〔2018〕17 号）明确的打好蓝天保卫战等污染防治攻坚战标志性战役的路线图、任务书、时间表要求，结合《国务院关于印发打赢蓝天保卫战三年行动计划的通知》安排部署，全面实施打赢蓝天保卫战三年行动计划。同时该阶段大气污染治理力度之大前所未有、政策规划出台频度之密前所未有、监督执法尺度之严前所未有、环境质量改善速度之快前所未有。整个大气污染治理力度开始向顶层设计集中，引导跨部门、跨区域合作共治和全社会共同参与；在完善法制的基础上强调“法治”，即不仅使大气污染防治“有法可依”，而且真正实现“依法治污”，大气污染防治逐步从政府威权管制走向多元主体合作共同治理。该阶段，随着工业化、城市化和区域经济一体化进程的加快，2010 年以来，中国大气污染发展为煤烟型、石油型、机动车尾气和工业气体排放的多层面多主体和输入性污染物与局地性污染物耦合的综合型大气污染，由单个城市局地型空气污染向多个城市跨行政区域型大气污染转变，多种大气污染物交叉并形成复合型重污染天气时有发生，以雾、霾为主导的城市大气污染问题全面爆发，并有不断加重和蔓延的趋势。因此，应对重污染天气被纳入国家和地方突发环境事件应急管理范畴。当预测到大范围重污染天气来临时，生态环境部或区域空气质量预测、预报中心第一时间通报预警提示信息。相关省级行政区人民政府组织所辖地、市及时发布预警，开展区域应急联动。2018—2019 年秋冬季，生态环境部共向省级行政区人民政府发布区域预警提示信息 7 次，每次均有 40 余个城市启动应急响应，有效减少了大气污染物排放，降低了 $PM_{2.5}$浓度峰值。

这一阶段为大幅度改善空气质量，强力推进跨部门、跨区域联防联控和重点区域大气污染防治规划。2010 年 5 月国家环保部联合发改委、科技部等八部委共同制定《关于推进大气污染联防联控工作改善区域空气质量的指导意见》，明确要求 2015 年建立大气污染联合防控机制。2013 年《重点区域大气污染防治"十二五"规划》开始施行。该规划由国家环保部、发改委、财政部共同编制，联控范围涉及 19 个省的 117 个地级及以上城市和京津冀、长三角、珠三角等 13 个重点区域。2013 年国家环保部发布大气污染物特别排放限值的执行公告，执行范围包括火电、钢铁、石化等行业以及燃煤锅炉项目。2013 年 9 月国务院颁布了《大气污染防治行动计划》，要求建立京津冀、长三角区域联合防控协调机制，并由国务院有关部门、省级人民政府组成协调委员会。同时，国家环保部、发改委、工信部等部门联合印发《京津冀及周边地区落实大气污染防治行动计划实施细则》。2014 年 1 月，由长三角三省一市和国家八部委组成的长三角区域大气污染防治协作机制正式启动。2017 年，《大气污染防治行动计划》目标圆满实现，但中国致力于改善环境空气质量的行动并未止步。2018 年 6 月 27 日，国务院印发《打赢蓝天保卫战三年行动计划》，要求通过 3 年努力，大幅度减少主要大气污染物排放总量，明显降低 $PM_{2.5}$浓度，明显减少重污染天数，明显改善大气环境质量，明显增强人民的蓝天幸福感。2018 年成立了跨区域跨部门环境管理机构，将原京津冀及周边地区大气污染防治协作小组调整为京津冀及周边地区大气污染防治领导小组，国务院副总理韩正担任组长，并在生态环境部设立京津冀及周边地区大气环境管理局，承担领导小组办公室日常工作。同时开展了秋冬季攻坚行动，在京津冀及周边地区、长三角、汾渭平原等重点区域开展为期半年（当年 10 月至次年 3 月）的秋冬季大气污染综合治理攻坚行动，明确 $PM_{2.5}$浓度和重污染天数改善任务目标，深化区域联防联控，着力削减污染物排放量，降低重污染天气的不利影响。

这一阶段由考核总量减排转为考核质量改善，并改革地方政府政绩考核制度。将 $NO_2$、$SO_2$ 排放纳入国民经济与社会发展"十二五"规划约束性指标中。2011 年国务院发布《"十二五"节能减排综合性工作方案》，将污染物减排指标完成情况纳入领导干部政绩考核范围。2012 年 2 月，国家环保部发布新的《环境空气质量标准》及其配套标准《环境空气质量指数（AQI）技术规定（试行）》，并与国际标准接轨，增加 $PM_{2.5}$、$O_3$ 8 h 浓度限值等指标；2012 年出台的《重点区域大气污染防治"十二五"规划》，明确提出空气中 $PM_{10}$、$SO_2$、$NO_2$、$PM_{2.5}$年均浓度下降的目标值，标志着大气污染防治目标逐步由污染物总量控制转为环境质量改善。2014 年环保部与全国 31 个省（区、市）签署了《大气污染防治目标责任书》，明确了各地空气质量改善的目标和重点工作任务；2014 年国务院办公厅印发《大气污染防治行动计划实施情况考核办法（试行）》，考核指标包括空气质量改善目标完成情况、大气污染防治重点任务完成情况。同时，继续加强对重点行业大气污染物的控制标准，发布了钢铁和焦化工业污染物系列新的排放标准；2011 年再次修订燃煤电厂的排放标准，2014 年修订锅炉大气污染物排放标准、制定生活垃圾焚烧污染控制标准。为协调能源产业与生态环境协调发展，2014 年国家环保部联合发改委、能源局制定实施《能源行业加强大气污染防治工作方案》。同时，改革地方政府考核制度，加强行政问责机制。环境保护部与各省级行政区人民政府签订了《大气污染防治目标责任书》，对空气质量改善目标和重点任务措施进行了分解；省级人民政府制定本地区实施细则和年度工作计划，并与所辖的市、县两级人民政府签订目标责任书。2015 年 7 月，中央深化改革领导小组第十四次会议审议通过《环境保护督察方案(试行)》《关于开展领导干部自然资源资产离任审计的试点方案》《党政领导干部生态环境损害责任追究办法(试行)》等文件，其核心就是要把生态政绩考核纳入干部考核管理体系中。2016 年国民经济和社会发展“十三五”规划明确提出以提高环境质量为核心，环保专项规划则要求实施空气质量目标分区管理。

这一阶段强化了环境信息公开和社会共治。2010 年以来出台的综合性规划、法规均对环境信息公开和公众参与提出了明确要求，增强了公众参与环保监督的有效性。如将“依法公开环境信息、完善公众参与程序”写入 2015 年 1 月 1 日施行的新修订《环境保护法》；在大气污染防治法修订过程中，通过问卷调查、公开征求意见等方式促进公众参与；2018 年 10 月 26 日第十三届全国人民代表大会常务委员会第六次会议通过新修订的《中华人民共和国大气污染防治法》和 2014 年国家环境保护部发布的《企事业单位环境信息公开办法》中，在大气污染防治相关信息公开、设立监督渠道以及公众举报方面都做了明确规定。2015 年 3 月环境保护部发布的《“同呼吸 共奋斗”公民行为准则》，倡导公众践行低碳、绿色生活方式和消费模式，呼吁全社会参与共同大气污染防治和环境保护；2015 年 9 月正式施行的《环境保护公众参与办法》，明确规定了公众参与环保的权利、义务、责任、参与方式和环保部门在公众参与方面的主要责任及相关工作，同时越来越多的企业主动承担起改善环境的社会责任，环保社会组织在促进公众参与环保、提升公众环境意识、监督企业环境行为等方面做出了积极贡献，公众的环境意识不断提高，不仅主动向绿色低碳的生活方式转变，对违法违规排污行为进行举报，还越来越多地为政府决策提供意见建议，“同呼吸、共奋斗”成为全社会行为准则。

这一阶段建立多种污染物(源)协同控制机制，构建大气污染防治技术体系。进一步扩大了大气污染物控制范围，加强了包括 $SO_2$、烟尘、粉尘、$NO_2$ 等一次污染物和 $PM_{2.5}$、$O_3$ 等二次污染物及农作物秸杆焚烧污染等控制，建立了污染物协同控制机制。2013 年出台的《大气污染防治行动计划》正式提出了多种污染物、多种污染源协调控制的机制。同时在大气污染防治技术方面，通过配套环境监测和管理技术规范及技术政策、污染源解析、重污染应急、区域空气质量管理等方面的技术政策，构建起国家层面的大气污染防治技术体系。2014 年 1 月全面启动全国各直辖市、省会城市(拉萨除外)和计划单列市(共 35 个城市)$PM_{2.5}$ 来源解析工作；发布实施《清洁空气研究计划》，建设大气污染源与控制、大气物理模拟与污染控制、机动车污染控制与模拟等重点实验室。2016 年 11 月，中国启动国家大气颗粒物组分监测网建设，在京津冀及周边地区、汾渭平原共计 42 个城市布设 49 个点位，监测项目包括 $PM_{2.5}$ 浓度、水溶性离子、元素碳、有机碳元素碳比(OC/EC)，可实时获取颗粒物组分及源解析结果，快速了解重污染成因，支撑中长期精细化污染成因分析。2017 年起，在京津冀及周边地区和汾渭平原布设了 42 台地基气溶胶激光雷达，可实时获取垂直方向上气溶胶时、空变化信息，研究大气污染来源和传输情况，并在大气重污染期间开展了气溶胶激光雷达走航监测；2017 年 4 月，由环境保护部牵头，联合中国科学院、农业、工信、气象、卫生等部门和单位及高校，组建了国家大气污染防治联合攻关中心，组织近 2000 名科学家和一线科研工作人员开展大气重污染成因与治理集中攻关，并创新“一市一策”跟踪研究机制，实现科研成果向地方管理的快速转化应用；2017 年，环境保护部组建了 28 个专家团队，派出共计 500 多名科研人员，在京津冀及周边地区“2＋26”城市开展“一市一策”驻点研究和现场技术指导。各专家团队建立“边研究、边产出、边应用、边反馈、边完善”的工作模式，结合当地大气污染特征，提出有针对性的综合解决方案，不断通过科学治污、精准治污更好地服务地方政府大气污染防治工作。2018 年，启动国家大气光化学监测网建设，重点掌握全国 VOCs 时、空分布情况。

这一阶段加强了大气污染防治立法工作，进一步加大环保执法力度。2015 年 1 月国家实施新修订的《中华人民共和国环境保护法》，为大气污染防治的完善指明了方向，进一步强化了环保政策执行的法律基础。如按日累计罚款无上限、污染违法者可拘留、环境污染可入罪、污染物排放设备可查封扣押、超标排污可停产停业、环境监管部门违法要担责等进一步推进了大气污染防治政策合法化、制度化的进程。尤其 2016 年 1 月国家实施新修订的《大气污染防治法》大气污染防治在以下四个方面取得突破：一是对地方政府大气污染防治考核与监督的强化围绕大气环境质量改善的工作展开；二是大气污染防治从“末端治理”转为“源头治理”，重点解决污染源问题，如在机动车污染源头控制方面，统一各地油品标准；三是加强重点区域联防联治，建立污染物协同控制机制；四是加大处罚力度，明确了处理方式和处罚措施，变限额罚款为“按日计罚”进一步提高了针对性和可操作性。另外，各省(区、市)制定相应的大气污染防治条例及实施细则、区域联治和其他行政配套政策，出台了重污染天气应急预案；探索出各具特色的地方大气污染防治举措。如，北京市制定实施《北京市 2013—2017 年清洁空气行动计划》《进一步健全大气污染防治体制机制推进空气质量加快改善的意见》，建立全市、区县、街道(乡镇)三级大气污染防治监管体系。山东省济南、淄博、泰安等 7 市共签省会城市群行政边界地区环境执法联动协议。天津、兰州等市实施大气污染防治网格化管理。总之，通过《中华人民共和国环境保护法》《中华人民共和国大气污染防治法》《中华人民共和国环境影响评价法》《中华人民共和国环境保护税法》《中华人民共和国防沙治沙法》《中华人民共和国节约能源法》等国家大气污染防治的法律、法规制修订和实施，以及 31 个省级行政区均出台或修订了地方环境保护条例和大气污染防治条例，构建了大气污染防治法律框架体系，为不断强化大生态环境保护执法力度提供了法治保障。如 2015 年以来全国实施行政处罚罚没款金额逐年增长，2018 年全国实施行政处罚案件 18.6 万件，是 2015 年的 1.9 倍，罚款 152.8 亿元人民币，是 2015 年的 3.6 倍。

这一阶段积极推行污染防治相关经济政策，完善大气污染治理产业政策、能源政策，开展试点或组织专项行动。例如，采取鼓励发展环保产业、推进排污权交易和排污收费、加大财政投入和给予财政补助、重视绿色 GDP 研究、设立环境污染强制责任保险试点、引入环境治理第三方、节能减排低碳发展专项行动等政策措施。2012 年国务院印发《“十二五”节能环保产业发展规划》，大力扶持节能、资源综合循环利用和环保产业重点领域，以及相关工程技术。2014 年国务院发布《关于进一步推进排污权有偿使用和交易试点工作的指导意见》。制定实施《挥发性有机物排污收费试点办法》。2015 年国家环保部发布《关于推进环境监测服务社会化的指导意见》，引导社会力量参与环境监测，培育环境监测服务市场，促进环境监测规范化。中央财政划拨项目补助和设立大气污染防治专项资金，不断加大专项资金投入力度、加宽专项资金覆盖面。按防治成效实施“以奖代补”，对达标企业予以激励。例如，为支持大气污染防治重点区域中的城市实施燃煤锅炉综合整治工程，2012 年中央财政补助 10.9 亿元。为促进京津冀及周边、长三角、珠三角等区域大气污染防治，2013—2015 年，中央财政分别划拨 50 亿元、98 亿元、115 亿元专项资金。《中华人民共和国环境保护税法》于 2018 年 1 月 1 日起正式实施，根据污染物排放浓度实行差别化征税。2018 年前三季度全国共征收环境保护税 149.8 亿元，其中对大气污染物征税 135 亿元。自 2019 年 1 月 1 日起至 2021 年 12 月 31 日止，对符合条件的从事污染防治的第三方企业按减15%的税率征收企业所得税，有利于减轻环保企业税负，进一步激发环保市场活力。

这一阶段深化管理体制机制改革，实施了中央环保督察，形成中央环保督察常态化布局。从2015年12月起，历时3年时间，对全国31个省级行政区和新疆生产建设兵团开展第一轮中央生态环境保护督察，并于2018年分两批对20个省级行政区开展“回头看”，共向地方移交500多个生态环境损害责任追究问题，同时对典型案例进行公开曝光。第一轮督察地方共问责4200多人，其中省级领导3人、厅级干部近700人。并且2019年进行第二轮中央环境保护督察，不断夯实生态环境保护政治责任，进一步传导压力、形成震慑，生态环境保护“党政同责、一岗双责”逐步落地。同时创新执法手段，2017年4月起，环境保护部组织开展重点区域大气污染防治强化监督帮扶工作，建立了排查、交办、核查、约谈、专项督察“五步法”的闭环工作机制。其中2018—2019年度强化监督工作中，共统筹调度全国生态环境系统力量1.95万人·次，开展22轮强化监督，现场检查各类点位66.6万个(家·次)，帮助地方查找并移交5.2万个生态环境问题，对2017—2018年度强化监督交办的3.89万个问题进行了一一核实，督促整改到位。并且积极应对重污染天气，建立了“预案制定—预测预报—预警发布—应急减排—执法督查—预警解除”的全流程工作模式和“事前研判—事中跟踪—事后评估”的技术支撑体系，重污染天气应对能力显著提升。

这一阶段经济发展和大气环境保护的矛盾更加突出，大气污染已成为关系民生健康、社会发展和经济走向，迫切需要解决的重大政策问题。经过政策设计、试点和整合，科学完整、切实可行的大气污染防治政策体系基本建立。特别是《大气污染防治行动计划》和打赢蓝天保卫战三年行动计划的出台，改变了各个城市独立治理空气污染的状况，“依法治污、科学治污、精准治污”成为大气污染防治的常态，大气污染问题的处理方式将逐渐从污染管理走向污染治理。大气污染防治政策发生了四大战略性转变：污染防治目标由排放总量控制转变为改善空气质量；污染防治对象转为多种污染物(源)的协同综合控制，并确立区域联合防治的管理模式。虽然空气质量仍与公众的期待有较大差距，但改善效果已显现。2018年，全国可吸入颗粒物($PM_{10}$)平均浓度为71 $\mu g/m^3$，比2013年下降27%；首批实施《环境空气质量标准》(GB 3095—2012)的74个城市细颗粒物($PM_{2.5}$)平均浓度为42 $\mu g/m^3$，比2013年下降42%；北京市$PM_{2.5}$浓度从2013年的89.5 $\mu g/m^3$下降到51 $\mu g/m^3$，降幅达43%。《大气污染防治行动计划》确定的各项空气质量改善目标全面实现，公众的蓝天获得感和幸福感明显增强。总的来看，大气污染带来的综合社会成本以及污染控制效益尚未能纳入污染治理决策过程中，大气污染治理来自地方政府发展经济的压力更大，生态环境部门强制性权力还比较薄弱。但我国在充分借鉴世界各国大气污染治理经验的基础上，发挥后发优势，充分利用先进的科学手段和治理技术，全力加快大气污染治理进程。在近十年的大气污染治理实践中，我国探索形成了“政府主导、部门联动、企业尽责、公众参与”的大气污染治理中国模式，为其他同样面临严重大气污染的国家和城市大气污染治理提供了中国智慧和中国方案。正如2019年3月第四届联合国环境大会上，联合国环境规划署代理主任乔伊斯·姆苏亚所说：“中国在应对国内空气污染方面表现出了无与伦比的领导力，在推动自身空气质量持续改善的同时，也致力于帮助其他国家加强行动力度。中国领跑，激发全球行动来拯救数百万人的生命。”我国大气污染治理模式积极推动、领跑，激发了世界各国因地制宜制定和实施有力、有效的大气污染治理法律、政策和措施，让更多的人可以享有蓝天白云、可以遥望浩渺星空、可以呼吸到洁净的空气，为世界各国实现人与自然和谐发展，创造人与自然生命共同体提供了实践经验和中国智慧，展现了大国风范。

## 三、大气污染防治的基本途径

不论大气污染影响范围的水平尺度在几十米到几百米的微尺度生产经营和社会活动场所局部性大气污染、几百米到几十千米的小尺度局地性大气污染、水平尺度在几十至三百千米的中尺度地区性大气污染，还是水平尺度在三百千米以上的大尺度广域性和全球性大气污染，都与大气污染影响范围内的地形、气象条件、绿化面积、能源结构、工业结构、工业布局、建筑布局、交通管理、人口密度等多种自然因素和社会因素密切相关，仅仅依靠单一的大气污染防治途径解决不了大气污染问题。实践已经证明，只有通过各种大气污染防治途径综合运用才可能有效控制大气污染。因此，大气污染防治主要有管理控制大气污染物防排放的大气污染防治途径、充分应用大气对污染物自净能力的大气污染防治途径、开发利用植物对污染物吸附能力的大气污染防治途径、创新实施人工影响天气的大气污染防治途径等四类基本途径。

### （一）管理控制大气污染物防排放的大气污染防治途径

管理控制大气污染物防排放的大气污染防治途径主要是通过法律手段、行政手段、经济手段、技术手段，综合应用以下几种大气污染物防排放管理控制措施，确保空气质量达标。

一是构建完备的大气污染防治法律体系和标准体系，确保大气污染物依法依规，按照技术标准排放和管理控制。

二是依法依规实施大气污染物排放和管理控制的行政执法与司法联动，并加大执法力度。对违反法律、法规和技术标准超标排放大气污染物，受过行政处罚后又继续实施上述行为或者具有其他严重情节的，可以追究刑事责任，对监测数据造假等行为也将追究刑事责任，同时加大对生态环境污染犯罪的惩治力度。

三是加强大气污染防治科技支撑，研究制定大气污染物的浓度限值和监测方法，建立、健全环境空气质量监测网络体系，研究开发大气污染物排放管理控制技术，实施大气污染物排放管理控制“蓝天科技工程”，提升大气污染物排放和管理控制科技水平。

四是通过工业企业升级改造，大力推进工业企业污染物排放控制；通过大气污染治理，倒逼企业转型升级，加快淘汰落后产能，化解过剩产能，推动产业结构不断优化；通过煤炭消费总量控制和重点区域设置煤炭消费总量控制目标，激励清洁能源发展，不断优化能源结构；通过持续推进车用油品低硫化进程，交通运输结构调整，提升机动车排放标准，大力发展新能源汽车，淘汰黄标车、老旧车，强化在用机动车排放监管体系建设，设立船舶排放控制区，统筹“油路车”污染治理；通过持续加强北方防沙带生态安全屏障建设和全国范围的植树造林、草原保护、防风固沙工程，加强秸秆综合利用，加强扬尘综合治理等开展面源污染治理；从而有效减少或防止大气污染物的排放。

五是通过中央生态环境保护督察，切实推动地方党委、政府落实生态环境保护的主体责任；通过建立、健全京津冀及周边地区、长三角、汾渭平原等重点区域大气污染联防联控协作机制和成立跨区域跨部门环境管理机构，不断强化大气污染联防联控；通过建立排查、交办、核查、约谈、专项督察“五步法”的闭环工作机制，不断创新大气污染执法手段；通过大气污染防治目标管理的责任与考核，并细化为任务分解、考核评估、责任追究，不断强化大气污染防治责任落实，从而提升大气污染物排放管控的监督管理水平。

六是通过环境保护税、消费税、所得税等税费政策，价格政策，环境信用评价，市场化政策的制定，不断完善大气污染防治经济政策，从而激励地方政府和大气污染物排放单位加大投入防范大气污染物治理。

七是通过推行环境信息公开，不断满足人民群众的大气污染防治知情权、参与权和监督权；通过鼓励和支持社会组织在促进公众参与环保、提升公众环境意识、监督企业环境行为等方面做出了积极贡献，从而有效提升公众环境意识和企业履行大气污染治理社会责任意识。

（二）充分应用大气对污染物自净能力的大气污染防治途径

大气对污染物自净能力是指大气对大气中污染物通过湿清除、干清除、扩散、稀释、氧化、还原等物理作用、化学作用和生物作用，使大气污染物浓度降低，甚至达到空气质量标准的能力。在大气污染物排放总量恒定的情况下，大气污染物浓度时、空分布同大气对污染物的自净能力密切相关，而大气污染物浓度时空分布同大气对污染物自净能力的相关主要由大气运动相关的温度、湿度、风向、风速、气压、辐射、降水、云量、大气稳定度、混合层高度、大气逆温强度、大气扩散参数、天气现象等气象因素决定，因此认识和掌握大气运动的气象要素、天气、气候变化规律，充分应用大气对污染物的自净能力，可有效降低大气中污染物浓度，改善空气质量，防止或减少大气污染事件发生。充分应用大气对污染物的自净能力的大气污染防治途径主要是通过地基、空基、天基气象监测的海量历史资料和海量实时监测资料，研究、分析、评估大气对污染物的自净能力，预测、预估未来 10 d 以上的大气对污染物的自净能力、预报预警未来 10 d 以内的大气对污染物的自净能力和实时监测大气对污染物的自净能力变化状况，并依据大气对污染物的自净能力预测预估、预报预警、实时监测服务产品，充分应用以下几种大气污染物防排放管理控制措施，管控大气污染物防排量，确保空气质量达标。

一是依据大气对污染物的自净能力预测、预估服务产品，为月、季节、年时间尺度大气染防治工作提供依据。如通过研究、分析、评估我国京津冀及周边地区、长三角、汾渭平原等重点区领的秋冬季大气对 $PM_{2.5}$、$PM_{10}$、$SO_2$ 等污染物的自净能力比较弱，因此需开展秋冬季大气污染综合治理攻坚行动，着力削减污染物排放量，降低重污染天气的不利影响，确保全年 $PM_{2.5}$、$PM_{10}$、$SO_2$ 等污染物浓度达标和重污染天数的目标任务完成，而春夏季大气对光化学反应形成 $O_3$ 污染物的自净能力相对比较强，需强化 VOCs 综合治理和监督检查工作，确保 $O_3$ 污染物浓度达标。

二是依据大气对污染物的自净能力预报预警服务产品，为天、周时间尺度大气染防治工作提供依据。如应对重污染天气时，及时启动大气污染防范应急预案，发布预警，科学采取应急减排措施，强化应急响应执法督查，防止大气对污染物自净能力弱而易形成重污染天气的风险向重污染天气事件转变。

三是依据大气对污染物的自净能力实时监测服务产品，为大气污染突发事件的大气污染应急处置提供依据。如通过大气污染突发事件所在地实时监测大气对污染物的自净能力变化趋势，及时确定大气污染物高浓度核心区、低浓度缓冲区和安全区以及这些区域范围实时变化趋势，为控制大气污染事故现场、制定抢险措施等应急决策提供可靠的依据。

（三）开发利用植物对大气污染物净化能力的大气污染防治途径

植物对大气污染物的净化能力是指植物对大气中污染物通过滞留、过滤、吸附和吸收作用，使大气污染物浓度降低甚至达到空气质量标准的能力。植物不仅具有美化环境、调节气候的功能，还具有截留粉尘、吸收大气中有害气体的功能。根据城区气候特征，应用生态、农业、气象、林业、园林技术在城区里的公园、校园、寺庙、广场、球场、医院、街道、农田以及城市附近空闲地等场所拥有的森林、灌丛、绿篱、花坛、草地、树木、作物等所有植物进行系统规划、设计、布局和配置具有大气污染物净化能力的植物品种，构成城区生态园林网，使其不仅具有绿化美化环境的景观效益，而且还具有截留粉尘、吸收大气中有害气体功能的大气污染治理效益，从而形成城区生态园林网微观大气污染防治技术。研究与实践表明：开发利用植物对大气污染物的净化能力，可在大面积的范围内，长时间地、连续地净化大气，尤其在大气中污染物影响范围广、浓度比较低的情况下，植物净化大气污染物是行之有效的方法。开发利用植物对大气污染物的净化能力的大气污染防治途径主要是通过以下几种方式对大气污染物进行净化。

一是开发利用植物对大气中有毒气体吸收，使部分毒物被积累在植物体内，部分被转移，同化解毒，避免有毒气体积累到有害的程度，从而达到净化大气，改善空气质量的目的。如绿色植物进行光合作用时，吸收空气中的 $CO_2$ 和土壤中的水分，合成有机物质并释放 $O_2$，虽然植物的呼吸作用也要吸收 $O_2$ 排放 $CO_2$，但是植物的光合作用比呼吸作用大得多，因此绿色植物是大气中 $CO_2$ 的天然消费者和 $O_2$ 的制造者，从而有效降低大气中 $CO_2$ 浓度；又如，植物表面附着粉尘等固体污染物可吸收大气中的 $SO_2$，同时 $SO_2$ 可通过植物体表面被吸收到植物体内后进而转化或(和)排出体外，从而使植物所在环境的大气中 $SO_2$ 浓度显著降低，起到改善空气质量的作用。

二是开发利用植物对大气中粉尘的滞留、吸附、过滤功能，降低大气中粉尘浓度，避免粉尘积累到有害的程度，从而达到净化空气，改善空气质量的目的。如，通过植物阻碍大气流动，降低风速，而风速的减小，可使大气携带的大粒灰尘随之下降而被清除；又如植物叶表面不平，有绒毛，且分泌黏性油脂及汁液，从而吸附大量浮尘引起大气中粉尘浓度降低，起到改善空气质量的作用。

三是开发利用植物分泌杀菌素对大气中病原菌及致病原生动物(如赤痢阿米巴、阴道滴虫等)的杀菌功能，减少大气中的细菌数量，避免城市公共场所含菌量积累到有害的程度，从而达到净化空气，改善空气质量的目的。如桦木、银白杨的叶子在 20 min 内可杀死全部原生动物，柠檬桉只要 2 min、悬铃木(法桐)3 min、桧柏 5 min、白皮松 8 min 就可杀死原生动物，柠檬桉叶放出的杀菌素可杀死肺炎球菌、痢疾杆菌、结核菌及多种致炎症的球菌，流感病毒；又如，1 $hm^2$ 的刺柏林每天就能分泌出 30 kg 杀菌素，可以杀死白喉、肺结核、伤寒、痢疾等病菌。

四是开发利用林带植物防止风沙，保持水土、调节气流的功能，防止城市风沙发生，减少大气中风沙积累到有害的程度，从而达到净化空气，改善空气质量的目的。如位于城市冬季盛行风向上风向的林带，可以有效地降低风速，一般由森林边缘深入林内 30～50 m 处的风速可减低 30%～40%，深入到 120～200 m 处的风速可减低 100%(平静无风)；夏季，则又会产生林源风，调节城市小气候。又如公园与城市空旷场地比较，其风速平均减少 62%。总之有大风时绿地能防风，起到防止或减少城市风沙的作用；无风时由于绿地气温较低，冷空气向空旷地流动而产生微风，可以调节气流，起到扩散稀释大气粉尘浓度改善空气质量作用。

(四)创新实施人工影响天气的大气污染防治途径

创新实施人工影响天气的大气污染防治途径主要是通过人工影响天气科学野外试验进行人工增雨、局部人工消雾、局部人造微雨(云雾)和人工影响大气静稳天气的气象条件、大气颗粒污染物干沉降的气象条件、大气二次污染物(光化学烟雾)形成的气象条件等，促进大气污染物的输送、扩散、沉降、迁移、转化、清除，使大气污染物浓度降低，甚至达到空气质量标准，从而防止或减少大气污染事件发生。创新实施人工影响天气的大气污染防治途径主要通过以下几种方式对大气污染物进行治理。

一是通过飞机、火箭、高炮等人工增雨作业手段影响大气成雨条件，促进降雨形成或增加降雨量，使大气污染物湿沉降，从而有效清除大气中的污染物，减少大气中污染物积累的程度，最终达到对大气污染物进行治理和改善空气质量的目的。如重庆市政府从2009年开始，每年投入专项经费安排气象部门开展蓝天行动人工增雨作业控制大气污染，确保了重庆市主城区空气质量优良天数达到国家规定目标的实现。重庆通过蓝天行动人工增雨作业，每年都助力重庆超额完成国家规定的空气质量优良天数目标任务。比如，2018年空气质量优良天数高达316 d，超额完成国家规定的空气质量优良天数目标任务16 d，取得显著的民生效益、生态效益、经济效益。

二是通过水性聚合物喷洒装置人造微雨（云雾）作业手段进行局部人工微雨（水雾）制造，促进大气污染物湿沉降，从而有效清除大气中的污染物，减少大气中污染物积累的程度，达到对大气污染物治理和改善空气质量的目的。如以环境空气质量监测数据为依据、水性聚合物抑尘剂为主体的智能微雨（云雾）喷洒装置，根据实时气象参数、尘源和周边环境实际状况，实施的露天煤炭堆场、建筑工地人造微雨（云雾）作业，可使露天煤炭堆场、建筑工地在人造微雨（云雾）作业期间的$PM_{10}$浓度比未作业时降低30%～50%。

三是通过在雾中人工播撒催化剂或（和）人工改变雾形成、维持的大气环境热力、动力条件的人工消雾作业手段进行局部人工消雾，促进雾中大气污染物湿沉降，从而有效清除大气中的污染物，减少大气中污染物积累的程度，从而达到对大气污染物治理和改善空气质量的目的。如通过播撒干冰、液氮等能够产生局部较低温度的催化剂，使雾滴冻结产生大量冰晶降落地面使雾消散；通过播撒盐粉、尿素等能够吸收水汽凝结的吸湿性催化剂，使雾中的小雾滴蒸发产生大雾滴和雾滴碰并产生大雾滴，大雾滴沉降地面使雾消散；通过喷气发动机改装的热力、动力消雾系统产生高温气体，随发动机产生的局部空气运动扩散，形成一个较大范围的高温区，使雾滴蒸发，达到局部消雾的目的。

四是通过加热装置产生局部大气热对流、空气动力装置产生局部大气运动、飞机播撒催化剂产生局地大气对流的人工影响天气野外科学试验，影响大气层结稳定度，干扰、破坏大气静稳天气的气象条件，促进大气污染物输送稀释、扩散稀释、迁移稀释，有效降低大气中污染物浓度，减少大气中污染物积累的程度，从而达到对大气污染物治理和改善空气质量的目的。如通过直升机垂直升降的物理搅拌方式，引入上层的清洁空气，破环边界层顶的逆温层或通过喷气发动机改装的热力、动力装置在地面产生热力与动力混合对流方式，破坏近地面逆温层，从而提高大气扩散能力，达到大气污染物稀释的目的；通过飞机在指定空域播撒催化剂方式，使该空域的云消散而形成几十千米级的云洞，利用太阳光穿过云洞照射地面并加热地面，产生冷暖空气的上下对流，从而破坏大气静稳天气的气象条件，提高大气扩散能力，达到大气污染物浓度降低的目的。

五是通过飞机在指定空域播撒催化剂方式，使大气污染细颗粒因物理团聚、化学团聚碰并成长为大颗粒而发生干沉降，用飞机携带声波发生装置产生声波，使大气污染细颗粒因声波团聚碰并成长为大颗粒而发生干沉降，从而有效清除无降水条件下的大气污染细颗粒物，减少大气中大气污染细颗粒物积累的程度，达到对大气污染物治理和改善空气质量的目的。目前，催化剂产生大气污染细颗粒因物理团聚、化学团聚碰并成长为大颗粒而发生干沉降，污染细颗粒因声波团聚碰并成长为大颗粒而发生干沉降的研究成果已在工业生产除尘技术中广泛应用，其人工影响天气野外探索性科学试验有待启动。

六是通过飞机在指定空域播撒催化剂形成局部云而降低太阳辐射强度、地面空气动力装置产生局部大气运动降低大气二次污染细颗粒物浓度、飞机携带声波发生装置产生声波增强大气二次污染细颗粒碰并成长为大颗粒而发生干沉降能力等人工影响天气方式，破坏大气二次污染物（光化学烟雾）形成的气象条件，从而有效清除或减少大气中二次污染细颗粒物积累的程度，达到对大气二次污染细颗粒物治理和改善空气质量的目的。目前这些人工影响天气的野外科学试验经济成本比较高，还处于探索性科学试验研究阶段。相信随着科学技术发展和人工影响天气作业技术科学水平提升，经济适用的干扰、破坏大气二次污染物（光化学烟雾）形成的气象条件的人工影响天气野外探索性科学试验必将很快投入业务运行。

## 第二节 大气污染防治攻坚战的相关基础知识

### 一、大气污染防治攻坚战

#### （一）大气污染防治攻坚战的科学内涵

大气污染防治攻坚战，就是针对我国大气污染严峻形势而集中采取一系列法律、行政、经济、技术手段，综合应用各种大气污染治理措施，首先以攻克大气污染排放量超过环境容量为突破口，然后对不利气象条件导致重污染天气发生的各种风险进行风险管控，以阻断重污染天气风险向重污染天气事件转化的途径，最终摆脱气象条件对大气污染防治的限制和约束，使大气污染问题基本解决，确保大气环境质量尤其是城市大气环境质量限期达标的目标全面实现。因此，大气污染防治攻坚战就是要获得大气污染防治的绝对控制权，杜绝空气重污染天气事件发生，从而不断推进大气污染治理从必然王国向自由王国发展的持久战。

#### （二）大气污染防治攻坚战的历史进程

大气污染防治攻坚战划分为“敌强我弱”“战略相持”“大气污染问题基本解决”三个阶段。按照党中央、国务院关于大气污染防治攻坚战战略部署，全国各地区、各有关部门和企业紧密结合自身实际，也采取了更加具体的大气污染防治攻坚战措施。如重庆市人民政府向各区县（自治县）人民政府、市政府有关部门、有关单位下发了《重庆市人民政府关于贯彻落实大气污染防治行动计划的实施意见》（渝府发[2013]86 号）。中国气象局《气象部门贯彻落实〈大气污染防治行动计划〉实施方案》（气发[2013]106 号）。这些措施的实施为大气污染防治攻坚战如期完成“敌强我弱”第一阶段战略目标任务提供了可靠保障，为大气污染防治攻坚战成功转入“战略相持”第二阶段提供了宝贵的实践成果。因此，目前我国大气污染防治攻坚战已从“敌强我弱”的第一阶段转入“战略相持”的第二阶段，大气污染防治攻坚战的历史进程正处于对不利气象条件导致空气重污染天气发生的各种风险进行风险管控的历史攻坚期。

#### （三）大气污染防治攻坚战取得阶段性胜利的战略措施

大气污染防治攻坚战能够如期完成第一阶段战略目标任务，取得阶段性胜利，主要是通过大气污染防治的行政管控、法制管控、市场机制管控、突破属地的综合治理、法治化的合作共治等不断完善大气污染防治措施，其核心是严格按照国务院《大气污染防治行动计划》（国发[2013]37 号）关于大气污染防治战略部署，采取如表 2-1 所列的一系列战略措施，确保《大气污染防治行动计划》战略部署的各项工作落细落小落到实处。

表 2-1 《大气污染防治行动计划》的战略措施

| 序号 | 措施 | 主要内容 |
| --- | --- | --- |
| 1 | 加大综合治理力度<br>减少多种污染物排放 | (1)加强工业企业大气污染综合治理,(2)深化面源污染治理,<br>(3)强化移动源污染防治。 |
| 2 | 调整优化产业结构<br>推动产业转型升级 | (1)严控“两高”行业新增产能,(2)加快淘汰落后产能,<br>(3)压缩过剩产能,(4)坚决停建产能严重过剩行业违规在建项目。 |
| 3 | 加快企业技术改造<br>提高科技创新能力 | (1)强化科技研发和推广,(2)全面推行清洁生产,<br>(3)大力发展循环经济,(4)大力培育节能环保产业。 |
| 4 | 加快调整能源结构<br>增加清洁能源供应 | (1)控制煤炭消费总量,(2)加快清洁能源替代利用,<br>(3)推进煤炭清洁利用,(4)提高能源使用效率。 |
| 5 | 严格节能环保准入<br>优化产业空间布局 | (1)调整产业布局,(2)强化节能环保指标约束,<br>(3)优化空间格局。 |
| 6 | 发挥市场机制作用<br>完善环境经济政策 | (1)发挥市场机制调节作用,(2)完善价格税收政策,<br>(3)拓宽投融资渠道。 |
| 7 | 健全法律法规体系<br>严格依法监督管理 | (1)完善法律法规标准,(2)提高环境监管能力,<br>(3)加大环保执法力度,(4)实行环境信息公开。 |
| 8 | 建立区域协作机制<br>统筹区域环境治理 | (1)建立区域协作机制,(2)分解目标任务,<br>(3)实行严格责任追究。 |
| 9 | 建立监测、预警应急体系<br>妥善应对重污染天气 | (1)建立监测预警体系,(2)制定完善应急预案,<br>(3)及时采取应急措施。 |
| 10 | 明确政府企业和社会的<br>责任,动员全民参与环境保护 | (1)明确地方政府统领责任,(2)加强部门协调联动,<br>(3)强化企业施治,(4)广泛动员社会参与。 |

《大气污染防治行动计划》(国发〔2013〕37 号)。

## 二、蓝天保卫战

### (一)蓝天保卫战的科学内涵

《大气污染防治行动计划》实施以来,各地狠抓大气污染治理,成效初显:全国 74 个重点城市 $PM_{2.5}$ 平均浓度下降了约 30%,酸雨面积下降至 20 多年前的水平,大气污染防治攻坚战即将如期完成《大气污染防治行动计划》部署的战略目标任务,进入大气污染防治攻坚战“战略相持”的第二阶段。随着治理大气污染攻坚战向纵深推进,长期以来粗放式发展积累的以重化工业为主的产业结构、以煤为主的能源结构、以公路运输为主的交通运输结构,以及大量裸露地面存在的用地结构,使进一步改善空气质量的进程显得“有点步履蹒跚”,局部地区出现空气质量的反复,重污染频发的态势还没有得到根本遏制。针对上述情况而展开的一场基本消除重污染天气,让蓝天白云、繁星闪烁成常态的空气质量保卫战。为此,李克强总理 2017 年 3 月 5 日在中华人民共和国第十二届全国人民代表大会第五次会议上所作的政府工作报告中关于“2017 年重点工作任务”部署了“坚决打好蓝天保卫战”的战略任务,其具体内容如下:

今年(2017 年)$SO_2$、$NO_x$ 排放量要分别下降 3%,重点地区细颗粒物($PM_{2.5}$)浓度明显下降。一要加快解决燃煤污染问题。全面实施散煤综合治理,推进北方地区冬季清洁取暖,完成以电代煤、以气代煤 300 万户以上,全部淘汰地级以上城市建成区燃煤小锅炉。加大燃煤电厂超低排放和节能改造力度，东中部地区要分别于今明两年完成，西部地区于2020年完成。抓紧解决机制和技术问题，优先保障清洁能源发电上网，有效缓解弃水、弃风、弃光状况。安全高效发展核电。加快秸秆综合利用。二要全面推进污染源治理。开展重点行业污染治理专项行动。对所有重点工业污染源实行24 h在线监控，确保监控质量。明确排放不达标企业最后达标时限，到期不达标的坚决依法关停。三要强化机动车尾气治理。基本淘汰黄标车，加快淘汰老旧机动车，对高排放机动车进行专项整治，鼓励使用清洁能源汽车。提高燃油品质，在重点区域加快推广使用国六标准燃油。四要有效应对重污染天气。加强对大气污染的源解析和雾霾形成机理研究，提高应对的科学性和精准性。扩大重点区域联防联控范围，强化预警和应急措施。五要严格环境执法和督查问责。对偷排、造假的，必须依法惩治；对执法不力、姑息纵容的，必须严肃追究；对空气质量恶化应对不力的，必须严格问责。治理雾、霾人人有责，贵在行动、成在坚持。全社会不懈努力，蓝天必定会一年比一年多起来。

上述"坚决打好蓝天保卫战"的战略任务，初步形成了"蓝天保卫战"基本概念。习近平总书记在2017年10月18日的十九大报告中进一步强调：坚持全民共治、源头防治，持续实施大气污染防治行动，打赢蓝天保卫战。习近平总书记在2018年5月18—19日召开的全国生态环境保护大会上再次强调：坚决打赢蓝天保卫战是重中之重，要以空气质量明显改善为刚性要求，强化联防联控，基本消除重污染天气，还老百姓蓝天白云、繁星闪烁。

因此，蓝天保卫战的科学内涵就是以习近平新时代中国特色社会主义思想为指导，全面贯彻落实习近平新时代中国特色社会主义生态文明思想和党的十九大和十九届二中、三中、四中全会精神，认真落实党中央、国务院决策部署和全国生态环境保护大会要求，坚持新发展理念，坚持全民共治、源头防治、标本兼治，持续实施大气污染防治行动，以空气质量明显改善为刚性要求，综合运用经济、法律、技术和必要的行政手段，大力调整优化产业结构、能源结构、运输结构和用地结构，强化联防联控，狠抓秋冬季大气污染治理，统筹兼顾、系统谋划、精准施策，基本消除重污染天气，还老百姓蓝天白云、繁星闪烁，实现环境效益、经济效益和社会效益多赢。

（二）蓝天保卫战的历史进程

蓝天保卫战的历史进程已经从完成2017年"坚决打好蓝天保卫战"年度战略目标任务和如期完成《大气污染防治行动计划》战略目标任务的大气污染防治攻坚战"敌强我弱"阶段，进入大气污染防治攻坚战"战略相持"阶段的全面实施"坚决打赢蓝天保卫战"历史攻坚期。按照党中央、国务院关于坚决打赢蓝天保卫战的战略部署，全国各地区、各有关部门和企业紧密结合自身实际，也采取了更加具体的坚决打赢蓝天保卫战措施。如中共重庆市委、重庆市人民政府向各区、县(自治县)党委和人民政府，市委各部委，市级国家机关各部门，各人民团体，大型企业和高等院校下发了《重庆市污染防治攻坚战实施方案(2018—2020)》(渝委发[2018]28号、重庆市人民政府办公厅向各区、县(自治县)人民政府，市政府有关部门，有关单位下发了《重庆市贯彻国务院打赢蓝天保卫战三年行动计划实施方案》(渝府办发〔2018〕134号)。这些措施的实施为坚决打赢蓝天保卫战，如期完成打赢蓝天保卫战的战略目标任务，基本消除重污染天气，还老百姓蓝天白云、繁星闪烁，实现环境效益、经济效益和社会效益多赢奠定了坚实基础和可靠保障。

（三）打赢蓝天保卫战的战略措施

打赢蓝天保卫战的战略措施就是要严格按照国务院《打赢蓝天保卫战三年行动计划》(国发〔2018〕22号)的战略部署，以完成"经过3年努力，大幅减少主要大气污染物排放总量，协同减少温室气体排放，进一步明显降低细颗粒物（$PM_{2.5}$）浓度，明显减少重污染天数，明显改善环境空气质量，明显增强人民的蓝天幸福感。到2020年，二氧化硫、氮氧化物排放总量分别比2015年下降15%以上；$PM_{2.5}$未达标地级及以上城市浓度比2015年下降18%以上，地级及以上城市空气质量优良天数比率达到80%，重度及以上污染天数比率比2015年下降25%以上；提前完成“十三五”目标任务的省份，要保持和巩固改善成果；尚未完成的，要确保全面实现“十三五”约束性目标；北京市环境空气质量改善目标应在“十三五”目标基础上进一步提高”的战略目标任务为导向。以“京津冀及周边地区，包含北京市，天津市，河北省石家庄、唐山、邯郸、邢台、保定、沧州、廊坊、衡水市以及雄安新区，山西省太原、阳泉、长治、晋城市，山东省济南、淄博、济宁、德州、聊城、滨州、菏泽市，河南省郑州、开封、安阳、鹤壁、新乡、焦作、濮阳市等；长三角地区，包含上海市、江苏省、浙江省、安徽省；汾渭平原，包含山西省晋中、运城、临汾、吕梁市，河南省洛阳、三门峡市，陕西省西安、铜川、宝鸡、咸阳、渭南市以及杨凌示范区”等区域范围为重点。采取“表2-2”所列的一系列战略措施，确保《打赢蓝天保卫战三年行动计划》安排部署的各项工作落细落小落到实处。

**表2-2 《打赢蓝天保卫战三年行动计划》的战略措施**

| 序号 | 措施 | 主要内容 |
| --- | --- | --- |
| 1 | 调整优化产业结构<br>推进产业绿色发展 | (1)优化产业布局，(2)严控“两高”行业产能，(3)强化“散乱污”企业综合整治，(4)深化工业污染治理，(5)大力培育绿色环保产业。 |
| 2 | 加快调整能源结构<br>构建清洁低碳高效能源体系 | (1)有效推进北方地区清洁取暖，(2)重点区域继续实施煤炭消费总量控制，(3)开展燃煤锅炉综合整治，(4)提高能源利用效率，加快发展清洁能源和新能源。 |
| 3 | 积极调整运输结构<br>发展绿色交通体系 | (1)优化调整货物运输结构，(2)加快车船结构升级，(3)加快油品质量升级，(4)强化移动源污染防治。 |
| 4 | 优化调整用地结构<br>推进面源污染治理 | (1)实施防风固沙绿化工程，(2)推进露天矿山综合整治，(3)加强扬尘综合治理，(4)加强秸秆综合利用和氨排放控制。 |
| 5 | 实施重大专项行动<br>大幅降低污染物排放 | (1)开展重点区域秋冬季攻坚行动，(2)打好柴油货车污染治理攻坚战，(3)开展工业炉窑治理专项行动，(4)实施VOCs专项整治方案。 |
| 6 | 强化区域联防联控<br>有效应对重污染天气 | (1)建立完善区域大气污染防治协作机制，(2)加强重污染天气应急联动，(3)夯实应急减排措施。 |
| 7 | 健全法律法规体系<br>完善环境经济政策 | (1)完善法律、法规、标准体系，(2)拓宽投融资渠道，(3)加大经济政策支持力度。 |
| 8 | 加强基础能力建设<br>严格环境执法督察 | (1)完善环境监测监控网络，(2)强化科技基础支撑，(3)加大环境执法力度，(4)深入开展环境保护督察。 |
| 9 | 明确落实各方责任<br>动员全社会广泛参与 | (1)加强组织领导，(2)严格考核问责，(3)加强环境信息公开，(4)构建全民行动格局。 |

《打赢蓝天保卫战三年行动计划》(国发〔2018〕22号)。

## 三、蓝天保卫战与大气污染防治攻坚战的关系

### (一)蓝天保卫战与大气污染防治攻坚战的一脉相承关系

蓝天保卫战是大气污染防治攻坚战的有机组成部分，是在大气污染防治攻坚战取得阶段

性胜利之后，为了决胜全面建成小康社会，加快补齐大气环境的短板，迫切需要在大气污染防治攻坚战的“战略相持”阶段全面实施蓝天保卫战，坚决打赢蓝天保卫战。为此，按照党的十九大、中央经济工作会议、中央财经委员会第一次会议和全国生态环境保护大会的部署，国务院制定了《打赢蓝天保卫战三年行动计划》。而《打赢蓝天保卫战三年行动计划》与大气污染防治攻坚战能够如期完成“敌强我弱”第一阶段战略目标任务，取得阶段性胜利的《大气污染防治行动计划》是一脉相承的，是持续实施大气污染防治新的三年行动部署和安排，既保持了工作连续性，充分借鉴和采取了大气污染防治攻坚战“战略相持”阶段行之有效的经验和做法，同时又增强了大气污染治理措施的广度、深度和力度。《打赢蓝天保卫战三年行动计划》与《大气污染防治行动计划》相比，其大气污染治理措施的广度、深度、力度和精准度主要表现在以下四个方面。

1. 更加突出精准施策

《打赢蓝天保卫战三年行动计划》在目标方面，针对当前环境空气质量超标最为严重的$PM_{2.5}$，提出经过三年努力，实现“四个明显”，即明显降低$PM_{2.5}$浓度，明显减少重污染天数，明显改善大气环境质量，明显增强人民的蓝天幸福感。在重点区域范围内，《大气污染防治行动计划》一个标志性的成果就是珠三角区域总体实现了稳定达标，所以在《打赢蓝天保卫战三年行动计划》的重点区域中去掉了珠三角，而增加了汾渭平原；并且依据大气区域传输的客观规律，结合过去五年汾渭平原大气污染问题逐步凸显，成为全国大气污染最为严重的区域之一的实际情况，将京津冀区域调整为京津冀大气传输通道“2＋26”城市，使得治理范围更加精准，针对性也更强。另外，从时间尺度上，聚焦秋冬季污染防控，着力减少重污染天气，解决人民群众“心肺之患”，提高老百姓的蓝天幸福感。在重点措施方面，基于目前大气污染源解析的结果，工业、散煤、柴油货车和扬尘等四大污染源是当前影响我国环境空气质量的主要因素，因此更加强调突出抓好这四大污染源的治理。

2. 更加强化源头控制

随着污染治理边际递减效应逐步显现，结构的问题如果不采取更强有力的措施，很难进一步大幅度改善空气质量。因此，《打赢蓝天保卫战三年行动计划》提出着力优化四个结构：一是优化产业结构，推进“散乱污”企业的综合治理，加快企业达标排放，推动淘汰落后产能，化解过剩产能。二是优化能源结构，稳步推进农村散煤清洁化替代，加快燃煤锅炉整治，推动新能源发展利用。三是优化运输结构，按照“车、油、路”三大要素三个领域齐发力来解决机动车污染问题，进一步加大新能源汽车推广力度，全面提升燃油品质，特别是这次提出了加快公路转铁路、公路转水运的要求。四是优化用地结构，主要是增加绿地面积，开展露天矿山生态修复，提高城市精细化管理水平，开展扬尘综合整治，做好秸秆综合利用和禁烧工作。

3. 更加注重科学推进

强调措施要科学合理，更加因地制宜、多措并举、循序渐进。在技术上要确保切实可行，在执行时间上要确保分类要求，在实施范围上要做到由重点区域逐步向全国开展。对于“散乱污”企业，要按照关停取缔、整改提升、搬迁入园实施分类处置；对于北方地区清洁取暖，提出坚持从实际出发，宜电则电、宜气则气、宜煤则煤、宜热则热，“煤改气”要突出重点，“以气定改”，先立后破，确保清洁取暖和温暖过冬两个民生保障。

4. 更加注重长效机制

落实各方责任，有关部门和地方根据要求，制定配套政策措施和实施方案，落实“党政同责”“一岗双责”，建立和完善排查、交办、核查、约谈、专项督察“五步法”监管机制，切实传导压力,创新环境执法监管方式,推广"双随机、一公开"模式,压实企业责任。强化区域联防联控,建立完善区域大气污染防治协作机制,进一步加强重污染天气应急联动,同一个区域统一应急、统一标准、统一发布,实施整个区域的应急联动。

因此,打好打胜大气污染防治攻坚战的重中之重就是坚决持续打赢蓝天保卫战。蓝天保卫战与大气污染防治攻坚战具有一脉相承的关系。

(二)蓝天保卫战与大气污染防治攻坚战不同阶段的因果关系

虽然蓝天保卫战与大气污染防治攻坚战一脉相承,但是没有大气污染防治攻坚战"敌强我弱"阶段的胜利成果,就不可能打赢蓝天保卫战,开展蓝天保卫战就失去了人们追求大气环境权益和必须打赢的根本价值诉求。因此,大气污染防治攻坚战"敌强我弱"阶段的胜利成果是打赢蓝天保卫战的基础,打赢蓝天保卫战是大气污染防治攻坚战"战略相持"阶段实施蓝天保卫战的根本目标。在大气污染防治攻坚战"战略相持"阶段实施《打赢蓝天保卫战三年行动计划》,就是要突出"四个重点":重点防控污染因子是 $PM_{2.5}$,重点区域是京津冀及周边、长三角和汾渭平原,重点时段是秋冬季,重点行业和领域是钢铁、火电、建材等行业以及"散乱污"企业、散煤、柴油货车、扬尘治理等领域;就是要优化"四大结构":优化产业结构、能源结构、运输结构和用地结构;就是要强化"四项支撑":强化环保执法督察、区域联防联控、科技创新和宣传引导;就是要实现"四个明显":进一步明显降低 $PM_{2.5}$ 浓度,明显减少重污染天数,明显改善大气环境质量,明显增强人民的蓝天幸福感,为最终摆脱气象条件约束,基本消除重污染天气,还老百姓蓝天白云、繁星闪烁;就是要不断推进大气污染防治攻坚战"战略相持"阶段向"大气污染问题基本解决"阶段转变。显然,不实施蓝天保卫战行动,就没有打赢蓝天保卫战的存在,就不可能杜绝重污染天气发生,也就根本不可能推进大气污染防治攻坚战"战略相持"阶段向"大气污染问题基本解决"阶段转变。因此,蓝天保卫战是实现大气污染防治攻坚战进入"大气污染问题基本解决"阶段必要条件。所以蓝天保卫战对与大气污染防治攻坚战不同阶段具有承上启下作用,存在互为因果的关系。

## 第三节 大气污染防治相关的气象基础知识

### 一、污染气象学

(一)污染气象学的科学内涵

与大气污染密切相关的气象学称为污染气象学。污染气象学是研究大气运动和大气中污染物相互作用的科学,属于应用气象学的一个分支,既是大气科学的一个分支,又是环境科学与环境工程学科的一个重要组成部分。它研究大气环境中自然现象(火山爆发、森林火灾等)和人类活动(工业生产和生活消耗能源和资源)产生的废气和粉尘排入大气中时,造成大气污染的基本特征和变化规律,并针对这些污染物在大气中被输送、在大气湍流作用下扩散稀释、在重力沉降作用和降水冲刷作用下降到地面(水面、土壤)以及这些污染物可能在大气中发生化学变化变成其他物质等物理化学现象,运用气象学方法研究空气污染物自排放源进入大气层后的传输、扩散、迁移、转化和清除过程,寻找其规律性,并应用该规律对空气污染状态做出诊断、预测或预报。因此,污染气象学主要涉及大气科学中大气边界层、大气湍流、大气化学、大气气溶胶等学科和环境科学中的大气污染物的环境影响评价、空气质量评价、环境工程等学科,研究的问题是一个发生在多维、多尺度,具有相互联系与反馈作用的复杂系统中的包括大气物理与化学,乃至地质、地理和生物等过程的综合性问题,其研究成果为控制大气污染、改善大气环境提供科学依据。

污染气象学研究在大气污染治理方面具有广泛的应用领域,并发挥了重要作用。其研究领域主要包括以下三个方面:

一是在规划设计工作中,为发展经济保护环境提供污染气象的分析和科学依据。

(1)城市建设和工业区规划应用领域。如何使城市建设与工业区规划布局能够保证对居民和农作物、城市环境的大气污染影响及危害减到最小,这是规划与设计工作中须考虑的诸多因素之一。例如,对风向频率和不利气象条件的分析,可以从布局上避免重复污染和高污染浓度的发生。

(2)厂址选择与工程环境影响的评价应用领域。通过污染气象观测试验,对拟建厂址地区提供有关通风稀释和扩散能力的分析、评估,从大气环境和空气质量角度做出选址结论和评估。例如,除考虑风向外,污染气象条件中,重点分析风速和低层逆温层,包括其出现时间与出现频率、强度与出现高度,考虑工程排放源可能造成的最大污染物浓度及其影响范围等。

(3)烟囱高度设计应用领域。加高烟囱可以减少邻近地区地面污染物浓度,但须增加投资并造成较远距离和长远的污染影响。例如,区域污染和酸雨影响等因此需要通过污染气象观测试验、分析、评估确定合适的烟囱高度。

二是在大气污染应急保障工作中,为防范空气重污染天气事件和大气污染突发事件提供污染气象的分析和科学依据。

(1)防范空气重污染天气事件应用领域。开展大气污染扩散气象条件的气候预测和重污染天气预报,为不利气象条件涉及区域的政府及时采取大气污染预防措施提供决策依据。

(2)大气污染突发事件应用领域。制定大气污染突发事件应急预案,开展大气污染突发事件应急处置时的大气污染扩散气象条件分析评估,为大气污染突发事件应急单位现场处置提供决策依据。

(3)人工影响天气的大气污染防治应用领域。针对空气重污染气象风险和大气污染突发事件的气象条件,实时开展人工影响天气作业,为增强大气自净能力,降低大气中的污染物浓度,甚至清除大气中的污染物提供气象科技支撑和保障。

三是发展大气污染预测业务,实施各种环境多种尺度的污染物浓度预测。

(1)区域预测应用领域。充分利用现有的天气预报资源,研究可能形成大范围严重污染的天气形势,预测尺度在几百千米以上,时间为1～2 d的区域污染状况。

(2)城市空气质量预测应用领域。预测尺度在1～100 km,时间在几小时到1～2 d城市空气质量状况。由于城市下垫面复杂,城市的情况也各异,因而问题很复杂。随着经济的发展,人们对环境质量的要求越来越高,所以这是一个新的有发展潜力的方向。

(3)局地空气污染和特定污染源污染物排放的预测应用领域。预测范围在几十米到数十千米,时间为几小时到1 d的局地污染物浓度分布。这是应用最为广泛,研究相对成熟的应用领域。

(4)大气环境质量评价应用领域。即对大气环境从空气质量角度评价其污染状况。例如,根据不同的目的和要求,按照一定的原则与方法,对区域环境的空气质量做出分析评估,反映现状,并研究发展趋势,实施日常的空气污染控制与大气环境管理、综合防治。

(5)监视全球环境变化应用领域。这是空气污染气象学近些年来确立的一个新的研究领域，即由于空气污染而产生的酸性沉积物、微量气体及 $CO_2$ 的增加，带来全球环境变化的可能性和发展趋势，成为当代空气污染气象学研究与应用的热点。

(二)污染气象学相关的基本概念

1. 大气成分

大气是指包围在地球外围的空气层，围绕着地球的这层大气的总质量约为 $5.3\times10^{15}$ t，其中 98.2%集中在 30 km 以下。大气是由许多种混合气体、水汽和悬浮在其中的液态、固态杂质混合而成。正常大气成分按体积百分数计算，主要由约占 78%的氮($N_2$)，约占 21%的氧($O_2$)，约占 0.939%的氦(He)、氖(Ne)、氩(Ar)、氪(Kr)、氙(Xe)、氡(Rn)等稀有气体，约占 0.031%的二氧化碳($CO_2$)和臭氧($O_3$)、一氧化氮(NO)、二氧化氮($NO_2$)、水蒸气($H_2O$)等其他气体以及悬浮有尘埃、烟粒、盐粒、水滴、冰晶、花粉、孢子、细菌等固体和液体的气溶胶粒子等组成。大气成分中的大气污染物种类很多，已经产生危害、受到人们注意的污染物就有数十种，主要通过“人的直接呼吸而进入人体；附着在食物或溶解于水，随饮水、饮食而侵入人体；通过接触或刺激皮肤进入到人体，尤其是脂溶性的物质更易从完整的皮肤渗入人体”三种途径侵入人体造成危害。下面以大气中的粉尘、硫氧化物、氮氧化物、碳氧化物、碳氢化合物和光化学烟雾为例，简介其大气污染物的性质、来源和危害。

(1)粉尘

粉尘分落尘和漂尘两种。在重力作用下能很快降落到地面的粉尘称为落尘，而在重力作用下能长时间漂浮在大气中的粉尘则称为漂尘(如 $PM_{10}$、$PM_{2.5}$)。粉尘的主要来源是工业用煤、水泥厂、石棉厂、冶金厂和碳墨厂。落尘因空中停留时间短，不易被人吸入，故危害不大。而漂尘能通过呼吸道吸入人体，沉积于肺泡内或被吸收到血液及淋巴液内，从而危害人体健康。更严重的是漂尘具有很强的吸附能力，很多有害物质包括一些致病菌等都能吸附在微粒上，吸入人体后，会导致急性或慢性病症的发生。

(2)硫氧化物

硫氧化物主要指 $SO_2$ 和 $SO_3$。大气中的硫氧化物主要是有燃烧含有硫的煤和石油等燃料产生的，此外金属冶炼厂、硫酸厂等也排放相当数量的硫氧化物气体。一般 1 t 煤中含硫 5～50 kg，1 t 石油中含硫 5～30 kg，这些硫在燃烧时将产生 2 倍于硫重量的硫氧化物排入大气。

$SO_2$、硫酸雾($SO_2$ 在空气中可被氧化成 $SO_3$，遇水蒸汽时形成硫酸雾)等能消除上呼吸道的屏障功能，使呼吸道阻力增大；同时，在 $SO_2$ 长期作用下，黏膜表面黏液层增厚变稠，纤毛运动受阻，从而导致呼吸道抵抗力减弱，有利于烟尘等的阻留、溶解吸收和细菌生长繁殖，引起上呼吸道发生感染性疾患。

受 $SO_2$ 污染的地区常出现酸性雨雾，其腐蚀性很强。能直接影响人体健康和植物生长，并能腐蚀金属器材和建筑物表面。

(3)氮氧化物

氮氧化物是 NO、$NO_2$、$N_2O_4$、$N_2O_5$ 等的总称，但造成大气污染的主要是 NO、$NO_2$。

氮氧化物主要来自重油、汽油、煤炭、天然气等矿物燃料在高温条件下的燃烧。此外，生产和使用硝酸的工厂也排放一定数量的氮氧化物。

NO 会使人的中枢神经受损，引起痉挛和麻痹。$NO_2$ 是一种刺激性气体，其毒性是 NO 的 4～5 倍，可直接进入肺部，削弱肺功能，损害肺组织，引起肺水肿和持续性、阻塞性支气管炎，降低机体对传染性细菌的抵抗能力。$NO_2$ 被吸收后变为硝酸与血红蛋白结合变性血红蛋白，可降低血液输送氧气的能力，同时对心、肝、肾和造血器官也有影响。

(4)碳氧化物

主要是指 CO 和 $CO_2$。CO 是一种无色、无臭的有毒气体。CO 是城市大气中数量最多的污染物,约占大气污染物总量的 1/3。其主要来源是燃料的不完全燃烧和汽车的尾气。它的危害主要是同血液中的血红蛋白结合而形成碳氧血红蛋白,使血红蛋白丧失携氧的能力和作用,影响氧的输送能力,造成组织窒息,并对全身的组织细胞均有毒性作用,尤其对大脑皮质的影响最为严重。当大气中 CO 浓度为 10 ppm* 时,心肌梗塞患者发病率增高,若 CO 浓度超过 50 ppm 时,严重心脏患者就会死亡。

$CO_2$ 是无色、无臭、不助燃也不可燃的气体,当其浓度增高时会给气候带来影响。因为 $CO_2$ 能透射来自太阳的短波辐射,却吸收地球发出的长波红外辐射。随着大气中 $CO_2$ 浓度的升高,使入射能量和逸散能量的平衡遭到破坏,使得地球表面的能量平衡发生变化,地球表面大气的温度势必升高,即产生所谓"温室效应"。

(5)碳氢化合物

大气污染物中存在着大量的有明显致癌作用的多环芳烃,其中主要代表是 3,4-苯并芘,它是燃料不完全燃烧的产物,这与工业企业、交通运输和家庭炉灶的燃烧排气有密切关系。大气中"3,4-苯并芘"浓度变动幅度较大,约为 0.01～100 $\mu g/100\ m^3$,并受季节和城乡的影响。一般而言,冬季"3,4-苯并芘"的浓度高于夏季,城市高于农村。肺癌的发病率升高与空气中"3,4-苯并芘"浓度升高有一定关系。并且随着大气中"3,4－苯并芘"浓度的升高,居民的肺癌死亡率上升,大致是大气中"3,4－苯并芘"浓度升高 1/100 万将使居民的肺癌死亡率上升 5%。

(6)光化学烟雾

光化学烟雾是排入大气的 $NO_x$、碳氢化合物、CO、$SO_2$、烟尘等在太阳紫外线照射下,发生光化学反应而形成的一种毒性很大的二次污染物。主要成分是 $O_3$、$NO_x$ 及过氧乙酰硝酸酯(PAN)、硫酸及其盐等。

光化学烟雾对人体有强烈的刺激和毒害作用,当浓度为 0.1 ppm 时,会刺激眼睛,引起流泪,浓度超过 1 ppm 时,头疼并伴有神经障碍发生,浓度达到 50 ppm 时,会立即致人死亡。

2. 大气的分层

根据大气在垂直方向的各种特性,可将大气分成若干层次。若按大气温度随高度分布的特征,可把大气分成对流层、平流层、中间层、暖层、散逸层;若按大气各组成成分的混和状况,可把大气分为均匀层和非均匀层;若按大气电离状况,可分为电离层和非电离层;若按大气的光化反应形成的臭氧浓度状况,可分为臭氧层和非臭氧层;按大气中带电离子运动受地磁场控制显著状况,可分有磁层和非磁层。由于大气污染物在垂直方向的浓度分布主要与大气垂直方向上热状况密切相关,因此下面重点介绍依据大气温度随高度变化特征的大气分层。

(1)对流层

从地面到 10 km 高度左右的大气称为对流层。对流层的高度随纬度和季节发生变化,低纬度平均高度为 17～18 km,中纬度平均高度为 10～12 km,高纬度平均高度仅 8～9 km;并且对流层的高度夏季高于冬季,如南京夏季对流层厚度从地面可达 17 km 而冬季只有 11 km。

1)对流层的主要特征

一是对流层集中了整个大气质量的 3/4 和几乎全部水汽,并且大气污染物的迁移扩散和转化也主要是在这一层进行。

---

* 1 ppm=$10^{-6}$。

二是气温随高度的升高而递减，平均每升高 100 m，气温降低 0.65 ℃。其原因是太阳辐射首先主要加热地面，再由地面把热量传给大气，因而愈近地面的空气受热愈强，气温愈高，远离地面则气温逐渐降低。

三是空气有强烈的对流运动。其原因是地面性质不同，因而受热不均，暖的地方空气受热膨胀而上升，冷的地方空气冷缩而下降，从而产生空气对流运动，而对流运动使高层和低层空气得以交换，促进热量和水分传输，对成云致雨和大气污染物浓度垂直分布具有重要作用。

四是天气的复杂多变。其原因是对流层集中了 75%大气质量和 90%的水汽，因此伴随强烈的对流运动，产生水的相变化，形成云、雨、雪等复杂的天气现象。因此，对流层与地表自然界和人类关系最为密切。

2)对流层的细微结构分层

根据对流层内部温度、湿度和气流运动，以及天气状况诸方面的差异，对流层的细微结构通常划分为以下三层：

一是对流层下层：底部和地表接触，上界大致为 1～2 km，有季节和昼夜等的变化，一般夏季高于冬季，白天高于夜间。下层的特点是水汽、杂质含量最高，气温日变化大，气流运动受地表摩擦作用强，空气的垂直对流、乱流明显，故下层通常也叫摩擦层或边界层。另外该层还可细为近地层(层高离地面大约 100 m，也称为摩擦层下层)和摩擦层上层。

二是对流层中层：下界为摩擦层顶，上部界限在 6 km 左右。中层受地面影响很小，空气运动代表整个对流层的一般趋势，大气中发生的云和降水现象，多数出现在这一层。此层的上部，气压只及地面的一半。

三是对流层上层：范围从 6 km 高度伸展到对流层顶部。这一层的水汽含量极低，气温经常保持在 0 ℃以下，云都由冰晶或过冷水滴组成。

四是对流层顶层，在对流层和平流层之间，还存在一个厚度数百米至 1～2 km 的过渡层。其气温随高度升高变化很小，甚至没有变化，它抑制着对流层内的对流作用进一步发展。

(2)平流层

自对流层顶向上 55 km 高度，为平流层。其主要特征如下：

一是温度随高度升高由等温分布变逆温分布。平流层的下层随高度升高气温变化很小。大约在 20 km 以上，气温又随高度升高而显著升高，出现逆温层。其原因是 20～25 km 高度处，臭氧含量最高。臭氧能吸收大量太阳紫外线，从而使气温升高，并大致在 50 km 高空形成一个暖区。到平流层顶，气温约升到 270～290 K。

二是垂直气流显著减弱。其原因是平流层中空气以水平运动为主，空气垂直混合明显减弱，整个平流层气流运动相当平稳。

三是水汽、尘埃含量极低。水汽、尘埃含量低导致对流层中的天气现象在这一层很少见，只在底部偶然出现一些分散的贝云。平流层天气晴朗，大气透明度好。

(3)中间层

从平流层顶到 85 km 高度为中间层。其主要特征如下：

一是气温随高度升高而迅速降低，中间层的顶界气温降至－83～－113 ℃。其原因是该层臭氧含量极低，不能大量吸收太阳紫外线，而氮、氧能吸收的短波辐射又大部分被上层大气所吸收，故气温随高度升高而递减。

二是出现强烈的对流运动，又称为高空对流层或上对流层。其原因是该层大气上部冷、下部暖，致使空气产生对流运动。但由于该层空气稀薄，使其空气的对流运动不能与对流层相比。

(4)暖层

从中间层顶到800 km高度为暖层。这一层大气密度很低，在700 km厚的气层中，只含有大气总质量的0.5%。其主要特征如下：

一是随高度的升高，气温迅速升高。据探测，在300 km高度上，气温可超过1000 ℃。其原因是所有波长小于0.175 μm的太阳紫外辐射都被该层的大气物质所吸收，从而使其升温。

二是空气处于高度电离状态。这一层空气密度很低，在270 km高度处，空气密度约为地面空气密度的百亿分之一。由于空气密度低，在太阳紫外线和宇宙射线的作用下，氧分子和部分氮分子被分解，并处于高度电离状态，故暖层又称电离层。

(5)散逸层

暖层顶以上称散逸层，也称为外层，是大气的最外一层，也是大气层和星际空间的过渡层，但无明显的边界线。这一层，空气极其稀薄，大气质点碰撞机会很小。气温也随高度升高而升高。由于气温很高，空气粒子运动速度很快，又因距地球表面远，受地球引力作用小，故一些高速运动的空气质点不断散逸到星际空间，散逸层由此而得名。散逸层一直伸展到22000 km高度，因此，大气层与星际空间是逐渐过渡的，并没有截然的界限。

3. 大气的能量收支

(1)太阳辐射

太阳辐射能是地面和大气最主要的能量来源，根据计算，一年中整个地球可以从太阳获得$1.3\times10^{24}$卡*热量。

太阳辐射的波长范围很广，但辐射能绝大部分集中在0.15～4 μm，从太阳辐射光谱(图2-1)可见知(李宗恺 等，1985)，太阳辐射能主要分布在可见光区和红外区，前者占太阳辐射总能量的50%，后者占43%，波长在0.475 μm附近的一段辐射最强；紫外区的太阳辐射能很少，仅占总能量的7%。

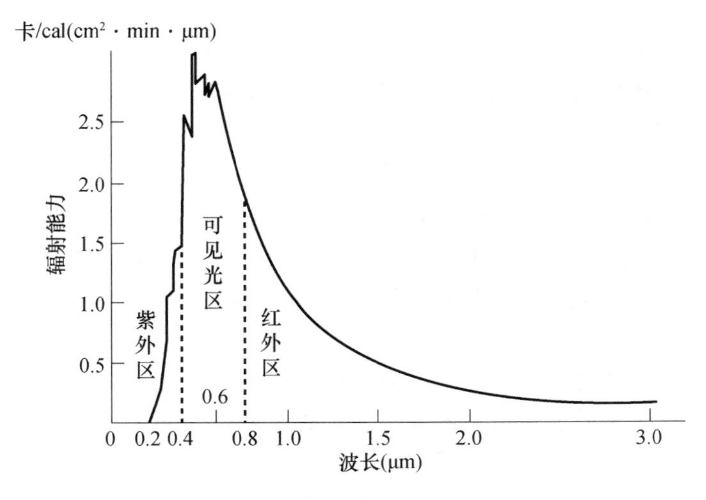


图2-1　太阳辐射光谱

由于地球绕太阳公转的轨道是一个椭圆，而太阳位于椭圆轨道的一个焦点上，因此日地距离并不是一个常数而是随不同时刻发生变化，日地距离的变化影响到达地面的辐射能。

* 1卡(cal)=4.18焦尔(J)。

单位面积单位时间地平面上接收到的辐射能的计算公式为：

$$s=\frac{r_0^2}{r^2}s_0\sin h_0 \tag{2-1}$$

式中：$r_0$——日地平均距离；

$r$——某一时刻的日地距离；

$h_0$——太阳高度角；

$s_0$——$r_0$距离处与太阳光垂直的单位面积上单位时间内通过的辐射能；

$s$——$r$距离处的地平面上单位面积上单位时间接收到的辐射能。

从公式可知，由于$r_0$是不变的常数，因此日地距离$r$越大，则到达地表面的太阳辐射通量密度$s$就越小，反之，$r$越小，则$s$越大；当太阳高度角$h_0$变小时，$s$也减小，而当$h_0$变大时，则$s$也变大。

(2)大气对太阳辐射的影响

根据有关研究表明，在无大气影响的大气上界与太阳光成垂直的平面上，$r_0$距离处每平方厘米面积上每分钟获得的热量为1.94卡，这个数值称为太阳常数。如果地球外围没有大气圈，地面也能获得这样强度的太阳辐射，但由于大气的存在，并且大气对太阳辐射不是绝对透明的，当太阳辐射通过大气时被大气消耗和衰减一部分，因此$r_0$距离处地面的每平方厘米面积上每分钟获得的热量远比1.94卡要少。

大气主要通过以下三种方式对太阳辐射进行消耗和衰减：

一是吸收。大气中的水汽、$CO_2$和$O_3$对大气有选择吸收作用。水汽和$CO_2$主要吸收波长较长的红外部分，臭氧能强烈地吸收紫外线（如对0.255 μm波段的辐射能吸收99%），太阳辐射被大气吸收后变成了热能，因此在平流层$O_3$比较集中的地方温度明显升高。

二是散射。使太阳辐射的直线射程发生偏斜、向四面八方散开的现象称为散射。而大气中的云滴、尘粒、空气分子对太阳辐射有散射作用。散射只改变太阳辐射的方向对大气的热能无影响。经散射后的阳光一部分到达地面，一部分返回宇宙空间。

三是反射。云层和地面对太阳辐射的反射作用也很强。云愈厚反射作用愈强，薄的云反射率为10%～20%，厚的云反射率为80%，非常厚的云反射率可超过90%。所以在阴天地面得到的太阳辐射很少，而在有积雪的地区，地面的反射率非常高。

基于大气对太阳辐射的消耗与衰减，导致经过大气的太阳辐射被减弱。从全球的平均情况看，如果以太阳辐射作为100%，其中因反射和散射返回宇宙空间的占43%，大气直接吸收的占14%，27%直接到达地面而被地面吸收，16%通过散射间接到达地面而被地面吸收。

(3)太阳直接辐射和散射辐射

直接投射到地面而被地面吸收的那部分太阳辐射称为直接辐射，经过大气散射后到达地面的那部分太阳辐射称为散射辐射。两者之和称为总辐射。

1)影响太阳的直接辐射的主要因素

太阳的直接辐射强弱与许多因子有关，其中最主要的因子是太阳高度角和大气透明度。太阳高度角对直接辐射的影响可以从图2-2看出，太阳高度角越小，等量的太阳辐射散布的面积越大，单位面积上所获得的太阳辐射就越少；另一方面，太阳高度角越小，太阳辐射穿过的大气层就越厚，大气对太阳辐射的减弱程度越强，到达地面的直接辐射就越少。

大气透明度是指大气能被太阳辐射透过的程度。显然，当大气中的水汽、$CO_2$、$O_3$、尘粒杂质以及云、雾等水成物越多时，大气对太阳辐射的吸收、反射和散射越强，大气的透明度就越

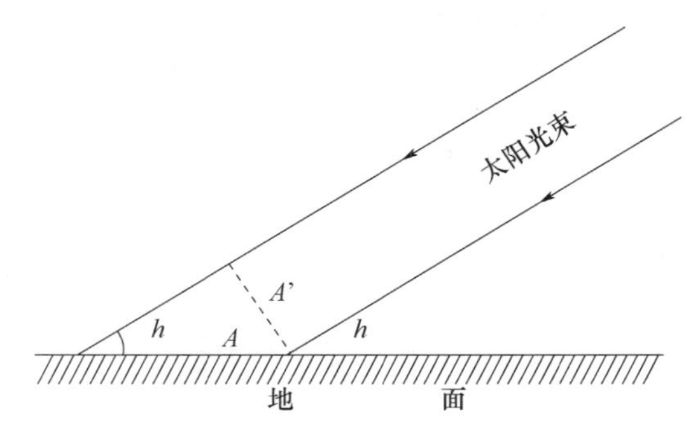


图 2-2　太阳高度角

差，此时由于太阳辐射在通过大气层时被削弱得很多，到达地面的直接辐射也就很少，阴天厚厚的云层几乎可以将所有的直接辐射全部挡住。

另外，直接辐射的日变化、年变化和随纬度的变化主要取决于太阳高度角的变化。

2)影响散射辐射的主要因素

散射辐射的强弱也与太阳高度角及大气透明度密切相关。由于太阳高度角增大时，到达近地面的太阳直接辐射增强，散射辐射也就相应地增强；反之，太阳高度角减小时，散射辐射也减弱。

大气透明度的好坏对散射辐射的影响正好与直接辐射相反。大气透明度差时，参与散射作用的质点增多，故散射辐射增强；反之，当大气透明度好时，散射辐射减弱。

另外，散射辐射的日变化、年变化和随纬度的变化与直接辐射类似。

总的来讲，夜间没有太阳辐射，故总辐射为 0，日出后，随着太阳高度角的增大总辐射逐渐增大，正午达到最大值，午后又逐渐减小。如果有云，上述规律将受到破坏，因为直接辐射是组成总辐射的主要部分，有云时直接辐射的减弱比散射辐射的增强要多。一年中，总辐射(月平均值)在夏季最大，冬季最小。随纬度的分布是纬度愈低总辐射愈大。

(4)有效辐射

地面吸收了太阳辐射以后温度升高，同时它本身也要放射热能，即地面辐射。地面辐射是一种长波辐射，波长范围大约在 3～120 μm。

大气对太阳辐射的直接吸收很少，因此太阳辐射对大气的升温没有多大的直接贡献，但太阳辐射主要被地面吸收，而地面吸收了太阳辐射后放射的长波辐射却被大气中的水汽、$CO_2$ 和云层大量吸收，尤其是以水汽的吸收最为显著。据统计，约有 75%～95%的地面长波辐射被大气所吸收，且水汽主要集中于低层大气中，因此地面辐射差不多在近地面 40～50 m 厚的气层中就全部被吸收掉，只有很少一部分放射到宇宙空间中去。

大气吸收了地面的长波辐射后发生升温现象，同时大气本身也将以长波辐射的方式向四周输送热量，其中一部分投向地面，即大气的逆辐射。而地面辐射与大气的逆辐射之差称为有效辐射。

一般情况下有效辐射总是正的，即地面与大气的热量交换总是地面损失热量。因此，大气对地面起保温作用。大气让太阳辐射进入，而阻碍地面的长波辐射出去，起到了类似花房的温室效应。夜间，因为太阳辐射等于 0，有效辐射的结果使地面冷却。有效辐射的大小与地面温度、气温、空气湿度及云的状况密切相关。当地面温度高时，地面辐射强，若其他条件不变，有效辐射就大；当空气温度高时，大气逆辐射强，有效辐射就小；当空气湿度高时，湿空气中的水汽和水汽凝结物放射长波辐射的能力比较强，使大气逆辐射增强而导致有效辐射减小。有云时，特别是存在浓密的低云时，逆辐射更强，导致有效辐射减弱得更多。

4. 大气的运动

(1)大气运动的作用力

空气的运动是在力的作用下产生的。作用于空气的力有气压分布不均匀而产生的气压梯度力、空气运动时地球自转而产生的地转偏向力(科里奥利力)、空气层之间和空气层与地面之间存在相对运动而产生的摩擦力(黏性力)、空气作曲线运动时受到的惯性离心力。这些力之间不同的结合构成了不同形式的空气运动。

1)水平气压梯度力

单位质量的空气在气压场中由于气压在空间分布不均匀而受到的作用力，称为气压梯度力。这个力可分解为铅直方向及水平方向两个分量。垂直方向的气压梯度力虽大，由于有空气质量与之平衡，所以空气在垂直方向所受到的作用力并不大。水平方向的气压梯度力虽小，但却是空气运动的主要原因。水平气压梯度力可用下式表示：

$$G=-\frac{1}{\rho}\frac{\partial P}{\partial N} \tag{2-2}$$

式中：$G$——水平气压梯度力；

$\rho$——空气密度；

$\frac{\partial P}{\partial N}$——水平气压梯度。

此式表明，水平气压梯度力的大小与水平气压梯度成正比，与空气密度成反比。只要平面上存在着气压差异，就有气压梯度力作用在空气上，使空气由高压流向低压产生加速运动，直到有其他力与之平衡为止。

2)地转偏向力

空气在转动的地球上运动时，由于地球转动而产生的使运动偏离气压梯度力方向的力，叫地转偏向力或科里奥利力。水平地转偏向力以$D_n$表示，如地转角速度在水平方向上的分量为$\omega\sin\varphi$，则水平地转偏向力计算公式为：

$$D_n=2v\cdot\omega\sin\varphi \tag{2-3}$$

式中：$D_n$——水平地转偏向力；

$v$——风速；

$\omega$——是地球自转角速度；

$\varphi$——纬度。

地转偏向力有如下特性：一是地转偏向力只有当空气相对于地面运动时($v>0$)才产生。空气相对于地面静止时($v=0$)地转偏向力为0。二是水平地转偏向力的方向与空气运动的方向垂直，在北半球指向运动方向的右方，在南半球，则指向左方。由于水平地转偏向力与运动方向垂直，因此，它只改变运动的方向，不能改变运动的速度。三是即使空气作水平运动仍有垂直方向的地转偏向力分量。四是地转偏向力的大小与风速及所在地纬度的正弦成正比。在风速相同时，地转偏向力随纬度的升高而增大，在极地为$2v\omega$，在赤道等于0。

3)惯性离心力

当空气作曲线运动时，还要受到惯性离心力的作用。惯性离心力的方向与空气运动的方向相垂直。由曲线路径的曲率中心指向外缘，其大小与空气转动的$\Omega$角速度的平方和曲率半

径 $r$ 成正比，或与空气运动的线速度成正比，与曲率半径成反比。作用于单位质量空气的惯性离心力计算公式为：

$$C=\Omega^2 r \tag{2-4}$$

式中：$C$——惯性离心力；

$\Omega$——角速度；

$r$——曲率半径。

实际上，因为空气运动的曲率半径一般很大，从几十千米到上千千米，所以惯性离心力通常很小。但运动的曲率半径特别小时，惯性离心力也可以很大。

4)地心引力和重力

地球上的任何物体都要受到地心引力($g$)的作用，地心引力指向球心，如果地球是正球形的，地心引力应该和地表垂直，此时位于地面上的任何物体都将受离心力 $C$ 经向分量的作用而向赤道移动。但实际情况并非这样，这是因为地球并不是一个圆球体，而是一个椭球体，赤道半径稍大于两极，地心引力实际上与地表不垂直，因此地心引力在经向也有分量，而且这个分量与离心力的经向分量大小相等方向相反，正好得到平衡。也就是说地心引力与离心力组成的合力正好与地表垂直，这个合力就是重力，用 $W$ 表示。

$$W=g+C \tag{2-5}$$

式中：$W$——重力；

$g$——地心引力；

$C$——惯性离心力。

5)摩擦力

两个互相接触的物体做相对运动时，接触面之间会产生一种阻碍物体运动的摩擦力。因此速度不同的相邻两层空气之间以及近地面运动的空气和地表之间也会产生摩擦力。前者叫内摩擦力，后者叫外摩擦力。

① 内摩擦力

内摩擦力是在速度不同或运动方向不同的互相接触的两层空气之间所产生的一种摩擦力。这种摩擦力又分为分子摩擦力及湍流摩擦力两种。

在流速不同的气层界面上，由于分子动量交换而存在作用力，这种力就是分子黏性力，它的方向与界面相切，又称切变应力。

由于湍流运动而形成的，作用在气层界面上的切向应力，称为湍流黏性力。湍流黏性力比分子黏性力大得多。

② 外摩擦力

外摩擦力是空气贴近下垫面运动时，所受到的下垫面(山、森林、田野、城市建筑等)的阻力，它的方向与运动方向相反，大小与空气运动的速度及摩擦系数(与下当垫面粗糙度有关)成正比。

内摩擦力与外摩擦力的向量和称为总摩擦力。摩擦力的大小，因大气高度的不同而不同，在近地面中最为显著，高度越高，作用越弱，一直到 500～1000 m 高度为止，摩擦力的作用始终存在。所以一般把 1000 m 以下的大气层叫摩擦层，也叫行星边界层。1000 m 以上的高空，空气的流动基本上不受摩擦力的影响，所以称为自由大气层。

(2)自由大气中的风

在离地 1～1.5 km 高度以上的自由大气里，摩擦力对大气运动的作用一般可以忽略不计，大气运动十分接近于水平运动，垂直速度比水平速度通常要小得多(水平风速一般在

10 m/s 左右，而垂直风速很少超过 0.1 m/s)，空气运动的加速度通常很小，接近于等速运动。因此根据上述观测事实，人们科学地归纳出几种简单运动作为自由大气中实际空气运动的近似。

1)地转风

不考虑摩擦影响，空气的水平、等速、直线运动定义为地转风。在自由大气中实际风和地转风常常十分相近，因此无论在实际工作或理论计算中常把地转风作为水平运动的粗略近似。地转风实质是空气质点在水平气压梯度力与地转偏向力平衡下的运动结果，因此地转风与水平气压场关系十分密切，气压的空间变化越大则地转风就越大。

2)梯度风

地转运动是沿平直等压线的直线运动，当空气质点沿曲线等压线作水平运动时，便有离心力产生，在水平气压梯度力、地转偏向力和惯性离心力平衡下的水平运动称为梯度风。而地转风实际上是梯度风的一个特例。

(3)摩擦层中的风

摩擦层中的摩擦力的大小与气压梯度力的大小相当，因此摩擦层中的大气运动必须考虑摩擦力。由于摩擦力的作用，使摩擦层中空气的水平运动情况与自由大气中的运动情况就有所不同。

1)平直等压线的风

在平直等压线条件下，作用于空气的力有三个：气压梯度力、地转偏向力、地面摩擦力（实际上还有上层空气施于它的端流摩擦力，但与地面摩擦力相比，可以忽略）。当空气作水平、等速、直线运动时三力达到平衡，气压梯度力与等压线垂直且由高压指向低压；地转偏向力和风垂直指向其右侧(北半球)；地面摩擦力与风向相反；三力平衡时的平衡风由于地面摩擦力对空气水平运动的阻碍作用使其风速小于地转风。并且欲使三力取得平衡必然是地转偏向力与地面摩擦力的合力与气压梯度力取得平衡，因此平衡风不再沿等压线，而是斜穿等压线，由高压吹向低压。在北半球背风而立，高压在右后方，低压在左前方。风与等压线交角 $\alpha$ 的大小与地面摩擦力有关，陆地摩擦力大交角就大，洋面上交角就小些(图 2-3)。

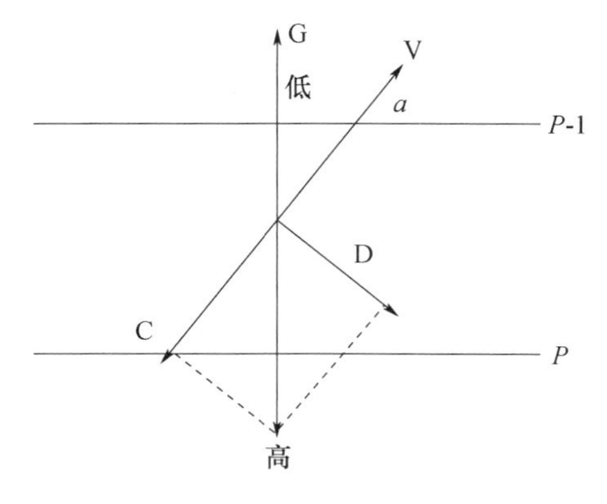


图 2-3　平直等压线的风

2)弯曲等压线的风

在弯曲等压线条件下，如闭合等压线的高压与低压，其风与平直等压线的风结论是类似的，风速较梯度风速要小，风向偏向低压一方。因此，在北半球摩擦层内，低压中的空气反时针转且向内辐合，高压中的空气顺时针转，并向外辐散(图 2-4)。

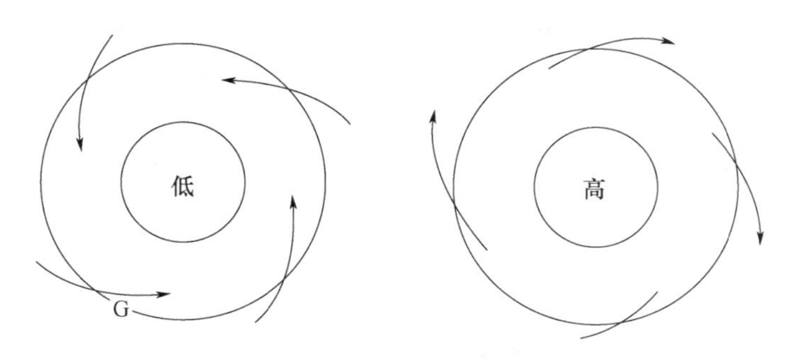


图 2-4　气流的辐合与辐散

(4)局地风

局地大气污染与局地气流运动密切相关,因此除天气系统造成风的大尺度结构外,还有必要介绍由局部地区地形和局部地区热力的影响,形成空间和时间尺度都比较小的局地风。最常见的局地风主要有海陆(湖、河)风、山谷风,以及城市热岛环流等。

1)海陆风

在海岸(也包括较大的湖边、宽阔河面岸边)地带,晴天,风向在一昼夜之间常出现有向岸与离岸的转变(日变化)。一般在日出之后海风就发生了,特别在无风的夏季更是如此。海风一直维持到日落前后才渐渐转变成离岸的陆风。

海陆风之形成是由于海陆对热量反应的差异造成的。众所周知,水域的热容量大,其比热和导热率都比陆地高。白天,当吸收太阳辐射后水域的升温不如陆地高,这种水平方向的温度差异引起空气密度的差异,导致白天海面上的空气密度要比邻近陆面上的空气密度大,陆面上热而轻的空气因而上升,海面上的空气要来补充它而形成海风(图 2-5);夜间,陆地降温幅度比水域大,故水面上的空气密度比陆面上的小因而上升,陆面上的空气来补充它而形成陆风(图 2-5)。

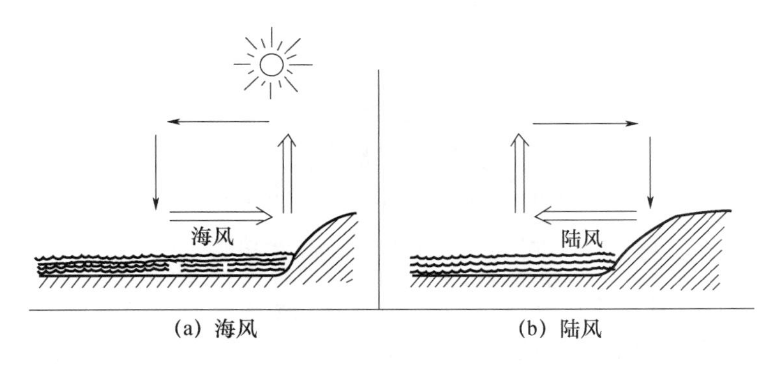


(a) 海风　　(b) 陆风

图 2-5　海陆风环流

从图 2-5 可知:当地面出现海风时,高空出现陆风;而当地面出现陆风时,高空出现海风;从而形成铅直的闭合环流。一般说,夜间由于缺乏不稳定性和对流,夜间铅直环流的强度和铅直范围都要比白天小,即海风比陆风强。尤其在云量少、阳光强,大型天气系统的流场又比较微弱时,海陆风规律非常明显,因此海陆风的日变化规律和出现频率与季节密切相关,并且具有明显的地方特征。

2)坡风和山谷风

地形造成的热力作用引起另一类常见的局地风是坡风和山谷风,一般将坡风和山谷风统称为山谷风。夜晚，地面因放热而冷却，紧贴山坡的空气比山谷中部同高度上的空气冷却得快，因而在水平方向上形成温度差，温度差引起空气密度差，即坡面上的空气密度比山谷中部同高度上的空气密度大，使冷而重的山坡空气沿山坡向谷底中心流动，并在山谷中汇集成一股由山谷流入平原的气流，从而形成"下坡风"和"山风"(图 2-6)。

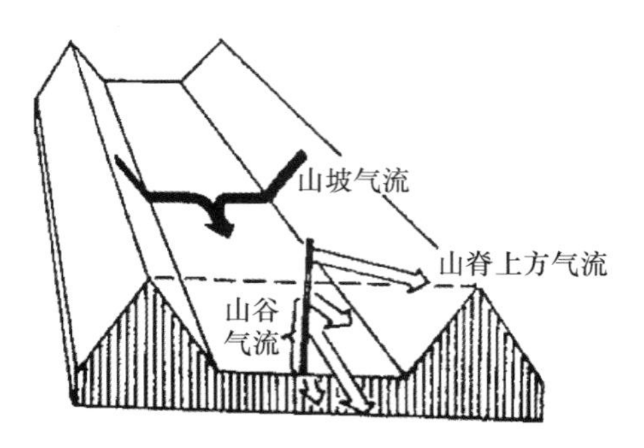


图 2-6 晴朗夜晚典型的下坡风

白天情况相反，地面因吸收太阳辐射而升温，山坡上的空气比山谷中部同高度上的空气升温快，使山坡上的空气比同高度处山谷上空的空气密度小，故谷底空气将沿山坡上升，并在谷道中汇集成一股由平原流入山谷的气流，从而形成这"上坡风"和"谷风"。

当低层出现山风、下坡风时，由于补偿作用，自由大气中较暖的空气从相反方向流来补充坡地上空的流失，形成反山风。而当低层出现谷风、上坡风时，自由大气中较冷的空气从相反方向流来补充谷地上空的流失，形成反谷风。山风与反山风、谷风与反谷风在垂直方向组成了闭合的山风环流(图 2-7)。

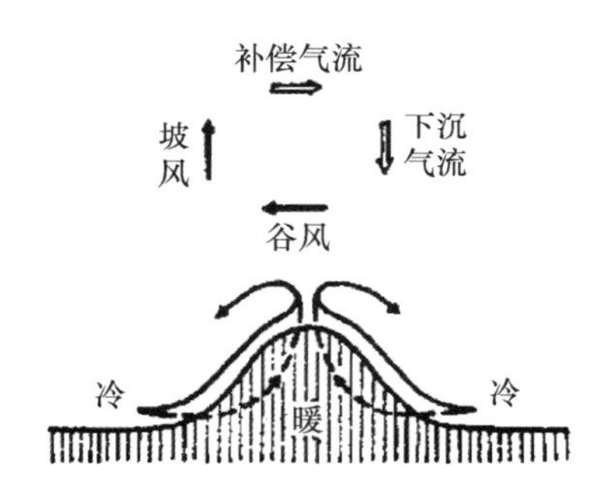


图 2-7 白天山风环流示意图

山谷风通常是在背景环流比较微弱、少云天气发展显著。一般早晨日出以后 2～3 h 谷风开始出现，随着地面升温，风速逐渐加强，午后达到最大。随后，由于温度下降，风速便逐渐减弱，直到傍晚谷风平息而代之以山风。随着夜间近地面层中的空气变冷，山风的风速逐渐增强及至次日清晨日出后才急剧减弱，最后被谷风所代替。另外，山谷风风速大小决定于大气层结情况、地形的相对高差及山谷的走向。一般说来，谷风的风速是随着大气不稳定度的增大而加强，而山风的风速则随着大气稳定度的增强而减弱；并且地形相对高差愈大，山谷风的风速也愈大。至于山谷的开口则因朝南开口的山谷白天升温比朝北开口的山谷强，故谷风风速较朝北开口的要大。因此，山风的风速是冬季比夏季强，谷风的风速是夏季比冬季强，冬季一般山风比谷风强而夏季则谷风平均比山风强。山谷风的风速随高度的变化规律是：最初是随高度逐渐增大并在某一高度上达到最大值，然后随高度逐渐减弱直至风向转变高度，即山谷风顶。

3)地形波

山区地形对风的局地影响除了地形的热力作用引起坡风和谷风外,地形的阻碍作用也将使流场发生局地变化,最典型的是地形波现象。当气流垂直于山脉走向越过山脊时,由于山的影响,在山的背风侧常形成波状流动称为地形波或背风波。这种波动是一种重力波,是由于气流过山强迫抬升,当大气层结比较稳定时,过山后的气流将力图恢复其平衡状态,在重力与惯性力的交替作用下,使气流围绕其平衡位置作振动,于是形成背风波,在下风向出现一系列的上升和下沉气流。图 2-8 给出了过山气流的四种典型流型。

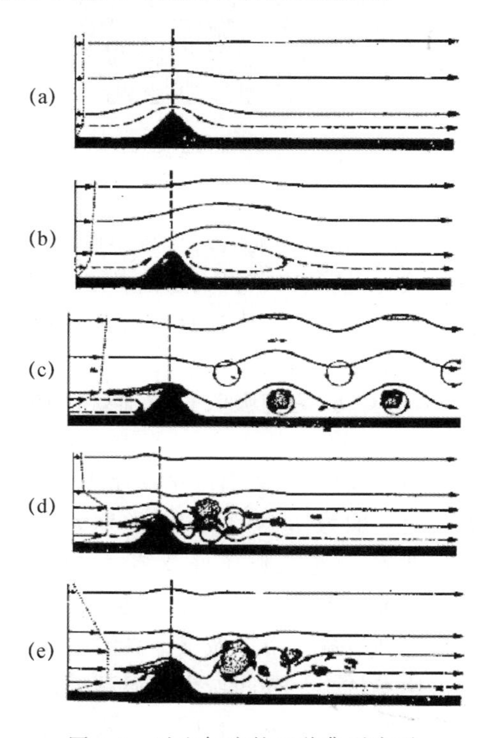


图 2-8　过山气流的四种典型流型

图 2-8a 表示当风速很小时,整个山脊上空的气流都很平直,垂直运动很微弱,气流呈层流状态。

图 2-8b 表示当风速稍强时,在山的背风面常出现一个比较稳定的回流区。

图 2-8c 表示当风速更强,且风速随高度增大时,在山的背风面会产生背风波。

图 2-8d 和图 2-8e 表示风速很强,且扩展到一定深度时(与山高相比),或者风向随高度有明显变化时,背风面常出现强烈的涡旋运动。

观测和理论研究均表明,大气层结构稳定是产生背风波的先决条件。因此,夜间的局地冷却有利于波动的发展,白昼的增热不利于波动的发展。同理,冬季由于大气稳定,波动出现的频率大,而夏季波动出现的频率小。

另外,地形特点对过山气流的流型也有影响。例如对孤立山脊,因为气流可以从侧面绕过,故对风的影响就比长的山脊小,背风波一般不易形成,即使有背风波产生,第一个波的振幅也小,波动在下游很快消失,且振幅随高度递减得比长山脊所引起的波动快得多。

当盛行风与山谷走向垂直时,山谷内的盛行风向与山顶风向偏差不大。而当盛行风与山谷走向不垂直时,特别当盛行风向与山谷的走向交角小于 45°时,则山谷内的盛行风将偏转沿着谷吹，它与山顶风向的偏差可达 20°～30°。这种现象称为山谷通道效应，沿山谷而吹的风称为渠道风（图 2-9）。

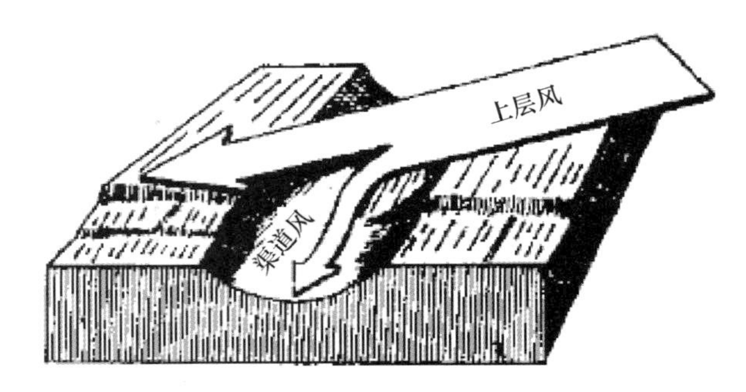


图 2-9　山谷通道效应

4）城市热岛环流

城市热岛环流是城乡温度差异引起的局地风。城乡温度差异主要由以下一些原因造成：

一是由于工业、运输和民用燃烧，使城市获得大量的补充热量。

二是城市建筑材料如钢筋混凝土、柏油等建筑材料的热容量比较大，白天吸收太阳热，夜间缓慢地排放到大气中去，使低层空气冷却变缓。

三是城市上空笼罩着一层烟和 $CO_2$，它们吸收长波辐射，同时也释放长波辐射，使有效辐射减弱。

因此，城市净的热量收入比周围乡村多，故温度平均比周围乡村高，于是形成了城市热岛。有关研究表明，城乡年平均温度差一般为 0.4～1.5 ℃，差别大时可达 6～8 ℃。城市热岛效应的城乡温度差与城市大小、城市性质、当地气候条件及纬度等密切相关。研究还发现，城乡白天平均最高温度差别不大，而夜间最低温度差别较大；而从温度的日变化来看城乡温差的最小值出现在中午，最大值出现在夜间到清晨。由于城市最高温度与乡村差别不大，而最低温度比乡村高得多，故温度日较差城市比乡村小。夜间城市逆温频率远小于乡村。

由于城市温度经常比乡村高，城区上空暖而轻的空气要上升，而四周郊区的冷空气要向城区辐合补充，故形成城市热岛环流或称城市风。图 2-10 是北京地区 1971 年 1 月 9 日夜间测得的热岛环流。由图可见，出现比较典型的热岛环流时背景风场都很微弱，城市和近郊大都是静风（图中无风向标的站表示静风），远郊区的风场较明显，出现向城区辐合的气旋状气流。这是因为当风速增大时动力交换作用将使热岛强度减弱导致热岛环流趋于消失。

（5）大气边界层中风随高度的变化

1）风速随高度的变化

根据湍流的半经验理论，可导出如下两个反映风速随高度变化的规律：

① 风速随高度变化的对数律计算公式

$$u=\frac{u_*}{k}\ln\frac{z}{z_0} \tag{2-6}$$

式中：$u$——高度 z 处的风速；

$u_*$——摩擦速度；

$k$——卡门常数，取值 0.4；

$z$——距地面的高度；

$z_0$——地面粗糙度，其代表性的取值如表 2-3。

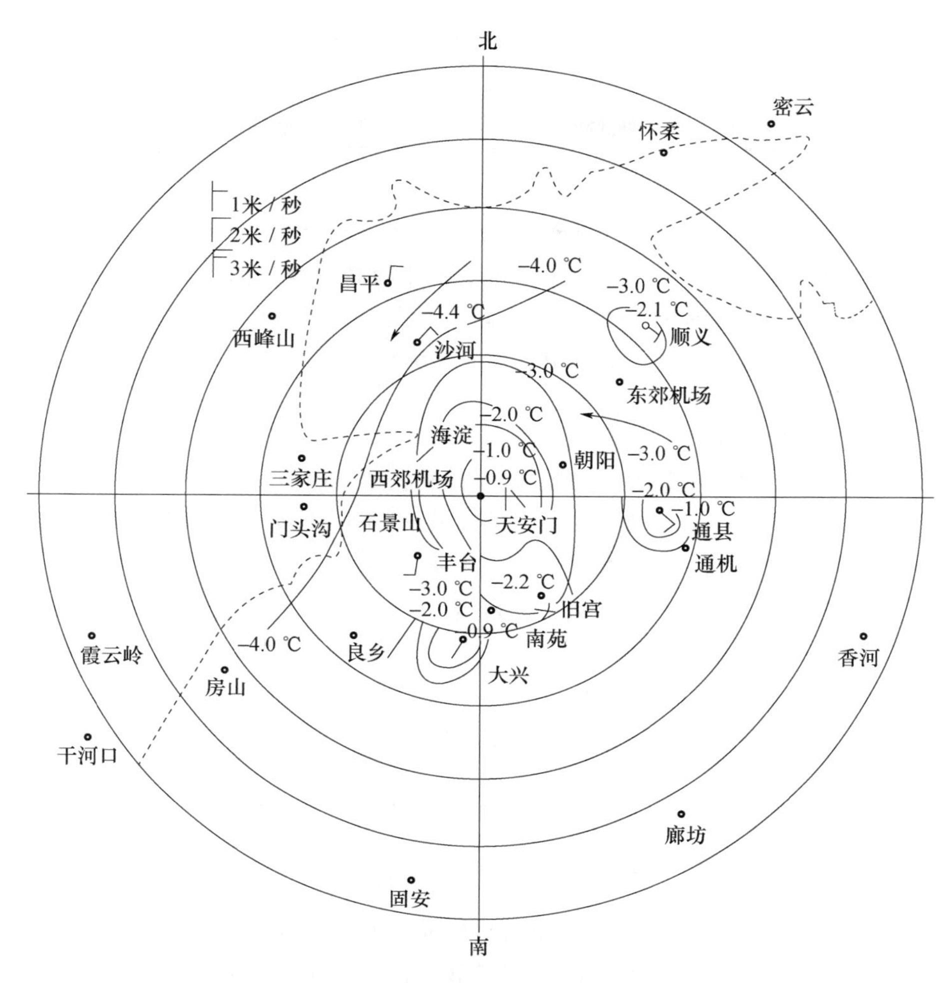


图 2-10　1971 年 1 月 9 日 20 时北京地区的热岛环流

**表 2-3　代表性的地面粗糙度**

| 地面类型 | $z_0$(cm) | 有代表性的 $z_0$ |
|---|---|---|
| 草原 | 1～10 | 3 |
| 农作物地区 | 10～30 | 10 |
| 村落、分散的树林 | 20～100 | 30 |
| 分散的大楼(城市) | 100～400 | 100 |
| 密集的大楼(大城市) | 400～ | >300 |

② 风速随高度变化的指数律计算公式

$$u=u_1\left(\frac{z}{z_1}\right)^m \tag{2-7}$$

式中：$u$——所求高度 z 处的风速；

$u_1$——已知高度 $z_1$ 处的风速；

$z$——求高度；

$z_1$——已知高度；

$m$——常数，一般通过试验获得实测值；当无实测值时，在 150 m 高度以下的取值如表 2-4 。

**表 2-4　距地面 150 m 高度以下不同稳定度的 $m$ 取值表**

| 大气稳定度 | A | B | C | D | E | F |
|---|---|---|---|---|---|---|
| $m$ | 0.1 | 0.15 | 0.2 | 0.25 | 0.3 | 0.3 |

有关研究表明，在中性条件下，大气边界层中风速随高度变化的指数律不如对数律准确，特别是在近地面，但指数律能在中性条件下较满意地应用于相当厚的气层，如高度 300～500 m 的气层。而且在非中性条件下应用也较为准确和方便。所以在大气扩散的实际工作中大多应用指数律公式。

2)风矢量随高度的变化

把湍流平均运动方程应用到大气边界层，并作某些适当的假设，则可导出边界层中风矢量的计算公式。根据它可以算出不同高度上的风矢量，把不同高度上的风矢量投影在同一平面上，并把风矢量的顶端连起来，就是著名的爱克曼螺线(图 2-11)。

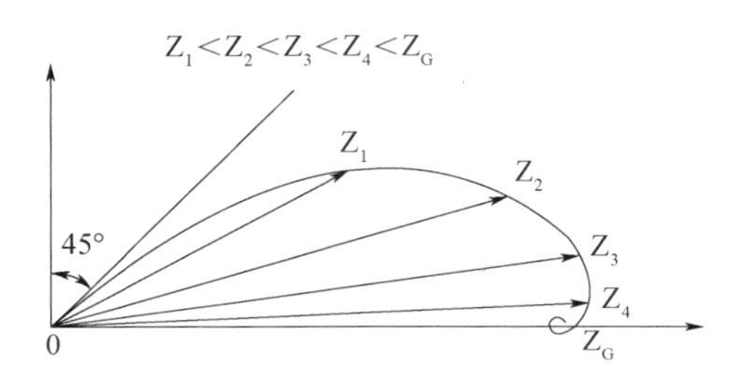


图 2-11　爱克曼螺线

从图 2-11 可知，由于摩擦力的存在，使风斜穿过等压线，从高压吹向低压。随着高度的升高，摩擦力的影响减小，所以风速逐渐增大，且地转偏向力的作用也随高度的增加而逐渐明显，所以风向逐渐向右偏，到了边界层顶，风的大小、方向完全与地转风一致。

爱克曼螺线讨论的是理想的大气边界层，在实际大气中，风矢量的变化没有那么整齐。图 2-12 是一个典型的平均风随高度变化的实测结果，可以看出它与爱克曼螺线有较大的出入。

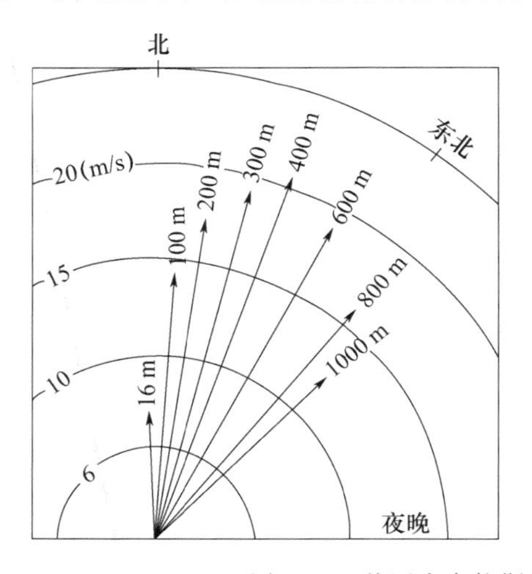


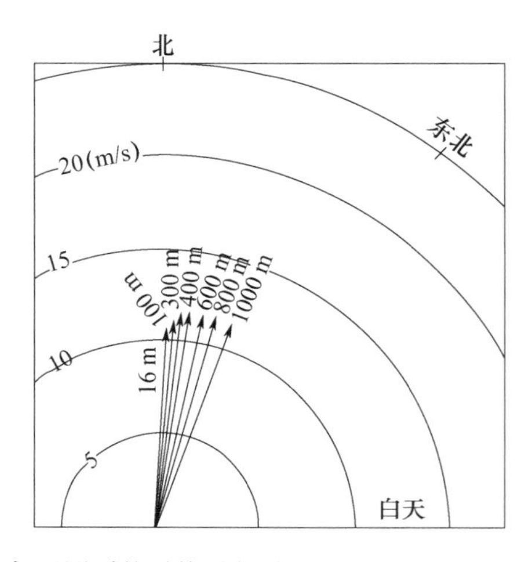


图 2-12　美国内布拉斯加中部观测到的平均风矢量

图 2-12 也说明，风速随高度的升高而增大，风向随高度的升高而向顺时针方向偏转（北半球）的现象在实际大气边界层中是客观存在的。

5. 大气的热力过程

辐射能的吸收和转换，空气的加热与冷却，蒸发与凝结等，实质上是一种热能转换，它服从热力学系统的能量守恒定律，即热力学第一定律。而气象常用的热力学第一定律形式为（北京大学大气物理学编写组，1987）：

$$dT=\frac{dQ}{c_p}+\frac{RT}{c_p}\frac{dp}{p} \tag{2-8}$$

式中　$dT$——气温变化值；

$dQ$——大气热量变化；

$c_p$——湿空气的定压比热，$c_p=c_{pd}(1+0.86q)$，$q$ 是大气比湿，$c_{pd}$ 是干空气的定压比热，$c_{pd}$ 一般取值为 1004 J/(kg · K)；

$R$——湿空气的气体常数，$R=R_d(1+0.608q)$，$R_d$ 是干空气的气体常数，由于大气中比湿 $q$ 总是小于 0.04，因此 $\frac{R}{c_p}\approx\frac{R_d}{c_{pd}}=0.286$，因此 $R_d$ 一般取值为 287 J/(kg · K)；

$T$——气温；

$p$——气压；

$dp$——气压变化值。

从上式可知，影响气温变化的原因有两个：一是由于空气与外界有热量交换；一是由于外界压力的变化使空气膨胀或压缩。

显然，当空气团与周围的热交换过程在低层大气中进行时，由于低层气压变化不大，主要受地面加热、冷却的影响，因此，空气团的温度变化主要受周围热交换的影响。但当空气团作垂直运动，外界的气压变化很大，当气压变化的影响远超过空气团与周围热交换的影响时，可以认为空气团的温度变化主要受气压变化的影响，而不考虑热交换的影响，即此过程可视为绝热的。因为大气中的热交换影响往往比气体内能的变化要小得多，所以在多数情况下可以将大气过程假设为绝热过程。

（1）干绝热直减率

当一团干空气从地面绝热上升时，它将因气压的降低而膨胀，由于一部分内能用于反抗外压力作功上，因而它的温度就会逐渐降低；反之，当一团干空气从高处绝热下降时，由于在下降过程中外压力逐渐增大，外压力将对气团压缩作功，这部分功转化为这团空气的内能，因而它的温度会逐渐升高。

干空气在绝热升降过程中每升降单位距离（常取 100 m 为单位距离）时温度变化的数值称为干空气温度的绝热垂直递减率，简称干绝热直减率，通常$\gamma_d$表示（北京大学大气物理学编写组，1987）。即

$$\gamma_d=-\frac{dT}{dZ}=\frac{g}{c_{pd}(1+0.86q)}$$

式中：$\gamma_d$——干绝热直减率，对于干洁大气$\gamma_d\approx 9.8$ K/gpkm；

$T$——气温；

$Z$——高度；

$\frac{dT}{dZ}$——气温的几何梯度，也称为温度的个别梯度；

$g$——重力加速度，取值为 9.8 m/s²；

$c_{pd}$——干空气的定压比热，取值为 1004 J/(kg·K)；

$q$——大气比湿。

负号的意思代表气块在干绝热上升过程中温度随高度是降低的。

(2)位温和位温梯度

气块在绝热移动时其温度是随气压升降而变化的，为了比较不同气压情况下气块间的温度，需要定义一种不受气压变化影响的温度，位温就是这样一种温度。

位温的定义：干空气绝热地移到标准气压 1000 hPa 处应有的温度，用 $\theta$ 表示。其计算公式为(北京大学大气物理学编写组，1987)：

$$\theta = T\left(\frac{1000}{p}\right)^{\frac{R_d}{c_{pd}}} = T\left(\frac{1000}{p}\right)^{0.286} \tag{2-9}$$

式中：$c_{pd}$——干空气的定压比热，取值为 1004 J/(kg·K)；

$R_d$——干空气的气体常数，取值为 287 J/(kg·K)；

而位温梯度$\frac{\partial\theta}{\partial Z}$与气温梯度$\frac{\partial T}{\partial Z}$及干绝热直减率 $\gamma_d$ 存在以下关系：

$$\begin{aligned}\frac{\partial\theta}{\partial Z} &= \frac{\theta}{T}\left(\frac{\partial T}{\partial Z}+\gamma_d\right)\\ &= \frac{\theta}{T}(\gamma_d-\gamma)\end{aligned} \tag{2-10}$$

从上式可知，$\frac{\partial\theta}{\partial Z}$的符号主要取决于$\gamma_d-\gamma$ 的符号，当$\gamma_d=\gamma$ 时，$\frac{\partial\theta}{\partial Z}=0$；而对流层实际大气的平均情况为 $\gamma=0.65$ ℃/100 m，即$\gamma_d>\gamma$，故$\frac{\partial\theta}{\partial Z}>0$，因而大气中 $\theta$ 通常是随高度升高而增大的。

(3)湿空气的绝热变化

湿空气如果在绝热升降过程中未达饱和状态，它的温度直减率和干绝热直减率一样也是每升降 100 m 温度变化约 1 ℃。因此未饱和湿空气做绝热升降运动时，经历的过程也是干绝热过程。但是湿空气在做绝热上升的过程中，未饱和状态只能保持一个阶段，以后由于温度进一步降低而达到饱和状态，此时如果继续上升，就会发生凝结。湿空气上升达到饱和开始凝结的高度称为凝结高度。在绝热情况下水汽凝结放出来的潜热可以抵消一部分因膨胀冷却所消耗的热能，因此湿空气在饱和以后的绝热上升过程中不再是每上升 100 m 下降 1 ℃，而是小于1 ℃。

饱和湿空气绝热下降时，温度的变化也是两种情况，如果饱和湿空气中含有水滴或冰晶在下降过程中由于水滴的蒸发和冰晶的升华要消耗一部分热量，因而每下降 100 m 升温不到1 ℃；如果其中没有水滴和冰晶，下降时变为未饱和空气，则与干空气类似，每下降 100 m 升温约 1 ℃。

6. 大气温度的垂直分布

近地面气层中气温垂直分布主要有以下三种情况。

(1)气温随高度递减

一般这种情况出现在晴朗的白天风不太大时。少云的白天由于太阳强烈照射地面加热使近地面的空气受热升温很快，热量不断地由低层向高层传递，低层加热升温比高层快，于是就形成了气温的下高上低状况。

(2)气温随高度逆增

一般这种情况出现在少云、无风的夜间。夜间太阳辐射等于0，地面无热量收入，但地面辐射却存在，因为少云大气逆辐射很少，因此有效辐射很大，地面将大量失去热量而不断冷却，近地面的这层空气也将随之冷却，热量不断地由上向下传递，气层不断地由下向上冷却，因此整个气层下面比上面冷却得快，就形成了气温下低上高的现象。

(3)气温随高度基本不变

一般这种情况常出现于多云天或阴天。白天，由于云层反射到达地面的太阳辐射大为减少，故地面加热不显著。夜间，由于云的存在大大加强了大气的逆辐射，使有效辐射减弱。地面冷却也不显著，因此当有云存在时气温随高度变化不明显现象。

另外，在风比较大的天气系统影响下，也会出现气温随高度基本不变的现象。这是因为气层上下交换激烈，使上下层冷暖空气充分混合，因而气温随高度的变化也不明显。

7. 大气逆温的形成及类型

逆温层像一个盖子一样阻碍着气流的垂直运动，所以也叫阻挡层。由于污染的空气不能穿过此气层，而只能在近地面扩散，因而可能造成严重污染。空气污染事件多数都发生在逆温和静风条件下。因此，对逆温层的有关性质必须给予足够的重视。逆温主要有以下几类。

(1)辐射逆温

由于地面强烈辐射冷却而形成的逆温，称为辐射逆温。晴朗或少云，风不大的夜间，地面辐射冷却很快，贴近地面的空气由于热传导的作用，从下而开始变冷，离地面越远的空气，受地面影响越小，降温越慢。因此，从地面向上就会出现温度随高度的升高而增大的现象，这就形成辐射逆温。辐射逆温的形成和消失模式如图2-13所示。

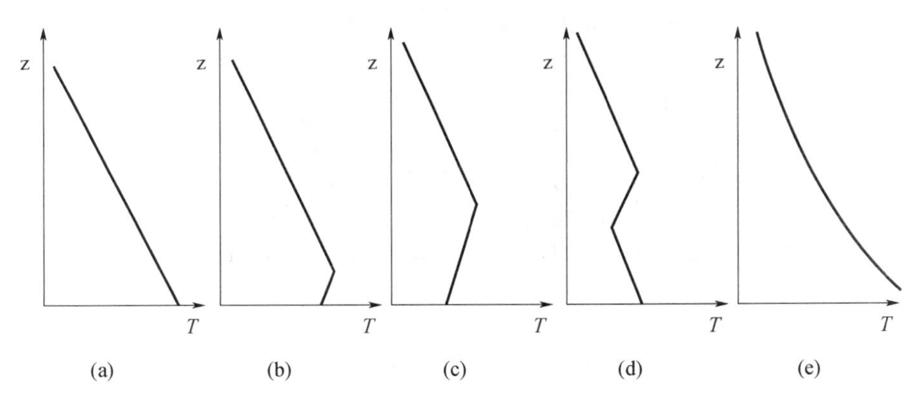


图2-13　辐射逆温的形成和消失过程

辐射逆温一般从日落前开始形成，到清晨最厚，日出后到09～10时消失。辐射逆温在日出前与地面相接，日出后就成为不接地逆温，此时容易产生大气污染。

(2)平流逆温

由于暖空气平流到冷地表面上而形成的逆温称为平流逆温。因为当暖空气平流到冷地表面上时，下层空气受地表影响大，降温快，而上层空气降温慢，故形成逆温。平流逆温的强弱取决于暖空气与冷地表面的温差。

冬季，中纬度沿海地区因为海上温度高，陆上温度低，当海上暖空气流到大陆上时常形成平流逆温。

此外，当暖空气平流到低地、盆地内积聚的冷空气上面也可以形成平流逆温。

(3)下沉逆温

在高气压区里若存在下沉气流,由于气流的下沉,使其气温绝热上升,因而也会形成逆温层,就称为下沉逆温。其形成机理的模式如图 2-14 所示。下沉逆温的形成与昼夜没有关系,可以持续很长时间,而且范围很广,厚度也较大,在离地面数百米到数千米的高空都有可能出现。

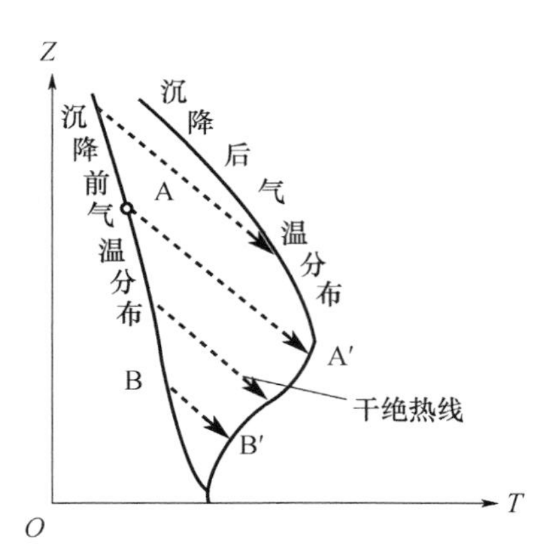


图 2-14　下沉逆温的形成

(4)湍流逆温

低层空气湍流混合形成的逆温称为湍流逆温。由于空气运动很不规则,其结果将使大气中包含的热量、水分和动量以及污染物质得以充分的交换和混合,这种因湍流运动引起的混合称为湍流混合。湍流混合形成的逆温过程如图 2-15 所示。

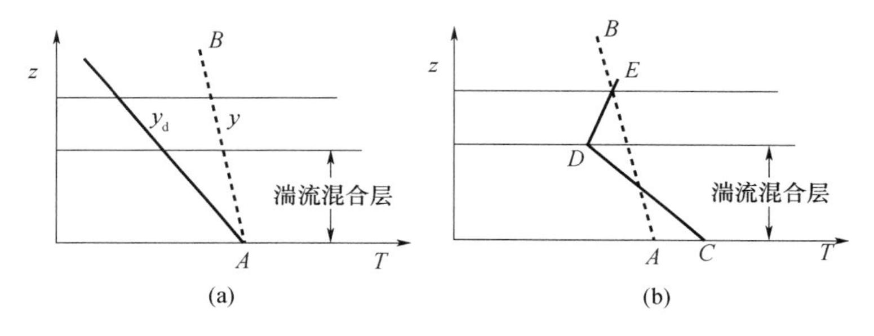


图 2-15　湍流逆温的形成

图 2-15a 中的 $AB$ 是气层没有经过湍流混合前的气温分布,可以看到,当时的气温直减率 $\gamma<\gamma_d$;低层经湍流混合后,气层的温度将逐渐接近于干绝热直减率。这是因为在湍流运动中空气将上下运动,上升或下沉的空气其温度都将按干绝热直减率变化,因此升到混合层上部空气由于降温比周围空气迅速,故温度比周围空气低;同理,下沉空气比周围空气温度要高,因此混合的结果将使上层空气降温下层空气升温,故气层的温度直减率将逐渐趋于干绝热直减率,如图 2-15b 中的 $CD$ 所示。但在混合层以上,混合层与不受端流混合影响的上层空气之间出现了一个过渡层(DE),这是一个逆温层。

(5)锋面逆温

在对流层中,冷暖空气相遇,暖空气密度小,暖空气就会爬升到冷空气上面,冷空气密度大,会沉入到暖空气下方。这样就形成一个向冷空气方向倾斜的过渡锋面。逆温只能在冷空气侧出现。这样的逆温沿着锋面的狭长地带分布，当锋面移动缓慢或停滞时，容易发生严重的污染。

8. 大气稳定度

大气稳定度是指如果一块空气由于某种原因产生了向上或向下的运动，就可能出现以下三种情况：一是当除去外力后这个气块逐渐减速并有返回原来高度的趋势，此时的大气是处于稳定状态；二是当除去外力后这个气块仍加速前进，此时的大气是处于不稳定状态；三是当除去外力后，气块既不加速也不减速，此时的大气是处于中性平衡状态。判断大气稳定度的基本方法如下：

在大气中，任何一块空气在铅直方向的运动可由以下气块铅直方向运动方程来解释。

$$\frac{d\bar{\omega}}{dt}=-\frac{1}{\rho}\frac{\partial p}{\partial z}-g \tag{2-11}$$

上式说明任何一块空气在铅直方向上所受的作用力主要有二。一个是重力，其方向指向下；另一个是铅直气压梯度力，其方向指向上，刚好与重力相反。当此二力的平衡状态遭到破坏时，空气就会产生铅直运动。若铅直气压梯度力小于重力时，空气具有向下加速度，如原来是静止的，就会产生下降运动；当铅直气压梯度力大于重力时，空气具有向上加速度，如果原来空气是静止的，就会产生上升运动。

对于单位体积的一块空气（图 2-16）。假设该气块吸收外界热量或其内部有不稳定能量和潜热释放而加热，它的密度为 $\rho'$，周围空气的密度为 $\rho$，并且开始时，它们都是静止的，由于该气块是单位体积，它的质量就是 $\rho'$，它所受的重力等于 $\rho' g$。该气块所受铅直气压梯度力为 $-\frac{\partial p}{\partial z}$（即浮力）等于和它同体积周围空气的重量，即 $-\frac{\partial p}{\partial z}=\rho g$。

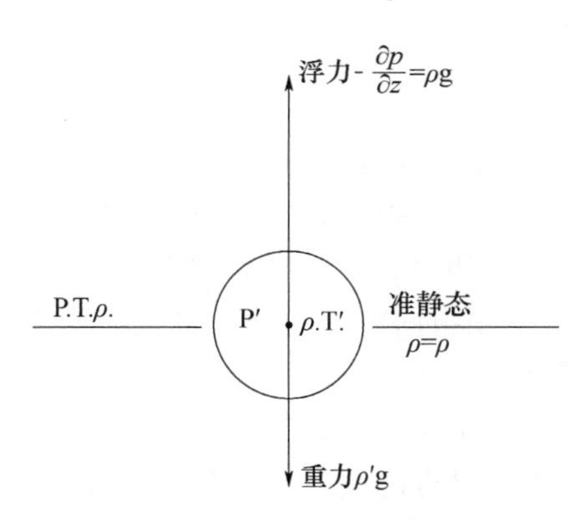


图 2-16　气块受力示意图

应用铅直方向运动方程，可计算升降加速度，此时单位质量空气块所受气压梯度力为 $-\frac{1}{\rho'}\cdot\frac{\partial p}{\partial z}$，重力为 $g$，代入铅直方向运动方程计算公式得：

$$\frac{d\bar{\omega}}{dt}=-\frac{1}{\rho'}\frac{\partial p}{\partial z}-g$$

将 $-\frac{\partial p}{\partial z}=\rho g$ 代入上式，则：

$$\frac{d\bar{\omega}}{dt}=\frac{\rho}{\rho'}g-g=g\left(\frac{\rho}{\rho'}-1\right)$$

气块如以上升为正方向，则它此时所受合外力为$\left(-\frac{\rho}{\rho'}-1\right)g$。

当$\rho>\rho'$时，气块上升；

当$\rho<\rho'$时，气块下沉。

应用状态方程$\rho'=\frac{\rho'}{RT'}$、$\rho=\frac{p}{RT}$，在准静态条件下，$\rho'=\rho$，则

$\frac{d\bar{\omega}}{dt}=\frac{\rho}{\rho'}g-g=g\left(\frac{\rho}{\rho'}-1\right)$可化为：

$$\frac{d\bar{\omega}}{dt}=\frac{T'-T}{T}g=\left(\frac{T'}{T}-1\right)g$$

从上式可知：当$T'>T$时，$\frac{d\bar{\omega}}{dt}>0$；当$T'<T$时，$\frac{d\bar{\omega}}{dt}<0$。即说明当气块比周围空气暖时，气块获得上升加速度，产生上升运动；当气块比周围空气冷时，气块获得下降加速度，产生下降运动。

若进一步假设：气块在位移的起始高度处其温度和周围空气的温度一样等于$T_0$，向上位移过程中满足干绝热条件，当它位移$dz$距离到达新高度后的温度可用下式计算：

$$T'=T_0-\gamma_d dz \tag{2-12}$$

此时则有：$\frac{d\omega}{dt}=g\left(\frac{\gamma-\gamma_d}{T}\right)dz$

从上式可知，当$\gamma>\gamma_d$时，$\frac{d\omega}{dt}>0$，气块加速，大气处于不稳定状态；当$\gamma<\gamma_d$时，$\frac{d\omega}{dt}<0$，气块减速，大气处于稳定状态；当$\gamma=\gamma_d$时，$\frac{d\omega}{dt}=0$，气块停止上下运动，大气处于中性状态。

9. 空气污染预报

在大气污染防治攻坚战“战略相持”阶段，利用气象条件制约污染源活动是目前防治污染的现实、有效的途径之一，而空气污染预报是其中的关键。当预报将有严重污染出现或污染浓度超过某一限值时，地方政府、有关部门和企业应启动大气污染防治紧急手段，防止大气污染事件的发生。空气污染预报，按其预报内容可划分为空气污染潜势预报和空气污染浓度预报两类；按其预报的时、空尺度可划分为100～1000 km的区域尺度空气污染预报、10～100 km的中尺度城市空气污染预报、0～10 km的局地尺度空气污染预报、0～1 km的微尺度特定污染源空气污染预报四类。由于不同尺度的空气污染预报内容都属于空气污染潜势预报和空气污染浓度预报范畴。因此，下面重点介绍空气污染潜势预报和空气污染浓度预报。

(1)空气污染潜势预报

空气污染潜势预报主要着眼于标志大气稀释扩散能力的那些气象条件，当预期的气象条件符合可能造成严重污染的标准(判据)时，就发出警报，以便有关部门采取必要的预防措施。空气污染潜势预报是指有可能出现强污染的天气尺度的气象条件。它仅仅是由气象因子定义，不考虑是否有大气污染物排放和输入。因此，进行空气污染潜势预报时，首先要确定可能导致强污染的气象因子判据，从时间尺度来看可以分为空气污染气候预测的气象因子判据、空气污染天气预报的气象因子判据和空气污染短时临近预报的气象因子判据。

(2)空气污染浓度预报

空气污染浓度预报主要着眼于直接预报某一地区范围内的污染物浓度，使空气污染预报

更加定量化。空气污染浓度预报是指通过简单相关或多元回归方程建立各自的污染浓度与气象参数的定量关系，应用数学模型计算空气污染浓度进行预报。因此，需要较长时期的大气污染浓度和气象参数同步观测资料，并且要求在这段长时期内污染源强度基本保持不变。所以进行空气污染浓度预报，首先要确定可能导致空气污染浓度变化的气象因子判据，从时间尺度来看可以分为空气污染浓度气候预测的气象因子判据、空气污染浓度天气预报的气象因子判据和空气污染浓度短时临近预报的气象因子判据。

（三）大气污染扩散的基本原理

大气污染扩散是大气中的污染物在湍流的混合作用下逐渐分散稀释的过程。主要受风向、风速、气流温度分布、大气稳定度等气象条件和地形条件的影响。

1. 大气污染扩散研究的目的

研究不同气象条件下大气污染物扩散规律的主要目的如下：

一是根据气象条件，为工业规划布局提供科学依据，预防可能造成的大气污染。

二是根据大气扩散能力和环境卫生标准，提出并制定大气污染物排放标准。

三是进行大气污染预报，以便有计划地采取应急措施，预防环境质量的恶化和防止可能发生的污染事故。

2. 影响大气污染扩散的气象因素

影响大气污染扩散的气象因素主要表现在以下几方面：

一是大气污染扩散与大范围的天气背景有关。当某地区为低压中心控制时，空气做上升运动，通常大气呈中性状态或不稳定状态，有利于污染物扩散稀释。当某地区为高压中心控制时，空气做下沉运动，并常形成下沉逆温，不利于污染物向上扩散。如果高压移动缓慢，长期停留在某一地区，那么污染物就会长期得不到扩散。尤其是天气晴朗时，夜间容易形成辐射逆温，对污染物的扩散更不利，此时易出现污染危害。如果再加上不利的地形条件，极易形成严重的污染事件。

二是影响大气污染扩散的重要气象因素是大气湍流，大气湍流强弱能直接影响大气对污染物的扩散能力。大气污染物的湍流扩散是因为大气中经常存在着各种不同尺度的湍流运动，特别在大气边界层内，由于气流直接受到下垫面的热力与动力的影响，湍流运动的强度与变化非常强烈，大气边界层的湍流状态一般依赖于温度层结和风廓线的形态、风速的大小等。大气中出现湍流运动时，在平均主流的背景上就会存在各种不同时间与空间尺度湍涡的不规则运动。在湍流环境中出现局地污染排放时，除了平均气流的输送作用外，湍流的不规则运动也随机地将当地的污染物质在有限的时间内分散到邻近地区或直接输送到较远清洁地区去，同时也将其他地区的污染物或清洁大气搬运到当地，形成湍流的混合作用。大气污染物湍流扩散的速率很大，在大气边界层内它比分子扩散的速率大几个量级。由于大气湍流运动中存在着不同尺度的湍涡，因此湍流扩散的特性还取决于被扩散的污染烟团尺度的相对大小。远小于烟团尺度大小的湍涡对烟团的扩散作用与分子扩散很类似，符合梯度扩散规律，使烟团在随气流作整体运动的同时缓慢而较均匀地扩展、稀释。与烟团尺度大小相当的湍涡则会很快地撕裂烟团并将其与周围空气混合起来。远大于烟团尺度的湍涡对烟团而言相当于平流输送作用，对烟团并无扩散稀释的能力（图 2-17）（许小峰 等，2016）。同时下垫面的状态对大气湍流强弱影响十分显著，尤其在近地面大气层的影响非常剧烈；当下垫面粗糙起伏，湍流较强，当下垫面光滑平坦，湍流较弱。同时大气温度沿垂直方向分布的状态对大气湍流的强弱也产生影响，当大气温度随高度的变化率（垂直减温率）($\gamma$)大于干绝热减温率($\gamma_d$)时，湍流有增大趋势，大气处于不稳定状态，对污染物的扩散稀释能力强；当 $\gamma<\gamma_d$时，湍流有减弱趋势，大气处于稳定状态，扩散稀释能力弱；当 $\gamma=\gamma_d$时，大气处于中性平衡状态，污染物被推到那里就停在那里。

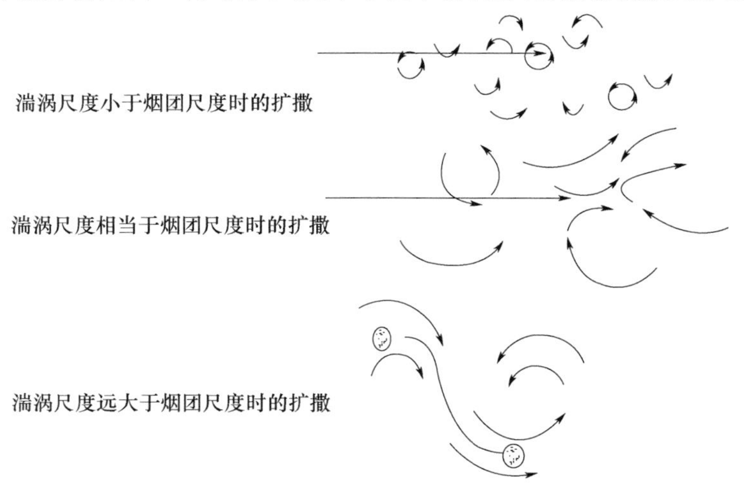


图 2-17　不同尺度的湍涡对烟团的扩散作用

3. 大气污染扩散的研究途径和理论

(1)大气污染扩散研究的途径

大气污染扩散过程的研究途径有两种：一是实验方法。就是针对给定的排放源，测定污染物的浓度分布，并找出浓度分布同时间、空间和气象条件变化的关系，探索其规律。一般通过实验室风洞模拟的方法实施。二是理论方法，即运用湍流交换的理论建立大气污染扩散稀释过程的数学模型、通过模型运行，找出大气浓度分布与气象参数的关系。

(2)大气污染扩散理论

大气污染扩散理论主要依据大气湍流的运动规律和形成的机制进行研究，但湍流的运动规律和形成的机制目前还不十分很清楚，因此大气污染扩散理论的研究大多是在大气湍流扩散半经验半理论基础上进行的。目前湍流扩散的主要理论体系主要有以下 3 种：

一是湍流扩散的梯度—输送理论(K 理论)。该理论从平均场入手，认为湍流扩散过程与分子扩散过程类似，它输送的污染物的通量正比于污染物质的浓度梯度，利用湍流扩散的流体半经验理论（即通量和梯度呈线性关系）可推出湍流扩散方程，在一定的起始条件和边界条件下可获得方程的解。例如考虑垂直方向的湍流扩散时，有以下湍流扩散方程：

$$\overline{c'w'}=-k\frac{\partial\bar{c}}{\partial z} \tag{2-13}$$

式中：$c'$——污染物浓度脉动值；

$w'$——垂直速度脉动值；

$\bar{c}$——平均浓度；

$k$——湍流扩散系数；

$z$——高度。

但理论推导的结果和实际结果往往有很大出入，需要现场观测试验对湍流扩散方程的参数进行订正。因此，如何在各种条件下使用测量值求取湍流扩散系数成为湍流扩散的梯度—

输送理论的研究重点。一般来说，在区域性或较大尺度的大气扩散应用和研究工作中，只要所考虑的烟云尺度远大于湍流尺度，使用该理论是有其合理性的。目前使用湍流能量方程求取 $K$ 值的理论和技术取到了一定的成功，因此该理论又在新的基础上，特别是在数值计算中得到广泛的应用。

二是湍流扩散的统计理论。该理论从研究个别流体微粒运动入手，并据此以确定表示扩散的特征量。泰勒用湍流场的统计特征量来描写扩散参数，并用可测的气象参数来表达这些统计特征量，进而找出扩散参数和可测气象条件的直接联系。由于实际大气湍流场的非定常性和非均匀性，理论研究十分困难，必须借助于实验和假设。因此，该理论认为在空间$r_s$处的排放源 $q(r_s)$ 释放的污染物以一定的概率向湍流空间的任一部分转移并在那里形成一定的浓度，其概率 $P(t,r-r_s)$ 应该是离开源的距离($r-r_s$)和时间(t)的函数。即

$$c \propto q(r_s)P(t,r-r_s) \tag{2-14}$$

因此，寻求概率 $P(t,r-r_s)$ 是湍流扩散统计理论的主要目标。

其泰勒公式为：

$$\sigma_y^2 = 2\sigma_{v'}^2 \int_0^T \int_0^t R_L(\xi)\,\mathrm{d}\xi\,\mathrm{d}t \tag{2-15}$$

式中：$\sigma_y^2$——同一位置出发的一组污染质点行走 $T$ 时间后的距离均方差；

$\sigma_{v'}^2$——脉动风速的均方差；

$R_L(\xi)$——脉动风速的拉格朗日时间相关系数。

由于泰勒公式是在平稳、均匀湍流、浓度正态分布等假设条件下确定浓度分布，然而，在实际应用中常常会遇到非均匀、非定常的湍流环境，在此情况下使用此公式就会产生很大的误差。因此，湍流扩散的统计理论虽然获得迅速发展，但也受到本身存在的一些问题的限制。

三是大气湍流扩散的穿越(transilient)理论。该理论从研究非局地湍流扩散入手，详细论述了大气湍流的扩散过程。斯道尔(R. B. Stull)在 1984 年详细论述了一个由 $i=1,2,3,4,5,\cdots,n$ 个等高箱子堆成的具有单位面积的垂直箱柱(图 2-18)中的污染物浓度在 $t+\Delta t$ 时刻的列矢量$[\bar{s}_i(t+\Delta t)]$可以按下式，由该量在 $t$ 时刻的列矢量$[\bar{s}_i(t)]$确定的计算方法(许小峰 等，2016)。

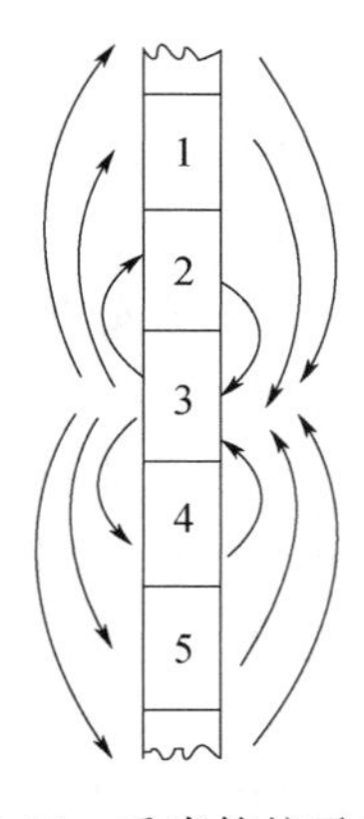


图 2-18　垂直箱柱示意图

$$[\bar{s}_i(t+\Delta t)] = [c_{ij}(\Delta t)][\bar{s}_i(t)] \tag{2-16}$$

由于空气质量守恒与污染物守恒要求上式中交换系数矩阵$[c_{ij}(\Delta t)]$中的元素应该满足下式：

$$\sum_{i=1}^{n} c_{ij} = \sum_{j=1}^{n} c_{ij} = 1 \tag{2-17}$$

以及在均匀和各向同性湍流中，交换系数矩阵中的元素还应该满足交换率：

$$c_{ij} = c_{ji} \tag{2-18}$$

以及在平稳湍流中不同时间步长的交换系数矩阵$[c_{ij}(\Delta t)]$还满足：

$$[c(n\Delta t)] = [c(\Delta t)]^n \tag{2-19}$$

式中：$[\bar{s}_i(t+\Delta t)]$——污染物浓度在$t+\Delta t$时刻的列矢量；

$[c_{ij}(\Delta t)]$——空气质量守恒与污染物守恒要求交换系数矩阵；

$[\bar{s}_i(t)]$——污染物浓度在$t$时刻的列矢量；

$c_{ij}$——交换系数。

该理论是典型的非局地湍流扩散理论，是在有限的时间内，湍流交换并不仅仅发生在两个区域相邻的边界上，而是同时发生在相邻和不相邻的湍流各个区域之间。因此，该理论能够同时处理不同尺度湍涡的扩散迁移作用，能够解释一些局地理论，如K理论不能解释的充分发展了的对流边界层里的零梯度输送现象和边界层里的一些逆梯度输送的现象。但是该理论仍在发展之中，其目标在于找出一个更完整而合理的计算湍流交换系数矩阵的理论和方法。

## 二、人工影响天气

### (一)人工影响天气的科学内涵

人工影响天气是指以大气物理为基础，通过人为手段对局部区域内大气中的物理过程某些环节进行人工干预，促使大气中的物理过程朝着人们预定有利于人类生产、生活的方向转化，从而达到减轻或避免气象灾害目的的活动。这是气象服务于防灾、减灾，保护人民生命财产安全和提高人民生活质量，合理开发利用气候资源，生态建设与保护的重要科技手段之一。而人工影响天气是一项复杂的系统工程，涉及多个学科和工程技术，其理论基础是云和降水物理学。在作业条件预报中，依赖于天气动力学和预报技术的发展，特别在云精细数值模拟试验方面，又依赖于计算物理方法和数值预报技术的发展水平；在作业条件监测识别等方面依赖于涉及宏观气象要素和微物理参数的测量技术，多参数气象雷达技术、微波探测和气象卫星探测以及示踪剂测量、超微量化学分析技术等；在作业设计和调度指挥方面，广泛依赖通信和信息技术的发展；在播云催化剂的研究中涉及物理化学、胶体化学和结晶学等学科的知识，而催化剂在空气中和云中的扩散与大气湍流和扩散模式有关；在播云运载工具方面，涉及飞机、火箭、高炮、烟炉和火箭弹、炮弹、烟火剂等工程技术；在效果检验中需广泛应用数理统计学成果。而人工影响天气的发展和巨大的社会需求，也促进了大气物理学及其相关学科的发展。

人工影响天气在经济社会发展中具有广泛的应用领域，可根据以下不同方式进行分类：

一是按服务领域分类。根据人工影响天气服务领域的差异性，可分为抗旱人工增雨(雪)服务和人工防雹常规性服务，局地突发性森林(草原)火灾或抑制污染物扩散的人工增雨、机场或局地所需求的消雾(霾)等人工影响天气应急性服务，保障重大社会活动顺利进行的人工消云减雨等重大社会活动保障服务，在非旱季和非旱区、在江河流域和大型水库等蓄水区开展人工增雨(雪)作业，增加地面降水进行水资源储备、保护生态环境为目的的空中水资源开发服务。

二是按人工影响天气目的分类。根据人工影响天气目的的差异性，可分为人工增雨、人工防雹、人工消云减雨、人工消雾、人工防霜、人工抑制雷电和人工影响天气改善空气质量等。

三是按人工影响天气原理分类。根据人工影响天气原理的差异性，可分为冷云催化人工影响天气、暖云催化人工影响天气和人工局地动力、热力干预大气稳定度以及人工局地造雨、雾等。

四是按人工影响天气作业手段分类。根据人工影响天气作业手段的差异性，可分为飞机人工影响天气、火箭人工影响天气、高炮人工影响天气、烟炉人工影响天气等。

（二）人工影响天气相关的基本概念

1. 大气气溶胶

气溶胶是指在气体中悬浮有液态或固态微粒时，气体和悬浮物共同组成的多相体系。而气溶胶中的悬浮物被称为气溶胶粒子。由于大气中含有悬浮着的各种固态和液态粒子，如尘埃、烟粒、微生物、植物的孢子和花粉，以及由水和冰组成的云雾滴、冰晶和雨雪等粒子，因此空气就是一种气溶胶。

气溶胶粒子的形状很复杂，往往不是球形。出于实际应用的目的，对大气气溶胶粒子不可能采用枚举法进行研究。为了研究方便，常采用等效直径来表示它们的大小，如空气动力学等效直径、光学等效直径和体积等效直径等。

气溶胶粒子中，分子团的尺度约为 $10^{-3}$ μm，最大的冰雹直径在 10 cm 以上。一般直径大于 100 μm 的质粒，就不易在空中停留。因此，气溶胶质粒主要是指 $10^{-3}$ μm～100 μm 的微粒。并将其按尺度大小分为三类：爱根核（半径 $r<0.1$ μm），大粒子（0.1 μm$\leqslant r \leqslant$1.0 μm）和巨粒子（$r>1$ μm）。

由于大气气溶胶浓度变化直接影响到人们的健康和生存环境，影响到许多大气物理过程，特别是影响到天气和气候的变化，并且大气气溶胶粒子的浓度及其物理化学特性与大气凝结核的浓度及其物理化学特性密切相关，对云、雾、降水粒子的形成和大气污染都有显著影响。所以在近几十年里对大气气溶胶的研究发展很快，大气气溶胶学已成为大气物理学的一个重要分支。

(1)气溶胶粒子的谱分布

气溶胶粒子浓度的时、空分布受地理位置、地形、地表性质、人类居住情况、距污染源的远近程度及气象条件的影响，具有明显的差异。依据对爱根核的观测资料分析表明：一般在海洋上空平均数密度是 $10^3$ 个/$cm^3$，田野上空是 $10^4$ 个/$cm^3$，而城市上空受污染的空气中能达到 $10^5$ 个/$cm^3$ 或更高。气溶胶总浓度的分布也是这一趋势，城市高于海面。图 2-19 给出了多次观测的平均气溶胶粒子尺度分布（盛裴轩 等，2003）。

从图 2-19 可知，城市受污染大气中粒子的浓度最高，并且气溶胶浓度随着尺度增大而迅速减少。这是因为大粒子沉降快，在空中停留时间短的缘故。直径大于 10 μm 的粒子由于会逐渐沉降到地面，在空气污染监测中称为降尘；小粒子能长期漂浮在大气中，称为飘尘。大于 10 μm 的粒子能滞留在人的呼吸道中，小于 5 μm 的特别是小于 1 μm 的粒子能深入肺部，对身体健康危害严重。气溶胶粒子浓度随高度的平均分布如图 2-20 所示（盛裴轩 等，2003）。

从图 2-20 可知低层气溶胶粒子浓度高，说明它主要来源于地面。由于重力沉降作用，对流层中气溶胶浓度随高度按指数减少，在对流层顶处达到最小。平流层内气溶胶粒子浓度又有些升高，在 20 km 左右高度出现一个气溶胶层（Junge 层）。据飞机观测，这层粒子的平均尺度仅 0.1～1 μm 的量级或更小，估计与火山喷发物和宇宙尘埃有关。应指出，平流层内气溶胶粒子浓度随高度和时间都可能有比较大的变化，在火山爆发后不久，平流层下部微粒浓度常很快升高，有的甚至升高 10 倍以上。

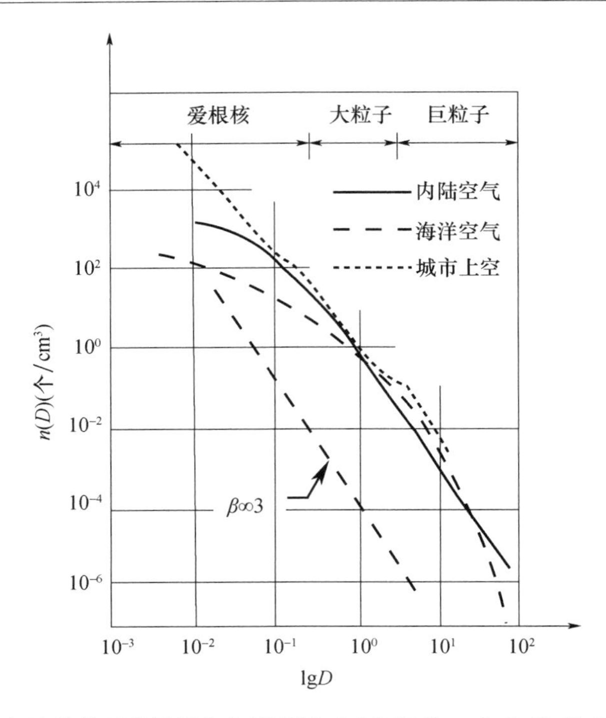


图 2-19 气溶胶粒子的尺度分布(转引自 J. M. Wallace 和 P. V. Hobbs,1977)

纵坐标为数密度 $n(D)=\frac{dN}{d\lg D}$,$N$ 是直径小于 $D$ 的气溶胶粒子的总浓度,单位:个/cm³;

横坐标为 $\lg D$,$D$ 是气溶胶粒子的直径,单位:μm。

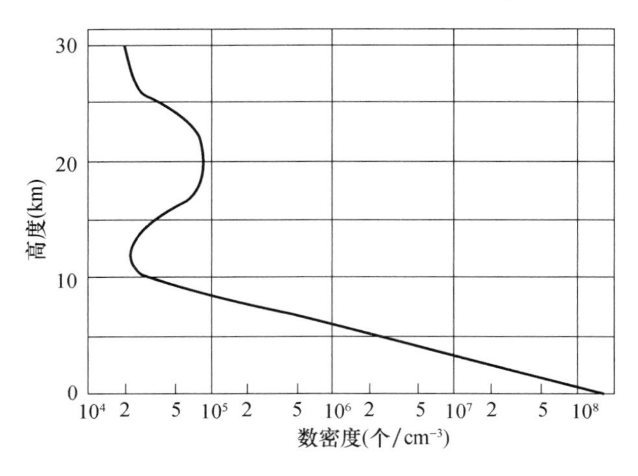


图 2-20 气溶胶粒子浓度随高度的平均分布(引自盛裴轩等,2003)

(2)大气气溶胶粒子的化学成分

气溶胶粒子的化学成分,从无机物到有机物,从简单到复杂,范围很广泛。大体上可以分成 5 种基本组成:矿物质、海盐、煤烟、气体转换物或水溶性物、火山灰。

自然源中的大陆性粒子主要与源地地表和土壤成分有关,大部分由矿物元素(铝、硅、钠、钾、钡等)组成。海洋性粒子主要由 NaCl、KCl、$(NH_4)_2SO_4$ 等吸湿性物质组成。处于正常状态下的平流层,其粒子也主要由气-粒转换形成,主要成分是 $H_2SO_4$ 和$(NH_4)_2SO_4$ 等。当有火山喷发时,大量火山灰将成为平流层粒子的主要成分。

人为源中的工业城市粒子大部分来自于城市污染气体的转换，其中主要是由 $SO_2$、$NO_x$、$NH_4$ 等污染气体转换为酸性粒子。城市粒子也含有矿物元素，但和自然源的大陆粒子不同，它主要来源于工业交通污染的各种元素，如氯、钨、银、锰、锌、镍、砷等。

由于不同来源形成的气溶胶粒子化学成分的差异，所以可以对采集到的粒子进行化学分析来判断其来源，即源解析。

另外，在单个粒子内部和整个大气中，各种化学成分的分布是不均匀的。而且，在各种物理、化学过程的作用下，大气气溶胶的化学成分具有明显的可变性。这对研究大气中气溶胶的形成与移出至关重要。

(3)大气气溶胶粒子的吸湿性

大气气溶胶粒子的化学性质与结构会影响到气溶胶粒子的吸湿性。当下毛毛雨时，路上有的地方先被湿润，而且经常还存在明显界限，是因为下垫面的吸湿性不同所致。众所周知，当液体附着在固体表面，液相表面切线与下垫面夹角为 $\theta$，称为接触角或湿润角(图 2-21)。

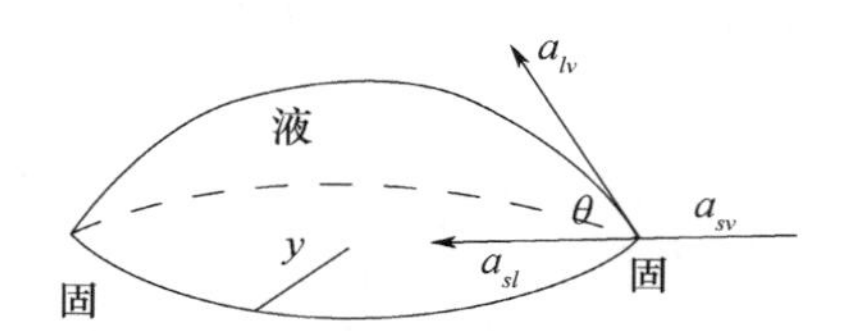


图 2-21　球冠水及各界面张力

从图 2-21 可知界面或界线上有下列三种张力存在：

一是汽-液界面间 $a_{lv}$，它与下垫面交角为 $\theta$，并指向球冠顶；

二是液-固界面间 $a_{sl}$，指向胚底中心；

三是汽-固界面间 $a_{sv}$，指向与 $a_{sl}$ 的相反。

当此三力平衡时，必有

$$a_{lv}\cos\theta + a_{sl} = a_{sv} \tag{2-20}$$

所以有

$$\cos\theta = \frac{a_{sv} - a_{sl}}{a_{lv}} \tag{2-21}$$

当 $a_{lv} > (a_{sv} - a_{sl}) > 0$，则 $1 > \cos\theta > 0$，$\theta < 90°$，表示液体能够润湿固体表面。这种物质称为亲液物质，凡能够被水所润温的物质称之为亲水性物质，否则被称为憎水性物质。与 $\theta = 0°$ 和 $180°$ 对应的为完全亲水性物质和完全憎水性物质。一个水滴在玻璃上 $\theta < 90°$，所以水能润湿玻璃。

实际大气中存在着许多固体微粒，它们的湿性除受湿润角这一参数决定外，还应考虑微粒大小。对于不同的温润角 $\theta$，存在一个最有效吸湿成核的大小。

(4)大气气溶胶粒子的折射指数

化学成分在气溶胶的辐射效应中的作用主要表现在对气溶胶复折射指数 $m = n - ik$ 的影响上。其实部 $n$ 主要描述粒子对辐射的散射特性，虚部 $k$ 直接与气溶胶物质的吸收系数成比。数值实验结果表明，含量日益增多的大气气溶胶粒子对地-气系统产生加热效应还是冷却效应，主要取决于气溶胶折射指数虚部 $k$ 值的大小。尽管已经知道一些主要气溶胶物质的整体折射指数，但由于悬浮粒子的非均匀结构和不纯净，以及观测和分析中的困难，还难以得到各种实际气恪胶粒子的相应 $k$ 值。

(5)大气气溶胶粒子的来源

气溶胶粒子的主要来源是地面,可以分成自然现象产生的和人类活动产生的两大类。自然源按产生数量大小主要包括:海盐、气粒转换、风沙扬尘、林火烟粒、火山喷发(变化很大)、陨星余烬、植物花粉等;人为源主要有:气粒转换、工业过程、燃料燃烧、固废处理、交通运输、核弹爆炸、人工播云等。此外,宇宙尘埃也是一个来源。

1)土壤、岩石风化及火山喷发的尘埃

由于农业耕作,出现了大片裸露地面,风把沙漠和干旱的荒地及农田里的微小颗粒吹上天空形成尘埃。冷气团入侵时,大风会卷起大量尘沙、干土而形成尘暴。

火山爆发时把大量尘埃抛入空中,这些尘埃云能浮游相当长的时间,有的甚至过了好几年才完全沉降下来。

2)烟尘及工业粉尘

大城市和工业区的烟尘很多,这是工业上以煤为能源及民用生活用煤所造成的,另外,工矿业在生产过程中还会产生很多粉尘,如 $SiO_2$ 粉尘及原子能工业产生的放射性粉尘,这些粉尘都对人体有害。

人类活动产生的气溶胶粒子的浓度有明显的日变化。清晨由于人类的生产和生活活动已开始,大气却常处于逆温稳定状态,不利于扩散,使低层粒子的浓度达到极高;中午前后由于向上的垂直对流输送强,粒子的浓度降到极小值;黄昏后由于对流减弱,粒子的浓度又升高。夜间则因人类大部分活动停止,粒子浓度可能再次降低。

3)海沫破裂蒸发成核

海沫破裂产生的海盐颗粒是海洋上气溶胶粒子的主要来源。在海浪的冲击下,海面上形成很多空气泡并很快破裂,破裂后生成大大小小的众多盐水滴,盐水滴蒸发后就成为一些大于 2 μm 的海盐巨核及大量的大于 0.3 μm 的爱根核。洋面上海盐粒子的产生率约是 100 个/($cm^2$ · s)。

4)气粒转化

气粒转换是指大气中通过气体之间或气体与液滴、固粒之间的相互作用,形成新的大气悬浮物的过程。爱根核常常是由大气中微量气体转化而来。例如,$SO_2$ 经光化学氧化作用,在高温下能生成硫酸盐溶液微滴,微滴蒸发后就成为硫酸盐质点;NO 和 $NO_2$ 也往往与海水生成亚硝酸和硝酸,并进而与海盐质点反应生成硝酸盐颗粒。城市大气中爱根核和大粒子的浓度高,说明了由大气污染气体转化形成的粒子是城市大气气溶胶的一个重要来源。

5)微生物、孢子、花粉等是有机物质点形成大气气溶胶的一个重要来源

6)宇宙尘埃

宇宙尘埃是宇宙空间进入大气的,其中包括流星在大气中燃烧所产生的灰尘。有关研究表明,一昼夜降落到地球上的宇宙尘埃约有 550 t。

总的看来,气溶胶粒子主要是由自然现象产生的,但随着工业的发展和人口增多,人类活动产生的粒子日益增多,造成大气污染的形势越来越严峻。

(6)大气中气溶胶粒子的移出过程

气溶胶质粒不仅不断有输入大气的过程,而且还有不断被移出大气的过程。移出过程可分干、湿两类。

1)干移出过程

干移出过程是指气溶胶粒子干的状况下移出大气的过程。主要以下几种方式移出:

① 重力下沉:即大的干悬浮质粒受重力作用而下沉。

② 碰并附粘:即悬浮质粒随气流运动时,悬浮质粒受惯性支配,在遇障碍物时与障碍物相碰而附黏于障碍物上。

③ 扩散附粘:即小质粒因布朗运动或乱流扩散而与地表或地物相碰并被附粘。

④ 吸并附粘:即地物表面对微小质粒的吸附,而减少了大气悬浮物。

2)湿移出过程

湿移出过程是指质粒受雨、雪或云、雾滴等影响而下沉到下垫面移出大气的过程。主要以下几种方式移出:

① 扫并下沉:即干气溶胶质粒被降水质粒扫并而下坠到地面。

② 扩并下沉;即小的气溶胶质粒因布朗扩散而附于降水质粒上,然后下沉到地面。

③ 拖并下沉:即悬浮微粒受介质气体分子有规则流动的影响而被拖并到降水物上并下沉到地面。

④ 凝长下沉:即气溶胶质粒以凝结核或凝华核的身份吸收水分,并渐渐地增大成降水物而下沉到地面。

一般来讲,气溶胶在对流层的生命史是几天或几个星期。但由于各种过程不断地产生新的气溶胶,因此,大气中气溶胶的含量一直都比较高。

(7)大气气溶胶粒子在大气物理化学过程中的作用

大气气溶胶粒子在云雾降水、大气辐射、大气光电、大气化学等大气物理化学过程中起着重要的作用,主要表现在以下几方面。

1)气溶胶粒子在云雾降水中的作用

根据云的微物理学理论及实验研究表明:如果大气非常纯净没有杂质,则由水汽分子凝聚自发生成云雾微滴及冰晶是极为困难的。因为产生这种同质凝结过程的相对湿度需高达百分之几百,纯净水滴冻结成冰晶也需要－30～－40 ℃的低温。然而实际上,大气中成云致雨的过程并不罕见,就是因为大气中有大量微粒存在。这些气溶胶粒子起凝结核、冰核、凝结-冻结核(在核上先凝结,再冻结成冰晶)、凝华核等作用,它们是云雾滴能够产生并且生存长大的基础。大气中巨粒子的数量虽少,在降水过程中却起着重要的作用。吸湿性的巨核能在较低的过饱和度下形成一些大水滴,有利于云滴的碰并长大。因此可以说,如果大气中没有气溶胶粒子,成云致雨过程几乎是不可能发生的。

2)气溶胶粒子对大气辐射过程的影响

气溶胶粒子能削弱(吸收和散射)太阳辐射,并将少部分太阳辐射散射回宇宙空间,使入射到地面上的能量减少,降低低层大气的温度。另外,气溶胶层吸收了太阳辐射的能量本身得到加热,并通过大气运动传输热量,又能提高大气温度。例如,1991 年皮纳图博火山(15°N,120°E)喷发,形成大量的气溶胶粒子,导致北半球 1992 年是近 10 年来最冷的年份,而南半球受影响小,1992 年温度变化的幅度较小;同时,平流层升温也是显著的,估计因该火山喷发造成的低纬度(30°N～30°S)平流层升温高于 2 ℃。

3)气溶胶粒子对大气光学特性的影响

气溶胶的大粒子对太阳光的散射和吸收,会影响大气能见度,使可见距离缩短。大气中悬浮大量细小烟粒尘埃或盐粒时,天空混浊并且呈浅蓝色(以物体为背景)或微黄色(以天空为背景),这种现象称为霾,它使能见度降低。天空中出现大量浮尘或尘暴时,则更是天昏地暗,日月无光,能见度最低能降低到 50～100 m。

4)气溶胶粒子对大气电学特性的影响

低层大气中存在着离子,它主要是宇宙射线产生的。地壳内及大气中的放射性物质也能使气体发生电离,使分子及原子成为正、负小离子。小离子被爱根核吸附后就成为大离子。晴天大气电场的方向向下,地面相对地带着负电荷。正、阴离子在大气电场作用下就形成了垂直方向的传导电流。由于小离子的迁移速率大,传导电流的大小主要取决于小离子的浓度和迁移速率。当大气中大离子或其他气溶胶粒子浓度很大时,小离子就会被捕获而减少。因此,在城市上空,由于逆温层的影响,07—10 时大气污染比较严重,此时小离子浓度降低,传导电流也减小,大气电场达到极大值。

5)气溶胶粒子在大气化学过程中的作用

固态粒子能够吸附大气中的微量气体,液态粒子能溶解微量气体,它们起化学反应后生成新的微粒。例如,燃烧排出的 NO、$NO_2$ 和 $SO_2$ 气体在紫外线辐射的照射下会氧化,遇水滴或在高温的情况下生成硝酸、亚硝酸、硫酸及各种盐类。若大气处在逆温稳定状态,对流很弱,大量的有毒物质悬浮在空中,还会造成严重的大气污染事件。

2. 降水形成的基本条件

云是由于潮湿空气的上升以及随后的绝热膨胀冷却形成的。而膨胀则是气压随高度的升高不断降低的缘故。膨胀冷却的结果是,随着相对湿度升高,空气中的水汽达到饱和,进一步的冷却产生了过饱和水汽,而这些过剩的水汽就凝结在大量悬浮于空气中的某些微小粒子上,这样就形成了由很多小水滴组成的云。

大滴的形成是产生降雨的必经环节。云粒子必须有很大的增长,才能获得足够的下落速度降落出云体,且在云下未饱和空气的降落过程中未被完全蒸发,最后成为固态或(和)液态降水粒子(如雨滴、冰粒、雪花等)落到地面。

(1)云与降水形成的微物理条件

从单一水汽相态中产生液相水滴或固相冰晶的过程,并不是由水汽连续转变而来的,而是先在水汽中产生水滴胚胎或冰晶胚胎,在适宜条件下胚胎长大形成水滴和冰晶。这种生成初始水滴胚胎和冰晶胚胎的水成物相变过程(水汽凝结形成水滴,水滴冻结形成冰晶和水汽凝华形成冰晶)称为核化。核化分成两类:即同质核化和异质核化。

同质核化是指单一相态中部分分子组成以聚集方式出现的纯新相胚胎。在没有其他物质参与下,水滴或冰晶胚胎仅靠水汽分子随机碰撞聚集形成,要求大气中水汽含量必须有很高的过饱和度,其相对湿度远超过 100%,若在纯净大气中,水汽必须达到百分之几百的过饱和度才能凝结成水滴。然而在成云的实际过程中,水汽过饱和度一般都在 1%以下,甚至有时水汽还没有达到过饱和度就成云了,这是因为不含杂质颗粒物的纯净大气是不存在的,因此纯净大气同质核化过程除在实验室可以发生外,在实际大气条件下的同质核化过程几乎不可能发生。

异质核化指有其他物质参与的核化过程,此时大气中外来物质充当着为凝结预先准备好的凝聚核,由于凝聚核的存在有效阻止了大气中水汽很大过饱和度的出现的同时,也促进了水的新相产生,并为新相的形成提供基底。悬浮于大气中的某些气溶胶粒子可以作为这种基底的大气凝结核。因此,凝结核的存在是大气中发生凝结的一个必要条件,而对于大气中过冷却水滴的冻结来说冰核则起着很重要的作用。所以凝结核和冰核是云与降水形成的最基本微物理条件。

1)云凝结核

在实际大气中可能达到过饱和条件下,水汽能在其上凝结成云滴或雾滴的微粒称之为云凝结核(CCN)。云凝结核是大气凝结核中吸湿性较强且尺度较大的一种。大气凝结核按尺度大小可分为爱根核(0.001～0.1 μm)、大核(0.1～1 μm)和巨核(>1 μm),而对云形成起作用的核主要是部分爱根核和大核(图 2-22)。而巨核在大气中含量很低,但它可形成大的云滴,对降水的产生起重要作用(邓北胜 等,2011)。

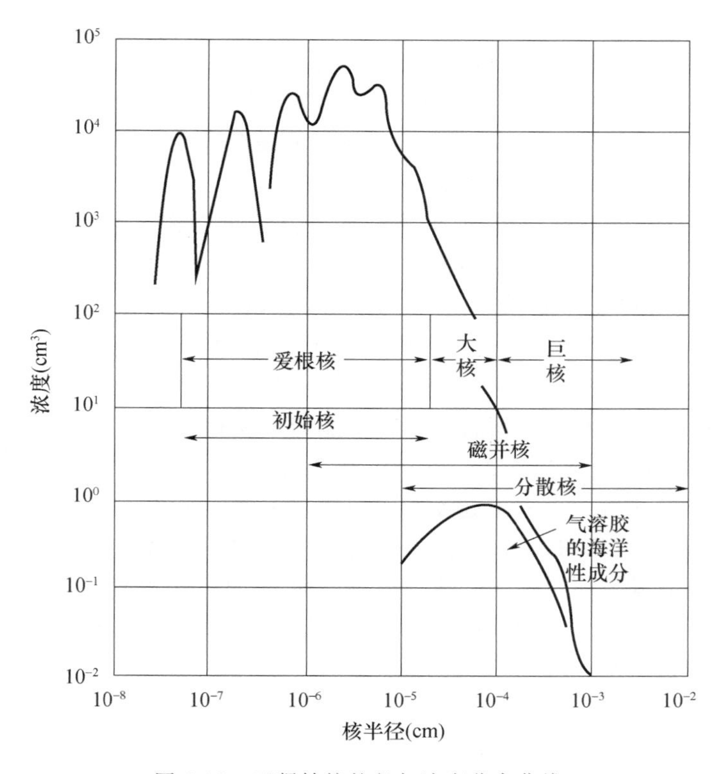


图 2-22　云凝结核粒径与浓度分布曲线

因为有云凝结核存在的条件下,水汽凝结所需的过饱和度显著降低,而且凝结核的尺度越大,凝结所需的过饱和度越小。所以云凝结核在云与降水形成过程中是必不可少的。

云凝结核由固态物质、溶液滴或两者的混合物组成,其化学成分比较复杂。一般凝结核有两种,一种是不溶于水但表面能为水所湿润的亲水性物质的大粒子,它能吸附水汽在其表面形成一层水膜,形成尺度较大的纯水滴,其凝结时所需相对湿度都要超过 100%,即要达到饱和条件才能凝结生成液滴胚胎;另一种是含有可溶性盐的气溶胶微粒,它能吸收水汽而成为盐溶液滴,属于吸湿性核,其凝结核所需的过饱和度比第一种小得多,一般在相对湿度小于 100%时就能形成溶液滴。

大气中云凝结核浓度时、空分布因地、因时差异比较大,如在海洋性气团中,其浓度为 $10^1$～$10^2$ 个/cm³,约比大陆性气团低一个量级,而在同一地区,凝结核浓度随高度的升高一般很快降低。另外,水汽在不同性质、不同尺度的凝结核上凝结所需的过饱和度差别也很大,并且云凝结核浓度与水汽过饱和度存在密切的关系,水汽过饱和度越大,云凝结核的浓度也越大。这是因为过饱和度增大以后,在原来不能起凝结作用的某些微粒上,水汽也能凝结,即某些微粒发生了凝结核的活化现象。

一般云凝结核的主要来源有三种:一是燃烧时排放到空气中的各种无机盐烟尘;二是燃烧过程中或工业生产中排放的硫氧化物和氮氧化物气体,与大气中其他物质化合而成的可溶性微粒；三是尘和海水飞沫进入大气的海盐微粒。

一般说来，大气中并不缺乏云凝结核，只要水汽接近或超过饱和状态，就可以形成云（雾）滴，而云凝结核的浓度，对形成的云滴的大小和浓度有着十分重要的作用，因此云凝结核的浓度对云与降水形成的微物理过程具有重要影响。

2）冰核

冰核是能使大气中的过冷水滴在其上冻结，或能使大气中的水汽在其上凝华而成冰晶的悬浮微粒。根据冰晶生长的方式不同，有冻结核和凝华核两类。纯净的小水滴必须在 0 ℃以下才能冻结，甚至在－40 ℃的条件下也可能仍然不能完全冻结。而大气冰核的存在可以大大提高成冰的温度，使云中成冰的机会增多。

大气冰核主要是不可溶的粒子，有的也包含一部分可溶物。实验证明，土壤和沙子的微粒有较高的成冰能力，即这说明大气冰核的主要成分是土壤和灰尘，乃至煤烟矿尘。除自然界很多岩石、土壤的粒子都能在－20～－25 ℃起冰核的作用外，燃烧和工业生产过程中也会排出成冰能力较高的微粒，而这些人类活动形成的微粒造成局地大气中的冰核浓度显著增大。

在给定温度下，单位体积空气所含的微粒中能起成冰核作用的冰核数目（冰核浓度）随温度的降低按指数律增加。一般在－20 ℃时，每升空气中约有一个冰核，而温度每下降 4 ℃，其浓度约增大 10 倍。这是因为原来不起冰核作用的许多微粒在降温之后也能起冰核作用，即这些微粒发生了冰核的活化现象。另外，大气中的冰核浓度不仅有很大的日际变化，其时、空分布差异也比较大，而且随气团性质不同或地域不同而异。因此，冰核的存在是大气中冰晶生成的重要条件，它不仅影响了大气中冰晶的形成，而且还影响到降水过程。

大气中经常出现过冷云这一客观事实表明，大气中有效的冰核常常是不足的，因此人工影响降水方法中很重要的一个技术就是向云中引入人工冰核。

（2）云与降水形成的宏观条件

水汽形成云雾涉及重要的大气热力学过程。水汽由未饱和达到饱和而生成云雾通常有两条途径：一是增加空气中的水汽，即增湿；二是降温。其中以降温最为重要。大气中有多种降温过程，如：空气绝热上升运动、辐射冷却和湍流热传导等。其中又以垂直上升运动对云的形成最为重要。一般说来，云主要是靠潮湿空气在上升运动过程中绝热膨胀降温达到饱和而生成的，因此，大气中充足的水汽和上升气流是云与降水形成的两个必要条件。

控制云生成的上升运动有大范围辐合抬升、不稳定层结下的对流运动、地形抬升、锋面抬升以及波动、湍流运动等（图 2-23）。

不同的上升运动形式，往往形成不同的云型。在气旋、槽、风速切变线及气旋性弯曲的天气系统里，常有规则的上升气流存在。这种气流具有范围大，一般水平常延伸几百到千余千米，垂直方向占有大部分或整个对流层；其持续时间从几小时到几十小时，虽然这种上升气流的升速不算大（每秒仅几到二三十厘米），但也会有较大的向上位移和相应的降温。当空气湿度较高时，就会有大片云层形成（图 2-24）。

在合适的天气条件下，如局地有深厚的不稳定层结或由地面加热而形成的低层不稳定，若有启动或触发机制造成空气抬升，就容易发展成对流云。其中，触发机制可以是动力的，也可以是热力的。气流的辐合，锋面或地形对气流的抬升，都属于触发对流的动力原因。暖湿气流被山地抬升，能生成地形云。若大气本身处于不稳定状态，则可触发生成对流云，因而山地及热性质不均匀的下垫面常常是对流云产生的发源地。

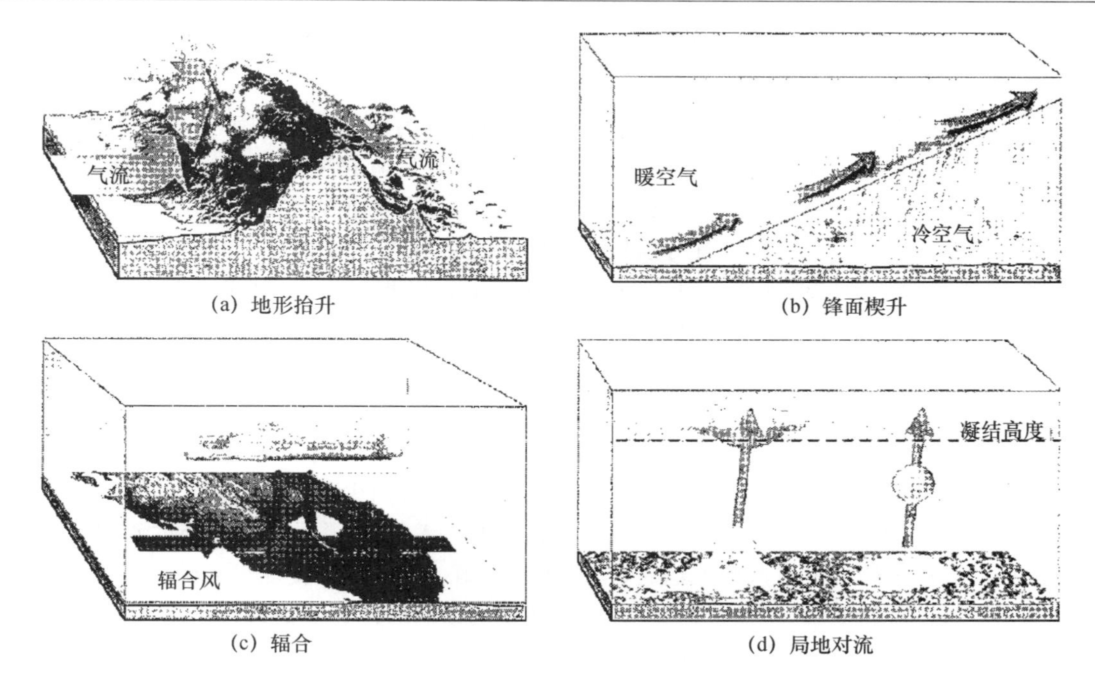


(a) 地形抬升　(b) 锋面楔升

(c) 辐合　(d) 局地对流

图 2-23　常见的几种典型的上升运动

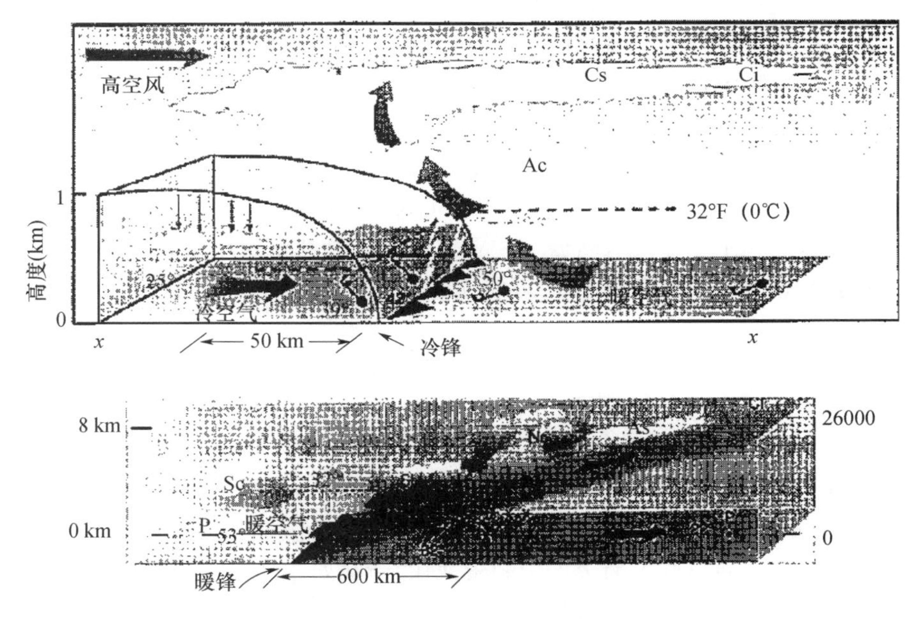


图 2-24　冷锋和暖锋云系的垂直剖面

在大气边界层中，湍流运动可以使热量、动量和水汽等属性重新分布，水汽的分布将趋于均匀，温度层结将趋于中性。若地面水汽比较充足，由湍流向上输送的水汽可在低空逆温层以下积累，从而逐渐达到饱和而生成层云。这种过程若发生在近地面层，加上辐射降温，可在地面生成雾。

云雾一旦形成，凝结与并合的微物理过程就开始改变云雾滴谱，并产生降水。水汽的多少是降水多少的首要条件，也是影响陆地水资源最活跃、最易变、最值得关注的环节之一。在其迁移输送过程中，水汽的含量、运动方向与路线，以及输送强度等随时会发生改变，从而也对沿途的降水产生重大影响。

水汽输送通常用水汽通量和水汽通量散度来描述，分为水平输送和垂直输送两种。前者主要把海洋上的水汽带到陆地，是水汽输送的主要形式。后者是由空气的上升运动把低层的水汽输送到高空，是成云致雨和影响云降水形成和发展过程的重要环节，也是影响当地天气过程和气候的重要原因。水汽输送具有强烈的地区性特点和季节变化，主要集中于对流层的下半部，其中最大输送量出现在近地面层的 900—850 hPa 高度，由此向上或向下水汽输送量均迅速减小，到 500 hPa 以上高度处，水汽输送量已很小，甚至可以忽略不计。在水汽输送过程中，还同时伴随有动量和热量的转移。

各地空中的水汽含量、水汽来源和垂直运动差异很大，导致降水量的大小也有很大的变化。如果某地水汽来源充足，而且造成降水的天气系统（如锋面、台风等）特别活跃，就易于造成较强的连续性降水；相反，某地不具备降水条件，就会长时间少雨或无雨。

另外，云降水的形成会受到云中空气运动的强烈影响，即除了要求有充沛的水汽外，还必须具备垂直运动条件可将水汽向上输送，使之成云致雨。空气运动支配着云的尺度、含水量以及持续时间，它不仅影响这些过程的速率，而且还影响云滴所能达到的最大尺度。如果降水已经形成，空气运动又决定着降水的分布、强度和持续时间，同时降水粒子的相态和浓度变化引起降水粒子群的增长和蒸发，因此降水粒子的相态和浓度变化起着热汇和热源的作用，反过来又能强烈地影响空气运动。云滴增长与冻结时潜热的释放，为云提供了额外的浮力，促进并维持云滴的增长，直到由于与周围干空气混合或降水粒子的累积而破坏了上升气流，以及由于降水粒子蒸发吸收热量降温形成下沉气流为止。

3. 云雾降水形成的微物理过程

云雾降水形成过程是一个极其复杂的微物理过程（图 2-25）。云滴和冰晶不能由原来的相态连续演变过来，而是首先需要凝结核在母相中生成新相的胚胎，然后这些胚胎在适宜的条件下再长大成新相态的粒子。一般自然云雾主要是通过云凝结核或冰核参与的异质核化过程形成，只有高空的卷云、卷层云和卷积云才可能通过高空 −40 ℃以下的极端低温条件下通过小水滴同质核化冻结形成。

云雾滴和冰晶生成后，只要空气中的水汽含量维持一定程度的过饱和状态，即只要大气中实际水汽压（$e$）大于同温度大气中的饱和水汽压（$E$），云雾滴和冰晶就可通过分子扩散产生凝结或凝华而增长。

由于自然界云凝结核含量甚高，一旦形成云，云中的平均饱和比较低，饱和比（$S=e/E$）一般介于 1.001～1.01，因此云滴的凝结增长相当缓慢。但在冰晶、水滴共存的云中，由于冰晶表面的饱和水汽压小于同温度下的水面饱和水汽压，故相对于冰晶来说其饱和度较高，且随着温度进一步降低，冰面的过饱和度接近于线性增大，因此冰晶和水滴共存的云中，冰晶能通过水汽扩散而迅速凝华增长，即使水汽供应不足，也可以通过水滴蒸发提供新的水汽供应，促进云中共存的过冷却水滴转化为较大的冰晶，甚至能直接形成可降落至地面的雪晶。

冰晶和水滴共存条件下，水面和同温度下的冰面饱和水汽压差的最大值出现在 −12 ℃附近（图 2-26）。但由于相变释放潜热的加热效应，尤其是在高空的云中，空气密度小，加热升温效应比较明显，因此，为使冰晶表面的实际温度仍维持在 −12 ℃，必须使环境温度进一步降低，而且气压愈低，为维持最大饱和水汽压差，降温应愈厉害。这一规律在人工催化增加雨、雪的作业中考虑最佳催化温度时具有重要的科学意义。

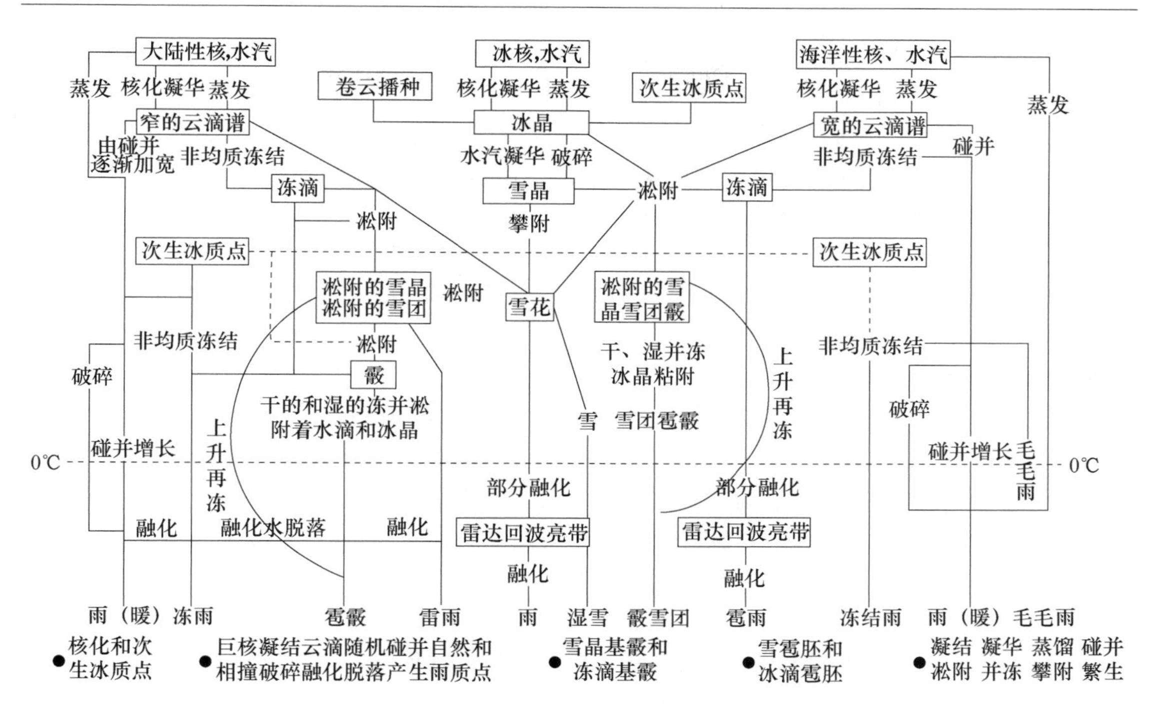


图 2-25　云和降水粒子间复杂的微物理过程

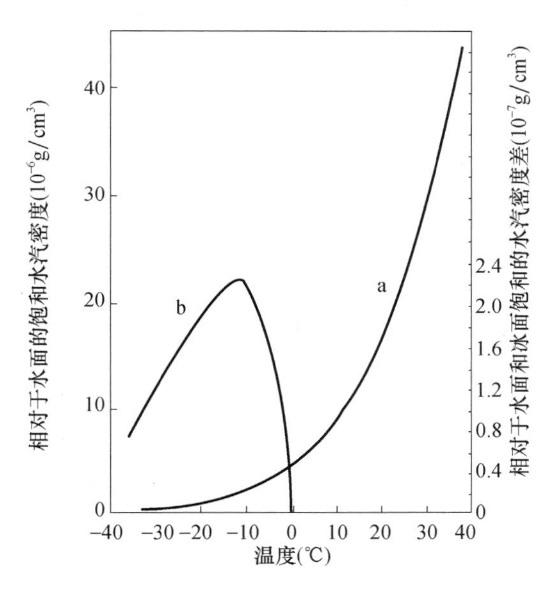


图 2-26　水面和冰面的饱和水汽密度与温度的关系

（a—相对于水面，b—相对于水面和冰面）

在云的生命期内，虽然云滴尺度谱的凝结增长不易形成大云滴，但由于云滴之间在云中湍流作用下发生相对运动，致云滴之间的碰撞和合并而引起云滴的不连续增长，即云滴的碰并增长形成大云滴，甚至雨滴。而云滴的碰并增长是暖云降水的主要形成机制；冷云中冰晶重力、气流或(和)湍流的作用下与过冷却云滴碰冻产生淞附形成霰，淞附现象在冷云降水中也具有重要作用；同理，冰晶之间的碰并聚集可形成雪花。

一旦进入降水发展阶段，则大雨滴的来源主要由云中雨滴的碰并破碎和变形破碎两种途径的繁生机制来提供，它是降水质粒数浓度增长的主要机制。云滴碰并增长成雨滴，雨滴碰并云滴增长和破碎繁生相配合，形成了暖云的降水机制。

冷云降水机制主要通过混合相云中的冰-水转化的贝吉龙过程和冰晶的凇附、聚集增长来实现。对云底属暖性的深厚对流云来说，云滴碰并形成的小雨滴的碰撞冰晶冻结，随后凇附形成霰，最后形成降水，是冷云降水的另一种机制。

(1)暖云降水形成过程

大气中存在着各种云凝结核，为水汽凝结成云滴提供了基础条件。湿空气上升膨胀冷却，其水汽达到饱和，并在一些吸湿性强的云凝结核上凝结而成初始云滴的凝结核化过程即暖云形成过程。

随着凝结水量的增加，溶液滴的浓度越来越小，所要求的饱和水汽压也越高。但是，随着凝结水量的增加，溶液滴的尺度也随着增大，所要求的饱和水汽压又随尺度增大而降低。因此，不同浓度和不同尺度的溶液滴要求的饱和水汽压各不相同，当环境水汽压大于相应的临界值时，溶液滴即可继续增长，随着尺度的增大，溶液滴渐趋纯水滴，这时溶液滴的饱和水汽压也转而下降。如，一个含千亿分之一克食盐的微粒，其环境的相对湿度只有略大于100%，即可成为凝结核而生成云滴。

云中空气上升而膨胀冷却时，水汽不断凝结。在凝结过程中，云滴半径的增长速度和云中水汽的过饱和度成正比，与云滴本身的大小成反比。所以在确定的水汽条件下，云滴凝结增长越来越慢。如，在0.05%的过饱和条件下，一个由质量为十亿分之一克食盐生成的初始云滴从半径为0.75 μm增长到1 μm的过程，仅需0.15 s、增长到10 μm仅需30 min、但增长到30 μm则需4 h以上。虽然水汽在少数大吸湿核上凝结之后，可产生大的云滴，但如果要它继续增长到半径为100 μm的毛毛雨，就需要更长的时间，而积云生命周期一般为1 h左右。因此，仅依靠云中空气上升而膨胀冷却的水汽凝结形成雨滴几乎不可能；而在层状云中，气流上升的速度很小，一般只有几厘米每秒，当大云滴在不断下落的过程中，还来不及长成雨滴，就会越出云底而蒸发掉。因此，在实际大气中，单独依靠水汽凝结是不能产生雨滴形成降水的。

云中云滴相互碰撞并合而形成更大云滴的云滴碰并增长过程是形成降水的主要过程(图2-27)。在重力场中下降的云滴，半径大的速度较快，可追赶上小云滴而发生碰撞并合形成重力碰并增长。但半径不同的云滴相互接近时，由于小滴会随着被大滴排开的空气流而绕过大滴，所以在大滴下落的路途中，只有一部分小滴能和大滴相碰。相碰的云滴也只有一部分能够合并，其他则反弹开来。因此，能够有效碰并系数主要由大小云滴的半径所决定，其值小于1。并且大云滴穿过小云滴组成的云体时，其半径在碰并过程中的增长率与碰并系数、大小云滴之间的相对速度、小滴的含水量均成正比，大云滴的半径越大，碰并增长得就越快。

在实际大气中，云滴间的碰撞是一种随机过程。云中一部分大云滴碰并小云滴的机会比平均情况大，所以长得特别快；而其他云滴的碰并速度则比平均情况慢。由于雨滴的浓度只有大云滴的千分之一左右，所以只需要考虑那些长得最快的少数大云滴长成雨滴的过程。由少数大云滴随机碰并增长理论得到的雨滴生成时间，比水汽凝结连续增长的时间大大缩短，与实际情况更加接近。此外，云滴在湍流、电场作用下的云滴相互接近而发生碰并增长，对小云滴的增长成为大云滴具有非常重要的意义。由液态水构成的云体，若有足够的厚度、足够的上升气流速度和液态含水量，其大云滴就可以在碰并增长过程中长大为雨滴形成暖云降水。

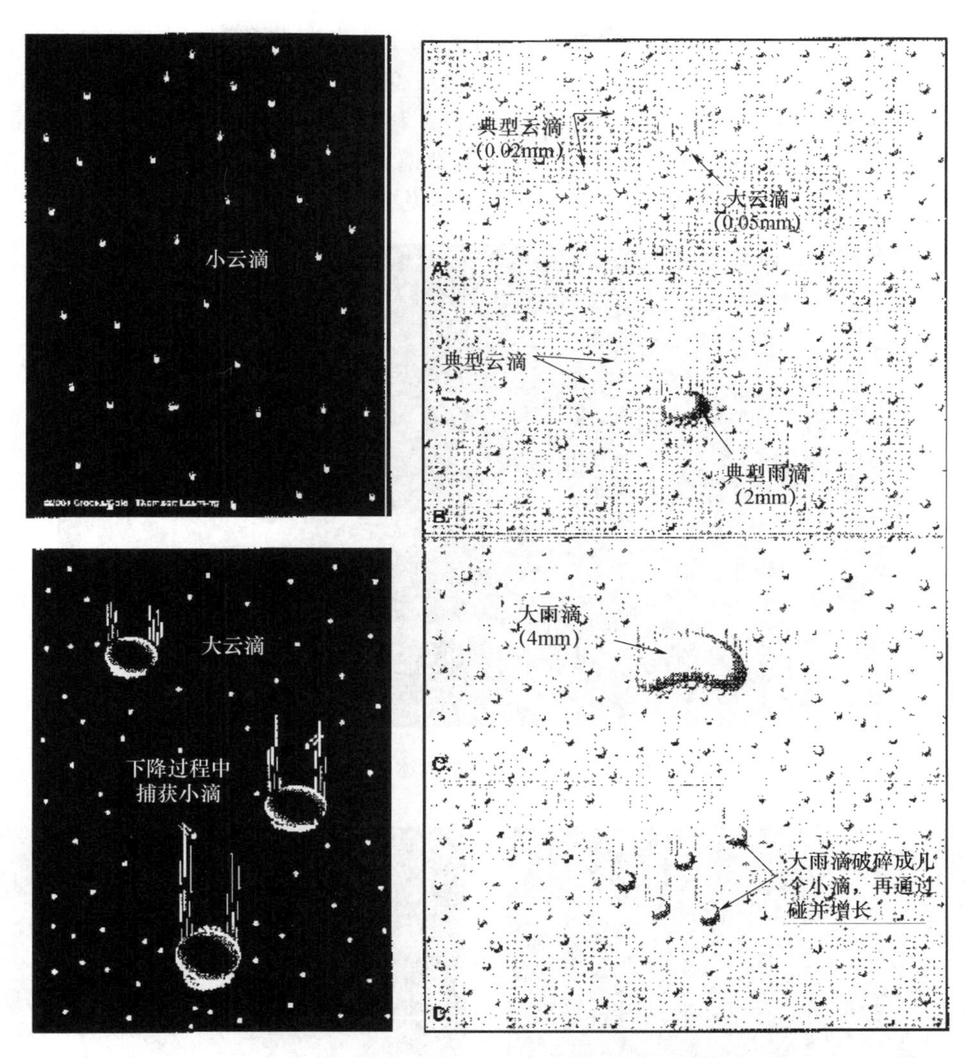


图 2-27　暖云中重要的云滴碰并过程(左)、雨滴破碎过程(右)

(2)冷云降水形成过程

在没有冰核(IN)的过冷水中，水由气态或液态转化为固态冰相过程是水分子自发聚集而向冰状结构转化的过程。聚集在一起的水分子簇，由于分子热运动起伏(脉动)的结果，不断形成和消失。分子簇出现的概率随温度的降低而增大。当分子簇的大小超过某临界值时，就能继续增大而形成初始冰晶胚胎。直径为几微米的纯净水滴，只有在温度低于－40 ℃时才会自发冻结；但当过冷水中存在冰核时，在杂质表面力场的作用下，分子簇更容易形成冰晶胚胎(图2-28)。因此自然云中冰晶的生成，主要依赖于冰核的存在。

在－20 ℃时，每升空气中约有一个冰核，仅为同体积中云凝结核浓度的几十万分之一。显然云中冰晶的浓度一般远远小于水滴的浓度。但在同一 0 ℃以下温度时，冰面的饱和水汽压比水面的小，故相对于水面饱和的环境水汽压而言，冰面的水汽压就是过饱和的，所以在温度低于 0 ℃的过冷云中，一旦出现冰晶，就可以迅速凝华增长。这一“凝华增长”现象被科学家贝吉龙在 19 世纪 30 年代对雨形成的研究过程中发现，并提出了“贝吉龙过程”的降雨学说，即在低于 0 ℃的云中，有大量的过冷水滴存在，冰晶的出现，就破坏了云中相态结构的稳定状态；

云中水汽压处于冰面和水面饱和值之间，水汽在冰面上不断凝华的同时，水滴却不断蒸发；冰晶通过水汽的凝华而使冰晶长大，而水滴会不断蒸发变小或消失，形成冰晶夺取水滴的水分和原来云中水汽的冰水转化过程，有利于降雨的形成。科学家芬德森于 1939 年通过大量的降水云观测资料分析研究证明了“贝吉龙过程”的降雨学说成立的客观事实。因此，人们将贝“吉龙过程”的降雨学说也称为贝吉龙-芬德森冷云降水学说(图 2-29)。

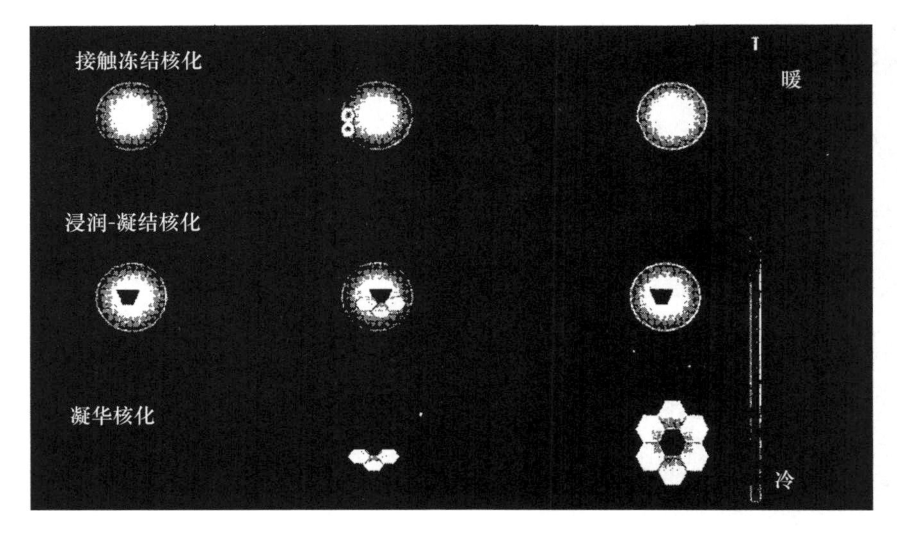


图 2-28　几种主要的成冰核化过程

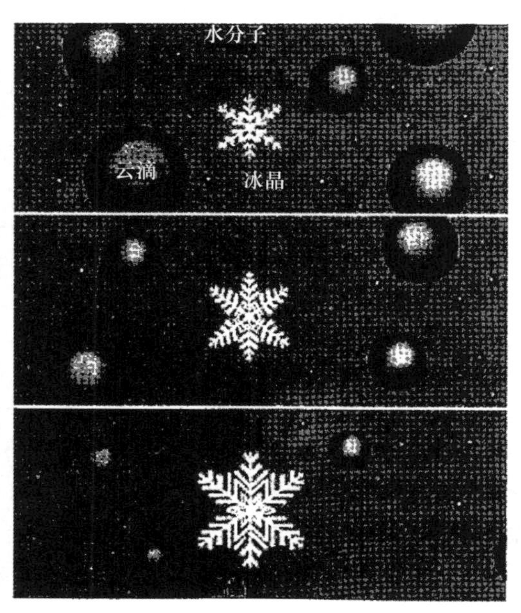


图 2-29　冷云中贝吉龙过程示意图

过冷水滴一方面蒸发，水汽向冰晶转移，使冰晶变大；一方面又和雪晶碰撞而冻结，使雪晶进一步增大。如果参加碰撞而冻结的过冷水滴很多，雪晶就会转化为球状的雪粒。雪晶还可能在运动中相互粘连成雪团而下降。这些固体降水粒子，在落到地面之前未融化者，就是雪霰等固体降水；落到温度高于 0 ℃的暖区时，就会融化成雨滴。冰晶浓度在很多场合下高于环境的冰核浓度，这说明参与冰晶过程的冰晶，不仅从冰核作用过程中生成，而且当霰等固体降水粒子在−5 ℃左右和直径大于24 μm的过冷水滴碰撞冻结时，会产生小的次生冰晶，当松脆的枝状冰晶碎裂时也可能产生一些碎冰粒，从而发生一系列的次生冰晶繁生，为冷云降水形成提供更多的冰晶。

在中纬度地区，形成大范围持续降水的层状云往往比较深厚，云顶常在0 ℃层以上，导致云体上部低温区有大量冰核活化，形成云中冰晶发源地，而冰晶变大之后降落到云体的中部，并与那里的大量过冷水滴发生冰晶繁生过程，吸收过冷水滴水分促进冰晶继续生长，冰晶长大形成雪晶和雪团，雪晶和雪团落入云体下部0 ℃以上的暖云区中，就融化成为雨滴。

4. 人工影响天气的观测

云是人工影响天气催化作业的主要对象，了解不同云的宏、微观结构及其演变规律，对准确识别作业条件、有效捕获可播云区、科学实施人工播云催化尤为重要。因此，人工影响天气对探测具有更加精细的要求，特别是对云的观测要求，不仅需要利用常规气象观测装备获取天气尺度的气象信息，而且还需要能够间接或直接观测云和降水微物理特征来获取更精细的云和降水的特征参量，才能根据云和降水的形成、发展变化规律，施加人工影响，以便取得实际效果。

人工影响天气各种地基、天基、空基探测手段和所使用的仪器主要服务于三个目标：一是探测自然的云降水过程基本特征，深入了解云降水过程的各种尺度、各种物理机制，可为建立相应的云和降水数值模式提供观测基础；二是探测人工影响天气最适宜的气象条件，为人工影响天气实施取得最佳效果提供决策依据；三是探测施加人工影响后的云降水动力学和微物理学响应变量的基本特征，进而对人工影响天气作业效果做检验和评估。为此，下面重点介绍一些重要的云和降水物理探测技术。

(1)地基观测

1)大气水汽监测

① 直接测量

地面气象站湿度的测量是最直接反映水汽的一种手段。主要有两种方式：一是地面自动气象观测站使用湿敏电容传感器测量湿度，用来了解地面连续的湿度变化情况；二是通过无线电探空方法获取湿度垂直分布资料。

——地面自动气象观测站。大量布设的地面自动气象观测站是我国综合气象观测系统的重要组成部分，具有获取资料准确度高、时间和空间分辨率高，尤其能获取无人空白区域资料的特点，使我国地面观测网对天气系统特别是中小尺度系统和灾害性天气系统的监测能力大幅度增强。自动观测系统的布网应用，为提高天气预报的准确度和精细化水平提供了重要的资料基础，并且大幅度提高了对灾害性天气的预警能力和人工影响天气的减灾、防灾能力。

——无线电探空监测。通过无线电探空仪将直接感应的气象要素值转换为无线电信号，不断地向地面接收站发送。地面接收机将信号收录、解调、转换和处理成空中各个高度上的温、湿、压探测资料和通过跟踪无线电探空仪位置变化计算获得空中各个高度上的风向、风速资料。目前通过无线电探空方法监测大气水汽仍然是获取大气湿度垂直分布资料最主要的一种途径，已经成为其他高空探测大气水汽手段的一个基准。主要是无线电探空方法监测的大气水汽资料具有较高的精度和分辨率，并且长期以来它已经形成了一个比较严密的全球探测网，使各个地区、各个国家无线电探空方法监测大气水汽的资料具有一定的可比性。

② 地基遥感测量

由于目前常规无线电探空每天仅2次观测，台站密度及其探测精度均不能满足对水汽时间、空间多变性的监测要求。因此，迫切需要开展地基遥感测量大气水汽，目前主要有两种方式：一是地基微波辐射计遥感测量大气水汽；二是地球定位系统(GPS)遥感测量大气水汽。

——地基微波辐射计。微波辐射计能够提供依靠所测亮温反演扫描方向积分水汽总量和积分液水总量的手段，并且地基微波辐射计可不受低的中等覆盖云量的影响。如美国Radiometries公司的12通道TP/WVP3000微波辐射计，可测得从地面到高空10 km的温度、水汽以及液态水的垂直廓线，并且可每分钟采样一次数据。其内置的气象传感器还可以测量地面气温、相对湿度、大气压以及识别是否有降水。为了提高水汽和云水的测量精度，该仪器还使用了对准天顶的红外温度计测量云底温度。

但是地基微波辐射计在云量较多时同样受到影响，并且降水发生时下落雨滴对于辐射的影响以及雨滴打湿仪器天线的影响使得微波辐射计的遥感测量大气水汽资料使用受到一定条件的限制。

——地基GPS遥感测量技术。GPS能够通过测量GPS卫星信号在大气中的延迟量来反演大气中的水汽信息。连续运行的GPS接收机具有全天候的遥测能力，可以每15 min计算一组大气水汽总量值，可提供高时间分辨率的大气水汽变化信息。GPS遥感得到的水汽总量可以补充常规探空资料时间和空间密度上的不足，与微波辐射计相比又具有维护简单、不受降水和云影响等优势。

2)云凝结核和冰核测量

① 云凝结核测量

云凝结核(CCN)是决定云滴数浓度和平均尺度的重要大气背景参数。目前北京、河北和山西等省、市引进的美国DMT(Droplet Measurement Technologies)公司生产的CCN仪，可为研究成云致雨过程的物理机制，气溶胶、云凝结核与云和降水的相互作用，提高数值天气预报水平提供关键的、有益的基础观测资料。下面以DMT公司的CCN仪为例，做简单介绍。

DMT公司的CCN仪核心部分是一个高50 cm、内径2.3 cm的圆柱形连续气流纵向热梯度云室。云室上、中、下部分别安放了热敏元件(RTD)以精确测量温度，通过上、中、下部的3组热电制冷器(TEC)分别控制上、中、下部的温度，使云室温度上低下高，形成一定的温度梯度。云室内壁维持一定量的水流以保持湿润。由于从云室内壁向云室内部的水汽扩散比热扩散快，因而在云室的垂直中心线区域达到最大的过饱和度。环境空气进入仪器后被分为采样气流和鞘流两部分。经过过滤和加湿，没有气溶胶粒子的流环绕在采样气流周围进入云室，可以把采样粒子限制在云室垂直中心线区域。采样粒子在设定的过饱和度下活化生长，活化后的粒子进入云室下面的光学粒子计数器(OPC)腔体。OPC内照射激光的波长为660 nm，通过粒子侧向散射计算得到活化的CCN粒子尺度和个数(探测的最小粒子直径0.75 $\mu$m)。该仪器还内置了一套计算机系统并配备了触摸式显示屏，可以实时处理、记录和显示各种数据。使用LabView编程的操作软件在内嵌式Windows XP下运行，可以方便地设置过饱和度等有关物理量并对仪器参数进行动态监测。通过RS232串口可以把数据传输到其他计算机，还可以通过USB接口连接其他存储设备。

利用已知粒子分布的多分散$(NH_4)_2SO_4$气溶胶对该仪器进行检验，在云室总气流率为500 $cm^3$/min和温差为5 ℃下(过饱和度$S=0.26\%$)测量得到的CCN浓度与预计值非常一致，两者达到了1：1的关系($r^2=0.81$，$n=26$)。Roberts等在2004年使用DMT公司CCN

仪与安装在同一架 King Air 飞机上的美国怀俄明大学静力热梯度 CCN 仪(采样时间间隔 40 s)进行了水平飞行对比观测(过饱和度 $S=0.2\%$)。结果表明,两种仪器的观测结果比较一致,最佳拟合直线的斜率为 1.055($r^2=0.673$)。

DMT 公司 CCN 仪在飞机和地面均可以使用,设置过饱和度 S 范围为 0.1%～2.0%。可以设置单一过饱和度进行连续测量,也可以设置最多 5 个不同过饱和度进行连续循环测量,计数频率为 1 Hz。

② 冰核测量

冷云增雨过程主要是对冷云或混合云播撒成冰催化剂产生冰晶来激发或加速降水形成过程。自然云中冰晶不足是这种催化的先决条件。云中原生冰晶主要是在大气冰核上形成的,明确当时大气冰核的浓度及其随温度的活化情况,对了解自然降水过程和成冰催化增雨潜力具有重要意义。下面以 Bigg 型冰核计数器为例,作简单介绍。

1957 年,Bigg 首先提出了利用快速膨胀云室(也称 Bigg 型冰核计数器)测量大气冰核浓度。Bigg 型冰核计数器主体为一个活塞式的混合型冷云室,采用制冷机通过蒸发盘制冷,云室有效测量体积为 3.05 L。向云室中通汽造雾可模拟不同温度下自然云中冰核的活化条件。云室的底部是过冷糖液盘,糖盘直径 10 cm,置于盛满阻冻剂的托盘上,糖液中糖与水的质量比 1∶1,糖液温度维持在－12～－15 ℃。活化的小冰晶掉入糖溶液中会吸取溶液中的水分增长为可见冰晶,为防止结霜掉下来的小碎屑产生虚假的冰核计数,云室内壁涂抹上甘油。观测时先将云室上抬再下压以抽取空气样,通过对流混合而达到预定温度后由云室顶部通入水汽,形成过冷雾,可维持 2～3 min,云室空气中的冰核在过冷雾条件下活化形成小冰晶落入糖盘,长大到可目测尺度后读数,经计算可得到冰核浓度。在不同温度下进行测量可以得到冰核的温度谱。

Bigg 型冰核计数器的核化条件比较接近云中的实际核化条件,且操作简便,相对造价较低,但难以实现空中采样,也不能进行分机制的冰核检测,不便于云和降水物理学研究的深入开展。

为此,1963 年 Bigg 等又提出了滤膜—扩散云室法(也称滤膜法)测量大气冰核浓度。滤膜法是用抽气泵将样本空气通过滤膜进行过滤,含有冰核的大气气溶胶粒子被滞留在滤膜上,然后将采样后的滤膜送入冷云室中进行活化显示处理。滤膜法具有可将取样与活化显示处理分开、连续取样、取样地点不受限制以及捕获率高等优点,但取样体积不合理会导致体积效应带来的误差,并且处理取样滤膜时,冷却时间、浸润方法、云室高度等都会对滤膜显示的冰晶量有影响。滤膜采样—扩散云室法测量的主要是凝华核冰核,而对部分较小的冰核如冻结核因其可穿透滤膜或嵌入滤膜内无法测量,从而会造成低估。

3)云的宏观特性观测

云的形成和演变是大气中发生的错综复杂的物理过程的具体表现之一。云的形态、分布、数量及其变化都标志着大气运动的状况,并能作为天气变化的征兆。云的观测,不仅关系到航空飞行的安全,而且对天气预报以及人工影响天气有着重要的作用。与人工影响天气密切相关的云的宏观观测项目,一般包括云状、云量、云高。随着科学技术的进步,激光技术的引入,使得云高的测量更加准确与及时。下面以激光测云仪为例,做简单介绍。

激光测云仪是利用激光技术测量云底高度的一种主动式大气遥感设备。由激光发射系统、接收系统、光电转换系统、数据处理显示系统和控制系统组成。探测方式分为垂直探测和扫描探测两种。探测原理是激光器对准云底发射脉冲光束,接收来自云滴对激光产生的后向散射光；根据从发射激光脉冲到接收到回波信号的时间和激光束的仰角，计算出云底高度。如果激光光束穿透云层后，能量尚未衰减殆尽，再遇到第二层甚至第三层云时，仍可测到云滴的后向散射光信号，从而测得云的层次和厚度。激光测云仪一般都包含有微型数据处理器，实现云高探测与云高计算的自动化，也可用来研究激光束在云中的衰减情况。

4)云和降水过程的雷达探测

云和降水过程的雷达探测是利用雷达发射的电磁波束受目标物散射来测定目标物位置的主动遥感设备。自雷达问世以来，云和降水产生的干扰信号即被气象学家用来研究云和降水过程，几乎现有各种雷达都被用于大气研究。已经成为云降水物理研究、天气预报和人工影响天气领域有效的探测工具。下面以新一代天气雷达为例，做简单介绍。

新一代天气雷达目前全国布网工作已基本完成，整个雷达系统由以下3部分构成。

① 数据采集子系统(RDA)，它属于雷达的硬件。由天线与伺服系统、定时器与讯号源、发射机、接收机、讯号处理器及雷达监控部分组成。

② 产品生成子系统(RPG)，其任务包括对探测的原始数据的采集，并进行质量控制，形成文件；生成二次产品；对上述两项进行存档。承担上述任务的硬、软件包括高档微机或工作站，配备相应的开发环境及与操作系统相适应的编程器和所需的库；局域网采用开放结构，用约定的网络连接协议，使产品可送达主用户处理器子系统(PUP)，对基本产品与二次产品进行显示。

③ 主用户处理器子系统(PUP)，用于接收RPG生成的气象产品数据和状态信息并以图形方式提供给预报员做天气分析和预报使用。PUP通过单元控制台(UCP)与RPG的交互实现对整个雷达系统的控制。

新一代天气雷达可为人工影响天气作业指挥和云物理研究提供更多的信息，包括风场中尺度结构、辐合线位置等。其风场资料可为降水系统的中尺度结构分析和人工增雨作业区域选择提供更多信息，由此更容易确定上升气流区。

5)风廓线探测

风廓线仪是新一代的遥感测风系统，可以连续观测测站上空每几分钟间隔、每几十米间距的高时、空分辨率风场资料，弥补常规高空风探测时、空密度不够的缺陷。风廓线仪所探测的是大气中的不规则折射。大气由于受到机械、热力作用形成湍流，产生湍涡，使大气出现不规则折射，风廓线仪通过探测这些湍涡获得高时、空分辨率风场资料。当风廓线仪向大气层发射无线电波时，由于湍流脉动，大气折射指数产生相应的涨落会使波束的电磁信号被散射，其后向散射将产生一定功率的回波信号，风廓线仪通过接受处理这些回波信号来获取风场的信息。实际仪器设计为三波束或五波束轮流发送，测出沿各波束发射方向的径向风速，就可合成垂直运动速度、水平风向和风速。

目前，常用两个频段的风廓线仪，400 MHz和915 MHz，前者一般使用相控阵天线发出不同方向的波束，可探测到6 km以上高空，但天线体积庞大，移动困难。后者常使用分立式缝隙天线，体积小，移动方便，但探视的高度只有3～4 km。两种系统一般都可以每10 min给出一组数据，而且高度分辨率约为150 m，可以得到高时、空分辨率的风廓线资料，对研究锋面系统很有帮助。

一般风廓线仪均与声雷达探测温度系统(RASS)配合使用。RASS是用于测量温度廓线的系统，通常由4个声源组成，分布在风廓线仪天线阵的每一边并垂直向上空发射声波。其工作原理是：用高功率声源产生的声波扰动大气，使之产生折射指数起伏，并用RASS探测这种折射指数起伏，从而得到声波传播的径向速度的高度分布，再根据相对于空气介质的声速与温度的关系反演出温度廓线。风廓线仪与声雷达探测温度系统就构成了一种新型的“无球探空系统”。根据美国国家海洋与大气管理局环境技术实验室(NOAA/ETL)进行的多年对比观测研究表明，“无球探空系统”与常规无线电探空仪探测记录的均方根差约为±1 ℃。

6)地面降水观测

① 雨量观测

雨量是人工影响天气工作中最基本的观测要素。人工增雨最终效果的判定即依赖于雨量的测定。下面以翻斗式雨量计为例，做简单介绍。

目前，最常用的翻斗式雨量计是可连续记录降水量随时间变化和测量累计降水量的有线遥测仪器，分感应器和记录器两部分，其间用电缆连接。感应器用翻斗测量，它是用中间隔板隔开的两个完全对称的三角形容器，中隔板可绕水平轴转动，从而使两侧容器轮流接水，当一侧容器装满一定量雨水时(0.1 mm 或 0.2 mm)，由于重心外移而翻转，将水倒出。随着降雨持续，将使翻斗左右翻转，接触开关将翻斗翻转次数变成电信号，送到记录器，在累计计数器和自记钟上读出降水资料。

② 地面雨滴谱观测

地面雨滴谱特征量的变化能够反映降水的微物理过程。通过地面雨滴谱可计算空中雨滴谱和空中云含水量，应用于雷达反射率因子的空中分布和云水含量的空间分布计算。地面雨滴谱观测资料对于提高雷达定量估算降水的准确度也可起到非常重要的作用。下面以 OTT Parsivel 激光雨滴谱仪为例，做简单介绍。

OTT Parsivel 激光雨滴谱仪是一种现代化的以激光技术为基础的光学测量系统，可全面而可靠地测量各种类型的降水。液态降水类型粒径的测量范围为 0.2～5 mm，固态降水类型粒径测量范围为 0.2～2.5 mm；并可对速度为 0.2～20 m/s 降水粒子进行测量。可测量的降水类型有毛毛雨、小雨、中雨、大雨、雨夹雪、雪、米雪、冻雨、冰雹。

OTT Parsivel 激光雨滴谱仪主要由气象传感器单元、数据采集控制单元、数据存储单元、GPRS 通信模块、供电单元、电源和防雷单元以及观测软件等几个部分组成，具有线和无线通信传输功能。其工作原理是在一个能够发射水平光束的激光传感器中，当激光束里没有降水粒子穿过采样空间时，最大电压为接收器的输出电压；当降水粒子穿过水平光束的采样空间时，以其相应的直径遮挡部分光束，因而产生输出电压，通过电压的大小确定降水粒子的直径大小。降水粒子的下降速度则是根据电子信号持续的时间推导出来的，而电子信号的持续时间为降水粒子开始进入光速到完全离开光束所经历的时间。根据输出电压、电子信号持续的时间计算出降水滴谱、降水类型、降水动能、降水强度、雷达反射率和大气的能见度等信息。

OTT Parsivel 激光雨滴谱仪技术性能指标如下：

——降水粒径分布：32 等级粒子直径大小和 32 级别下降速度。

——粒子速度范围：0.2～20 m/s。

——天气现象数据：可区分 20 种天气现象，天气代码有 SYNOP 4680，4677，METAR/SPECI 4678 和 NWS codes 四种标准输出。

——雷达反射率：−9.9～99 dBz，±25%。

——降水类型：19 种(无降水，小雨、中雨、大雨、雨夹雪、雪、米雪、冰雹等)，毛毛雨、冰雹、雪与观测员相比符合率>97%。

——降水量精度：±5%(液态)。

——雨滴谱:谱图数据、雷达反射因子(可设置)。

——降水量:小时降水量、日降水量、过程降水量。

——雨强:降水强度,10 s~60 min 内的粒子个数(可设置)。

③ 雾滴谱观测

近年来,随着经济、交通运输的迅速发展,高速公路的雾危害日渐突出。作为拓展人工影响天气业务的一部分,开展人工消雾技术研究非常必要的。如何有效地观测雾的宏、微观结构特征,生消演变以及催化要素的响应变化,是科学实施人工消雾作业和评估消雾催化效果的前提。下面以 ZBT-LF-01 激光雾滴谱仪为例,做简单介绍。

ZBT-LF-01 激光雾滴谱仪用于实时测量 2~50 μm 雾滴滴谱分布,可对 32 等级雾滴直径大小和数量分布进行测量。并且能够直观地显示实时粒子尺寸的谱分布和统计获得各种信息参数,包括雾滴粒子的平均直径、平均体直径、数浓度、体浓度以及含水量等。主要由主机、气泵、风道筒三部分构成。而主机中包括光学发射和光学信号接收系统、电源电路、信号处理电路、皮托管气流速度测量装置等,并且主机尾部通过软管与气泵相连。

ZBT-LF-01 激光雾滴谱仪采用脉冲激光探测原理,利用粒子对激光的米散射实现对粒子大小和分布的测量。工作时,粒子在探测区域内穿过激光发生散射,散射光被引导到两个相互垂直放置的探测器中进行对比探测。根据散射功率,可以计算出粒子的大小,并实现粒子尺度分布统计。该滴谱仪以半导体激光器为光源,利用光学系统定义了一个很小的激光探测区域,经过该区域的粒子将产生前向散射,一定角度内粒子的前向散射光被收集并探测。根据米散射理论,不同大小的粒子散射功率不同,从而探测器测得的功率大小即反映了粒子尺寸。将对应的功率大小分为 32 个等级(通道),对每个通道内的粒子进行统计,即可得到不同尺度范围内粒子的谱分布。

ZBT-LF-01 激光雾滴谱仪主要技术性能指标如下:

光源类型:650 nm 激光。

测量粒子范围:2~50 μm。

粒子个数:采集 0.5~10 s 内的粒子个数(可设置)。

粒径分布:32 等级粒子直径大小和数量分布。

雾滴谱:谱分布数据、数浓度、体浓度以及含水量曲线。

气样速度:0~20 m/s。

采样速率:0.1~1 Hz 可选。

通讯方式: RS422/485 有线直连。

供电方式:交流 220 V。

功耗:不超过 600 W。

重量:不超过 15 kg(不含泵)。

环境温度:−40~50 ℃。

环境湿度:0~100%。

防冻保护:自检环境温度,微处理器控制自动加热。

可靠性:免维护,防盐雾,防尘。

安装方式:固定式,便携式。

④ 地面雹谱观测

地面雹谱观测对人工防雹作业方案制定、防雹作业范围确定以及防雹效果检验具有重要的指导意义。而测雹板可记录下落的不同尺度雹块打击的凹痕,是观测地面雹谱的常用工具。20世纪70年代末,国外采用铝箱测雹板观测地面雹谱,在泡沫板上粘贴一层厚20 cm的铝箔,使用后发现雹凹痕不太清晰、完整。20世纪80年代中期,研制了特制的测雹板取代铝箔测雹板。我国20世纪80年代末使用的测雹板材料是聚苯或氨醋,弹性偏大,但易老化,适用于直径2 cm以下的冰粒观测。为此,20世纪90年代中期又成功研究出新型测雹板材料,具有弹性小,塑性大,它可清晰地记录直径2 mm以上的冰粒在其上的印痕,对3 cm以下的雹块较其他测雹板材料在观测性能上有明显优越性。

测雹板法测量冰雹谱属于地面低速碰撞印痕取样器,其优点是设备简便,成本低,可以大量布网观测,可无人值守。缺点是不能确切知道降雹起止时间,故无从了解降雹各参数随时间的变化。资料整理时,先确定印痕的形状,然后量取痕的大小,包括不同方向,经标定曲线订正后,换算得到地面冰雹的尺度和数浓度。也可使用图像分析仪自动处理测雹板资料。

测雹板法所得雹谱资料的准确性和代表性取决于对测雹板材料的标定工作质量。从撞击变形过程的理论分析可知,凹痕的大小与落雹的动能有关。先计算不同大小雹块的质量,下落末速及其动能,由此根据同样大小的金属球的质量推算其具有同样动能时应有的撞击速度,从什么高度下落可获得这样大的速度,可由重力加速度和空气阻力计算得到,也可由实验方法确定。由于雹块末速在不同海拔高度有较大差别,每批次取样材料的特性也会有差别,实际应用中须根据取样点海拔高度、材料批次分别进行标定,以提高观测结果的可靠性。

(2)空基观测

人工影响天气的空基观测主要是利用飞机观测。下面重点介绍人工影响天气飞机观测涉及的仪器装备。

1)探测飞机

人工影响天气探测飞机应具有良好的安全性能、飞行上限高度较高、载重量较大、机舱空间较宽阔、巡航时间较长、除冰性能良好、起飞(着陆)滑行距离相对短等技术条件,以利于大范围、长时间的探测和催化作业飞行,便于装载实时监测和探测装备以及催化设备等,从而满足人工影响天气作业与科研工作的需要。目前,我国开展人工影响天气探测和催化作业较符合上述条件的机型主要有运-12、运-7、双水獭、夏延、安-26、空中国王等,其主要性能参数如表2-5所示。

**表2-5 我国人工影响天气探测和催化作业使用的部分飞机性能一览表**

| 飞机型号 | 安-26 | 运-7 | 双水獭 | 运-12 | 夏延-ⅢA | 空中国王 B200 |
|---|---|---|---|---|---|---|
| 机组人数 | 8～9 | 5 | 5 | 5 | 1～2 | 2 |
| 最大载重量(kg) | 8000 | 6900 | 1941 | 1700 | 1979 | 2014 |
| 最大起飞重量(kg) | 24000 | 21800 | 5670 | 5300 | 5080 | 5670 |
| 最大载油量(kg) | 5500 | 3950 | 1450 | 1230 | 1140 | 1653 |
| 平均耗油量(kg/h) | 1000 | 1000 | 320 | — | 152 | 236 |
| 机长(m) | 23.8 | 23.708 | 15.77 | 14.86 | 13.23 | 13.34 |
| 机高(m) | 8.57 | 8.55 | 5.94 | 5.675 | 4.5 | 4.57 |
| 翼展(m) | 29.2 | 29.2 | 19.81 | 17.235 | 14.53 | 16.61 |
| 最大升限(m) | 9200 | 8750 | 8138 | 7000 | 10925 | 10670 |
| 上升速率(m/s) | 7.5 | 7.5 | 8.1 | 8.3 | 12.1 | 12.45 |

续表

| 飞机型号 | 安-26 | 运-7 | 双水獭 | 运-12 | 夏延-ⅢA | 空中国王 B200 |
| --- | --- | --- | --- | --- | --- | --- |
| 巡航速度(km/h) | 430 | 423 | 338 | 328 | 560 | 523 |
| 续航时间(h) | 5.5 | 4.5 | 5.0 | 4.4 | 7.5 | 7.0 |
| 跑道要求(m) | 1300×30 | — | — | — | — | — |
| 起降风速(m/s) | 30～17～12 | — | — | — | — | — |
| 最大航程(km) | 2350 | 1900 | 1700 | 1440 | 4207 | 3658 |
| 起飞滑行距离(m) | — | 640 | 366 | 733 | 695 | 867 |
| 着陆滑行距离(m) | — | 650 | 320 | 629 | 928 | 536 |

2)机载常规探测装备

① 全球定位系统及其资料传输系统

GPS与无线数传电台、调制解调器等结合,形成了GPS定位及资料传输系统(简称GPS系统),近几年已被广泛应用于飞机增雨(雪)业务中。GPS系统一般具有精密授时、飞机定位、空地语言及数据资料互传、位置监测等主要功能。GPS还可进一步开发用于大气温度、水汽和风的探测。目前用于飞机增雨作业的定位精度为:高度测量误差约100～300 m,水平测距误差小于100 m。

② 飞机测温

云中温度测量具有一定的特殊性,飞机平台要在高速飞行中采样,应防止辐射和避开云粒子影响,还要考虑动力加热订正。

杨绍忠等仿制的机载铂膜测温仪,采用铂膜Pt100感温电阻作为感温元件,具有体积小(长2.5 mm,宽2.0 mm,厚0.5 mm)、比热容小、响应时间<0.1 s、以100 m/s空速能反映机后10 m处的空气温度、电阻温度系数稳定、测温线性度好等特点。为了避开太阳辐射和云水对感温元件的影响,感应元件Pt100被安装在逆流式整流罩内中心部,由于惯性,云粒子不能随逆流(相对地)进入整流罩内,从而使其感应的仅是云中空气温度。但由于感温元件与逆流空气的摩擦以及元件附近空气被压缩仍会产生动力加热,需要在风洞中或不同飞行速度下做专门订正。整个传感器被安装在飞机附面层之外适当的距离。温度转换部分的关键元器件采用了目前先进的集成电路,桥路是由温度系数为±10 ppm/℃的、精度为0.1%的并经过老化处理的线绕电阻构成。测温仪配置了专用软件,具有实时数据显示、实时曲线显示、历史曲线显示、实时相对曲线和历史数据提取以及统计等功能,可供用户选用。

③ 常规大气参数综合测量

北京和山西等地目前使用的机载AIMMIS-20探头是由加拿大Aventech公司生产、由DMT公司将其数据采集处理整合到粒子探测系统。AIMMIS-20可以探测温度、湿度、气压、GPS定位以及空速。同时该探头还能够测量三维风速,包括水平和垂直气流。对于增雨作业的大气环境(温、湿、压、风)能够进行全面的探测,为增雨飞行的实施方案提供关键的探测数据,可以根据气象参数及时调整原定增雨飞行路线等。

④ 飞机测湿

飞机探测空气湿度常用冷却镜面测露点。冷镜法是一种经典的测湿方法。让样气流经露点冷镜室的冷凝镜,通过等压制冷使样气达到饱和结露状态(冷凝镜上有液滴析出),测量冷凝镜此时的温度即是样气的露点。该方法的主要优点是精度高,尤其在采用半导体制冷和光电检测技术后，不确定度甚至可达 0.1 ℃；缺点是响应速度较慢，尤其在露点 −60 ℃以下时，平衡时间甚至达几个小时，而且此方法对样气的清洁和无腐蚀性要求较高，否则会影响光电检测结果或产生“伪结露”导致测量误差。飞机测湿露点仪主要由传感器、温控装置和冷凝层光电监测装置 3 部分组成。

⑤ 云水含量测量

20 世纪 50 年代仿热线风速仪的原理，出现了定电压式热线含水量仪，形成了商品，并以其发明者的名字命名为 J-W 热线含水量仪。由于受限于热线直径，使云中的大粒子含水量在热线上来不及全部蒸发而流失，使测量结果偏低。热线两端受夹持物影响温度降低，使整个热线温度状态不一，也使测量结果受到影响。导致 J-W 热线含水量仪仅对 $r<20\ \mu m$ 的云滴比较合适。

随着恒温型热线风速仪的出现和热线含水量仪的问世，澳大利亚 W. D. King 的设计被授权形成商品并得到广泛应用(如 PMS 公司的 King-LWC8)。其感应元件由 J-W 含水量仪的单丝改为用铜漆包线绕制成的螺线管，以增加取样面积和捕获液水在其上的停留时间。螺线管分为三段，中间一段为主感应段，长度为总长度的一半，两端为辅助段，串接后与中间主段并联在同一电压下加热，感应元件夹持物传热只使辅助段端部温度降低，而中间主段仍可保持为均一温度。主段与三个固定电阻接入平衡电桥，其桥臂的比例设置使电桥通电加热后主段的温度平衡在 175 ℃。环境状态变化或云中液滴撞击在感应元件上时，主段温度变化，平衡电桥的不平衡输出通过反馈电路调整电桥的供电电压使电桥恢复平衡，始终使感应元件主段温度保持恒定。主段消耗的功率一部分与干空气流维持热平衡，另一部分用于加热和蒸发所捕获的液水，配合环境参数的测量，由此可计算出云中液态水含量。在使用中发现，由于反馈电路的调整管所承担的功耗负荷过大而极易损坏，DMT 公司研究生产了 King-LWC-100 含水量仪，对感应元件及其测量电桥以固定电压 40 kHz 脉冲电路加热，电桥的不平衡输出通过反馈电路调整脉冲宽度，从而改变平均供电功率以保持感应元件温度恒定，克服了 King 探头的上述缺陷。同时感应元件的尺度也有所加长，以避免高含水量时的水分流失所造成的偏低误差。而且把感应元件固定在支架上，减少了 King 探头的感应元件悬空架装时因振动造成的损坏。

3)机载云微物理量测量

① 气溶胶粒子测量

气溶胶粒子对光的散射，为气溶胶粒子的数浓度和尺度的测量提供了非常有利的条件，光散射技术的优越性在于它在测量中对气溶胶的干扰最小，能实时、连续进行探测。缺点是光散射对粒子折射指数的变化、散射角以及粒子的尺度和形状比较敏感。由于检定曲线使用已知尺度和折射指数的单分散球形粒子，故在实际测量中将引起一定的测量误差。气溶胶粒子流被洁净空气鞘所包围，形成很细的束流，通过聚焦的光束，每个粒子独自受光照射并产生散射脉冲，直达光电检测器转换为电讯号。不同脉冲高度相应于不同的粒子尺度范围，脉冲数与该尺度范围内的粒子数相对应。它可迅速提供空气样本中粒子尺度分布资料。如美国粒子测量系统 PMS(Particle Measuremeng Systems)公司生产的活性腔散射粒子谱探头(ASASP-100)和前向散射粒谱探头(FSSP-100)测量尺度范围分别为 0.12 ～3.12 μm 和 0.5～8.0 μm。

② 云滴的测量

20 世纪 70 年代末期美国 Knollenberg 创立的 PMS 公司，现在其气象仪器部分分离为 Particle Metrics 公司(简称 PM)，研制出 FSSP-100 型云滴谱仪探头，以其先进的原理、自动化取样和计算数据处理技术使云物理研究开创了新纪元。下面以 FSSP-100 型云滴谱仪探头为例，做简单介绍。

FSSP-100 型云滴谱仪探头以 He-Ne 激光器作为光源。由于云粒子的尺度大于光波波长，其散射光为米散射，它的前向散射光强度远大于其他方向上的，充分利用它可提高测量灵敏度。为此在激光束前进方向取样区之后，置一光阱以吸收直射光，通过电路和光路措施设定一无障碍且光场均匀的取样区，然后用透镜收集其前向散射光并投射至光电元件上进行光强测量。云粒子的电讯号由 15 道脉冲高度分析器测量，给出粒子大小的编码讯号。为了消除激光光源强度起伏造成的影响，He-Ne 激光器的光输出经另一路光电阻件变换为电讯号，用作脉冲高度分析器的参考电压，从而最后的输出仅为散射光强与入射光强之比，消除了激光器输出起伏的影响。

FSSP-100 型云滴谱仪探头也存在自身的误差。当一个云粒子进入取样区后，仪器开始工作，直至其粒子大小的信号输出为止，每经过一道电路都有一定延时。在这段时间内仪器无法再对其他粒子进行测量，形成一段“死机”时间。当云粒子浓度较高时，就有一定数量的云粒子漏测，使测得的云滴浓度偏低，计算含水量也随之偏低。当云滴浓度较高时，还会发生重合误差，即同时有两个粒子处于取样体积内，两个粒子被视为一个大粒子，造成滴谱形状畸变。

FSSP-100 型云滴谱仪探头的量程为 0.5～47 μm，其量程又分为 4 个量程段，4 个量程段分别为 3～47 μm、2～32 μm、1～16 μm、0.5～8 μm。每一量程段分为 15 道，每道的尺度间隔分别为 3 μm、2 μm、1 μm 和 0.5 μm，量程段可自由选取，也可“自动”循环取样。随后 PMS 公司为适应较宽云滴谱的情况，生产了一种变型 FSSP-lOOER（扩展量程型）其量程为 1～95 μm，4 个量程段分别为 1～16 μm、2～32 μm、3～47 μm、5～95 μm，每道的尺度间隔分别为 1 μm、2 μm、3 μm、5 μm。

③ 降水粒子测量

20 世纪 60 年代末期，在美国国家大气研究中心工作的 Knollenberg 受光导纤维阵列扫描文字图像研究的启发，开始研究利用光导纤维阵列测量雨滴的仪器，获得成功后与人合作专门研究开发粒子测量仪器，光阵探头形成了系列产品。在 NCAR 时研制的第一台样机使用的是光导纤维线性阵列，光电元件用的是光电倍增管，以后 PMS 公司的光阵探头（OAP 系列）使用的是硅光电二极管线性阵列，取其既有足够的灵敏度，又有极快的响应速度，而且抗振动及电磁干扰能力强的特点，足以适应飞机上的测量需求。

降水粒子探头的光学工作原理是：以一平行光束投射在光电元件阵列上，当有粒子穿过光束时，其阴影将扫过光阵，如果用透镜把阴影放大或缩小，可以得到不同的分辨率，单纯计量被阴影遮挡的光电元件个数，由每个元件的尺度及被挡元件个数即可得到粒子的尺度，这种探头称为一维光阵探头。

如果以一定的频率对每个光电元件的被遮挡状态进行扫描采样，这些数据就可以用来重现粒子的二维投影图像，而且如果每一个采样周期飞机前进的距离和光电元件的尺度相等，则可得到不畸变的再现图像。这样的探头称为二维光阵探头。

二维光阵探头中，每个光电元件对应的尺度为 25 μm 左右，可用以测量几十到几百微 米的云粒子，被称为云粒子探头。目前二维云粒子探头已被 DMT 公司生产的 CASP 里的 CIP 探头代替，每个光电元件对应的尺度为 100～200 μm 者，可用以测量更大的雨滴或雪花等降水粒子，这种探头被称为降水粒子探头。光电元件被遮挡与否的量化标准取为其面积被遮挡 50%。这样一来，只有尺度足够大的粒子才给出相应的尺度或图像数据信号，而高浓度的小粒子的阴影仅构成背景噪音而不会对测量造成影响。

由于粒子阴影投影系统是一种透镜成像系统,粒子阴影的边缘部分黑度会降低,离焦的粒子其阴影黑度也会降低。当离焦距离增加到一定程度时,其中心的黑度可降低到标准线之下,从而整个粒子无信号输出。这个距离即为该尺度粒子的景深,对于较小的粒子其景深小于探头取样区的机械尺寸,因而在计算小粒子浓度时需使用各自的景深值。

随着电子技术的发展,PMS 公司推出了一种所谓二维灰度探头,即每个光电元件的遮挡状况用遮挡 0%～25%、遮挡 25%～50%、遮挡 50%～75%、遮挡超过 75%等四种灰度级别,以假色彩图示可提供额外的一些信息。

由于 PMS 探头的种种不足,1999 年美国 DMT 公司凭借最新电子技术,推出了革新系列云微物理探头,其中最主要的是云、气溶胶和降水粒子谱仪(CAPS,cloud aerosol and precipitation spectrometer )。该探头把 5 要素的探测器集合在一起,为在小型飞机安装多种探测设备提供了极大的方便。CAPS 集成了温度、空速、含水量、气溶胶和云粒子以及降水粒子探头。

气溶胶和云粒子的测量采用单个粒子散射光测量技术,气溶胶云粒子探头(CASC cloud aerosol spectrometer)使用响应速度更快的电子元器件使其设计飞行速度达到 10～200 m/s;CAS 使用"先进先出"缓存电路来消除"死机"时间,使得测量速度可以达到 250000 个/s,即在 100 m/s 的飞行速度下能够测量的浓度范围可以达到 13000 个/cm$^3$;CAS 的总量程为 0.3～50 μm,并分为两个量程段:0.3～28.5 μm,0.6～50 μm,每个量程段又分为 40 个尺度道,而且尺度道的尺度大小程控可调。CAS 不仅安装了一个前向散射探测器,还安装了一个后向散射探测器,当粒子穿过焦点时,前向散射探测器收集粒子的前向散射光(4°～12°),同时后向散射探测器收集粒子的后向散射光 (168°～176°),由此可以得出粒子的相态;CAS 的测量数据是通过 RS 232 高速串行数据线输出的,传输速率为 5.6 Mb/s。

在 CAPS 里二维云粒子图像仪器为 CIP(cloud images probe)。CIP 大大提高了信号传输速度,使其设计飞行速度达到 0～200 m/s;消除了因信号传输过载而造成的漏测,其测量浓度范围为 0～100 个/cm$^3$;CIP 的测量范围是 25～1550 μm,分辨率为 25 μm,根据需要,CIP 的测量范围可以扩展成 100～6200 μm,此时分辨率为 100 μm。PMS 系统的 2D-OAP 探头的光电元件被遮挡与否的量化标准取为光强衰减 50%,而 CIP 的光电元件被遮挡与否的量化标准取为光强衰减 70%,这样能够减小尺度的不确定性;CIP 对内部光电元件的固定更加稳定,并且使用 50 mW 的二极管激光发生器代替 OAP 探头中的 2 mW 的 He-Ne 气体激光管,增强了激光的强度,消除了 OAP 探头因飞行时的震动导致激光束在光电元件阵列上的移动而产生的错误触发。利用 64 个光电二极管组成阵列,增大了取样面积,减小了测量结果的误差;其采样频率高达 8 MHz,从而增加了它的分辨率,电子响应时间是 OAP 探头的 8 倍,消除了景深对空速的依赖。记录的每个粒子到达的时刻是当时的真实时间(时间分辨率为 0.125 μs),而不是像 OAP 探头那样仅仅记录两个粒子之间的时钟周期数,然后利用当时空速的频率再计算出时间,从而减少了漏测的情况;CIP 测量的粒子尺度数据、粒子浓度数据是通过 RS—232 高速串行数据线输出的,传输速率为 5.6 Mb/s;CIP 的图像数据是通过 RS 422 与计算机的 ISA 卡相连接的,传输速率为 4 Mb/s,为了计算含水量,在 CAPS 上另装了一套皮托管,其对温度的测量也是必不可少的。

总之,CAPS 系统集 PMS 系统中的 FSSP-100 探头、FSSP-300、2D-C 探头、KLWC5 型热线含水量仪以及温度传感器、动静压传感器于一身,大大减少了使用功率和空间,同时也减少了功率的损耗；更重要的是 PMS 系统中的各个探头是各自独立的，各个探头的取样空气气流是不相同的，而 CAPS 系统的各个部分是集合在一起的，它们的取样空气气流是相同的，并且 CIP 的测量小端与 CAS 的测量大端有很好的重叠部分，因此，CAPS 系统能够准确提供同一部分云中粒子的连续谱分布。

④ 机载微波辐射计

近几年，中国科学院大气物理研究所研制了一台单波段（波长 9.5 mm）天线对空机载微波辐射计，天线安装在飞机机身上部，对天顶。当飞机在不同高度飞行时，微波辐射计可接收到自飞机飞行高度起整层气柱中液态水的辐射亮温，经过反演，可求得整个气柱路径积分液态水含量。当飞机在云中 0 ℃层高度水平飞行时，可以给出路径积分过冷水含量。通过和其他仪器比对，反演的液态水和过冷水含量更具有科学性。这种微波辐射计可快速连续测量云中垂直方向液态水的累计含量，遥测值的大小（毫米水厚）可作为判断人工增雨（雪）作业条件的指标之一。应用微波遥感技术，可以对自然云系中的云水、雨水分布规律和云水资源条件进行研究，再结合云微结构观测雷达、地面雨量观测资料等，分析云水向雨水自然转化效率、人工增雨（雪）资源条件和人工增雨（雪）的潜力，为飞机人工增雨（雪）方案设计提供科学依据。

（3）天基观测

人工影响天气的天基观测主要是利用气象卫星观测。气象卫星主要有极轨气象卫星、静止气象卫星两类，而应用气象卫星为人工影响天气工作服务主要体现在两个方面：一是在宏观上，可监测大范围云系的生成、发展及演变趋势；二是在微观上，运用一定的通道观测资料可以反演出云的微物理特征参量，从而获得云的内部信息，了解云的立体结构。人工影响天气业务中使用较多的卫星有各国的静止卫星[如中国的风云二号静止卫星系列、日本的多功能卫星（MTSAT）等]，极轨卫星[如中国的风云一号、三号极轨卫星系列和埃夸（Aqua）卫星、泰拉（Terra）卫星、诺阿（NOAA）卫星等]，以及搭载一定观测仪器或有特殊观测目的的热带降雨测量（TRMM）卫星、云探测卫星（Cloud Sat）等。下面以我国风云气象卫星为例，重点介绍风云气象卫星探测产品及其在人工影响天气中的应用。

风云气象卫星业务上最常使用的卫星图像主要有可见光图像、红外图像和水汽图像三种。

1）可见光图像（VIS）

可见光图像是太阳辐射经地-气系统散射或反射后到达卫星所得到的图像。图像中的灰度取决于地表或云的散射或反射系数。其表现形式与人眼所看到的相似，使用明暗不同的黑白灰度色调反映不同等级的反射系数。最亮的、反射系数最大的图面为白色，而反射系数最低的为黑色。因此，在比较黑的地表背景衬托下，所看到的白色物体为云。

2）红外图像（IR）

红外图像是通过接收 10～12 μm 波段地-气系统的辐射得到的，提供有关下垫面或云温度的信息。由于温度随高度降低，最高最冷的云所发射的红外辐射强度也最低，在灰度图上它们显示色调最白。

3）水汽图像（WV）

水汽图像是根据水汽在非大气窗区的水汽波段上所发射的辐射得到的。大气低层水汽的辐射一般达不到外空。如果对流层上部是湿的，那么到达卫星的辐射主要来自这一区域，并且表现为白色。仅当对流层上部是干燥的时候，较暖的对流层中部的水汽所产生的辐射才能到达卫星，在图像上表现为稍暗的色调。

周毓荃等（2008）根据 FY-2C/2D/2E 卫星的探测资料，融合高空和地面等其他观测信息联合反演，还尝试开发了一套包括云顶高度、云顶温度、云过冷层厚度、云暖层厚度、云底高度、云体厚度、云光学厚度、云粒子有效半径、云液水路径等云宏微观物理特征参数的反演方法，形成了近10个云宏、微观物理特征参数系列产品，并业务化运行，为人工增雨作业条件选择和作业效果评估等提供了更多的技术手段。

5. 人工影响天气的作业技术

人工影响天气作业技术就是在对目标云观测的基础上，结合人工影响天气的相关理论和假设，实施人工影响天气作业的手段和作业方法。主要涉及催化剂、作业装备、催化用弹的性能，以及人工防雹、增雨作业的一些基本方法，下面做简单介绍。

(1)人工影响天气催化剂

人工影响天气催化剂是指为达到增加降水、降低雹灾损失或促进雾层消散为目的而有意识地向云(雾)中引入的物质。而自然过程和人类生产、生活排入大气的微粒、气体及衍生物也会对云(雾)降水过程产生影响，但它们通常被视为无意识影响天气过程，这些物质不属于人工影响天气催化剂范畴。

1)催化剂的分类和作用

传统的催化剂通常分为三类：致冷剂、人工冰核和吸湿剂。致冷剂有干冰、液氮、液态二氧化碳、液态丙烷等。致冷剂投入空气或过冷云后急速升华，吸收大量潜热，使周围空气迅速冷却，水汽随之达到高度过饱和状态。贴近致冷剂的薄层空气温度可低于－40 ℃，通过自然冰核的活化和同质核化能够形成大量冰晶胚胎，并在过饱和空气里凝华长大成冰晶。致冷剂可以在较高负温区播撒形成冰晶，比成冰阈温较低的碘化银类的人工冰核有一定优势。

人工冰核采用异质核化的方法，即选取和冰晶结构相似的物质作为冰核，达到提高成冰阈温的目的。人工冰核主要有碘化银、碘化铅、硫化铜、介乙醇等，它必须在低于其阈温的云层中使用。有机冰核也可以作为人工冰核使用，常分为有机物冰核和生物冰核。由于有机冰核易分解，颗粒太小，不易维持较长时间的成核作用，成核性能比碘化银低，至今并未推广使用。相比其他两类催化剂而言，碘化银制品因其可以工业化生产，储存、运输和分散方便而被大量使用。

吸湿剂有盐粉、氯化钙、尿素、硝酸铵等。吸湿剂颗粒或液滴能在相对湿度低于100％的情况下吸收水汽，产生凝结，形成溶液滴，增长率和液滴中吸湿剂的浓度有关，浓度越大，增长越快。吸湿剂通常在暖云中使用，一般采用在云的上升气流中引入吸湿性物质的方法进行催化。

2)常用催化剂

① 碘化银

碘化银(AgI)有黄色六方和橙色立方晶体两种，一般为黄色六角形结晶，密度约为5.68 $g/cm^3$，熔点552 ℃，沸点1506 ℃。其成冰阈温约为－5 ℃。碘化银六方晶体晶格的边长为4.58 Å(1 Å＝$10^{-10}$ m)，高为7.49 Å。冰晶也是六方晶体，晶格边长为4.52 Å，高为7.36 Å。由于两者结构十分相近，加之碘化银不溶于水，这是其成冰能力很强的原因，被作为人工影响天气中人工冰核使用。但在阳光和紫外线作用下，碘化银的成冰能力容易受到减弱。

碘化银的发生方式主要有燃烧法和爆炸法两种。而燃烧法又分为直接燃烧、溶液燃烧和焰剂燃烧三种；爆炸法是将碘化银粉末压制成型填充于炮弹或火箭头部的TNT炸药或红磷、氯酸钾混合物之中，采用引信发射至云内爆炸。理想的碘化银气溶胶尺度是0.1 μm，不同的发生方式形成的颗粒大小和活化程度有区别。

② 液氮

液氮($N_2$)是氮气的液态形式，常作为致冷剂使用。其熔点－209.8 ℃，沸点－195.6 ℃，相对密度 0.81 g/$cm^3$(－196 ℃)，微溶于水、乙醇。液氮一般用于冷云或混合云的飞机人工增雨(雪)作业和地面人工消冷雾等试验研究，成核率为 $10^{12}$～$10^{13}$/g。通常使用喷嘴将液氮分散成小液滴和低温冷气，喷入过冷云雾中，形成冰晶。由于液氮播入后气化很快，对较深厚的云(雾)层不能充分有效地催化。液氮吸热后部分液体气化，其余液体仍维持液体状态，保存不需要压力。

③ 干冰

干冰是二氧化碳($CO_2$)的固态形式，也常作为致冷剂使用。干冰颜色为白色，在常压下会迅速升华为气体，其升华温度为－78.5 ℃。实验表明，每克干冰在温度低于－2 ℃的条件下，可以产生大约 $10^{13}$ 个冰晶。干冰播撒前一般粉碎成丸状，直径约为 1 cm。碎块可以在云中下落一段距离才全部气化，故其催化区较深厚，常可用于冷云或混合云的飞机人工增雨(雪)、地面人工消冷雾作业。

④ 液态二氧化碳

液态二氧化碳(简称 LC)可作为致冷剂使用。它是二氧化碳的液态形式，通常以压力钢瓶形式储存。液态二氧化碳目前主要用于飞机人工增雨(雪)作业。我国陕西等地根据需要研发了适用于播云作业的 LC 播撒设备，并总结了与之相关的催化技术。

(2)作业装备

目前，人工影响天气作业常用的作业装备主要有飞机、高炮、火箭、地面发生器四类。

1)飞机

飞机飞行的区域大，选择性强，装载探测仪器后，作业更有针对性。但飞机作业易受空域、天气条件和自身性能限制，有时会贻误作业时机，也不能长时间在作业区停留。但是飞机可以在云上、云底或云的周围播撒，其装置有机载碘化银丙酮燃烧器、烟条末端燃烧器，也可以是催化剂投送装置，如下投式焰弹等。

无人驾驶飞机作为一种很有前途的作业工具，目前仍处于试验阶段，安全性、带弹量均还有待提高。目前仅适用于人烟稀少、容易申请到的空域地区。

2)高炮、火箭

高炮、火箭作业时同样需要申请作业空域，优点是容易把握作业时机和作业部位，尤其是对对流云作业优势明显。其缺点是影响面积有限，车载作业也仅能在一定范围内移动。地面增雨、防雹作业一般使用碘化银或其复合制剂。

目前我国人工增雨、防雹作业使用的高炮主要来自部队退役高炮，一般为 55 式 37 mm 高射机关炮和 65 式双管 37 mm 高射机关炮，个别省、市还使用了其他制式的 37 mm 高炮。而用于人工影响天气作业的高炮炮弹(人雨弹)定点生产厂家主要有重庆长安工业(集团)有限责任公司(原 152 厂)和中国人民解放军 3305 厂。

火箭作业系统通常由火箭发射架、火箭弹和发射控制器组成；火箭弹一般由动力装置(固体火箭发动机)、催化剂播撒装置、安全着陆系统、稳定尾翼和导电通路等组成；发射控制器是提供火箭发射指令及火箭点火能量的设备，用于控制火箭点火发射。提供火箭作业系统的生产厂家主要有国营云南包装厂、江西新余国泰特种化工有限公司、内蒙古北方保安民爆器材有限公司、陕西中天火箭技术有限责任公司、中国人民解放军第 3305 厂等。

3)地面发生器

地面发生器主要用于地形云系人工增雨(雪)和防雹作业,不受空域限制,经济、方便,可以实时作业,缺点是难以保证催化剂入云和控制催化剂量。地面发生器分为溶液型和烟条型两种地面发生器,可现场控制和远程控制。目前国内使用的几种远程控制地面发生器的性能参数和使用的碘化银烟条技术参数如表2-6、表2-7所示(邓北胜 等,2011)。地面发生器的生产厂家主要有江西新余国泰特种化工有限公司、内蒙古北方保安民爆器材有限公司、陕西中天火箭技术有限责任公司等。

**表2-6　地面发生器主要技术参数**

| 厂商 | 型号 | 烟条数(枚) | 重量(kg) | 外形尺寸(mm) | 通讯方式 |
|---|---|---|---|---|---|
| J | DL8-1 立式 | 8 | ≯500 | ∅700×3400 | GPRS/卫星 |
| | DL12-1 移动式 | 12 | ≯500 | ∅700×3400 | GPRS/卫星 |
| | DL20-1 立式 | 20 | ≯1000 | 1200×1000×3700 | GPRS/卫星 |
| | DL30-1 立式 | 30 | ≯1000 | 1200×1000×3700 | GPRS/卫星 |
| | DL40-1 型立式 | 40 | 1500 | 1200×1000×3700 | GPRS/卫星 |
| N | RYJ-1 型立式 | 56 | 510 | 1538×1538×6390 | GSM/卫星/控制台 |
| | RYG-1 型卧式 | 6 | 98 | 1265×680×920 | |
| S | ZY-2 立式 | 36 | 275 | ∅1355×4812 | GSM/控制台 |
| | ZY-2 立式 | 48 | 275 | 1435×1435×5400 | GSM/控制台 |

注:J 江西新余国泰特种化工有限公司;N:内蒙古北方保安民爆器材有限公司;S:陕西中天火箭技术有限公司。

**表2-7　烟条主要技术参数**

| 厂商 | J | N | S |
|---|---|---|---|
| 烟条外径(mm) | 60 | 46.5 | 48 |
| 烟条长度(mm) | 1043 | 398 | 320 |
| 质量(g) | 4200 | 925 | 900 |
| 催化剂质量(g) | ≥2100 | 535 | 500 |
| 碘化银含量(g) | 125 | 11 | 7.5 |
| 燃烧时间(min) | 不少于16 | 6 | 5 |
| 烟条成核率 | $6.0\times10^{15}$个/根 | $1.03\times10^{15}$个/g | $1.8\times10^{15}$个/g |
| 烟条成核率温度(℃) | −10 | −10 | −10 |
| 使用温度范围(℃) | −40～+50 | −40～45 | −40～70 |
| 储存期(a) | | 3 | |

注:J 江西新余国泰特种化工有限公司;N:内蒙古北方保安民爆器材有限公司;S:陕西中天火箭技术有限公司。

(3)作业

1)飞机作业

人工影响天气飞机作业主要是利用飞机直接入云,在具有一定条件的目标云中直接播撒含有冷云或暖云催化剂的物质,以影响云物理发展过程,达到人工增雨(雪)的目的。飞机作业中,可以根据条件配备适用于不同对象的播撒装置和催化剂,同时还可以利用安装的机载云粒子测量系统等先进装备,实时观测作业对象特征,科学选择催化作业条件。

① 作业飞机与基本装备条件

实施人工增雨(雪)作业的飞机一般应具有安全性能良好、飞行上限高度较高、载重量较大、机舱空间较宽阔、巡航时间较长、除冰性能良好、起飞(着陆)滑行距离相对短等技术条件,以利于大范围、长时间的催化作业,同时便于装载实时监测和探测装备以及催化播撒设备等,满足人工增雨(雪)作业与科研工作的需要。机载催化装备以播撒干冰、碘化银等冷云催化剂,以及盐粉、盐水、尿素等暖云催化剂的设备为主,因此作业飞机装载的基本装备包括:作业条件监测、探测装备(卫星、雷达、云粒子测量系统等),播撒装备(机载碘化银发生器、液氮发生器、焰弹发生器、干冰播撒器、暖云催化剂播撒装置等)和必要的通信系统。

② 服务类型和作业对象

飞机作业主要服务于人工增雨(雪)和消减云雨等相关试验目的,特别适合大面积的层状云降水云系,或者弱的积云、积层混合云作业。飞机播撒作业范围较宽,可以根据不同的云层条件和需要,选用适用的冷云、暖云催化剂及相应的播撒装备。

③ 作业技术与流程

飞机作业使用的催化剂主要有制冷剂、人工冰核和吸湿剂三种。其中,制冷剂和人工冰核用于冷云催化,吸湿剂主要用于暖云或云体暖区作业。制冷剂(液氮、干冰、液态二氧化碳等)可在较高负温区播撒。人工冰核主要为碘化银,须在低于其阈温(一般为$-5$ ℃)的云层中使用。早期飞机作业主要使用机载溶液燃烧型碘化银发生器,进入21世纪后逐步引进了机载焰条及焰弹播撒系统,部分取代了制冷剂和溶液燃烧型碘化银发生器等播撒装置,也进一步提高了播撒效率。

飞机作业一般在云内或云底、云顶附近播撒。国内外也有在云体周围或新生云顶附近开展针对积云类的播撒作业。催化对象的选择、播撒时机和播撒部位的确定以及催化剂用量的控制等诸多方面也都要力求符合播云基本原理和假设才能达到较好的作业效果。作业时机一般选择在降水云(系)的形成和发展阶段,作业部位选择在液态含水量较充沛且冰晶(冷云)或大滴(暖云)浓度较低区域。对于冷云增雨,静力催化适宜的引晶量是使云中冰晶浓度达到$10^{-1}$~$10^{2}$个/L,动力催化的引晶量则要达到$10^{2}$~$10^{3}$个/L。

根据作业服务需求和作业天气过程预报,提前24 h制定飞机作业预案,并通知作业外场和机组做好作业准备;根据作业条件潜势预报和实时监测资料,确定最佳作业区域和时段,制定具体飞机作业方案,提前3 h发布作业方案,并向空域管制部门申请飞行计划。作业外场和机组人员做好起飞前的各项准备,根据批复的空域执行作业飞行,飞行过程中实时反馈作业与监测情况,适时修正作业方案。作业人员做好飞行记录,实施探测和播撒作业;飞机返航后,作业人员及时向地面指挥中心通报作业情况,地面指挥中心汇总上报作业信息,及时开展效果评估、决策服务和技术总结等工作。

2)地面作业

人工影响天气地面作业主要是利用高炮、火箭、发生器等地面作业装备和手段,将催化剂播撒入云中,对局部云体进行人工影响,达到增雨、防雹等目的。

① 作业站点布局

作业站点的建立可考虑对水资源和防御雹灾有迫切需求的区域,如经济作物及重点产粮区、水库上游流域、重要生产区、生态区;根据当地雹灾、旱灾历史规律、天气、气候、地形特征、冰雹多发路径等情况设置;符合《中华人民共和国民用航空法》《中华人民共和国飞行基本规则》的有关规定,避开机场飞行空域、航路、航线;有天气雷达保障、交通运输便利和通信联络畅通；能够逐步做到联网作业，特别是防雹作业，更需要联网，开展作业地区的政府、群众和社会经济环境能提供各种保障条件。

② 作业站点设立

高炮炮站的设置地点和发射方向，须严格遵守《中华人民共和国民用航空法》《中华人民共和国飞行基本规则》的有关规定，并经省级人工影响天气管理机构审核后报当地空域管制部门审查批准。

高炮炮站一般在作业影响区上风方 4 km 内，在迎风坡而不选在背风坡设置；在冰雹云和增雨作业云经过频数最多的路径上设置；周围视野开阔，视角不小于 45°，射击点远离居民区 500 m 以上；绘制最大射程弹着点范围内城镇、村落、工矿企业等人口较集中地点坐标示意图；交通、通讯方便；炮位地名、地标、经纬度、统一编号、通讯代码，应上报空域管制部门及上级人工影响天气管理机构。

由于火箭的发射距离远，火箭点的安全距离的设置要适当加大，并应满足当地作业站点建设规范的要求。

③ 作业对象和服务

人工影响天气地面作业主要针对深厚的层状冷云增雨（雪）作业或针对对流云的增雨、强对流云的防雹作业等，用来满足抗旱减灾、防灾减灾、缓解水资源紧缺、改善生态环境、重大活动气象保障等需要。

④ 作业方式

——火箭作业。火箭发射输送碘化银等催化剂，由于催化剂输送强度高，播撒集中，特别适合于飞机难以进入的对流云人工增雨作业和人工防雹作业，容易把握作业时机和作业部位，其缺点是影响面积有限，车载火箭作业也仅能在一定范围内移动。火箭作业时需要申请作业空域，并对发射弹道的准确度和稳定性以及准时爆炸和自毁功能有较高的要求。

——高炮作业。高炮作业与火箭作业相似，高炮作业容易把握作业时机和作业部位，由于催化剂输送强度高，播撒集中，特别适合于对流云人工增雨作业和人工防雹作业，尤其是高炮作业时炮弹还具有爆炸作用，常被用作人工防雹的主要作业装备。高炮作业的缺点是影响范围非常有限，作业时同样需要申请作业空域。

——地面发生器作业。地面发生器适合于山地地形云人工增雨（雪）和防雹作业，分为溶液型和烟条型两种，按点火方式分为现场点火和远程控制两类。具有作业经济、方便、不受空域限制、可以随时作业的优势，但因催化剂需要依靠上升气流和大气扩散输送入云，存在较难保证催化剂入云并控制催化剂用量等弱点。

⑤ 作业技术

地面增雨防雹催化剂都使用的是碘化银或其复合制剂。催化对象的选择、播撒时机和播撒部位的确定以及催化剂量的控制等诸多方面也都要力求符合增雨防雹基本原理和假设才能收到较好作业效果。地面作业时机一般选择云（系）形成或发展阶段，作业部位集中于液态含水量充沛区域。人工防雹的引晶量一般要使云中冰晶浓度达到 $10^2$ 个/L 以上，人工增雨引晶量要力求达到静力催化和动力催化的效应。不同地区和季节的增雨条件和雹云识别的指标有所不同，实施地面增雨防雹作业要综合作业对象强度、体积、含水量等多项指标判据，尽可能地做到联网作业。防雹作业还要求做到早期识别和早期作业。地面作业具有时间性强，专业性、安全性突出，技术要求高等特点。在短时间内必须完成多个技术环节，为了保证作业顺利进行，作业的组织实施必须周密、细致。

⑥ 作业流程

根据作业服务需求和作业条件分析预报，制订地面增雨防雹作业预案，向所属人工影响天气作业站点提前发布作业预警信息，作业人员在规定时间提前到达作业站点；根据作业条件潜势预报和实时监测资料，跟踪分析作业云系移向、移速、降水性质，分析判断最佳作业区域和时段，确定具体作业方案，包括可作业站点高炮、火箭作业参数（作业方式、发射方位角、仰角、弹用量等）；按照要求及时向空域管制部门申请作业空域，在获批复后迅速向作业点下达作业指令（作业起止时间、作业弹用量）；作业人员提前做好发射前各项准备，严格按照作业指令、操作规程和空域批复时间实施作业。作业结束后按规定向指挥中心报告作业情况和现场实况天气，并及时维护、保养地面作业装备；指挥中心根据云系演变和作业需要确定是否开展多轮次作业，作业结束后，汇总上报作业信息、开展效果评估、决策服务和技术总结等工作。开展地面发生器作业的，除无须申请空域外，其他业务流程参照地面作业流程执行。

6. 人工影响天气的业务系统

（1）人工影响天气的主要业务任务

人工影响天气是一项系统工程，要达到预期的作业目的，除需要因地制宜进行周密计划、科学组织外，还需要准确及时地获取、处理各类信息，快速决策指挥作业，高效完成各个业务环节。由于人工影响天气作业的对象主要是中、小尺度的大气系统及其伴随的云降水（雹）现象中某些合适的中小尺度云降水结构。其时间和空间的多尺度性，要求实施人工影响天气作业，须历经多个时段、涉及大中小尺度等多类天气信息。为寻找有利的作业条件，抓住时机实施催化作业，需要实时获取时空尺度更为精细的配套监测信息，在最短的时间内做出更加客观准确的预测和决策。而目前我国常规的基本气象业务系统和信息加工处理系统还无法满足人工影响天气业务工作的实际需要。因此，人工影响天气业务任务必须以人工影响天气作业实施为基点，根据不同时段各个业务环节完成以下的主要业务任务：

——作业天气过程预报和作业计划制定（72～24 h）。

——作业条件潜力预报和作业预案制定（24～3 h）。

——作业条件监测、预警和作业方案设计（3～0 h）。

——跟踪指挥和作业实施（0～3 h）。

——作业效果检验（作业后）。

人工影响天气不同业务时段及各级之间的业务流程如图 2-30 所示。

（2）人工影响天气业务系统的科学依据

1）人工影响天气的目的及其对象的多尺度结构为业务系统设计提供了科学依据

众所周知，人工影响天气的对象主要是中、小尺度的大气系统及其伴随的云降水（雹）现象中某些合适的中小尺度云降水结构。这些云和降水（雹）都是在天气尺度和中间尺度大气过程的背景下发展，并受到它们的制约。在这些多尺度天气系统演变过程中，能够及时抓住有利的条件，在适当的部位和时机实施适量的催化，是人工增雨（防雹）成功的关键，但其过程是十分复杂和困难的。完成一次人工影响天气作业过程，需历经作业天气条件的预报、预警，作业云系条件的预测预报、作业时机部位的识别判断，播云条件变化的跟踪，作业方案的设计和决策，作业的实施以及作业后的效果检验等多个阶段。整个过程涉及多种不同的天气（云）尺度，对应着多种不同的时、空分辨率。为实现严密准确的天气、云况监测，迅速的信息传递，正确及时的决策指挥和准确高效的催化作业。同常规的天气预报业务不同，不仅要求有相应的监测、预测（预警）、识别的手段和方法，还要求有配套的通信手段、资料处理平台和分析软件等。因此，人工影响天气实施过程中不同业务时段的工作目的及涉及的不同天气(云)尺度的不同时、空分辨率，是人工影响天气业务技术系统中相应监测、预报、通信和信息综合分析处理系统等设计的重要依据。各种天气(云)尺度时、空分辨率及相应的业务技术环节设计依据如表 2-8 所示。

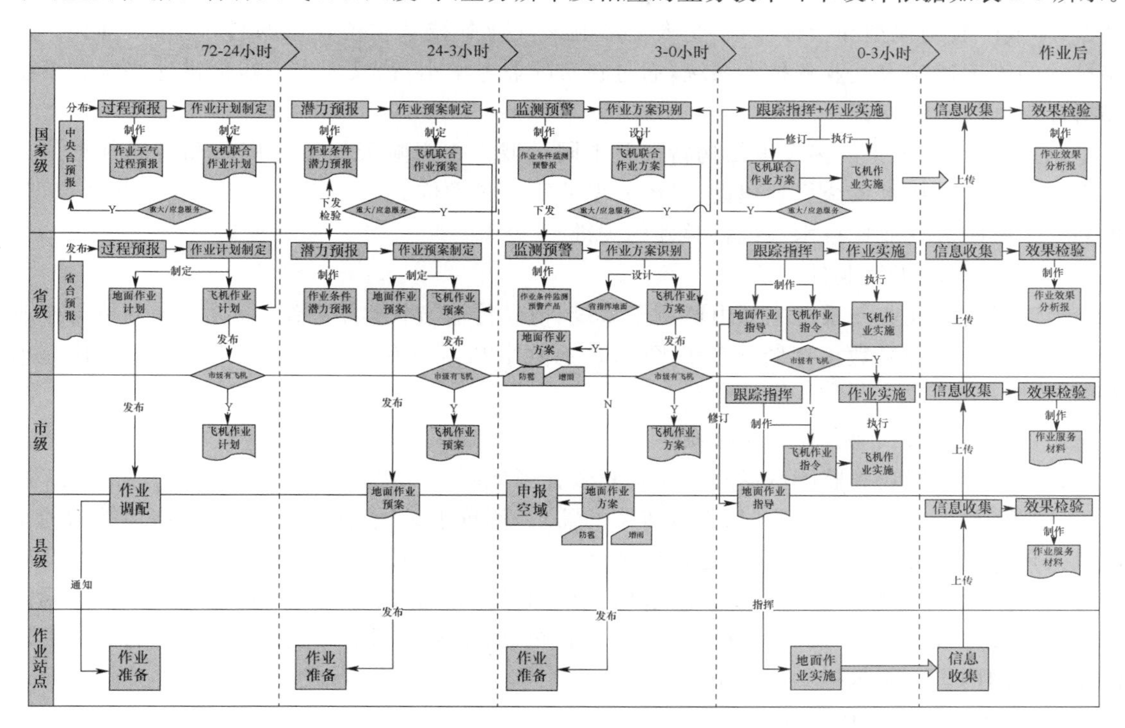


图 2-30　人工影响天气业务流程(彩图见书后)

**表 2-8　不同天气(云)尺度及业务技术系统设计依据**

| 尺度 | 分辨率 | | 业务时段和目的 | 监测和预报手段 | 通信手段和处理平台 |
|---|---|---|---|---|---|
| | 时间 | 空间 | | | |
| 天气尺度 | 3～6 h | 200 km | 12～36 h 作业潜势预报效果统计检验 | 常规气象业务墒情、火险 | 常规通信 MICAPS 平台 |
| 中尺度 | 1～2 h | 60～100 km | 3～12 h 云系预警、作业预案效果统计检验 | 1 h 卫星、加密探空、地面、雷达、闪电定位、微波、中尺度模式、预报、云模式 | 加强通信专用作业指挥平台 |
| 小尺度 | 层状云 | | 0～3 h 监测、识别、外推、追踪决策指挥催化作业效果物理检验 | 雷达、飞机、闪电、卫星、微波、雨强(雹量)、云催化模式催化作业系统 | 特殊通信空—地、地—地专用作业指挥平台 |
| | 10～30 min | 10～30 km | | | |
| | 对流云 | | | | |
| | 2～6 min | 2～5 km | | | |

2)人工影响天气概念模型及指标判据为业务系统建设奠定了坚实的科学基础

在复杂的天气、云系发展演变过程中，根据已有的认识规律，采用一定的技术方法，智慧实现对有利条件准确预测、判断识别和决策，是建立人工影响天气业务技术系统的目的。这些认识、规律和技术方法就是各地经过长期有设计的探测研究积累建立起来的各类人工影响天气科学概念模型及总结提炼的指标判据体系。这些概念模型和指标判据是业务技术系统中智慧分析软件设计开发的重要依据。这些科学认识(概念模型)和指标判断的准确性和严密性,在很大程度上影响着智慧分析判断结果的科学性和实用性。因此,结合当地条件,根据作业对象的特点和发展演变规律,不断建立发展完善的概念模型,分时段、分类别研究提炼相应的指标判据,形成配套的模型和指标体系,是人工影响天气业务技术系统建设的科学基础。同时,建立科学的人工影响天气业务技术系统,通过在实际业务中运行,又能进一步促进这些概念模型和指标判据的不断完善。

总之,天气和云系的多尺度结构特征及不同地域人工影响天气概念模型和指标判据是人工影响天气业务技术系统规划建设、系统开发的重要科学依据。不断深化和完善这些认识,是提高人工影响天气业务技术系统科学性的关键。

(3)人工影响天气业务系统

人工影响天气业务系统主要由监测子系统、信息传输与收集子系统、综合处理分析与作业指挥子系统(CPAS)、数据存储管理子系统、产品共享和指令发布子系统等构成。下面作简单介绍。

1)人工影响天气业务监测子系统

人工影响天气业务监测网的建设应紧紧依托当地基本气象业务观测网,依据作业对象(层状云、对流云)多尺度结构不同时、空分辨率的需求,侧重于天气、云系、动力及微物理结构的观测及其催化效果的观测,有选择地进行观测站点,观测时次的加密和观测项目的增添。监测网的建设还应考虑当地人工影响天气作业网(飞机、高炮、火箭)的布设和不同作业任务的不同需求。全省统筹规划,分步实施。逐步形成项目齐全、时空密度适宜,可满足人工影响天气需求的专业监测网。主要包括如下几个方面:

① 常规气象业务监测网

主要包括地面气象观测站网、高空探空站网、天气雷达网、卫星云图及正在发展的地面自动气象站等新增的业务观测项目。

② 加密(时、空)气象监测网

在常规气象观测项目基础上,进行站点加密(例如自记雨量站)和时次加密(例如 3 h 探空、1 h 天气实况观测和 10 min 雷达观测等)。不同气象要素空间加密的程度,依据观测对象的空间分辨率的要求而定。观测时次加密,依据不同业务时段观测对象的时间分辨率建立相应的加密观测制度。

③ 专项监测项目补充

——地基特种观测。闪电定位仪、大气电场仪、小型卫星云图接收站、GPS、炮站观测点、自动雨量站、地面雨滴谱站、测雹仪、风廓线仪、双通道微波辐射仪及其他新发展的项目等,根据情况选择布点。

——空基特种观测。机载温湿气象仪、PMS 粒子测量系统和含水量仪等。

以上三方面共同组成人工影响天气立体监测网,根据需要进行时、空加密观测,获取多尺度大气宏、微观实况信息和催化前后的变化信息。

2)人工影响天气业务信息传输与收集子系统

① 基于业务网的人工影响天气特种观测数据与信息收集

国家级、省级、市(县)级人工影响天气特种观测数据(包含地面观测数据和下传到地面的飞机观测数据)的收集与传输方式统一纳入气象观测数据收集方式。

各级人工影响天气业务单位基于业务网,通过各级气象信息中心逐级收集、存储、上传地面作业信息数据与人员、站点、装备等综合业务信息。

② 基于空-地通信网络的飞机观测资料和作业信息收集

利用海事卫星、北斗卫星、超短波电台等平台，逐步建立国家人工影响天气中心、区域人工影响天气中心和省级人工影响天气业务单位与作业飞机的空-地通信网，实现指挥中心与作业飞机的双向实时数据传输。

国家级依托东北区域人工影响天气工程等项目所建设的高性能增雨飞机来实现基于海事卫星和北斗卫星的空-地传输网络与信息收集；省级购置或租用的飞机，应按照国家级要求升级改造北斗卫星通信传输网络，建设空-地传输网络。

③ 基于专网的空域申报与批复信息传输

依托全国对空射击空域管理系统，建设国家人工影响天气中心、区域人工影响天气中心、省级人工影响天气业务单位与军、民航的空域申报网，实现作业空域的自动申报与规范管理。

④ 基于物联网和移动互联的地面作业监控

国家级牵头，选择物联网应用较好的省份所建设的人工影响天气业务系统、人工影响天气火箭生产厂家自主开发的产品、实施效果好的省级作业信息无线传输系统和实景监控系统，进行优化集成，根据各省特点开展推广应用，实现作业指令和作业信息的双向实时传输，作业过程的实景监控。

3)人工影响天气业务综合处理分析与作业指挥子系统(CPAS)

根据人工影响天气各时段业务对多源、多类、多尺度云降水信息的分析处理需求，开发监测反演融合云降水宏、微观精细结构分析等为核心的综合处理和加工分析技术，实现云降水生成发展演变动力和微物理等多尺度宏、微观结构的计算、分析、显示和追踪等多类云降水精细分析功能；面向各级人工增雨(雪)、防雹等业务需求，开发实现作业条件预报分析、作业条件监测识别预警、作业设计、跟踪指挥和效果分析等功能，满足人工影响天气各类各阶段业务的需要。

系统从数据存储管理系统中获取各种数据，并将产生的产品、方案、指令存储到数据库中，同时由共享发布系统发布。主要功能包括：

① 云降水精细加工处理分析功能

——基于卫星、雷达、探空和飞机等观测的云宏、微观物理参数的反演计算、多数据时空匹配处理融合、云降水特征参量融合产品生成等。

——基于作业概念模型和指标体系，采用不同算法实现目标区及作业条件特性的识别和追踪预警；实现作业扩散、影响区面积及多物理参量的直观对比和统计等。

——实现空基、地基等多种观测数据及产品的(包括多种普勒雷达、多类卫星资料及反演产品、L 波段探空、GPS/MET、微波辐射计、雨滴谱、模式产品及飞机微物理等)的时间序列、空间序列、垂直剖面、区域统计、动画、T－RE 分析等各种方式的自动和人机交互分析。

② 人工影响天气业务功能

——能够分析 NCEP、T639、EC 等多种天气模式，根据天气分析指标，实现天气分型；可分析干旱监测信息、遥感信息等，进行需求分析，并实现飞机作业计划报、地面作业计划报的制作。

——实现各种中尺度模式(GRAPES_CAMS、MM5_CAMS、WRF_CAMS 及各地中尺度模式)输出的云物理参量等预报产品的分析，根据不同云系(层状云、对流云、冰雹云)作业概念模型和潜势量化指标，实现模式产品自动识别增雨(雪)潜力区、防雹潜力区；自动和人机交互制作作业潜力区预报报及飞机作业预案报、地面作业预案报等。

——实现作业条件的监测、预警和实时作业设计及更新：可实现对卫星观测资料及产品、多普勒雷达探测资料及产品、L波段探空、雨量数据、闪电数据、GPS/MET数据、自动站数据、风廓线雷达、人工影响天气特种观测数据（双偏振雷达、微波辐射计、雨滴谱），以及MICAPS、SWAN产品等监测及产品信息分析；根据各种观测不同云系的条件指标，自动识别增雨（雪）、防雹作业预警区域，动态跟踪预警区的发展演变；自动和人机交互完成作业预警报、飞机增雨（雪）作业方案报、以及地面作业方案报（包括作业点号、作业时间、作业方位角、作业仰角、作业用弹量）的实时测算和滚动输出。

——实现飞机跟踪指挥功能：实时接入显示下传的飞机轨迹信息、作业播撒信息、飞机探测信息，动态跟踪和监控飞机作业，计算飞机轨迹的雷达垂直剖面和雨量剖面，动态分析飞行过程中空中云物理参数以及催化状况，跟踪作业云系演变和增雨（雪）潜力区演变，动态修订飞机作业方案；将飞机作业修订方案（指令）下达到飞机，指挥飞机作业。

——实现地面实时指挥功能：利用地面实时观测资料，对地面作业目标区云系进行识别和跟踪，自动计算满足增雨（雪）、防雹作业条件的地面作业点，自动计算和修订地面作业方案，通过短信、移动终端APP、发布系统等将修订的地面作业方案（指令）发送到作业点，指挥地面作业。

——实现作业效果检验分析功能：基于雷达探测资料、降水观测资料、卫星观测资料、作业信息等，进行作业播撒区扩散计算，进行影响区和对比区的计算和跟踪、多物理参量区域动态对比变化率（K值法）等直观对比检验，制作效果分析报；基于雨量资料，进行序列分析、区域对比分析、双比分析、区域历史回归分析等定量统计检验；基于作业信息、云降水信息、水文、粮食、环境和生态等信息，进行分析、计算、统计等，制作效益评估报。

③ 各地人工影响天气业务特色功能

可根据各地人工影响天气业务需求和观测系统、催化系统、作业指标及业务布局等条件，集成本地相关成果，进行针对性开发，形成各省特色的人工影响天气综合处理分析和指挥系统。

综合处理分析与作业指挥系统（CPAS）的发展，依托中国气象局基本业务、区域人工影响天气能力建设、各个省级人工影响天气工程及业务项目进行发展，基础核心功能和特色功能同步发展，形成国家、区域、省、市县统一集约的各级CPAS系统。

国家级不断发展核心技术，完善CPAS基本功能，并根据不同业务需求，联合地方开发特色功能，完善CPAS体系，形成基本版CPAS2.0_B、飞机指挥版CPAS2.0_P、地面指挥版CPAS2.0_G及国家级人工影响天气综合处理分析系统（CPAS2.0_WMC）等。

省级结合各自业务需求和根据观测、催化和业务布局等条件，提出CPAS本地化功能需求，集成本地已有成果和功能，共同移植开发形成各省特色的飞机作业指挥系统、地面增雨（雪）防雹作业指挥系统。

4）人工影响天气业务数据存储管理子系统

由国家级人工影响天气业务单位牵头，以东北人工影响天气工程为示范，选择数据库建设较好的省份进行补充优化集成，在CIMISS平台中构建人工影响天气业务专用数据库，形成全国统一规范的人工影响天气业务数据环境。数据库中主要存储人工影响天气作业条件分析、决策指挥及效果检验所需的资料，主要包括：

——实时收集的各类观测资料（含人工影响天气特种观测资料）。

——国家级业务单位相关产品。

——综合处理分析与作业指挥系统加工生成的产品。

——作业条件预报产品：作业天气过程预报（72～24 h），作业潜力预报（24～3 h），作业条件临近预警（3～0 h）。

——实时监测反演产品：卫星反演云分析产品（云顶高度与温度、0 ℃层高度、云层厚度、过冷水区、有效粒子半径），雷达反演云分析产品，探空分析产品，多种资料融合分析产品等。

——空中云水资源评估报告。

——作业效果评估报告。

——作业条件概念模型与作业指标[飞机增雨（雪）、地面增雨（雪）、防雹]。

——典型作业个例（飞机增雨（雪）、地面增雨（雪）、防雹）。

——作业（地面、飞机）信息。

——站点、人员、装备等综合业务管理信息。

——作业监控信息。

5）人工影响天气业务产品共享和指令发布子系统

人工影响天气业务单位制作的业务产品推送到各级气象业务内网发布。

各级建立人工影响天气作业指令和作业信息传输的移动 APP 终端，提供对指令和信息的实时更新、检索查询和管理。

在直接负责指挥的人工影响天气指挥中心，建立作业预警信息和作业指令发布系统，对作业飞机、地面作业站点和移动式作业装备实时发布作业指令。其中，作业飞机指令由飞机上的任务系统、北斗终端、海事卫星电话或短波电台接收机接收；地面作业指令由作业站点的固定/移动应用终端接收。

### （三）人工影响天气的基本原理

人工影响天气的基本原理就是利用云和降水过程中微物理过程和动力过程的不稳定性，施加很少催化物质或能量，影响其中的不稳定过程，引导宏观天气发展方向以达到趋利避害的目的。根据人工影响天气的具体目标和影响对象的不同，目前人工影响天气的基本原理可细分为人工影响冷云降水、人工影响暖云降水、人工抑制冰雹、人工消云、人工消减雨、人工消雾和造雨雾、人工防霜冻、人工抑制雷电八类。

1. 人工影响冷云降水

人工影响冷云降水是假设自然云中缺乏冰核，可以通过播撒人工冰核的方法来加速水滴-冰晶的转化过程，也可以播撒制冷剂急速降温使水汽同质核化形成大量冰晶，以加快并提高水滴向冰晶转化的效率，增加地面降水量。

冷云的降水过程：在温度低于 0 ℃的冷云或混合云区存在着未冻结的液态小水滴——过冷水滴。根据贝吉龙原理，冷云中如果同时存在过冷水滴与冰晶，实际水汽压介于水面饱和与冰面饱和之间，水滴将逐渐蒸发减小甚至消亡；水滴蒸发的水汽能够在冰核上凝华产生冰晶并逐渐凝华生长，从而完成水滴转化成冰晶的过程。在强对流云中，实际水汽压可能同时大于水面饱和与冰面饱和，这时过冷水滴与冰晶均能够生长。由于冰晶的生长是非各向同性（片状、针状、柱状等），云滴总数浓度减小而平均直径增大。冰晶之间通过粘连攀附也可以长大，大尺度的冰晶又很容易与过冷水滴碰并形成霰粒子。霰粒子是固态冰晶与液态水的混合态，不易破碎，容易形成超大粒子，大的霰粒子可以突破上升气流的托举脱离云体，在下落过程中融化后降落到地面形成降雨。在强对流云中，霰粒子也是形成冰雹的雹胚，在动力条件下上下翻滚经历干、湿增长可以形成冰雹下落到地面。因此，在冷云中形成的霰粒子是产生降水的关键过程。冬季北方层状云降雪过程主要以水汽直接凝华过程为主。

在冷云发展过程中适当的时机播撒适量冰核，可以提高水滴-冰晶的转化效率。这是人工影响冷云降水静力催化机制。根据热力学原理，冰面饱和水汽压小于同温度下的水面饱和水汽压，而且在−11.5 ℃时饱和差达到最大值，考虑到由于相变释放潜热的加热效应和气 压变化影响，在−15 ℃左右过冷水区域人工引入冰核可以提高静力催化的效果。

在对流云中，水汽凝结、凝华潜热释放产生的浮力是维持对流云动力抬升的基础。如果在强对流云中具备丰富过冷水滴区域引入人工冰核，冰核转化成冰晶并凝华生长，增加释放冻结潜热，也使云中冰面过饱和度减小而释放凝华潜热，使云内温度升高，进一步增大上升气流，促使云体在垂直和水平方向迅速发展，延长云的生命期，加速云内降水形成过程，从而增加降水量。这是人工影响冷云降水动力催化机制。由于冰晶凝华潜热释放速率是依赖过冷水滴浓度，因此，需要在对流云中的过冷水丰富区域引入冰核提高动力催化的效果。

人工影响冷云的静力催化和动力催化机制都是从影响云的微物理结构着手，所不同的是静力催化着眼于云内过冷水相态的不稳定性；而动力催化立足于影响或加强云内的热力、动力不稳定；冷云静力催化机制不仅对增加对流云降水有效，而且对大范围冷性层状云降水也有效；同样动力催化机制不仅对增加冷性或混合性对流云降水有效，在层云中的冰面饱和度的减小而凝华潜热的释放导致局地气压场变化也可以造成上升速度的成倍增大。

2. 人工影响暖云降水原理

单纯暖云一般是大范围天气系统经地形抬升形成的层状云或热对流气块抬升形成的淡积云，当强对流进一步向上伸展便生成混合性深对流云。暖云形成初期，主要靠水汽在凝结核上的凝结增长，形成的云滴的数浓度大、尺度趋于一致，具有窄滴谱特征。

暖云产生降水必须通过湍流随机碰并、重力碰并作用使云滴谱展宽，产生大云滴，再通“连锁反应”(即云中水滴增大破碎—再增大—再破碎的循环往复过程，也称为暖云降水繁生机制)形成大的雨滴克服上升气流下降，小雨滴持续存在并被上升气流带入云上，形成新的大雨滴，下落至地面形成降水。

人工影响暖云降水原理是人工引入吸湿性巨核或者直接向云顶喷洒大水滴，诱发产生重力碰并过程，继而连锁产生持续性大雨滴形成降水。吸湿性巨核可以通过凝结生长直接成为雨滴，在云内下落过程中碰并小云滴进一步长大，破碎后随着上升气流进一步碰并云滴，长大后下落(持续连锁反应)，激发并增加暖云降水。在实践中吸湿性核研究较多，但吸湿性核尺度谱与作业效率存在矛盾。启动碰并过程是人工影响暖云降水的关键。

暖云催化剂的效率远低于冷云催化剂，1 g 盐粉可制成大约一亿个 10 μm 量级的吸湿性核，而 1 g 碘化银燃烧可以形成约一百万亿量级的冰核，效率高一百万倍。但吸湿性核催化既可以对暖云起作用也可以对混合云起作用，而冷云催化剂必须在负温区播撒。

单纯暖性淡积云一般处于胶性稳定状态，难以产生降水，并且总含水量较小又缺乏必要的水汽供应输送，此类云人工催化增加降水的意义不大；而国内外都曾经通过对浓积云催化暖雨过程来影响整个云体的微物理过程和动力过程增加降水；对于大范围天气系统或地形抬升形成的层状云持续时间长且容易形成持续性的水汽输送机制，对于这类深厚系统增加降水是可行的。

3. 人工抑制冰雹原理

冰雹是强对流云中产生下落到地面直径大于 5 mm 的固态降水物，本质上属于强对流混合云降水的特例。强对流云产生的冰雹和大风现象属于气象灾害，对于农业和经济作物生产危害最为严重的是直径 10～20 mm 的冰雹，动能大、密度高，毁伤作用强。人工抑制冰雹主要是减小冰雹尺度和下落动能。

冰雹的形成在强对流云内部的主上升气流区，冰雹胚是由冰晶与过冷水碰并产生的霰粒子和暖区大雨滴被强上升气流带到深负温区冻结而形成的冻滴组成。在强烈的积雨云中，上升气流和过冷水滴含量很不均匀，变化很大，雹块在云中的不同部位移动、升降，经历的环境温度和过冷水含量不同，从而使雹块交替经历干增长和湿增长过程，形成透明冰层和不透明冰层相间的多层结构。随着雹块的增大，落速增大，当克服了强烈上升气流便开始下落，在下落的过程中又继续撞冻过冷水而增大。雹块长大下落到暖区时也会融化，若大气中的 0 ℃层位置很高，小雹块有可能在到达地面之前融化成降雨。大冰雹的形成和生长非常复杂，其形成有多种机制和解释，包括水分积累带理论、循环增长模式、胚胎帘理论和穴道理论等。但由于观测的困难，强对流云内部各类粒子的谱分布、空间分布、时间演变和详细的温度分布、动力场气流分布等物理结构尚不十分清晰，大冰雹的形成发展机制还需进一步通过多手段的观测不断完善。

人工抑制冰雹原理是通过减少或切断给小冰雹胚胎的水分供应，减小冰雹生长路径，降低生长高度等措施，抑制雹块生长。小冰雹在脱离云体后下落过程融化破碎，危害较小，同时人工抑制冰雹并不希望减少降水。所采用的方法是向云中播撒足够量的冰核催化剂，从而产生大量的冰晶，形成更多的小冰粒，使其同云中自然雹胚竞争水分，以抑制雹块的长大。此外，还有爆炸产生的扰动气流产生动力效应，包括引发下沉气流使雹云解体，以释放对流不稳定能量。

中国在进行土炮、高炮人工降雨和防雹试验中，发现有炮响雨落的现象，炮响雹落或炮响后冰雹强度增大的现象也偶有出现，有可能是爆炸产生的冲击波扰动或改变了云中的上升气流，从而破坏了降水粒子与上升气流的平衡，导致粒子集中下落。人工抑制冰雹作业则是在上述冰雹形成理论和动力机制基础上提出的人工防雹技术途径。

4. 人工消云原理

水汽凝结(凝华)形成云滴的过程需要巨大能量的支撑。因此，人工消云原理的核心关键是寻找瓦解成云能量。

针对形成暖云的两个基本条件——充足的水汽和动力抬升凝结机制，如果能够削弱或破坏其中一些因素，就能够削弱云甚至使云体消散。常用的方法是在层状云或小块积状云云顶人工播撒谱宽超过 50 $\mu$m 的吸湿性巨核，吸收云中水分并与小云滴碰并形成大滴粒子，下落脱离云体，既削弱了云中水汽，又降低了液态水滴浓度，同时大滴粒子的下落拖拽作用抑制了上升气流，削弱了抬升降温作用，也就抑制了云滴的生长条件。

对于包含过冷水和冰晶的冷云、混合云则是可以通过播撒人工冰核加快降水过程而促进云体消散，但需要耗费较长时间。因此，吸湿性巨核是目前普遍采用的消云催化剂。俄罗斯和我国的多次工程化试验都表明，盐粉、膨润土、硅藻土甚至水泥矿渣等都可以作为消云的催化剂。

5. 人工消减雨原理

高浓度气溶胶能够抑制或延缓降水发生已经被观测所证实。在目标保护区附近播撒过量催化剂能够抑制或延缓降雨过程。过量播撒冷云催化剂竞争有限水汽消耗大云滴，高浓度吸湿性核消耗云中水汽形成高浓度小云滴，都能达到抑制降水的目的。大尺度吸湿性核及其凝结增长后都可以抑制云中上升气流，从而抑制对流的发展，减弱降雨强度，促使对流消散。

为使特定目标地区减少或削弱降雨，一般在保护区上游方向超剂量播撒冰核催化剂，抑制降雨过程。核心问题是云系演变的预报能力和人工增雨作业技术。

在保护区上游方向播撒适量催化剂人工增加降雨，提前释放一部分降水能量。根据特定时间、空间需求，针对影响保护区的天气系统移动规律和云系发展过程，根据作业对象性质，进行工程化大规模连续催化作业，改变降水区域分布，以达到对保护区域减弱或消除降水的目的。

6. 人工消雾和造雾原理

雾滴粒子悬浮在大气中影响地面能见度。人工消雾和造雾的目的都是围绕能见度这个核心问题，作业效果也能够直观显现。形成雾的两个基本条件是充足的水汽和产生过饱和机制，两者条件均满足就能够造雾，两者任一条件缺失就能够消雾。

人工消雾的核心是降低雾滴粒子数浓度和改变雾滴粒子的尺度分布以提高能见度。方法之一是降低大气环境过饱和度，促使雾粒子蒸发消散；二是改变雾滴粒子的微物理结构，促进雾粒子长大下落到地面。促进雾粒子长大的消雾原理类似于人工影响暖云和冷云的原理，通过改变雾粒子的微物理过程促进大粒子的形成并下落以达到减少雾滴粒子、改善能见度的目的。对于暖性雾可以播撒吸湿性核改变雾滴谱，促使大粒子形成，从而使雾粒子沉降到地面以达到消雾的目的，但这种方法实施起来难度较大，效果有待研究，而且有些种类的吸湿性核还存在污染环境的问题。

人工造雾大多是园林景观、舞台效果、防暑降温和改善空气质量等需求，军事领域也用于伪装遮蔽。人工造雾原理是向近地层大气施加液态水，如超声波破碎小水滴或机械混合喷洒水滴；也可以在水汽充沛条件下播撒吸湿性核，凝结增长成雨雾滴；或者采用同质核化方式喷洒制冷剂，如干冰、液态氮等。人工造雾持续的关键在于环境相对湿度能否保持在饱和状态。

由于人工影响的能量很难达到大范围控制环境温度、湿度而持续保持高过饱和状态的能力，因此，大范围的人工消雾和人造雾很难实现。

7. 人工防霜冻原理

当温度低到足以使农作物植株体内水分结冰，使组织遭到破坏，造成损伤或死亡的现象称为霜冻。凡使地物温度降低的因素都可导致霜冻的发生。大规模冷空气入侵及地面辐射冷却是产生霜冻的主要原因，因此霜冻的成因可分为三种：一是冷空气入侵造成的平流霜冻；二是近地物体夜间辐射冷却生成的辐射霜冻；三是入侵的冷空气再经过夜间辐射冷却后生成的平流辐射霜冻。平流霜冻和平流辐射霜冻多发生在晴朗微风的夜间，日出前后最重。在低处（谷地、坡地下部）危害最重。

霜冻的人工防御主要是影响形成霜冻的条件和减轻农作物等受到的霜冻灾害。国内外人工防霜冻的方法主要有：熏烟法、造雾法、覆盖法、动力混合近地面层空气，还有给叶面洒水，在准确预报的基础上，在霜冻来临前灌水以增加土壤热容使其不易降温等。我国较广泛使用的主要是熏烟法。烟雾防霜的物理基础在于升温热效应：

$$\Delta T = \Delta T_R + \Delta T_D + \Delta T_L \tag{2-22}$$

式中：$\Delta T$——烟雾防霜升温的热效应。

$\Delta T_R$——烟雾对下垫面有效辐射的削弱。

$\Delta T_D$——发烟剂燃烧形成烟时所散发出的热量。

$\Delta T_L$——水汽凝结在烟粒子上释放的潜热。

成功案例：吉林省人工增雨防雹办公室于1993—1995年秋季开展了烟雾防霜试验，试验结果如下：

一是使用“硝蒽”防霜剂，在晴朗的夜间熏烟，烟雾覆盖后，影响区的气温和地面温度都比周围对比区明显上升，一次熏烟产生一个峰值，维持时间30～60 min。

二是使用这种烟雾剂，可使烟雾覆盖区比周围平均升温1 ℃左右，最大升温1.5 ℃，只要使用得当，就能较好地防止在作物临界低温值附近的霜冻害。

三是如果利用人工防霜方法躲过第一场早霜，就可为作物夺回5～7 d的生长期，可使玉米增产14%～20%，高粱增产17%～24%；水稻增产9%～12%。

8. 人工抑制雷电原理

频繁产生的雷电经常给人类带来巨大的危害和损失，因此，科学家们想方设法利用各种技术来进行人工引雷或消雷的试验。人工抑制雷电的科学试验主要以下3种：

一是在雷雨云尚未到达成熟阶段之前，利用火箭、激光人工引雷，同期释放雷雨云电荷，削弱雷电强度，减少强雷电发生。

二是在雷雨尚云未到达成熟阶段之前，利用高射炮和火箭等把大量的金属粉或包着铝锚的尼龙纤维（长约10 cm）发射到云中，这些导电性良好的物体进入云中后，可以改善云的导电性能，起到分散云中电荷的作用，云中不能形成电荷中心，也就降低了产生雷电的可能性。

三是研究表明云中的起电过程与云中冰相物质的出现有关，因此在雷雨云形成之初就向云中播撒大量的人造冰核（如碘化银），使得云中的过冷水滴提前冻结成冰晶，并从云中掉下来，就有可能在雷雨云成熟之前使之消散，从而减少雷电的发生。

总之，人工抑制雷电的试验次数还不多，效果也不很显著，仍处在探索试验阶段。

## 三、人工影响天气与污染气象的关系

通过人工影响天气技术手段对与大气污染密切相关的污染气象状态进行人工干预的目的就是促使污染气象状态朝着有利于降低大气中已经存在的大气污染物浓度或清除、转移大气中已经存在的大气污染物从而防止大气污染气象风险向大气污染事件转变，有效减轻大气污染对环境和人类的影响程度，防止或减少大气污染事件发生。这一目的表明可以根据与大气污染密切相关的污染气象状态变化规律研究成果，找到人工影响天气技术手段对其作用的条件来利用规律，并在尊重规律的基础上充分发挥人的主观能动性和充分应用人工影响天气科技成果与污染气象研究成果，干预污染气象状态向有利于清除、转移大气污染物或（和）降低大气污染物浓度的新状态转化，构建人工影响天气对污染气象状态干预的新关系，为大气污染治理提供气象科技支撑与保障。因此，人工影响天气与污染气象关系主要存在科学催化关系、科学改变关系、科学试验关系。

### （一）人工影响天气对污染气象的科学催化关系

人工影响天气对污染气象的科学催化关系主要表现在人工影响天气科学催化增雨作业干预污染气象状态，从而有效提升大气的污染物湿清除能力方面，但人工影响天气对污染气象状态的科学催化关系必须以污染气象状态适宜人工催化增雨作业条件为前提，也即是建立在污染气象状态有适宜人工催化增雨作业条件基础上的科学催化关系。若忽视了污染气象状态适宜人工催化增雨作业条件的前提与基础的科学催化关系，就会出现盲目的、无效的、劳民伤财的人工催化增雨作业，也不可能干预污染气象状态向有利于清除、转移大气污染物或（和）降低大气污染物浓度的新状态转化。因此，人工影响天气对污染气象的科学催化关系虽然适用于各种尺度的大气污染治理，但必须是建立在人工影响天气基本原理基础上的科学催化关系。

（二）人工影响天气对污染气象的科学改变关系

人工影响天气对污染气象的科学改变关系主要表现在人工影响天气的人造微雨（云雾）作业改变有限空间污染气象状态向有利于清除、转移大气污染物或（和）降低大气污染物浓度的新状态转化，从而有效提升有限空间大气的污染物湿清除能力方面。虽然人工影响天气对有限空间污染气象的科学改变关系不以有限空间污染气象状态适宜人造微雨（云雾）作业条件为前提，但必须以有限空间环境空气质量监测数据和实时污染气象观测数据为依据，结合有限空间大气污染物特性和有限空间周边环境实际状况科学制定人造微雨（云雾）作业实施方案，确保有限空间大气污染物被湿清除既经济又有效为前提，也即是建立在科学制定人造微雨（云雾）作业实施方案基础上的科学改变关系。若忽视了科学制定人造微雨（云雾）作业实施方案的前提与基础的科学改变关系，就会出现盲目的、无效的、劳民伤财的人造微雨（云雾）作业。因此，人工影响天气对污染气象的科学改变关系虽然适用于有限空间大气污染治理，但有限空间大小与有限空间大气污染治理的经济效益密切相关，使人工影响天气对污染气象的科学改变关系必须是建立在人工影响天气基本原理和科学制定人造微雨（云雾）作业实施方案基础上的科学改变关系。

（三）人工影响天气对污染气象的科学试验关系

人工影响天气对污染气象的科学试验关系主要表现在探索人工影响天气新技术干预大气环境热力、动力条件，改变大气层结的科学试验，从而有效提升无降水条件下大气污染物输送稀释、扩散稀释、迁移稀释能力和干清除能力；以及人工影响天气新技术干预、破坏大气二次污染物（光化学烟雾）形成的气象条件的科学试验，从而有效提升晴空条件下清除或减少大气中二次污染细颗粒物积累到有害程度的能力等两个方面。虽然目前人工影响天气新技术干预污染气象状态向有利于清除、转移大气污染物或（和）降低大气污染物浓度的新状态转化的科学试验还处于探索性科学试验研究阶段，但随着现代科学技术发展和人工影响天气新技术的应用，经济适用的干扰、破坏大气层结和二次污染物（光化学烟雾）形成的气象条件的人工影响天气野外探索性科学试验的创新成果必将尽快投入业务运行试验。因此，人工影响天气对污染气象的科学试验关系是不断推动人工影响天气改善空气质量研究型业务科技创新，实现大气污染科学治理的根本保障。

# 第三章　不利气象条件下的大气污染形成机理研究

## 第一节　气象因素对大气污染的影响分析

### 一、气象要素对大气污染的影响分析

(一)气象要素

气象要素是指描述大气物理状态、物理现象和体现大气物理特性的各项要素。这些要素可分为直接观测的气象要素和通过直接观测气象要素间接求算的气象要素两类型。直接观测的气象要素是指通过气象观测站观测的气温、气压、风、湿度、云、降水、雷电、日照时数、辐射以及各种天气现象等。间接求算的气象要素是指能够描述大气物理状态、物理现象和体现大气物理特性,能够通过间接观测的气象要素与相关公式进行求算而获得的气象要素,如相当温度、位温、空气密度、空气含水量等。凡是能影响大气污染的气象要素称为污染气象要素,污染气象要素主要以是否影响大气污染为判据,与污染气象要素的值或(和)强度无关。而污染气象要素与地面气象观测站观测的常规气象要素总是有千丝万缕的关系,因此,有必要介绍一下地面气象观测站观测的常规气象要素。

1. 气压

气压是指作用在单位面积上的大气压力,它是在任何表面的单位面积上向上延伸到大气上界的垂直空气柱的重量,是空气分子运动所产生的压力。气压的大小同高度、温度、密度等有关,一般随高度升高按指数律递减。

2. 气温

气温是指大气的温度,是空气分子运动的平均动能,表示大气冷热程度。地面大气温度一般指在气象观测站百叶箱内距地面 1.5 m 处观测的大气温度。气温的单位可以用摄氏温度(℃)、华氏温度(℉)、绝对温度(K)三种方式表示,这三种表示方式的气温各种温标基点和换算公式如表 3-1 所示。

**表 3-1　气温各种温标基点和换算公式**

| 温标 | 冰点 | 沸点 | 基点间隔 | 换算公式 |
|---|---|---|---|---|
| 摄氏温度(℃) | 0 | 100 | 100 | $C=\frac{5}{9}(F-32)$ |
| 华氏温度(℉) | 32 | 212 | 180 | $F=\frac{9}{5}C+32$ |
| 绝对温度(K) | 273.15 | 373 | 100 | $K=C+273.15$ |

3. 大气湿度

大气湿度也常简称湿度，表示空气中水汽含量或潮湿的程度，可以用混合比($\gamma$)、比湿($q$)、绝对湿度($p_v$)、水气压($e$)、露点温度、相对湿度等物理量表示。

(1)混合比($\gamma$)

混合比($\gamma$)是指空气中水汽质量($m_v$)与干空气质量($m_d$)之比。其计算公式为：

$$\gamma = m_v / m_d \tag{3-1}$$

单位为：g/g、g/kg。

(2)比湿($q$)

比湿($q$)是指空气中水汽质量($m_v$)与湿空气质量($m_v + m_d$)之比。其计算公式为：

$$\gamma = m_v / (m_v + m_d) \tag{3-2}$$

单位为：g/g、g/kg。

(3)绝对湿度($\rho_v$)

绝对湿度($\rho_v$)也称为水汽密度，是指空气中水汽质量($m_v$)与湿空气体积($v$)之比。其计算公式为：

$$\rho_v = m_v / v \tag{3-3}$$

单位为：$g/cm^3$、$g/m^3$。

(4)水汽压($e$)

水汽压($e$)是指空气中水汽部分作用在单位面积上的压力。以百帕(hPa)为单位。

(5)相对湿度($u$)

相对湿度($u$)是指空气中实际水汽压与当时气温下的饱和水汽压之比。以百分数(%)表示。

(6)露点温度($t_d$)

露点温度($t_d$)是指空气在水汽含量和气压不变的条件下，降低气温达到饱和时的温度。以摄氏度(℃)为单位。

4. 风

风是指空气运动产生的气流，是由许多在时空上随机变化的小尺度脉动叠加在大尺度规则气流上的一种三维矢量。

地面气象观测中测量的风是指空气水平运动产生的气流，是在气象观测站距地面 10 m 处测量的风，并用风向和风速表示。

风向是指风的来向，用十六方位法表示(图 3-1)；以度(°)为单位。最多风向是指在规定时段内出现频数最多的风向。

风速是指单位时间内空气移动的水平距离。风速以米/秒(m/s)为单位。最大风速是指在某个时段内出现的最大 10 min 平均风速；极大风速是指某个时段内出现的最大瞬时风速；瞬时风速是指 3 s 的平均风速；风的平均量是指在规定时段内的平均值，有 3 s、1 min、2 min 和 10 min 的平均值。

风力等级是根据风对地面(或海面)物体影响程度确定，风力等级与风速及其对物体的影响如表 3-2 所示。

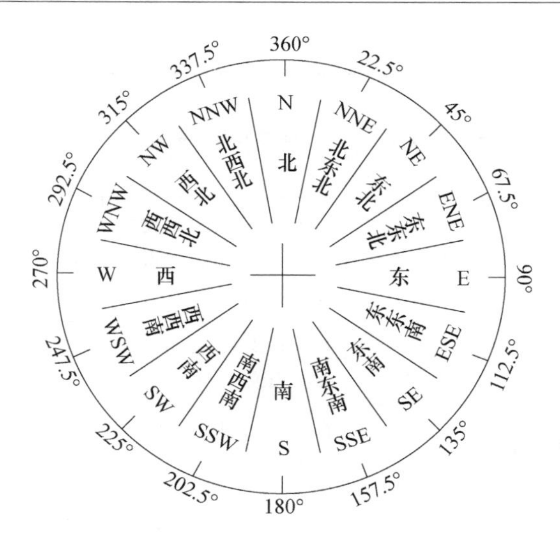


图 3-1　风向十六方位图

**表 3-2　风力等级表**

| 风力等级 | 自由海面状况 浪高 一般(m) | 自由海面状况 浪高 最高(m) | 海上船只现象 | 陆地地面物象征 | 距地 10 m 高度的相当风速 km/s | n mile/h① | m/s |
|---|---|---|---|---|---|---|---|
| 0 | — | — | 静 | 静,烟直上 | 小于 1 | 小于 1 | 0～0.2 |
| 1 | 0.1 | 0.1 | 平常渔船略觉摇动 | 烟能表示风向,但风向标不能转动 | 1～5 | 1～3 | 0.3～1.5 |
| 2 | 0.2 | 0.3 | 渔船张帆时,每小时可随风移行 2～3 km | 人面感觉有风,树叶微响,风向标能转动 | 6～11 | 4～8 | 1.6～3.3 |
| 3 | 0.6 | 1.0 | 小渔船渐觉簸动,每小时可随风移行 5～6 km | 树叶及微枝摇动不息,旌旗展开 | 12～19 | 7～10 | 3.4～5.4 |
| 4 | 1.0 | 1.5 | 渔船满帆时,可使船身倾向一侧 | 能吹起地面灰尘和纸张,树的小枝摇动 | 20～28 | 11～16 | 5.5～7.9 |
| 5 | 2.0 | 2.5 | 渔船缩帆(即收去帆之一部) | 有叶的小树摇摆,内陆的水面有小波 | 29～38 | 17～21 | 8.0～10.7 |
| 6 | 3.0 | 4.0 | 渔船加倍缩帆,捕鱼需注意风险 | 大树枝摇动,电线呼呼有声,举伞困难 | 39～49 | 22～27 | 10.8～13.8 |
| 7 | 4.0 | 5.5 | 渔船停泊港中,在海者下锚 | 全树摇动,迎风步行感觉不便 | 50～61 | 28～33 | 13.9～17.1 |
| 8 | 5.5 | 7.5 | 进港的渔船皆停留不出 | 微枝折毁,人向前行感觉阻力甚大 | 62～74 | 34～40 | 17.2～20.7 |
| 9 | 7.0 | 10.0 | 汽船航行困难 | 建筑物有小损(烟囱顶部及平屋摇动) | 75～88 | 41～47 | 20.8～24.4 |

续表

| 风力等级 | 自由海面状况 | | 海上船只现象 | 陆地地面物象征 | 距地 10 m 高度的相当风速 | | |
|---|---|---|---|---|---|---|---|
| | 浪高 | | | | km/s | n mile/h① | m/s |
| | 一般(m) | 最高(m) | | | | | |
| 10 | 9.0 | 12.5 | 汽船航行颇危险 | 陆上少见，见时可使树木拔起或建筑物损坏较重 | 89～102 | 48～55 | 24.5～28.4 |
| 11 | 11.5 | 16.0 | 汽船遇之极危险 | 陆上很少见，有则必有重大损毁 | 103～117 | 56～63 | 28.5～32.6 |
| 12 | 14 | | 海浪滔天 | 陆上绝少见，摧毁力极大 | 118～133 | 64～71 | 32.7～36.9 |
| 13 | | | | | 134～149 | 72～80 | 37.0～41.4 |
| 14 | | | | | 150～166 | 81～89 | 41.5～46.1 |
| 15 | | | | | 167～183 | 90～99 | 46.2～50.9 |
| 16 | | | | | 184～201 | 100～108 | 51.0～56.0 |
| 17 | | | | | 202～220 | 109～118 | 56.1～61.2 |

①1 n mile＝1.852 km

5. 降水

降水是从天空降落到地面上的液态或固态(经融化后)的水。降水观测包括降水量和降水强度的观测。

降水量是指某一时段内的未经蒸发、渗透、流失的降水，在水平面上积累的深度。以毫米(mm)为单位。

降水强度是指单位时间的降水量，通常测定 5 min、10 min 和 1 h 内的最大降水量。降水强度的划分如下：

小雨：降水强度较小的雨。12 h 内的雨量≥0.1 mm 且≤4.9 mm；或者 24 h 内的雨量≥0.1 mm 且≤9.9 mm；并且将小雨中 24 h 内的雨量＜1.0 mm 的小雨称为微雨。

中雨：降水强度中等的雨。12 h 内的雨量≥5.0 mm 且≤14.9 mm；或者 24 h 内的雨量≥10.0 mm 且≤24.9 mm。

大雨：降水强度大的雨。12 h 内的雨量≥15.0 mm 且≤29.9 mm；或者 24 h 内的雨量≥25.0 mm 且≤49.9 mm。

暴雨：降水强度比较大的雨。12 h 内的雨量≥30.0 mm 且≤69.9 mm；或者 24 h 内的雨量≥50.0 mm 且≤99.9 mm。

大暴雨：降水强度很大的雨。12 h 内的雨量≥70.0 mm 且≤140.0 mm；或者 24 h 内的雨量≥100.0 mm 且≤249.9 mm。

特大暴雨：降水强度特别大的雨。12 h 内的雨量＞140.0 mm；或者 24 h 内的雨量≥250.0 mm。

6. 雪

雪是从天空降落到地面上的固态降水。雪的观测包括降雪量、积雪深度和雪压的观测。

降雪量是指雪融化成水的降水量。

积雪深度也简称为雪深，是从积雪表面到地面的垂直深度，以厘米(cm)为单位。当气象站四周视野地面被雪(包括米雪、霰、冰粒)覆盖超过一半时要观测雪深。

雪压指是单位面积上的积雪重量，以克/平方厘米($g/cm^2$)为单位。当雪深达到或超过5 cm 时要观测雪压。

雪等级的划分如下：

小雪：降雪强度较小的雪。下雪时，12 h 内降水量≥0.1 mm 且≤0.9 mm 的雪；或者 24 h 内降水量≥0.1 mm 且≤2.4 mm 的雪。

中雪：降雪强度中等的雪。下雪时，12 h 内降水量≥1.0 mm 且≤2.9 mm 的雪；或者 24 h 内降水量≥2.5 mm 且≤4.9 mm 的雪。

大雪：降雪强度较大的雪。下雪时，12 h 内降水量≥3.0 mm 且≤5.9 mm 的雪；或者 24 h 内降水量≥5.0 mm 且≤9.9 mm 的雪。

暴雪：降雪强度很大的雪。下雪时，12 h 内降水量≥6.0 mm 的雪；或者 24 h 内降水量≥10.0 mm 的雪。

7. 蒸发量

蒸发是指一定时段内，水面(含结冰时)的水份经蒸发而散布到大气中的相变过程，气象站测定的蒸发量是水面(含结冰时)蒸发量，是指一定口径的蒸发器中，在一定时间间隔内因蒸发而失去的水层深度，以毫米(mm)为单位。

8. 能见度

能见度用气象光学视程表示。气象光学视程是指白炽灯发出色温为 2700 K 的平行光束的光通量，在大气中削弱至初始值的 5%所通过的路径长度。因此，水平能见度是指视力正常的人在当时天气条件下，能够从天空背景中看到和辨认出目标物(黑色、大小适度)的最大水平距离；夜间则是能看到和确定出一定强度灯光(假定总体照明增加到正常白天水平)的最大水平距离，其等级的划分如表 3-3 所示。

**表 3-3　水平能见度等级表**

| 等级 | 定性描述用语 | 水平能见度 |
|---|---|---|
| 1 | 优 | $V \geq 10$ km |
| 2 | 良 | 2 km $\leq V <$ 10 km |
| 3 | 一般 | 1 km $\leq V <$ 2 km |
| 4 | 较差 | 500 m $\leq V <$ 1 km |
| 5 | 差 | 50 m $\leq V <$ 500 m |
| 6 | 极差 | $V <$ 50 m |

注：$V$ 表示水平能见度。

9. 辐射

气象站的辐射测量，包括太阳短波辐射与地球长波辐射两部分。太阳短波辐射主要包括垂直于太阳入射光的直射辐射($S$)、水平面太阳直接辐射($S_L$)太阳辐射经过大气散射或云的反射形成的散射辐射($E_d\downarrow$)、总辐射($E_g\downarrow$)日短波反射辐射($E_r\uparrow$)等；地球长波辐射主要包括大气长波辐射($E_L\downarrow$)、地面长波辐射($E_L\uparrow$)。

10. 日照

日照是指太阳在一地实际照射的时数。在一给定时间，日照时数定义为太阳直接辐照度达到或超过 120 W/m$^2$的那段时间总和，以 24 h 为单位。日照时数也称实照时数。

11. 地温

下垫面温度和不同深度的土壤温度统称地温，以摄氏度(℃)为单位，取 1 位小数。下垫面温度包括裸露土壤表面的地面温度、草面(或雪面)温度及最高、最低温度。

浅层地温包括离地面 5 cm、10 cm、15 cm、20 cm 深度的地中温度。

深层地温包括离地面 40 cm、80 cm、160 cm、320 cm 深度的地中温度。

冻土是指含有水分的土壤因温度下降到 0 ℃或以下而呈冻结的状态。

12. 云

云是悬浮在大气中的小水滴、过冷水滴、冰晶或它们的混合物组成的可见聚合体；有时也包含一些较大的雨滴、冰粒和雪晶。其底部不接触地面。

云的观测主要包括：判定云状、估计云量、测定云高。

13. 天气现象

天气现象是指发生在大气中、地面上的一些物理现象。包括降水现象、地面凝结现象、视程障碍现象、雷电现象和其他现象，这些现象都是在一定的天气条件下产生的。

(1)降水现象

1)雨——滴状的液态降水，下降时清楚可见，强度变化较缓慢，落在水面上会激起波纹和水花，落在干地上可留下湿斑。

2)阵雨——开始和停止都较突然、强度变化大的液态降水，有时伴有雷暴。

3)毛毛雨——稠密、细小而十分均匀的液态降水，下降情况不易分辨，看上去似乎随空气微弱的运动飘浮在空中，徐徐落下。迎面有潮湿感，落在水面无波纹，落在地上只是均匀地润湿，地面无湿斑。

4)雪——固态降水，大多是白色不透明的六出分枝的星状、六角形片状结晶，常缓缓飘落，强度变化较缓慢。温度较高时多成团降落。

5)阵雪等——开始和停止都较突然、强度变化大的降雪。

6)雨夹雪——半融化的雪(湿雪)，或雨和雪同时降下。

7)阵性雨夹雪——开始和停止都较突然、强度变化大的雨夹雪。

8)霰——白色不透明的圆锥形或球形的颗粒固态降水，直径 2～5 mm，下降时常呈阵性，着硬地常反跳，松脆易碎。

9)米雪盘——白色不透明的比较扁、长的小颗粒固态降水，直径常小于 1 mm，着硬地不反跳。

10)冰粒——透明的丸状或不规则的固态降水，较硬，着硬地一般能反跳。直径小于 5 mm。有时内部还有未冻结的水，如被碰碎，则仅剩下破碎的冰壳。

11)冰雹——坚硬的球状、锥状或形状不规则的固态降水，雹核一般不透明，外面包有透明的冰层，或由透明的冰层与不透明的冰层相间组成。大小差异大，大的直径可达数十毫米。常伴随雷暴现现。

(2)地面凝结现象

1)露——水汽在地面及近地面物体上凝结而成的水珠(霜融化成的水珠不记录)。

2)霜——水汽在地面和近地面物体上凝华而成的白色松脆的冰晶；或由露冻结而成的冰珠。易在晴朗风小的夜间生成。

3)雨凇——过冷却液态降水碰到地面物体后直接冻结而成的坚硬冰层，呈透明或毛玻璃状，外表光滑或略有隆突。

4)雾凇——空气中水汽直接凝华，或过冷却雾滴直接冻结在物体上的乳白色冰晶物，常呈毛茸茸的针状或表面起伏不平的粒状，多附在细长的物体或物体的迎风面上，有时结构较松脆，受震易塌落。

(3)视程障碍现象

1)雾——大量微小水滴或冰晶浮游空中，常呈乳白色，使水平能见度小于1.0 km。高纬度地区出现冰晶雾也记为雾，并加记冰针。根据能见度雾分为三个等级：

雾：能见度0.5 km～小于1.0 km。

浓雾：能见度0.05 km～小于0.5 km。

强浓雾：能见度小于0.05 km。

2)轻雾——微小水滴或已湿的吸湿性质粒所构成的灰白色的稀薄雾幕，使水平能见度大于等于1.0 km至小于10.0 km。

3)吹雪——由于强风将地面积雪卷起，使水平能见度小于10.0 km的现象。

4)雪暴——大量的雪被强风卷着随风运行，并且不能判定当时天空是否有降雪。水平能见度一般小于1.0 km。

5)烟幕——大量的烟存在空气中，使水平能见度小于10.0 km。城市、工矿区上空的烟幕呈黑色、灰色或褐色，浓时可以闻到烟味。

6)霾——大量极细微的干尘粒等均匀地浮游在空中，使水平能见度小于10.0 km的空气普遍混浊现象。霾使远处光亮物体微带黄、红色，使黑暗物体微带蓝色。

7)沙尘暴——由于强风将地面大量尘沙吹起，使空气相当混浊，水平能见度小于1.0 km。根据能见度沙尘暴分为三个等级：

沙尘暴：能见度0.5 km～小于1.0 km。

强沙尘暴：能见度0.05 km～小于0.5 km。

特强沙尘暴：能见度小于0.05 km。

8)扬沙——由于大风将地面尘沙吹起，使空气相当混浊，水平能见度大于等于1.0 km至小于10.0 km。

9)浮尘——尘土、细沙均匀地浮游在空中，使水平能见度小于10.0 km。浮尘多为远处尘沙经上层气流传播而来，或为沙尘暴、扬沙出现后尚未下沉的细粒浮游空中而成。

(4)雷电现象

1)雷暴——为积雨云云中、云间或云地之间发生的放电现象。表现为闪电并有雷声，有时亦可只闻雷声而不见闪电。

2)闪电——为积雨云云中、云间或云地之间发生放电时伴随的电光，但不闻雷声。

3)极光——在高纬度地区(中纬度地区也可偶见)晴夜见到的一种在大气高层辉煌闪烁的彩色光弧或光幕。亮度一般像满月夜间的云。光弧常呈向上射出活动的光带，光带往往为白色稍带绿色或翠绿色，下边带淡红色；有时只有光带而无光弧；有时也呈振动很快的光带或光幕。

(5)其他现象

1)大风——瞬时风速达到或超过17.0 m/s(或目测估计风力达到或超过8级)的风。

2)飑——突然发作的强风，持续时间短。出现时瞬时风速突增，风向突变，气象要素随之亦有剧烈变化，常伴随雷雨出现。

3)龙卷——一种小范围的强烈旋风，从外观看，是从积雨云(或发展很盛的浓积云)底盘旋下垂的一个漏斗状云体。有时稍伸即隐或悬挂空中；有时触及地面或水面，旋风过境，对树木、建筑物、船舶等均可能造成严重破坏。

4)尘卷风——因地面局部强烈受热，而在近地面气层中产生的小旋风，尘沙及其他细小物体随风卷起，形成尘柱。很小的尘卷风，直径在 2 m 以内，高度在 10 m 以下的不记录。

5)冰针——飘浮于空中的很微小的片状或针状冰晶，在阳光照耀下，闪烁可辨，有时可形成日柱或其他晕的现象。多出现在高纬度和高原地区的严冬季节。

6)积雪——雪(包括霰、米雪、冰粒)覆盖地面达到气象站四周能见面积一半以上。

7)结冰——指露天水面(包括蒸发器的水)冻结成冰。

(二)不同气象要素对大气污染的影响

虽然大气污染物的形成原因较为复杂，且其影响因素众多，既与污染源排放有关，又与当地气象条件密切相关，也有可能与外来因素的影响有关。但研究表明，大气污染源排放强度和大气污染源所在地当时的气象条件共同对大气污染物的分布与扩散起主要作用。在大气污染物稳定排放的条件下，大气污染状况主要取决于大气边界层对大气污染物的湿清除、干清除、扩散、稀释、输送、氧化、还原等物理化学作用的能力，可见气象要素对大气污染状况有着显著影响。如降水可明显降低大气污染，改善空气质量；而风的大小和风向对大气污染状况的影响有明显差异，具有正反两方面的效应。如，风对大气污染源所在地具有正效应，但对下风方向的区域却具有负效应，并且风速在一定临界值范围内，风速越大其正效应越显著，而风速大于一定临界值时，风速越大其负效应越显著，当然不同地区的风速的临界值是有差异的。因此，不同气象要素对大气污染的影响极其复杂，需要结合不同气象要素对大气污染具体影响的背景资料专题研究，为此下面仅仅介绍地面气象观测站观测的常规气象要素对大气污染的常规影响。

1. 气压对大气污染的影响

气压对大气污染的常规影响主要体现在气压与大气污染程度有显著的正效应。大气污染物的扩散与大范围的天气背景有关，当受低压控制时，大气处于中性或不稳定状态，低层空气辐合上升，近地面的污染物随空气上升到高空，有利于近地面污染物向高空扩散和雨水稀释，有利于改善空气质量；当受高压控制时，空气作下沉运动，并常形成下沉逆温，阻止污染物的向上扩散，如果高压移动缓慢，长期停留在某一地区，就会造成由于高压控制伴随而来的小风速和大气稳定层结，不利于污染物的稀释和扩散，若再加上不利的地形条件，往往造成严重的污染事件。

2. 气温对大气污染的影响

气温对大气污染的常规影响主要体现在三个方面：一是随着温度的升高，大气处于不稳定状态，大气对流层内垂直对流运动增强，强化了大气中污染物的输送，有利于大气中的污染物浓度降低；当温度降低时，大气变得稳定，大气对流层内垂直对流运动减弱，弱化了大气中的污染物的垂直输送，不利于大气中的污染物浓度降低。二是随着温度的升高，因为升温造成在摩擦层内动力和热力增大而引起强烈湍流交换，促使温度的垂直递减接近于绝热状况，而在摩擦层之上的空气层中湍流运动却非常弱，这样在摩擦层顶与摩擦层以上的过渡层会形成湍流逆温，这时大气状况十分稳定，处于逆温层中的污染物不易扩散，尤其日出前后形成的逆温层极易造成近地面空气污染事件发生。三是近地面气温与 $O_3$ 浓度呈显著正相关关系，这是因为 $O_3$ 主要来自于 $NO_x$、CO 和 $VOC_s$ 在适当光照和温度下发生的光化学反应，太阳辐射较强时气温一般较高，导致 $O_3$ 产生并使其浓度升高，极易造成大气 $O_3$ 污染。

3. 大气湿度对大气污染的影响

大气湿度对大气污染的常规影响主要体现在大气湿度对大气污染有显著正效应作用。大气湿度升高时，硫化物、烟尘等污染物浓度升高，灰尘等颗粒物作为水汽的凝结核，凝结后沉于大气低层，使灰尘浓度升高，在足够的湿度和温度条件下形成雾。空气中悬浮的雾滴极易捕获空气中的污染粒子，也易吸附气态污染物，加重了低层空气的污染。因此，在一定的湿度范围内，相对温度越大越有利于形成颗粒物，在高湿度情况下更容易发生严重污染。

4. 风对大气污染的影响

风对大气污染的常规影响主要表现在三个方面：一是风向决定了大气污染影响的方位，大气污染物总是沿主导风向下风方进行水平输送，因此风向决定大气污染物浓度的分布，下风方向的区域由于风对大气污染物的水平输送，容易形成大气污染。二是风速表征了大气污染物的输送速率，使大气污染物在输送过程中不断混入新的空气量，但风速对大气污染物的浓度具有双重影响，风速在一定临界值范围内，风速越大混入新的空气量越多，有利于空气污染物的扩散和稀释，此时风速与污染物的浓度呈现负相关；风速超过这一临界值范围，风速增大将使大气中可吸入颗粒物浓度开始受地面开放源（如扬尘）的影响，导致空气中可吸入颗粒物浓度明显升高，此时风速与污染物的浓度呈正相关。如周兆媛等（2014）研究表明，北京和石家庄的风力临界值为 4 级，天津的风力临界值为 5 级。三是静风出现次数是衡量大气污染程度的另一个重要指标，如果静风频率很大，大气污染物常常不能输送出去，极易引起严重污事件。

5. 降水对大气污染的影响

降水对大气污染的常规影响主要体现在降水对大气污染物能起净化和再分布的作用，降水强度越大、持续时间越长，对大气污染物的冲刷作用越明显。例如，2016 年 5 月西安出现 5 次降水过程，伴随着每次降水过程，AQI 值均有明显下降。其中 5 月 7 日降水 5.6 mm 后，AQI 值从 113 降至 72；5 月 13—14 日持续降水 34.4 mm 后，AQI 值从 195 降至 47，11 月 6—7 日持续降水 14.5 mm 后，AQI 值从 210 降至 68，11 月 21—22 日持续降水 18.9 mm 后，AQI 值从 173 降至 42。另外，降水的净化作用还包括云、雾滴的吸收和降水粒子对大气污染颗粒物的冲刷与对大气污染气体的溶解作用等。因此，降水量与污染物的浓度呈现负相关。

6. 蒸发量对大气污染的影响

由于蒸发量主要影响大气湿度，因此，其对大气污染的常规影响主要体现在大气湿度对大气污染的常规影响。

7. 能见度受大气污染的影响

由于能见度属于气象光学视程范畴，受到大气污染物浓度影响，尤其是受大气污染颗粒物浓度的显著影响，可以用作表示大气污染程度的指标。

8. 辐射对大气污染的影响

辐射对大气污染的常规影响主要体现在辐射对大气污染的正效应作用，主要表现在以下两个方面：一是大气污染物在辐射的影响下发生极为复杂的化学反应，这些反应可使污染物毒性增强或减弱，或者丧失，或者形成新的污染物。如，$SO_2$ 在日光照射下可氧化成 $SO_3$，$SO_3$ 溶于大气中的水，形成硫酸雾滴；同时 $SO_2$ 也可溶于云雾滴中，形成亚硫酸，再氧化成 $H_2SO_4$。$NO_x$ 与臭氧化合溶于大气云雾滴中，可形成 $HNO_3$。云雾滴中 $H_2SO_4$ 和 $HNO_3$ 可能与其他物质化合形成盐类。二是 $NO_x$ 和碳氢化合物共存于大气中，经紫外线照射，会发生光化学反应而产生危害甚大的光化学烟雾。

9. 日照

日照与辐射对大气污染的常规影响基本相似。例如，杜怡心等（2018）对西安2015—2016年5—9月大气臭氧污染对比分析表明：日照偏强有利于$O_3$生成，造成$O_3$作为首要污染物的日数增多。因此，日照对大气污染的常规影响可参阅辐射对大气污染的常规影响。

10. 地温对大气污染的影响

地温对大气污染的影响主要体现在两个方面：一方面地面温度降低，近地面的空气温度也随之降低，容易形成逆温层，导致在地面上逆温层下的大气污染物不容易穿过逆温层向上扩散，形成地面大气污染；另一方面地面温度升高，有利于近地面空气温度升高，促进地面气流上升运动，降低近地面大气污染浓度，改善近地面空气质量。

11. 云（雾）对大气污染的影响

云（雾）对大气污染的常规影响主要体现在云（雾）对大气污染的正效应作用。空气中水汽丰沛发生凝结形成天空的云或地面的雾。不管是云或是雾，其形成都是有一定的条件的。当大气中有充足的水汽，有足够多的凝结核，就可能形成各种不同的云或雾。云雾形成必备的条件之一，就是凝结核。凝结核其实就是空气中的固体杂质。这些固体杂质是由于垂直气流和湍流带到大气中的土壤、风化岩石等微粒、各种燃烧烟尘，如森林失火、工业烟尘等固体污染物质，它们为云（雾）的形成提供了必要条件。因此，在大的工业区出现雾的机会比一般地区要多一些。据统计，市区的大气污染物质中微粒状物质浓度是郊区的3～7倍，云量比郊区多5%～10%，雾在夏季比郊区多30%，在冬季比郊区多100%。

（三）气象要素耦合效应对大气污染的影响

虽然不同气象要素对大气污染的影响具有显著差异，但是不同气象要素不可能单独对大气污染产生影响，常常是多种气象要素的耦合效应对大气污染产生极其复杂的影响。因此，下面以连东英等（2009）针对福建省三明市大气$PM_{10}$浓度突变及影响因子分析的研究成果为例，详细论述气象要素耦合效应对大气污染的影响。

1. 资料选取与处理

三明市是福建省的重工业城市，空气污染较为严重，大气中的首要污染物是$PM_{10}$，其主要来源是工厂、交通运输、建筑施工等产生的废气、烟尘和扬尘等，出现率超过99%，因此，$PM_{10}$的突变特征基本代表了三明市空气污染程度的突变特征。

$PM_{10}$的日监测数据取自三明市环境监测站2004—2007年逐日监测资料，市区共有三元区政府、三明二中、三明钢铁厂3个采样点，取它们逐日平均浓度的算术平均值代表三明市的$PM_{10}$平均状况，4年共有1061个样本。并且定义相邻两天$PM_{10}$变化值超过0.040 mg/m³，即$PM_{10}(N+1)-PM_{10}(N)\geqslant 0.040$ mg/m³，代表空气污染程度突增，称正突变；$PM_{10}(N+1)-PM_{10}(N)\leqslant -0.040$ mg/m³，代表空气污染程度突减，称负突变；$PM_{10}(N+1)-PM_{10}(N)=0$定义为平稳值。2004—2007年共发生突变事件385次，占总样本的26.4%，其中正突变181次，负突变204次。气象资料取自三明市气象局归档资料，包括2004—2007年逐日08时850 hPa天气图和三明市地面气象要素日平均（气压、降水、风向风速、相对湿度、云量等）资料。天气系统分类以850 hPa天气图为主，根据厦门、福州、邵武、南昌、赣州、大陈、衢州、汕头、台北和花莲10个探空站850 hPa的风向进行划分，共分7类：大陆高压、暖区辐合、切变线（或低涡）、低槽（或倒槽）、台风、副热带高压和均压场。

2. $PM_{10}$突变事件与地面气象要素的关系

挑选气压($p$)、风速($V$)、日平均气温($T$)、日最高气温($Tg$)、日最低气温($Td$)、相对湿度($Q$)、降水($R$)和蒸发量($H$)8个地面气象要素值，统计它们与$PM_{10}$突变事件的关系如表3-4所示。

**表3-4　三明市$PM_{10}$突变事件发生时地面气象要素场变化及趋势频数**　（单位：%）

| 地面气象要素日际差 | 正突变 | | 平稳值 | 负突变 | |
|---|---|---|---|---|---|
| | 平均变化幅度 | 趋势频数 | 平均变化幅度 | 平均变化幅度 | 趋势频数 |
| $\Delta p$(hPa) | −0.98 | 下降65.2 | −0.11 | 1.53 | 上升65.5 |
| $\Delta V$(m/s) | −0.23 | 下降56.9 | −0.02 | 0.30 | 上升57.6 |
| $\Delta T$(℃) | 1.37 | 上升75.7 | 0.08 | −1.65 | 下降68.0 |
| $\Delta Tg$(℃) | 2.33 | 上升74.6 | 0.11 | −2.71 | 下降78.3 |
| $\Delta Td$(℃) | 0.64 | 上升60.0 | 0.07 | −0.95 | 下降61.6 |
| $\Delta Q$(%) | −0.96 | 下降50.3 | −0.02 | 0.82 | 上升51.7 |
| $\Delta R$(mm) | −1.75 | 下降34.3 | 0.03 | 1.42 | 上升40.4 |
| $\Delta H$(mm) | 0.58 | 上升62.4 | 0.01 | −0.50 | 下降54.2 |

从表3-4可知，$PM_{10}$平稳时地面气象要素场的平均变化幅度很小，而出现正、负突变时的地面气象要素场的平均变化幅度较大，且趋势正好相反。其中正突变时，气压、风速、相对湿度和降水量的变化趋势是下降的，出现频率分别为65.2%、56.9%、50.3%和34.3%，日平均气温、日最高气温、日最低气温和蒸发量的变化趋势则是上升的，出现频率分别为75.7%、74.6%、60.0%和62.4%；负突变时，气压、风速、相对湿度和降水量的变化趋势是上升的，出现频率分别为65.5%、57.6%、51.7%和40.4%，日平均气温、日最高气温、日最低气温和蒸发量的变化趋势则是下降的，出现频率分别为68.0%、78.3%、61.6%和54.2%。可见，$PM_{10}$的突变事件与地面气象要素场的变化有着一定的相关，其中与温度、气压的相关最好，超过60%，而与降水量的相关只达到35%左右，这可能与发生降水时其他地面气象要素的变化有关。

通过将地面气压日际差分为正、负值，以气压升高与降低作为划分界线，统计风向、温度（日平均气温、日最高气温、日最低气温）、相对湿度和降水量、蒸发量的变化情况，寻找$PM_{10}$突变时地面气象要素场的配置特征及对应的地面天气形势。表3-5为当三明市$PM_{10}$突变事件发生时地面气象要素场的配置情况及其对应的地面天气形势。

**表3-5　突变事件发生时地面要素场的配置情况及其对应的天气形势**

| 突变事件 | $\Delta p$ | $\Delta V$ | $\Delta T$ | $\Delta Tg$ | $\Delta Td$ | $\Delta Q$ | $\Delta R$ | $\Delta H$ | 地面要素场配置 | 典型地面天气形势 |
|---|---|---|---|---|---|---|---|---|---|---|
| 正突变 | −2.26 | −0.25 | 1.74 | 2.58 | 1.23 | 0.88 | 0.11 | 0.37 | $p\downarrow V\downarrow T\uparrow Tg\uparrow$ $Td\uparrow Q\uparrow R\uparrow H\uparrow$ | 锋前暖区辐合、入海高压后部、地面倒槽 |
| | 1.62 | −0.24 | 0.62 | 1.72 | −0.49 | −5.04 | −6.01 | 0.96 | $p\uparrow V\downarrow T\uparrow Tg\uparrow$ $Td\downarrow Q\downarrow R\downarrow H\uparrow$ | 大陆冷高压中心或底部 |
| 正突变 | 3.01 | 0.47 | −2.36 | −3.50 | −1.60 | 0.06 | −0.58 | −0.49 | $p\uparrow V\uparrow T\downarrow Tg\downarrow$ $Td\downarrow Q\uparrow R\downarrow H\downarrow$ | 大陆冷高压前部、冷锋过境 |
| | −1.39 | −0.04 | −0.22 | −1.08 | 0.40 | 1.77 | 5.81 | −0.36 | $p\downarrow V\downarrow T\downarrow Tg\downarrow$ $Td\uparrow Q\uparrow R\uparrow H\downarrow$ | 静止锋、低槽、低涡、台风、台风倒槽 |

从表3-5可知，发生正突变事件的地面要素场配置有两种，多数情况是气压下降，风力减弱，日平均气温、日最高气温、日最低气温均升高，相对湿度上升，无降水或弱降水，蒸发量增大，对应典型地面天气形势有锋前暖区辐合、入海高压后部和地面倒槽，表现为影响区域受一致的西南或偏南暖湿气流影响，气温回升明显，湿度升高迅速，气压下降，风速较小，无降水或弱降水对空气清洗能力弱，污染物垂直和水平输送能力差，导致大气污染程度加重。另一种情况是气压升高，风力减弱，日平均气温、日最高气温升高，日最低气温降低，相对湿度下降，无降水或降水明显减小，蒸发量明显加大，对应典型地面天气形势为大陆冷高压中心或底部控制，表现为影响区域受不断入侵的冷空气影响，气压升高，天气晴朗，昼夜温差明显，风速小，相对湿度急剧减小，造成$PM_{10}$浓度突增。

发生负突变事件的地面要素场配置也有2种，多数情况是气压突升，风速加大，月平均气温、日最高气温、日最低气温均明显降低，相对湿度维持，冷高压控制无降水，或冷锋过境出现降水，对应典型地面天气形势有大陆冷高压前部和锋面过境，前者影响下出现晴好天气，后者出现降水天气，表现为影响区域受强冷空气侵袭，处于庞大的大陆冷高压前部，气压升高，温度降低，没有出现降水，风速较大，有利于污染物水平扩散；若出现降水一般是冷锋过境出现一定程度的降水，降水有利于大气污染物的清除，造成$PM_{10}$浓度突减。另一种情况是气压下降，风力变化不大，日平均气温、日最高气温下降，日最低气温升高，相对湿度上升，出现较强降水，蒸发量减小，对应典型地面天气形势是静止锋、低槽、低涡、台风或台风倒槽等低值系统，表现为影响区域受强降水天气系统影响，大气中有明显的上升运动，有利于把局地污染物抬升至云外，同时降水使空气变得清洁，导致空气质量转好。

3. 结论

当地面气象要素场出现气压、风速、相对湿度、降水量下降而温度、蒸发量上升的配置时，$PM_{10}$易发生正突变；当出现气压、风速、相对湿度、降水量上升而温度、蒸发量下降的配置时，$PM_{10}$易发生负突变。

连东英等(2009)针对福建省三明市大气$PM_{10}$浓度突变及影响因子分析的研究成果证明了不同气象要素不是单独对大气污染产生影响，常常是多种气象要素的耦合效应对大气污染产生极其复杂的影响。

## 二、天气因素对大气污染的影响分析

### (一)天气

1. 天气定义

天气是指某一个地区距离地表较近的大气层在短时间内的具体状态。而天气现象则是指发生在大气中、地面上许多可以观测到的各种物理现象，即某瞬时内大气中各种气象要素(如气温、气压、湿度、风、云、雾、雨、闪、雪、霜、雷、雹、霾等)空间分布的综合表现。

在中国气象局编定的《地面气象观测规范》中，将这些可观测到的物理现象分为降水现象、地面凝结现象、视程障碍现象、雷电现象和其他现象5类计34种。

2. 天气系统

天气系统是指引起天气变化和分布的高压、低压和高压脊、低压槽等具有典型特征的大气运动系统，也即对天气形成具有重要影响的流场、气压场、温度场和湿度场上的特定系统，或特定天气现象。在流场上有波、气旋、反气旋、切变线、辐合带、台风、急流、飑线、龙卷等；在气压场上有低压、高压、低压槽、高压脊等；在温度场上有气团、锋等；在湿度场上有干区、湿区、露点锋等;诸气象要素场相结合的有冷高压、热低压、冷槽、暖脊、能量锋等;特定天气现象的天气系统有雷暴、雹暴、云团等。根据气象卫星观测资料分析表明,各种天气系统都具有一定的空间尺度和时间尺度,而且各种尺度系统间相互交织、相互作用,并且在大气运动过程中发生演变。许多天气系统的组合,构成大范围的天气形势,构成半球甚至全球的大气环流。虽然天气系统总是处在不断新生、发展和消亡过程中,各种天气系统有不同的生消条件和能量来源,即使特征尺度同属一类的系统,其生消条件和能量来源也有所不同,但是各种天气系统在不同发展阶段有着其相对应的天气现象出现。

(1)天气系统的特征尺度

各类天气系统均有一定的特征尺度。空间尺度主要以天气系统的水平尺度的大小来衡量,水平尺度系指天气系统的波长或扰动直径;时间尺度以天气系统的生命史的时间长短来衡量,生命史系指天气系统由新生到消亡的生消过程。一般天气系统的水平尺度越大,其时间尺度也越长。

(2)天气系统类型

由于天气系统的分类在国际上也不完全统一,常常以天气系统的时空特征尺度来分类。而大气中各类天气系统的特征尺度相差很大,有大至上万千米的,如超长波、副热带高压,也有小至几百米的,如龙卷。一般按时空特征尺度可分为五类,即:行星尺度天气系统、天气尺度天气系统、中间尺度天气系统、中尺度天气系统和小尺度天气系统。另外,天气尺度天气系统和中间尺度天气系统也常称为大尺度天气系统,并且各种不同尺度的天气系统有其不同的特性,他们之间是互相联系、互相制约的,也可互相转化。通过对不同天气系统的特征及其相互关系的分析,来认识天气现象演变的规律,进行天气预报。

1)小尺度天气系统

小尺度天气系统是指水平尺度一般为10 km左右,时间尺度一般为几分钟到几小时的天气系统。如龙卷、对流单体等。

2)中尺度天气系统

中尺度天气系统是指水平尺度一般为几十到几百千米水平,时间尺度几小时到十几小时的天气系统。如强雷暴、飑线、海陆风、中尺度低压、雷暴高压等。

3)中间尺度天气系统

中间尺度天气系统是指水平尺度一般为几百千米到1000 km左右,时间尺度十几小时到1 d的天气系统。如梅雨锋上的小扰动(小低压或气旋性小涡旋)、夏季从四川东移的西南涡和从青海湖东移的西北涡(但其生命较长,可达数天之久)、沿高空冷涡后部的西北气流里产生的小槽或风向切变(见切变线)等。中间尺度天气系统是介于天气尺度天气系统和中尺度天气系统之间,其水平尺度、时间尺度与天气尺度天气系统、中尺度天气系统的水平尺度、时间尺度有一定的过渡区。中间尺度天气系统主要出现在对流层的下部,其流场特征(气旋环流或切变)比气压场(低气压)明显。它在地面天气图的气压场上难以看出,需要经过一定方法的处理后才能显示出中间尺度的气压系统。

4)天气尺度天气系统

天气尺度天气系统是指水平尺度一般为500～3000 km,时间尺度一天到几天的天气系统。如锋、气旋、反气旋、台风等。

5)行星尺度天气系统

行星尺度天气系统是指水平尺度一般为3000～10000 km,时间尺度3～10 d的天气系统，是具有影响全球、半球或洲际范围的天气系统。如超长波、长波、副热带高压、热带辐合带等。

3．天气形势

天气形势是指天气系统在天气图上的分布特征及其所表示的大气运动状态，又称环流形势或气压形势。一般指大范围地区的天气形势，如北半球天气形势、欧亚天气形势等。虽然天气形势由各种不同尺度的天气系统组成，但其基本特征决定于行星尺度的天气系统。由于后者在高空的反映最明显，所以高空天气形势较地面更受重视。

天气形势每天都在变化，但就大范围而言，按其特征，仍可归纳为不同的类型，又称天气型，如纬向环流型、经向环流型等。每种天气型都有相应的天气过程和天气分布，一种天气类型稳定维持时，相似的天气变化过程将反复出现。另外，天气系统的发生、发展、减弱、消亡和各类天气过程的出现，都与天气形势变化有关，并且不同地域的地理环境导致其天气形势类型具有明显的差异。因此，正确的天气形势分析是天气预报的主要科学依据，也是提供国防和国民经济建设部门了解天气变化大概趋势的依据之一。所以，在用天气图方法制作短期和中期天气预报时，须先作天气形势（天气类型）预报，只有在正确的形势预报的基础上，才可能做出正确的天气预报。

4．天气过程

天气过程是指一定地区的某种天气及其相应的天气系统发生、发展的过程，也即天气过程就是一定地区的天气现象随时间的变化过程。如寒潮天气过程、降水天气过程、台风天气过程、对流性天气过程等。了解各种天气过程的发展规律，揭露其发展的物理机制，对于做好天气预报有重要的意义。天气过程具有不同的空间和时间尺度，尺度较大的天气过程是尺度较小的天气过程的背景，它制约着尺度较小的天气过程的发展。例如，一次大范围降水天气过程中，就包含有若干小的局地暴雨天气过程。反之，尺度较小的天气过程也可对尺度较大的天气过程产生反馈作用，改变尺度较大的天气过程的进程。为了寻求天气过程的演变规律，人们常常针对某一类天气系统或某一类天气，根据其在历史上多次发生、发展的特征，综合归纳为一种或几种典型的天气过程模式，如锋面气旋模式、寒潮、冰雹天气过程模式等。有时，还可将一个天气过程模式划分为几个阶段，如寒潮天气过程模式可分为酝酿、发展和爆发三个阶段。将实际天气过程的发展与典型天气过程模式相对比，找出相似于模式的过程，有助于做出正确的天气预报。分析和建立典型的天气过程模式，是天气学研究的一项重要内容。

因此，天气过程是天气分析和天气预报须考虑的重要步骤，了解各种天气过程的发展规律，揭露其发展的物理机制，对于做好天气预报有重要的意义。例如，梅雨天气过程一般包括天气、气候背景，环流形势，天气特点，重要天气系统生、消演变及其机制，梅雨（开始、结束、间断过程）的预报等，正确分析天气过程是做好梅雨预报的关键。

（二）不同天气形势对大气污染的影响

由于天气形势类型具有明显的地域特征（地理环境特征），导致不同天气形势对大气污染影响的分析必须以具体地区为背景。因此，下面以深圳市不同天气形势对大气污染的影响为例，分析不同天气形势对大气污染的影响。

参考、借鉴、吸收江淑芳等（2016）关于《天气形势预测法在深圳市空气质量预报中的应用研究》的研究成果，结合深圳市地面和高空气象资料分析得出，深圳市天气形势分为 13 类，其对大气污染的影响如表 3-6 所示。

**表 3-6 深圳市不同天气形势对大气污染的影响**

| 序号 | 天气形势类型 | 天气形势特点 | 天气特征 | 对大气污染的影响 |
| --- | --- | --- | --- | --- |
| 1 | 低压后 | 处于低压闭合等压线后部，地面吹北风，850 hPa 附近区域为冷平流 | 一般为冷锋天气，若是第一型冷锋，出现连续性降水，若是第二性冷锋如果水汽含量充沛，出现雷暴和阵雨 | 有利于大气污染物湿沉降，促进空气质量改善 |
| 2 | 低压前 | 位于低压闭合等压线前部，地面吹南风，850 hPa附近区域为暖平流 | 一般为暖锋天气，由于深圳是一个沿海城市，当处于低压前部时，为暖湿的偏南气流，水汽充沛，易形成层云、层积云并伴随毛毛雨，当暖空气不稳定时，还会出现积状云和阵性降水 | 有利于大气污染物湿沉降，促进空气质量改善 |
| 3 | 低压内 | 位于低压闭合等压线内，地面吹南风或北风，850 hPa 处于锋区上 | 气流从四面八方流入气旋中心，中心气流被迫上升而凝结致雨，故低压内为上升对流最强 | 非常有利于大气污染物的扩散。促进空气质量改善 |
| 4 | 低压顶部 | 主要指受低压倒槽顶前部影响，地面吹偏东风，850 hPa 处于暖区 | 地面吹偏东风，由于深圳的东面同样为洋面，故气流与低压前部类似，干净几乎无杂质，但是上升气流相对低压前部较弱 | 有利于大气污染物的扩散。促进空气质量改善 |
| 5 | 低压底部 | 位于低压闭合等压线外底部区域，地面吹偏西风 | 地面吹偏西风，气流来自青海一带，含有一定量的大气污染物 | 有输入性大气污染物，不利于空气质量改善 |
| 6 | 高压前部弱梯度 | 处于大陆冷高压前部，主体冷空气在贝加尔湖西北部，风速小，风向为北或偏东不定 | 拥有与高压前部相似的天气特点，大气以下沉运动为主，但是由于此种天气形势的气压梯度力相当小，产生的环境风非常微弱 | 非常不利于大气污染物的扩散。容易发生大气污染事件 |
| 7 | 高压前部 | 处于大陆冷高压前部，地面吹北风，850 hPa 附近区域有冷平流 | 中下层有显著的辐散下沉运动，冷平流强的区域，下沉运动强，常是晴朗天气 | 不利于大气污染物的扩散，并且大气中 $O_3$ 浓度常常超标，容易发生大气污染事件 |
| 8 | 高压内 | 处于高压脊线附近或副热带高压内部（500 hPa 在 588 dagpm 线内），地面吹偏南风 | 下沉气流强，天气晴朗，有时在夜间或清晨还会出现辐射雾，日出后逐渐消散，如果有辐射逆温或上空有下沉逆温或者两者同时存在时，逆温层下面聚集了水汽和其他杂质，低层能见度差 | 非常不利于大气污染物的垂直扩散。容易发生大气污染事件，一般环境空气质量都比较差 |
| 9 | 高压后部 | 处于闭合高压后部或副热带高压后部（500 hPa 在 588 dagpm 线外），地面吹偏南风，850 hPa 处于暖区 | 上空有暖湿空气滑升，且有暖锋前天气，即上空的水汽含量将增大，一般不产生降水，但会为后面的降水积累能量 | 有大气污染物湿沉降的潜力，可适时进行人工影响天气增雨作业，促进空气质量改善 |

续表

| 序号 | 天气形势类型 | 天气形势特点 | 天气特征 | 对大气污染的影响 |
|---|---|---|---|---|
| 10 | 均压区 | 地面处于较弱的气压区内，地面风速小于等于 1 m/s，风向不定 | 均压区控制的区域附近不存在高低压系统，且与高压前部弱梯度类似，因为气压梯度力相当小，产生的环境风非常微弱，但有别于高压前部弱梯度以下沉气流为主，在此区域中大气几乎处于一种静止状态，无明显的下沉气流，亦无明显的上升气流 | 不利于大气污染物的扩散。易发生大气污染事件 |
| 11 | 辐合区 | 低空处于相同系统间风向辐合区 | 低空存在风向风速辐合的区域，在该区域的上空存在很强的辐散区，低空的空气将上升进行补充，故该天气形势控制的区域存在较强的上升对流，很容易造成降水 | 对大气污染物具有对流扩散与降水冲刷的双重影响，空气质量一般较好 |
| 12 | 高压后低压前部 | 受高压和低压双系统控制，地面吹偏南风 | 受高压和低压双系统的影响，具有高压后部有暖湿空气滑升的天气特点，又具有低压前部以辐合上升气流为主的天气特点，大气层结不稳定且水汽充足，极易形成降水。较有利于大气污染物的扩散 | 较有利于大气污染物的扩散和湿沉降，促进空气质量改善 |
| 13 | 夏半年副高内 | 受副高影响，对流形势较好，地面一般吹偏南风 | 500 hPa 受深厚高压系统控制，地面则由一个强低压系统控制，从而形成了低层辐合高层辐散的强上升对流性天气 | 非常有利于大气污染物的扩散，空气质量一般较好 |

深圳市不同污染等级出现天数及其天气形势类型如表 3-7 所示。

**表 3-7　不同污染等级出现天数与对应的天气形势特点**

| 污染等级 | 中度污染 | 轻度污染 | 良 | 优 |
|---|---|---|---|---|
| 出现天数(d) | 5 | 24 | 176 | 103 |
| 天气形势 | 高压前部、低压前 | 高压前部、均压区、高压前部弱梯度、高压内 | 各种形势均有出现 | 各种形势均有出现 |

表 3-7 所统计的 308 d 中深圳空气质量有 5 d 达到了中度污染级别，AQI 最大值为 179，其中处于高压前部的占 4 d，低压前的占 1 d，空气质量有 24 d 达到了轻度污染级别，AQI 最大值为 148，其中处于高压前部的占 17 d，均压区的占 3 d，高压前部弱梯度与高压内的分别占 2 d；空气质量为优的有 103 d，其天气形势的分布比较分散，几乎各种类型都有出现，其中有 41 d 为低压系统控制，15 d 为均压区控制，47 d 为高压系统控制，规律性不强；空气质量等级为良的与空气质量为优的相类似，无普遍的规律。

另外，深圳市发生轻度污染和中度污染的 29 d 中，有 25 d 均为高压系统控制，达到 86.26%，即当轻度污染和中度污染出现时，陆地一般由高压系统控制，且深圳处于高压前部为主。

上述分析表明，不同天气形势对大气污染的影响差异显著，具有明显的地域特征。

（三）不同天气系统耦合效应对大气污染的影响

由于大的天气系统制约并孕育着小的天气系统的发生和发展，而小的天气系统产生后又能对大的天气系统的维持和发展起反馈作用，并且各类天气系统都在一定地理环境中形成和发展，天气系统在大的天气形势背景下具有很强的地域特征（地理环境特征）。因此，不同天气系统耦合效应对大气污染影响的分析必须结合具体地区为背景才有现实意义。下面以连东英等（2009）针对福建省三明市大气 $PM_{10}$ 浓度突变及影响因子分析的研究成果为例，详细论述不同天气系统耦合效应对大气污染的影响。

1. 资料选取与处理

三明市空气污染程度的正、负突变特征和天气系统分类及其相关资料具体选取与处理见本节气象要素对大气污染的影响分析的“气象要素耦合效应对大气污染的影响”的资料选取与处理。三明市的天气系统分类以 850 hPa 天气图为主，共分 7 类：大陆高压、暖区辐合、切变线（或低涡）、低槽（或倒槽）、台风、副热带高压和均压场。

2. $PM_{10}$ 突变事件与 850 hPa 天气系统的关系

由于气象要素受天气系统和天气形势的支配。因此，研究大气污染与气象条件的关系，还必须开展天气系统和天气形势的分析。而污染物排放进入大气之后主要受近地面边界层结构的影响，通过对 $PM_{10}$ 突变事件与 850 hPa 天气系统的关系研究发现，不同天气形势下 $PM_{10}$ 平均浓度值存在差异，这与不同天气系统影响下大气扩散能力的不同有很大关系。突变事件发生在不同的天气系统影响下，其分布特征相当明显（表 3-8）。

**表 3-8　850 hPa 不同天气系统影响下三明市 $PM_{10}$ 突变事件的分布特征**

| 天气系统 | 正突变事件 | | | 负突变事件 | | |
|---|---|---|---|---|---|---|
| | 样本天数(d) | 出现率(%) | 主导风向 | 样本天数(d) | 出现率(%) | 主导风向 |
| 大陆高压 | 67 | 37.0 | S-SW | 73 | 35.8 | NE-NW |
| 暖区辐合 | 54 | 29.8 | SW | 29 | 14.2 | SW |
| 切变线（或低涡） | 25 | 13.8 | SW | 52 | 25.5 | SE |
| 低槽（或倒槽） | 16 | 8.8 | SW | 24 | 11.8 | NW-W |
| 副热带高压 | 13 | 7.2 | SW | 13 | 6.4 | SW-SE |
| 台风 | 2 | 1.1 | NE | 13 | 6.4 | NE-E |
| 均压场 | 4 | 2.2 | SW | 0 | 0 | — |

从表 3-8 可知，2004—2006 年发生正突变事件 181 次，受大陆高压控制的天数最多，共 67 d，占 37%，主导风为南—西南风；其次是暖区辐合和切变线（或低涡）天气，出现率分别为 29.8%、13.8%，主导风为西南风；低槽或倒槽出现率为 8.8%，主导风为西北风；副热带高压出现率为 7.2%，主导风为西南风；其他天气系统如台风、均压场影响下的天气，发生正突变事件很少。2004—2006 年发生负突变事件 204 次，受大陆高压影响的天数最多，共 73 d，占 35.8%，主导风为西北—东北风；其次是切变线（或低涡），52 d，占 25.5%，主导风为东南风；暖区辐合出现率为 14.2%，主导风为西南风；低槽（或倒槽）的出现率为 11.8%，主导风为西北—西风；台风和副热带高压出现率相当，为 6.4%左右，主导风不同，前者是东北—东风，后者是西南—东南风；均压场影响下未出现负突变事件。具体分析如下：

(1)大陆高压天气系统影响下三明市最容易出现突变事件,正、负突变事件出现率相当,这与三明当时所处的系统部位有关。当冷空气南下影响三明时,气压梯度力增大,三明市处于大陆高压前部受西北—东北风影响,市区风力加大,污染物水平扩散能力增强,尤其是偏东风时从海上渗透下来的冷空气比较清洁,$PM_{10}$浓度出现突减。当冷空气主体减弱,大陆高压减弱东移入海时,三明市受其后部西南风或偏南风影响,市区风力减小,污染物水平扩散能力减弱,气温回升、空气湿度加大,而大气层结又比较稳定,没有降水产生,容易出现轻雾或雾,造成污染物在垂直方向上的扩散也受到抑制,易造成污染物堆积,导致 $PM_{10}$浓度突然升高。

上述分析表明,在大陆高压这个大的天气系统制约并孕育着风变化、气温变化、空气湿度变化、雾变化等小的天气过程发生和发展,对三明市大气污染有显著影响;尤其是当出现风力减小,气温回升、空气湿度加大、出现轻雾或雾等小的天气过程的耦合效应,可导致 $PM_{10}$浓度突然升高,极易造成大气污染。

(2)暖区辐合天气系统影响下正突变出现率远大于负突变,是仅次于大陆高压影响下出现正突变事件最多的天气类型。当 850 hPa 上空为一致西南气流控制时,低层易出现逆温层,大气层结稳定,地面存在弱辐合场,容易出现轻雾或雾,污染物垂直输送受到抑制,导致污染物容易聚集,加之锋面过境前地面风力很小,易造成 $PM_{10}$浓度突增。当受冷空气影响,暖区辐合开始减弱,风力加大,并出现较强降水,$PM_{10}$浓度会突然减小。

上述分析表明,在暖区辐合这个大的天气系统制约并孕育着风变化、雾变化、降水变化等小的天气过程发生和发展,对三明市大气污染有显著影响;尤其是当发生西南气流控制导致低层易出现逆温层、地面存在弱辐合场出现轻雾或雾、锋面过境前地面风力很小等小的天气过程的耦合效应,可导致 $PM_{10}$浓度突然升高,极易造成大气污染;当发生冷空气影响、风力加大、出现较强降水等小的天气过程的耦合效应,可导致 $PM_{10}$浓度突然降低,促进空气质量改善。

(3)切变线天气系统影响下负突变出现率远大于正突变,是仅次于大陆高压影响下出现负突变事件最多的天气形势。一方面受切变影响容易出现强降水,雨水的冲刷作用对清洁空气有一定作用,同时风速的切变有利于将污染物抬升至云外,所以切变线影响下容易出现负突变事件。但如果处于切变南侧的西南风或偏南风影响下,回暖明显,高温高湿,而又无降水产生,就容易造成污染物的堆积,出现正突变事件。

上述分析表明,在切变这个大的天气系统制约并孕育着风变化、降水变化、温度变化、湿度变化等小的天气过程发生和发展,对三明市大气污染有显著影响;尤其是当出现强降水、风速切变等天气过程的耦合效应,可导致 $PM_{10}$浓度降低,促进空气质量改善;当发生西南风或偏南风、高温高湿而无降水等小的天气过程的耦合效应,可导致 $PM_{10}$浓度升高,极易造成大气污染。

(4)低槽或倒槽影响下负突变出现率稍大于正突变,主导风为西北—西风。估计三明市西面有大气污染物输入影响。

(5)副热带高压影响下,正、负突变事件出现率相当。副高中心控制下多晴热天气,容易导致正突变事件;而副高边缘控制时,大气层结不稳定,午后经常有对流性天气发生,有利于污染物的扩散,所以容易出现负突变事件。

(6)受台风影响主要出现负突变事件,因台风天气往往伴随大风大雨,对污染物的稀释和清除作用非常明显,加上低压涡旋的低层辐合、高层辐散的配置对污染物的垂直扩散非常有利。

上述分析表明,台风这个大的天气系统制约并孕育着大风、大雨、低层辐合、高层辐散等小的天气过程发生和发展,对三明市大气污染有显著影响;尤其是当发生大风、大雨、低层辐合、高层辐散等天气过程的耦合效应,可导致 $PM_{10}$浓度显著降低,空气质量得到显著改善。

(7)将突变事件发生当天的天气系统与前一天的天气系统对比,发现39%的系统性质发生了变化,61%是前一天的延续。天气系统发生变化是大气动力和热力结构发生变化的结果,势必引起各种地面气象要素场和高、低空天气形势的变化,影响大气污染物的输送和扩散,易导致 $PM_{10}$ 浓度突变;若天气系统没有发生改变,而是延续前一天的形势,$PM_{10}$ 浓度发生突变原因有二:一是系统不同部位的影响,例如大陆高压前部和后部,切变线的北侧和南侧,对污染物的输送、扩散作用不同,二是系统的加强或减弱的变化,例如暖区辐合的加强和减弱,副热带高压的加强和减弱,均可导致 $PM_{10}$ 浓度突变。

3. 结论

(1)当850 hPa为大陆高压控制时,$PM_{10}$ 浓度最容易发生突变,高压前部易发生正突变事件,高压后部易发生负突变事件;其次是暖区辐合易发生正突变事件,切变线易发生负突变事件;在低槽(或倒槽)、副热带高压影响下,正、负突变事件出现率相当;台风影响时 $PM_{10}$ 很少发生正突变,主要是负突变;均压场影响下不出现负突变。

(2)突变事件中有39%是因系统性质的改变引起的,61%则是系统延续时影响部位和强度变化引起的。

连东英等(2009)针对福建省三明市大气 $PM_{10}$ 浓度突变及影响因子分析的研究成果证明了大的天气系统与大天气系统背景下的不同小的天气系统的耦合效应和大天气系统背景下的不同小的天气系统的耦合效应对大气污染影响的客观事实。

## 三、气候因素对大气污染的影响分析

### (一)气候

1. 气候定义

气候是指地球上某一地区多年大气物理特征的长期平均状态,该时段各种天气过程的综合表现,即一个地区多年的天气平均状况。通常以冷、暖、干、湿等特征来衡量,其时间尺度为月、季、年、数年到数百年以上。根据世界气象组织(WMO)的规定,一个标准气候计算时间为30 a。虽然气象要素(气温、降水、风力等)的各种统计量(均值、极值、概率等)是表述气候的基本依据,但气候与天气明显不同的特征是具有稳定性。

由于太阳辐射在地球表面分布的差异,以及海洋、陆地、山脉、森林等不同性质的下垫面在到达地表的太阳辐射的作用下所产生的物理过程不同,使气候除具有温度大致按纬度分布的特征外,还具有明显的地域性特征。

2. 气候类型

(1)气候按水平尺度大小可划分为大气候、中气候与小气候。

1)大气候是指全球性和大区域的气候,如:热带雨林气候、地中海气候、寒带气候(苔原气候和冰原气候)、高山高原气候等。

2)中气候是指较小自然区域的气候,如:森林气候、城市气候、山地气候以及湖泊气候等。

3)小气候是指更小范围的气候,也称为局地气候,如:贴地气层和小范围特殊地形下的气候,如:一个山头的气候、一个谷地的气候,一个工业园区的气候、一个工厂的气候等。

(2)气候按地域不同的气温和降水状况等特征可划分为若干种类型。其主要类型有以下13种。

1)热带沙漠气候,其主要气候特征是:全年高温,炎热干燥,极少下雨。

2)地中海气候,其气候特征是:夏季炎热干燥,冬季温和多雨。

3)热带(稀树)草原气候,其主要气候特征是:全年高温,一年分干、湿两季。

4)热带雨林气候,其主要气候特征是:全年高温多雨。

5)热带季风气候,其主要气候特征是:全年高温,一年分旱、雨两季。

6)亚热带季风和亚热带湿润气候,其主要气候特征是:夏季高温多雨,冬季温和少雨。

7)温带海洋性气候,其主要气候特征是:全年温和多雨。

8)温带季风气候,其主要气候特征是:夏季高温多雨,冬季寒冷干燥。

9)温带大陆性气候,其主要气候特征是:冬寒夏热,年温差较大,干旱少雨,降水稀少且集中在夏季。

10)亚寒带针叶林气候,其主要气候特征是:冬季长而严寒,夏季短而凉爽,降水稀少且集中在夏季。

11)极地苔原气候,其主要气候特征是:冬长而严寒,夏短而低温,降水稀少且集中在最热的月份。

12)极地冰原气候,其主要气候特征是:全年酷寒,降水极少,大部分不足 100 mm。

13)高原山地气候,其主要气候特征是:气候垂直变化明显,气温随海拔升高而降低,随海拔降低而升高(一般海拔每升高 100 m,气温降低 0.6 ℃),全年低温,年气温差较小,日较差大。

(3)中国气候类型

中国气候类型按地域不同的气温和降水状况等特征可划分为以下 6 种。

1)热带季风气候

包括台湾省的南部、雷州半岛、海南岛和西双版纳等地。年积温≥8000 ℃ · d,最冷月平均气温不低于 15 ℃,年极端最低气温多年平均不低于 5 ℃,极端最低气温一般不低于 0 ℃,终年无霜。

2)亚热带季风气候

中国华南大部分地区和华东地区属于此类型的气候。年积温在 4500～8000 ℃ · d,最冷月平均气温 0～15 ℃,是副热带与温带之间的过渡地带,夏季气温相当高(候平均气温≥25 ℃ 至少有 6 候,即 30 d),冬季气温相当低。

3)温带季风气候

中国华北地区属于此类型的气候。年积温 3000～4500 ℃ · d,最冷月平均气温在 −28～0 ℃,夏季候平均气温多数仍超过 22 ℃,超过 25 ℃的已很少见,比较温暖凉爽。近几年来,由于气候变暖等原因,华北南部地区频频出现高温天气,但平均气温仍不超过 25 ℃。

4)高原山地气候

中国青藏高原属于此类型的气候。年积温低于 2000 ℃ · d,日平均气温低于 10 ℃,最热月的气温也低于 5 ℃,甚至低于 0 ℃。气温日较差大而年较差较小,但太阳辐射强,日照充足。

5)温带大陆性气候

广义的温带大陆性气候包括温带沙漠气候、温带草原气候及亚寒带针叶林气候。狭义的概念将湿润的后者除外,中国大部分 40°N 以北的内陆地区都是温带大陆性气候。这些地区降水稀少,年降水量在 300～500 mm,气温日较差、年较差都很大,如我国新疆。

6)热带雨林气候

中国南沙群岛属于这种类型的气候。全年高温多雨,降水丰沛,年平均气温 28～30 ℃,年降水量在 2800 mm 以上。

3. 气候的影响因素

气候的影响因素主要有太阳辐射因子、下垫面因子、大气环流因子和人类活动因子。

(1)太阳辐射因子

太阳辐射因子是气候的根本动力来源。太阳辐射是地面和大气的热能源泉，地面热量收支差额是影响气候形成的重要原因。而太阳辐射主要受纬度和地球自转、公转变化、海陆分布、地形地势影响。对于整个地球而言，地面热量的收支差额几乎为0，但对于不同地区，地面所接受的热量存在差异，从而会对气候的形成产生影响。因此，不同地区的气候差异及同一地区的季节变化主要是由于太阳辐射在地球表面分布不均及随时间变化的结果。

(2)下垫面因子

下垫面因子(如洋流、地面植被、地形地质等)接受热量后，与大气不断进行热量交换，而下垫面状况不同，直接影响到大气中的水热状况，比热容主要影响到气温变化的大小、海陆风和季风的形成；海陆位置主要影响降水量的多少和温差大小；地形因素影响水热分布；地面反射率影响着地面获得太阳辐射能的多少。因此，下垫面因子与大气不断进行热量交换的热量平衡过程中各分量对于气候形成具有重要影响。

(3)大气环流因子

大气环流因子(如气团的平均状况、气流的平均状况等)本身就是气候的组成部分，对某地气候的形成起着直接的双重影响，一方面受太阳辐射对高低纬度的加热不均和自转偏向力影响所形成的热带环流、中纬度环流、极地环流等三圈环流不断地把纬度较低地区的热量输送到高纬地区，调节和平衡低纬度地区和高纬度地区的热量差异，从而调整全球热量和水汽的分布，影响各地气候；另一方面，三圈环流本身也是一种气候现象。另外，由于海陆热力差异、行星风带的季节性位移、青藏高原等大地形的动力和热力作用形成季风环流影响各地气候，同时季风环流本身就是一种气候——季风气候；如，由于海陆热力差异而引起的海陆季风环流，夏季陆地上形成低压，风从海洋吹向陆地，带来丰沛的降水；冬季陆地上形成高压，风从陆地吹向海洋，造成的陆风比较干燥，降水较少。

(4)人类活动因子

人类活动因子是指人类通过改变地面状况，影响局部地区气候。如人工造林可使局部地区气候有所改善，任意砍伐森林可使当地气候恶化。此外，人类活动还可形成热岛效应等。全球变暖就是由人类活动造成的。

4. 气候要素

气候要素是指分析和描述气候特征及其变化规律需要对各种气象要素的多年观测记录按不同方式进行统计而所得的结果，由各种气象要素多年观测记录的统计的有平均值、总量、频率、极值、变率、各种天气现象的日数及其初终日、某些气象要素的持续日数等构成。也称为气候统计量。

气候要素通常要求有较长年代的观测记录，以使所得的统计结果比较稳定，一般取连续30 a以上的记录，并且为了对全球或某个区域的气候做分析比较，必须采用相同年代的气候要素资料。对于一些气候变化不大的地区，或年际间变化不大的一些气象要素，在没有连续30 a以上的气象要素观测记录资料时，也可以用10 a、5 a的气象要素观测记录资料进行统计分析和描述气候特征及其变化规律，得到的结论也具有一定的代表性。

气候的基本要素主要有表征大气热量的气候要素、表征大气水分的气候要素、表征大气流场的气候要素。而其他影响较小的气候要素称为气候的非基本要素。

(1)表征热量的基本气候要素

1)气温

——日均温,将一天中,数次测得的气温相加,除以测量次数;

——气温日变化;

——气温日较差,一天中最高温度减去最低温度;

——月均温度,将全月中,各日日均温相加,除以日数;

——气温月变化;

——气温月较差,整月中最高日均温减去最低日均温;

——年均温,将全年中,各月月均温相加,除以月数;

——气温年变化;

——气温年较差,一年中最高月月均温减去最低月月均温;

——界限温度;

——温度距平;

——积温。

2)辐射量

温度虽能反映冷暖状况,但从能量资源角度来看,用辐射量作为热量指标,在物理概念和实际价值上更优。

3)冷热源热交换指标。

4)生理辐射量和光合潜热指标。

5)日照

(2)表征水分的基本气候要素

1)降水量

——月降水量;

——月际降水变率;

——年降水量;

——年际降水变率;

——降水距平。

2)蒸散量

3)空气湿度

4)云量

——低云量;

——中云量;

——高云量;

——总云量。

(3)表征大气流场的气候要素

1)气压

——气压;

——气压差。

2)风

——风力大小;

——风向；

——风速。

5. 气候特征

气候特征是指地球上某一地区的地域性气候状态。

(1)区域气候特征

区域气候的区域范围可大可小，可以是自然区域，如某一流域或某一半岛等；也可以是行政区域，如某一国或某一省等。而区域气候特征主要体现区域独特自然环境下热量、水分及空气运动的气候要素综合描述，它既包括气候的平均状态，也包含各种可能乃至极端状况的概率分布。因此，区域气候特点是：区域气候的区域范围与全球的空间尺度不同，变化范围可在几千到几十万平方千米，具有显著不同于周边自然地理环境特征，因此区域气候在不同地区之间存在明显差异，其差异表现在受到太阳辐射的不均匀分布，大气、海洋和地表的不同及其相互作用的影响，同时还受区域下垫面物理特性的影响，具有明显的区域性特征。而影响区域气候的主要因素有：区域所在的经纬度、距离海的远近、大地形特征、海拔高度以及区域环流条件等。

导致区域气候变化的因素是多方面的，一些影响气候的自然和人为因子（又称“强迫”）具有全球性，另一些因子则存在地区差别。例如，就引起气候变暖的 $CO_2$ 而言，不论其排放源来自何处，最终它却能比较均匀地分布在全球各地；但能够抵消部分变暖趋势的硫酸盐气溶胶（微小颗粒物）却不然，其分布则往往具有区域性。为了考虑气候变化，如人类排放增加将如何影响一个区域，纬度因子是应该首先被考虑的。例如，尽管预计地球各地都会变暖，但不论是观测到的实况还是预估的未来变暖幅度，通常都是从热带向北半球的极地增大。降水则较为复杂，但也具有一些依赖纬度的特点。在与极区相邻的纬度带，预估降水会增加，但是在许多与热带毗邻的地区，预估降水则会减少。

(2)小气候特征

小气候的范围比较小（其水平方向的尺度可以从几毫米到几十千米或更大一些，垂直尺度大致包括整个贴地气层的 100 m 高度以内或更高一些），主要是受局地下垫面条件影响而形成的贴地层气候，并随地面条件改变而发生变化，因此，下垫面的不均一性以及人类活动是形成近地面大气层中的小范围气候特点的两个主要影响因子。通常小气候是在一定的自然景观和大气候的背景下产生的局部气候差异，主要表现在个别气象要素（如温度、湿度、风、降水量等）或者个别天气现象（如雾、霜、霜冻的分布）的差异上，但不影响整个天气过程。

小气候的主要特征如下：

一是范围小。小气候现象的铅直和水平尺度都是很小的，导致小气候差异一般总是在同一天气条件下发生。因此，在研究小气候差异时，认为天气过程只能加剧或缓和这种差异的作用，而不会使差异发生根本的改变。由于小气候的尺度小，通常常规气象站网的观测不能反映小气候差异。对小气候研究必须专门设置测点密度大、观测次数多、仪器精度高的小气候观测网。

二是差别大。由于小气候考虑的尺度很小，局地差异不易被大规模空气运动所混合，所以无论铅直方向或水平方向气象要素的变化都很大。根据一些考察资料，在沙漠地区贴地气层 2 m 内，温差可达十几度或更大。在水平方向上从一种下垫面过渡到另一种下垫面，气象要素的分布也可能出现不连续现象，这样巨大的差异在大气候中是遇不到的。

三是变化快。在小气候范围内，温度、湿度或风速随时间的变化都比大气候快，具有脉动性。例如,有学者曾在 5 cm 高度上,25 min 内测得温度最大变幅为 7.1 ℃。

四是日变化剧烈。越接近下垫面,温度、湿度、风速的日变化越大,例如,夏日地表温度日变化可达 40 ℃,而 2 m 高处只有 10 ℃左右。

五是小气候规律较稳定。由于尺度小,所产生的小气候差异不易被混合,只要形成小气候的下垫面物理性质不变,它的小气候差异也就大致不会发生变化,几乎是天天如此。因此,这就有可能通过短期考察来了解某种小气候特点,而且还可能做适当的外推。所以小气候观测总是短时间的、季节性的,无须像天气观测网一样成年累月地进行观测。

由于小气候影响的范围正是人类生产和生活的空间,研究小气候对大气污染研究具有很大实用意义。还可以利用小气候知识为人类服务,例如,城市中合理植树种花,绿化庭院,改善城市下垫面状况,可以使城市居民住宅区或工厂区的小气候条件得到改善,减少空气污染等。

小气候的上述五个特征也恰恰针对大气候而言,是与大气候的不同点。小气候是在一定大气候背景下由于某些小范围的下垫面构造特性所引起的局部气候,它既有当地大气候的一般特点,又在某些方面与大气候很不一样;既与大气候存在着密切的联系,又与大气候存在很大的差异。大气候与小气候的关系是共性与个性、一般与特殊、宏观与微观的关系;大气候是小气候的背景,小气候是在大气候各种具体条件下的具体表现,是两种不同尺度的影响因子相互作用的结果。

(3)山地气候特征

山地气候主要是受不同尺度地形因子综合影响所形成的一种地方气候。山地气候除了地理纬度、离海洋距离远近、季节以及大气环流背景条件外,同时受到高度和山脉地形的影响,主要影响因素为山脉走向、海拔高度、坡向、地形、下垫面特性、周围环境和人类活动等,而其影响程度也因地形因子尺度大小而异。山地气候具有气候垂直分布、生物的多样性等特征,是一个很特别的气候类型,其他的气候类型都是主要受纬度的高低影响,而高原山地气候则不然,它受地形的影响特别是海拔高度的影响。因此,山地气候复杂,具有如下特征:

一是山地气候在垂直方向上的变化性。大气压力按指数律随海拔高度升高而降低,在晴空条件下,无雪盖的高山白天太阳直接辐射强度和夜间有效辐射强度随高度升高而增大;气温随海拔高度升高而降低,一般气温垂直递减率在一年中以夏季最大,冬季最小;降水量和降水日数随山地海拔高度升高而增多,在一定高度以上的山地,由于气流中水汽含量降低,降水量又随高度升高而减少,降水量达到最大值的高度称为最大降水高度,风速随山地海拔升高而增大。山顶、山脊以及峡谷风口处风速大,盆地、谷底和背风处风速小。高山上的风速一般夜间大,白天小,而山麓、山谷则相反,在湿度(水汽压和相对湿度)方面,水汽压随海拔高度升高而降低。在多数情况下,山地上部因气温低、云雾多,相对湿度高于下部,但冬季高山地区也有相反的情况,山顶冬季云雾较少且相对湿度小。山谷和盆地相对湿度日变化大,夜高而昼低,午后最低。山顶相对湿度日变化一般较小。所以,山地气象要素在垂直方向上的变化就决定了山地气候的垂直地带性,并进而影响植被、土壤等自然地理景观的垂直地带性,最终还在农、林作物的布局上反映出来。

二是各种坡地气候的差异性。因坡向不同,阳坡和阴坡得到的太阳辐射就不同,并因此影响气温和气流的分布,山脉走向和坡向对气温的影响主要表现在使山脉两侧的气温产生差异,并导致不同的气候现象;阳坡气温高,变化大,阴坡气温低,变化小;迎风坡的降雨量一般多于背风坡,但降雪量,特别是积雪深度则反比后者还少,特别是高大山脉两侧,雨量的巨大差异可以造成植被景观的很大变化,坡地对风状况的影响十分明显,迎风坡的风向、风速明显地有别于背风坡。可见不同坡地上的气候条件差异是相当全面的，阳坡往往成为干坡，而阴坡则成为湿坡，这种水、热条件差异可在干燥区和半干燥区山坡植被分布上表现出来。

三是起伏地形的气候特点。起伏地形是由各种坡地（不同坡向）、山冈、谷地等地形单体所组成的。日间，这种地形的气候特点是由各单体的辐射加热和湍流扩散条件所决定的，谷底温度一般要高于山顶；夜间，因山顶冷空气沿山坡向谷底下沉，形成“冷湖”，并在谷底造成强烈降温和低温、霜冻危害；起伏地形中的土壤湿度状况，可因降水再分配以及径流和蒸发条件的差异而不同，一般谷底的土壤湿度最大，坡地上部是最干燥的地段；山地还能产生一些局地环流，如山谷风、布拉风、焚风、坡风、冰川风等。

山地气候的大尺度地形因子影响主要提供大气候背景条件，而比较重要的是中、小尺度地形因子影响的作用，下垫面特性、周围环境条件、人类活动只是一个叠加的因素。由于这类因子的多样性，以及它们对各种气象要素影响的复杂程度，使得山地气候特征分析变得相当困难。因此，在实际工作中如何区分主要影响因子，确定其影响方向、量级大小，以及分析确认各种尺度地形因子之间的相互关系就显得十分重要。

（4）平原气候特征

由于平原是地面平坦或起伏较小的一个较大区域，主要分布在大河两岸和濒临海洋的地区，因此平原气候共性特征可纳入区域气候特征范畴，但是不同区域的平原，其气候特征具有明显的地域特色。例如，成都平原四季分明，日照少、气候温和，降雨充沛，属暖湿亚热带太平洋东南季风气候区。平原西北龙门山山前一带，气温较低，降水充沛，蒸发量略低，向东及东南有雨量略减、气温略高的趋势。成都平原区气温变化小。多年平均气温为 16.1 ℃，年最高气温一般出现于 7、8 月份。从多年资料看，最高月平均气温不超过 26 ℃，最低月平均气温一般不低于 4 ℃。因此，冰冻极为少见，无土壤及地下水冻结现象。

降雨充沛是成都平原气候特色之一。龙门山横亘于平原西侧，对大气降雨影响甚为显著，东来水汽受龙门山屏障阻挡，形成地形雨，致使雅安—都江堰—安县出现多雨地带，年平均降雨量 1200～1600 mm，向东南方向雨量递减，温江、郫县、新繁、广汉一带降雨量在 1000 mm 左右，至金堂、成都、新津、龙泉山麓为 900 mm 左右。降雨在季节上分配不均。6～9 月受热带海洋暖湿气团的控制产生大量降水，4 个月的降雨总量为 753.7 mm，占全年总降水量的 76%。冬季，在大陆干冷气团的控制下，气候干燥，降水稀少。

成都平原多年平均相对湿度为 82.1%，多年平均蒸发量为 994 mm，最高 1151 mm，最低 960 mm。夏、秋季降水大幅度超过蒸发量，冬、春季降水量小于蒸发量。地域上存在西部山区向龙泉山麓递增的趋势。

（5）城市气候特征

城市气候是在城市的特殊下垫面和城市中人类活动影响下形成的一种局地气候。城市化进程首先表现在非农业人口高密度的聚居，其次表现为高强度的经济活动，因此不仅改变了城市化以前原有的下垫面特征，而且由于城市消耗的大量能源使大气增加了数量可观的人为热和污染物，改变了近地层大气结构，形成了以城市效应为主的局地气候。随着城市的快速扩张和城市人口的日益增多，城区及其周边地区的天气和气候条件发生了显著改变，并对全球气候变化与大气环流，区域大气污染物的增长、输送、扩散及沉降，以及人体健康、能源耗散等产生深远的影响。城市气候具有“热岛、干岛、湿岛、雨岛、混浊岛”和风速小、太阳辐射弱等特征。

一是城市气候气温高的“热岛”特征。城市中心地区近地面温度一般明显高于郊区及周边乡村，这一现象被称为城市热岛效应。由于城区地面反射率小于农村，以水泥、砖石、沥青为主的下垫面具有较大的导热率和热容量，房屋等建筑物又增大了受热面积，这样，在白天使城区比农村吸收并积蓄了更多的太阳辐射能；城市排水好，下垫面大都不吸水、不透水，地面含水量小，这使城市的蒸发耗热小；城市风速小；城市生产和生活排放热量等。这些因素，超过了由于城市上空烟尘较多使太阳辐射减弱的效应，使城市气温比周围农村高，形成了“城市热岛”。一般说来，大城市年平均气温比郊区高 0.5～1.0 ℃，冬季平均最低气温高出 1～2 ℃，尤其在晴夜小风的天气条件下，一般可以高出 6 ℃，个别情况下，可高出 12～13 ℃。所以城区的严寒日数和霜冻比郊区少，无霜期比郊区长 10%左右，有时还发生市区降雨而郊区降雪的情况。

城市气候气温高的“热岛”特征是城市化的人为因素和局地天气、气候条件的共同作用下造成的。人为因素以下垫面性质的改变、人为热和过量温室气体排放以及大气污染等最为重要；局地天气、气候条件则与天气形势、风、云量等关系最大。

二是城市气候白天湿度低，夜晚湿度大的“干岛与湿岛”特征。城市中由于下垫面多为建筑物和不透水的路面，蒸发量、蒸腾量小，所以城市空气的平均绝对湿度和相对湿度都较小。但由于城市下垫面热力特性，边界层湍流交换以及人为因素均存在日变化，因此，城市绝对湿度的日振幅比郊区大，白天城区绝对湿度比郊区低，形成“干岛”，夜间城市绝对湿度比郊区高，形成“湿岛”。

三是城市气候降水多的“雨岛”特征。城市的热岛效应增强了空气的热对流，城市的粗糙地面增强了大气湍流，它们都使城市空气的上升运动加强；城市大气中具有较多的能起冰核作用的凝结核；有利于增加城市降水量。例如：根据欧洲和北美洲的研究结果，许多大城市的雨量约比郊区多 5%～10%，小于 5 mm 的降水日数增加 10%。而由于城市气温较高，降雪比郊区少 5%～10%。城市雨量最多的地区，常常发生在盛行气流的下风方向。在城市的上空和下风方向月均和季均降水量以及降水天气现象的发生频率明显高于周围邻近地区，尤其以夏季这种降水分布异常最为显著，并且表现出随着城市化进程增强的趋势。

四城市气候能见度差的“混浊岛”特征。随着城市工业的发展和城市规模的扩大，人类活动排放的各种大气污染物悬浮在空中，对太阳辐射产生吸收和散射作用，降低了大气透射率，并削弱了到达地面的太阳直接辐射，使大气能见度下降。另外，城区大气凝结核浓度高，雾日多，均使大气能见度降低。

五是城市气候风速小的特征。城市的建筑群增大了地面粗糙度，因此风速一般小于郊区。例如，年平均风速一般比郊区小 20%～30%，最大阵性风速减少 10%～20%，静风频率则增加 5%～20%。此外，由于热岛效应，市区的气压比郊区低，因而在没有其他天气系统的影响下，一般大城市周围多出现由郊区向市区辐合的特殊风系，称热岛环流，又称城乡风。热岛环流的风速一般不大。以北京地区为例，如果冬春季风速达 5～6 m/s、夏季达 2～3 m/s 时，则热岛环流被淹没而不明显。

六是城市气候太阳辐射弱的特征。由于城市上空烟尘杂质较多，使年平均太阳辐射总量大约比郊区减少 10%～15%，在太阳高度角较低的情况下，大城市市区的紫外线甚至可减少 30%，日照时数减少 5%～15%。

城市内主城区的气候与城郊开旷地区气候相比，具有明显的差异。主城区内年平均气温和最低温度普遍高于郊区；年平均相对湿度和冬、夏季相对湿度都低于郊区；主城区内空气污染较严重，烟雾、尘埃较多，云量和降水量也多于郊区，太阳辐照度平均比郊区低 10%～20%，紫外辐射减少尤甚，含菌量比郊区要高；城市中多静风，风速一般也要小于郊区，但在城市内部，由于街道对气流的引导作用，当风向与街边走向一致或近于一致时，可有效地增大局地风速，在高大建筑背风侧，常可发生背风涡漩，城市特殊下垫面的热力和动力学性质，使城市大气边界层随高度上升而增大，以及其日变化均与其近郊农村有明显的差别。这种城市气候特点的形成与城市本身的状况密切相关，且随着城市人口的增加和城市规模的扩大而表现得更为明显。

(6)乡村气候特征

乡村又称非城市化地区，根据乡村的水平尺度大小和地形起伏的差异，其气候特征差异也非常大，因此不同的水平尺度和地形的乡村共性气候特征可纳入区域气候特征、小气候特征、山地气候特征范畴。但是不同的水平尺度、地形的乡村，其气候特征具有明显的地域特色。

6. 中国气候特征

中国气候的主要特征有四个，即显著的季风特色、明显的大陆性气候、多样的气候类型和极端气候事件频发。

(1)季风气候显著

由于中国位于世界最大的大陆(亚欧大陆)东部，又在世界最大的大洋(太平洋)西岸，西南距印度洋也较近，气候受大陆、大洋的影响非常显著。冬季盛行从大陆吹向海洋的偏北风，夏季盛行从海洋吹向陆地的偏南风。因此，中国的气候具有夏季高温多雨、冬季寒冷少雨、高温期与多雨期一致的季风气候特征。

由于大陆和海洋热力特性的差异，冬季严寒的亚洲内陆形成一个冷性高气压，东方和南方的海洋上相对成为一个热性低气压，高气压区的空气要流向低气压区，就形成我国冬季多偏北和西北风；相反，夏季大陆热于海洋，高温的大陆成为低气压区，凉爽的海洋成为高气压区，因此，中国夏季盛行从海洋吹向大陆的东南风或西南风。由于大陆来的风带来干燥气流，海洋来的风带来湿润空气，所以降水多发生在偏南风盛行的夏半年(5—9月)。可见，中国的季风特色不仅反映在风向的转换，也反映在干、湿的变化上。“冬冷夏热，冬干夏雨”是中国季风气候的主要特点。这种雨热同季的气候特点对农业生产十分有利，冬季作物已收割或停止生长，一般并不需要太多水分，夏季作物生长旺盛，正是需要大量水分的季节。中国降水量的季节分配与同纬度其他地带相比，在副热带范围内和美国东部、印度相似，但与同纬度的北非相比，那里是极端干燥的沙漠气候，年降雨量仅110 mm，而中国华南年降雨量在1500 mm以上，撒哈拉沙漠北部地区年降水只有200 mm，而中国长江流域年降雨量可达1200 mm，黄河流域年降雨量超过600 mm，比同纬度的地中海多1/3，而且地中海地区雨水集中在秋、冬季。由此可见，中国东部地区的繁荣和发达与季风带来的优越性不无关系。

(2)明显的大陆性气候

由于陆地的热容量较海洋小，所以当太阳辐射减弱或消失时，大陆又比海洋容易辐射降温，因此，大陆温差比海洋大，这种特性称之为大陆性。大陆性气候最显著的特征是气温年较差或气温日较差很大。中国背靠世界上最大的陆地(亚欧大陆)，内陆地区面积大，深受大陆气团影响，表现出气温夏季比其他同纬度高，冬季比其他同纬度低，气温年较差大，降水较同纬度的日本少，具有明显的大陆性特征。冬季中国是世界上同纬度最冷的国家，1月平均气温东北地区比同纬度平均要低15～20 ℃，黄淮流域低10～15 ℃，长江以南低6～10 ℃，华南沿海也低5 ℃；夏季则是世界上同纬度平均最暖的国家(沙漠除外)，7月平均气温东北比同纬度平均高4 ℃，华北高2.5 ℃，长江中下游高1.5～2 ℃。

(3)气候类型复杂多样

中国幅员辽阔，跨纬度较广，距海远近差距较大，加之地势高低不同，地形类型及山脉走向多样，因而气温和降水的组合多种多样，形成了多种多样的气候。最北的漠河位于53°N以北，属寒温带，最南的南沙群岛位于3°N，属赤道热带气候，青藏高原海拔4500 m以上的地区四季常冬，南海诸岛终年皆夏，云南中部四季如春，其余绝大部分四季分明。从气候类型看，东部属季风气候（又可分为温带季风气候、亚热带季风气候和热带季风气候），西北部属温带大陆性气候，青藏高原属高寒气候。从温度带划分看，有热带、亚热带、暖温带、中温带、寒温带和青藏高原区。从干湿地区划分看，有湿润地区、半湿润地区、半干旱地区、干旱地区之分。而且同一个温度带内，可含有不同的干、湿区；同一个干、湿地区中又含有不同的温度带。因此，在相同的气候类型中，也会有热量与干、湿程度的差异。地形的复杂多样也使气候更具复杂多样性。

(4)极端气候事件频发

中国是世界上自然灾害最为严重的国家之一，也是极端气候事件发生频率与强度较高、造成损失十分严重的少数国家之一。干旱、暴雨洪涝、台风、高温热浪、低温冷冻害和雪灾、冰雹等极端天气、气候事件每年都会给我国社会、经济和生态环境造成较大的人员伤亡和经济损失。而且近年来随着经济的高速发展，自然灾害特别是气象灾害造成的损失亦呈上升趋势，直接影响着社会和经济的发展。据统计，1990—2012年平均每年因气象灾害造成直接经济损失2200亿元，死亡3913人。其中2006年重庆、四川遭遇历史罕见高温干旱，2007年淮河流域发生特大暴雨洪涝，2008年南方遭遇历史罕见低温雨雪冰冻灾害，2010年西南地区发生历史罕见秋、冬、春特大干旱，2011年长江中下游地区出现严重冬、春连旱，2012年特大暴雨袭击京津冀等地，2013年盛夏南方出现1951年以来最强高温热浪。

7. 中国气候要素特征

中国气候的气温和降水的季节性变化明显，大部分地区四季分明，冬季寒冷少雨（雪），夏季炎热多雨，春秋两个过渡季节较短；并且气温和降水的年际变化都很大，使一些地区常出现冷暖旱涝等异常现象。中国主要气候要素具有以下特征。

(1)气温

气温与同纬度地带相比，中国冬寒夏热，气温年较差大，且越向高纬、内陆地区越大。年平均气温的分布在东半部地形较平坦地区受纬度影响明显，北冷南暖；从东北北部（漠河为−3.8 ℃）至南海诸岛（西沙为27.0 ℃）相差30 ℃以上。西半部受地形影响显著，青藏高原大部分地区在4 ℃以下，部分地区在0 ℃以下。在海拔高度变化较大的地区，年平均气温差异也很大，形成垂直气候带。

冬季1月平均气温等值线除山地外大致与纬线平行，最低值出现在黑龙江省北端的漠河，为−28.7 ℃，台湾岛南部和海南岛南部则在20 ℃以上，其中西沙为23.5 ℃。与全球同纬度其他地区相比，1月平均气温东北地区低15～20 ℃，黄淮流域低10～15 ℃，长江以南低6～10 ℃，华南沿海则低5 ℃左右。这主要是由于受大陆季风影响所致。1月平均气温分布，山东、河南 北部、陕西中北部、甘肃、四川西部、西藏大部分地区及其以北地区均在0 ℃以下，其中黑龙江、吉林、辽宁东北部、内蒙古东部，新疆北部、青海西部等地在−12 ℃以下；黄淮东部、江淮、江汉、江南东北部及陕西南部、四川中部、云南西北部等地为0～4 ℃，长江流域以南大部分地区为4～16 ℃，雷州半岛、海南等地超过16 ℃。

中国夏季最热月多出现在7月，仅少数地区如雅鲁藏布江谷地、海南岛部分地区及滇南，最热时期出现在雨季前的6月或5月。东部沿海受海洋影响较大的地区如大连、青岛、舟山等地则出现在8月。7月平均气温分布，全国除青藏高原、大小兴安岭、天山等地低于20 ℃ 外，其余大部分地区都在20～28 ℃，江南中东部、华南等地超过28 ℃。东部平均每一度纬度温差仅为 0.2 ℃，漠河(18.4 ℃)与西沙(29.1 ℃)的温差仅 10.7 ℃。江南及南疆盆地出现两个明显的高温中心，其中吐鲁番盆地是中国著名的"火炉"，7 月平均气温达 32.5 ℃，平均最高气温达 44.7 ℃。

中国北方普遍是春季气温高于秋季，南方则多是秋季气温高于春季。

(2)降水

中国各地年降水量分布由东南向西北递减，雨热同季，降水变率较大。

中国年降水量的分布与夏季风的关系最为密切。

400 mm 年等雨量线大致与夏季风影响所及的界限相当，800 mm 年等雨量线大致与秦岭淮河一线相平行。年降水量的分布，西北大部分地区以及内蒙古大部分地区、西藏西部等地在 400 mm 以下，其中西北内陆地区除新疆西北部 200～400 mm 外，大部分地区在 200 mm 以下，是中国的少雨区；塔里木盆地、柴达木盆地西北边缘许多地区在 50 mm 以下，成为干旱中心；华北大部分地区以及内蒙古东北部、黑龙江大部分地区、吉林西部、辽宁西部、陕西中北部、甘肃南部、青海南部、西藏东部等地为 400～600 mm；全国其余大部分地区在 600 mm 以上，其中长白山地区为 800～1000 mm，是东北地区降水量最多之地，华南、江南大部分地区、江淮西南部以及重庆东部、贵州南部、云南南部等地年降水量普遍在 1200～2000 mm，部分地区超过 2000 mm。青藏高原的降水东南多，西北少，高原西北部分地区降水量不足 100 mm。

中国北方是夏雨冬旱，南方则是夏多雨冬少雨。淮河以北地区雨季短而集中，是夏湿冬干的夏雨区。如华北、东北等地 7 月、8 月两月雨量占全年的 60%～70%，其中东北东部雨季稍长，7—9 月是夏秋雨区。长江中下游流域地区雨季虽长，但主要为春雨、梅雨区，7 月初至 8 月有一相对干旱期，入秋后又有秋雨，以西部较为明显。华南沿海地区雨季从 4 月底至 10 月中旬，前期 4、5 月为东南季风大雨期，8 月、9 月为台风雨期，中间 6 月、7 月也有一相对干旱期。西部高原地区干湿季明显，雨季约从 5 月下旬至 10 月下旬(东部地区至 9 月)。西北干旱地区则全年少雨。

(3)风

中国受季风气候影响，冬季盛行从大陆吹向海洋的偏北风，夏季盛行从海洋吹向陆地的偏南风。冬季盛行的偏北风与寒潮的爆发和南侵有密切关系。冷空气入侵时受地形影响，盛行风向差异甚大，如华南盛行东北风，东北中部盛行西南风。夏季近地面盛行风向和冬季正好相反，伴随着东亚夏季风的爆发和向北推进，东部多数地区盛行偏南风。

从平均风速来看，北方风大，南方风小；沿海风大，内陆风小；高原、山地风大，盆地、谷地风小。阴山以北、沿海和青藏高原大部分地区年平均风速一般在 3 m/s 以上，其中内蒙古中部、新疆西北部及沿海部分地区年平均风速超过 4 m/s。中国 40°N 以南大部分地区年平均风速较小，多在 2 m/s 以下。四川盆地和云南南部地区风速最弱，全年静风日超过 40%，局部地区达 70%。我国大部分地区春季是一年风速最大的季节，其次是冬季和夏季，秋季风速最小。

(4)云

中国阿尔金山、祁连山、兰州、临汾到青岛一线以北大部分地区，以及青藏高原西部年平均总云量在 50%以下，内蒙古北部和西藏西南部的狮泉河等地不足 40%，是我国年平均总云量最少的地区；青藏高原东坡到秦岭淮河一线以南的大部分地区年平均总云量超过 60%，四川盆地、重庆、贵州、湖南西部和广西西部和北部超过 80%，是我国年平均总云量最多的地区。

从低云的分布来看，中国西北的年平均低云量在 0～30%，塔里木盆地到甘肃北部少有低云；东北和华北的大部分地区年平均低云量在 10%～20%，长白山等地为 30%；青藏高原东部、西南地区和长江中下游以南大部地区的年平均低云量都在40%以上，贵州和广西北部普遍在70%以上，安顺等地接近80%，是中国年平均低云量最多的地方。

(5)日照

中国年日照时数的分布形势与云量相反，东南部地区云量多而日照少，西北部和北部则云量少而日照丰富。锡林浩特、包头、银川、都兰到拉萨一线以东南地区的年日照时数均不足3000 h，其中35°N以南、青藏高原和云贵高原东坡以东地区，以及藏东南的雅鲁藏布江大峡谷地区年日照时数在2200 h以下，四川盆地和贵州不足1400 h，都江堰和彭水等地不足1000 h，是我国年日照时数最少的地区；此线以西北，除新疆西部略少外，年日照时数均在3000 h以上，新疆东部戈壁、柴达木盆地西部、阿拉善高原和青藏高原东南部等地在3200 h以上，是我国年日照时数最多的地区，青藏高原东南部的狮泉河年日照时数超过了3500 h。

(6)相对湿度

中国年平均相对湿度的分布由东南向西北递减。相对湿度小于50%的地区大致分布在新疆塔里木和准噶尔盆地、内蒙古中西部、甘肃西部、青海的西北部、西藏的中西部，其中的沙漠、戈壁地区及西藏西部地区气候干燥，相对湿度低于40%，青海冷湖最低，为29%；华北中北部、河套地区及内蒙古东南部、吉林和辽宁的西部、青海西南部和东北部、西藏东北部、新疆天山及其以北地区为50%～60%；大兴安岭的北部、东北大部分地区、华北南部、黄淮北部、陕甘南部以及四川中部、西藏东南部一带相对湿度为60%～70%，淮河流域及秦岭以南大部分地区相对湿度超过70%，其中从四川东南部、重庆大部分地区、贵州大部分地区、湖南东北部和西南部、江西中部至福建北部一带、两广南部及海南岛和云南最南部、华东沿海等部分地区年平均相对湿度超过80%。

## (二)不同地区气候对大气污染的影响

在我国大气污染较重的大背景下，研究分析气候对大气污染的影响，评估污染气象条件的长、中、短期变化和对污染潜势进行预测具有重要现实意义。但由于气候具有明显的地域特征，因此气候对大气污染的影响必须结合具体地区的气候进行分析研究，为此下面以尚子微针对不同气候区代表城市空气污染与气象条件的关系的研究成果为例，详细论述不同地区气候对大气污染的影响。

### 1. 不同地区气候对大气污染影响分析的资料与方法

(1)资料来源说明

1)全国10个代表城市(哈尔滨、乌鲁木齐、兰州、太原、北京、拉萨、成都、武汉、南京和广州)2015—2017年逐时$PM_{2.5}$、$PM_{10}$、$SO_2$、$NO_2$、$O_3$和CO浓度资料。

2)2015年1月15日—2017年12月31日NCEP/NCAR的GFS 0～72 h数值预报产品，时间间隔为3 h，共25个时次；垂直方向共17层等压面，其中300～900 hPa每隔50 hPa一层，900～1000 hPa每隔25 hPa一层；网格距为0.25°×0.25°。要素有：等压面位势高度、风速$u$、$v$分量、垂直速度、气温和相对湿度。另有地面露点温度、地面气压、边界层厚度和边界层通风系数4个单独的物理量。

(2)空气污染气象参数

在污染源排放一定的情况下，污染物的分布与扩散主要受气象要素的影响。而空气污染气象参数就是对影响污染物最直观的综合气象要素的反映，本研究涉及的空气污染气象参数有：稳定能量、假相当位温差、近地面等压面高度场梯度、低层平均风速、涡度、散度、温度平流、垂直速度、地面露点温度、边界层厚度和边界层通风系数。

1)稳定能量

稳定能量是科学合理描述低层大气层结稳定度的参数,其物理意义如下:

假设存在一种层结状态,层结温度 $T_G$由地面至高度 $H$ 按干绝热递减率变化,在 $H$ 高度上,$T_G$与实际层结温度相等。在 $T_G$层结状态下,$H$ 高度以下任意一层的空气微团可以自由对流至 $H$ 高度以上,而在实际温度($T$)层结状态下,$H$ 高度以下的空气微团需要依靠外界加热或强迫抬升,才能达到 $H$ 高度以上。将两种层结状态下,显热能 $E_G$与 $E$ 的差(图 3-2 中阴影部分面积)定义为 $H$ 高度以下至地面的稳定能量:

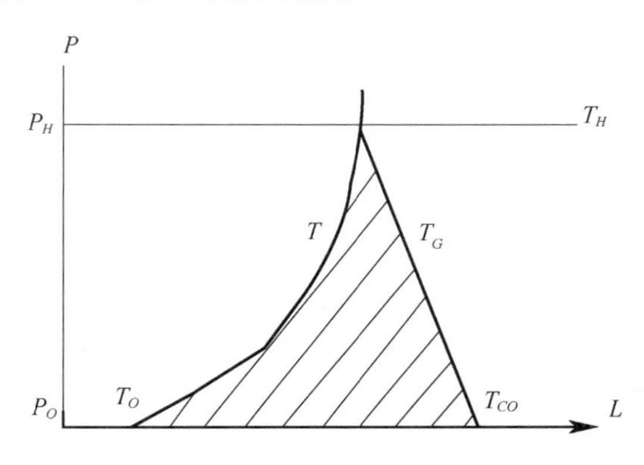


图 3-2　稳定能量计算示意图

$$E_W = E_G - E = \frac{c_P}{g}\int_{P_H}^{P_o}(T_G - T)\mathrm{d}P \tag{3-4}$$

式中:$E$——在实际温度($T$)层结状态下的 $H$ 高度以下至地面单位面积气柱内的显热能,$E = -\int_{P_o}^{P_H}\frac{c_P}{g}T\mathrm{d}P = \frac{c_P}{g}\int_{P_H}^{P_o}T\mathrm{d}P$ 。

$E_G$——在温度($T_G$)层结状态下的 $H$ 高度以下至地面单位面积气柱内的显热能。

$E_W$——$H$ 高度以下任意一层的空气微团都能到达 $H$ 高度以上所需要的最小外界加热或强迫能量,也称为 $H$ 高度以下至地面的稳定能量。

2)假相当位温差

$$\Delta\theta_{se} = \theta_{se}^k - \theta_{se}^o \tag{3-5}$$

式中:$\Delta\theta_{se}$——假相当位温差;

$\theta_{se}^k = T_k(1000/p_k)^{R/C}\cdot\exp(Lq_k/c_pT_k)$,$T_k$、$p_k$和 $q_k$分别为第 $k$ 层等压面上的温度、气压和比湿,$L = 2.5\times10^6$ J/kg,$q_k = 0.622\mathrm{RH}_k\cdot e_{sk}/p_k$,$\ln e_{sk} = 53.68 - 67438/T_k - 4.85\ln T_k$,$\mathrm{RH_k}$为第 $k$ 层等压面上的相对湿度。

3)近地面等压面高度场梯度

$$\Delta H_{i,j} = \sqrt{\left(\frac{h_{i,j+1} - h_{i,j-1}}{2d\cos\varphi}\right)^2 + \left(\frac{h_{i+1,j} - h_{i-1,j}}{2d}\right)^2} \tag{3-6}$$

式中:$d$——一个网格距的长度。

$h$——距地面最近的等压面的位势高度场。

$i$——南北方向的格点序号,由北向南增加。

$j$——东西方向的格点序号,由西向东增加。

$\varphi$——纬度。

$\Delta H$——高度场梯度。

4)低层平均风速

$$\bar{V}=\frac{1}{n}\sum_{k=1}^{n}\sqrt{u_k^2+v_k^2} \tag{3-7}$$

式中:$u$——东西风速。

$v$——南北风速。

$k$——垂直层序号。

$\bar{V}$——低层平均风速。

5)涡度

$$\zeta_{i,j}=\frac{v_{i,j+1}-v_{i,j-1}}{2d\cos\varphi}-\frac{u_{i-1,j}-u_{i+1,j}}{2d} \tag{3-8}$$

式中:$u$——东西风速。

$v$——南北风速。

$i$——南北方向的格点序号,由北向南增加。

$j$——东西方向的格点序号,由西向东增加。

$\varphi$——纬度。

$d$——一个网格距的长度。

$\zeta$——涡度。

6)散度

$$D_{i,j}=\frac{u_{i,j+1}-u_{i,j-1}}{2d\cos\varphi}+\frac{v_{i-1,j}-v_{i+1,j}}{2d} \tag{3-9}$$

式中:$u$——东西风速。

$v$——南北风速。

$i$——南北方向的格点序号,由北向南增加。

$j$——东西方向的格点序号,由西向东增加。

$\varphi$——纬度。

$d$——一个网格距的长度。

$D$——散度。

7)温度平流

$$A_{i,j}=u_{i,j}\frac{T_{i,j+1}-T_{i,j-1}}{2d\cos\varphi}+v_{i,j}\frac{T_{i,j-1}-T_{i,j+1}}{2d} \tag{3-10}$$

式中:$u$——东西风速。

$v$——南北风速。

$i$——南北方向的格点序号,由北向南增加。

$j$——东西方向的格点序号,由西向东增加。

$\varphi$——纬度。

$d$——一个网格距的长度。

$T$——温度。

$A$——温度平流。

8)其他空气污染气象参数

研究涉及的垂直速度、地面露点温度、边界层厚度和边界层通风系数等空气污染气象参数,从预报产品中可以直接得到。

（3）资料预处理

1）从上述预报场中抽出北京和广州两个代表城市附近的9个格点资料，作为初始资料。

2）通过平面插值的方法，得到北京和广州两个代表城市各等压面的位势高度、风速$u$、$v$分量、垂直速度、气温和相对湿度。

3）近地面等压面高度场梯度、涡度和散度，利用9个格点资料差分计算得到。

4）通过垂直方向插值的方法，得到距地面200～2000 m每隔100 m共19层的稳定能量；100～2000 m每隔100 m共20层的低层平均风速；500～6000 m每隔500 m共12层的涡度、散度、温度平流、垂直速度和假相当位温差。

（4）相关分析

Pearson相关系数是用以反映变量之间相关关系密切程度的统计指标。其通过两个离差相乘来反映两个变量之间的相关程度，着重研究线性的单相关系数。

（5）逐步回归分析

逐步回归法的基本思想是：挑选所有待选因子中方差贡献最大且显著的因子逐个引入回归方程；同时，每引入一个新的因子后，要对方程中之前引入的因子逐个检验，并逐个剔除不显著的因子至方程中所有因子都显著为止；然后再引入新的因子。重复上述步骤以保证方程中只保留对预报量方差贡献显著的因子。

（6）误差分析

1）绝对误差分析

$$ER_1 = \frac{1}{n}\sum_{i=1}^{n}|F_i - A_i| \tag{3-11}$$

式中：$F_i$——预报值。

$A_i$——实际值。

$ER_1$——绝对误差。

2）相对误差

$$ER_2 = \frac{1}{n}\sum_{i=1}^{n}\left|\frac{F_i - A_i}{A_i}\right| \times 100\% \tag{3-12}$$

式中：$F_i$——预报值。

$A_i$——实际值。

$ER_2$——相对误差。

2. 不同地区气候背景下的大气污染物浓度的时间变化特征分析与结论

（1）北方代表城市6种污染物浓度年变化特征分析

通过哈尔滨（东北）、乌鲁木齐（西北西部）、兰州（西北东部）、太原（华北山区）、北京（华北平原）5个北方代表城市6种污染物浓度年变化分析，其特征如下：

一是从北方代表城市$PM_{2.5}$浓度的年变化情况来看（图3-3a），北方各代表城市$PM_{2.5}$浓度年变化的趋势基本一致，浓度值都是夏半年低、冬半年高，其中乌鲁木齐冬、夏季差异最大。$PM_{2.5}$浓度峰值多出现在10月—次年2月，谷值多出现在5—9月。北方城市冬季采暖造成煤炭等燃料的消耗增加，导致颗粒物等污染物排放量增加，从10月开始$PM_{2.5}$浓度逐渐升高。夏季太阳辐射强，大气水平运动和垂直速度较大，有利于污染物的稀释与扩散，再加上降水对颗粒物有较强的清除作用，所以夏季$PM_{2.5}$浓度较低；而冬季太阳辐射弱，静稳天气频发，污染物容易堆积，所以冬季$PM_{2.5}$浓度较高。北京3月、兰州5月出现次峰值，这可能和沙尘天气有关。北京7月又出现次峰值，这可能是由于春末夏初华北地区秸秆焚烧造成。乌鲁木齐和哈尔滨$PM_{2.5}$浓度冬半年高于其他城市，夏半年低于其他城市。5个北方城市$PM_{2.5}$浓度全年平均值，兰州最低。

二是从北方代表城市$PM_{10}$浓度的年变化情况来看(图3-3b)，北方各代表城市$PM_{10}$浓度年变化的特征与$PM_{2.5}$浓度年变化的特征相近，浓度值也是夏半年低、冬半年高，乌鲁木齐冬、夏差异最大。哈尔滨$PM_{10}$浓度在5—10月低于其他城市；北京3月和兰州5月$PM_{10}$浓度出现次峰值，且比$PM_{2.5}$明显，说明沙尘天气对粗颗粒物浓度的影响更大。五个北方城市$PM_{10}$浓度全年平均值，哈尔滨最低。

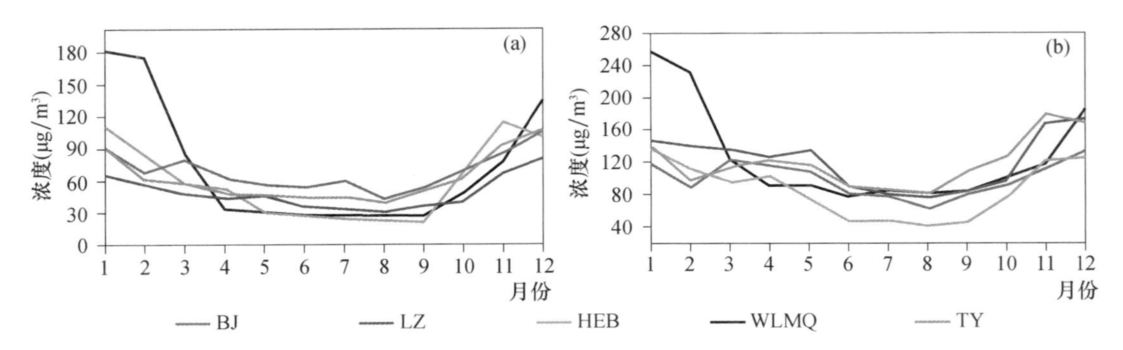


图3-3　北方代表城市2015—2017年$PM_{2.5}$(a)、$PM_{10}$(b)浓度的年变化(彩图见书后)
(BJ:北京、LZ:兰州、HEB:哈尔滨、WLMQ:乌鲁木齐、TY:太原)

三是从北方代表城市$SO_2$浓度的年变化情况来看(图3-4a)，北方各代表城市$SO_2$浓度年变化的特征与空气颗粒物浓度变化基本一致，同样是夏半年浓度低、冬半年浓度高，北京、兰州和乌鲁木齐全年浓度值都比较低(基本都在30 $\mu g/m^3$以下)；太原$SO_2$浓度全年最高，哈尔滨次之。这可能与两个城市冬季长、相应的采暖期也较长、稳定的大气层结维持时间也长，同时燃煤中均有一定的硫含量有关。

四是从北方代表城市$NO_2$浓度的年变化情况来看(图3-4b)，北方各代表城市$NO_2$浓度年变化的趋势与$PM_{2.5}$和$PM_{10}$基本一致，同样是夏半年浓度低、冬半年浓度高，且各城市差别较小，年变化明显，乌鲁木齐1和2月明显高于其他城市。

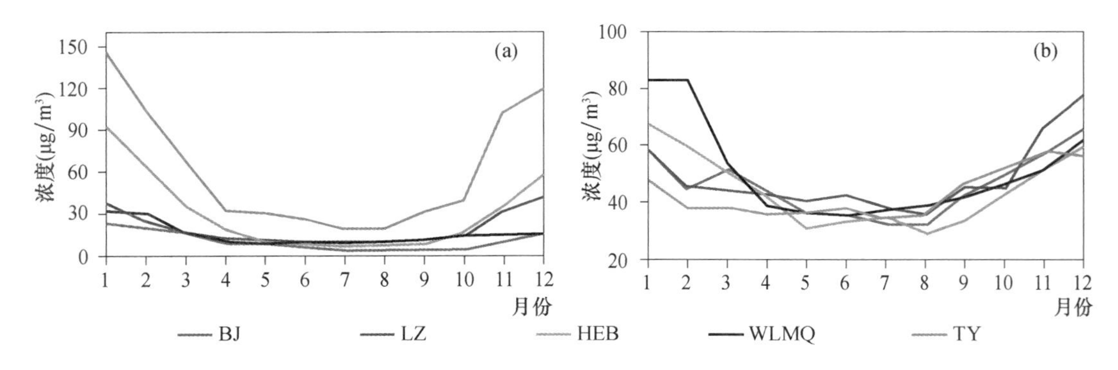


图3-4　北方代表城市2015—2017年$SO_2$(a)、$NO_2$(b)浓度的年变化(彩图见书后)
(BJ:北京、LZ:兰州、HEB:哈尔滨、WLMQ:乌鲁木齐、TY:太原)

五是从北方代表城市$O_3$浓度的年变化情况来看(图3-5a)，北方各代表城市$O_3$浓度年变化的趋势基本一致，但与上述四种污染物的变化特征相反，浓度值是夏半年高、冬半年低，与太阳辐射和气温的年变化同步。$O_3$是光化学反应的产物，太阳辐射的强弱是影响其浓度高低的主要因素之一。夏季太阳辐射强，有利于大气光化学反应生成$O_3$；冬季太阳辐射弱，大气光化学反应的减弱不利于生成$O_3$。其中乌鲁木齐$O_3$浓度最低，北京夏半年$O_3$浓度最高，年变化幅度最大。哈尔滨、太原和北京$O_3$浓度的峰值均出现在6月，兰州峰值出现在5月，乌鲁木齐峰值出现在7月。

六是从北方代表城市CO浓度的年变化情况来看（图3-5b），北方各代表城市CO浓度年变化的趋势与$NO_2$基本一致，同样是夏半年浓度低、冬半年浓度高，且各城市差别较小，乌鲁木齐1和2月高于其他城市。

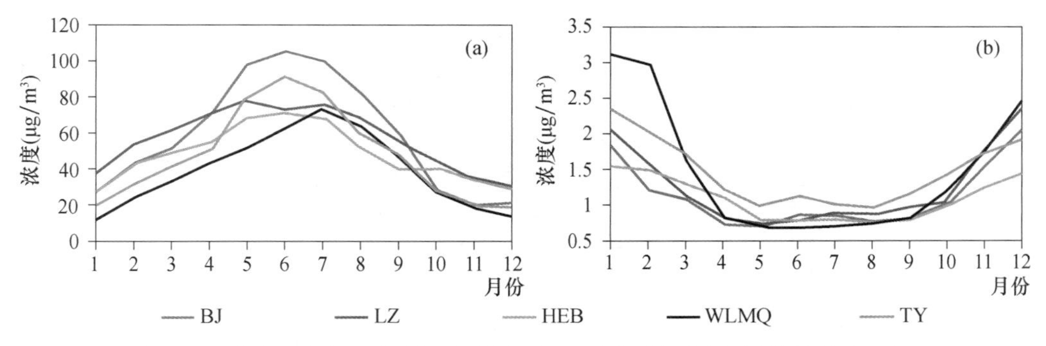


图3-5　北方代表城市2015—2017年$O_3$、CO浓度的年变化（彩图见书后）

（BJ：北京、LZ：兰州、HEB：哈尔滨、WLMQ：乌鲁木齐、TY：太原）

（2）南方代表城市6种污染物浓度年变化特征分析

通过拉萨（西南，青藏高原）、成都（西南）、武汉（华中）、南京（华东）和广州（华南）5个南方代表城市6种污染物浓度年变化分析，其特征如下：

一是从南方代表城市$PM_{2.5}$浓度的年变化情况来看（图3-6a），南方各代表城市与北方各代表城市年变化趋势基本一致，同样是夏半年浓度低、冬半年浓度高；成都、南京和武汉$PM_{2.5}$浓度年变化的趋势基本一致。拉萨和广州除冬季外，$PM_{2.5}$浓度都比较低，年变化趋势比较平缓。另外，拉萨4月出现弱的次峰值。

二是从南方代表城市$PM_{10}$浓度的年变化情况来看（图3-6b），成都、南京和武汉$PM_{10}$浓度年变化与$PM_{2.5}$基本一致，同样是夏半年浓度低、冬半年浓度高；成都$PM_{10}$全年浓度整体高于其他南方代表城市；广州$PM_{10}$浓度的年变化幅度最小，且$PM_{10}$浓度在80 $\mu g/m^3$ 以下；拉萨4月出现次峰值，可能与春季沙尘天气多发有关。

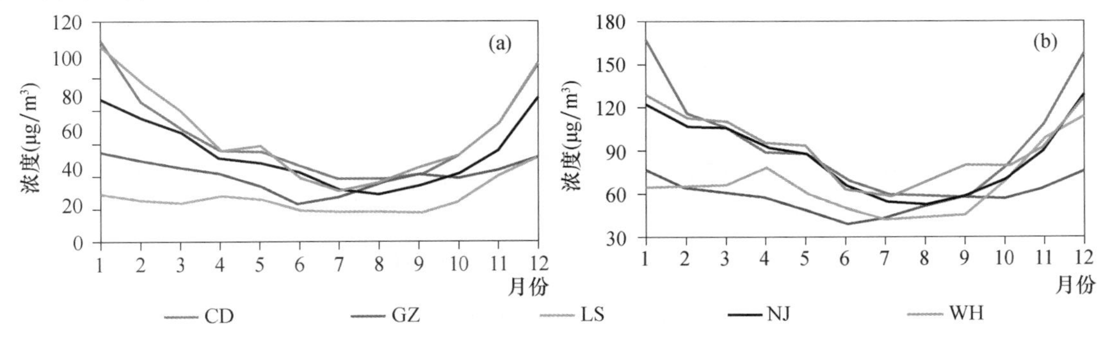


图3-6　南方代表城市2015—2017年$PM_{2.5}$(a)、$PM_{10}$(b)浓度的年变化（彩图见书后）

（CD：成都、GZ：广州、LS：拉萨、NJ：南京、WH：武汉）

三是从南方代表城市 $SO_2$ 浓度的年变化情况来看（图 3-7a），拉萨 $SO_2$ 浓度基本维持在 8 μg/m³ 左右，几乎无年变化；广州和成都 $SO_2$ 浓度高于拉萨，年变化幅度较小；而武汉 $SO_2$ 浓度年变化幅度最大，1 月为峰值，7 月为谷值；南京 $SO_2$ 浓度最高，年变化幅度也明显，1 月为峰值，9 月为谷值。

四是从南方代表城市 $NO_2$ 浓度的年变化情况来看（图 3-7b），$NO_2$ 同样是夏半年浓度低、冬半年浓度高；拉萨 $NO_2$ 浓度最小，年变化幅度较小，仅 11 和 12 月略高，这与拉萨车辆较少有关。而其他四个城市 $NO_2$ 浓度年变化的趋势基本相同，12 月为峰值，3 月为次峰值，6 月为谷值，2 月为次谷值。

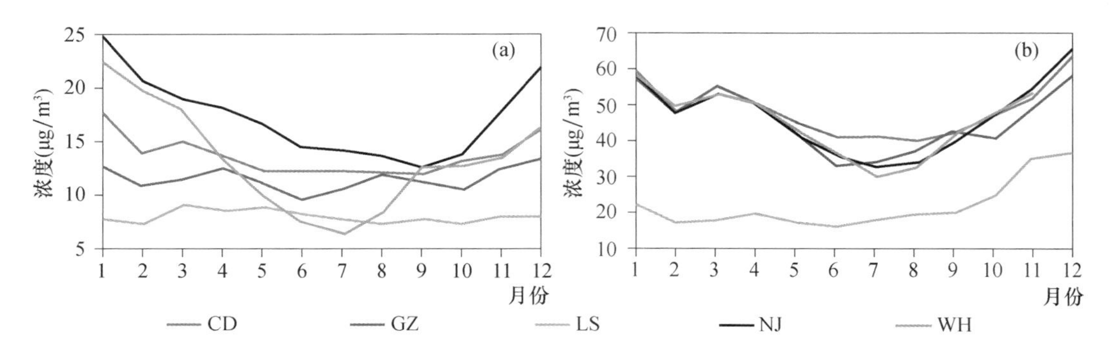


图 3-7　北方代表城市 2015—2017 年 $SO_2$(a)、$NO_2$(b)浓度的年变化（彩图见书后）
（CD：成都、GZ：广州、LS：拉萨、NJ：南京、WH：武汉）

五是从南方代表城市 $O_3$ 浓度的年变化情况来看（图 3-8a），南方各代表城市 $O_3$ 浓度年变化特征与上述四种污染物相反，冬半年浓度低，夏半年浓度高。广州 $O_3$ 浓度最小，拉萨 $O_3$ 浓度最大，峰值为 5 月（112.4 μg/m³）；成都、南京和武汉呈双峰型，南京和武汉 5 月和 9 月为峰值、成都 5 月和 7 月为峰值；广州呈三峰型，分别是 9 月、5 月和 2 月。

六是从南方代表城市 CO 浓度的年变化情况来看（图 3-8b），南方各代表城市 CO 浓度年变化的趋势基本一致，均是冬半年浓度高，夏半年浓度低；其中拉萨 CO 浓度最低，年变化幅度也较小（0.5～1.6 mg/m³），其他四个城市年变化幅度较明显。

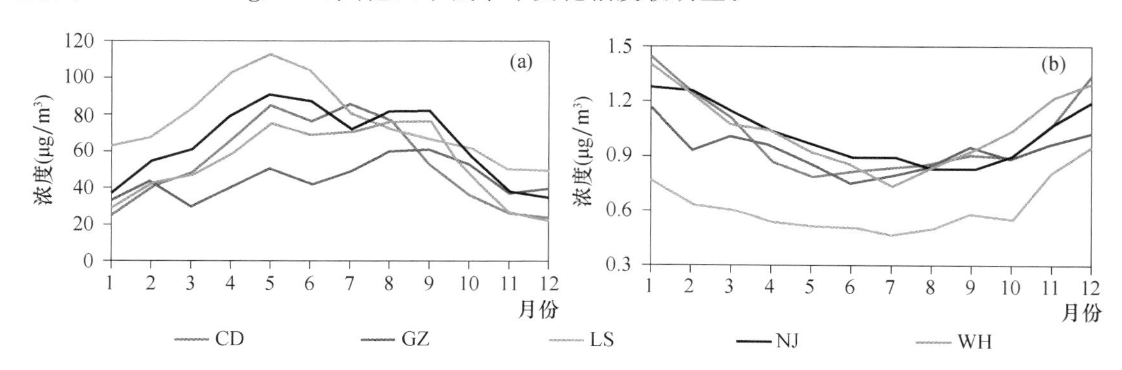


图 3-8　南方代表城市 2015—2017 年 $O_3$(a)、CO(b)浓度的年变化（彩图见书后）
（CD：成都、GZ：广州、LS：拉萨、NJ：南京、WH：武汉）

（3）北方代表城市 6 种污染物浓度日变化特征分析

一是从北方代表城市 $PM_{2.5}$ 浓度的日变化情况来看（图 3-9a），各代表城市 $PM_{2.5}$ 浓度的日变化均呈两峰两谷型，北京 $PM_{2.5}$ 浓度较高，但日变化幅度最小，峰值、次峰值出现在 21 时、11

时，且夜间浓度高于白天，谷值、浅谷值出现在 07 时、17 时；乌鲁木齐 $PM_{2.5}$ 浓度最高，但日变化幅度较小，峰值、次峰值出现在 01 时、16 时，谷值、浅谷值出现在 08 时、20 时，比北京推后 1～3 h；哈尔滨 $PM_{2.5}$ 浓度的日变化幅度大，$PM_{2.5}$ 日变化峰值、次峰值出现在 21 时、09 时，谷值、浅谷值出现在 15 时、05 时；太原 $PM_{2.5}$ 浓度的日变化幅度与哈尔滨相近，但峰值和谷值出现的时间有所推后，峰值、次峰值出现在 10 时、22 时，谷值、浅谷值出现在 17 时、06 时；兰州 $PM_{2.5}$ 浓度最低，峰值、次峰值出现在 12 时、22 时，谷值、浅谷值出现在 17 时、05 时。

二是从北方代表城市 $PM_{10}$ 浓度的日变化情况来看（图 3-9a），各代表城市 $PM_{10}$ 浓度的日变化也呈两峰两谷型。乌鲁木齐的 $PM_{10}$ 浓度依然最高，峰值、次峰值出现在 01 时、09 时，谷值、浅谷值出现在 07、19 时；兰州 $PM_{10}$ 浓度较高，$PM_{10}$ 浓度明显高于 $PM_{2.5}$ 浓度，峰值、次峰值出现在 10 时、21 时，谷值、浅谷值出现在 17 时、05 时；太原 $PM_{10}$ 浓度的日变化幅度与兰州相近，峰值、次峰值出现在 09 时、22 时，谷值、浅谷值出现在 17 时、06 时；北京 $PM_{10}$ 浓度变化除夜间外，其余时次较平缓，峰值、次峰值出现在 21 时、23 时，谷值、浅谷值出现在 06 时、14 时。哈尔滨 $PM_{10}$ 浓度低于上述 4 个城市，$PM_{10}$ 日变化峰值、次峰值出现在 23 时、09 时，谷值、浅谷值出现在 14 时、06 时。

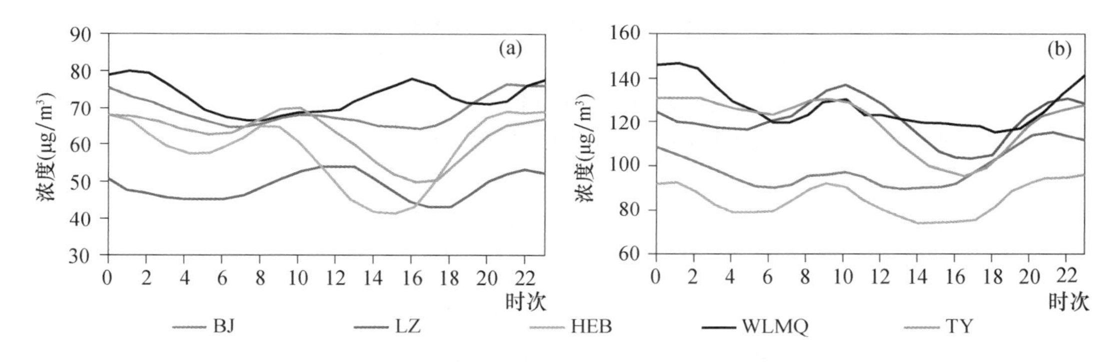


图 3-9　北方代表城市 2015—2017 年 $PM_{2.5}$(a)、$PM_{10}$(b)浓度的日变化（彩图见书后）
（BJ：北京、LZ：兰州、HEB：哈尔滨、WLMQ：乌鲁木齐、TY：太原）

三是从北方代表城市 $SO_2$ 浓度的日变化情况来看（图 3-10a），各代表城市 $SO_2$ 浓度的日变化差别较大。北京和乌鲁木齐 $SO_2$ 值最低，日变化不明显；兰州略高于北京和乌鲁木齐，11 时为峰值；哈尔滨 $SO_2$ 值略高于兰州，日变化呈双峰双谷型，峰值、次峰值出现在 09 时、20 时，谷值、浅谷值出现在 01 时、15 时；太原 $SO_2$ 值最高（79.3 $\mu g/m^3$），日变化也明显，呈双峰双谷型，峰值、次峰值出现在 10 时、20 时，谷值、浅谷值出现在 05 时、17 时。

四是从北方代表城市 $NO_2$ 浓度的日变化情况来看（图 3-10b），各代表城市的浓度及日变化特征基本一致，均呈双峰双谷型，且日变化比较明显。乌鲁木齐 $NO_2$ 浓度最高（67.6 $\mu g/m^3$），峰值、次峰值为 00 时、09 时，谷值、浅谷值为 17 时、07 时，夜间 $NO_2$ 浓度高于其他城市；兰州峰值、次峰值为 21 时、11 时，谷值、浅谷值为 16 时、06 时；北京峰值、次峰值为 21 时、08 时，谷值、浅谷值为 15 时、05 时；太原峰值为 21 时，谷值为 15 时；哈尔滨峰值、次峰值为 20 时、08 时，谷值、浅谷值为 13～14 时、05 时。

五是从北方代表城市 $O_3$ 浓度的日变化情况来看（图 3-11a），各代表城市 $O_3$ 的浓度的日变化特征基本一致，呈单峰型。峰值都出现在 14～16 时，乌鲁木齐出现在 16～17 时，夜间变化较小，清晨（07～09 时）为谷值。北京和兰州峰值最高（103.6 $\mu g/m^3$），乌鲁木齐最低；哈尔滨 $O_3$ 浓度峰值为 14 时，比其他城市提前 1～2 h。对比 $O_3$ 与 $NO_2$ 的日变化曲线，$O_3$ 浓度的峰值

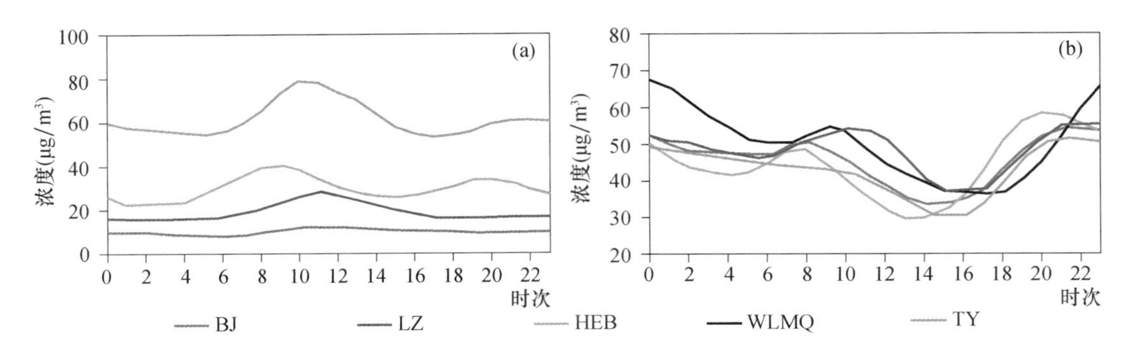


图 3-10 北方代表城市 2015—2017 年 $SO_2$(a)、$NO_2$(b)浓度的日变化(彩图见书后)

(BJ:北京、LZ:兰州、HEB:哈尔滨、WLMQ:乌鲁木齐、TY:太原)

与 $NO_2$ 浓度的谷值出现的时段是比较吻合的。$NO_2$ 是 $O_3$ 的前体物之一,昼间 $O_3$ 的生成伴随着其前体物的消耗,两者浓度呈明显的负相关。

六是从北方代表城市 CO 浓度的日变化情况来看(图 3-11b),各代表城市 CO 浓度的日变化特征也基本一致,均呈双峰双谷型。乌鲁木齐 CO 浓度较高,峰值、次峰值为 10 时、0 时,谷值、浅谷值为 18 时、06 时;太原 CO 浓度也较高,峰值、次峰值为 10 时、00 时,谷值、浅谷值为 16 时、06 时;兰州日变化最明显,峰值、次峰值为 09 时、20 时,谷值、浅谷值为 16 时、04 时;北京和哈尔滨 CO 浓度较低,峰值、次峰值为 08 时、23 时,谷值、浅谷值为 16 时、04 时。

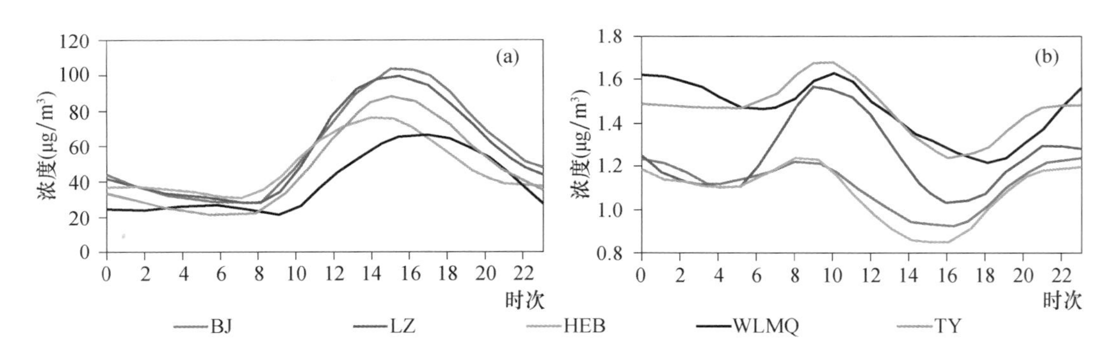


图 3-11 北方代表城市 2015—2017 年 $O_3$(a)、CO(b)浓度的日变化(彩图见书后)

(BJ:北京、LZ:兰州、HEB:哈尔滨、WLMQ:乌鲁木齐、TY:太原)

(4)南方代表城市 6 种污染物浓度日变化特征分析

一是从南方代表城市 $PM_{2.5}$ 浓度的日变化情况来看(图 3-12a),除广州以外的城市 $PM_{2.5}$ 浓度的日变化都呈两峰两谷型。成都和武汉 $PM_{2.5}$ 浓度较高,南京次之,日变化趋势比较相似,大部分时间变化平缓,10 时出现峰值,16～18 时出现谷值;广州 $PM_{2.5}$ 浓度日变化平缓,基本在 40 μg/m³ 上下变动;拉萨 $PM_{2.5}$ 浓度最低,但日变化最明显,峰值、次峰值出现在 23 时、11 时,谷值、浅谷值出现在 07 时、18 时。

二是从南方代表城市 $PM_{10}$ 浓度的日变化情况来看(图 3-12b),各代表城市 $PM_{10}$ 浓度的日变化都呈双峰双谷型。成都、武汉和南京 $PM_{10}$ 浓度较高,其中成都和南京日变化趋势与 $PM_{2.5}$ 比较相似,22 时出现峰值,10 时出现次峰值,16～18 时出现谷值;武汉 $PM_{10}$ 浓度的峰值出现在 21 时,且 18 时以后浓度值大于成都和南京;广州 $PM_{10}$ 浓度日变化平缓,基本在

60 μg/m³ 左右；拉萨 $PM_{10}$浓度日变化明显，峰值、次峰值出现在 22 时、11 时，谷值、浅谷值出现在 07 时、16 时。

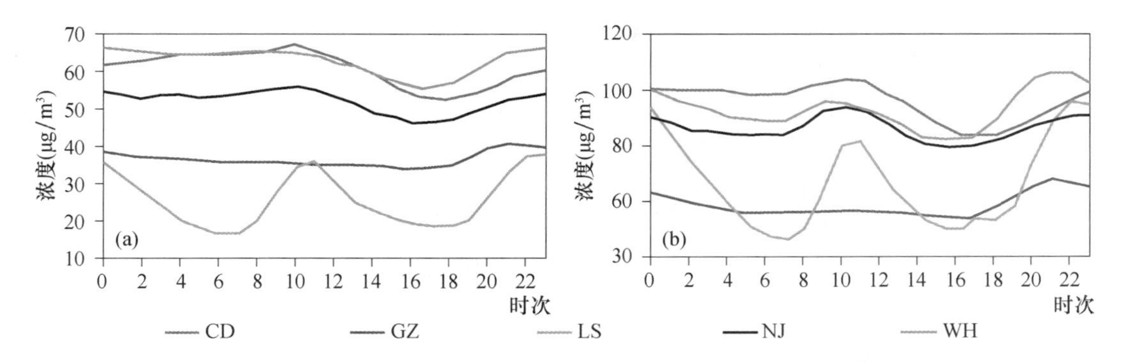


图 3-12　南方代表城市 2015—2017 年 $PM_{2.5}$(a)、$PM_{10}$(b)浓度的日变化(彩图见书后)
(CD：成都、GZ：广州、LS：拉萨、NJ：南京、WH：武汉)

三是从南方代表城市 $SO_2$浓度的日变化情况来看(图 3-13a)，南方各代表城市 $SO_2$浓度的日变化趋势基本一致，南京 $SO_2$值最大，日变化也明显，峰值为 10 时，谷值为 19 时；成都和武汉日变化与南京相近，浓度略低于南京，峰值为 11 时，谷值为 19 时；广州 $SO_2$日变化峰值为 10 时，次峰值为 23 时，其中 0～09 时 $SO_2$浓度高于武汉，09 时以后 $SO_2$浓度小于武汉；拉萨 $SO_2$值最小，都在 10 μg/m³以下，呈双峰双谷型变化，峰值为 21 时，次峰值为 10 时，谷值为 18 时，浅谷值为 04 时。

四是从南方代表城市 $NO_2$浓度的日变化情况来看(图 3-13b)，南方各代表城市 $NO_2$浓度的日变化趋势基本一致，都呈双峰双谷型。其中广州、南京和武汉 $NO_2$峰值为 21 时，次峰值为 08 时，谷值为 14 时，浅谷值为 06 时；成都 $NO_2$峰值为 23 时，次峰值为 10 时，比其他城市滞后 2 h；拉萨 $NO_2$浓度最小，峰值为 22 时，次峰值为 09 时，谷值为 16 时，次谷值为 06 时。

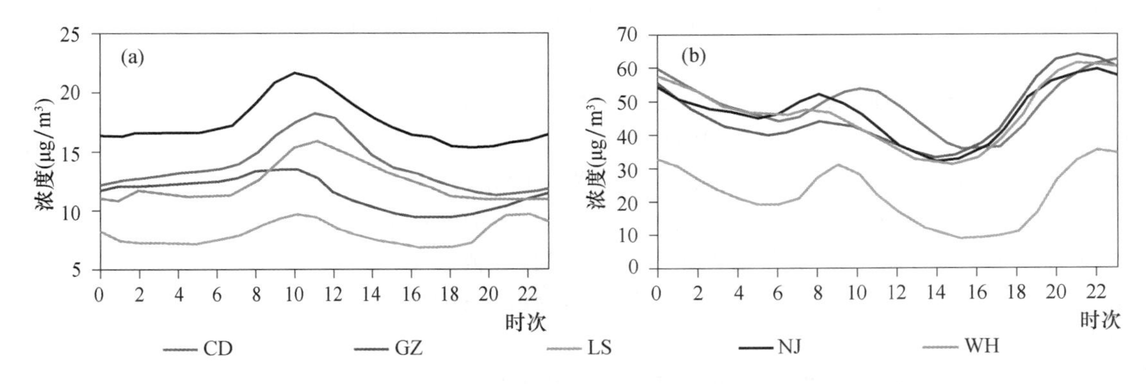


图 3-13　南方代表城市 2015—2017 年 $SO_2$(a)、$NO_2$(b)浓度的日变化(彩图见书后)
(CD：成都、GZ：广州、LS：拉萨、NJ：南京、WH：武汉)

五是从南方代表城市 $O_3$浓度的日变化情况来看(图 3-14a)，南方各代表城市 $O_3$浓度的日变化趋势基本一致，呈一峰一谷型。拉萨 $O_3$浓度最大，广州 $O_3$浓度最小。成都、广州、南京和武汉 $O_3$浓度日变化峰值出现在 15 时，谷值出现在 08 时，拉萨 $O_3$浓度日变化峰值与其他城市相比有所滞后，峰值出现在 16 时，谷值出现在 09 时。

六是从南方代表城市 CO 浓度的日变化情况来看(图 3-14b)，南方各代表城市 CO 浓度的日变化趋势基本一致，都呈双峰双谷型。成都、南京和武汉 CO 浓度的日变化峰值为 10 时，次峰值为 22 时，谷值为 16 时，次谷值为 05 时；广州 CO 浓度日变化幅度最小，峰值为 22 时，次峰值为 09 时，谷值为 15 时，次谷值为 04 时；拉萨 CO 浓度日变化最明显，峰值为 22 时，次峰值为 09 时，谷值为 18 时，次谷值为 05 时。

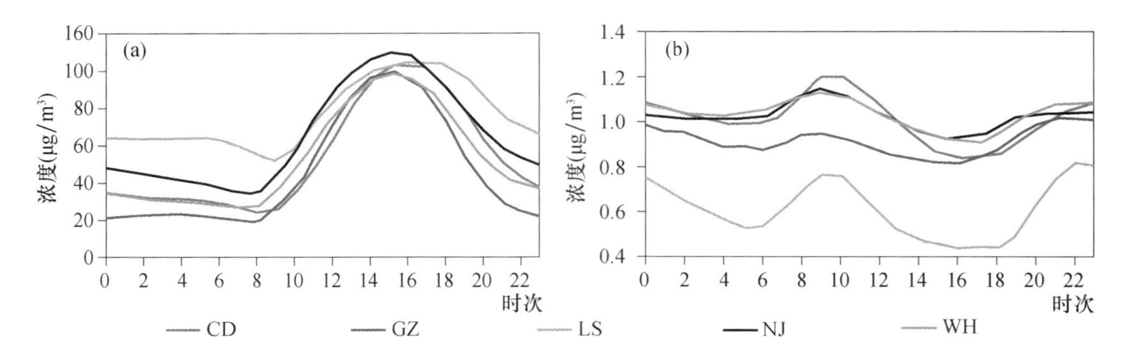


图 3-14　南方代表城市 2015—2017 年 $O_3$(a)、CO(b)浓度的日变化(彩图见书后)
(CD：成都、GZ：广州、LS：拉萨、NJ：南京、WH：武汉)

总之，10 个代表城市 $O_3$ 浓度白天高，夜间低，这是因为 $O_3$ 是光化学反应的产物，太阳辐射强弱是影响其浓度高低的主要因素之一，所以白天是 $O_3$ 生成最旺盛的时段。其他污染物的浓度峰值出现在上午和前半夜，这两个时段为出行高峰期，同时大气稳定度较强；浓度谷值出现在清晨和下午，这与清晨交通及排放处于低谷、午后大气边界层较不稳定，有利于污染物扩散有关。

(5)结论

1)10 个代表城市 $PM_{2.5}$、$PM_{10}$、$SO_2$、$NO_2$ 和 CO 5 种污染物浓度年变化基本呈"冬季高夏季低"的特点，而污染物 $O_3$ 浓度的年变化趋势则相反；北方代表城市污染物浓度的年变化幅度大于南方代表城市；北方代表城市中，乌鲁木齐除了污染物 $SO_2$ 和 $O_3$ 浓度较低，其他 4 种污染物浓度都很高；南方代表城市中，拉萨除了污染物 $O_3$ 浓度较高，其他 5 种污染物浓度都较低。

上述结论表明不同地区气候对大气污染物浓度年变化影响存在季节差异性，尤其冬季气候与夏季气候影响的差异最明显；同时也表明不同地区气候对大气污染物浓度年变化影响存在差异性，尤其北方气候与南方气候影响的差异最明显。

2)6 种污染物均存在明显的日变化特征。其中 $O_3$ 浓度在 14—16 时达到最高，夜间浓度最低；其他 5 种污染物浓度峰值多出现在上午和夜间，谷值基本出现在 16 时前后。北方代表城市中，除了 $SO_2$ 和 $O_3$ 浓度日变化，其他 4 种污染物浓度日变化均为双峰双谷型。乌鲁木齐和北京 $PM_{2.5}$ 浓度较高，乌鲁木齐、太原和兰州 $PM_{10}$ 浓度较高，太原 $SO_2$ 浓度明显高于其他城市，5 个代表城市 $NO_2$ 和 $O_3$ 浓度值相近。乌鲁木齐和太原 CO 浓度较高，兰州 CO 浓度日变化更为明显。南方代表城市中，除了 $PM_{2.5}$、$SO_2$ 和 $O_3$ 浓度的日变化，其他三种污染物浓度日变化均为双峰双谷型。成都和武汉 $PM_{2.5}$、$PM_{10}$ 浓度较高，其中拉萨 $PM_{2.5}$ 和 $PM_{10}$ 浓度日变化为双峰双谷型，其他代表城市变化较平缓，南京 $SO_2$ 浓度较高，5 个代表城市 $NO_2$ 和 $O_3$ 浓度值相近，拉萨 CO 浓度最低，广州次之，其他代表城市日变化趋势一致。

上述结论表明不同地区气候对不同大气污染物浓度日变化影响存在差异，尤其白天气候与夜间气候影响的差异最明显；并且不同地区气候存在差异，并且北方气候对大气污染物浓度日变化影响与南方气候对大气污染物浓度日变化影响也存在明显差异。

3. 不同地区气候背景下的大气污染物浓度年较差与温度年较差及纬度关系的分析与结论

(1)分析

通过对全国10个代表城市2015—2017年6种大气污染物浓度年较差与温度年较差及纬度之间的关系进行拟合分析，从气候差异的角度解释了造成不同城市污染物浓度年较差存在差异的原因。拟合结果如下：

1) $PM_{2.5}$

$$z=93.08-231.53/x^{0.5}+0.00083y^3 \tag{3-13}$$

式中：$z$——污染物浓度的年较差。

$x$——温度的年较差。

$y$——纬度。

2) $PM_{10}$

$$z=352.30-243.04x+30.22x^2-1.66x^3+0.04x^4-0.00039x^5+20.66y-0.25y^2 \tag{3-14}$$

式中：$z$——污染物浓度的年较差。

$x$——温度的年较差。

$y$——纬度。

3) $NO_2$

$$z=44357.89+2.16x-0.03x^2-6630.06y+390.43y^2-11.34y^3+0.16y^4-0.0009y^5 \tag{3-15}$$

4) $O_3$

$$z=-11017.32+35.28x-1.31x^2+0.015x^3+1359.78y-62.72y^2+1.26y^3-0.009y^4 \tag{3-16}$$

5) CO

$$z=21.41+2.02x-0.155x^2+0.0049x^3-5.34\mathrm{E}-5x^4-3.06y+0.099y^2-0.001y^3 \tag{3-17}$$

根据上述公式计算可得到不同气候区代表城市温度年较差及纬度与大气污染物浓度年较差的关系。

图3-15是2015—2017年温度年较差与纬度协同作用对$PM_{2.5}$、$PM_{10}$浓度年较差影响的平滑曲面。

从图3-15a可知，在同一纬度下，随着温度年较差的增大，$PM_{2.5}$浓度年较差增大；在温度年较差一定的情况下，随着纬度的增大，$PM_{2.5}$浓度年较差增大。同时还发现，低纬度温度年较差小的城市，$PM_{2.5}$浓度年较差最小。在高纬度，$PM_{2.5}$浓度年较差处于较大的状态，且随着温度年较差的增大，$PM_{2.5}$浓度年较差会进一步增大。$PM_{2.5}$浓度年较差最大值出现在高纬度、温度年较差最大的城市。说明在温度年较差与纬度的协同作用下，纬度高是导致$PM_{2.5}$浓度年较差大的主要因素，温度年较差的增大进一步加强了纬度对$PM_{2.5}$浓度年较差的作用。

从由图3-15b可知，在同一纬度下，随着温度年较差的增大，$PM_{10}$浓度的年较差呈三峰两谷型变化，峰值出现在温度年较差为5 ℃、15 ℃和35 ℃；在温度年较差一定的情况下，随着纬度的增大，$PM_{10}$浓度年较差也呈增大的趋势。同时还发现，在低纬度，$PM_{10}$浓度年较差相对较小。在高纬度，$PM_{10}$浓度年较差相对较大，随着温度年较差的增大，$PM_{10}$浓度年较差进一步增

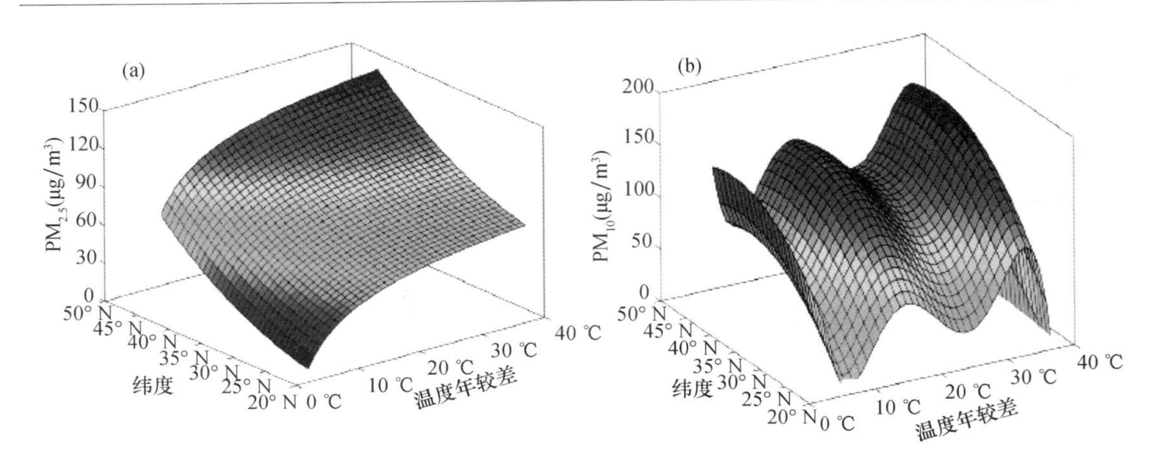


图 3-15　温度年较差与纬度的协同作用对 $PM_{2.5}$(a)、$PM_{10}$(b)浓度年较差影响的平滑曲面图(彩图见书后)

大。$PM_{10}$浓度年较差峰值出现在纬度高且温度年较差、较大的城市。说明在温度年较差与纬度的协同作用下,纬度高是导致 $PM_{10}$浓度年较差增大的主导因素。

由于 $SO_2$浓度年较差与温度年较差及纬度之间的拟合关系不明显,仅在 39°N 左右达到浓度年较差峰值,因此温度年较差与纬度的协同作用对 $SO_2$浓度年较差影响的平滑曲面图在此省略。

图 3-16 是 2015—2017 年温度年较差与纬度协同作用对 $NO_2$浓度年较差影响的平滑曲面图。

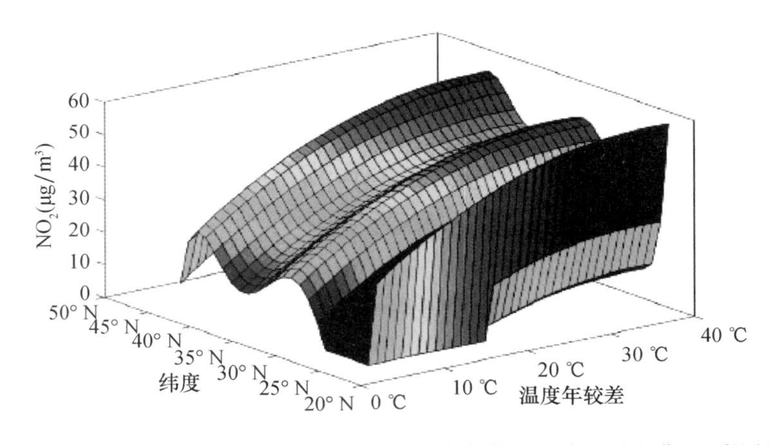


图 3-16　温度年较差与纬度的协同作用对 $NO_2$浓度年较差影响的平滑曲面(彩图见书后)

从图 3-16 可知,在同一纬度下,随着温度年较差的增大,$NO_2$浓度年较差呈增大的趋势。在温度年较差一定的情况下,随着纬度的升高,$NO_2$浓度的年较差呈三峰两谷型变化,峰值分别出现在 22°N、32°N 和 42°N,与我国珠三角、长三角和京津冀重污染区相对应。在峰值对应的纬度,$NO_2$浓度年较差较大,且随着温度年较差的增大而进一步增大。

图 3-17 是 2015—2017 年温度年较差与纬度协同作用对 $O_3$、CO 浓度年较差影响的平滑曲面。

从图 3-17a 可知,在温度年较差一定的情况下,随着纬度的增大,$O_3$浓度年较差的变化呈两峰一谷型,纬度达到 22°N 左右,浓度年较差出现第一个峰值;然后随着纬度的升高,$O_3$浓度年较差逐渐减小,当纬度达到 32°N 左右,浓度年较差出现谷值。当纬度达到 42°N 左右,浓度

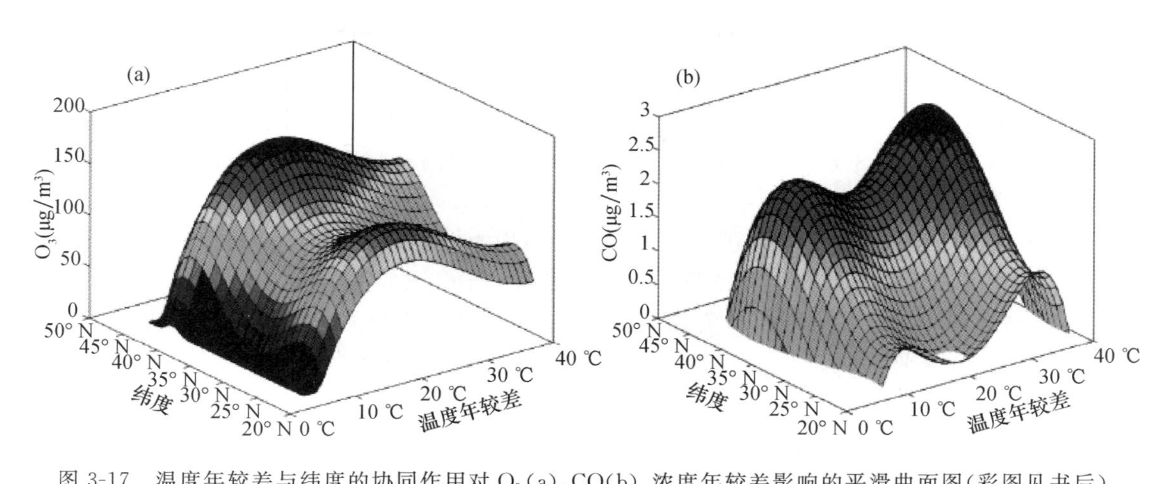


图 3-17　温度年较差与纬度的协同作用对 $O_3$(a)、CO(b)、浓度年较差影响的平滑曲面图(彩图见书后)

年较差出现第二个峰值。在同一纬度下,随着温度年较差的增大,$O_3$浓度年较差的变化呈单峰型,温度年较差达到 25 ℃左右,浓度年较差出现峰值;当温度年较差继续增大时,浓度年较差逐渐减小。温度年较差为 5 ℃左右,$O_3$浓度年较差最小;高纬度、温度年较差为 25 ℃左右的条件下,$O_3$浓度年较差最大。

从图 3-17b 可知,CO 浓度年较差与温度年较差及纬度的函数关系较为复杂,在温度年较差一定的情况下,随着纬度的升高,CO 浓度年较差的变化为先增大后减小,纬度达到 42°N 左右,浓度年较差出现峰值;当纬度继续升高时,浓度年较差逐渐减小。在同一纬度下,随着温度年较差的增大,CO 浓度年较差的变化呈两峰一谷型,温度年较差达到 15 ℃左右,浓度年较差出现第一个峰值;然后随着温度年较差的增大,CO 浓度年较差逐渐减小,当温度年较差达到 25 ℃左右,浓度年较差出现谷值。当温度年较差达到 35 ℃左右,浓度年较差出现第二个峰值。纬度高-温度年较差大的条件下,CO 浓度年较差最大。可见纬度高、温度年较差大对 CO 浓度年较差的影响有协同加强的作用。

(2)结论

在温度年较差与纬度的协同作用下,纬度高是导致 $PM_{2.5}$和 $PM_{10}$浓度年较差增大的主导因素,温度年较差的增大进一步加强了纬度对浓度年较差的作用;$SO_2$浓度年较差与温度年较差之间的关系不明显,但在 39°N 左右达到浓度年较差峰值;纬度为 22°N、32°N 和 42°N 时,$NO_2$浓度年较差基本始终处于较大的状态,在峰值对应的纬度,$NO_2$浓度年较差随着温度年较差的增大而进一步增大;温度年较差为 5 ℃左右,$O_3$浓度年较差最小,高纬度、温度年较差为 23 ℃左右的条件下,$O_3$浓度年较差最大;高纬度、温度年较差大对 CO 浓度年较差的影响有协同加强的作用。

上述结论表明不同地区温度年较差的气候特征对不同大气污染物浓度年较差影响存在差异。

4. 不同地区气候背景下的污染气象参数与大气污染物浓度的相关分析

在全国不同气候区 10 个代表城市中,北京和广州都是一线发达城市,地理位置一北一南,具有比较鲜明的温带和亚热带不同气候区的特征,能够反映北方和南方的污染程度及其与污染气象参数关系的异同。因此,利用 2015 年 1 月 15 日—2017 年 12 月 31 日的样本资料,研究分析了北京和广州的 $PM_{2.5}$、$SO_2$、$O_3$三种污染物浓度与稳定能量、低层平均风速、涡度、散度、温度平流、垂直速度、假相当位温差、高度场梯度、地面露点温度、边界层厚度、边界层通风系数等污染气象参数的相关，得到以下结论：

(1)北京市稳定能量与 $PM_{2.5}$ 和 $SO_2$ 浓度之间以正相关为主，与 $O_3$ 以负相关为主；广州市稳定能量与 $PM_{2.5}$、$SO_2$ 和 $O_3$ 浓度之间以负相关为主。北京市假相当位温差与 $PM_{2.5}$、$O_3$ 浓度之间以负相关为主，与 $SO_2$ 以正相关为主；广州市假相当位温差与 $PM_{2.5}$、$SO_2$ 浓度之间以负相关为主，与 $O_3$ 以正相关为主。

(2)北京市高度场梯度与 $PM_{2.5}$ 和 $SO_2$ 浓度之间均为弱负相关，与 $O_3$ 以正相关为主；广州市高度场梯度与 $PM_{2.5}$ 和 $SO_2$ 浓度之间均为强负相关，与 $O_3$ 之间以正相关为主。北京市低层平均风速与 $PM_{2.5}$ 浓度之间均为弱负相关，与 $SO_2$ 之间以弱负相关为主，与 $O_3$ 之间以正相关为主；广州市低层平均风速与 $PM_{2.5}$ 和 $SO_2$ 浓度之间均为强负相关，与 $O_3$ 之间以负相关为主。

(3)北京市边界层厚度与 $PM_{2.5}$ 浓度为负相关，与 $SO_2$ 以负相关为主，与 $O_3$ 之间以正相关为主；广州市边界层厚度与 $PM_{2.5}$ 和 $SO_2$ 浓度之间以负相关为主，与 $O_3$ 之间以正相关为主。北京市边界层通风系数与 $PM_{2.5}$ 和 $SO_2$ 浓度之间以负相关为主，与 $O_3$ 之间以正相关为主；广州市边界层通风系数与 $PM_{2.5}$ 浓度之间均为强负相关，与 $SO_2$ 之间均为负相关，与 $O_3$ 之间以正相关为主。

(4)北京市地面露点温度与 $PM_{2.5}$ 浓度为正相关，与 $SO_2$ 和 $O_3$ 之间以正相关为主；广州市地面露点温度与 $PM_{2.5}$、$SO_2$ 和 $O_3$ 浓度之间以负相关为主。

(5)北京市涡度与 $PM_{2.5}$ 和 $SO_2$ 浓度之间以正相关为主，与 $O_3$ 之间以负相关为主；广州市涡度与 $PM_{2.5}$、$SO_2$ 和 $O_3$ 浓度之间以负相关为主。北京市散度与 $PM_{2.5}$、$SO_2$ 和 $O_3$ 浓度之间以正相关为主；广州市散度与 $PM_{2.5}$、$SO_2$ 和 $O_3$ 浓度之间也以正相关为主。

(6)北京市温度平流与 $PM_{2.5}$ 和 $SO_2$ 浓度之间以正相关为主，与 $O_3$ 以负相关为主；广州市温度平流与 $PM_{2.5}$、$SO_2$ 和 $O_3$ 浓度之间以负相关为主。温度平流与 3 种污染物浓度之间的相关程度比其他气象条件低，且没有明显的分布规律。

(7)北京市垂直速度与 $PM_{2.5}$、$SO_2$ 和 $O_3$ 浓度之间以正相关为主；广州市垂直速度与 $PM_{2.5}$、$SO_2$ 和 $O_3$ 浓度之间也以正相关为主。

上述结论表明不同气候区污染气象参数与大气污染物浓度之间的相关程度存在明显差异。

### (三)气候要素耦合效应对大气污染的影响

虽然气候要素耦合效应对大气污染的影响非常复杂，但在建立综合表达大气污染气象条件的量化指标，用于评估污染气象条件的长、中、短期变化和对污染潜势进行预测具有非常重要的现实意义，尤其对大气污染治理有足够的提前时间实施大气污染防控措施具有非常重要的前瞻性、指导性作用。为此下面以朱蓉等针对大气自净能力指数的气候特征与应用研究的结果为例，详细论述气候要素耦合效应对大气污染的影响。

#### 1. 大气自净能力指数及其计算方法

##### 1)大气自净能力指数的定义

大气自身的运动对大气中的污染物有清除作用，如冷空气过境造成的大风具有扩散和稀释作用；降水对大气污染物有湿清除作用。将大气自身运动对大气中污染物的扩散、稀释和湿清除能力定义为大气自净能力。由于大气自净能力与大气污染源排放没有关系，一方面可用于量化气象条件变化对空气污染的贡献，评估大气污染防治措施的实施效果；另一方面可用于对未来大气污染潜势的预测，为提早实施大气污染防控措施提供依据。

城市大气污染数值预报系统(CAPPS)通过有限体积法求解大气平流扩散方程,得到的平均浓度预报方程为:

$$\frac{\partial \bar{C}}{\partial t}=\frac{Q}{\tau}-\frac{1}{\tau}\oiint_{s} C(\boldsymbol{V}+\boldsymbol{V}_{\mathrm{t}}+\boldsymbol{v}_{\mathrm{d}}+\boldsymbol{v}_{\mathrm{w}})\cdot \mathrm{d}S+I \tag{3-18}$$

式中:$\bar{C}$——大气中的污染物浓度。

$Q$——大气污染物在空气体积$\tau$时间内的排放量。

$\boldsymbol{V}$——风矢量。

$\boldsymbol{V}_{\tau}$——湍流风速矢量。

$\boldsymbol{v}_{d}$——干沉降速度。

$\boldsymbol{v}_{w}$——湿沉降速度。

$S$——底面积。

$I$——化学转化作用造成的污染物生成或消失量。

由于化学转化在大气污染过程中的作用比较复杂,它对一些污染物有清除作用,但同时又可能促使另一些污染物生成,为了重点分析气候要素耦合效应对大气污染的影响,简化分析暂时不考虑化学转化的污染物清除作用。因此,不考虑化学转化作用的大气对污染物的清除能力可表示为:

$$V_{c}=\frac{1}{\bar{C}}\oiint_{s} C(\boldsymbol{V}+\boldsymbol{V}_{t}+\boldsymbol{v}_{\mathrm{d}}+\boldsymbol{v}_{\mathrm{w}})\cdot \mathrm{d}S \tag{3-19}$$

该公式表明大气对污染物的清除能力($V_{c}$)包括平流扩散、湍流扩散、干沉降和湿沉降。假设城市是一个底面积为$S$的箱体,其水平尺度即为$2\ S/\pi$,高度为混合层高度($H$),大气污染物的扩散发生在混合层高度以内,坐标轴$x$与风向保持一致,则大气污染物的平衡浓度为:

$$\bar{C}=\frac{Q}{V_{c}} \tag{3-20}$$

由于干沉降与大气湍流状况、污染物化学性质和下垫面特性有关,并且由于常规气象观测中还没有湍流量,导致气候要素耦中也没有湍流量。因此,根据历史气象观测数据分析大气对污染物清除作用的长年变化,故此暂时不考虑大气湍流扩散和干沉降作用。所以根据箱模式原理,大气对污染物的清除能力可表示为:

$$V_{c}=\left(\frac{\sqrt{\pi}}{2}V_{\mathrm{E}}+v_{\mathrm{v}}\sqrt{S}\right)\sqrt{S} \tag{3-21}$$

式中:$V_{E}$——大气通风量,定义为:

$$V_{E}=\int_{0}^{H}u(z)\mathrm{d}z$$

式中:$u(z)$——大气边界层内的风速,它随距离地面的高度而变化,是高度的函数。

由于湿沉降速度$\boldsymbol{v}_{\mathrm{w}}$表达为雨洗常数$W_{r}$与降水率$R$的乘积,即$\boldsymbol{v}_{\mathrm{w}}=W_{r}R$,$S$为底面积。假设典型污染物的空气质量控制浓度为$C_{s}$,则箱体内典型污染物最大允许排放总量为:

$$Q=\left(\frac{\sqrt{\pi}}{2}V_{\mathrm{E}}+W_{r}R\sqrt{S}\right)\cdot C_{\mathrm{s}}\cdot\sqrt{S} \tag{3-22}$$

式中:$W_{r}$——雨洗常数,取值为$6\times10^{5}$。

$R$——降水率,即单位时间内的降水量。

$C_{s}$——$PM_{2.5}$达标浓度,取值为$0.075\ \mathrm{mg/m^{3}}$

因此,在$C_{s}$约束条件下,定义单位时间、单位面积上大气平流扩散和降水所能清除的最大

污染物总量为大气自净能力指数(ASI)，即

$$ASI=Q/S=\left(\frac{\sqrt{\pi}}{2}V_E+W_r R\sqrt{S}\right)\cdot C_s/\sqrt{S} \quad (3\text{-}23)$$

显然，大气自净能力指数与大气污染排放量和空气质量都没有任何关系，仅仅表示大气自身运动对大气污染物的通风扩散和降水清除能力。大气自净能力指数值越大，表示大气对污染物的清除能力较强，大气自净能力强；反之，表示大气自净能力弱。

2)计算方法

基于地面气象观测的大气自净能力指数计算方法采用地面气象站观测资料计算大气自净能力指数的优势在于，可以对近几十年大气自净能力指数的气候和气候变化特征进行分析。

由于大气通风量 $V_E$ 是计算大气自净能力指数的关键，而计算大气通风量首先需要计算混合层高度。根据国家标准《制定地方大气污染物排放标准的技术方法》(GB/T 13201—91)，在已知云量和地面风速的前提下，通过计算太阳高度角，并结合地面风速、云量，可查算出Pasquill大气稳定度等级，最终可计算出混合层高度和大气通风量。由于气象站在夜间的云量观测资料十分有限，因此可以只计算每日14时的大气自净能力指数。该指数与一天中大气对污染物的最大清除能力接近，分析每日14时大气自净能力的长年变化，同样可以得到大气自净能力的长年代变化特征。

所以表征全天大气对污染物总体清除能力的大气自净能力指数的计算公式可转化为：

$$ASI=8.64\times10^{-2}\times\left[\frac{\sqrt{\pi}}{2}\times V_E+\sum_{i=1}^{n}(0.17\times R\times\sqrt{S}\times10^3)\right]\cdot C_s/\sqrt{S} \quad (3\text{-}24)$$

式中：ASI——大气自净能力指数，单位为 t/(d·km²)。

$n$——一天中降水的小时数。

$R$——每小时降水量，单位为 mm/h。

$S$——面积，统一取值 100 km²。

基于中尺度数值模式的大气自净能力指数计算方法采用中尺度数值模拟结果计算大气自净能力的优势在于，可以计算出每天逐时的大气自净能力指数，还可考虑到持续较低的大气自净能力导致的大气污染物累积效应，更加详细地描述大气重污染天气过程，并可实现对大气自净能力指数的预报。

从城市大气污染数值预报系统(CAPPS)的污染浓度预报方程式可知，大气污染浓度与大气对污染物的清除能力呈指数函数的变化关系，因此基于逐时大气边界层气象要素，考虑大气污染累积效率的大气自净能力指数预报方程为：

$$ASI=ASI_t(1-e^{\frac{v_c}{\tau}\delta t})+ASI_{t-1}e^{\frac{v_c}{\tau}\delta t} \quad (3\text{-}25)$$

计算大气自净能力所需的大气边界层气象要素，如地面风速、混合层高度等，均可由中尺度数值模式WRF给出。大气稳定度可以根据WRF模式输出的地表感热通量、地面温度、地表粗糙度和摩擦速度首先计算莫宁-奥布霍夫长度，然后判断大气稳定度。

2. 大气自净能力指数的气候特征

为了分析全国大气自净能力指数的分布规律和长期变化趋势，采用1961—2017年全国700多个基准和基本气象站的观测资料，计算每日14时大气自净能力指数。从1961—2017年平均全国大气自净能力指数分布可知，四川盆地和新疆塔里木盆地的大气自净能力是全国最差的；青藏高原、蒙古高原、云贵高原、东北平原和三江平原、山东半岛和海南岛的大气自净能力最强。大气自净能力的分布特征与中国地形密切相关。四川盆地处于其西侧的青藏高

原、南侧的云贵高原和北侧的秦巴山脉的环抱之中，海拔高度落差1000～4000 m，无论是在偏北的冬季风环流，还是在西南夏季风环流的背景下，都处于背风死水区内，因此长年维持小风和静风，大气自净能力极差。新疆塔里木盆地处于西风带环流中，由于西侧的帕米尔高原的阻挡，在塔里木盆地也同样形成了背风死水区，年平均风速小，大气自净能力差。青藏高原、蒙古高原和云贵高原由于日照充足且年平均风速较大，混合层得以充分发展，大气通风扩散能力强，所以大气自净能力强。山东半岛和海南岛也具有日照充足和年平均风速大的特点，而且不但具有较好的通风扩散能力，还有一定的降水清除能力。东北平原和三江平原分别位于大、小兴安岭的东侧，由于大小兴安岭的坡度较缓，冬季风顺坡而下，可以产生较大的风速。此外，由于夏季多雨，东北平原和三江平原就具有较好的大气自净能力。

由于大气重污染是在极端不利的污染气象条件下发生的，因此，有必要重点研究极端不利污染气象条件的气候变化特征，通过统计分析2013—2017年京津冀地区发生大气重污染期间的大气自净能力指数，总结出大气自净能力指数低于1.4 t/(d·$km^2$)时，容易出现AQI达到200的空气质量重污染等级。由此定义14时大气自净能力指数低于1.4 t/(d·$km^2$)的当天为一个低自净能力日。统计分析历史不同时期全年低自净能力日数的变化，可以认清重污染气象条件的气候变化特征。

全国1961—2017年每10 a平均全年低自净能力总日数分布的演变，东南和华南地区、京津冀地区的全年低自净能力总日数有明显增长的变化趋势。华南和东南地区2000年以后增长较快，京津冀地区2011—2017年增长幅度较大。由于大气自净能力指数与大气污染排放无关，所以低自净能力日数的长年变化反映的是重污染气象条件的气候变化。但是，一般地面气象站都是位于城镇的边缘，受城市化发展的影响，地面观测值呈下降的长年变化趋势，因此，低自净能力日数的长年变化反映的是城市污染气象条件的气候变化，这也是人口密集的华东和华南地区全年低自净能力日数显著增加的原因。

在我国的冬季，不利污染物扩散的静稳天气条件多发，京津冀、长三角和珠三角等城市群地区的大气污染形势更加严峻。图3-18分别给出了京津冀、长三角和珠三角地区1961—2017年冬季(当年12月和次年1—2月)平均大气自净能力指数和低自净能力日数的长期变化，可以看出，京津冀和长三角地区冬季平均大气自净能力指数呈明显下降的趋势，而冬季低自净能力日数呈明显上升的趋势，说明大气对污染物的清除能力在降低，重污染气象条件出现概率在增加。珠三角地区在20世纪60—70年代，以及2000年以后，冬季平均大气自净能力指数逐年降低，冬季低自净能力日数逐年增多，20世纪80—90年代变化不明显。

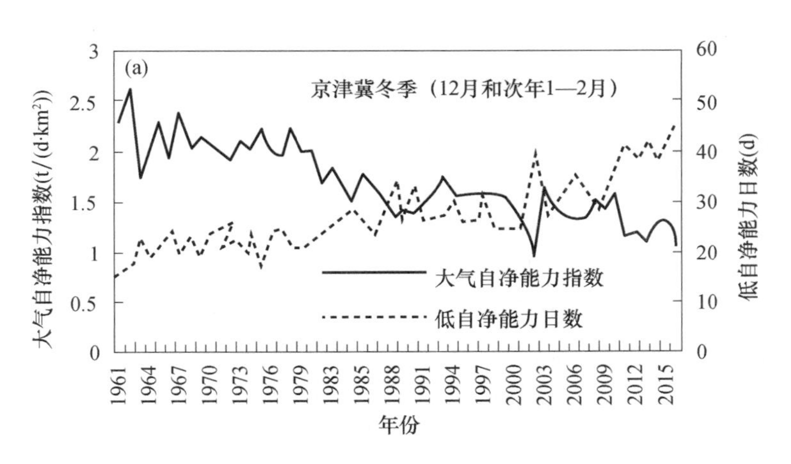

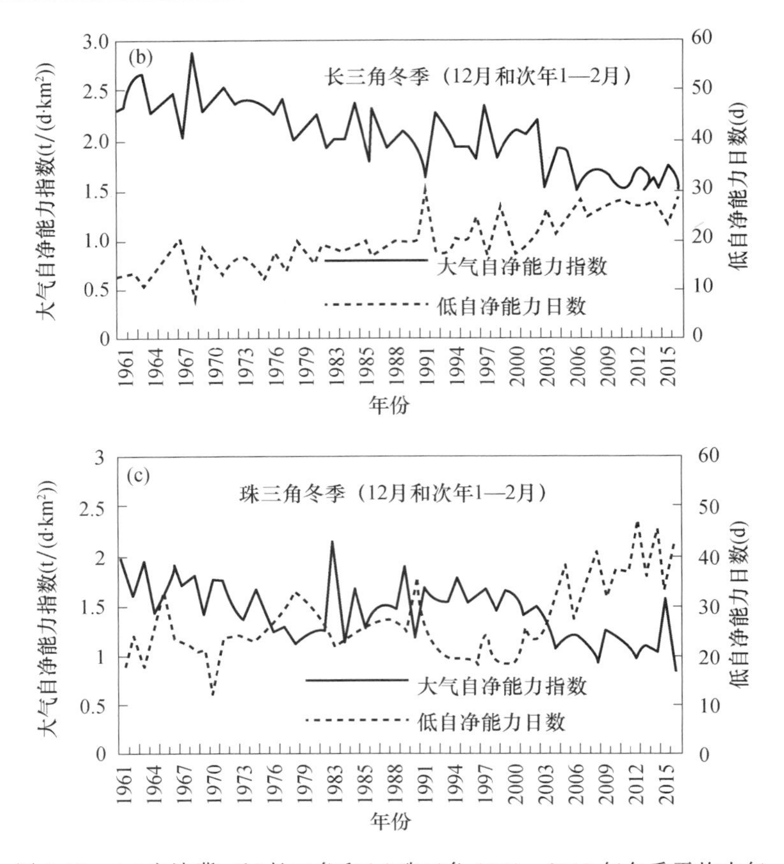


图 3-18 (a)京津冀、(b)长三角和(c)珠三角 1961—2017 年冬季平均大气自净能力指数和低自净能力日数的长期变化图

根据大气自净能力指数(ASI)定义和物理意义以及上述大气自净能力指数的气候特征分析结论表明，大气自净能力指数(ASI)的气候特征是受到表征热量的基本气候要素、表征水分的基本气候要素、表征大气流场的气候要素综合影响的结果。因此，大气自净能力指数的气候特征体现了气候要素耦合效应对大气污染的影响。

## 第二节 诱发大气污染的不利气象条件分析

### 一、诱发大气污染的不利气象条件的科学内涵

影响大气中污染物浓度变化的因素主要有下垫面性质(地形起伏、粗糙度、地面覆盖物等)、污染源性质(源强、源高、源内温度、排放速率等)、气象条件(风向、风速、温度、湿度、降水、日照、云量、大气稳定度、太阳辐射和大气环流、天气形势等)。从长期或平均状态来看，大气环境质量取决于能源结构、交通和工业排放污染物的多少，但从我国大气污染防治攻坚战如期完成“敌强我弱”第一阶段战略目标任务转入“战略相持”第二阶段的“气象影响型”时期，大气中污染物浓度变化与大气环流背景以及当地、当时的局地气象条件密切相关，一旦遭遇不利气象条件，依然会发生重污染天气。因此，在某一区域或某一地点的一定时期内，下垫面、污染物排放源都保持相对稳定的状态下，大气污染物的积累或扩散，主要受气象条件制约，其中最主要

的是大气边界层的气象条件。原因是大气边界层紧贴地球表面，地面与大气的热量、动量和水汽等物理量的交换主要发生在这一层内，地面排放的大气污染也主要集中在边界层内。而边界层内的气压、风速、温度、湿度、降水、湍流和温度、湿度垂直分布等对大气污染物的输送、扩散、干湿清除和化学转化都有着决定性的影响。尽管气象条件是对大气中污染物浓度变化的外因，但是这个外因对大气中污染物浓度变化的影响非常明显、非常大。有关研究表明：某一区域或某一地点气象条件的影响，可使与大气中污染物浓度密切相关的空气质量指数（AQI）为指标的空气质量优良天数年度与年际变化波动 10%，即在同样的大气污染物排放强度条件下，由于不同年份气象条件的影响，导致年度空气质量优良天数可能拉高 10%，也可能降低 10%，甚至个别区域或个别地点年度空气质量优良天数变化受气象条件影响可能还会达到 15%的上下波动。因此，气象条件对大气中污染物浓度具有正负两个方面的影响：既有利的气象条件可使大气污染物从大气中清除或（和）稀释从而有效降低大气中污染物浓度，防止或减少、减轻大气污染而形成正面影响；不利的气象条件可促进大气中大气污染物积累，甚至发生光化学烟雾产生新的大气污染物从而导致大气中污染物浓度升高而产生负面影响。

为此，将凡是“不利于污染物从大气中清除、扩散稀释、输送稀释、迁移稀释而是促进大气污染物积累和新大气污染物产生，导致大气中污染物浓度升高的气象条件”称为形成大气污染的不利气象条件。例如，根据徐祥德攻关团队的研究成果：京津冀及周边地区位于太行山东侧“背风坡”和燕山南侧的半封闭地形中，受青藏高原大地形“背风坡”效应所导致的下沉气流和“弱风效应”影响，冬季京津冀及周边地区为显著的下沉气流区，这不利于大气对流扩散及污染物清除。这个地区是我国冬季大气污染最重、季节差异最显著的区域，$PM_{2.5}$浓度冬季普遍偏高，污染最重，秋、春季次之，夏季最轻。在京津冀及周边地区容易造成重污染的不利气象条件是：风速小于 2 m/s，对污染物水平扩散极其不利；大气处于静稳状态，垂直扩散能力较差；近地面逆温，边界层的混合层高度低于 500 m；大气相对湿度超过 60%，极易导致气态前体物向颗粒物加速转化。因此，一旦气象部门预报到某一地区这样的大气污染不利气象条件时，相关地区政府、部门、单位一定要进行重污染天气的应急响应，采取应急措施，把大气污染物排放强度降下来，才能防止或减少、减轻大气污染。

上述分析表明，正确理解气象条件对大气污染正、负两个方面影响的科学内涵，科学把握形成大气污染的不利气象条件，对防范大气污染，尤其是防范大气重污染具有重要的前瞻性、基础性、现实性作用，对大气污染治理具有重要的现实意义。

## 二、诱发大气污染的不利气象条件主要类型分析

诱发大气污染的不利气象条件主要体现在促进大气污染物积累和新大气污染物产生两个方面，因此容易形成大气污染的不利气象条件主要可划分为以下 6 类。

一是易导致大气污染水平扩散稀释能力减弱，形成大气污染的水平风速小（微风、静风）等不利气象条件。水平风速越小，代表大气混合层高度内水平方向上单位时间单位面积通过的风量越小，大气污染物水平扩散和稀释能力越弱，容易导致大气污染物积累造成大气污染。

二是易导致大气污染垂直扩散稀释能力减弱造成大气污染的大气静稳类不利气象条件。大气处于静稳状态，大气垂直扩散和稀释能力较差，尤其有逆温层发展，导致大气稳定度增强，大气边界层混合层高度明显降低，对污染物垂直扩散和稀释不利。一般通过边界层内风向、风

速、变温、变压、逆温、混合层高度等多个反映大气温湿度条件、动力状况的气象要素基础上构建的能够定量反映大气静稳程度的静稳天气指数来表征，静稳天气指数越大，表示大气静稳程度越高，则发生或维持大气污染的可能性就越大。

三是易导致大气污染物输入形成大气污染的主导风类不利气象条件。大气污染物通过主导风形成的大气污染物传输通道输入使大气中污染物积累、浓度上升形成大气污染，显然主导风的上风方向有大气污染源是形成大气污染的前提条件。

四是易导致大气污染物受地形阻挡形成局地大气污染物积累的风向类不利气象条件。在风的某个方向上存在地形（山地）阻挡，使该方向的风传输的大气污染物受到阻碍，不易向外扩散稀释而是局地循环累积、浓度上升形成大气污染，显然大气污染源下风方向上有地形（山地）阻挡是形成大气污染的前提条件。

五是易导致新细颗粒物产生形成大气污染的大气高湿类不利气象条件。大气相对湿度升高会促使气态前体物向颗粒物加速转化，导致颗粒物浓度快速升高造成大气污染。因为大气相对湿度升高有利于细颗粒物的潮解和吸湿增长，改变颗粒物的折光率和粒径分布，对大气能见度降低的贡献可能达到60%，超过颗粒物本身的消光作用，同时为气态污染物提供非均相转化载体，$SO_2$、$NO_x$ 等气态污染物在载体中发生氧化等化学反应，促进 $H_2SO_4$ 和硝酸盐等新细颗粒物的生成。

六是易导致光化学烟雾形成大气污染的高温、低湿、小风、强紫外线类不利气象条件。大气中产生光化学反应污染物在没有适合于产生光化学烟雾的气象条件，就不会形成光化学烟雾。因此，形成光化学烟雾的前提条件是有适合于产生光化学烟雾的气象条件。由于风速大时，产生光化学反应污染物因不能在一定时间相接触，则不能发生化学反应，与此相反，风速低的时候则较容易发生化学反应形成光化学烟雾；太阳光紫外线强时，易发生光化学反应形成光化学烟雾；温度越高时，越易发生光化学反应而形成光化学烟雾；湿度越高时，大气中 $H_2O$ 降低了 $NO_2$ 的有效浓度，就越不易发生光化学反应形成光化学烟雾。因此高温、低湿、小风、强紫外线是易导致光化学烟雾反应造成大气污染的不利气象条件。

## 三、不利气象条件下大气污染的类型分析

由于不利气象条件下大气污染形成的类型主要是依据大气污染物的特征进行分类，其分类方法主要有依据大气污染物产生地不同进行分类、依据大气污染物是否进行化学反应进行分类、依据大气污染物存在状态不同进行分类3种方法。因此，不利气象条件下大气污染分类方法不同，其不利气象条件下大气污染类型也有所不同，具体分类如下：

一是依据大气污染物产生地不同进行分类的大气污染类型。凡是不利气象条件下大气污染的大气污染物属于本地产生的污染物质，则属于“局地”型大气污染；凡是不利气象条件下大气污染的大气污染物是通过大气输送进入本地的污染物质，则属于“输入”型大气污染；凡是不利气象条件下大气污染的大气污染物既有本地产生的污染物质又有外地输入的污染物质，则属于“局地＋输入”混合型大气污染。

二是依据大气污染物是否有化学反应发生进行分类的大气污染类型。凡是不利气象条件下大气污染的大气污染物属于直接从污染源排放而没有发生化学反应或光化学反应的一次污染物质，则属于“一次”型大气污染；凡是不利气象条件下大气污染的大气污染物是通过一次污染物在大气中互相作用经化学反应或光化学反应形成与一次污染物的物理、化学性质完全不同的二次污染物质，则属于“二次”型大气污染；凡是不利气象条件下大气污染的大气污染物既

有一次污染物质又有二次污染物质，则属于“一次＋二次”混合型大气污染。

三是依据大气污染物存在状态不同进行分类的大气污染类型。凡是不利气象条件下大气污染的大气污染物是气溶胶态污染物质，则属于“气溶胶”型大气污染；凡是不利气象条件下大气污染的大气污染物是气态污染物质，则属于“气态”型大气污染；凡是不利气象条件下大气污染的大气污染物既有气溶胶态污染物质又有气态污染物质，则属于“气溶胶＋气态”混合型大气污染。

## 第三节　不利气象条件下大气污染形成机制

虽然不利气象条件下大气污染形成的类型分类依据大气污染物的特征不同，导致不利气象条件下大气污染分类的类型有差异。但尽管有差异，其不利气象条件下的大气污染形成过程及其形成机制的实质是不利气象条件下的气象因素诱发大气污染的形成过程及其形成机制，而不利气象条件下的气象因素，也可简称为不利气象因素。因此，不利气象条件下大气污染的形成过程及其形成机制分析的实质是不利气象因素诱发大气污染的形成过程及其形成机制分析。为此，下面重点分析不利气象因素诱发新生大气污染物形成的机理和诱发大气污染形成的机理以及不利气象因素诱发大气污染的形成过程。

### 一、不利气象因素诱发新生大气污染物形成的机理分析

众所周知，大气中的污染物主要由污染源直接排放进入大气的一次污染物和一次污染物的反应物在大气环境中与其他物质发生化学反应或作催化剂促进其他污染物之间的反应形成新的二次污染物构成。而新的二次污染物的物理、化学性质与一次污染物的物理、化学性质完全不同，其毒性可能比一次污染物还强。虽然最常见的二次污染物有 $H_2SO_4$ 及硫酸盐气溶胶、$HNO_3$ 及硝酸盐气溶胶、$O_3$、光化学氧化剂 $O_X$，以及许多不同寿命的活性中间物（又称自由基），如 $HO_2$、HO 等。但新的二次污染物存在的状态仍然是“气溶胶态”和“气态”两种形态，并且均需要不利气象因素诱发才可能形成，因此下面以不利气象因素诱发光化学烟雾 $O_3$ 的形成机理和二次气溶胶 $PM_{2.5}$ 爆发性增长的形成机理为例，详细论述不利气象因素诱发新生大气污染物的形成机理。

#### （一）不利气象因素诱发光化学烟雾 $O_3$ 的形成机理分析

1. 光化学烟雾 $O_3$ 的形成机理分析

光化学烟雾自然是指因汽车和石油化工排放的氮氧化物（$NO_X$）和挥发性有机物（VOCS）等前体污染物在不利气象因素诱发下，形成臭氧（$O_3$）、过氧乙酰硝酸酯（PAN）、双氧水（$H_2O_2$）、醛（RCHO）等强氧化剂，这些强氧化剂中臭氧（$O_3$）占反应产物的 90% 以上、过氧乙酰硝酸酯（PAN）约占反应产物的 9%、其他强氧化剂（如双氧水、醛、高活性自由基、有机酸、无机酸等）占反应产物的百分比还不足 1%，因此光化学烟雾中最重要最危险的组分是 $O_3$，所以光化学烟雾也称为 $O_3$ 污染。根据阿斯娅·克里木、帕丽旦·克里木等关于《光化学烟雾大气污染的形成机理》研究成果和靳卫齐关于《光化学烟雾的形成机制及其防治措施》研究成果表明：光化学烟雾是由一系列复杂的链式反应而产生的，当 HC 和 $NO_x$ 共存时，在紫外光的作用下会出现 3 个过程，以 $NO_2$ 光解开始，以形成 $O_3$、PAN 结束。光化学烟雾的形成过程如图 3-19 所有指示。

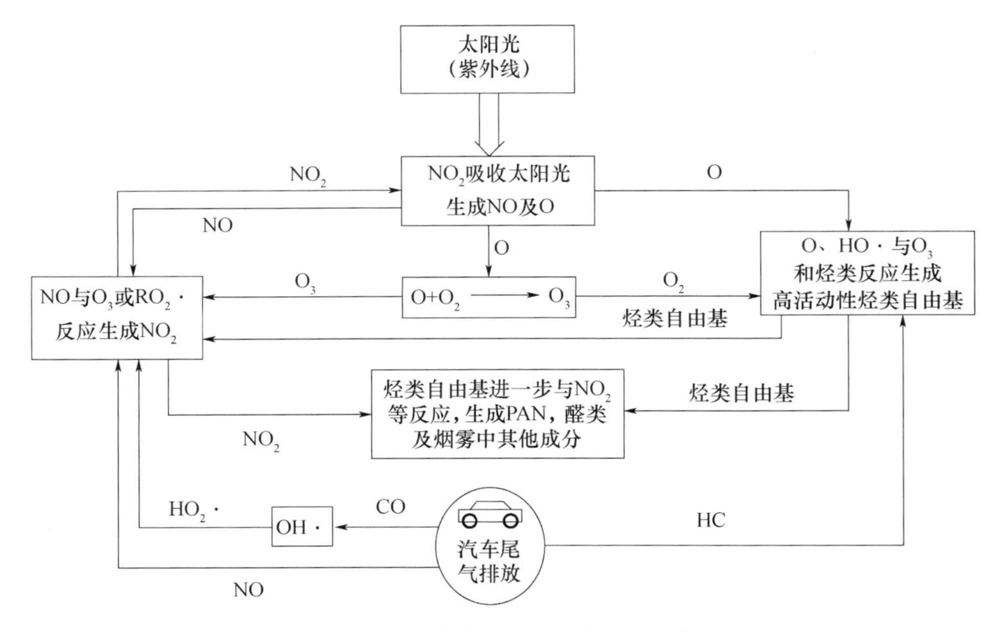


图 3-19　光化学烟雾的形成过程示意

(1)$NO_2$的分解导致 $O_3$生成的光化学反应

对流层光化学反应是从 $NO_2$的光解开始的，通过反应式为：

$$NO_2 + h\upsilon \xrightarrow{k_1} NO + O$$

$$O + O_2 + M \xrightarrow{k_2} O_3 + M$$

$$O_3 + NO \xrightarrow{k_3} NO_2 + O_2$$

产生少量的 $O_3$，生成的 $O_3$会迅速与 NO 结合生成 $NO_2$。

$NO_2$的光解是光化学烟雾的链引发反应。以上 3 个反应中每种物质的生成速率都等于消耗速率。因此，这 3 个反应维持着体系的循环。

由
$$\frac{d[NO_2]}{dt} = -k_1[NO_2] + k_3[O_3][NO] = 0$$

可得
$$[O_3] = \frac{k_1[NO_2]}{k_3[NO]}$$

即平衡时 $O_3$的浓度取决于体系中$[NO_2]/[NO]$。由于体系中氮的量是守恒的，则

$$[NO] + [NO_2] = [NO]_0 + [NO_2]_0$$

并且 NO 与 $O_3$的反应是等计量关系，所以

$$[O_3]_0 - [O_3] = [NO]_0 - [NO]$$

得出
$$[O_3] = \frac{k_1([O_3]_0 - [O_3] + [NO_2]_0)}{k_3([NO]_0 - [O_3]_0 + [O_3])}$$

$$[O_3] = -\frac{1}{2}\left([NO]_0 - [O_3]_0 + \frac{k_1}{k_3}\right) + \frac{1}{2}\left\{\left([NO]_0 - [O_3]_0 + \frac{k_1}{k_3}\right)^2 + \frac{4k_1}{k_3}([NO_2]_0 + [O_3]_0)\right\}^{\frac{1}{2}}$$

若假设 $O_3$和 NO 的背景浓度为 0，即$[O_3]_0 = [NO]_0 = 0$，则公式可简化为

$$[O_3] = \frac{1}{2}\left\{\left[\left(\frac{k_1}{k_3}\right)^2 + 4\frac{k_1}{k_3}[NO_2]_0\right]^{\frac{1}{2}} - \frac{k_1}{k_3}\right\}$$

反应常数 $k_3$ 比 $k_1$ 大得多，一般令 $k_1/k_3=0.01$ mg/L，则可以算出不同 $[NO]_0$ 时所产生 $O_3$ 量，但是仅这步反应形成的 $O_3$ 平衡浓度很低，大约为15～30 ppb，对环境基本没有危害。

(2)OH基生成的基传递反应

如果大气中存在碳氢化合物(HC)时，它经过某种过程在大气中产生有机过氧化物($RO_2\cdot$)。而 $RO_2\cdot$ 的反应活性大，导致 $NO_2$ 的光解平衡被破坏，使得大气中的NO能快速向 $NO_2$ 转化。

$$NO+RO_2\cdot\longrightarrow NO_2+RO\cdot$$

由于NO量的减少，抑制NO与 $O_3$ 的反应，减少了 $O_3$ 的消耗，有利于 $O_3$ 的浓度升高。

那么，在上述反应中的 $RO_2\cdot$ 到底由怎样的过程来实现呢？其核心是对流层大气化学反应的关键 $OH\cdot$ 能够和 $RH\cdot$ 反应生成 $RO_2\cdot$。

$$RH+OH\cdot\rightarrow RO_2\cdot+H_2O$$

$$RCHO+OH\cdot\rightarrow RC(O)O_2\cdot+H_2O$$

$$HCHO+OH\cdot\rightarrow HO_2\cdot+CO+H_2O$$

在上述反应中形成的过氧基团又能够迅速地与NO反应生成 $NO_2$ 和其他自由基。而 $RC(O)O\cdot$ 的存在时间比较短，它会迅速和空气中的 $O_2$ 反应生成 $R\cdot$ 和 $CO_2$，而 $R\cdot$ 紧接着又会进一步与 $O_2$ 反应生成 $RO_2\cdot$。

$$RC(O)O_2\cdot+NO\rightarrow NO_2+RC(O)O$$

$$RC(O)O\cdot+O_2\rightarrow RO_2\cdot+CO_2$$

$$RO_2\cdot+NO\rightarrow RO\cdot+NO_2$$

$RO\cdot$ 又会和空气中的 $O_2$ 发生反应，生成过氧化氢基($HO_2\cdot$)和RCHO。接下来 $HO_2\cdot$ 会和NO、$O_3$ 反应重新生成 $OH\cdot$，完成 $OH\cdot$ 的循环过程。

$$RO\cdot+O_2\rightarrow RCHO+HO_2$$

$$HO_2\cdot+NO\rightarrow NO_2+OH$$

$$HO_2\cdot+O_3\rightarrow OH\cdot+2O_2$$

羟基($OH\cdot$)产生于自由基的激发反应过程，大气中最初的自由基是来自光解反应。其中最值得注意的就是我们所熟知的 $O_3$ 光解后产生 $O(^1D)$，而 $O(^1D)$ 随后与 $H_2O$ 反应生成 $OH\cdot$。

$$O_3+h\upsilon\rightarrow O(^1D)+O_2$$

$$O(^1D)+H_2O\rightarrow 2OH$$

另一个值得关注的光解反应就是甲醛HCHO光解后会生成 $HO_2\cdot$。生成的 $HO_2\cdot$ 又会参与反应成为 $OH\cdot$ 的形成源，在这个过程中会有NO向 $NO_2$ 的转化。

$$HCHO+h\upsilon\rightarrow 2HO_2\cdot+CO$$

(3)NO向 $NO_2$ 的转化形成光化学烟雾的链终止反应

对流层大气光化学烟雾形成反应中，主要的终止反应包括以下几个：

$$OH\cdot+NO_2+M\rightarrow HNO_3+M$$

$$HO_2\cdot+HO_2\cdot\rightarrow H_2O_2+O_2$$

$$RO_2\cdot+HO_2\cdot\rightarrow ROOH+O_2$$

其中，$OH\cdot$ 和 $NO_2$ 反应生成硝酸($HNO_3$)的过程是一个重要的终止反应，但在对流层大气环境背景中，由于 $NO_2$ 浓度很低而不易发生反应生成硝酸($HNO_3$)。

当NO浓度比较低时，$HO_2\cdot$ 就不会参与反应生成 $NO_2$ 和 $OH\cdot$，而易与其他 $HO_2\cdot$ 发

生反应生成过氧化氢($H_2O_2$)，或者与$RO_2$·发生反应生成有机过氧化氢物(ROOH)，使自由基团从反应系统中消除，延迟$O_3$的生成速率。但是由于城市大气中NO浓度一般比较高，使这两步反应在城市大气中基本不会发生，而城市大气中$HO_2$·主要是与$NO_X$发生反应。

$RC(O)O_2$·可以和$NO_2$发生反应生成过氧乙酰硝酸酯(PAN)，但PAN还会发生分解反应，这是一个相互的可逆过程。

$$RC(O)O_2\cdot + NO_2 + M \rightarrow PAN + M$$

$$PAN \rightarrow RC(O)O_2\cdot + NO_2$$

上述分析表明，光化学烟雾的形成是由一系列复杂的链式反应组成的。它以$NO_2$光解生成原子氧(O)的反应为引发，O的产生导致了$O_3$的形成。由于碳氢化合物参与链式反应产生多种自由基，促使NO向$NO_2$快速转化。在此转化中，RO·和$RO_2$·自由基(特别是HO·)起了重要的作用(与NO反应生成$NO_2$)，以致基本上不需要消耗$O_3$也能使大气中的NO转化成$NO_2$，$NO_2$又继续光解产生O并导致$O_3$的产生，从而使$O_3$浓度不断升高。同时，转化过程中产生的醛类和新的自由基又继续与HC反应，产生更多的自由基。如此继续不断，循环往复地进行链式反应，直到HC耗尽，NO全部氧化为$NO_2$，反应终止。例如，NMHC-$NO_x$体系中的光化学烟雾的形成机理如图3-20所示。

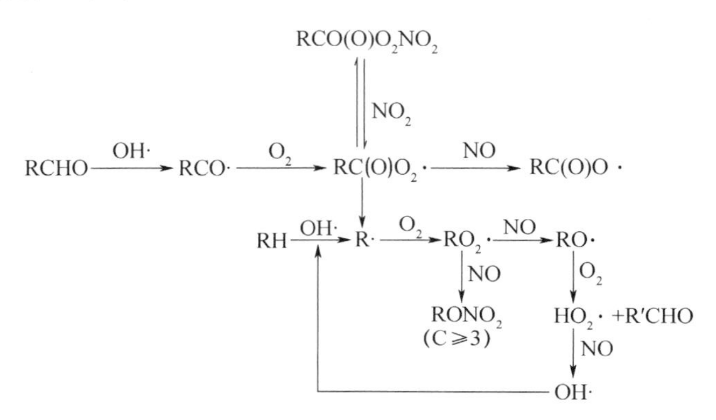


图3-20 NMHC-$NO_x$体系中的光化学烟雾的形成机理

2. 光化学烟雾$O_3$形成的不利气象因素分析

从光化学烟雾形成机理分析可知，产生光化学烟雾的前提条件是光化学烟雾污染的前体污染物以及适合于产生光化学烟雾的气象条件。虽然城市大气中光化学烟雾污染的前体污染物比较多，如CO、NMHC和$NO_x$等，而这些污染物也是机动车排放的主要污染物并随着城市机动车保有量的逐年增多，其大气中的含量也迅速增长。但一个城市大气中光化学烟雾污染的前体污染物相对量的日变量和周变量的变化不会很大，前后几天在大气中的绝对量不会发生剧烈变化。与此相反，一个城市的气象条件在一日和一周内则会发生种种变化。因此，可以认为对于光化学烟雾的产生，不利气象条件的影响极为重要。如碳氢化合物存在时，在阳光的作用下会发生如下反应：

$$NO \xrightarrow[\text{碳氢化合物}]{\text{阳光}} NO_2$$

而这个反应才是引发光化学烟雾最重要的反应。因此，如果抑制此反应的进行，就能避免形成光化学烟雾，即在大气污染很严重情况下，若这些污染物没有不利气象因素的诱发，就不会产生光化学烟雾。例如，房小怡、蒋维楣和蔡晨霞以南京市交通排放物作为光化学反应前体物的源，运用由气象过程和化学过程两部分构成的三维边界层大气化学模式，结合南京市地形、大气稳定度等参考资料通过三维网格划分模拟了南京市的多种大气污染物的浓度和时空变化。模拟表明：南京市冬季没有形成光化学烟雾，但污染物浓度相当可观；而夏季不少地方臭氧浓度出现较高值，甚至超过国家二级标准。图3-21给出了把NO与碳氢化合物放入某容器经光照射时，各种生成物的产生与消失的情况。

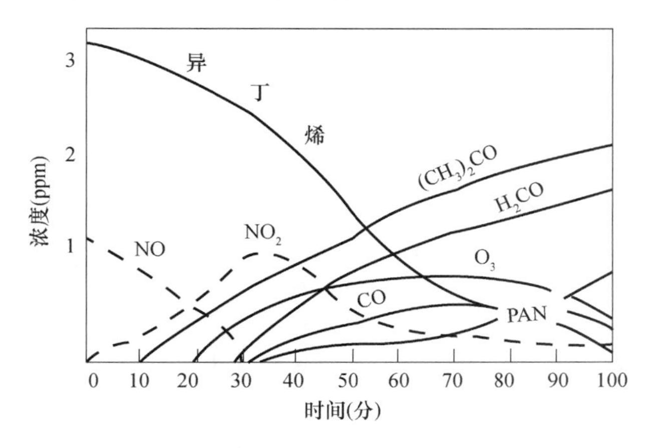


图3-21　对异丁烯、氮氧化物(包含少量的二氧化氮)及空气体系光照射时的反应物及生成物浓度随时间的变化

从图3-21可知，开始体系内以NO为主，它的浓度逐渐降低。随着NO浓度的降低，$NO_2$的浓度升高，大约经过25 min NO完全消失，而$NO_2$的浓度达到极大值。然后$NO_2$的浓度也开始降低，同时开始生成$O_3$和PAN等。开始生成$O_3$大约经过50 min左右达到极大值，然后它也开始减少。随着碳氢化合物和NO浓度的平行减少，就开始生成别的有机物并使其浓度逐渐升高。实验模拟表明光照射和反应过程时间是光化学烟雾形成过程的基本前提条件。

通过大量的光化学烟雾$O_3$形成的不利气象因素分析表明：诱发光化学烟雾$O_3$形成的不利气象因素主要有太阳辐射强度大、温度高、湿度小、风速小(微风、静风)、逆温层低、大气扩散条件差等。

当逆温层高度低，产生的光化学烟雾$O_3$处于被浓缩的状态，容易发生光化学烟雾($O_3$)污染；而当逆温层高的情况下，产生的光化学烟雾$O_3$浓度低，不容易发生光化学烟雾($O_3$)污染。

当风速小时，反应物质能在一定时间接触易发生化学反应，容易发生光化学烟雾($O_3$)污染；而风速大时，反应物质不能在一定时间接触，则不能发生化学反应，就不容易发生光化学烟雾($O_3$)污染。

当太阳光的强度大，就容易发生光化学反应，阳光强烈的夏日很容易产生光化学烟雾，并且温度越高，光化学反应越容易发生，就容易发生光化学烟雾($O_3$)污染。

当湿度小时，因大气中$H_2O$低，无法降低$NO_2$的有效浓度，就容易发生光化学反应，容易发生光化学烟雾($O_3$)污染；而湿度高时，因大气中$H_2O$含量高，降低了$NO_2$的有效浓度，就不容易发生光化学反应，不容易发生光化学烟雾($O_3$)污染。

当大气扩散条件差，大气环境中颗粒污染物浓度就高，能够增加环境大气对太阳光的散射和反射作用，从而增加了太阳辐射强度，使光化学烟雾形成中污染物光解反应加强，就容易发生光化学烟雾($O_3$)污染。

例如，朱彬、肖辉、黄美元和李子华等应用STEM－Ⅱ气相光化学模式探讨了影响对流层

$O_3$、$NO_X$气相光化学转化率的各物理化学因子，研究结果表明，在我国多数地区光化学污染物特征 NMHC/$NO_X$较高情况下，光辐射强度、温度、初始 $O_3$浓度和 $NO_X$浓度是影响 $O_3$、$NO_X$气相光化学转化率的主要因子。殷永泉等(2004)利用 2003 年 6 个月的臭氧自动连续监测数据，对山东大学校园内 $O_3$浓度的频率分布、日变化和月变化等特征进行了分析，实验结果表明太阳辐射、温度等气象条件会明显影响到城市环境中 $O_3$ 的生成。

(二)不利气象因素诱发二次气溶胶的形成机理分析

1. 二次气溶胶形成机理分析

大气气溶胶包括直接排放到空气中的一次气溶胶，以及主要集中在地表的污染排放源排放到大气中的反应前体气体经过大气化学反应生成的二次气溶胶。一次气溶胶排放源主要包括火山爆发、森林大火、海浪残核、燃煤、地面扬尘和建筑排放等，其中矿物气溶胶、海盐及元素碳是其主要成分。二次气溶胶的主要成分包括硫酸盐、硝酸盐、铵盐和有机物等，其形成方式主要有以下三种：一是经成核过程产生的气溶胶粒子(分布的中、众数值在 10～20 nm)、二是新粒子碰并集聚进一步形成一些更大的粒子(众数值在 100～200 nm)，三是通过凝结等过程进一步老化和长大的粒子(众数值在 300 nm，一般不超过 1000 nm)。

(1)气溶胶颗粒的凝结过程

气溶胶颗粒的凝结可以分为两个阶段(图 3-22)(梁成思，2019)。第一个阶段为形核过程，在气相中可凝结组分的不断碰撞中，分子与分子之间通过氢键结合形成分子簇，达到热力学稳定的分子簇被称为临界分子簇。而从气相中的游离分子到临界分子簇的过程被称为形核过程。大气气溶胶研究中，临界分子簇的大小一般在 2～3 nm。气溶胶的形核过程根据发生的位置被划分为两类，发生在异核(比如说烟气中的飞灰)表面上的异相形核和发生在气相中的均相形核过程，而异相形核过程不会产生新颗粒，均相形核过程会产生新颗粒。第二个阶段为长大过程，即临界分子簇进一步吸收气相中的可凝结组分长大，形成气溶胶颗粒的过程；虽然这一过程也不会产生新颗粒，但是由于长大的气溶胶颗粒质量增加对“气溶胶态”大气污染有贡献，因此研究二次气溶胶颗粒的凝结过程不仅要研究气溶胶凝结中的均相形核过程，还需要研究气溶胶凝结中的长大过程，才能清楚如何实现二次气溶胶颗粒的控制。

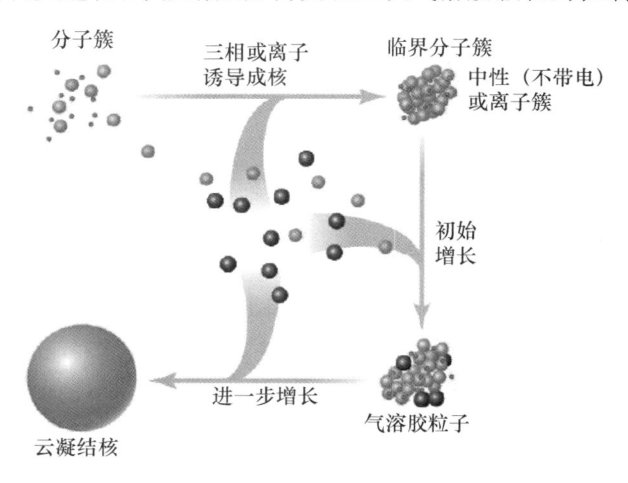


图 3-22　气溶胶颗粒凝结中的形核与长大过程示意(彩图见书后)

研究发现，分子簇在长大过程中的体系吉布斯自由能变化规律如图 3-23 所示(朱彬 等，2001)。

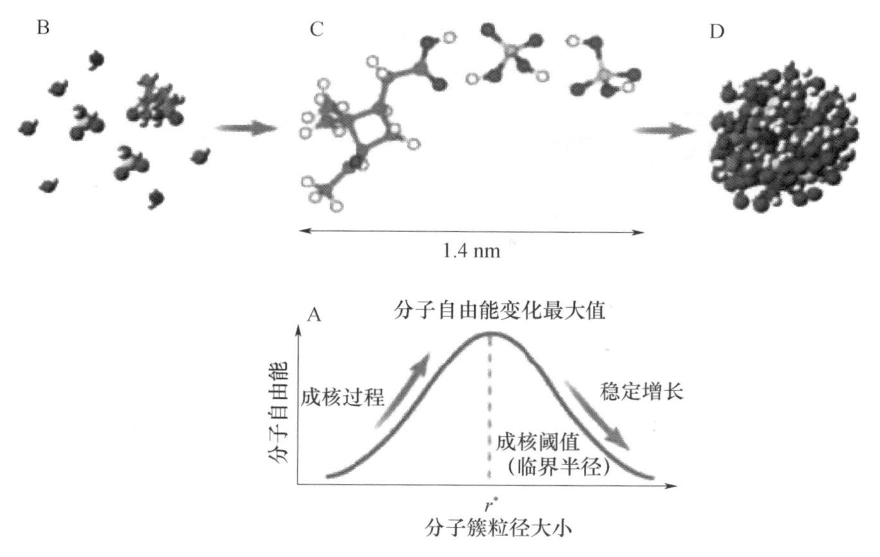


图 3-23　分子簇形成过程中的自由能变化(彩图见书后)

从图 3-23 可知,当分子簇的半径 $r$ 达到一个临界值 $r^*$ 时,自由能的变化达到最大 $\Delta G^*$。这意味着在临界半径以前,分子簇的凝结过程是非自发的,这个粒径段的分子簇不能够稳定存在,会不断出现蒸发、凝结的过程。只有少数分子簇能够克服势垒做功长大到临界半径以上,使凝结过程变成自发进行。所以,超过临界半径以后,分子簇才能够在大气环境中稳定存在。根据这一特点,可以将自由能变化的最高点对应的分子簇视为热力学稳定的分子簇,定义为临界核。从气相分子到临界核的过程为非自发进行的形核过程,从临界核开始继续长大为自发进行的长大过程。

研究还发现,不同尺寸的气溶胶组分中低挥发性有机化合物(ELVOC)和硫酸在气溶胶颗粒的形核阶段起到主导作用,是气溶胶临界分子簇的主要组成成分(图 3-24)(梁成思,2019)。

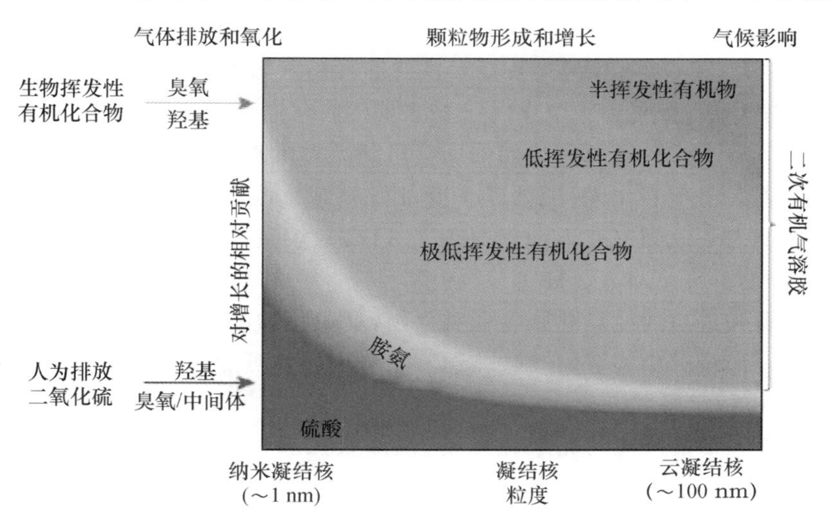


图 3-24　可凝结成分在不同粒径的气溶胶长大中的重要性分布(彩图见书后)

(2)二次气溶胶颗粒物形成机理

二次气溶胶颗粒物是大气细颗粒物 $PM_{2.5}$ 的主要组成部分。下面参考、借鉴叶兴南、陈建民关于《大气二次细颗粒物形成机理的前沿研究》的成果，详细论述二次气溶胶颗粒物形成机理。

1）光化学反应形成二次气溶胶颗粒物机理

虽然 $VOC_S$ 的大气化学过程以及 OH·、$NO_3$·和 $O_3$ 气相氧化形成二次气溶胶颗粒物的过程不尽相同，但可简单地归纳如图 3-25 所示。

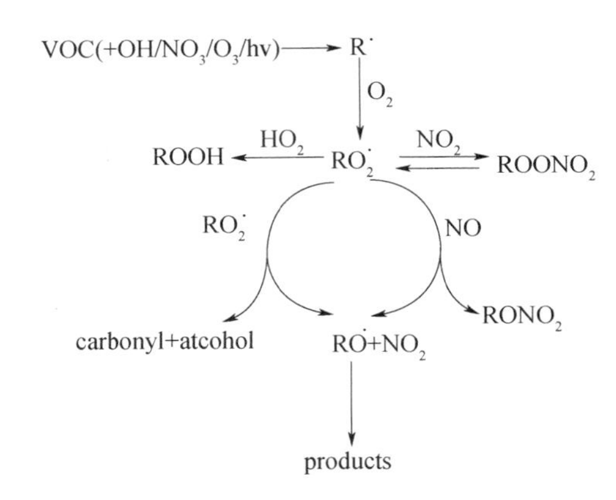


图 3-25　大气光氧化 VOCs 形成 SFPM 的简单过程

二次气溶胶颗粒物形成机制包括 3 个关键步骤：一是在 OH·、$NO_3$·、$O_3$ 等氧化剂作用下，形成烷基自由基 R·；二是 $RO_2$·反应，包括与 NO、$NO_2$ 以及 $HO_2$·自由基的反应；三是 RO·反应，包括分解、异构化以及与 $O_2$ 反应。

OH·、NO3·等大气自由基通过脱氢或加成反应两种途径引发 $VOC_S$ 的气相化学过程。脱氢反应的产物以及产物的挥发性与引发反应的自由基种类无关，加成反应导致产物的挥发性降低，具体程度因产生不同的官能团而异。

烷烃在对流层不能被 $O_3$ 氧化，也不能直接发生光氧化反应。在 OH·或 $NO_3$·的进攻下，烷烃脱氢形成烷基自由基 R·，随后和 $O_2$ 反应形成烷基过氧化自由基 $RO_2$·是 R·在对流层的唯一转化通道。烷烃与 OH·反应的速率常数为 $10^{-12}$ $cm^3$/(mol·s)，比与 $NO_3$·反应快 5 个数量级，因此，与 OH·反应是烷烃最主要的气相氧化途径。根据 $RO_2$·反应的速率常数可以推断，与 NO 反应是城市大气 $RO_2$·最主要的转化通道。烯烃和 OH·、$NO_3$·以及 $O_3$ 的反应都很重要。OH·、$NO_3$·和烯烃的反应机制极为相似，表现为进攻烯烃的双键，产生羟烷基自由基或硝基烷基氧自由基，随后进一步和 $O_2$ 反应形成羟烷基过氧化自由基或硝基烷基氧过氧化自由基。与烷基过氧化自由基 $RO_2$·一样，羟烷基过氧化自由基或硝基烷基氧过氧化自由基也可以和 NO、$NO_2$ 以及 $HO_2$·自由基反应。$O_3$ 和烯烃的作用机制与 OH·、$NO_3$·不同，表现为 $O_3$ 首先进攻烯烃双键形成臭氧化物，臭氧化物随后迅速分解为羰基化合物和激发态羰基氧化物（Criegee 中间体）。激发态 Criegee 中间体可能分解形成 OH·和烷基自由基 R·，也可能淬灭成稳定态 Criegee 中间体（SCI）。

$\alpha$-蒎烯是大气中含量最高的萜类化合物，因此其光氧化机理引起了人们最广泛的关注。臭氧分子与 $\alpha$-蒎烯的双键上发生作用，形成极不稳定的 $\alpha$-蒎烯臭氧化物。$\alpha$-蒎烯臭氧化物随即发生分解，形成激发态 Criegee 中间体 CI1 和 CI2（图 3-26）。CI1 与水作用生成稳定的蒎酮酸和蒎酮醛，部分 CI1 发生单分子降解或异构化反应形成降蒎酮酸和降蒎酮醛，同时释放 OH·自由基。CI2 经氢过氧化物通道释放 OH·自由基和副产物自由基，后者经一系列链反应产生蒎酸、蒎酮酸和降蒎酮醛等产物。

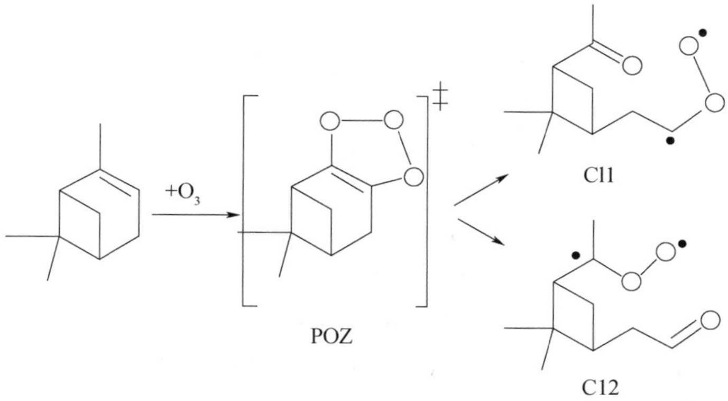

+O$_3$

POZ

CI1

CI2

图 3-26　Criegee 中间体形成机制

另有研究表明，大气光氧化异戊二烯可形成有机的二次气溶胶颗粒物，并提出了 2-甲基四醇形成机制(图 3-27)。在 $NO_X$ 气氛下，形成二次气溶胶颗粒物的 OH・机制由初级和高级反应组成。烷烃直接被 OH・氧化的初级产物主要是 δ-羟基硝酸盐，初级产物可进一步反应形成羟基二硝酸盐和氧硝基、羟基和羰基取代四氢呋喃等产物。后者的形成机制比较复杂，经历 δ-羟基羰基化合物异构化、半缩醛脱水和 OH・氧化取代二氢呋喃等过程。$NO_X$ 气氛下光氧化甲苯的初级产物是 2-甲基-2，4-二烯基-己醛和有机硝酸盐等，初级产物进一步聚合形成乙二醛和乙烯酮的低聚体。

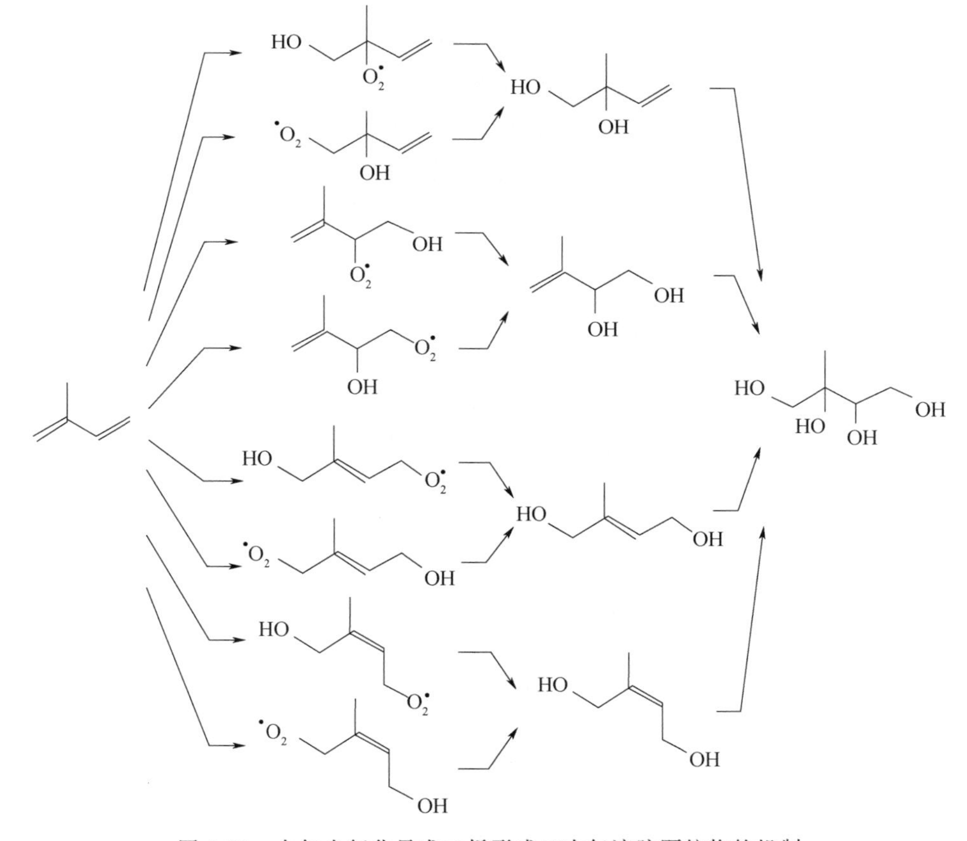

图 3-27　大气光氧化异戊二烯形成二次气溶胶颗粒物的机制

2)多相反应形成二次气溶胶颗粒物

① 海盐与大气污染物多相反应形成二次气溶胶颗粒物

研究表明,在海洋边界层,海盐多相反应非常重要。碱性的海盐颗粒不仅增强了$SO_2$在海盐表面溶液中的吸收,并且促进了$SO_4^{2-}$颗粒物的形成。$SO_2$在海盐颗粒上多相臭氧氧化机制可以表示如下:

$$2OH\cdot(g)+2Cl^-(interface)——2OH^-Cl^-(interface)——Cl_2(g)+2OH^-(interface)$$

$$Cl_2+2NaOH——NaOCl+NaCl+H_2O$$

$$SO_2(g)\leftrightarrow SO_2(aq)\cdot H_2O\leftrightarrow HSO_3^-+H^+\leftrightarrow SO_3^{2-}+2H^+$$

大气 OH·自由基在海盐表面与$Cl^-$发生相互作用产生$Cl_2$和$OH^-$离子,增强了海盐的碱性。部分$Cl_2$在碱性海盐溶液中水解形成次氯酸盐。$SO_2$在海盐气溶胶表面溶液中溶解并电离形成$SO_3^{2-}$。$OH^-$离子的产生促使上述第一反应形成向右移动,提高了$SO_2$的溶解度。与云滴液相化学过程不同,在碱性海盐溶液中$O_3$氧化$SO_3^{2-}$速率比$H_2O_2$氧化快得多。因此,海盐表面的$SO_2$多相臭氧氧化成为海洋边界层$SO_4^{2-}$的最主要来源。

海盐大气传输过程中与$NO_2$以及$HNO_3$发生反应形成$NaNO_3$,部分$NaNO_3$进一步光解生成$NaNO_2$,因此$NaNO_3$和$NaNO_2$是海盐常见的两种成分。有关研究表明,在$NaNO_3$镀膜的 Teflon 袋中进行光氧化蒎烯,$NaNO_3$促进了蒎酸等物种在颗粒物表面的生成。有机物氧化的增加来自于$NO_3$·光解产生 OH·和$O_3$:

$$NO_3^-+h\upsilon——NO_2+O^-\xrightarrow{H_2O}NO_2+OH\cdot+OH^-——NO_2^-+O(^3P)$$

$$NO_2^-+h\upsilon(290—400nm)——NO+O^-\xrightarrow{H_2O}OH\cdot+OH^-$$

光照产生的 OH·和$O_3$在$NaNO_3$表面与蒎烯反应形成二次气溶胶颗粒物。有关实验观察结果表明,光照 OPPC/$NaNO_3$/NaCl 混合物,并在 DRIFTS 图谱上清晰显示有有机硝酸盐生成。光解产生的 OH·氧化吸附在$NaNO_3$表面的有机物形成烷基自由基,后者和氧气反应生成烷基过氧化自由基。并进一步和 NO 反应生成有机硝酸盐(图 3-28)。

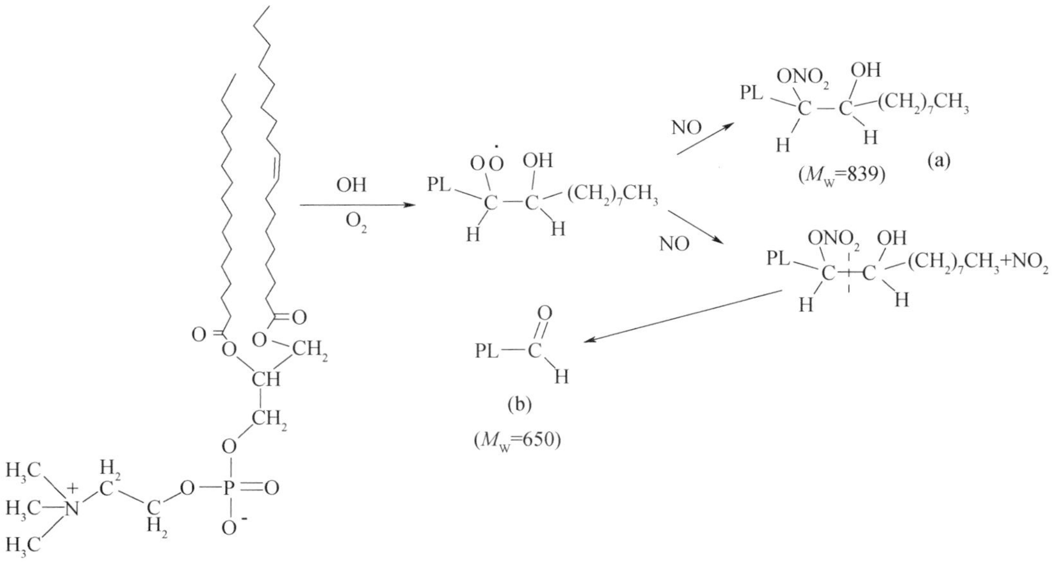

图 3-28 光照 OPPC/$NaNO_3$/NaCl 混合物的反应机制

② 矿尘与大气污染物的多相反应形成二次气溶胶颗粒物

在大陆地区，大气矿尘的组成复杂多变。近年来，$SO_2$在中国黄土、大气矿尘以及大气矿尘典型金属氧化物组分上的多相转化形成二次气溶胶颗粒物屡有报道。有关研究表明，$SO_2$在$CaCO_3$表面发生完全不同于海盐颗粒的臭氧氧化机制。向含有$CaCO_3$的反应池中通入$SO_2$和相对湿度为40%的合成气，红外漫反射光谱显示$CaCO_3$表面只有$SO_3^{2-}$生成，继续通入$O_3$，迅速检测到$SO_4^{2-}$的生成。然而，当$CaCO_3$预吸附$O_3$，再通入$SO_2$，观察不到$SO_4^{2-}$的生成。这揭示$SO_2$可以在$CaCO_3$表面发生多相臭氧氧化形成$SO_4^{2-}$的机制(图 3-29)。

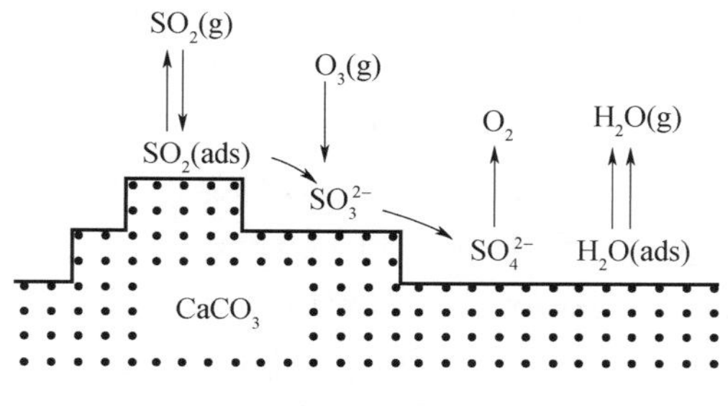


图 3-29　$CaCO_3$表面$SO_2$的多相臭氧氧化机制

第一步气态$SO_2$吸附在$CaCO_3$颗粒表面，吸附态的$SO_2$与$CaCO_3$上的吸附水发生相互作用，形成$SO_3^{2-}$。这个反应过程是可逆反应，其反应速率较慢，$CaCO_3$的碱性中和反应释放的酸性，促进平衡向右移动。

$$SO_2(g) \underset{k_{-1}}{\overset{k_1}{\rightleftharpoons}} SO_2(ads)$$

$$SO_2(ads) + H_2O(ads) \underset{CaCO_3}{\overset{k_2}{\rightleftharpoons}} SO_3^{2-}(ads) + 2H^+(ads)$$

第二步亚硫酸盐被臭氧快速氧化成$SO_4^{2-}$，这个反应过程是不可逆反应。

$$SO_3^{2-}(ads) + O_3 \xrightarrow{k_3} SO_4^{2-}(ads) + O_2(g)$$

借助怀特池原位红外联用技术(White cell in situ FTIR)和漫反射傅立叶红外转换光谱(DRIFTS)，研究发现$SO_2$在大气矿尘典型组分上的多相氧化可以在空气气氛下发生，而不需$O_3$参与(图 3-30)。

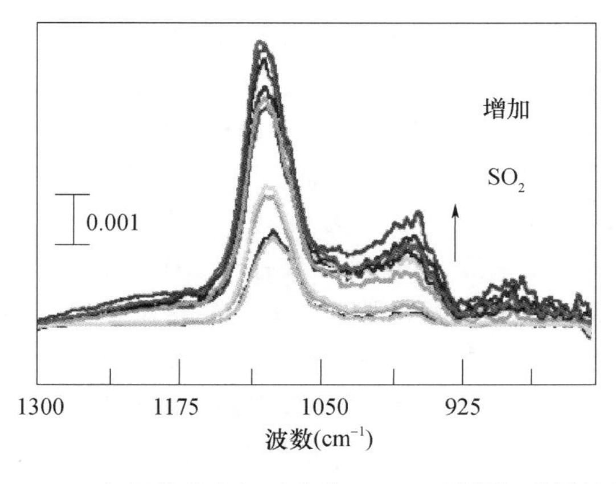


图 3-30　$SO_2$与氧化铁多相反应的 DRIFTS 图谱(彩图见书后)

从图 3-30 可知，出现在 1100 $cm^{-1}$处的吸收峰是典型的 $SO_4^{2-}$ 非对称伸缩振动($\nu_3$)。随着反应进行，$\nu_3$ 振动分裂成 1164 $cm^{-1}$和 1070 $cm^{-1}$两个吸收峰。在 920～820 $cm^{-1}$出现的较小联合峰归属于 $HSO_4^-$。

$SO_2$在大气矿尘上的多相反应活性不仅与氧化物的种类有关，也受氧化物的晶型影响。表面吸附氧和表面羟基是 $SO_2$多相氧化的活性位，其硫酸盐形成机制可表述如下：

$$[O^{2-}]-M+SO_2(g) \longrightarrow [SO_3^{2-}]-M(s)$$

$$[OH^-]-M+SO_2(g) \longrightarrow [HSO_3^-]-M(s)$$

$$2[OH^-]-M+SO_2(g) \longrightarrow [SO_3^{2-}]-M(s)+H_2O$$

$$2[SO_3^{2-}]-M(s)+O_2(g) \longrightarrow 2[SO_4^{2-}]-M$$

$$2[HSO_3^-]-M(s)+O_2(g)+2[OH^-]-M \longrightarrow 2[SO_4^{2-}]-M+2H_2O$$

最近的研究成果进一步支持了该硫酸盐多相形成机制。Baltrusaitis 等利用 XPS 分析证实，在没有氧气参与时，$SO_2$和 $\alpha$-$Fe_2O_3$或 $\alpha$-FeOOH 发生多相反应只能生成 $SO_3^{2-}$。在空气气氛下，$SO_2$在 $\alpha$-$Fe_2O_3$表面发生多相氧化彻底转化为 $SO_4^{2-}$，而 $SO_2$和 $\alpha$-FeOOH 多相反应产物包括 $SO_4^{2-}$和 $SO_3^{2-}$。除 $SO_2$外，COS 与大气矿尘多相反应也有 $SO_4^{2-}$生成。由于反应过程不产生 $SO_2$。因此，COS 多相反应机制既不同于 $SO_2$的 OH 气相氧化也有别于 $SO_2$气固多相反应。

有关研究表明，气态 $HNO_3$与实际大气颗粒物发生多相反应产成 $NO_3^-$。Börensen 等依据 DRIFTS 表征结果提出了 $Al_2O_3$颗粒物表面 OH 活性位的 $NO_3^-$产生机制：

$$AlOOH \cdot \cdot HNO_3 \longrightarrow (AlO)^+(NO_3)^- + H_2O$$

研究还发现，$HNO_3$在 $CaCO_3$上的转化实际上是 Ca(OH)($CO_3$H)机制。大气 $CaCO_3$表面被一层 Ca(OH)($CO_3$H)覆盖，这是源自于 $CaCO_3$的水合反应：

$$CaCO_3(s)+H_2O(g) \longrightarrow Ca(OH)(CO_3H)(s)$$

$HNO_3$和 $CaCO_3$发生多相反应后的透射 FITR 图谱有许多新吸收峰出现，其中出现在 746 $cm^{-1}$、816 $cm^{-1}$、1046 $cm^{-1}$和 1300 $cm^{-1}$处的吸收峰分别对应硝酸盐平面弯曲和伸缩振动。

3)多相酸催化形成二次气溶胶颗粒物以及种子颗粒物的作用

大气颗粒物的酸碱性以及大气矿尘在 VOCs 形成二次气溶胶颗粒物过程中是否存在催化作用以及种子效应是近年来人们关注的一个焦点问题。研究发现各种无机颗粒物对二次气溶胶颗粒物的形成均有促进作用，作用顺序为 $CaCl_2>Na_2SiO_3\sim NH_4NO_3>(NH_4)_2SO_4$。研究结果显示，$(NH_4)_2SO_4$能使光氧化二甲苯形成二次气溶胶颗粒物产率提高 36%，而 $CaSO_4$对形成二次气溶胶颗粒物没有任何影响。尽管研究结果不完全一致，但已经积累大量的证据表明多相酸催化对二次气溶胶颗粒物形成存在促进作用。Czoschke 等考察了酸性对异戊二烯等 7 种体系形成二次气溶胶颗粒物影响，结果显示酸催化作用普遍存在(图 3-31)。

大气气相氧化 VOCS 形成醛、酮等含氧有机物。在 $H_2SO_4$等无机酸的作用下，醛发生水解、聚合反应以及形成缩醛和半缩醛，促进了形成有机二次气溶胶颗粒物的增加。实验室研究进一步发现，大气氧化异戊二烯和 $\alpha$-蒎烯形成二次气溶胶颗粒物产量与无机化合物晶种的酸度密切相关。增加颗粒物酸性，异戊二烯源二次气溶胶颗粒物标示物 2－甲基丁醇和分子量为 261 的硫酸酯以及其他一些高分子生成量显著提高。环境样品也具有同样的特性，酸性二次气溶胶颗粒物中 2－甲基丁醇和 2－甲基甘油酸有较高的含量。$O_3$氧化 $\alpha$-蒎烯的酸催化作用，体现在通过醛醇缩合和羰基化合物的胞二醇反应形成低聚体。

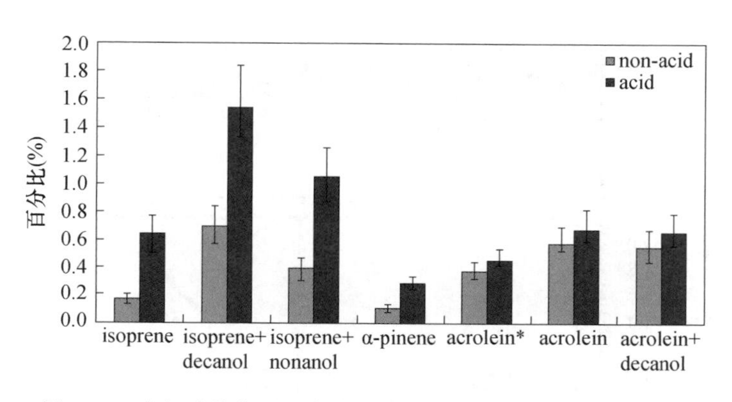


图 3-31 多相酸催化对形成有机二次气溶胶颗粒物的促进作用

环境湿度对多相酸催化形成有机二次气溶胶颗粒物反应速率有很大影响。研究发现，体系中没有无机酸催化剂时，二次气溶胶颗粒物的形成速率不受环境湿度影响，在酸性无机盐存在时，二次气溶胶颗粒物的生成量与环境湿度呈强线性关系。但并不是所有的 $VOC_S$ 大气氧化产物和无机酸的多相反应都是酸催化机制。研究还发现，分子量较大的脂肪醇以及乙二醛与硫酸相互作用形成二次气溶胶颗粒物不是酸催化机制，而是通过质子化作用以及水解、聚合反应等过程实现。

4）二次气溶胶颗粒物吸湿增长

典型大气颗粒物硝酸盐、硫酸盐是二次气溶胶颗粒物的主要组分，对其吸湿性引起尺寸变化受到广泛关注。研究表明，一定湿度下大气颗粒物的吸湿增长因子不仅取决于颗粒物的化学组成，也与颗粒物的大小有关。Gysel 等认为混合物的吸湿增长因子可根据各纯组分的吸湿增长因子和混合物各组分的体积分数估算，满足 ZSR 方程：

$$GF_{\text{mixed}} = \left(\sum_k \varepsilon_k GF_k^3\right)^{1/3} \tag{3-26}$$

采用 ZSR 方程计算得到的硫酸铵和乙二酸混合物的吸湿增长因子与实验测定值完全一致。然而，Jordanov 等发现，硫酸铵和戊二酸的内混合物表面形成一层晶体，影响硫酸铵颗粒的吸湿性。Zhang 指出，镁盐和其他盐的混合物由于离子对或者结晶水合物的形成导致结晶的水质比降低，导致混合物的吸湿性偏离模型结果。Sjogren 报道，硫酸铵和己二酸 1：1 混合物的吸湿增长因子测定值基本和理论值吻合，但 1：3 混合物的吸湿增长因子和理论值有较大差别，潮解点也向低湿度移动(图 3-32)(叶兴南 等，2009)。

硫酸铵和己二酸内混合物是由形状各异的纳米微晶聚集而成，内有许多裂缝和毛细管。由于开尔文效应，水蒸气更容易在毛细管和狭缝中发生凝集，这导致潮解点的降低和吸湿增长因子的提高。实际大气矿尘吸湿性的外场实验结果表明，即使在 15% 相对湿度，含有 $Ca(NO_3)_2$ 的颗粒表面也存在一层水膜，而对于不含硝酸盐的样品，即使硫酸盐含量很高，在 90% 相对湿度下仍然不发生吸湿增长。Herich 等首次采用 HTDMA－ATOFMS 联用技术观测实际大气颗粒物发现，大多数颗粒物是多种化合物的混合物，所有的样品中都检测到了硫酸盐，但它们与颗粒物的吸湿性没有关系。

2. 二次气溶胶形成的不利气象因素分析

通过二次气溶胶形成机理分析表明：不论光化学反应形成二次气溶胶颗粒物机理、多相反应形成二次气溶胶颗粒物，还是多相酸催化形成二次气溶胶颗粒物以及种子颗粒物的作用、二次气溶胶颗粒物吸湿增长，诱发二次气溶胶形成的不利气象因素主要有太阳辐射强度大、温度

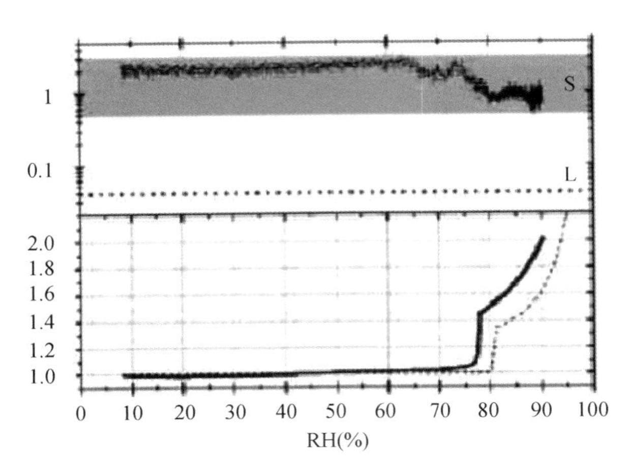


图 3-32　硫酸铵和己二酸 1∶3 混合物吸湿增长因子测定值与理论值比较

高、湿度大、风速小(微风、静风)、逆温层低、大气扩散条件差等。这些诱发二次气溶胶形成的不利气象因素在有关二次气溶胶形成研究中得到证明。

例如,有关重污染期间硫酸盐形成机制的近期研究发现,颗粒物上 $NO_2$ 液相氧化 $SO_2$ 的反应是当前雾-霾期间硫酸盐生成的另一个重要化学机制(Cheng et al.,2016;Wang et al.,2016);在雾-霾期间,高相对湿度(RH)下,$NO_x$ 和 $NH_3$ 存在时,$SO_2$ 液相转化硫酸盐随相对湿度的升高呈指数型增长(Cheng et al.,2016);通过烟雾箱实验模拟发现,只有当 $SO_2$、$NO_2$、$NH_3$、高相对湿度及吸湿性晶体等 5 个条件同时存在时,上述反应才能发生(Wang et al.,2016);同时由于较强的吸水性,在高湿度条件下,形成的硫酸盐会促进二次有机气溶胶和硝酸盐的形成,这些物质的协同作用会进一步加剧雾-霾(Wang et al.,2016);硝酸盐也是 $PM_{2.5}$ 的主要成分之一,其中五氧化二氮($N_2O_5$)的非均相化学反应对于硝酸盐颗粒物的进一步形成也至关重要(Li et al.,2018)。$VOC_S$ 通过光化学氧化会形成大量半挥发和不挥发产物,其中的气-粒转化过程被认为是主要的过程,主导了有机物颗粒物质量浓度不断升高,这些产物依赖于 $VOC_S$ 的组成、$NO_x$ 的浓度、温度($T$)、相对湿度和太阳辐射强度(Lei 和 Zhang,2001;Lei et al.,2000a,2000b;Seinfeld 和 Pandis,1986)。

又如,仲峻霆(2018)关于《北京冬季重污染事件中 $PM_{2.5}$ 爆发性增长与边界层气象要素的反馈机制研究》成果也表明,水汽累积有利于气溶胶吸湿增长及二次气溶胶形成。当空气中出现多余的水汽时,强吸收性气溶胶颗粒会吸收水汽和增长变大。可溶性有机气溶胶、硫酸盐、硝酸盐和铵盐的质量浓度随相对湿度升高而快速升高(图 3-33)。华北地区吸湿后,气溶胶粒度增加 20%～60%,气溶胶直接辐射强迫增加 50%。作为大气气溶胶的关键组分,气溶胶水可作为液相反应的介质,其中碱性气溶胶组分捕获 $SO_2$,然后在中国北方被 $NO_2$ 氧化形成硫酸盐。$SO_2$ 与 $SO_4^{2-}$ 的比例在相对湿度(RH)＜20%为 0.1,而在 RH＞90%时高至 1.1,随 RH 呈指数增长。此外,$CaCO_3$ 颗粒上 $HNO_3$ 吸收的净反应概率在 RH 为 10%时为 0.003,而在 RH 为 80%时增至 0.21。

## 二、不利气象因素诱发大气污染形成的机理分析

不利气象因素诱发大气污染主要表现在不利气象因素对本区域当地大气污染物积累、促进本区域新大气污染物产生、导致外区域大气污染物输入等形成本区域局地型大气污染和将

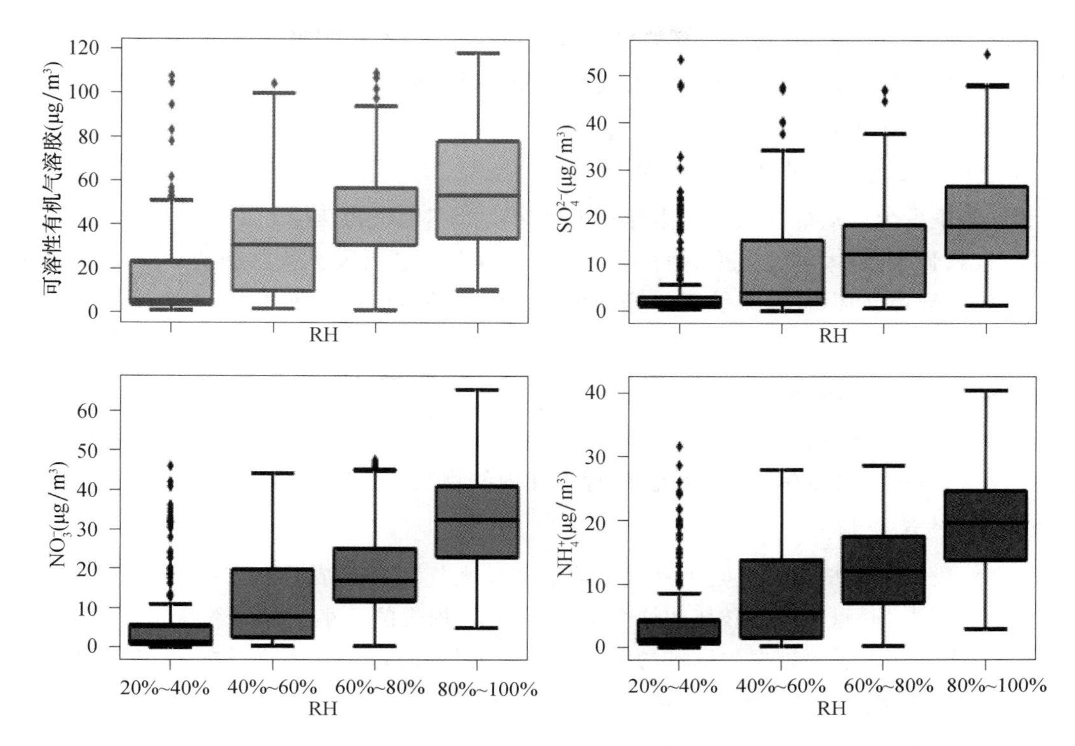


图 3-33 北京地区 2016 年 12 月 1 日至 2017 年 1 月 3 日不同相对湿度下 $PM_1$ 各个组分的分布(彩图见书后)

本区域当地大气污染物输送到外区域形成外区域的输入型大气污染。所以不利气象因素诱发大气污染的机理是本区域形成大气污染的不利气象因素、孕育大气污染环境、大气污染承受体、大气污染损失等重要因素综合、相互作用的产物(图 3-34)。

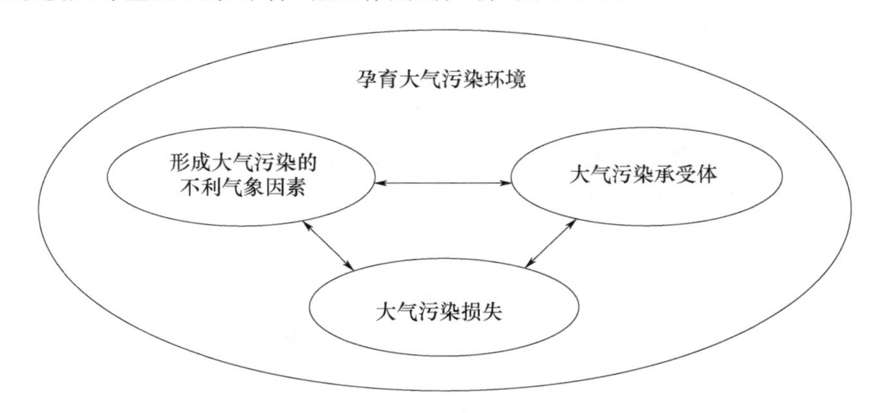


图 3-34 不利气象因素诱发大气污染构成要素及大气污染形成机理图解

(一)孕育大气污染环境

大气污染发生区域的孕育大气污染环境是指形成大气污染的不利气象因素、大气污染发生区域所处的外部环境。它是由大气圈、岩石圈、水圈、生物圈、物质文化(人类技术)圈所组成的综合地球表层环境,但不是这些要素的简单叠加,即简单的线性关系,而表现在地球表层过程中一系列具有耗散特性的物质循环和能量流动以及信息与价值流动的非线性,即过程响应关系。从广义角度看,孕育大气污染环境的稳定程度是标定区域孕育大气污染环境的定量指标，孕育大气污染环境对形成大气污染的不利气象因素（如不利的气候背景、天气形势、大气稳定度、气象要素等）的复杂程度、强度、大气污染程度以及形成多种大气污染物系统群聚与群发特征起决定性的作用。

（二）形成大气污染的不利气象因素

大气污染发生区域的气象因素中导致大气污染的不利气象因素（如高温、高湿、微风或静风、雾、逆温、强辐射、大气稳定度、静稳天气等），它是指可能诱发大气污染造成财产损失、人员伤亡、资源与环境破坏、社会系统混乱等孕育大气污染环境中的异变因素，存在于孕育大气污染环境之中。

（三）大气污染承受体

大气污染承受体即大气污染作用的对象，它是指大气污染对大气污染发生区域人、动植物、生产生活系统及其设施设备、环境、管理等在内的物质文化环境。

（四）大气污染损失

大气污染发生区域的损失是不利气象因素诱发大气污染造成的财产损失、人员伤亡与人员身心健康损失、资源与环境破坏和社会影响等结果，损失的大小不仅与不利气象因素的影响程度有关，而且与大气污染发生区域的大气环境脆弱性、防范大气污染的能力、对不利气象因素诱发大气污染及大气污染本身的认识水平等很多因素有关。

## 三、不利气象因素诱发大气污染的形成过程

不利气象因素诱发大气污染的形成在时间上有一个孕育和发展的演化过程，与高温、高湿、微风或静风、雾、逆温、强辐射、大气稳定度、静稳天气等不利气象因素的形成过程完全相同。一般分为孕育期、潜伏期、预兆期、爆发期、持续期、衰减期和平息期 7 个阶段，从而构成不利气象因素诱发大气污染的一个周期（图 3-35）。但是由于高温、高湿、微风或静风、雾、逆温、强辐射、大气稳定度、静稳天气等不利气象因素的形成机制和影响因素非常复杂，使每一次不利气象因素诱发大气污染在各个形成阶段的时间尺度、表现形式、严重程度几乎不完全相同。因此，每个不利气象因素诱发大气污染的形成过程，时间有长短，程度有轻重，都由具体的高温、高湿、微风或静风、雾、逆温、强辐射、大气稳定度、静稳天气等不利气象因素确定。

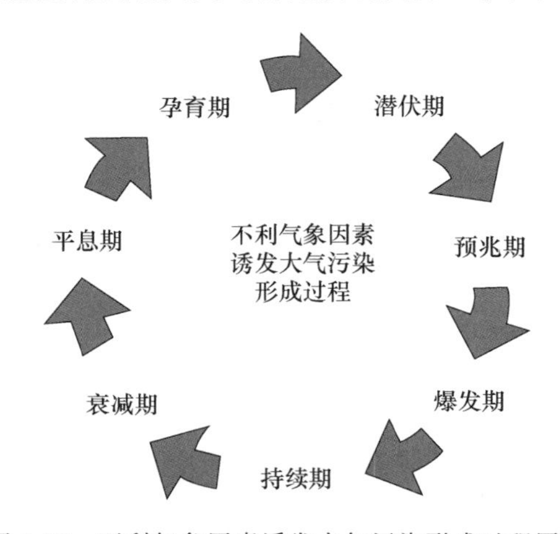


图 3-35　不利气象因素诱发大气污染形成过程图解

（一）不利气象因素诱发大气污染的孕育期

不利气象因素诱发大气污染的孕育是一个复杂的过程，各种诱发大气污染的不利气象因素相互作用，为大气污染的发生创造有利条件。有时一种不利气象因素作用即可诱发大气污染，但更多的情况是多种不利气象因素的交互组合，共同作用。

（二）不利气象因素诱发大气污染的潜伏期

不利气象因素诱发大气污染经过孕育期的发展，不利气象因素开始进入量的积累阶段，但不利气象因素对大气污染承受体并不产生明显的作用，不利气象因素诱发大气污染处于“暗发生”阶段，以致人们往往不能察觉大气污染的存在。而防范不利气象因素诱发大气污染的能力对不利气象因素诱发大气污染风险还能起一定的抑制作用和有效的管控作用，因而不利气象因素诱发大气污染的作用并不明显。

（三）不利气象因素诱发大气污染的预兆期

当诱发大气污染的不利气象因素经过量的变化，积累达到一定的程度后，往往在其自然形态方面或与之相关联的其他方面表现出某种特殊的迹象，常常预示着不久之后不利气象因素诱发的大气污染将迅速发生。

（四）不利气象因素诱发大气污染的爆发期

不利气象因素诱发的大气污染开始对大气污染承受体产生危害作用的阶段称为爆发期。爆发期的时间长短，与诱发大气污染的不利气象因素类别密切相关，差异很大。

（五）不利气象因素诱发大气污染的持续期

不利气象因素诱发大气污染的持续期是大气污染发生后的大气污染范围、区域迅速扩散，损失全面形成阶段。该阶段是不利气象因素诱发的大气污染危害性和破坏力积聚到一定程度的释放，也是人类采取一系列措施应急处置不利气象因素诱发大气污染的关键时期。

（六）不利气象因素诱发大气污染的衰减期

不利气象因素诱发大气污染的发生是大气污染物积累并产生危害的结果。大气污染爆发后，经过一段时间的持续期，当诱发大气污染的不利气象因素无法维持时，大气污染的危害性和破坏力逐渐减弱，大气污染的范围开始缩小，大气污染相对缓解，诱发大气污染的不利气象因素处于自我收敛的状态，这一阶段就是不利气象因素诱发大气污染的衰减期。

（七）不利气象因素诱发大气污染的平息期

不利气象因素诱发的大气污染的危害性和破坏力弱化到一定程度，不再对大气污染承受体构成危害时，停止破坏作用，不利气象因素诱发大气污染的发生即进入平息期。此时，造成诱发大气污染的各种不利气象因素恢复到正常状态，即诱发大气污染的不利气象因素转化为正常状态的气象因素，无不利气象因素可诱发大气污染。但在气象条件允许的情况下将孕育下一次大气污染事件的发生。

# 第四章　不利气象条件下大气污染风险管理研究

不利气象条件下诱发大气污染形成的不利气象因素多样性、复杂性、动态性及其对大气污染物“湿沉降、干沉降、扩散稀释、水平输送、化学转化”等影响的耦合性，导致不利气象条件下大气污染管控与常态气象条件下大气污染管控差异比较大，其涉及面更广，具有立体空间特征；具有多因素耦合特征，难度更大。一旦管控不到位，极易造成不利气象条件下大气污染风险转变为大气污染事件。随着经济社会发展，政府、部门及各生产经营企业对大气污染的重视程度不断提高，迫切需要充分应用气象科技成果，从风险的角度对不利气象因素诱发大气污染风险进行预测、预警，实现不利气象条件下大气污染传统监管向风险管理的转型。因此，不利气象条件下大气污染风险管理作为一种“事前管理”策略，在不利气象条件下大气污染风险发生前，就及时进行不利气象因素监测、分析其诱发大气污染风险、规划防范不利气象条件下大气污染的工程性和非工程性措施，为提前做出防范不利气象条件下大气污染决策提供充裕时间，防范不利气象条件下大气污染的资源调配也能得到充分保障，在降低成本的同时也提高了不利气象条件下大气污染的监管水平。而传统的不利气象条件下大气污染管控，属于应急管理工作范畴，是一种行动策略。应急管理是基于“事后管理”的策略，是在不利气象条件下大气污染发生时做出的决策、采取行动的管理策略，由于受到时间、资源等条件限制，往往很难保证最优资源配置。因此，由“事后管理”的应急管理策略向“事前预防”为主的风险管理策略转变已成为必然。建立科学、规范、系统、动态的不利气象条件下大气污染风险管理机制，实现不利气象条件下大气污染监管从事后被动反应向事前主动防范保障的战略转变，从源头上有效地控制不利气象条件下大气污染发生的各种不利气象因素，从而在基础层面上有效推进不利气象条件下大气污染监管工作，是新时代大气污染攻坚战气象保障工作的创新，是实现气象保障生态文明建设工作科学化、系统化、标准化、规范化、信息化的具体实践。通过推行不利气象条件下大气污染风险管理、加强不利气象条件下大气污染风险过程控制、搞好不利气象条件下大气污染风险应急处置、强化不利气象条件下大气污染风险管理基础、开展对不利气象条件下大气污染风险管理的考核评估，从而最大限度地减少或消除不利气象条件下大气污染风险，才能真正防范不利气象条件下大气污染发生，基本消除重污染天气，确保不利气象条件下空气质量达标，还老百姓“蓝天白云，繁星闪烁”。为此本章从不利气象条件下大气污染风险的基本概念、基本要素、形成机理和风险管理的基本构成、基本流程以及风险管理的风险分析、风险分级、风险评估、风险控制、风险处置以及风险管理模型等方面对不利气象条件下大气污染风险管理全过程进行详细论述。

## 第一节　不利气象条件下大气污染风险管理的科学内涵

不利气象条件下大气污染风险管理是指通过不利气象条件下大气污染风险的不确定性和突发性及其对大气污染承受体的影响，采取相应的工程性与非工程性措施防止或降低不利气象条件下大气污染风险向大气污染事件转变的可能性,将大气污染承受体的不利气象条件下大气污染风险降至最低的管理决策行为,是将不利气象条件下大气污染风险降至最低可能的管控过程。因此,不利气象条件下大气污染风险管理必须首先弄清楚不利气象条件下大气污染风险的形成机制(包含大气污染风险的基本概念、风险形成的基本要素、风险形成的机理)和不利气象条件下大气污染风险管理的基本构成与基本流程。为此,下面重点论述与不利气象条件下大气污染风险管理科学内涵密切相关的不利气象条件下大气污染风险的形成机制和不利气象条件下大气污染风险管理的基本构成与基本流程。

## 一、不利气象条件下大气污染风险的形成机制

### (一)不利气象条件下大气污染风险的基本概念

不利气象条件下大气污染风险是指不利气象因素诱发大气污染的可能性,也被人们常称为大气污染气象风险。主要通过不利气象条件下大气污染的风险识别、风险分析、风险评估、风险管理和风险特征等来研究、分析、判断、确定不利气象条件下的大气污染风险。

1. 不利气象条件下大气污染的风险识别

不利气象条件下大气污染的风险识别是对某地区或某地点(包含区域尺度:10000～500 km、局地尺度:500 km 至几十千米、小尺度:10 km 左右、微尺度:几千米～几百米;某地点也可能是大气污染气象敏感单位所在地点,也可能是大气污染气象敏感路段、敏感航道涉及的地点、也可能是根据需要确定的重大活动或重点场所涉及的地点)面临的潜在不利气象因素诱发大气污染的风险加以判断、归类和鉴定的过程。识别不利气象条件下大气污染发生的风险区、类型、引起大气污染的主要不利气象因素以及大气污染发生后果的严重程度;识别诱发大气污染不利气象因素的活动规模(强度)和活动频次(概率)以及大气污染时、空动态分布。

2. 不利气象条件下大气污染的风险分析

不利气象条件下大气污染风险分析主要有两种方式:一是利用某地区或某地点不利气象条件下大气污染历史资料对某地区或某地点的不利气象条件下大气污染风险进行量化分析,计算出风险的大小,即给出某地区或某地点不利气象条件下大气污染的发生概率及产生后果;二是根据不利气象条件下的大气污染形成机理,对影响某地区或某地点不利气象条件下大气污染风险的各个不利气象因素进行分析,计算出某地区或某地点的不利气象条件下大气污染风险指数大小,某地区或某地点的不利气象条件下大气污染风险分析是不利气象条件下大气污染风险管理的核心内容。

3. 不利气象条件下大气污染的风险评估

在某地区或某地点不利气象条件下大气污染风险分析的基础上,建立一系列评估模型,根据某地区或某地点不利气象条件下大气污染风险特征(诱发大气污染的不利气象因素及其强度)、风险区域特征和防范不利气象条件下大气污染能力,寻求可预见未来时期的某地区或某地点各种大气污染承受体的直接经济损失和间接经济损失值、伤亡人数等状况。

4. 不利气象条件下大气污染的风险管理

针对某地区或某地点不利气象条件下大气污染不同的风险区域,在某地区或某地点不利气象条件下大气污染风险评估的基础上,利用某地区或某地点不利气象条件下大气污染风险评估的结果判断是否需要采取措施、采取什么措施、如何采取措施,以及采取措施后可能出现什么后果等做出判断。

5. 不利气象条件下大气污染的风险特征

某地区或某地点不利气象条件下大气污染风险具有客观性、随机性、模糊性、必然性、不可避免性、区域性、社会性、可预测性、可控性、多样性、差异性、迁移性、滞后性、重现性等特征。充分认识某地区或某地点不利气象条件下大气污染风险的基本特征对于研究某地区或某地点不利气象条件下大气污染的演变规律、形成机制，建立、健全某地区或某地点不利气象条件下大气污染风险监测、预警体系，提升某地区或某地点防范不利气象条件下大气污染能力，加强某地区或某地点不利气象条件下大气污染风险管理水平具有重要现实意义。

(二)不利气象条件下大气污染风险形成的基本要素

某地区或某地点不利气象条件下大气污染风险形成的基本要素主要由大气污染的背景要素、大气污染的活动要素、大气污染承受体的特征要素、大气污染的损失要素、大气污染防治的工程要素构成。

1. 大气污染的背景要素

某地区或某地点大气污染背景主要包括自然和社会经济两个方面。自然背景，如某地区或某地点大气污染的大气环流、天气系统、气象要素，主要包括影响该地区或该地点各个时期的环流系统、各种尺度的天气系统和不利气象要素变异状况；水文条件和地形地貌是影响天气系统和不利气象要素变异的重要因素，主要包括流域、水系、水位变化等条件和海拔、高差、走向、形态等条件；植被条件对大气污染发生强度和不利气象要素变异程度有很大影响，主要涉及植被类型、覆盖率、分布等；社会经济条件对大气污染发生后果严重程度和防范能力强弱有很大影响，主要包括人口数量、分布、密度，厂矿企业的分布，农业、工业产值和总体经济水平等，同时还包括现有大气污染能力等。

2. 大气污染的活动要素

某地区或某地点大气污染产生和存在的第一个必要条件是要有诱发大气污染的不利气象因素风险源。某地区或某地点大气污染风险中的不利气象因素风险源也称大气污染灾变要素，即为大气污染的活动要素。它主要反映诱发大气污染的不利气象因素本身的危险程度，主要包括：诱发大气污染的不利气象因素种类、活动规模、强度、频率和诱发大气污染范围、大气污染等级等。诱发大气污染的不利气象因素种类越多，诱发大气污染的机理越复杂；诱发大气污染的不利气象因素活动规模越大，诱发大气污染的影响范围越大；诱发大气污染的不利气象因素的强度和变化的频率越大，诱发大气污染的危害性越大；不利气象因素诱发大气污染范围越大、大气污染等级越高，不利气象因素的危险性就越严重。相应地，该地区或该地点承受的来自该不利气象因素风险源的诱发大气污染风险就可能越高。

3. 大气污染承受体的特征要素

某地区或某地点有诱发大气污染的不利气象因素风险源存在，但并不意味着大气污染就一定被诱发而产生，因为不利气象因素是相对于行为主体——该地区或该地点大气污染承受体而言的，只有某种不利气象因素风险源有可能危害某个大气污染承受体后，对于一定的风险承担者来说，才承担了相对于该风险源和该风险载体的大气污染风险，而某个大气污染承受体的特征要素才可决定大气污染风险是否向大气污染事件转变。因此，该地区或该地点大气污染承受体的特征要素主要反映该地区或该地点大气污染承受体承受大气污染的脆弱性、承受能力和可恢复性。

4. 大气污染的损失要素

某地区或某地点大气污染的损失要素主要反映某地区或某地点大气污染承受体的期望损

失水平，主要包括损失构成，即大气污染种类和大气污染影响范围、严重程度、损失价值、经济损失、人员伤亡等。

5. 大气污染防治的工程要素

主要包括某地区或某地点大气污染的防治工程措施、工程量、资金投入、防治效果和预期效益等。例如，某地区或某地点防范不利气象因素诱发大气污染的大气污染气象风险监测系统工程、大气污染气象风险预测预报预警系统工程、大气污染气象风险服务系统工程、大气污染气象风险评估系统工程、人工影响天气大气污染治理工程、人造微雨（云雾）大气污染治理工程、大气污染突发事件气象应急保障工程等。

（三）不利气象条件下大气污染风险形成机理

根据某地区或某地点防范不利气象条件下大气污染能力对不利气象条件下大气污染风险制约与影响的因素，某地区或某地点防范不利气象条件下大气污染风险是某地区或某地点诱发大气污染的不利气象因素的危险性、大气污染承受体的暴露性、大气污染承受体的脆弱性和某地区或某地点不利气象条件下大气污染的防范能力 4 个主要因素相互影响，共同作用而形成某地区或某地点防范不利气象条件下大气污染风险（图 4-1）。

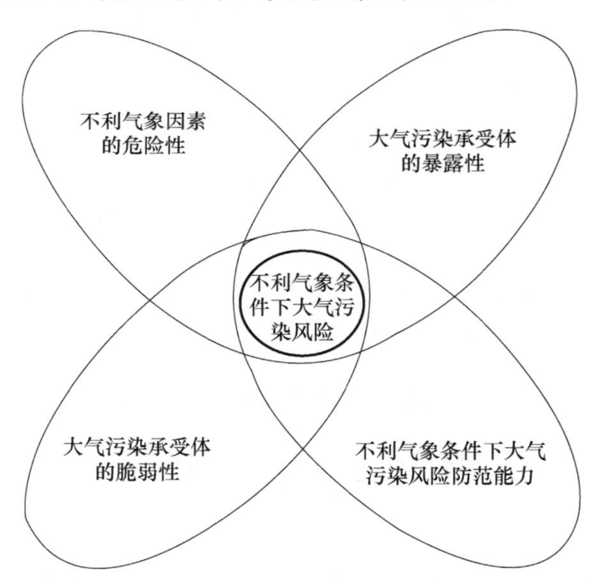


图 4-1　不利气象条件下大气污染风险四要素及大气污染风险形成机理图解

某地区或某地点诱发大气污染的不利气象因素的危险性，是指某地区或某地点诱发大气污染的不利气象因素不利程度，主要是由诱发大气污染的不利气候、不利天气和不利气象要素等气象因素耦合效应决定。而诱发大气污染的不利气象因素耦合效应由不利气象因素种类、活动规模、强度、频率和诱发大气污染范围、大气污染等级等决定。一般诱发大气污染的不利气象因素种类越多，诱发大气污染的不利气象因素耦合效应越复杂；诱发大气污染的不利气象因素活动规模越大，诱发大气污染的不利气象因素耦合效应的影响范围越大；诱发大气污染的不利气象因素的强度和变化的频率越大，诱发大气污染的不利气象因素耦合效应导致大气污染的危害性越大；不利气象因素诱发大气污染范围越大、大气污染等级越高，诱发大气污染的不利气象因素耦合效应的危险性就越严重；相应地，该地区不利气象因素风险源的诱发大气污染风险就可能越高。

大气污染承受体的暴露性，是指某地区或某地点可能受到不利气象因素影响前的大气污染承受体在大气环境的暴露性。该地区或该地点暴露于不利气象因素的大气污染承受体越多，不利气象因素诱发大气污染对大气污染承受体产生影响的可能性就越大，则该地区或该地点可能遭受不利气象因素诱发大气污染造成潜在损失就越大，该地区或该地点不利气象因素诱发大气污染的风险就越大。

大气污染承受体的脆弱性，是指在某地区或某地点的所有大气污染承受体，如人员、动植物、生产经营活动和社会活动等，由于潜在的不利气象因素诱发大气污染而造成的伤害或损失程度，综合反映了该地区或该地点不利气象因素诱发大气污染的损失程度。一般该地区或该地点大气污染承受体的脆弱性越低，不利气象因素诱发大气污染损失越小，不利气象因素诱发大气污染风险也越小，反之亦然。

某地区或某地点不利气象条件下大气污染的防范能力，是指该地区或该地点在发生不利气象因素诱发大气污染之前防范不利气象因素诱发大气污染的能力和在短期、长期内能够从不利气象因素诱发大气污染中恢复的水平。包括该地区或该地点防范不利气象因素诱发大气污染的工程性措施和非工程性措施以及应急管理能力、抢险救援投入、资源准备等。显然该地区或该地点防范不利气象因素诱发大气污染能力越高，可能遭受潜在损失就越小，该地区或该地点不利气象因素诱发大气污染的风险就越小，反之亦然。

由于某地区或某地点不利气象条件下大气污染既有自然属性、社会经济属性，又具有普遍性；同时由于该地区或该地点不利气象因素自身变化的不确定性和不利气象条件下大气污染风险评估方法的不精确性导致评估结果的不确切性，以及为减轻不利气象条件下大气污染风险而采取措施的可靠性等影响，导致不利气象条件下大气污染风险又具有不确定性。因此，不利气象条件下大气污染风险的大小，是由该地区或该地点诱发大气污染的不利气象因素的危险性、大气污染承受体的暴露性、大气污染承受体的脆弱性以及该地区或该地点不利气象条件下大气污染的防范能力等 4 个因子相互作用决定的。

## 二、不利气象条件下大气污染风险管理的基本构成

不利气象条件下大气污染风险管理是一个将不利气象条件下大气污染风险降至最低可能的控制过程，包括对风险的度量、评估和应变策略，尤其是针对一系列影响风险的不利气象因素集中，如何选择出可能导致最大损失以及最可能诱发大气污染发生的不利气象因素并优先处理，而相对风险较低以及诱发大气污染发生几率较小的不利气象因素的则推后处理，是不利气象条件下大气污染风险管理的核心内容和关键技术。因此不利气象条件下大气污染风险管理主要由识别风险、预测风险、评估风险、处置风险等构成，并以较低成本选择可行的方法有计划地处理风险，从而有效防范不利气象条件下大气污染事件的发生。另外，不利气象条件下大气污染风险管理是一个动态反馈的过程，风险管理程序的执行不是一个由上到下直线式的过程，而是互相联系的循环过程。这种循环式的执行程序表现了风险管理需要对决策进行定期的评价和修正。随着时间的推移和情况发生的变化，可能会产生新的风险，有关风险的可能性和严重性也可能会产生变化，管理这些风险的方法也要随之而变。

识别不利气象因素诱发大气污染风险是风险管理的基础，对各种不利气象因素诱发大气污染风险进行全面的了解是预测不利气象因素可能造成大气污染的前提条件，从而才能选择合适的方法处理这些不利气象因素。

不利气象因素诱发大气污染风险评估是对大气污染有的或潜在的不利气象因素及其诱发

大气污染严重程度所进行的分析与评估，最后根据评估结论决定采取何种防范不利气象因素诱发大气污染的措施。不利气象因素诱发大气污染风险评估改变了以往经验主义处理问题的弊端，逐步实行以大气污染预防为中心的现代科学管理方法，把不利气象因素诱发大气污染论证(大气污染气象风险评价)、防范不利气象因素污诱发大气污染的气象工程设计与非工程性措施选择、防范不利气象因素污诱发大气污染能力的科学评估以及建立不利气象因素污诱发大气污染的气象保障体系等方面紧密联系起来，从而达到预防大气污染、制定大气污染防范对策和加强大气污染风险管理的目的。

不利气象因素诱发大气污染风险处置是指在降低不利气象因素诱发大气污染风险的收益与成本之间进行权衡并决定采取何种措施。

## 三、不利气象条件下大气污染风险管理的基本流程

不利气象条件下大气污染风险是在生产经营活动和社会活动过程中可能出现的与活动息息相关的，不以人的意志为转移的，突然发生的，可能对人员的人身造成危害、对活动造成不利影响或损失、对活动环境造成大气污染的不利气象因素。作为特定的大气污染管理领域，不利气象条件下大气污染风险管理的基本流程如图 4-2 所示。

从图 4-2 可知本流程包括：计划准备阶段、识别与评估阶段、总结与处置阶段。

(一)计划准备阶段

1. 确定不利气象条件下大气污染风险评估的目标和目的。

2. 确定不利气象条件下大气污染风险评估的相关标准。

3. 确定评估不利气象条件下大气污染涉及的空间范围、系统要素及相关性。

4. 结合不利气象条件下大气污染的特点，选择评估不利气象条件下大气污染所处的典型时间阶段。

5. 收集相关数据、背景条件、客观因素等。

6. 确定不利气象条件下大气污染风险评估所涉及的部门、单位和相关人员，明确责任机构和对人员能力的要求。

7. 根据评估目的要求和不利气象条件下大气污染的特点，选择不利气象条件下大气污染风险的评估方法。

8. 制定评估计划，包括：不利气象条件下大气污染描述、假设和前提、所选择的风险评估方法、预期结果等。

(二)识别与评估阶段

1. 对评估的不利气象条件下大气污染进行描述，主要包括：不利气象条件下大气污染属性、特点、时空特性、主要原因、相关分析等。

2. 数据分析包括：对所用数据源的说明、数据类别和时间区段说明、所用的数据分析方法、数据分析结果描述等。

3. 评估方法包括：所选用的方法的特点和适用性、基本原理和概念、相关变量和公式、评估结果说明等。

4. 评估结果分析包括：对风险频度(即不利气象条件下大气污染发生的概率大小)的分析和对风险强度(即不利气象条件下大气污染的后果严重程度)的分析。

(三)总结与处置阶段

1. 评估结论：简要列出主要风险、有关因素的评估结果，指出应重点防范的重大风险、有

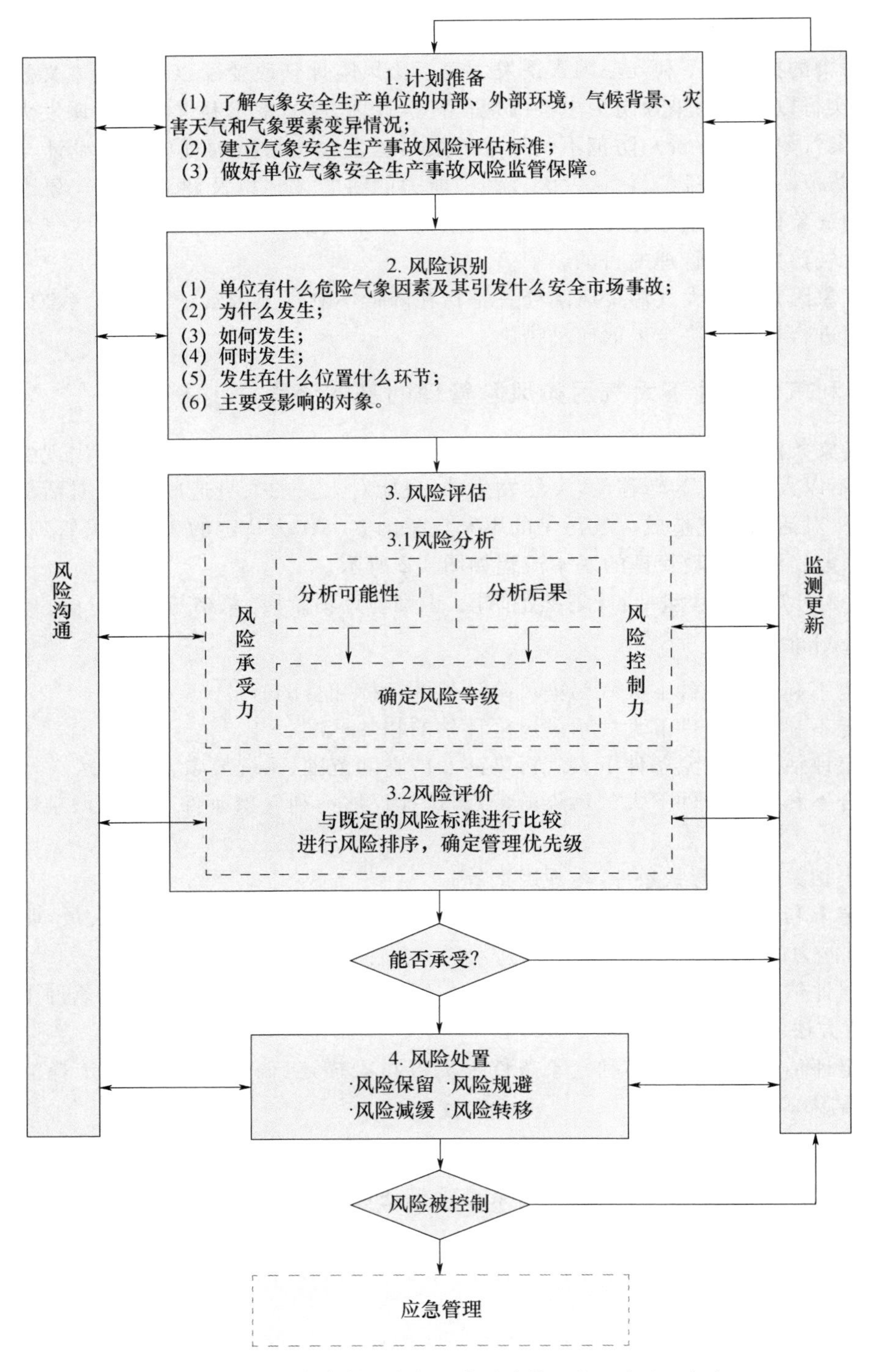


图 4-2　不利气象条件下大气污染风险管理的基本流程框架

关因素等。

2. 对策和建议：根据评估结果提出应对不利气象条件下大气污染风险的工程性和非工程性措施及建议。

3. 沟通和监测：与不利气象条件下大气污染风险管理对象进行沟通，并继续做好风险的监测，减小风险后果或避免二次风险。

某地区或某地点不同的风险区域或风险点，可在该地区或该地点不利气象条件下大气污染风险评估的基础上，利用该地区或该地点不利气象条件下大气污染风险评估的结果判断是否需要采取措施、采取什么措施、如何采取措施，以及采取措施后可能出现什么后果等做出判断。

## 第二节　不利气象条件下大气污染风险管理的风险分析方法

### 一、不利气象条件下大气污染风险检查表法

不利气象条件下大气污染风险检查表法是在对不利气象条件下大气污染风险危险源系统充分分析的基础上，分成若干个单元层次，列出所有的危险因素。确定检查项目，然后编制成表，按此表进行检查，检查表中的回答一般都是"是/否"。该方法的突出优点是简单明了，现场操作人员和管理人员都易于理解与使用。表格中的控制指标主要是根据相关标准、规范、法律条款制定，而控制措施主要根据专家经验制定。并且编制表格在使用过程中若发现有遗漏之处或有更好的控制措施，可开放式地加入进来，易于抓住控制不利气象条件下大气污染的主要因素，具有动态特性。但是该方法只能进行定性的分析，缺乏定量分析。

### 二、不利气象条件下大气污染风险预先危险性分析法

不利气象条件下大气污染风险预先危险性分析方法主要是针对与大气污染密切相关的规划项目、新改扩建项目，在项目的规划可研阶段或规划编制阶段和建设可研阶段或设计阶段对项目存在的不利气象条件下大气污染风险类别、风险产生条件、污染后果等概略地进行分析。该方法的突出优点是：一是项目的初期阶段就进行不利气象条件下大气污染风险危险性分析，从而使得关键和薄弱环节得到加强，使得规划与设计更加合理，项目不利气象条件下大气污染防范体系更加科学、精准、有效；二是在规划项目的规划过程和建设项目的建设过程中采取更加有针对性的防范不利气象条件下大气污染的工程性控制措施，使得不利气象条件下大气污染风险得到有效控制，最大限度地降低因防范不利气象条件下大气污染的工程性控制措施不到位而造成大气污染的可能性和严重度；三是通过不利气象条件下大气污染风险的预先分析，对于实际不能完全控制的风险还可以提出消除危险或将其减少到可接受水平的工程性与非工程性防范措施或替代方案。虽然该方法是一种应用范围较广的定性评估方法，但是它需要由具有丰富知识和实践经验的工程技术人员、操作人员和不利气象条件下大气污染治理工程技术人员、管理人员经过分析、讨论实施，因此，其使用常常受到人员素质的限制。

### 三、不利气象条件下大气污染风险管控失效模式和后果分析法

不利气象条件下大气污染风险管控失效模式和后果分析方法是一种归纳法。对某地区或某地点不利气象条件下大气污染防范体系内部每个环节可能的失效模式或不正常运行模式都要进行详细分析，并推断它对于整个不利气象条件下大气污染防范体系的影响，可能产生的后果以及如何才能避免或减少损失。其分析步骤如下：

一是确定某地区或某地点不利气象条件下大气污染防范体系。

二是分析系统环节失效类型和产生原因。

三是研究失效类型的后果。

四是写失效模式和后果分析表格。

五是风险定量评价。

该种分析方法的特点是从系统环节的失效开始逐次分析其原因、影响及应采取的对策措施,可用在整个系统的任何一级,是一种比较常用的方法。

## 四、不利气象条件下大气污染风险事件树分析法

不利气象条件下大气污染风险事件树分析是一种从诱发大气污染的不利气候、天气、气象要素等不利气象因素原因归纳分析,推导不利气象条件下大气污染事件结果的分析方法。它在给定一个诱发大气污染的不利气象条件初因事件前提下分析此事件可能导致的后续大气污染事件的结果。整个事件序列成树状。不利气象条件下大气污染风险事件树分析法着眼于不利气象条件下大气污染事件的起因,即初因事件。当初因事件进入不利气象条件下大气污染风险系统时,与其相关联的系统各部分不良状态会对后续一系列不利气象条件下大气污染防范的成败造成影响,并确定不利气象条件下大气污染防范所采取的动作,根据这一动作把不利气象条件下大气污染风险系统分成在不利气象条件下大气污染防范功能方面的成功与失败,并逐渐展开成树枝状,在失败的各分支上假定不利气象条件下大气污染发生的类型,分别确定它们的发生概率,并由此获得最终的不利气象条件下大气污染发生类型和发生概率。其分析步骤如下:

一是确定初始事件。

二是确定不利气象条件下大气污染防范功能。

三是发展事件树和简化事件树。

四是分析事件树。

五是事件树的定量分析。

该方法适用于不利气象条件下大气污染风险系统多环节初因事件或不利气象条件下大气污染防范系统多重防范措施的风险分析和评价,既可用于定性分析,也可用于定量分析。

## 五、不利气象条件下大气污染风险故障树分析法

不利气象条件下大气污染风险故障树分析法又称事故树分析方法,是一种演绎的某地区或某地点不利气象条件下大气污染事件防范体系功能分析方法。它是从要分析的不利气象条件下大气污染特定事件的开始,层层分析其发生原因,一直分析到不能再分解为止。将不利气象条件下大气污染特定的事件和各个环节原因之间用逻辑门符号连接起来,得到形象、简洁地表达其逻辑关系的逻辑树图形,即故障树。通过对故障树简化、计算达到分析、评估的目的。其分析步骤如下:

一是确定某地区或某地点不利气象条件下大气污染风险系统和要分析的各特定大气污染的事件(顶上事件)。

二是确定不利气象条件下大气污染风险系统的特定大气污染事件发生概率、事件损失许可的预定目标值。

三是调查诱发不利气象条件下大气污染风险系统的特定大气污染事件的原因事件,即调

查与特定大气污染事件有关的所有直接原因和各种因素。

四是编制故障树，从顶上事件起一级一级往下找出所有原因事件。直到最基本的原因事件为止，按其逻辑关系画出故障树。

五是定性分析，按故障树结构进行简化，求出最小割集和最小径集，确定各基本事件的结构重要度。

六是定量分析，找出各基本事件的发生概率，计算出顶上事件的发生概率求出概率，重要度和临界重要度。

七是结论，当特定大气污染事件发生概率超过预定目标值时，从最小割集着手研究降低特定大气污染事件发生概率的所有可能方案，利用最小径集找出消除特定大气污染事件的最佳方案，通过重要度或重要度系数分析确定采取对策措施的重点和先后顺序，从而得出分析、评价的结论。

不利气象条件下大气污染风险故障树分析法可用于复杂的不利气象条件下大气污染事件防范体系和广泛范围的不利气象条件下大气污染事件防范体系各类子系统的可靠性及有效性分析，能详细查明系统中各种固有、潜在的危险因素或事件原因，为改进不利气象条件下大气污染事件防范体系、制定技术对策、采取不利气象条件下大气污染风险管控措施和不利气象条件下大气污染事件分析提供依据。它不仅可以用于定性分析，也可用于定量分析，可从数量上说明是否满足预定目标值的要求，从而明确采取对策措施的重点和轻重缓急顺序。但是，不利气象条件下大气污染事件风险故障树分析方法要求分析人员必须非常熟悉不利气象条件下大气污染风险系统，具有丰富的实践经验，能准确熟练地应用分析方法；另外复杂系统的故障树往往很庞大，分析、计算的工作量大；并且进行定量分析时，必须知道故障树中各事件的故障率数据，因此该方法的实际应用受到限制。

## 第三节　不利气象条件下大气污染风险管理的风险分级方法及其评估程序

### 一、不利气象条件下大气污染风险的分级方法

不利气象条件下大气污染风险分级的基本思想是基于风险理论的数学关系：风险程度＝危险概率×危险严重度。如果能够定量计算出风险程度，则可根据风险程度水平来进行风险分级。但是，在实际的风险管理过程中，很难进行精确和定量的风险计算，因此，常常用定性或半定量的方法进行风险定量。不利气象条件下大气污染风险分级主要是参考、借鉴、吸收了美国军用标准（MILSTD－882）中提供的危险严重性的定性分级方法（表 4-1、表 4-2）进行风险分级。

**表 4-1　MILSTD-882 的危险严重等级表**

| 分类等级 | 危险性 | 破坏 | 伤害 |
| --- | --- | --- | --- |
| 一 | 灾害性的 | 系统报废 | 死亡 |
| 二 | 危险性的 | 主要系统损坏 | 严重伤害、严重职业病 |
| 三 | 临界的 | 次要系统损坏 | 轻伤、轻度职业病 |
| 四 | 安全的 | 系统无损坏 | 无伤害、无职业病 |

表 4-2　MILSTD-882 的危险概率表

| 分类等级 | 特征 | 项目说明 | 发生情况 |
|---|---|---|---|
| 一 | 频繁 | 几乎经常出现 | 连续发生 |
| 二 | 容易 | 在一个项目使用寿命期中将出现若干次 | 经常发生 |
| 三 | 偶然 | 在一个项目使用寿命期中可能出现 | 有时发生 |
| 四 | 很少 | 不能认为不可能发生 | 可能发生 |
| 五 | 不易 | 出现的概率接近于零 | 可以假设不发生 |
| 六 | 不能 | 不可能出现 | 不可能发生 |

美国军用标准(MILSTD-882)中提供的危险严重性等级和危险概率等级的组合,用半定量打分法的思想,构成风险评价指数矩阵(表 4-3),并依据指数矩阵数值进行风险分级。该法称作风险评价指数矩阵法,是用矩阵中指数的大小作为风险分级准则,即:指数为 1～5 的为 1 级风险,用人单位不能接受的;6～9 的为 2 级风险,是不希望有的风险;10～17 的为 3 级风险,是有条件接受的风险;18～20 的为 4 级风险,是完全可以接受风险。

表 4-3　风险定性分级表

| 严重性 / 可能性 | 灾难的 | 严重的 | 轻度的 | 轻微的 |
|---|---|---|---|---|
| 频繁 | 1 | 2 | 7 | 13 |
| 很可能 | 2 | 5 | 9 | 16 |
| 有时 | 4 | 6 | 11 | 18 |
| 很少 | 8 | 10 | 14 | 19 |
| 几乎不可能 | 12 | 15 | 17 | 20 |

因此,根据美国军用标准(MILSTD-882)中提供危险严重性等级和危险概率等级的组合,用半定量打分法的逻辑原则,不利气象条件下大气污染风险分为以下 5 级。

一级风险:危险程度——极其危险;严重程度——预测不利气象条件下大气污染指标 AQI 日均值>200 将持续 4 d 及以上,且出现 AQI 日均值>300 将持续 2 d 及以上,或 AQI 日均值>500 将持续 1 d 及以上;处置措施——与不利气象条件下大气污染密切相关的大气污染物排放源涉及的大气污染气象敏感单位和一般单位必须停工停产,同时加强大气污染物排放移动源的管控,实施人工影响天气大气污染防治措施提升大气对大气污染物的自净能力。

二级风险:危险程度——高度危险;严重程度——预测不利气象条件下大气污染指标 AQI 日均值>200 将持续 3 d;处置措施——与不利气象条件下大气污染密切相关的大气污染物排放源涉及的大气污染气象敏感单位必须停工停产,与不利气象条件下大气污染密切相关的大气污染物排放源涉及的一般单位必须错峰生产,同时加强大气污染物排放移动源的管控,实施人工影响天气大气污染防治措施提升大气对大气污染物的自净能力。

三级风险:危险程度——显著危险;严重程度——预测不利气象条件下大气污染指标 AQI 日均值>200 将持续 2 d;处置措施——与不利气象条件下大气污染密切相关的大气污染物排放源涉及的大气污染气象敏感单位和一般单位必须错峰生产,同时加强大气污染物排放移动源的管控,实施人工影响天气大气污染防治措施提升大气对大气污染物的自净能力。

四级风险:危险程度——一般危险;严重程度——预测不利气象条件下大气污染指标

AQI 日均值>100 将持续 1 d 及以上；处置措施——与不利气象条件下大气污染密切相关的大气污染物排放源涉及的大气污染气象敏感单位和一般单位必须错峰生产，同时加强污染气象敏感路段、航道的大气污染物排放移动源的管控，实施人工影响天气大气污染防治措施提升大气对大气污染物的自净能力。

五级风险：危险程度——稍有危险；严重程度——预测不利气象条件下大气污染指标 AQI 日均值>80 将持续 1 d 及以上；处置措施——与不利气象条件下大气污染密切相关的大气污染物排放源涉及的大气污染气象敏感单位必须错峰生产，同时加强污染气象敏感路段、航道的大气污染物排放移动源的管控，实施人工影响天气大气污染防治措施提升大气对大气污染物的自净能力。

## 二、不利气象条件下大气污染风险的评估程序

不利气象条件下大气污染风险评估程序流程见图 4-3。

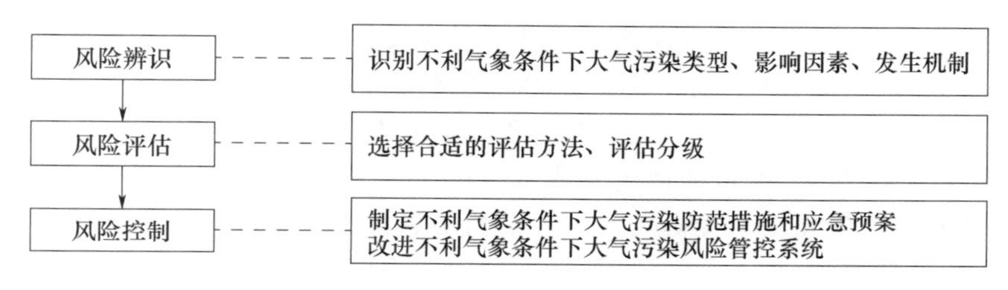


图 4-3　不利气象条件下大气污染风险评估程序流程框图

不利气象条件下大气污染风险评估的步骤如下：

一是前期准备阶段：明确被评估的不利气象条件下大气污染风险区域，到该区域进行不利气象条件下大气污染相关资料现场调查和收集国内外相关法律法规、技术标准及该区域所在地与不利气象条件下大气污染密切相关的大气污染物排放源涉及的大气污染气象敏感单位和一般单位的大气污染有关资料。

二是不利气象条件下大气污染风险源辨识与分析阶段：根据该区域所在地的地理位置、气候背景、环境等条件以及该区域所在地与不利气象条件下大气污染密切相关的大气污染物排放源涉及的大气污染气象敏感单位、一般单位的工作特性及其排放的大气污染物性质，识别和分析其潜在诱发大气污染的不利气象因素。

三是确定不利气象条件下大气污染风险评估方法阶段：参考、借鉴、吸收目前常用的气象安全生产事故风险基本评估方法，结合气象安全生产事故风险评估试验点工作经验，一般选择了在 MES 评估方法基础上进行优化改进而建立的重庆不利气象条件下大气污染风险评估实用方法——CQDQWRMES 模型，作为不利气象条件下大气污染风险评估方法。

四是不利气象条件下大气污染风险定性与定量评价阶段：根据选择的 CQDQWRMES 模型，对不利气象因素诱发大气污染发生的可能性和严重程度进行定性、定量评价，以确定不利气象条件下大气污染可能发生的范围、频次、严重程度的等级及相关结果，为制定防范不利气象条件下大气污染对策措施提供科学依据。

五是形成防范不利气象条件下大气污染的对策措施及建议阶段：根据不利气象条件下大气污染风险定性与定量评价结果，提出消除或减弱不利气象条件下大气污染风险因素的工程性措施和非工程性措施以及不利气象条件下大气污染风险管控建议。

六是编制不利气象条件下大气污染风险评估报告阶段：根据不利气象条件下大气污染风险定性与定量评价结果，对防范不利气象条件下大气污染的工程性措施和非工程性措施及不利气象条件下大气污染风险管控中存在的一些问题及解决方法形成书面的报告形式。

## 第四节　不利气象条件下大气污染风险管理的风险评估原则与原理及评估方法

### 一、不利气象条件下大气污染风险管理的风险评估原则

不利气象条件下大气污染风险评估理论与方法虽然多种多样，但仍然存在一些规律性、普遍性的基本评价原则需要遵守。

（一）不利气象条件下大气污染风险评估的精细化原则

不利气象条件下大气污染风险评估必须对不利气象条件下大气污染风险评估范围所在地的地理位置、气候背景、周边环境条件等情况和大气污染物特性、防范不利气象条件下大气污染能力，评估范围可能遭受诱发大气污染的不利气象因素以及评估范围大气污染承体在遭受不利气象因素诱发大气污染时可能造成人员伤亡和财产损失的后果进行的宏观与微观有机结合地分析，坚持对不利气象因素受诱发大气污染的隐患排查、治理、监管等各个环节的风险进行科学的精细化评估原则，把不利气象因素受诱发大气污染隐患消灭在萌芽状态，确保不利气象因素诱发大气污染风险不向不利气象因素诱发大气污染事件转化。

（二）不利气象条件下大气污染风险评估的动态性原则

不利气象条件下大气污染风险评估必须坚持根据不利气象因素诱发大气污染评估范围所在地诱发大气污染的不利气象因素动态变化特性对诱发大气污染的不利气象因素风险源进行实时、适时的动态评价原则，才能对不利气象因素诱发大气污染的隐患及时辨识，从而果断采取科学、精准、有效的不利气象条件下大气污染风险防范措施，对不容许出现的不利气象条件下大气污染隐患进行科学地控制、动态消除，确保不利气象因素诱发大气污染风险不向不利气象因素诱发大气污染事件转化。

（三）不利气象条件下大气污染风险评估的不可承受原则

由于各种不利气象条件下大气污染风险评估方法，即使是非常科学合理，但都是人们的一种主观判断，需要佐以历史不利气象条件下大气污染经历的参照，因此凡违反有关大气污防范、管控、治理等法律、法规、标准规定的不利气象条件下大气污染风险评估结论，无论风险级别为几级，甚至是“零”风险，其评估结论一律列为不可承受的风险。严格按照法律、法规、标准规定，采取有效的不利气象条件下大气污染防范措施，确保不利气象因素诱发大气污染风险不向不利气象因素诱发大气污染事件转化。这种将违反有关法律、法规、标准规定的不利气象条件下大气污染风险评估结论列为不可承受风险的规定，称为不利气象条件下大气污染风险评估的不可承受原则。

（四）不利气象条件下大气污染风险评估的可接受原则

1. 风险最低合理原则

任何地区或任何地点都是存在不利气象因素诱发大气污染风险的，不可能通过预防措施来彻底消除风险；而且当不利气象因素诱发大气污染的风险水平越低时，需要进一步降低就越

困难，其成本往往成指数曲线上升。也即不利气象因素诱发大气污染防范改进措施投资的边际效益递减，最终趋于0，甚至为负值。因此，必须在不利气象因素诱发大气污染的风险与防范成本之间做出一个折中，使解决不利气象因素诱发大气污染风险的投资科学合理，同时又将不利气象因素诱发大气污染风险控制在可以接受的范围，为此提出不利气象因素诱发大气污染风险最低合理原则，也是人们常提到的“ALARP原则”(图4-4)。

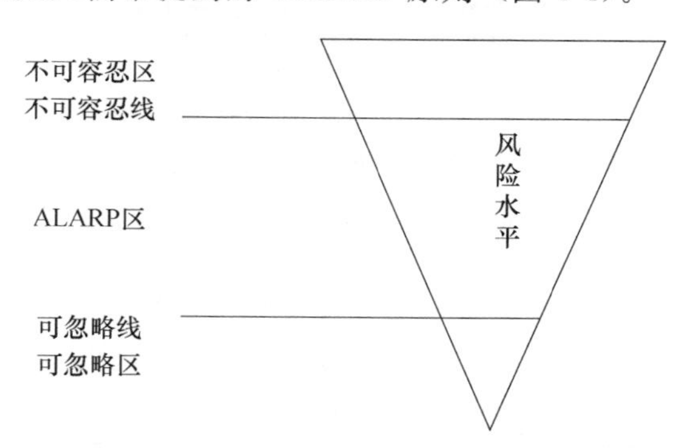


图4-4　不利气象因素诱发大气污染风险评估的ALARP原则示意

不利气象因素诱发大气污染风险评估的ALARP原则的具体内容如下：

(1)ALARP原则内涵

1)对某地区或某地点进行定量不利气象因素诱发大气污染风险评估，如果所评估出的风险指标在不可容忍线之上，则落入不可容忍区。此时，除特殊情况外，该风险是无论如何不能被接受的。

2)如果所评出的风险指标在可忽略线之下，则落入可忽略区。此时，该风险是可以被接受的。无须再采取不利气象因素诱发大气污染防范改进措施。

3)如果所评出的风险指标在可忽略线和不可容忍线之间，则落入“可容忍区”，此时的风险水平符合“ALARP原则”。此时，需要进行不利气象因素诱发大气污染防范措施投资成本-风险分析，如果分析成果能够证明进一步增加不利气象因素诱发大气污染防范措施投资对不利气象因素诱发大气污染的风险水平降低贡献不大，则风险是“可容忍的”，即可以允许该风险的存在，以节省一定的成本。

(2)ALARP原则的经济本质

同任何经济活动一样，对某地区或某地点采取不利气象因素诱发大气污染防范措施，降低不利气象因素诱发大气污染风险的活动也是经济行为，同样服从一些共同的经济规律。在经济学中，主要用生产函数理论来描述和解释系统的经济活动。下面是不利气象因素诱发大气污染防范改进措施投资的边际效益变化规律得到的ALARP原则的经济本质结论：

1)如果对某地区或某地点不采取任何不利气象因素诱发大气污染防范措施，则该地区将处于不利气象因素诱发大气污染风险的最高风险水平。

2)在不利气象因素诱发大气污染防范措施投资的投入过程中，不利气象因素诱发大气污染风险并不是呈线性降低的，而是同生产要素的边际产出一样先递增后递减。也就是说，不利气象因素诱发大气污染风险管理的投入有一个最佳经济效益点。

3)在一定的技术状态下，不利气象因素诱发大气污染的风险水平降到一定程度后将不再随着不利气象因素诱发大气污染改进措施投入的增加而明显降低。这也说明不利气象因素诱发大气污染的风险是不可能完全消除的，只能控制在一个合理可行的范围内。

(3)不利气象条件下大气污染个人风险的 ALARP 原则的含义

根据英国、美国等有关专家对个人的死亡风险做过调查分析表明，个人死亡风险上限设为 $10^{-3}$，下限设为 $10^{-6}$。依据个人死亡风险上限和风险下限，可以得到不利气象条件下大气污染个人风险的 ALARP 原则(表 4-4)。

**表 4-4　不利气象条件下大气污染人风险的 ALARP 原则**

| 危险区域 | 风险水平 |
| --- | --- |
| 不可容忍区 | 不利气象条件下大气污染年个人风险不能证明是合理的；<br>不利气象条件下大气污染年个人风险 $\geqslant 10^{-3}$ |
| 可容忍区 | 只有当证明进一步降低不利气象条件下大气污染风险的成本与获得的收益极不相称时，不利气象条件下大气污染风险才可能认为是可容忍的风险；<br>$10^{-6} \leqslant$ 不利气象条件下大气污染年个人风险 $< 10^{-3}$ |
| 可忽略区 | 不利气象条件下大气污染风险可以接受，无须再论证或采取措施；<br>不利气象条件下大气污染年个人风险 $< 10^{-6}$ |

从表 4-4 可知，当不利气象条件下大气污染风险水平超过上限(不利气象条件下大气污染年个人风险 $10^{-3}$)，则落入“不可容忍区”。此时除特殊情况外，该风险是无论如何不能被接受的；当不利气象条件下大气污染风险水平低于下限(不利气象条件下大气污染年个人风险 $10^{-6}$)，则落入“可忽略区”，此时该风险是可以被接受的，无须再采取不利气象条件下大气污染防范改进措施；当不利气象条件下大气污染风险水平在上限与下限之间，则落入“可容忍区”，此时的不利气象条件下大气污染风险水平符合最低合理可行原则，是“可容忍的”，即可以允许该风险的存在，以节省一定成本，并且承受不利气象条件下大气污染的人员在心理上应当愿意承受该风险，并具有控制该风险的信心。但是一定要注意“可容忍的”并不等同于“可忽略的”，因此必须认真全面地研究“可容忍的”不利气象条件下大气污染风险，找出其作用规律，做到心中有数，高度关注不利气象条件下大气污染风险的动态发展趋势，严防该风险的进一步发展扩大。

2. 不利气象条件下大气污染风险接受准则

由于人们往往认为不利气象条件下大气污染风险越小越好，但是从经济的角度来看这是一个错误的概念。因为无论减少不利气象条件下大气污染发生的概率还是采取防范措施使发生不利气象条件下大气污染造成的损失降到最小，都要投入资金、技术和劳务。通常的做法是将不利气象条件下大气污染风险限定在一个合理的、可接受的范围，实现“风险与利益达到平衡”“不要接受不必需的不利气象条件下大气污染风险”“接受合理的不利气象条件下大气污染风险”等不利气象条件下大气污染风险管理效益最大化。因此，制定可接受不利气象条件下大气污染风险准则，除了考虑不利气象条件下大气污染承受体中对人员的人身造成危害、建筑物损坏和财产损失外，对经济社会活动造成不利影响和对动植物潜在危险的影响也是一个重要因素。但由于不利气象条件下大气污染风险可接受程度受到不同不利气象条件下大气污染承受体特殊性影响，具有不同的准则。因此，不利气象条件下大气污染风险接受准则制定必须是科学、实用，不仅在技术上是可行的，在应用上可操作，而且还要反映公众的价值观和不利气象条件下大气污染承受能力，同时还要考虑社会的防范不利气象条件下大气污染的经济能力。所以不利气象条件下大气污染风险接受准则制定必须进行费用-效益分析，寻找平衡点，优化标准，从而制定不利气象条件下大气污染风险评价标准——最大可接受水平。

## 二、不利气象条件下大气污染风险管理的风险评估原理

不利气象条件下大气污染风险评估是对诱发大气污染的不利气象因素风险源进行辨识和评估。诱发大气污染的不利气象因素风险源是诱发大气污染的潜在的不利气候、天气、气象要素及其耦合效应等气象因素，诱发大气污染的不利气象因素风险源的风险评估包括对不利气象因素风险源诱发大气污染的风险性评估以及对诱发大气污染的危险程度、严重程度评估两个方面。不利气象因素诱发大气污染的危险程度、严重程度与对不利气象因素风险源诱发大气污染风险性的控制效果密切相关，而不利气象因素风险源诱发大气污染的风险性与不利气候、天气、气象要素及其耦合效应以及大气污染防范能力、大气污染造成的后果密切相关。不利气象条件下大气污染风险评估与气象安全生产事故风险评估一样，其评估原理主要分为4类。

### （一）相关性评估原理

不利气象条件下大气污染风险风险评估的不利气象条件下大气污染特征与诱发大气污染的潜在的不利气候、天气、气象要素及其耦合效应等气象因素的因果关系是相关性评估原理的基础。相关是两种或多种客观现象之间的依存关系。相关分析是对因变量和自变量的依存关系密切程度的分析。通过相关分析，可透过错综复杂的现象，测定其相关程度，揭示其内在联系。不利气象条件下大气污染风险性通常不可能通过试验进行分析，但可以对不利气象条件下大气污染发生过程中的相关性进行评估。不利气象条件下大气污染与气象因素、气象因素之间都存在这着相互制约、相互联系的相关关系。只有通过相关分析，才能找出不利气象条件下大气污染与气象因素、气象因素之间的因果关系，正确的建立相关数学模型，进而对不利气象条件下大气污染风险性做出客观正确的评估。因此相关性评估原理对于深入研究不利气象条件下大气污染与诱发大气污染不利气象因素的关系进行全面分析具有重要的指导意义。

### （二）类推评估原理

类推评估原理是指已知诱发大气污染的不利气象因素与不利气象因素诱发的大气污染的相互联系规律，则可利用先导事件——不利气象因素的发展规律来评估迟发事件——不利气象因素诱发大气污染的发展趋势。其前提条件是寻找类似事件。如果两种事件有些基本相似时，就可以揭示两种事件的其他相似性，并认为两种事件是相似的。如果一种事件发生时经常伴随着另一事件，则可认识这两种事件存在某些联系．即相似关系。

### （三）概率推断评估原理

由于不利气象因素诱发大气污染的发生是一个随机事件，任何随机事件的发生都有着特定的规律：其发生概率是一客观存在的定值。所以概率推断评估原理是指利用概率来预测现在和未来不利气象因素诱发大气污染的可能性大小，以此来评估不利气象因素诱发大气污染风险性的一种风险评估原理。

### （四）惯性评估原理

任何不利气象因素诱发大气污染的发展变化都与不利气象因素历史行为密切相关。历史行为不仅影响现在，而且还会影响到将来，即不利气象因素的发展具有延续性，该特性称为惯性。惯性表现为趋势外推，并以趋势外延推测其未来状态。因此，惯性评价原理就是利用不利气象因素发展有惯性这一特征进行评估不利气象因素诱发大气污染风险的一种风险评估原理，该评估原理通常要以不利气象因素诱发大气污染发生前夕的不利气象因素发生、发展及其

诱发大气污染的机理等稳定性为前提。但由于不利气象因素发生、发展及其诱发大气污染的机理受诸多因素影响极其复杂，绝对的稳定性是不存在的。因此在利用惯性评估原理时，要注意不利气象因素的趋势外推有时也具有局限性。

## 三、不利气象条件下大气污染风险管理的风险评估方法

### （一）不利气象条件下大气污染风险评估方法的基本类型

1. 定性评估方法

定性评估法主要是根据经验和判断对不利气象条件下大气污染防范体系的各系统、各环节等方面的状况进行定性的评价。比如前面论述不利气象条件下大气污染风险检查表法、预先危险性分析、失效模式和后果分析、事件树分析法、故障树分析法等都属于此类分析方法。

2. 半定量评价方法

半定量评价法是在防范不利气象条件下大气污染实际工作经验的基础上，对不利气象条件下大气污染防范体系进行合理打分，并依据最后的分值或概率风险与严重度的乘积进行分级。该方法能依据分值有一个明确的级别，具有很强的可操作性，因此应用比较广泛。但是对于不确定性因素太多的复杂系统，其概率估计往往比较困难，因此该方法应用也受到一定限制。

3. 定量评价法

定量评价法是根据一定的算法和规则对不利气象因素诱发大气污染的全过程中的各个因素及相互作用的关系进行赋值，从而算出一个确定值来明确风险等级的方法。该方法若规则明确、算法合理，且无难以确定的因素，则此方法的精度较高，但是确保规则明确、算法合理，且无难以确定的因素是有难度的，因此该方法应用也受到一定限制。

### （二）不利气象条件下大气污染风险评估的基本方法

不利气象因素诱发大气污染的风险评估的基本方法与气象危险因素引发气象安全生产事故的风险评估的方法基本方法完全一样，其常用基本方法主要有以下几种。

1. LEC 评价方法

LEC 评价方法是一种评价具有潜在不利气象因素诱发大气污染的风险性半定量评价方法。它是用与不利气象因素诱发大气污染风险率有关的 3 种因素指标值之积来评价暴露在不利气象因素诱发大气污染人员伤亡风险大小。这 3 种因素分别是：$L$ 为发生不利气象因素诱发大气污染的可能性大小；$E$ 为人体暴露在不利气象因素诱发大气污染环境中的频繁程度；$C$ 为一旦发生不利气象因素诱发大气污染造成的损失后果。

但是，获得这 3 种因素的科学准确数据却是相当繁琐的过程。因此采取半定量计算法，给 3 种因素的不同等级分别规定不同的分值，再以 3 个分值的乘积 $D$ 来评价危险性的大小。即 $D=LEC$。该公式中各参数的选择原则如下：

（1）$L$ 参数选择原则

$L$ 参数为发生不利气象因素诱发大气污染的可能性大小的参数。$L$ 参数选择原则是当不利气象因素诱发大气污染事件发生的可能性大小用概率来表示时，对不可能的事件发生的概率为 0，必然发生的事件的概率为 1。由于目前我国大气污染治理还处于大气污染攻坚战的"战略相持阶段"，绝对不发生不利气象因素诱发大气污染事件是不可能的。因此将"发生不利气象因素诱发大气污染事件可能性极小"的分数定为 0.1，而必然要发生的不利气象因素诱发大气污染事件的分数定为 10，介于这两种情况之间的 $L$ 参数选择原则如表 4-5 所示。

表 4-5　*L* 参数表

| *L* 参数值 | 不利气象因素诱发大气污染事件发生的可能性 |
|---|---|
| 10 | 完全可以预料会发生不利气象因素诱发大气污染事件 |
| 6 | 相当可能发生不利气象因素诱发大气污染事件 |
| 3 | 可能会发生不利气象因素诱发大气污染事件,但不经常 |
| 1 | 发生不利气象因素诱发大气污染事件可能性小,事件发生完全意外 |
| 0.5 | 很不可能发生不利气象因素诱发大气污染事件,可以设想事件发生 |
| 0.2 | 极不可能发生不利气象因素诱发大气污染事件 |
| 0.1 | 实际不可能发生不利气象因素诱发大气污染事件 |

(2)*E* 参数选择原则

*E* 参数为人员暴露于不利气象因素诱发大气污染环境的频繁程度。由于人员出现在不利气象因素诱发大气污染环境中的时间越多,则危险性越大,因此 *E* 参数选择原则是规定连续暴露在不利气象因素诱发大气污染环境的情况定为 10,而非常罕见地出现在不利气象因素诱发大气污染环境中定为 0.5。同样,将介于两者情况之间的 *E* 参数选择原则如表 4-6 所示。

表 4-6　*E* 参数表

| *E* 参数值 | 人员暴露于不利气象因素诱发大气污染环境的频繁程度 |
|---|---|
| 10 | 人员连续暴露于不利气象因素诱发大气污染环境 |
| 6 | 人员每天工作时间内暴露于不利气象因素诱发大气污染环境 |
| 3 | 人员每周一次或偶然暴露于不利气象因素诱发大气污染环境 |
| 2 | 人员每月一次暴露于不利气象因素诱发大气污染环境 |
| 1 | 人员每年几次暴露于不利气象因素诱发大气污染环境 |
| 0.5 | 人员非常罕见暴露于不利气象因素诱发大气污染环境 |

说明:对于连续 8 h 都不离开不利气象因素诱发大气污染环境的,则应考虑为连续暴露;而在连续 8 h 内仅仅暴露于不利气象因素诱发大气污染环境中一至几次的,则考虑为每天工作时间内暴露于不利气象因素诱发大气污染环境。

(3)*C* 参数选择原则

*C* 参数为发生于不利气象因素诱发大气污染事件产生的后果。由于不利气象因素诱发大气污染事件造成的人身伤害变化范围很大,可从对人体健康极小的轻微伤害直到多人因不利气象因素诱发大气污染事件导致死亡的严重结果。因此 *C* 参数选择原是规定分数值为 1～100,把需要救护的轻微伤害规定分数为 1,把造成多人死亡的可能性分数规定为 100,其他情况的 *C* 参数选择原则如表 4-7 所示。

表 4-7　*C* 参数表

| *C* 参数值 | 发生不利气象因素诱发大气污染事件产生的后果 |
|---|---|
| 100 | 10 人以上因不利气象因素诱发大气污染事件导致死亡;<br>或因不利气象因素诱发大气污染事件造成重大财产损失 |
| 40 | 3～9 人因不利气象因素诱发大气污染事件导致死亡;<br>或因不利气象因素诱发大气污染事件造成很大财产损失 |

续表

| C参数值 | 发生不利气象因素诱发大气污染事件产生的后果 |
| --- | --- |
| 15 | 1～2人因不利气象因素诱发大气污染事件导致死亡；<br>或因不利气象因素诱发大气污染事件造成一定财产损失 |
| 7 | 严重，因不利气象因素诱发大气污染事件导致人员严重伤残和严重疾病；<br>或因不利气象因素诱发大气污染事件造成较小财产损失 |
| 3 | 重大，因不利气象因素诱发大气污染事件导致人员一般伤残和一般疾病；<br>或因不利气象因素诱发大气污染事件造成很小财产损失 |
| 1 | 引人注意，因不利气象因素诱发大气污染事件导致社会影响；<br>因不利气象因素诱发大气污染事件导致不利于人员基本的安全卫生要求 |

(4)*D*参数选择原则

*D*参数为不利气象因素诱发大气污染危险性分值。虽然根据公式可获得危险程度*D*参数，但如何确定各个分值和总分的评价是技术难题。根据实际工作经验和研究表明*D*参数值选择有以下5种情况：一是当*D*参数值在20以下，不利气象条件下大气污染被认为稍有危险，其不利气象条件下大气污染指标AQI日均值＞80将持续1 d及以上，空气质量属于可接受范围，但某些大气污染物可能对极少数异常敏感人群健康有较弱影响，仍然需要采取不利气象条件下大气污染五级风险的防范措施。二是当*D*参数值到达到20～70，不利气象条件下大气污染被认为一般性危险，其不利气象条件下大气污染指标AQI日均值＞100将持续1 d及以上，空气质量属于轻度污染或中度污染，大气污染物可导致易感人群症状加剧，健康人群出现刺激症状，可能对健康人群心脏、呼吸系统有影响，需要采取不利气象条件下大气污染四级风险的防范措施。三是当*D*参数值到达到70～160，不利气象条件下大气污染被认为有显著性危险，其不利气象条件下大气污染指标AQI日均值＞200将持续2 d，或AQI日均值＞300将持续1 d，空气质量属于重度污染或严重污染，大气污染物可导致心脏病和肺病患者症状显著加剧，运动耐受力降低，健康人群普遍出现症状，甚至使健康人群运动耐受力降低，有明显强烈症状，提前出现某些疾病，需要采取不利气象条件下大气污染三级风险的防范措施。四是当*D*参数值到达到160～320，不利气象条件下大气污染被认为高度危险，其不利气象条件下大气污染指标AQI日均值＞200将持续3 d，或AQI日均值＞300将持续1 d，空气质量属于重度污染或严重污染，大气污染物可导致心脏病和肺病患者症状显著加剧，运动耐受力降低，健康人群普遍出现症状，甚至使健康人群运动耐受力降低，有明显强烈症状，提前出现某些疾病，需要采取不利气象条件下大气污染二级风险的防范措施。五是当*D*参数值＞320，不利气象条件下大气污染被认为极其危险，其不利气象条件下大气污染指标AQI日均值＞200将持续4 d及以上，且出现AQI日均值＞300将持续2 d及以上，或AQI日均值＞500将持续1 d及以上，空气质量属于严重污染，大气污染物可导致健康人群运动耐受力降低，有明显强烈症状，提前出现某些疾病，需要采取不利气象条件下大气污染一级风险的防范措施。因此*D*参数选择原则如表4-8所示。

表 4-8　$D$ 参数表

| $D$ 参数值 | 不利气象条件下大气污染危险程度 |
| --- | --- |
| >320 | 极其危险，需采取不利气象条件下大气污染一级风险的防范措施 |
| 160～320 | 高度危险，需采取不利气象条件下大气污染二级风险的防范措施 |
| 70～160 | 显著危险，需要采取不利气象条件下大气污染三级风险的防范措施 |
| 20～70 | 一般危险，需采取不利气象条件下大气污染四级风险的防范措施 |
| <20 | 稍有危险，需采取不利气象条件下大气污染五级风险的防范措施 |

显然 $D$ 值大，说明不利气象因素诱发大气污染危险性大，需要提升不利气象条件下大气污染防范措施等级或改变不利气象条件下发生大气污染的可能性，或减少人体暴露于不利气象条件下大气污染环境中的频繁程度，或减轻不利气象条件下大气污染损失，直至调整到允许范围。但是 $D$ 参数确定的不利气象因素诱发大气污染危险等级划分是凭经验判断，难免带有局限性，不能认为是普遍适用的。因此，应用时需要根据实际情况予以修正。

2. MES 评价方法

MES 评价方法是在 LEC 评价方法基础上，进行优化改进的一种评价方法。该方法将人身伤害事故发生可能性的两个主要因素作为标准，即人体暴露于不利气象因素诱发大气污染环境的概率 $E$ 和不利气象条件下大气污染防范措施的状态($M$)，并且用不利气象条件下大气污染防范措施的状态($M$)取代了 LEC 评价方法中的事故发生可能性的因素($L$)，同时考虑了单纯性财产损失。因此 MES 评价方法的风险程度($R$)与 LEC 评价方法的风险程度($D$)一样，主要是通过与不利气象因素诱发大气污染风险率有关的 3 个因素指标的乘积来评价系统人员伤亡和财产损失风险大小的，这 3 个因素分别是：$M$ 为不利气象条件下大气污染防范措施状态；$E$ 为人体暴露于不利气象因素诱发大气污染环境中的频繁程度(概率)；$S$ 为一旦发生不利气象因素诱发大气污染造成的损失后果。所以 MES 评价方法的风险程度($R$)具体的表达式为：$R=LS$，其中 $L$ 表示发生不利气象因素诱发大气污染的可能性大小，它取决于人体暴露于不利气象因素诱发大气污染环境的概率($E$)和不利气象条件下大气污染防范措施状态($M$)；也即 $L=ME$。

所以：$R=MES$。该公式中各参数的选择原则如下：

(1)$M$ 参数选择原则

$M$ 参数选择原则如表 4-9 所示。

表 4-9　$M$ 参数表

| $M$ 参数值 | 不利气象因素诱发大气污染事件的控制措施状态 |
| --- | --- |
| 5 | 无不利气象条件下大气污染防范措施 |
| 3 | 有减轻不利气象条件下大气污染后果的应急措施。例如，报警系统、应紧预案等非工程性措施 |
| 1 | 有不利气象条件下大气污染预防措施。如以物联网为基础的大气污染攻坚战环境与气象监测系统、以智能化为基础的大气污染攻坚战环境与气象预报预警系统、以信息化为基础的大气污染攻坚战人工影响天气大气污染防治作业系统、以大数据为基础的不利气象条件下大气污染攻坚战大气污染综合治理科学决策系统、以问题为导向的大气污染攻坚战人工影响天气大气污染防治关键技术研究与开发系统等工程性措施 |

(2)$E$ 参数选择原则

$E$ 参数选择原则如表 4-10 所示。

**表 4-10　E 参数表**

| E 参数值 | 人员暴露于不利气象因素诱发大气污染环境的频繁程度 |
|---|---|
| 10 | 人员连续暴露于不利气象因素诱发大气污染环境 |
| 6 | 人员每天工作时间内暴露于不利气象因素诱发大气污染环境 |
| 3 | 人员每周一次或偶然暴露于不利气象因素诱发大气污染环境 |
| 2 | 人员每月一次暴露于不利气象因素诱发大气污染环境 |
| 1 | 人员每年几次暴露于不利气象因素诱发大气污染环境 |
| 0.5 | 人员非常罕见暴露于不利气象因素诱发大气污染环境 |

说明：对于连续 8 h 都不离开不利气象因素诱发大气污染环境的，则应考虑为连续暴露；而在连续 8 h 内仅仅暴露于不利气象因素诱发大气污染环境中一至几次的，则考虑为每天工作时间内暴露于不利气象因素诱发大气污染环境。

(3)S 参数选择原则

S 参数选择原则如表 4-11 所示。

**表 4-11　S 参数表**

| S 参数值 | 不利气象因素诱发大气污染事件造成的损失 | | | |
|---|---|---|---|---|
| | 人身伤害 | 职业相关病症 | 财产损失 | 环境影响 |
| 10 | 因不利气象因素诱发大气污染事件导致有多人死亡 | | 因不利气象因素诱发大气污染事件导致财产损失为：$S \geqslant 1$ 亿元 | 不利气象条件下大气污染被认为极其危险，空气质量属于严重污染 |
| 8 | 因不利气象因素诱发大气污染事件导致 1 人死亡 | 因不利气象因素诱发大气污染事件导致职业病多人 | 因不利气象因素诱发大气污染事件导致财产损失为：1000 万元$\leqslant S<1$ 亿元 | 不利气象条件下大气污染被认为高度危险，空气质量属于重度污染或严重污染 |
| 4 | 因不利气象因素诱发大气污染事件导致人员永久失能 | 因不利气象因素诱发大气污染事件导致职业病 1 人 | 因不利气象因素诱发大气污染事件导致财产损失为：100 万元$\leqslant S<1000$ 万元 | 不利气象条件下大气污染被认为有显著性危险，空气质量属于重度污染或严重污染 |
| 2 | 因不利气象因素诱发大气污染事件导致人员需要医院治疗 | 因不利气象因素诱发大气污染事件导致职业性多发病 | 因不利气象因素诱发大气污染事件导致财产损失为：3 万元$\leqslant S<100$ 万元 | 不利气象条件下大气污染被认为一般性危险，空气质量属于轻度污染或中度污染 |
| 1 | 因不利气象因素诱发大气污染事件导致人员轻微伤害，仅需要急救 | 因不利气象因素诱发大气污染事件导致人员身体不适 | 因不利气象因素诱发大气污染事件导致财产损失为：$S<3$ 万元 | 不利气象条件下大气污染被认为稍有危险，空气质量属于可接受范围 |

(4)R 参数选择原则

R 参数选择原则如表 4-12 所示。

表 4-12　$R$ 参数表

| 不利气象条件下大气污风险等级 | 不利气象条件下大气污事件造成人身伤害的 $R$ 值 | 不利气象条件下大气污事件造成单纯财产损失的 $R$ 值 | 不利气象条件下大气污染危险程度 | 不利气象条件下大气污染的防范措施 |
|---|---|---|---|---|
| 一级 | $R \geqslant 180$ | $R \geqslant 24$ | 极其危险 | 与不利气象条件下大气污染密切相关的大气污染物排放源涉及的大气污染气象敏感单位和一般单位必须停工停产,同时加强大气污染物排放移动源的管控,实施人工影响天气大气污染防治措施提升大气对大气污染物的自净能力 |
| 二级 | $90 \leqslant R < 180$ | $12 \leqslant R < 24$ | 高度危险 | 与不利气象条件下大气污染密切相关的大气污染物排放源涉及的大气污染气象敏感单位必须停工停产,与不利气象条件下大气污染密切相关的大气污染物排放源涉及的一般单位必须错峰生产,同时加强大气污染物排放移动源的管控,实施人工影响天气大气污染防治措施提升大气对大气污染物的自净能力 |
| 三级 | $50 \leqslant R < 90$ | $6 \leqslant R < 12$ | 显著危险 | 与不利气象条件下大气污染密切相关的大气污染物排放源涉及的大气污染气象敏感单位和一般单位必须错峰生产,同时加强大气污染物排放移动源的管控,实施人工影响天气大气污染防治措施提升大气对大气污染物的自净能力 |
| 四级 | $18 \leqslant R < 50$ | $3 \leqslant R < 6$ | 一般危险 | 与不利气象条件下大气污染密切相关的大气污染物排放源涉及的大气污染气象敏感单位和一般单位必须错峰生产,同时加强污染气象敏感路段、航道的大气污染物排放移动源的管控,实施人工影响天气大气污染防治措施提升大气对大气污染物的自净能力 |
| 五级 | $R < 18$ | $R < 3$ | 稍有危险 | 与不利气象条件下大气污染密切相关的大气污染物排放源涉及的大气污染气象敏感单位必须错峰生产,同时加强污染气象敏感路段、航道的大气污染物排放移动源的管控,实施人工影响天气大气污染防治措施提升大气对大气污染物的自净能力 |

MES 的适用范围很广,不受专业的限制,但是在应用时注意对于单纯财产损失的不利气象因素诱发大气污染,不必考虑单纯财产在不利气象因素诱发大气污染环境中暴露问题,只考虑不利气象条件下大气污染防范措施的状态 $M$。

3. FEMSL 评估方法

FEMSL 评估方法属于可操作性较强的半定量评价法,是在 LEC、MES 等评估方法的基础上,进一步优化改进的评估方法。该评估方法主要是通过与不利气象条件下大气污染事件发生有关的 5 个因素指标的乘积来评价暴露于不利气象条件下大气污染环境中人员伤亡和财产损失风险大小。这 5 个因素分别是:$F$ 为可能诱发大气污染的不利气象因素;$E$ 为人体暴露于不利气象因素诱发大气污染环境的频率程度;$M$ 为不利气象条件下大气污染控制与预测的状态；$S$ 为不利气象条件下大气污染事件的可能后果；$L$ 为不利气象因素诱发大气污染的可能性大小。所以 FEMSL 评估方法的不利气象因素诱发大气污染风险程度（$R$）具体的表达式为：$R=FLS=FEMS$。

该公式中各参数的选择原则如下：

（1）$F$ 参数选择原则

$F$ 参数是指不利气象因素诱发大气污染造成人员伤亡、影响人的身体健康、对物体造成急性或慢性损坏的不利气象因素的赋值，按照被评估区域所在地各种不利气象因素诱发大气污染的实际情况，在综合分析出被评估区域所在地诱发大气污染的各种不利气象因素基础上，确定每种不利气象因素都给 $F$ 参数赋值。在具体评价时，可选多种诱发大气污染的不利气象因素，每种诱发大气污染的不利气象因素计 1 分。例如，某地区或某地点多种诱发大气污染的不利气象因素有不利气候背景、2 种不利天气形势、3 种不利倾向的气象要素等 6 种不利气象因素，则 $F=6$。

（2）$E$ 参数选择原则

$E$ 参数选择原则如表 4-13 所示。

**表 4-13　$E$ 参数表**

| $E$ 参数值 | 人员暴露于不利气象因素诱发大气污染环境的频繁程度 |
|---|---|
| 10 | 人员连续暴露于不利气象因素诱发大气污染环境 |
| 6 | 人员每天工作时间内暴露于不利气象因素诱发大气污染环境 |
| 3 | 人员每周一次或偶然暴露于不利气象因素诱发大气污染环境 |
| 2 | 人员每月一次暴露于不利气象因素诱发大气污染环境 |
| 1 | 人员每年几次暴露于不利气象因素诱发大气污染环境 |
| 0.5 | 人员非常罕见暴露于不利气象因素诱发大气污染环境 |

说明：对于连续 8 h 都不离开不利气象因素诱发大气污染环境的，则应考虑为连续暴露；而在连续 8 h 内仅仅暴露于不利气象因素诱发大气污染环境中一至几次的，则考虑为每天工作时间内暴露于不利气象因素诱发大气污染环境。

（3）$M$ 参数选择原则

由于 $M$ 参数分监测措施 $M_1$ 参数和控制措施 $M_2$ 参数。其计算公式为：

$$M=M_1+M_2$$

因此，$M$ 参数选择原则即为 $M_1$、$M_2$ 的参数选择原则（表 4-14）。

**表 4-14　$M_1$、$M_2$ 参数表**

| $M_1$ 参数值 | 监测措施 | $M_2$ 参数值 | 控制措施 |
|---|---|---|---|
| 5 | 无不利气象因素诱发大气污染监测、预报、预警措施或监测、预报、预警的准确概率小于 10% | 5 | 无不利气象条件下大气污染防范措施 |
| 3 | 不利气象因素诱发大气污染监测、预报、预警的准确概率大于 50% | 3 | 有减轻不利气象条件下大气污染后果的应急措施。例如，报警系统、应紧预案等非工程性措施 |
| 1 | 不利气象因素诱发大气污染监测、预报、预警措施或监测、预报、预警的准确概率为 100% | 1 | 有行之有效的不利气象条件下大气污染防范措施 |

(4)$S$参数选择原则

$S$参数选择原则如表4-15所示。

**表4-15　$S$参数表**

| $S$参数值 | 事故损失 | | | |
|---|---|---|---|---|
| | 人身伤害 $S_1$ | 职业相关病症 $S_2$ | 财产损失 $S_3$ | 环境影响损失 $S_4$ |
| 10 | 因不利气象因素诱发大气污染事件导致有多人死亡 | | 因不利气象因素诱发大气污染事件导致财产损失为$S \geqslant 200$万元 | 不利气象条件下大气污染被认为极其危险，空气质量属于严重污染 |
| 8 | 因不利气象因素诱发大气污染事件导致1人死亡 | 因不利气象因素诱发大气污染事件导致职业病多人 | 因不利气象因素诱发大气污染事件导致财产损失为100万元$\leqslant S < 200$万元 | 不利气象条件下大气污染被认为高度危险，空气质量属于重度污染或严重污染 |
| 4 | 因不利气象因素诱发大气污染事件导致人员永久失能 | 因不利气象因素诱发大气污染事件导致职业病1人 | 因不利气象因素诱发大气污染事件导致财产损失为10万元$\leqslant S < 100$万元 | 不利气象条件下大气污染被认为有显著性危险，空气质量属于重度污染或严重污染 |
| 2 | 因不利气象因素诱发大气污染事件导致人员需要医院治疗 | 因不利气象因素诱发大气污染事件导致职业性多发病 | 因不利气象因素诱发大气污染事件导致财产损失为5万元$\leqslant S < 10$万元 | 不利气象条件下大气污染被认为一般性危险，空气质量属于轻度污染或中度污染 |
| 1 | 因不利气象因素诱发大气污染事件导致人员轻微伤害，仅需要急救 | 因不利气象因素诱发大气污染事件导致人员身体不适 | 因不利气象因素诱发大气污染事件导致财产损失为$S < 5$万元 | 不利气象条件下大气污染被认为稍有危险，空气质量属于可接受范围 |

(5)$L$参数选择原则

$L$参数是不利气象因素诱发大气污染发生的频率，它取决于人体暴露于不利气象因素诱发大气污染环境的概率($E$)和不利气象因素诱发大气污染控制措施状态($M$)；也即$L=ME$。因此$L$参数选择原则主要依据$M$、$E$参数计算获得。

(6)$R$参数选择原则

根据上述各项因素有明确取值后，代入公式：

$$R = R_{人} + R_{物} + R_{环境} = [FE(S_1 + S_2) + S_3 + S_4]M$$

则可获得$R$参数值，然后按照表4-16确定$R$参数选择原则得到不利气象因素诱发大气污染的风险等级。注意该方法重点考虑不利气象因素诱发大气污染导致人员伤亡损失来确定$R$参数阈值从而产生对不利气象因素诱发大气污染风险的等级影响。

表 4-16　*R* 参数表

| *R* 参数值 | 人员伤亡损失($S_1$) |
|---|---|
| $R \geqslant 360$ | 不利气象因素为诱发大气污染导致人员伤亡损失的一级风险源 |
| $240 \leqslant R < 360$ | 不利气象因素为诱发大气污染导致人员伤亡损失的二级风险源 |
| $120 \leqslant R < 240$ | 不利气象因素为诱发大气污染导致人员伤亡损失的三级风险源 |
| $60 \leqslant R < 120$ | 不利气象因素为诱发大气污染导致人员伤亡损失的四级风险源 |
| $R < 60$ | 不利气象因素为诱发大气污染导致人员伤亡损失的五级风险源 |

4. 基于 BP 人工神经网络评价方法

人工神经网络是一种对人脑功能某种简化、抽象、模拟的高度复杂的非线性动力学系统，具有学习、记忆、联想、归纳、概括、抽取、容错以及自适应的能力。BP 神经网络模型是 Werbos 于 1974 年提出的一个监督训练多层神经网络的算法，即反向传播学习算法(back_propagation algorithm)，简称 BP 算法，即误差反向传播神经网络，是神经网络模型中使用最广泛的一类，后来经 Rumelhart 等优化发展实现了多层网络学习的设想。

(1)BP 神经网络结构

BP 网络是典型的多层网络(图 4-5)，包括输入层、一个或多个隐含层、输出层，层与层之间多采用全连接方式，同一层单元之间不存在连接。

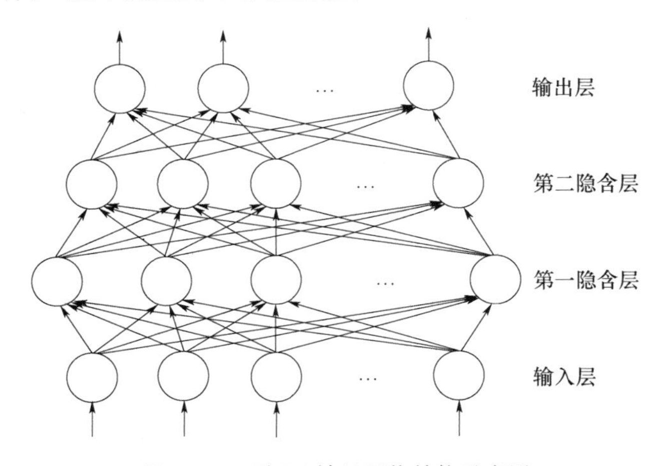


图 4-5　三层 BP 神经网络结构示意图

(2)BP 神经网络法的基本思路

BP 神经网络的基本处理单元(输入层单元除外)采用非线性的输入-输出关系，一般选用 Sigmoidal 函数(S 型函数)：

$$f(x)=\frac{1}{1+\mathrm{e}^{-x}} \tag{4-1}$$

在 BP 神经网络中，学习过程由正向传播和误差反向传播组成。当给定网络的一个输入模式时，它由输入层传到隐含层，并经过隐含层逐个处理后传送到输出层单元，后由输出层处理产生一个输出模式，这是一个逐层状态更新过程，称为前向传播。如果输出响应与期望输出模式有误差，不能满足要求，那么就转入误差反向传播，即将误差值沿着连接通路逐层传送并修正各层连接权值。对于给定的一组训练模式，不断地用一个个训练模式训练网络，重复前向传播和误差反向传播，直到满足要求为止。

(3)BP 神经网络的风险评估模型

BP 神经网络的风险评价模型如图 4-6 所示。

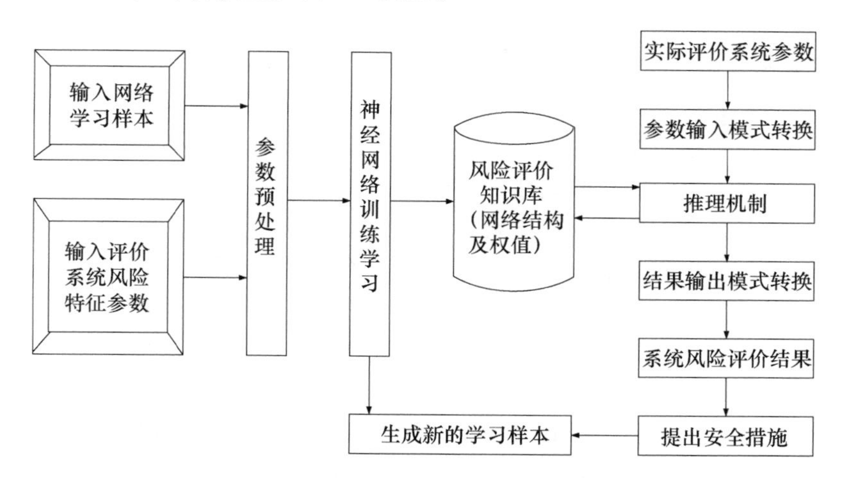


图 4-6　BP 神经网络的风险评估模型框图

(4)BP 神经网络的风险评估模型的评估工作程序

BP 神经网络的风险评估模型风险评估工作程序如下：

1)确定网络的拓扑结构，做好输入层、中间隐层、输出层设计，确定中间隐层的层数以及输入层、输出层和隐层的节点数。

① 输入层的设计，即数据预处理。将统计资料归纳转换成评估指标，并进行归一化处理。

② 隐含层设计，含有一个隐含层的 BP 网络已被证明可以完成任意复杂的 $n$ 维到 $m$ 维的映射，所以，大多数神经网络均采用含一个隐含层的三层网络模型，但对一些较复杂的非线性函数，四层 BP 网络效果更好。同时，隐含层单元数的选择是一个非常复杂的问题。若隐含层单元数太少，网络从样本中获取知识的能力就差，不足以体现训练集样本的规律；反之，若隐含层单元数太多，网络可能会把样本中的噪音数据也学会，从而出现“过度拟和”问题，同时增大网络的学习负担。

③ 输出层的设计，输出层反映的是某研究区域所在地不利气象条件下的大气污染风险。

2)确定研究区域所在地不利气象条件下的大气污染风险评估系统的指标体系，包括特征参数和状态盘数。运用神经网络进行不利气象条件下大气污染风险评估时，首先必须确定评估系统的内部构成和外部环境，确定能够正确反映被评估的某研究区域所在地不利气象因素诱发大气污染风险状态的主要特征参数(输入节点数、各节点实际含义及其表达形式等)以及这些参数下系统的状态(输出节点数、各节点实际含义及其表达形式等)。

3)选择学习样本，供神经网络学习。选取多组不利气象条件下的大气污染风险评估系统不同状态参数值时的特征参数值作为学习样本，供网络系统学习。这些样本应尽可能地反映各种不利气象因素诱发大气污染风险状态。其中对系统特征参数进行$(-\infty,+\infty)$区间的预处理，对系统参数应进行$(0,1)$区间的预处理。神经网络的学习过也程就是根据样本确定网络的连接权值和误差反复修正的过程。

4)测试与检验，BP 网络的学习是通过训练给定的训练集而实现的，其学习能否满足性能要求，是由网络的实际输出与期望输出的逼近程度决定的。一般利用网络的均方根误差($E_{\mathrm{RMS}}$)来定量地反映学习的性能：

$$E_{\text{RMS}} = \sqrt{\frac{\sum_{i=1}^{k}\sum_{j=1}^{m}(d_{ij} - y_{ij})^2}{km}} \tag{4-2}$$

式中：$k$ 为训练集内模式对的个数；

$m$ 为网络输出单元的个数。

一般当网络的均方根误差值低于 0.1 时，则表明对于给定的训练集，学习已经满足要求。

5)确定作用函数。通常选择非线性 S 型函数。

6)建立不利气象条件下的大气污染风险评估系统风险评价知识库。通过网络学习确认的网络结构包括：输入、输出和隐节点数以及反映其间关联度的网络权值的组合；具有推理机制的不利气象条件下的大气污染风险评估系统的风险评估知识库。

7)进行实际的不利气象条件下的大气污染的风险评估。经过训练的神经网络将实际不利气象条件下的大气污染风险评估系统的特征值转换后输入到已具有推理功能的神经网络中，运用系统风险评估知识库处理后得到实际不利气象条件下大气污染风险状态的评估结果。

实际的不利气象条件下大气污染风险状态的评估结果又作为新的学习样本输入神经网络，使系统风险评估知识库进一步充实。

(5)BP 神经网络的风险评估模型的主要优点

BP 神经网络的风险评估模型的主要优点如下：

1)利用神经网络并行结构和并行处理的特征，通过适当选择评估项目克服风险评估的片面性，可以全面评估不利气象因素诱发大气污染的风险状态和多种不利气象因素耦合效应诱发大气污染的风险状态。

2)运用神经网络知识存储和自适应特征，通过适当补充学习样本可以实现历史经验与新知识完满结合，在发展过程中动态地评估不利气象因素诱发大气污染的风险状态。

3)利用神经网络理论的容错特征，通过选取适当的作用函数和数据结构可以处理各种非数值性指标，实现对不利气象因素诱发大气污染风险状态的模糊评估。

但是确定网络的拓扑结构，做好输入层、中间隐层、输出层设计是一个非常复杂的工作，要求人员素质和专业知识比较高，使该方法的应用受到一定的限制。

## 第五节　不利气象条件下大气污染风险管理的风险评估实用模型

### 一、风险评估实用模型产生的背景

由于不利气象条件下大气污染风险评估是针对某地区或某地点不同尺度的天气气候背景、地质地貌、经济社会发展状况和该地区或该地点具备不利气象条件下大气污染的防范能力等诸多因素复杂多变条件下，开展和实施不利气象因素诱发大气污染风险评估，具有评估对象空间尺度变化大、受不利气象因素影响的时间尺度长、评估的不利气象因素“风险源”种类多且局地性与突发性强、评估的不利气象因素诱发大气污染后果的社会影响大等特征；另外各种风险评估方法都有各自的特点和适用范围，在选用时应根据评估方法的特点、具体条件和需要，针对评估对象的实际情况、特点和评估目标分析、比较，慎重选用，并且无论采用哪种评估方法都有相当大的主观因素，都难免存在一定的偏差和遗漏。因此，需要在目前不利气象因素诱发大气污染风险评估的 LEC 法、MES 法、FEMSL 法、人工神经网络法等基本评估方法的基础上，结合不利气象因素诱发大气污染风险评估实际，从科学性、实用性、操作性等方面参考并吸收当前常用的气象安全生产事故风险评估方法和气象灾害风险评估方法的优点，建立适应不利气象因素诱发大气污染风险特点的评估方法，为此重庆市气象局组织有关专家通过大量的不利气象因素诱发大气污染风险评估实践，建立了在 MES 评估方法基础上进行优化改进的不利气象因素诱发大气污染风险评估实用方法，也即不利气象因素诱发大气污染风险评估的实用模型——CQDQWRMES 模型。

## 二、风险评估实用模型建模

（一）评估实用模型 CQDQWRMES 的计算公式及其物理意义

1. 评估实用模型 CQDQWRMES 计算公式

评估实用模型 CQDQWRMES 计算公式为：

$$R_{1K}=M_K E_K S_{1K} \tag{4-3}$$

$$R_1=\sum_{K=1}^{N}(R_{1K})=\sum_{K=1}^{N}(M_K\, E_K\, S_{1K}) \tag{4-4}$$

$$R_{2K}=M_K E_K S_{2K} \tag{4-5}$$

$$R_2=\sum_{K=1}^{N}(R_{2K})=\sum_{K=1}^{N}(M_K\, E_K\, S_{2K}) \tag{4-6}$$

2. 评估实用模型 CQDQWRMES 计算公式各参数的物理意义

评估实用模型 CQDQWRMES 计算公式各参数的物理意义如下：

(1)$R_{1K}$ 表示 $K$ 类别不利气象因素诱发大气污染事件造成人员伤害的风险程度。

(2)$R_1$ 表示某地区或某地点在同一定时段内有 $N$ 个类别不利气象因素叠加耦合效应诱发大气污染事件造成人员伤害的综合风险程度。

(3)$R_{2K}$ 表示 $K$ 类别不利气象因素诱发大气污染事件造成财产损失的风险程度。

(4)$R_2$ 表示某地区或某地点在同一定时段内有 $N$ 个类别不利气象因素叠加耦合效应诱发大气污染事件造成财产损失的综合风险程度。

(5)$N$ 表示某地区或某地点在同一定时段内存在的诱发大气污染事件的不利气象因素“风险源”类型个数。

(6)$K$ 表示某地区或某地点存在的不利气象因素“风险源”类型的具体类别，也即诱发某地区大气污染事件的不利气象因素类型的具体类别。

(7)$M_K$ 表示某地区或某地点为应对 $K$ 类别不利气象因素诱发大气污染事件而采取的工程性和非工程性控制措施的状态。

(8)$E_K$ 表示某地区或某地点及该地区或该地点人员暴露在诱发该地区或该地点大气污染事件的 $K$ 类别不利气象因素频繁程度，也即 K 类别不利气象因素发生频率的大小。

(9)$S_{1K}$——表示 $K$ 类别不利气象因素诱发大气污染事件造成的人员伤害的情况。

(10)$S_{2K}$——表示 $K$ 类别不利气象因素诱发大气污染事件故造成的财产损失情况。

（二）评估实用模型的参数选择原则

1. $K$ 参数最大值选择原则

$K$ 参数最大值是根据某地区或某地点气象历史资料和该地区或该地点由于不利气象因素诱发大气污染事件的历史资料统计分析获得的该地区或该地点不利气象因素“风险源”类型的总类别数量，也即诱发该地区或该地点大气污染事件的不利气象因素类型的总类别数量。

一般诱发大气污染事件的不利气象因素由不利气候、不利天气形势、不利气象要素及其叠加耦合效应构成。注意不同地区或不同地点所对应的不利气候、不利天气形势、不利气象要素及其叠加耦合效果形成的不利气象因素“风险源”类型的总类别数量是不同的，需要在不利气象因素诱发大气污染风险评估时，进行分析研究确定。

2. $K$ 参数具体值选择原则

$K$ 参数具体值是根据不利气象因素诱发大气污染风险评估范围所在地气象历史资料和该地区或该地点由于不利气象因素诱发的大气污染事件的历史资料统计分析获得的该地区或该地点不利气象因素“风险源”类型的具体类别的特征符号，也即诱发该地区或该地点大气污染事件的不利气象因素类型的具体类别的特征符号，以区别各不利气象因素“风险源”类型。

3. $N$ 参数选择原则

$N$ 参数是根据不利气象因素诱发大气污染风险评估范围所在地气象历史资料和该地区或该地点由于不利气象因素诱发的大气污染事件的历史资料统计分析获得的该地区或该地点在同一定时段内存在的诱发大气污染事件的不利气象因素类型个数，也即该地区或该地点在同一定时段内存在的不利气象因素“风险源”类型个数。

4. $M_K$参数选择原则

$M_K$参数是根据某地区或某地点应对 $K$ 类别不利气象因素诱发大气污染事件而采取的工程性和非工程性控制措施的状态的差异来确定其值大小。$M_K$ 参数的选择原则如表 4-17 所示。

**表 4-17　$M_K$参数选择原则表**

| $M_K$ | 某地区或某地点应对 $K$ 类别不利气象因素诱发大气污染事件的控制措施状态 |
|---|---|
| 5 | 无不利气象条件下大气污染防范措施 |
| 3 | 有减轻不利气象条件下大气污染后果的应急措施。例如报警系统、应紧预案等非工程性措施 |
| 1 | 有不利气象条件下大气污染预防措施。如以物联网为基础的大气污染攻坚战环境与气象监测系统、以智能化为基础的大气污染攻坚战环境与气象预报预警系统、以信息化为基础的大气污染攻坚战人工影响天气大气污染防治作业系统、以大数据为基础的不利气象条件下大气污染攻坚战大气污染综合治理科学决策系统、以问题为导向的大气污染攻坚战人工影响天气大气污染防治关键技术研究与开发系统等工程性措施 |

5. $E_K$参数选择原则

$E_K$参数是某地区或某地点及该地区或该地点人员暴露在诱发该地区或该地点大气污染事件的 $K$ 类别不利气象因素频繁程度，一般是根据不利气象因素诱发大气污染风险评估范围所在地气象历史资料统计分析诱发大气污染事件的 $K$ 类别不利气象因素出现频率按照一定原则给予赋值。$E_K$参数的选择原则如表 4-18 所示。

**表 4-18　$E_K$参数选择原则表**

| $E_K$ | $K$ 类别不利气象因素出现频繁程度 | $K$ 类别不利气象因素出现频率(%) | $K$ 类别不利气象因素出现频繁程度物理意义 |
|---|---|---|---|
| 10 | 每天出现 2 次或 2 次以上 | 200 | 人员连续暴露于不利气象因素诱发大气污染环境 |
| 6 | 每天出现 1 次 | 100 | 人员每天工作时间内暴露于不利气象因素诱发大气污染环境 |
| 3 | 每 7 d 出现 1 次 | 14.2857 | 人员每周一次或偶然暴露于不利气象因素诱发大气污染环境 |
| 2 | 每 30 d 出现 1 次 | 3.3333 | 人员每月一次暴露于不利气象因素诱发大气污染环境 |
| 1 | 每 180 d 出现 1 次 | 0.5556 | 人员每年几次暴露于不利气象因素诱发大气污染环境 |
| 0.5 | 每 365 d 出现 1 次或 1 次以下 | 0.2740 | 人员非常罕见暴露于不利气象因素诱发大气污染环境 |

根据表4-18的数据可以推导出$K$类别不利气象因素出现频繁程度介于每天出现1次至每365 d出现1次之间或$K$类别不利气象因素出现频率$P$($P=N_1$年内出现$K$类别不利气象因素的天数/$N_1$年总天数)介于100%至0.2740%之间的$E_K$值计算公式如下：

当$0.2740\%<P<14.2587\%$时，$E_K=0.06204\ln P+1.3178$

从图4-7可知，该公式计算的$E_K$与$P$关系曲线同表4-18获得$E_k$与$P$关系的图解曲线非常拟合，因此该公式计算的$E_K$非常可信。

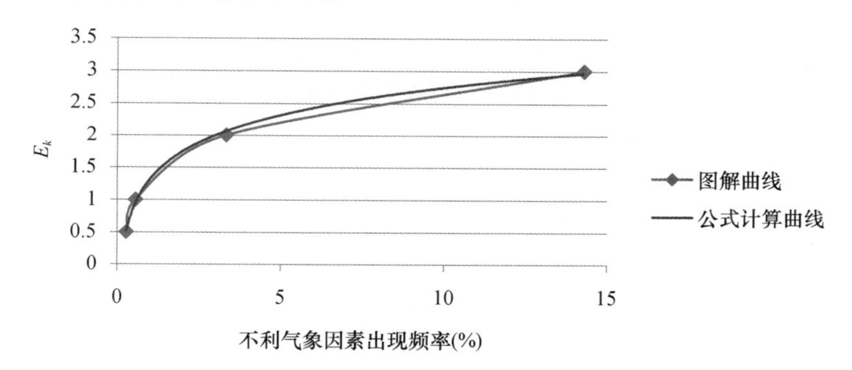


图4-7　$P<14.2587\%$的$E_K$与$P$关系的公式计算曲线与图解曲线比较(彩图见书后)

当$14.2587\%<P<200\%$时，$E_K=0.00003P^2+0.0319P+2.5385$。

从图4-8可知，该公式计算的$E_K$与$P$关系曲线同表4-18获得$E_k$与$P$关系的图解曲线非常拟合，因此该公式计算的$E_K$非常可信。

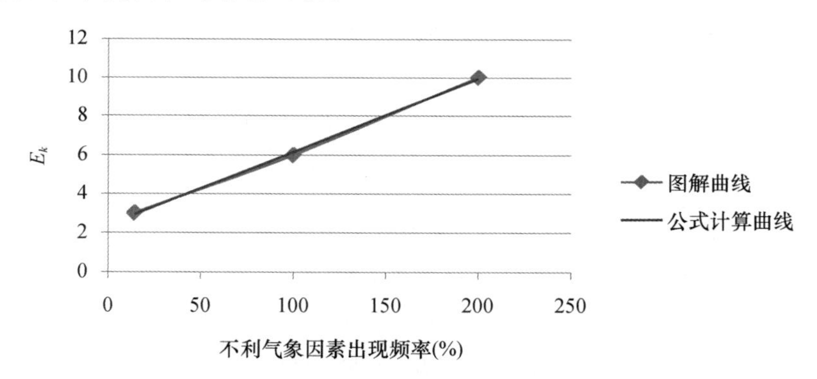


图4-8　$P>14.2587\%$的$E_K$与$P$关系的公式计算曲线与图解曲线比较(彩图见书后)

6. $S_{1K}$参数选择原则

$S_{1K}$参数选择的核心是确定$K$类别不利气象因素诱发大气污染事件造成人员伤害状况$SS_{1K}$，$SS_{1K}$的确定有以下几种方式：

(1)根据某地区或某地点近10 a以上$K$类别不利气象因素诱发大气污染事件造成人员伤害的历史资料统计分析出$K$类别不利气象因素诱发大气污染事件造成人员伤害1 a的平均值，即为该地区或该地点的$SS_{1K}$。

(2)根据某地区或某地点所在地同一个天气气候背景下的更大行政区域内(如跨几个省或地或县的行政区域)近$N_1$年(大于5 a)不利气象因素诱发大气污染事件导致人员伤害的历史资料和人口资料分别统计分析出该行政区域内不利气象因素诱发大气污染事件造成的人员死

亡人数、受伤人数、人口数量的年平均值 $S11$、$S12$、$S13$，并将 $S11$、$S12$ 分别除以 $S13$ 然后乘以该地区或该地点人口数量即可得到不利气象因素诱发大气污染事件导致人员伤害的总人数 $S_1$；最后将 $S_1$ 除以不利气象因素“风险源”类型的总类别数，从而获得该地区或该地点的 $SS_{1K}$。

(3)根据某地区或某地点所在地同一个天气气候背景下的更大行政区域内(如跨几个省或地或县的行政区域)近 $N_1$ 年(大于 5 a)大气污染事件导致人员伤害的历史资料和人口资料分别统计分析出该行政区域内大气污染事件造成的人员死亡人数、受伤人数、人口数量的年平均值 $S14$、$S15$、$S16$，并将 $S14$、$S15$ 分别除以 $S16$，然后乘以该地区或该地点人口数量即可得不利气象因素诱发大气污染事件导致人员伤害的总人数 $S_1$；最后将 $S_1$ 除以不利气象因素“风险源”类型的总类别数，从而获得该地区或该地点的 $SS_{1K}$。

根据该地区或该地点的 $SS_{1K}$，$S_{1K}$ 参数的选择原则如表 4-19 所示。

**表 4-19　$S_{1K}$ 参数选择原则表**

| $S_{1K}$ | 不利气象因素诱发大气污染事件造成人身伤害后果($SS_{1K}$) |
|---|---|
| 10 | 因不利气象因素诱发大气污染事件导致多人死亡 |
| 8 | 因不利气象因素诱发大气污染事件导致 1 人死亡 |
| 4 | 因不利气象因素诱发大气污染事件导致人员永久失能 |
| 2 | 因不利气象因素诱发大气污染事件导致人员需要医院治疗 |
| 1 | 因不利气象因素诱发大气污染事件导致人员轻微伤害，仅需要急救 |

7. $S_{2K}$ 参数选择原则

$S_{2K}$ 参数选择的核心是确定确定 $K$ 类别不利气象因素诱发大气污染事件故造成财产损失状况 $SS_{2K}$，$SS_{2K}$ 的确定有以下几种方式：

(1)根据某地区或某地点近 10 a 以上 $K$ 类别不利气象因素诱发大气污染事件造成财产损失的历史资料统计分析出 $K$ 类别不利气象因素诱发大气污染事件造成财产损失的 1 a 平均值，即为该地区的 $SS_{2K}$。

(2)根据某地区或某地点所在地同一个天气气候背景下的更大行政区域内(如跨几个省或地或县的行政区域)近 $N_1$ 年(大于 5 a)不利气象因素诱发大气污染事件导致财产损失的历史资料和 GDP 资料分别统计分析出该行政区域内不利气象因素诱发大气污染事件造成财产损失、GDP 的年平均值 $S21$、$G1$，同时统计出该地区或该地点 $N_1$ 年 GDP 的年平均值 $G2$；将 $S21$ 除以 $G1$ 然后乘以该地区或该地点 GDP 的年平均值 $G2$ 即可得到该地区或该地点不利气象因素诱发大气污染事件导致财产损失的总损失量 $S_2$；最后将 $S_2$ 除以不利气象因素“风险源”类型的总类别数，从而获得该地区或该地点的 $SS_{2K}$。

(3)根据某地区或某地点所在地同一个天气气候背景下的更大行政区域内(如跨几个省或地或县的行政区域)近 $N_1$ 年(大于 5 a)大气污染事件导致财产损失和 GDP 的历史资料，分别统计分析出该行政区域内大气污染事件导致财产损失、GDP 的年平均值 $S22$、$G3$，同时统计出该地区或该地点 $N_1$ 年的 GDP 年平均值 $G4$；将 $S22$ 分别除以 $G3$，然后乘以该地区或该地点 GDP 年平均值 $G4$ 即可得到该地区或该地点不利气象因素诱发大气污染事件导致财产损失的总损失量 $S_2$；最后将 $S_2$ 除以不利气象因素“风险源”类型的总类别数，从而获得该地区或该地点的 $SS_{2K}$。

根据该地区或该地点的 $SS_{2K}$，$S_{2K}$ 参数的选择原则如表 4-20 所示。

表 4-20　$S_{2K}$ 参数选择原则表

| $S_{2K}$ | 不利气象因素诱发大气污染事件造成单纯财产损失后果 |
|---|---|
| 10 | 因不利气象因素诱发大气污染事件导致财产损失为：$SS_{2K} \geqslant 1$ 亿元 |
| 8 | 因不利气象因素诱发大气污染事件导致财产损失为：1000 万元 $\leqslant SS_{2K} <$ 1 亿元 |
| 4 | 因不利气象因素诱发大气污染事件导致财产损失为：100 万元 $\leqslant SS_{2K} <$ 1000 万元 |
| 2 | 因不利气象因素诱发大气污染事件导致财产损失为：3 万元 $\leqslant SS_{2K} <$ 100 万元 |
| 1 | 因不利气象因素诱发大气污染事件导致财产损失为：$SS_{2K} <$ 3 万元 |

8. $R_{1K}$ 参数选择原则

$R_{1K}$ 参数是根据上述参数通过公式计算出的 $K$ 类别不利气象因素诱发大气污染事件故造成人员伤害的风险程度，用风险等级表示。$R_{1K}$ 参数的选择原则如表 4-21 所示。

表 4-21　$R_{1K}$ 参数选择原则表

| $K$ 类别不利气象因素诱发大气污染的风险等级 | $K$ 类别不利气象因素诱发大气污染事件造成人身伤害的 $R_{1K}$ 值 | $K$ 类别不利气象因素诱发大气污染危险程度 | $K$ 类别不利气象因素诱发大气污染的防范措施 |
|---|---|---|---|
| 一级 | $R_{1K} \geqslant 180$ | 人员极其危险 | 与不利气象条件下大气污染密切相关的大气污染物排放源涉及的大气污染气象敏感单位和一般单位必须停工停产，同时加强大气污染物排放移动源的管控，实施人工影响天气大气污染防治措施提升大气对大气污染物的自净能力 |
| 二级 | $90 \leqslant R_{1K} < 180$ | 人员高度危险 | 与不利气象条件下大气污染密切相关的大气污染物排放源涉及的大气污染气象敏感单位必须停工停产，与不利气象条件下大气污染密切相关的大气污染物排放源涉及的一般单位必须错峰生产，同时加强大气污染物排放移动源的管控，实施人工影响天气大气污染防治措施提升大气对大气污染物的自净能力 |
| 三级 | $50 \leqslant R_{1K} < 90$ | 人员显著危险 | 与不利气象条件下大气污染密切相关的大气污染物排放源涉及的大气污染气象敏感单位和一般单位必须错峰生产，同时加强大气污染物排放移动源的管控，实施人工影响天气大气污染防治措施提升大气对大气污染物的自净能力 |
| 四级 | $18 \leqslant R_{1K} < 50$ | 人员一般危险 | 与不利气象条件下大气污染密切相关的大气污染物排放源涉及的大气污染气象敏感单位和一般单位必须错峰生产，同时加强污染气象敏感路段、航道的大气污染物排放移动源的管控，实施人工影响天气大气污染防治措施提升大气对大气污染物的自净能力 |
| 五级 | $R_{1K} < 18$ | 人员稍有危险 | 与不利气象条件下大气污染密切相关的大气污染物排放源涉及的大气污染气象敏感单位必须错峰生产，同时加强污染气象敏感路段、航道的大气污染物排放移动源的管控，实施人工影响天气大气污染防治措施提升大气对大气污染物的自净能力 |

9. $R_1$参数选择原则

$R_1$参数是根据上述参数通过公式计算出的某地区在同一定时段内有 $N$ 个类别不利气象因素叠加耦合效应诱发大气污染事件造成人员伤害的综合风险程度，用风险等级表示。$R_1$参数的选择原则如表 4-22 所示。

**表 4-22 $R_1$参数选择原则表**

| 不利气象条件下大气污染风险源等级 | 不利气象条件下大气污染事件造成人身伤害的$R_1$值 | 不利气象条件下大气污染危险程度 | 不利气象条件下大气污染的防范措施 |
|---|---|---|---|
| 一级 | $R_1 \geqslant 180$ | 人员极其危险 | 与不利气象条件下大气污染密切相关的大气污染物排放源涉及的大气污染气象敏感单位和一般单位必须停工停产，同时加强大气污染物排放移动源的管控，实施人工影响天气大气污染防治措施提升大气对大气污染物的自净能力 |
| 二级 | $90 \leqslant R_1 < 180$ | 人员高度危险 | 与不利气象条件下大气污染密切相关的大气污染物排放源涉及的大气污染气象敏感单位必须停工停产，与不利气象条件下大气污染密切相关的大气污染物排放源涉及的一般单位必须错峰生产，同时加强大气污染物排放移动源的管控，实施人工影响天气大气污染防治措施提升大气对大气污染物的自净能力 |
| 三级 | $50 \leqslant R_1 < 90$ | 人员显著危险 | 与不利气象条件下大气污染密切相关的大气污染物排放源涉及的大气污染气象敏感单位和一般单位必须错峰生产，同时加强大气污染物排放移动源的管控，实施人工影响天气大气污染防治措施提升大气对大气污染物的自净能力 |
| 四级 | $18 \leqslant R_1 < 50$ | 人员一般危险 | 与不利气象条件下大气污染密切相关的大气污染物排放源涉及的大气污染气象敏感单位和一般单位必须错峰生产，同时加强污染气象敏感路段、航道的大气污染物排放移动源的管控，实施人工影响天气大气污染防治措施提升大气对大气污染物的自净能力 |
| 五级 | $R_1 < 18$ | 人员稍有危险 | 与不利气象条件下大气污染密切相关的大气污染物排放源涉及的大气污染气象敏感单位必须错峰生产，同时加强污染气象敏感路段、航道的大气污染物排放移动源的管控，实施人工影响天气大气污染防治措施提升大气对大气污染物的自净能力 |

10. $R_{2K}$参数选择原则

$R_{2K}$参数是根据上述参数通过公式计算出的 $K$ 类别不利气象因素诱发大气污染事件故造成财产损失的风险程度，用风险等级表示。$R_{2K}$参数的选择原则如表 4-23 所示。

**表 4-23　$R_{2K}$参数选择原则表**

| $K$类别不利气象因素诱发大气污染的风险等级 | $K$类别不利气象因素诱发大气污染事件造成单纯财产损失的$R_{2K}$值 | $K$类别不利气象因素诱发大气污染危险程度 | $K$类别不利气象因素诱发大气污染的防范措施 |
|---|---|---|---|
| 一级 | $R_{2K} \geqslant 24$ | 财产极其危险 | 与不利气象条件下大气污染密切相关的大气污染物排放源涉及的大气污染气象敏感单位和一般单位必须停工停产，同时加强大气污染物排放移动源的管控，实施人工影响天气大气污染防治措施提升大气对大气污染物的自净能力 |
| 二级 | $12 \leqslant R_{2K} < 24$ | 财产高度危险 | 与不利气象条件下大气污染密切相关的大气污染物排放源涉及的大气污染气象敏感单位必须停工停产，与不利气象条件下大气污染密切相关的大气污染物排放源涉及的一般单位必须错峰生产，同时加强大气污染物排放移动源的管控，实施人工影响天气大气污染防治措施提升大气对大气污染物的自净能力 |
| 三级 | $6 \leqslant R_{2K} < 12$ | 财产显著危险 | 与不利气象条件下大气污染密切相关的大气污染物排放源涉及的大气污染气象敏感单位和一般单位必须错峰生产，同时加强大气污染物排放移动源的管控，实施人工影响天气大气污染防治措施提升大气对大气污染物的自净能力 |
| 四级 | $3 \leqslant R_{2K} < 6$ | 财产一般危险 | 与不利气象条件下大气污染密切相关的大气污染物排放源涉及的大气污染气象敏感单位和一般单位必须错峰生产，同时加强污染气象敏感路段、航道的大气污染物排放移动源的管控，实施人工影响天气大气污染防治措施提升大气对大气污染物的自净能力 |
| 五级 | $R_{2K} < 3$ | 财产稍有危险 | 与不利气象条件下大气污染密切相关的大气污染物排放源涉及的大气污染气象敏感单位必须错峰生产，同时加强污染气象敏感路段、航道的大气污染物排放移动源的管控，实施人工影响天气大气污染防治措施提升大气对大气污染物的自净能力 |

11. $R_2$参数选择原则

$R_2$参数是根据上述参数通过公式计算出的某地区在同一定时段内有$N$个类别不利气象因素叠加耦合效应诱发大气污染事件造成财产损失的综合风险程度，用风险等级表示。$R_2$参数的选择原则如表 4-24 所示。

表 4-24　$R_2$参数选择原则表

| 不利气象条件下大气污染风险源等级 | 不利气象条件下大气污染事件造成单纯财产损失的 $R_2$ 值 | 不利气象条件下大气污染危险程度 | 不利气象条件下大气污染的防范措施 |
|---|---|---|---|
| 一级 | $R_2 \geqslant 24$ | 财产极其危险 | 与不利气象条件下大气污染密切相关的大气污染物排放源涉及的大气污染气象敏感单位和一般单位必须停工停产，同时加强大气污染物排放移动源的管控，实施人工影响天气大气污染防治措施提升大气对大气污染物的自净能力 |
| 二级 | $12 \leqslant R_2 < 24$ | 财产高度危险 | 与不利气象条件下大气污染密切相关的大气污染物排放源涉及的大气污染气象敏感单位必须停工停产，与不利气象条件下大气污染密切相关的大气污染物排放源涉及的一般单位必须错峰生产，同时加强大气污染物排放移动源的管控，实施人工影响天气大气污染防治措施提升大气对大气污染物的自净能力 |
| 三级 | $6 \leqslant R_2 < 12$ | 财产显著危险 | 与不利气象条件下大气污染密切相关的大气污染物排放源涉及的大气污染气象敏感单位和一般单位必须错峰生产，同时加强大气污染物排放移动源的管控，实施人工影响天气大气污染防治措施提升大气对大气污染物的自净能力 |
| 四级 | $3 \leqslant R_2 < 6$ | 财产一般危险 | 与不利气象条件下大气污染密切相关的大气污染物排放源涉及的大气污染气象敏感单位和一般单位必须错峰生产，同时加强污染气象敏感路段、航道的大气污染物排放移动源的管控，实施人工影响天气大气污染防治措施提升大气对大气污染物的自净能力 |
| 五级 | $R_2 < 3$ | 财产稍有危险 | 与不利气象条件下大气污染密切相关的大气污染物排放源涉及的大气污染气象敏感单位必须错峰生产，同时加强污染气象敏感路段、航道的大气污染物排放移动源的管控，实施人工影响天气大气污染防治措施提升大气对大气污染物的自净能力 |

(三)评估实用模型 CQDQWRMES 的人员伤害与财产损失的风险等级的处置原则

CQDQWRMES 模型评估的人员伤害与财产损失的风险等级处置原则是当不利气象因素诱发大气污染事件造成人员伤害的风险等级和造成财产损失的风险等级同时存在时，以造成人员伤害的风险等级为主，只有财产损失的风险等级达到二级以上时，才将 $R_{2K}$、$R_2$ 参数值的 13.738%分别叠加到 $R_{1K}$、$R_1$ 参数值。

## 三、风险评估实用模型的评估工作程序

不利气象条件下大气污染风险评估实用模型 CQDQWRMES 的评估工作步骤主要分为受理某地区政府、部门或大气污染气象敏感单位的不利气象条件下大气污染风险评估委托或申请；审查委托或申请单位提供的申请资料是否完整、准确，根据评估需求收集相关资料；辩识

评估区域所在地诱发大气污染的不利气象因素风险源；分析计算不利气象因素诱发大气污染的风险，明确风险等级；提出防范不利气象因素诱发大气污染事件的工程性与非工程性措施以及进一步完善不利气象因素诱发大气污染的风险管理建议。

CQDQWRMES评估的具体工作程序如图4-9所示。

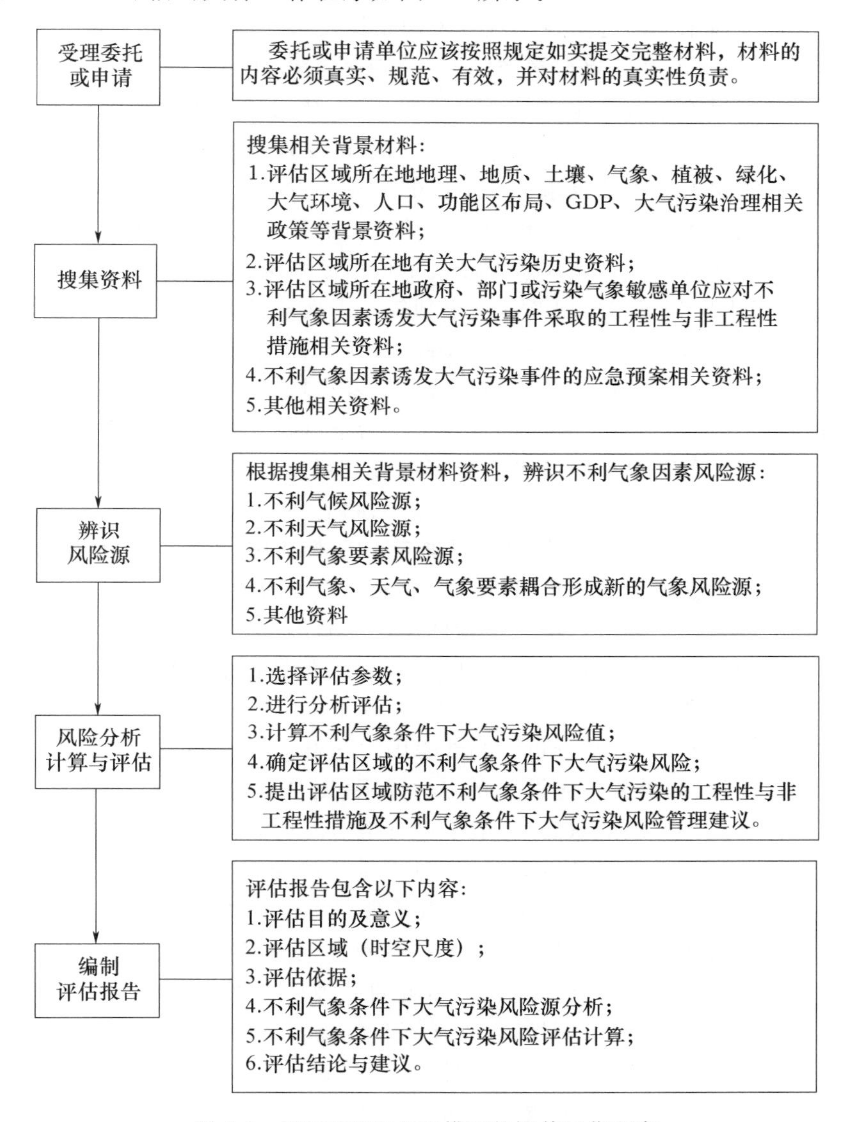


图4-9　CQDQWRMES模型的评估工作程序

## 第六节　不利气象条件下大气污染风险管理的风险预警与控制

### 一、不利气象条件下大气污染风险预警

#### (一)不利气象条件下大气污染风险预警的科学内涵

不利气象条件下大气污染风险预警是指在不利气象因素诱发大气污染事件发生之前，依

据空气质量目标确定某地区或某地点大气中存在诱发大气污染风险的不利气象因素，并建立相应的指标体系及其临界等级标准，在对该地区或该地点大气系统中存在诱发大气污染风险的各种不利气象因素进行识别、分析、评价、判断的基础上，确定不利气象因素诱发大气污染的风险状态。对不可接受风险按照规定发出相应的警示，提醒该地区政府、部门、大气污染气象敏感单位有关人员提前采取措施防范不利气象因素诱发大气污染风险，以防止、减少或控制不可接受风险，并尽量保证不利气象因素诱发大气污染风险的状态远离风险临界态，确保不利气象因素诱发大气污染风险始终处于可接受风险的状态，从而避免不利气象因素诱发大气污染风险向大气污染事件转变，防止或减少不利气象因素诱发大气污染事件发生，最大程度地防止或减少不利气象因素诱发大气污染事件所造成的损失。

不利气象因素诱发大气污染风险预警的活动中离不开不利气象因素诱发大气污染风险预测。而不利气象因素诱发大气污染风险预测就是根据已知诱发大气污染的不利气象因素演化规律，参照当前已经出现和正在出现的各种不利气象因素诱发大气污染风险信息，运用科学的方法对事物未来演化趋势和状态所做的一种科学分析。因此，不利气象因素诱发大气污染风险预警与风险预测都具有依据历史数据和现状了解未来趋势的功能，但是二者有显著差异：一是在内涵上，预测是人们对不利气象因素诱发大气污染风险未来发展趋势的推测与分析，预测的不利气象因素诱发大气污染风险既可能是不可接受风险，也可能是无风险、可接受风险，而预警是指对不利气象因素诱发大气污染风险的未来状态进行分析和评判，预警的不利气象因素诱发大气污染风险是不可接受风险，若不采取有效防控措施，不利气象因素诱发大气污染风险极易向不利气象因素诱发大气污染事件转变形成一系列的大气污染事件；二是在指标上，预测要求的不利气象因素诱发大气污染风险指标比较全面，而预警指标不一定要全面，而是重点观察一些不利气象因素诱发大气污染风险具有敏感性、先导性的指标；三是结果上，预测的关键是计算不利气象因素诱发大气污染风险预测值，并不一定给出相应的评判，即不需要预先设置界限来判断结果，预警的关键是分析不利气象因素诱发大气污染的风险警情，并依据警情的严重程度给出相应的评判，需要预先设置相应的界限；四是任务上，预测的任务是了解未来不利气象因素诱发大气污染风险的状态，一般不设置报警的功能，而预警的主要任务是分析不利气象因素诱发大气污染可能造成的危害状态，对不希望的结果发出警示信息，要有报警功能，并对此制定相应的对策措施。二者的关系是“先有不利气象因素诱发大气污染风险评估，再有不利气象因素诱发大气污染风险预测，然后才有不利气象因素诱发大气污染风险预警。所以不利气象因素诱发大气污染风险预警是风险预测的一种特殊形式，是一种更高层次的风险预测。预警具有先觉性、动态性和深刻性，必须在不利气象因素诱发大气污染风险评估和一般不利气象因素诱发大气污染风险预测等大量前期工作基础上，才可能做出有效的不利气象因素诱发大气污染风险预警，才能及时采取措施防止不利气象因素诱发大气污染风险向不利气象因素诱发大气污染事件转变，才能防止不利气象因素诱发大气污染事件发生。因此，不利气象因素诱发大气污染风险预测是不利气象因素诱发大气污染风险预警的基础与保障。

（二）不利气象因素诱发大气污染风险预警的原则

根据风险预警原则的核心思想“即使没有科学的证据证明某些人为活动与其产生的效应之间存在一定的联系，只要假设这些活动有可能对生命资源产生某些危险或危害的效应，就应采取适用的技术或适宜的措施减缓或直至消除这些影响，也即只要存在对人的生命构成威胁的风险就应采取措施进行预防，采取预防措施不是在事故发生后，而是在事故发生前进行超前预防。”因此，不利气象因素诱发大气污染风险预警原则要求，即使没有经过科学试验证明某种不利气象因素与不利气象条件下大气污染之间具有一定的逻辑因果关系，但只要通过大数据分析发现这种不利气象因素与不利气象条件下大气污染之间存在关联性，就可怀疑这种不利气象因素可能诱发大气污染，就应针对这种不利气象因素可能诱发大气污染采取相应防控行动。所以不利气象因素诱发大气污染风险预警原则是“以人为本、预防为主、及时适时”。

以人为本是指在不利气象因素诱发大气污染风险预警中以人为出发点和中心点。人是生产活动、社会活动的主体，在不利气象因素诱发大气污染事件中既是大气污染承受者，又是防控不利气象因素诱发大气污染风险向大气污染事件转化的管理者，如果追寻不利气象因素诱发大气污染事件发生最深层次的原因，管理原因也可以归为人的原因，则每起不利气象因素诱发大气污染事件都会有人的原因在内。以人为本就是在不利气象因素诱发大气污染风险预警的实施上要围绕激发和调动人的主观能动性，全员参与风险信息的采集与辨析工作，在不利气象因素诱发大气污染风险预警的运行中要以保护人的生命安全为第一目的，一旦出现可能不利于人生命安全的诱发大气污染的不利气象因素，就应立即采取措施防控确保人的安全，此时所有的利益都应让位于人的安全。

预防为主是不利气象因素诱发大气污染风险预警的根基，开展不利气象因素诱发大气污染风险预警的出发点是超前预防，防患于未然。风险预警可以使相关人员对目前存在的各种不利气象因素诱发大气污染风险做到心中有数，对未来可能出现的各种不利气象因素诱发大气污染风险做到预知，对将要出现的各种不利气象因素诱发大气污染事件给出提前警告和采取相应的应急措施。

及时适时是不利气象因素诱发大气污染风险预警在时间尺度上的基本要求，预警活动要求在警情未爆发前就要及时发出警告，相应的警情也应选择合理的时间予以发布。警情未及时发布就失去了风险“报警器”的作用，而警情未适时发布可能会影响正常的企业生产、社会活动、群众生活和增加不利气象因素诱发大气污染防控成本。

### （三）不利气象因素诱发大气污染风险预警机制

不利气象因素诱发大气污染风险预警是全面风险管理具体实现的前提，应具有以下几方面的机制。

#### 1. 监测机制

监测机制是对不利气象因素诱发大气污染风险信息进行全面采集的一种机制。监测机制要求对某地区或某地点中存在的各类不利气象因素诱发大气污染风险进行全过程、全方位的监测或检查，采集各类动态或静态的风险信息，对诱发大气污染的主要不利气象因素建立常态监测机制，为风险预警提供信息支持。

#### 2. 预测与报警机制

不利气象因素诱发大气污染风险预警包括预测和报警两个方面，是对不利气象因素诱发大气污染风险系统进行分析、评估、预测和发出警告信息的一种机制。预警系统根据收集到的风险信息和大气环境空气质量状态，评判大气环境的空气质量当前的变化态势，并对未来的态势做出预测性的判断，从而决定是否发出警告。报警是预警活动的核心任务，是对大气空气质量安全状态评判结果的反应。在不利气象因素诱发大气污染风险管控中，某些不利气象因素出现变化可能会导致大气环境空气质量状态发生波动，预警就是通过预先设置的预警区间对这种变化或波动加以量化和评价，在时、空、强度上确定可能出现的不利气象因素诱发大气污染的风险态势，提前发出警告。通过预警机制，相关人员可以有针对性的采取不利气象因素诱发大气污染风险预防与控制措施，实现不利气象因素诱发大气污染风险的超前预知和超前预防，从而保证大气环境空气质量状态处于空气质量优良状态。

3. 矫正机制

矫正机制是对诱发大气污染的不利气象因素进行人工影响和调控的一种机制，矫正机制保证不利气象因素诱发大气污染风险状态远离临界态。不利气象因素诱发大气污染风险预警首先要依据诱发大气污染的不利气象因素建立一套与之相适应的预警指标体系，并给出相应指标及其临界值，如果不利气象因素诱发大气污染风险状态处于远离临界态，则可以充分利用人工影响天气大气污染防控技术提升大气对污染物的自净能力，从而保证不利气象因素诱发大气污染风险状态维持在远离临界态的轨道上，如果不利气象因素诱发大气污染风险状态处于超临界态，不仅要充分利用人工影响天气大气污染防控技术提升大气对污染物的自净能力，同时应启动不利气象因素诱发大气污染的应急预案，对大气污染物排放源进行应急管控。

4. 免疫机制

免疫机制是对同质性不利气象因素诱发大气污染事件的自动报警和防控的一种机制。根据不利气象因素诱发大气污染风险的演化规律，建立合理的知识库，当不利气象因素诱发大气污染风险管控中出现诱发大气污染的同质性不利气象因素诱发征兆时，通过数据挖掘等技术和人工智能专家系统，预警系统自动给出相应的警情和防控措施，并可通过连锁控制等技术手段进行大气污染源排放应急管控和实施人工影响天气大气污染防控措施有效提升大气对污染物的自净能力，实现不利气象因素诱发大气污染事件预防的智慧化。

5. 反馈机制

反馈机制是不利气象因素诱发大气污染风险预警活动的桥梁，通过信息反馈实现预警活动的动态循环和闭环管理，以保证预警活动的完备性和动态适应性。

因此，不利气象因素诱发大气污染风险预警机制的基本职能，就是以监测为基础，以预警为手段，以矫正和免疫为目标，以不利气象因素诱发大气污染风险状态远离临界态，防止不利气象因素诱发大气污染的风险向大气污染事件转变为目的，在反馈机制的控制下，形成一种新的具有防错、纠错、报错与改错的全面风险预警职能。

### （四）不利气象因素诱发大气污染风险预警的基本要素

不利气象因素诱发大气污染风险预警中，经常使用如下几种预警要素。

1. 警情

由于不利气象因素诱发大气污染风险形成过程是一个风险状态处于“相对不平衡状态——平衡状态——不平衡状态的不断循环往复的过程，风险平衡状态是暂时的、相对的，风险不平衡状态是绝对的、无条件”的广延耗散系统，因此不利气象因素诱发大气污染风险形成过程与形成气象危险因素的大气环境和其他环境不断进行信息、物质和能量的交换，导致不利气象因素诱发大气污染风险状态可能出现不希望发生的偏差，从而形成不利气象因素诱发大气污染事件的风险状态，这种偏差称为警情，它是不利气象因素诱发大气污染风险预警时需要监控和预报的内容。

2. 警义

警义是指不利气象因素诱发大气污染风险形成过程中出现警情的含义。警义包括警素和警度两个参数，警素是构成警情的指标，是警情的客观反映；警度是警情的严重程度，是对警素定性与定量评判的结果。

3. 警源

警源是指不利气象因素诱发大气污染风险形成过程中警情产生的根源，警源存在于诱发大气污染风险的不利气象因素风险源中，主要是指诱发大气污染风险的不利气候、不利天气形势、不利气象要素和这些不利气象因素共同作用形成的耦合效应，它是风险预警的对象。

4. 警兆

警兆是指警源随不利气象因素诱发大气污染风险状态变化而导致警情变化的先兆。它是预警的依据，通过警兆分析可以判断不利气象因素诱发大气污染风险形成过程中的警情。

5. 警点

警点也称为警限，是警情由量变到质变的临界点，或是各级警度的分界点。在不利气象因素诱发大气污染风险预警中，依据不利气象因素诱发大气污染风险形成过程中风险状态距离临界态的远近和警源的变化合理地确定警点是预警成败的关键。

（五）不利气象因素诱发大气污染风险预警的基本程序

依据不利气象因素诱发大气污染风险预警的三维结构（图 4-10），不利气象因素诱发大气污染风险预警的基本程序可以划分为预警的逻辑维、预警的时间维、预警的知识维等 3 个纬度。

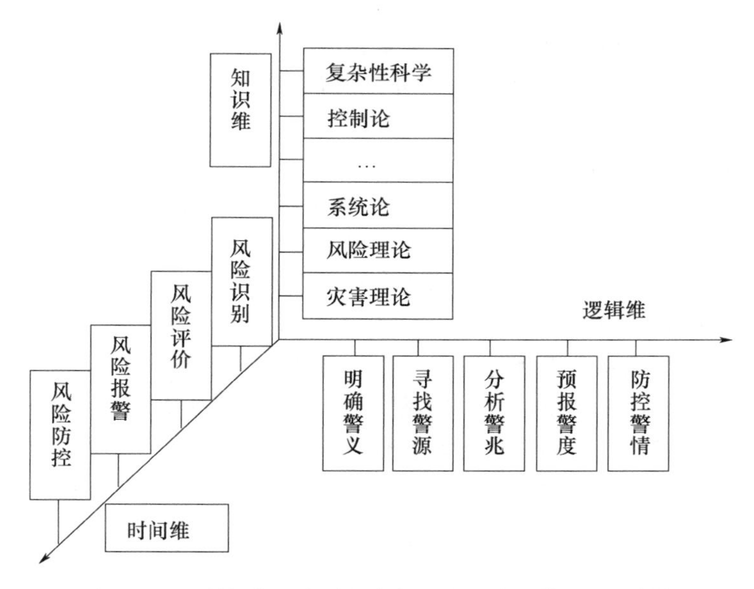


图 4-10　不利气象因素诱发大气污染风险预警的三维结构

1. 预警的逻辑维

预警的逻辑维是解决预警问题的逻辑过程，是运用系统工程的方法进行思考和解决问题时应遵循的一般过程。不利气象因素诱发大气污染风险预警的逻辑维包括明确警义、寻找警源、分析警兆、预报警度和防控警情 5 个部分。

明确警义是明确不利气象因素诱发大气污染风险形成过程中存在的诱发大气污染的各类不利气象因素，确定对谁预警。明确警义需要确定两个方面的内容：一是确定警素，在复杂的不利气象因素诱发大气污染事件中，事件发生的"蝴蝶效应"说明追求完备的不利气象因素诱发大气污染事件原因可能是无穷尽的，如何在复杂多变的不利气象因素中找出主要的和根本的警素，是不利气象因素诱发大气污染风险预警的前提；二是确定警度，即不利气象因素诱发大气污染风险状态距离临界态的远近程度和偏离理想区域的波动程度。

寻找警源是明确不利气象因素诱发大气污染风险预警的对象，确定对什么预警。在系统工程和复杂性理论的指导下，通过对不利气象因素诱发大气污染风险的显性不利气象因素和隐性不利气象因素的定性与定量分析确定可能导致不利气象因素诱发大气污染事件发生的根源，然后通过直接或间接的不利气象因素诱发大气污染风险信息采集方式对警源的风险状态实施检测或监测。

分析警兆是指分析不利气象因素诱发大气污染风险状态突变的先兆，确定以什么预警。不利气象因素诱发大气污染事件研究表明，事件的发生大都经历一个孕育、潜伏、预兆、临界、爆发、持续、消退、平息的过程，而不利气象因素诱发大气污染风险状态在这些不同状态中会发出具有自身状态的特征属性，这些特征属性就是不利气象因素诱发大气污染风险状态变化的警兆。

预报警度是指通过各种预警信号给出不利气象因素诱发大气污染风险状态偏离临界态或各等级标准的远近程度。预报警度是预警的结果体现，是警情的具体体现，是防控警情的基础，预警工作人员依据警度采取不同的措施。

防控警情是指通过采取各种措施对不利气象因素诱发大气污染的风险进行矫正和控制的活动，是预警的最终目的。防控警情应在预警原则的指导下，充分结合不利气象因素诱发大气污染风险的实际情况，寻找既能将不利气象因素诱发大气污染风险降至最低又能实现不利气象因素诱发大气污染风险防控整体利益最大化的最优方案。

2. 预警的时间维

预警的时间维是不利气象因素诱发大气污染风险预警活动在时间上的先后顺序，包括不利气象因素诱发大气污染的风险识别、风险评估、风险报警和风险防控 4 个阶段。

风险识别是风险预警的第一步，通过各种手段采集相应的不利气象因素诱发大气污染风险信息，分析不利气象因素诱发大气污染形成过程中存在的各种风险，为评估不利气象因素诱发大气污染的风险状态提供依据。风险评估是不利气象因素诱发大气污染风险预警的核心，在风险识别的基础上，依据从定性到定量的综合集成方法对不利气象因素诱发大气污染风险进行评价，确定不利气象因素诱发大气污染风险程度，如果不利气象因素诱发大气污染风险程度超出可接受范围，则判断其偏离理想状态的程度，转入下一个环节。风险报警即通过声音、信号等各种提示手段发出不利气象因素诱发大气污染风险当前相应的风险警度，提醒相关人员注意，必要时采取各种手段进行风险防控。风险防控是在风险识别、评价与报警的基础上，通过合理的手段保证不利气象因素诱发大气污染风险状态远离临界态。

3. 预警的知识维

预警的知识维是指不利气象因素诱发大气污染风险预警成功实施所依托的各种理论知识和技术。风险预警的知识维是生态环境科学理论、气象科学理论、人工影响天气理论、风险管理理论、灾害理论、系统论、信息论、控制论、决策论、复杂性理论、计算机科学等各领域的知识集成。

### (六)不利气象因素诱发大气污染风险预警系统的组成及功能

1. 风险预警的对象

在经济社会发展过程中，不利气象因素诱发大气污染风险无处不在，不仅存在诸如诱发大气污染的不利气候、天气、气象要素和这些不利因素耦合效应等显性风险，还存在包括人、大气环境、不利气象因素诱发大气污染风险的管控等方面带来的隐性风险。由于不利气象因素诱发大气污染风险的复杂性，显性风险和隐性风险的划分并不是绝对的而是相对的，二者具有一定的交叉性和融合性。显性风险比较直观，可以依据其发生机理安装相应的监测设备进行信息监测，可以依据预警知识库中的预警知识预警，隐性风险具有较强的隐蔽性和难以定量性，在风险识别时容易遗漏，由于其具有模糊化和难以定量化的特点，必须采用一定的技术手段才能进行预警分析和判断，因此更具有危害性。

对于显性危险一般需要分析其演化机制，从不利气象因素诱发大气污染事件中寻找风险因子，从不利气象因素诱发大气污染事件中寻找经验和规律。

对于隐性风险，一般从不利气象因素诱发大气污染对人、大气环境、不利气象因素诱发大气污染风险管控3个方面影响进行研究，隐性风险包括以下3个方面的风险因素：一是人的风险因素。主要是指各种不利气象因素诱发的大气污染对人员身体健康状况影响方面的风险。二是环境的风险因素。主要是指各种不利气象因素诱发大气污染对大气环境影响方面的风险。三是不利气象因素诱发大气污染风险管控的风险因素。主要是指各种不利气象因素诱发大气污染风险的管控制度情况、经费投入、大气环境保护文化、大气污染应急预案的完善性、大气污染环境督察、检查落实情况、隐患整改情况、信息沟通效率等影响方面的风险。

2. 风险预警系统的基本构成

不利气象因素诱发大气污染风险预警系统是为实现预警功能而设计的综合管理系统。在建立风险预警系统时需要遵循以复杂性科学和预警理论为指导，以准确、适用、客观的统计资料为基础，以相应法律法规、规程、标准为依据，以当前不利气象因素诱发大气污染风险的实际情况为出发点，兼顾硬件系统和软件系统的原则。因此不利气象因素诱发大气污染风险预警系统主要由不利气象因素诱发大气污染的风险预警监测、风险预警信息、风险预警指标体系、风险预警知识库、预警评价、预警对策库6个子系统组成。

## 二、不利气象因素诱发大气污染风险管控

不利气象因素诱发大气污染风险管控是指在风险识别和风险评估的基础上，针对诱发大气污染风险的不利气象因素，积极采取管控措施，以消除或减少不利气象因素对大气污染诱发的风险。在不利气象因素诱发大气污染事件发生前，降低事件的发生概率；在不利气象因素诱发大气污染事件发生后，将损失减少到最低程度，从而达到降低预期人员伤亡、财产损失的目的。因此，不利气象因素诱发大气污染风险管控的本质是减少损失概率或降低损失程度。通过不利气象因素诱发大气污染风险管控，可以弄清不利气象因素诱发大气污染的风险来源、形成过程、潜在破坏机制，监督风险的影响范围以及风险的破坏程度，综合运用各种方法、手段和措施，对风险实行有效的控制，采取主动行动，创造条件，妥善地处理不利气象因素诱发大气污染事件造成的不利后果，以最小的不利气象因素诱发大气污染风险管控成本保证大气环境空气质量安全、可靠地实现不利气象因素诱发大气污染风险管控的总目标。

政府、相关部门、污染气象敏感单位应根据当地不利气象因素诱发大气污染风险评价的结果、历史上不利气象因素诱发大气污染事件情况和大气污染风险管控水平等，确定不可接受的不利气象因素诱发大气污染风险指标，制定并落实不利气象因素诱发大气污染风险管控措施，将风险尤其是重大风险控制在可以接受的范围。在选择不利气象因素诱发大气污染风险管控措施时应考虑可行性、安全性、可靠性、经济性、精准性、科学性和合法性。风险控制措施的建立应包括以下内容：一是工程技术措施，二是管理措施，三是培训教育措施，四是个体防护措施。同时应将不利气象因素诱发大气污染风险评估的结果及所采取的管制措施对有关人员进行技术培训和对公众进行科普宣传，提升全社会防范不利气象因素诱发大气污染风险管控能力和水平。

# 第五章　不利气象条件下大气污染风险管理的对策措施研究

随着经济社会快速发展，人类生产经营活动越来越多，不利气象条件下大气污染事件频繁发生，其造成的人员伤亡、财产损失、社会影响也越来越严重。如何最大限度地减轻或者避免不利气象条件下大气污染事件造成的人员伤亡、财产损失和社会影响，受到了世界各国的普遍关注。防范不利气象条件下大气污染事件已经成为国家生态文明建设和大气污染攻坚战的重要组成部分，成为政府履行社会管理和公共服务职能的重要体现。而防止和减少不利气象条件下大气污染事件发生，必须在夯实大气污染风险常态化管理的基础上，进一步强化不利气象条件下大气污染风险非常态化管理的工程性与非工程性对策措施，才能确保不利气象条件下大气污染风险管控有效，才能防止不利气象条件下大气污染风险向大气污染事件转变，才能避免不利气象条件下大气污染事件造成的人员伤亡、财产损失和社会影响。因此，不利气象条件下大气污染风险管理的对策措施研究主要包括大气污染气象风险管理常态化的工程性与非工程性对策措施研究和大气污染气象风险管理的非常态化工程性与非工程性对策措施研究。

## 第一节　大气污染气象风险管理常态化的非工程性对策措施研究

由于气象因素的动态变化特性，不论气象条件是有利于大气污染物传输、扩散、迁移、转化、清除导致大气污染物减少、大气环境容量增大、大气自净能力增强、大气污染物浓度降低还是不利于大气污染物传输、扩散、迁移、转化、清除导致大气污染物增多、大气环境容量减小、大气自净能力减弱、大气污染物浓度升高，为了防范不利气象条件下大气污染形成和空气重污染天气发生而必须采取大气污染气象风险管理非工程性对策措施称为大气污染气象风险管理常态化的非工程性对策措施。大气污染气象风险管理常态化的非工程性对策措施是依据近 5 a 以上污染气象历史资料研究成果，在充分利用大气环境容量和大气污染自净能力的基础上，针对大气污染物排放管控，从制度层面规范政府、部门、单位和个人的大气污染气象风险管控行为而采取的非工程性对策措施。因此，大气污染气象风险管理常态化的非工程性对策措施是做好不利气象条件下大气污染气象风险管控的制度基础，是充分发挥不利气象条件下大气污染物排放常态管控措施作用的制度性保障，必须从大气污染治理体系和治理能力现代化的高度，根据国家行政管理体制改革和“简政放权、放管结合、优化服务”改革要求，研究制定大气污染气象风险管理常态化的非工程性对策措施：一是建立大气污染气象风险管理地方法规体系，强化大气污染气象风险常态化管理的合法性；二是完善大气污染气象风险管理标准体系，强化大气污染气象风险常态化管理的规范性；三是健全大气污染气象风险管理责任链条，强化大气污染气象风险常态化管理的社会性；四是建立大气污染气象风险管理联席会议制度，强化大气污染气象风险常态化管理的操作性；五是加强大气污染气象风险排查强化大气污染气象风险常态化管理的精准性。

## 一、建立大气污染气象风险管理地方法规体系，强化气象风险常态化管理的合法性

随着《行政许可法》的实施，尤其是新时期深化行政体制改革，转变政府职能的简政放权、放管结合、优化服务同时推进，加快建设法治政府、创新政府、廉洁政府、服务型政府，推进国家治理体系和治理能力现代化，对依法实施大气污染风险管理提出更高要求。虽然《中华人民共和国环境保护法》《中华人民共和国大气污染防治法》《中华人民共和国气象法》等国家大气污染防治的法律、法规制订和实施，奠定了大气污染防治的基本法律框架，为不断强化生态环境保护执法力度提供了法治保障。但是在大气污染防治中涉及与大气污染密切相关的气象法律条款还不全面并缺乏可操作性，未能充分发挥气象观测、气象评估、气象预报、人工影响天气等气象科技在大气污染防治中的基础性、前瞻性、现实性作用。

例如，由中华人民共和国第十二届全国人民代表大会常务委员会第八次会议于 2014 年 4 月 24 日修订通过的《中华人民共和国环境保护法》第二条关于环境的定义：是指影响人类生存和发展的各种天然的和经过人工改造的自然因素的总体，包括大气、水、海洋、土地、矿藏、森林、草原、湿地、野生生物、自然遗迹、人文遗迹、自然保护区、风景名胜区、城市和乡村等。明确了环境保护包括大气环境保护，虽然该法在其他条款中对大气环境保护的适用范围、原则义务、科学研究、财政投入、科普宣传、贡献奖励和监督管理、保护改善、污染防治、风险控制、应急准备、应急处置、信息公开、公众参与、法律责任等方面都做了原则性的宏观规定，为气象科技在大气污染防治中充分发挥基础性、前瞻性、现实性作用提供了法治基础。但是 2018 年 10 月 26 日第十三届全国人民代表大会常务委员会第六次会议新修正的《中华人民共和国大气污染防治法》作为大气环境保护单行的专门法规，其条款对大气污染内因——大气污染物排放控制与治理因素密切相关的大气环境质量改善目标、大气污染防治重点任务、大气污染防治标准和限期达标规划、大气污染防治监督管理、大气污染防治措施等方面进行了具有可操作性的详细规定；而对大气污染外因——大气污染气象因素密切相关的大气污染联合防治中则提出了国务院生态环境主管部门根据主体功能区划、区域大气环境质量状况和大气污染传输扩散规律，划定国家大气污染防治重点区域原则性的宏观法律规定。然而，区域大气环境质量状况和大气污染传输扩散规律都与气象这个动态变化外因密切相关，离不开大气污染气象因素的观测、评估、预测、预报，因此迫切需要完善大气污染联合防治中涉及大气污染气象因素的观测、评估、预测、预报等相关的法律条款，进一步增强气象在大气污染联合防治方面的法治支撑能力和法制保障水平。另外，在重污染天气应对中仅对建立重污染天气监测预警体系、将重污染天气应对纳入突发事件应急管理体系、制定重污染天气应急预案、建立会商机制进行大气环境质量预报和省（自治区、直辖市）与设区的市人民政府依据重污染天气预报信息进行综合研判后确定预警等级并及时发出预警、发生造成大气污染的突发环境事件做好应急处置工作、及时对突发环境事件产生的大气污染物进行监测并向社会公布监测信息进行了法律条款规定，而大气环境质量预报体系、重污染天气监测预警体系、重污染天气突发事件应急管理体系和应急处置体系、突发环境事件产生的大气污染物进行监测体系等都与重污染天气发生前的气象动态变化外因密切相关，仍然离不开重污染天气发生前的大气污染气象因素的观测、评估、预测、预报，因此迫切需要完善重污染天气应对中涉及重污染天气发生前常态化的大气污染气象因素的观测、评估、预测、预报等相关的法律条款，进一步增强气象在重污染天气应对方面的法治支

撑能力和法制保障水平。

又如，由中华人民共和国第十二届全国人民代表大会常务委员会第二十四次会议于2016年11月7日修订通过的《中华人民共和国气象法》仅仅作了“各级气象主管机构所属的气象台站应当根据需要发布城市环境气象预报”“国务院气象主管机构负责对可能引起气候恶化的大气成分进行监测”“具有大气环境影响评价资质的单位进行工程建设项目大气环境影响评价时，应当使用符合国家气象技术标准的气象资料”等方面的法律条款的宏观规定，而对造成大气污染外因的气象因素观测、评估、预测、预报和对重污染天气发生前常态化的大气污染气象因素的观测、评估、预测、预报等没有具体可操作性的详细规定，制约了气象观测、气象评估、气象预报、人工影响天气等气象科技在大气污染防治中的基础性、前瞻性、现实性作用的充分发挥。

基于大气污染防治中涉及与大气污染密切相关的气象法律条款在国家层面上比较原则性的宏观规定和缺乏完整性、操作性的实际状况，迫切需要每个省（直辖市、自治区）与设区的市人民政府须根据本行政区域的地理位置、气候背景、大气环境容量、产业结构、经济社会发展等需求，结合不利气象因素诱发大气污染的实际，按照“保护优先、预防为主、综合治理、公众参与、损害担责”的原则，建立、健全与大气污染防治密切相关的地方大气污染气象风险管控的法规体系（图5-1）。

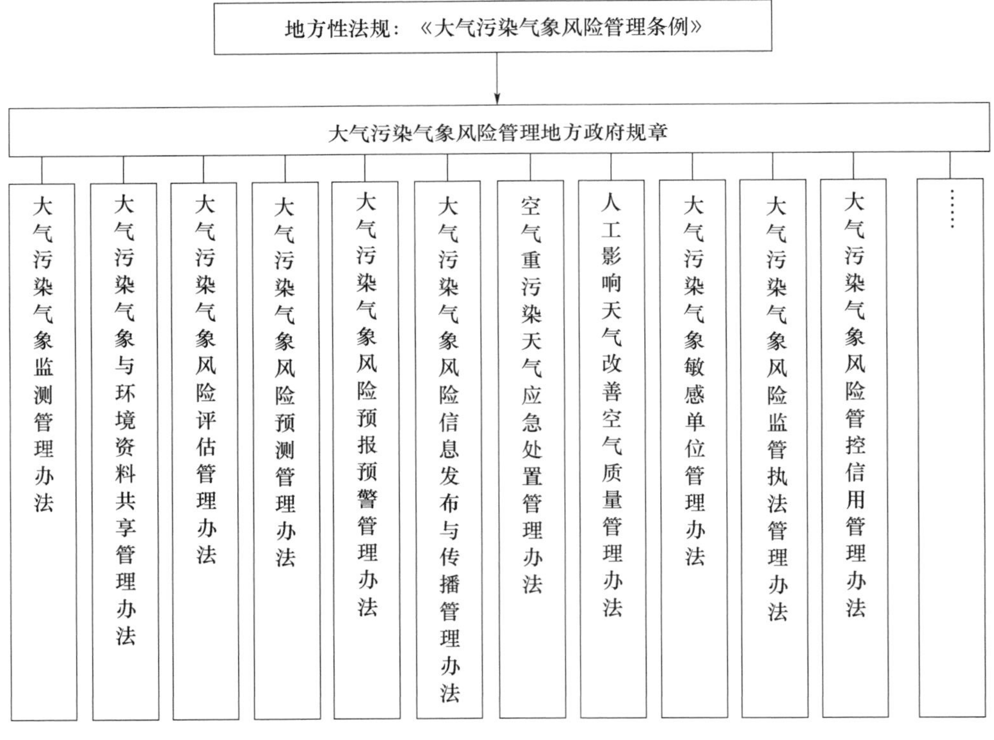


图5-1　地方大气污染气象风险管控的法规体系框架

通过制定发布《大气污染气象风险管理条例》地方性法规和《大气污染气象监测管理办法》《大气污染气象与环境资料共享管理办法》《大气污染气象风险评估管理办法》《大气污染气象风险预测管理办法》《大气污染气象风险预报预警管理办法》《大气污染气象风险信息发布与传播管理办法》《空气重污染天气应急处置管理办法》《大气污染气象敏感单位管理办法》《人工影

响天气改善空气质量管理办法》《大气污染气象风险监管执法管理办法》《大气污染气象风险管控信用管理办法》等地方大气污染气象风险管控的法规体系，进一步细化和规范造成大气污染外因的气象因素观测、评估、预测、预报等行为，进一步细化和规范重污染天气发生前常态化的大气污染气象因素的观测、评估、预测、预报等行为，进一步细化和规范依据造成大气污染外因的气象因素观测、评估、预测、预报结论动态地精准调控大气污染物排放单位的大气污染物排放管控的行为，进一步细化和规范依据造成大气污染外因的气象因素观测、评估、预测、预报结论动态地精准调控地方政府和相关部门的大气污染气象风险监管行为，进一步细化和规范依据造成大气污染外因的气象因素观测、评估、预测、预报结论动态地精准指导公民的大气污染气象风险防范行为，使地方政府、相关部门、大气污染物排放单位、公民等按照"预防为主、综合治理"要求，行使大气污染气象风险管控的行为更具有合法性，从而进一步增强大气污染气象风险常态化管理的合法性。因此，建立大气污染气象风险管理地方法规体系是强化大气污染气象风险常态化管理合法性的法治基础。

## 二、完善大气污染气象风险管理标准体系，强化气象风险常态化管理的规范性

按照党中央、国务院关于大气污染防治攻坚战战略部署，尤其是《大气污染防治行动计划》(国发〔2013〕37号)有效实施，大气污染防治攻坚战如期完成"敌强我弱"第一阶段战略目标任务，使大气污染内因——大气污染物排放得到有效控制，空气质量得到极大改善。但大气污染外因——大气污染气象因素导致的大气环境容量变化和大气自净能力变化，尤其是静稳、小风、高湿以及逆温等不利气象条件导致大气环境容量的大幅度减小，即使是大气污染内因——大气污染物排放依法按照大气污染物排放量控制相关标准要求进行有效控制，甚至将大气污染物排放量控制在较低水平，大气污染物排放的量仍然会超过不利气象条件下的大气环境容量，从而造成重污染天气事件发生。因此，如何依据大气污染气象因素导致的大气环境容量变化和大气自净能力变化，摆脱动态变化的气象条件对大气污染防治效益的限制和约束，使大气污染问题基本解决，就迫切需要作为大气污染治理中心环节的大气污染治理标准体系在构建大气环境质量、大气污染物排放、大气污染物控制、大气污染物监测方法等系列标准基础上，建立、健全涉及大气污染外因的气象因素观测、评估、预测、预报等系列标准，才能科学防范大气污染气象风险，杜绝空气重污染天气事件发生，才能充分发挥大气污染防治效益，不断推进大气污染治理"从必然王国向自由王国发展"。

虽然国家在大气污染防治攻坚战"战略相持"阶段进行了《打赢蓝天保卫战三年行动计划》(国发〔2018〕22号)关于"强化区域联防联控，有效应对重污染天气"的战略部署，进一步强化了防范大气污染气象风险的重要性，为完善大气污染气象风险管理标准体系提供了政策依据，但目前大气污染防治中涉及与大气污染密切相关的环境保护标准仅仅对大气污染内因——大气污染物排放管控方面做了比较详细的标准化规范，而对大气污染外因——大气污染气象因素诱发大气环境容量变化和大气自净能力变化从而导致大气污染的气象风险管控还缺乏具有操作性、规范化的标准条款和标准体系。例如，《环境空气质量标准》(GB 3095—2012)虽然经过1996年、2000年、2012年3次修订，但在2018年7月31日生态环境部部长李干杰主持召开生态环境部常务会议审议并原则通过《环境空气质量标准》(GB 3095—2012)修改中强调"抓紧配套监测方法标准制修订，按照新的监测状态建立全面、系统的环境空气污染物监测标准规范体系，建立必要的气象参数监测、记录、报告工作制度，确保监测数据准确。"又如，《环境影响评价技术导则 大气环境》(HJ2.2-2018)仅对"区域气象与地表特征调查，收集建立模型所

需气象、地表参数等基础数据”作了原则性宏观规定。

因此，针对大气污染防治中涉及与大气污染密切相关的大气污染气象风险防范标准体系还未完善，而大气污染气象风险防范标准体系是国家大气污染治理政策和法规在技术方面的具体体现，是大气污染治理工作实施依据和技术支撑的有机组成部分，迫切需要国家有关部委和省(直辖市、自治区)与设区的市人民政府根据大气污染治理区域的地理位置、气候背景、大气污染气象风险变化规律、大气环境容量、产业结构、经济社会发展等需求，结合不利气象因素诱发大气污染的实际，紧紧围绕大气污染治理体系和治理能力现代化，统筹推进大气污染气象风险管理的标准体系建设(图 5-2)。

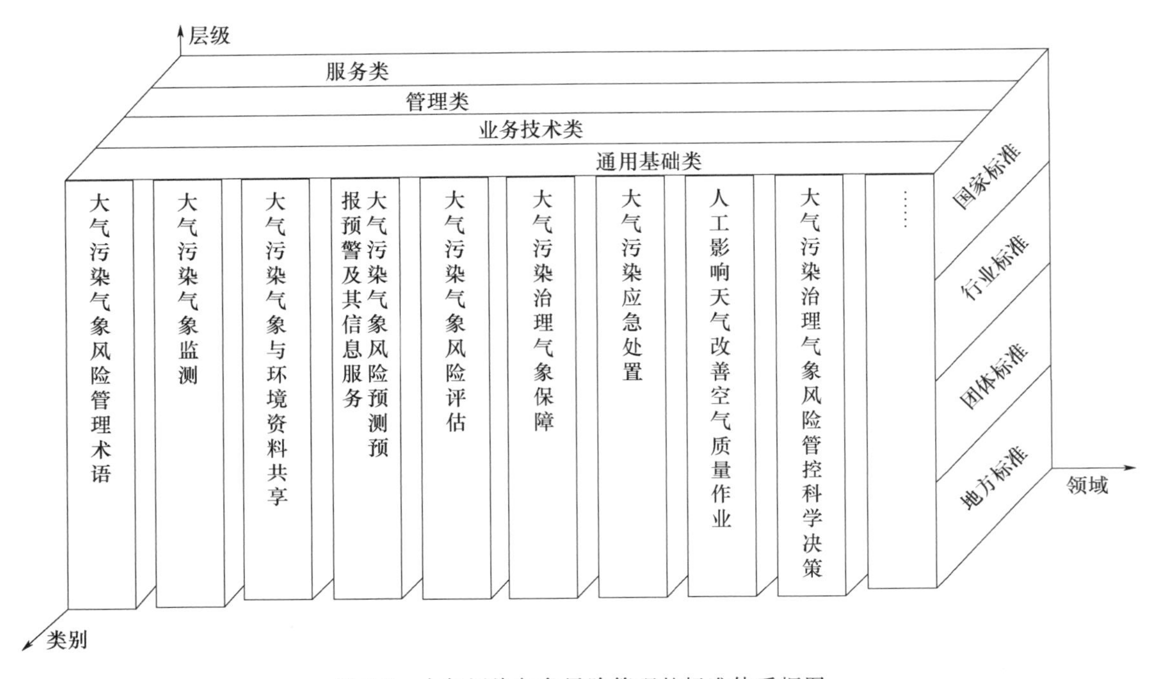


图 5-2　大气污染气象风险管理的标准体系框图

通过研究制定适应大气污染气象风险管控规范化、标准化、流程化的《大气污染气象风险管理术语》《大气污染气象监测技术规范》《大气污染气象与环境资料共享技术规范》《大气污染气象风险预测技术规范》《大气污染气象风险预报预警技术规范》《大气污染气象风险信息服务技术规范》《区域大气污染气象风险评估技术规范》《区域大气污染治理气象保障技术规范》《大气污染气象敏感单位大气污染气象风险评估技术规范》《大气污染气象敏感单位大气污染治理气象保障技术规范》《空气重污染天气应急处置技术规范》《人工影响天气改善空气质量作业技术规范》《大气污染治理气象风险管控科学决策指南》等大气污染气象风险管控的标准体系构建和实施，进一步促进大气污染气象风险常态化管理的规范性，为建立、健全大气污染治理标准体系，防范空气重污染，不断推进大气污染治理体系和治理能力现代化的标准体系奠定坚实基础。所以，完善大气污染气象风险管理标准体系是规范化、标志化、流程化实施大气污染气象风险常态化管理，从源头上推进大气污染治理体系和治理能力现代化的重点内容。

## 三、健全大气污染气象风险管理责任链条，强化气象风险常态化管理的社会性

通过在服务中实施管理，在管理中体现服务来加强和创新大气污染治理常态化监督管理

和大气污染气象风险常态化管理及其服务，切实落实各级政府、部门、社会单位在大气污染治理和防范空气重污染天气事件发生的主体责任，就必须要求大气污染治理常态化监督管理和大气污染气象风险常态化管理及其服务具有广泛的社会参与，但目前体制、机制决定了大气污染治理常态化监督管理和大气污染气象风险常态化管理及其服务是社会分工合作提供。因此，要确保大气污染治理常态化监督管理和大气污染气象风险常态化管理及其服务具有广泛的社会性，就必须调动全社会资源共同参与大气污染治理常态化监督管理和大气污染气象风险常态化管理及其服务，才有可能实现。而目前能够调动全社会资源共同参与大气污染治理常态化监督管理和大气污染气象风险常态化管理及其服务的方式主要有 3 种：一是通过上级政府、管理部门、社会单位对下级政府、下级管理部门、下级社会单位的人事、财政、物质资源控制与管理的行政管理链条，来调动下级政府、下级管理部门、下级社会单位资源参与大气污染治理常态化监督管理和大气污染气象风险常态化管理及其服务；二是通过市场经济规律的经济效益链条，来调动想在大气污染治理常态化监督管理和大气污染气象风险常态化管理及其服务中获得生态效益、经济效益的政府、管理部门、社会单位的资源参与大气污染治理常态化监督管理和大气污染气象风险常态化管理及其服务；三是通过大气污染治理和大气污染气象风险管控的有关法律、法规、规章和技术标准及规范性文件规定的政府、部门、社会单位大气污染治理和防范空气重污染天气事件发生的大气污染气象风险管理责任链条，来调动具有大气污染治理和防范空气重污染天气事件发生的大气污染气象风险管理责任的政府、管理部门、社会单位资源参与大气污染治理常态化监督管理和大气污染气象风险常态化管理及其服务。

由于大气污染气象风险及其管控的专业性强和我国大气污染防治攻坚战刚从“敌强我弱”阶段进入“战略相持”阶段，对大气污染气象风险及其管控认知还存在局限性，导致大气污染气象风险管理的国家法律、法规条款不完善和地方法规体系以及标准体系还未建立、健全，造成应用通过“行政管理链条”“经济效益链条”方式来调动全社会资源参与大气污染治理常态化监督管理和大气污染气象风险常态化管理及其服务存在薄弱环节。因此，必须以转变政府职能的“简政放权、放管结合、优化服务”改革为契机，以实现“到 2025 年，建立健全环境治理的领导责任体系、企业责任体系、全民行动体系、监管体系、市场体系、信用体系、法律法规政策体系，落实各类主体责任，提高市场主体和公众参与的积极性，形成导向清晰、决策科学、执行有力、激励有效、多元参与、良性互动的环境治理体系”为目标，建立、健全适应大气污染治理常态化监督管理和大气污染气象风险常态化管理及其服务的政府主导自上而下，部门联动横向到边、纵向到底，社会参与到点(具体到大气污染气象敏感单位)的全方位、立体化“大气污染气象风险管理责任链条”网格管理模型(图 5-3)，进一步明确政府、部门、社会单位在大气污染治理常态化监督管理和大气污染气象风险常态化管理及其服务全过程每个环节的大气污染治理常态化监督管理和大气污染气象风险常态化管理及其服务职责，才能形成党委领导、政府主导、企业主体、社会组织和公众共同参与的全社会齐抓共管、各司其职，共筑大气污染治理常态化监督管理和大气污染气象风险常态化管理及其服务的新格局，才能确保大气污染治理常态化监督管理和大气污染气象风险常态化管理及其服务全过程中上下衔接沟通无接头，左右并联协作无缝隙，才能实现全社会参与的、服务全社会的、服务一流的大气污染治理常态化监督管理和大气污染气象风险常态化管理及其服务，从而不断推进大气污染治理体系和治理能力现代化，进一步增强大气污染气象风险常态化管理的社会性。因此，健全大气污染气象风险管理责任链条是强化大气污染气象风险常态化管理社会性的基本保障。

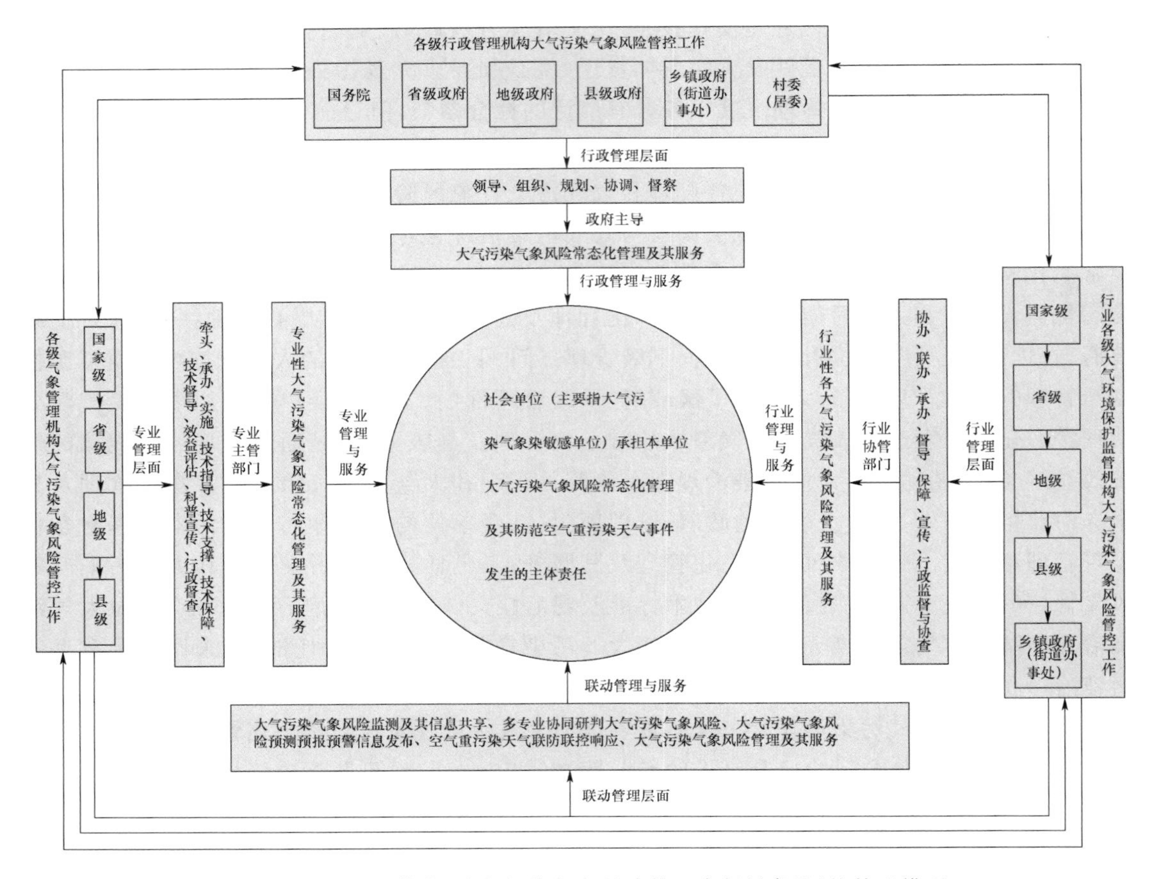


图 5-3　全方位立体化“大气污染气象风险管理责任链条”网格管理模型

## 四、建立大气污染气象风险管理联席会议制度，强化气象风险常态化管理的操作性

由于大气的流动特征和诱发大气污染的不利气象条件的动态变化特征以及大气污染物排放源多样性、广泛性，导致大气污染不仅具有局地性、区域性、动态性，而且还涉及众多行业和领域、渗透到社会发展的方方面面，而目前大气污染联防联控还处于专业性管理向综合性管理过渡型阶段，并逐步形成以纵向垂直管理与横向管理并列相结合的大气污染联防联控结构模式。因此，目前大气污染联防联控体制机制决定了大气污染治理常态化监督管理和大气污染气象风险常态化管理及其服务是部门分工合作提供。而省、地（市）、县三级气象部门属于中国气象局在地方的直属机构，虽然是中国气象局和地方政府双重领导，并服务于地方生态文明建设和大气污染治理，但受体制、机制限制和人们传统思维的影响，以及大气污染气象风险及其管控的专业性强和大气污染气象风险管理地方法规体系、大气污染气象风险管理标准体系、大气污染气象风险管理责任链条还未建立、健全的影响，导致省、地（市）、县三级气象部门行使专业性大气污染气象风险常态化管理及其服务职能的操作性还不能完全到位，使各级气象主管机构在提高大气污染气象敏感单位承担本单位大气污染气象风险常态化管理能力及其防范空气重污染天气能力方面采取的牵头、承办、实施、技术指导、技术支撑、技术保障、技术督导、效益评估、科普宣传、行政督查等专业管理与服务作用未能充分发挥，使各级气象主管机构协同有关行业各级大气环境保护监管机构在提高大气污染气象敏感单位承担本单位大气污染气象

风险常态化管理能力及其防范空气重污染天气能力方面采取的行业联办、协办、承办、督导、保障、宣传、行政监督与协查等行业管理与服务作用未能充分发挥，使各级气象主管机构与各级生态环境主管机构在提高大气污染气象敏感单位承担本单位大气污染气象风险常态化管理能力及其防范空气重污染天气能力方面共同采取的大气污染气象风险监测及其信息共享、多专业协同研判大气污染气象风险、大气污染气象风险预测预报预警信息发布、空气重污染天气联防联控响应、大气污染气象风险管理及其服务等联动管理与服务未能充分发挥。

因此，迫切需要建立以改善空气质量为目标和防范空气重污染天气为核心的大气污染气象风险管理联席会议制度，进一步加强与“大气污染气象风险管理”密切相关的联席会议各成员单位协调、沟通，结合各成员单位大气污染治理法定职责，指导成员单位充分利用大气污染气象监测信息和大气污染气象风险预测、预报、预警信息督促其所监管的大气污染气象敏感单位落实本单位大气污染气象风险常态化管理及其防范空气重污染天气事件发生的主体责任，实现大气污染治理常态化监督管理和大气污染气象风险常态化管理及其服务全过程的社会资源共享和效益最大化发挥，从而有效避免不同部门之间大气污染治理常态化监督管理和大气污染气象风险常态化管理及其服务职能分割导致各职能部门之间相互掣肘而无法形成通力合作的局面。

大气污染气象风险管理联席会议制度主要目的是将各种不同行业大气污染治理中涉及大气污染治理常态化监督管理和大气污染气象风险常态化管理及其服务所出现的新情况、新问题的相关部门集中起来，以会议的形式加强联系与沟通，相互学习借鉴经验，研究探索解决问题的新方法，并通过开展大气污染气象风险监测及其信息共享、多专业协同研判大气污染气象风险、大气污染气象风险预测预报预警信息发布、空气重污染天气联防联控响应、大气污染气象风险管理及其服务等联动管理与服务等工作，有效提升相关部门大气污染治理的精准施策能力和科学督导大气污染气象敏感单位精准开展大气污染气象风险常态化管理及其防范空气重污染天气的服务能力，从而有效避免大气污染治理和空气重污染天气防范过程中“一刀切”“劣币驱良币”现象发生。因此，大气污染气象风险管理联席会议制度在处理跨区域、跨部门、跨行业、跨领域等大气污染治理公共事务时可以有效防止或减少“政府失灵”和“市场失灵”现象，具有很强的可操作性。

例如，在城市道路扬尘的大气污染治理方面，通过大气污染气象风险管理联席会议沟通协调，市政管理部门会同气象部门研判城市道路扬尘大气污染气象风险，依据城市道路扬尘大气污染气象风险预测、预报、预警信息，研究制定不同城市道路扬尘大气污染气象风险等级的城市道路冲洗、机扫保洁的范围和道路冲洗、清扫保洁、机械化吸尘的时间、强度、频率等防范扬尘大气污染措施并实施，实现城市道路扬尘大气污染治理精准施策，科学治理。

在建筑施工扬尘的大气污染治理方面，通过大气污染气象风险管理联席会议沟通协调，市城乡建委等建筑施工扬尘管理部门会同气象部门研判建筑施工扬尘大气污染气象风险，依据建筑施工扬尘大气污染气象风险预测、预报、预警信息，研究制定不同建筑施工扬尘大气污染气象风险等级的建筑施工场地人造微雨(雾)、减弱空气流动带防范扬尘大气污染措施，实现建筑施工扬尘大气污染治理精准施策，科学治理。

在机动车尾气的大气污染治理方面，通过大气污染气象风险管理联席会议沟通协调，公安交通管理部门会同气象部门研判机动车尾气大气污染气象风险，依据机动车尾气大气污染气象风险预测、预报、预警信息，研究制定不同机动车尾气大气污染气象风险等级的机动车行驶路段、行驶时段、行驶流量等管控的机动车尾气大气污染防范措施并实施，实现机动车尾气尘大气污染治理精准施策，科学治理。

在企业排放大气污染物的大气污染治理方面，通过大气污染气象风险管理联席会议沟通协调，生态环境、经济信息等企业管理部门会同气象部门研判企业排放大气污染物的大气污染气象风险，依据企业排放大气污染物的大气污染气象风险预测、预报、预警信息，研究制定不同企业大气污染气象风险等级的企业大气污染物错峰排放、减少排放、停止排放等企业大气污染防范措施并实施，实现企业大气污染治理精准施策，科学治理。

大气污染气象风险管理联席会议制度作为大气污染联防联控行政管理制度的有机组成部分，必须包含的主要内容和发挥的主要作用如图 5-4 所示。

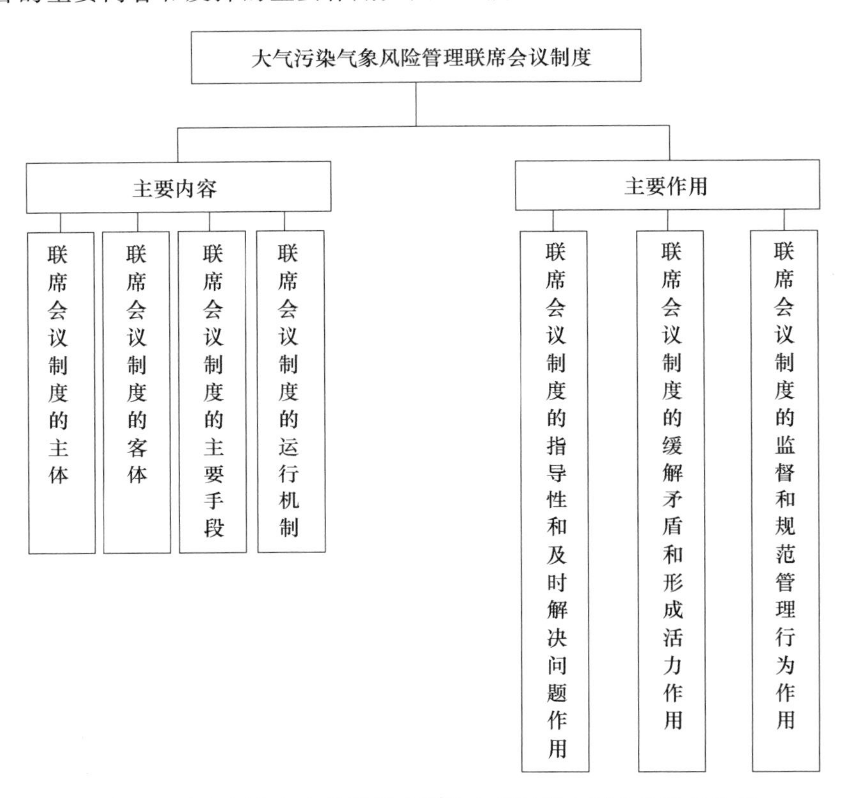


图 5-4　大气污染气象风险管理联席会议制度主要内容及其作用

从图 5-4 可知大气污染气象风险管理联席会议制度主要内容包含以下 4 个方面：

一是大气污染气象风险管理联席会议制度的主体。主体是大气污染气象风险管理实践活动和认知活动的承担者，主要包括与大气污染气象风险管理密切相关的政府部门，如气象、生态环境、城乡建委、市政、公安、农业、交通等部门，根据需要主体也可以拓展引入需要的企事业单位、非营利组织和社会公众等。各主体之间须依据大气污染治理法定职责，构建相互信任合作的伙伴关系，共同应对大气污染气象风险管理联席会议制度的客体的挑战。

二是大气污染气象风险管理联席会议制度的客体。客体是主体实践活动和认识活动指向的对象，即大气污染气象污染敏感单位。大气污染气象敏感单位涉及的本单位大气污染气象风险常态化管理及其重污染天气防范很难以单一部门解决，需跨行政区域、管理部门和行业、领域解决。同时，联席会议制度的客体对主体的构成具有决定性的作用，即不同的客体要求联席会议制度主体的组成不同。

三是大气污染气象风险管理联席会议制度的主要手段。针对客体而言，联席会议制度主体所采用的主要手段包括大气污染治理相关的法律法规、技术规范、规范性文件、沟通协商等，不同的主体组成在手段的选取上往往有所不同，通过采用上述手段，联席会议制度需要达到提高工作效率和有效处理跨行政区域、管理部门、行业领域的大气污染治理事务和公共问题的目的。

四是大气污染气象风险管理联席会议制度的运行机制。联席会议制度的运行机制是指在解决跨行政区域、管理部门、行业领域的大气污染治理公共事务问题的过程中，各主体之间相互联系、作用及制约的关系，是联席会议制度可以协调、有序、高效运行的基础。主要包括联席会议制度的组织机构设定、会议安排、议题选取、决议执行等。

同时从图 5-4 还可知，大气污染气象风险管理联席会议制度发挥主要作用体现在以下 3 方面：

一是联席会议有利于解决跨行政区域、管理部门、行业领域所出现的大气污染治理公共事务问题，并具有指导性强、快捷迅速解决问题的作用。

二是联席会议所做出的决定是参加会议的各利益主体充分讨论、酝酿的基础上达成的共识，有利于各方自觉遵守，缓解各方政策非协同性的职能分割导致各职能部门之间相互掣肘的矛盾冲突，发挥大气污染治理通力合作的作用。

三是联席会议决议的执行过程中，联席会议则可以起到监督、规范各方大气污染气象风险管理行为的作用。

上述分析表明建立和完善大气污染气象风险管理联席会议制度是强化大气污染治理相关部门行使大气污染治理常态化监督管理和大气污染气象风险常态化管理及其服务职能可操作性的有效途径。

## 五、加强大气污染气象风险排查，强化气象风险常态化管理的精准性

由于大气污染外因——气象因素的动态变化特性，导致大气污染气象风险向大气污染事件转化时有发生，尤其是冬季不利气象因素诱发的空气重污染天气事件频繁发生。因此，大气污染气象风险排查不仅须依据大气污染气象敏感单位所在地气候背景进行大气污染气象风险静态排查，而且还必须结合大气污染气象敏感单位所在地短期天气、气候变化和实时气象要素进行大气污染气象风险动态排查，才能对大气污染气象敏感单位的大气污染气象风险管控实时、适时地精准采取施策，从而防止或减少大气污染气象风险向大气污染事件转化，有效杜绝空气重污染事件发生。

显然，大气污染气象风险排查作为大气污染排查整治行动的有机组成部分，主要由诱发大气污染气象风险隐患的静态排查和动态排查两部分组成(图 5-5)，通过大气污染气象风险形成的气候背景、“年季月旬”时间尺度气候预测、10 d 以内天气预报预警、实时气象要素观测资料等气象背景要素、活动要素对大气污染物排放源、大气污染承受体暴露性、大气污染承受体脆弱性、大气污染防范能力等影响分析，排查出诱发大气污染气象风险的隐患，并针对诱发大气污染气象风险的隐患进行精准整治，从而有效消除或降低大气污染气象风险，实现大气污染气象风险常态化精准管控。因此，加强大气污染气象风险排查是强化大气污染气象风险常态化管理精准性的基本保障。

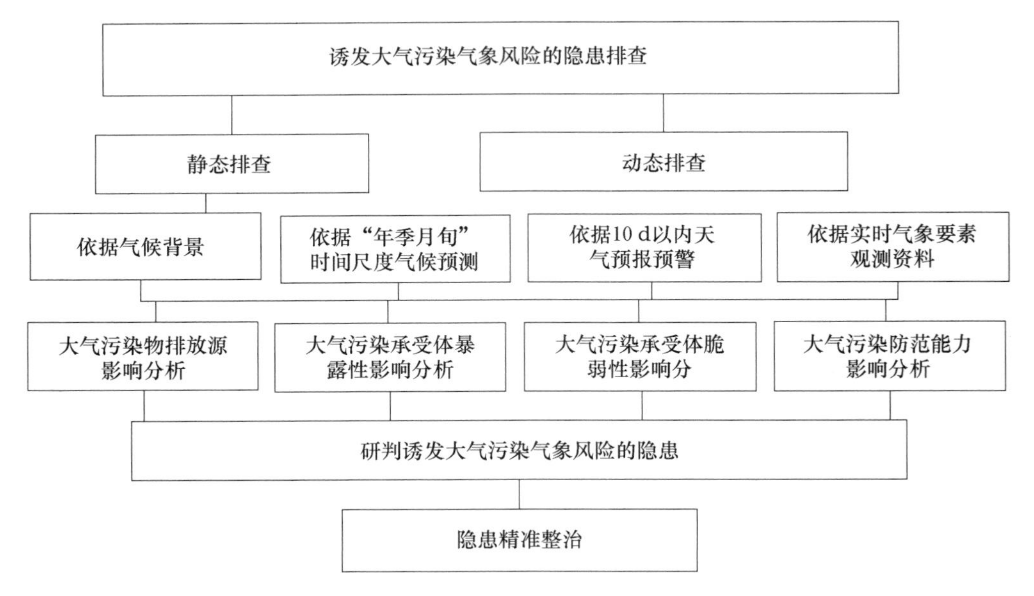


图 5-5　诱发大气污染气象风险的隐患排查逻辑框图

## 第二节　大气污染气象风险管理常态化的工程性对策措施研究

不论气象条件对大气污染物、大气环境容量、大气自净能力、大气污染物浓度等的影响是正效应还是负效应，为了防范不利气象条件下大气污染形成而必须采取大气污染气象风险管理工程性对策措施称为大气污染气象风险管理常态化的工程性对策措施。大气污染气象风险管理常态化的工程性对策措施是依托现代气象科学技术，针对大气污染物排放管控，从工程技术层面支撑政府、部门、单位和个人的大气污染气象风险管控行为而采取的工程性对策措施。因此，大气污染气象风险管理常态化的工程性对策措施是做好不利气象条件下大气污染气象风险管控的技术基础，是充分发挥不利气象条件下大气污染物排放非常态管控措施作用的技术性保障，必须从大气污染治理体系和治理能力现代化的高度，根据国家行政管理体制改革和“简政放权、放管结合、优化服务”改革要求，研究制定大气污染气象风险管理常态化的工程性对策措施：一是开展大气污染气象风险监测系统工程建设，强化大气污染气象风险常态化管理的可靠性；二是开展大气污染气象风险预报系统工程建设，强化大气污染气象风险常态化管理的预见性；三是开展大气污染气象风险服务系统工程建设，强化大气污染气象风险常态化管理的针对性；四是开展大气污染气象风险评估系统工程建设，强化大气污染气象风险常态化管理的敏感性。

### 一、开展大气污染气象风险监测系统工程建设，强化气象风险常态化管理的可靠性

大气污染气象风险监测是对大气环境中形成大气污染外因的大气污染气象因素及其变化规律和大气污染气象因素对大气污染的影响及其变化规律进行测定的过程，监测形成的资料及其分析资料是大气污染气象风险状态及其变化规律的客观反映。因此，只有通过大气污染气象风险监测才能科学、完整、及时把握大气污染气象风险状态及其变化规律，确保大气污染气象风险常态化管理精准、可靠。但大气污染气象风险监测系统作为生态环境监测网络的有机组成部分，还停留在依托气象部门现有气象监测系统，使大气污染气象风险监测资料缺乏完

整性，严重影响了大气污染气象风险管理的精准性和可靠性。

为此，大气污染气象风险监测系统必须根据《国务院办公厅关于印发生态环境监测网络建设方案的通知》(国办发〔2015〕56 号)关于“环境保护部会同有关部门统一规划、整合优化环境质量监测点位，建设涵盖大气、水、土壤、噪声、辐射等要素，布局合理、功能完善的全国环境质量监测网络，按照统一的标准规范开展监测和评价，客观、准确反映环境质量状况。各级环境保护部门以及国土资源、住房城乡建设、交通运输、水利、农业、卫生、林业、气象、海洋等部门和单位获取的环境质量、污染源、生态状况监测数据要实现有效集成、互联共享”精神，按照生态环境部审议并原则通过的《生态环境监测规划纲要(2020—2035 年)》关于“加大力度破解重污染天气”和“2020—2035 年，生态环境监测将在全面深化环境质量和污染源监测的基础上，逐步向生态状况监测和环境风险预警拓展，构建生态环境状况综合评估体系。监测指标从常规理化指标向有毒有害物质和生物、生态指标拓展，从浓度监测、通量监测向成因机理解析拓展；监测点位从均质化、规模化扩张向差异化、综合化布局转变；监测领域从陆地向海洋、从地上向地下、从水里向岸上、从城镇向农村、从全国向全球拓展；监测手段从传统手工监测向天地一体、自动智能、科学精细、集成联动的方向发展；监测业务从现状监测向预测预报和风险评估拓展；从环境质量评价向生态健康评价拓展”以及“根据复合型大气污染治理需求，构建以自动监测为主的大气环境立体综合监测体系，推动大气环境监测从质量浓度监测向机理成因监测深化，实现重点区域、重点行业、重点因子、重点时段监测全覆盖”等要求，在气象部门现有气象监测系统基础上以大气污染外因的大气污染气象因素及其变化规律和大气污染气象因素对大气污染的影响及其变化规律精密监测为核心，以客观、准确反映大气污染气象风险状况为目标，开展大气污染气象风险监测系统工程建设，为防范大气污染气象风险、杜绝重污染天气事件发生和实现大气污染气象风险常态化管理全过程提供可靠的数据支撑。因此，开展大气污染气象风险监测系统工程建设是强化大气污染气象风险常态化管理精准性和可靠性的根本保障。

大气污染气象风险监测系统工程建设目标具体分 3 个阶段实施：

到 2025 年，大气污染气象风险监测基本实现大气污染气象因素及其变化规律和大气污染气象因素对大气污染的影响及其变化规律等监测的全覆盖，各级各类监测数据系统互联共享，初步建成大气污染气象风险要素统筹、规范统一、天地一体、上下协同、信息共享的大气污染气象风险监测网络，政府主导、部门协同、社会参与、公众监督的大气污染气象风险监测新格局基本形成，使大气污染气象风险监测能力与大气污染气象风险管理要求相适应，为大气污染气象风险预测、预报、预警、评估等业务服务、大气污染气象风险管理全过程、大气污染防治攻坚战纵深推进、实现空气质量显著改善提供完整的气象大数据支撑。

到 2030 年，大气污染气象风险监测组织管理体系进一步强化，监测自动化、智能化、立体化技术能力进一步强化并与国际接轨，监测综合保障能力进一步强化，为全面解决大气污染问题，保障大气环境安全与人体健康，实现空气质量全面改善提供完整的气象大数据支撑。

到 2035 年，科学、独立、权威、高效、集约、智能的大气污染气象风险监测体系全面建成，传统大气污染气象风险监测向现代大气污染气象风险监测的转变全面完成，全国大气污染气象风险监测的组织领导、规划布局、制度规范、数据管理和信息发布全面统一，大气污染气象风险监测现代化能力全面提升，为获得大气污染防治的绝对控制权、杜绝空气重污染天气事件发生，实现大气污染治理从必然王国向自由王国发展、空气质量根本好转和美丽中国建设目标提供完整的气象大数据支撑。

大气污染气象风险监测系统工程主要由大气污染气象风险监测站网建设、大气污染气象风险监测大数据平台建设、大气污染气象风险监测信息发布平台建设3大工程及其10个子工程构成,其主要建设内容如表5-1所示。

**表5-1　大气污染气象风险监测系统工程建设项目及主要建设内容简表**

| 项目名称 | | 主要建设内容 |
|---|---|---|
| 大气污染气象风险监测站网建设工程 | 环境与气象综合观测系统升级改造工程 | (1)气象观测站污染气象监测升级改造工程建设;<br>(2)大气环境监测站污染气象监测升级改造工程建设;<br>(3)大气污染气象敏感单位大气环境监测站污染气象监测升级改造工程建设;<br>…… |
| | 大气污染气象风险专项监测站网规划编制与标准体系建设工程 | (1)大气污染气象风险专项监测站网建设规划编制工程;<br>(2)大气污染气象风险专项监测站网建设技术标准编制工程;<br>(3)大气污染气象风险专项监测技术规范编制工程;<br>…… |
| | 大气污染气象风险专项监测站网建设工程 | (1)地基大气污染气象风险专项监测站网建设工程;<br>(2)空基大气污染气象风险专项监测站网建设工程;<br>(3)天基大气污染气象风险专项监测站网建设工程;<br>(4)移动式大气污染气象风险监测站建设工程;<br>…… |
| | 超大城市空气重污染天气大气廓线综合观测站网建设工程 | (1)大气温度廓线监测站网建设工程;<br>(2)大气湿度廓线监测站网建设工程;<br>(3)大气风廓线监测站网建设工程;<br>(4)大气水凝物廓线监测站网建设工程;<br>(5)大气气溶胶廓线监测站网建设工程;<br>…… |
| 大气污染气象风险监测大数据平台建设工程 | 大气污染气象风险监测大数据平台基础支撑工程 | (1)大数据机房基础设施建设工程<br>(2)大数据统管共用的基础云平台建设工程;<br>(3)大数据整合及其存储系统建设工程;<br>(4)“云+边+端”协同大数据资源全集管理系统建设工程;<br>(5)“云+边+端”协同大数据在线计算和大数据挖掘应用系统建设工程;<br>(6)大数据AI基础算法分析系统建设工程;<br>…… |
| | 大气污染气象风险监测大数据业务应用平台建设工程 | (1)大气污染气象风险预测业务服务支撑系统建设工程;<br>(2)大气污染气象风险预报业务服务支撑系统建设工程;<br>(3)大气污染气象风险预警业务服务支撑系统建设工程;<br>(4)大气污染气象风险评估业务服务支撑系统建设工程;<br>(5)大气污染气象风险管理业务服务支撑系统建设工程;<br>…… |
| | 大气污染气象风险监测大数据平台业务运行保障系统建设工程 | (1)大数据运维保障系统建设工程;<br>(2)大数据安全保障系统建设工程;<br>(3)大数据智能监控系统建设工程;<br>…… |

续表

| 项目名称 | | 主要建设内容 |
| --- | --- | --- |
| 大气污染气象风险监测信息发布平台建设工程 | 大气污染气象风险监测信息资源规划与信息发布标准体系建设工程 | (1)信息资源规划编制工程；<br>(2)信息发布基础综合标准编制工程；<br>(3)信息发布业务技术标准编制工程；<br>(4)信息发布平台技术标准编制工程；<br>(5)信息发布综合管理标准编制工程；<br>…… |
| | 大气污染气象风险监测信息发布平台基础支撑工程 | (1)信息发布中心基础设施建设工程；<br>(2)信息发布云基础支撑平台建设工程；<br>(3)信息发布后台管理系统建设工程；<br>…… |
| | 大气污染气象风险监测信息发布业务系统建设工程 | (1)大气污染气象风险多专业协同研判视频会商系统建设工程；<br>(2)大气污染气象风险预警信息融合分析及辅助决策系统建设工程；<br>(3)大气污染气象风险预警信息多渠道一体化发布系统建设工程；<br>(4)大气污染气象风险多部门联防联控响应平台建设工程；<br>(5)大气污染突发事件气象风险预警信息现场直报系统建设工程；<br>(6)气象因素诱发大气污染事件及其灾情收集平台建设工程；<br>(7)大气污染气象风险预警信息接收及其应用系统建设工程；<br>…… |

## 二、开展大气污染气象风险预报系统工程建设，强化气象风险常态化管理的预见性

大气污染气象风险预报是依据大气污染气象风险监测系统及其监测资料对大气污染气象因素及其变化规律、大气污染气象因素对大气污染的影响及其变化规律等在不同时间尺度发生变化过程、变化趋势及其结果进行预先推测、预先告知、预先报警的预见过程，预报形成的预先推测、预先告知、预先报警资料是大气污染气象风险状态及其变化规律在不同时间尺度发生变化过程、变化趋势及其结果可能性的提前预测。虽然这种预测与未来大气污染气象风险状态及其变化规律实际状况有偏差，但随着互联网、物联网、大数据、云计算、人工智能等现代科学技术进步和气象科学与大气环境科学交叉融合发展，这种预测偏差越来越小，预测的大气污染气象风险状态及其变化规律在不同时间尺度发生变化过程、变化趋势及其结果越来越接近真实的客观反映，是大气污染气象风险管控和大气污染治理不可或缺的技术手段。因此，只有通过大气污染气象风险预报才能科学、完整、提前把握大气污染气象风险状态及其变化规律在不同时间尺度发生变化过程、变化趋势及其结果，确保提前做好大气污染气象风险常态化管控。但大气污染气象风险预报系统作为生态环境质量预测预报预警体系有机组成部分，还停留在依托气象部门现有气候预测和天气报预报预警系统，使大气污染气象风险预报产品缺乏完整性、针对性，严重影响了大气污染气象风险管理的预见性。

为此，大气污染气象风险预报系统必须根据《大气污染防治行动计划》(国发〔2013〕37 号)关于“环保部门要加强与气象部门的合作，建立重污染天气监测预警体系”和《打赢蓝天保卫战三年行动计划》(国发〔2018〕22 号)关于“强化区域环境空气质量预测预报中心能力建设，2019 年年底前实现 7～10 d 预报能力，省级预报中心实现以城市为单位的 7 d 预报能力。开展环境空气质量中长期趋势预测工作”精神，按照《国务院办公厅关于印发生态环境监测网络建设方案的通知》(国办发〔2015〕56 号)关于“加强环境质量监测预报预警。提高空气质量预报和污染预警水平”和《生态环境监测规划纲要(2020—2035 年)》关于“拓展环境质量预测预报。在巩固国家—区域—省—市四级预报体系、省级预报中心实现以城市为单位的 7 d 预报能力基础上，开展所有地级及以上城市空气质量预报并发布信息，省级逐步实现 10 d 预报能力。提升空气质量中长期预报能力，推进国家和区域 10～15 d 污染过程预报、30～45 d 潜势预报的业务化运行，国家层面适时开展未来 3～6 个月大气污染形势预测，加强多情景污染管控效果模拟与预评估。探索开展全球范围空气质量预测预报，搭建全球—区域—东亚—国家四级预报框架”要求，在气象部门现有气候预测和天气预报预警系统基础上，以大气污染气象风险状态及其变化规律在不同时间尺度发生变化过程、变化趋势及其结果精准预报为核心，以客观、准确预见大气污染气象风险状况为目标，开展大气污染气象风险预报系统工程建设，为防范大气污染气象风险、杜绝空气重污染天气事件发生和实现大气污染气象风险常态化管理全过程提供预见性的决策支撑。因此，开展大气污染气象风险预报系统工程建设是强化大气污染气象风险常态化管理预见性的重要基础。

大气污染气象风险预报系统工程建设目标具体分三个阶段实施：

到 2025 年，建成“预测预报预警精准、核心技术先进、业务平台智能、业务管理科学”的大气污染气象风险预报业务体系，大气污染气象风险预报业务整体实力与大气污染气象风险管理要求相适应，空气重污染天气预警业务整体实力达到同期世界先进水平，为大气污染气象风险管理全过程、大气污染防治攻坚战纵深推进、实现空气质量显著改善提供科学的预见性决策支撑。

到 2030 年，大气污染气象风险预报组织管理体系进一步强化，基于气象大数据云平台，综合应用大数据、可视化、云存储、云计算、数据挖掘、自然语言处理、机器学习、空间推理等技术方法构建的大气污染气象风险智能预报能力进一步强化并达到同期世界先进水平，实现重污染天气预报世界领先，大气污染气象风险智能预报综合保障能力进一步强化，为全面解决大气污染问题，保障大气环境安全与人体健康，实现空气质量全面改善提供科学的预见性决策支撑。

到 2035 年，科学、权威、高效、集约、智能、无缝隙的现代大气污染气象风险预报体系全面建成，全国大气污染气象风险预报的组织管理体系全面统一，大气污染气象风险预报现代化能力全面提升，实现气污染气象风险预报世界领先，为获得大气污染防治的绝对控制权、杜绝空气重污染天气事件发生，实现大气污染治理从必然王国向自由王国发展、空气质量根本好转和美丽中国建设目标提供科学的预见性决策支撑。

大气污染气象风险预报系统工程主要由大气污染气候风险预测建设工程、大气污染天气风险预报预警建设工程、大气污染气象要素风险预报预警建设工程等三大工程及其十六个子工程构成，其主要建设内容如表 5-2 所示。

**表 5-2 大气污染气象风险预报系统工程建设项目及主要建设内容简表**

| 项目名称 | | 主要建设内容 |
|---|---|---|
| 大气污染气候风险预测建设工程 | 大气污染气候因素智能分析系统建设工程 | (1)气候要素及其耦合效应对大气污染影响智能分析系统工程建设；<br>(2)区域气候对大气污染影响智能分析系统工程建设；<br>(3)局地气候对大气污染影响智能分析系统工程建设；<br>(4)大气污染气象敏感单位微气候对大污染影响智能分析系统工程建设；<br>…… |
| | 大气污染潜势气候智能预测系统建设工程 | (1)区域大气污染潜势气候智能预测系统建设工程；<br>(2)局地大气污染潜势气候智能预测系统建设工程；<br>(3)大气污染气象敏感单位大气污染潜势微气候智能预测系统建设工程；<br>…… |
| | 大气污染气候风险智能研判系统建设工程 | (1)区域大气污染气候风险智能研判系统建设工程；<br>(2)局地大气污染气候风险智能研判系统建设工程；<br>(3)大气污染气象敏感单位大气污染微气候风险智能研判系统建设工程；<br>…… |
| | 大气污染气候风险管控智能决策系统建设工程 | (1)区域大气污染气候风险管控智能决策系统建设工程；<br>(2)局地大气污染气候风险管控智能决策系统建设工程；<br>(3)大气污染气象敏感单位大气污染微气候风险管控智能决策系统建设工程；<br>…… |
| 大气污染天气风险预报预警建设工程 | 大气污染天气因素智能分析系统建设工程 | (1)天气系统及其耦合效应对大气污染影响智能分析系统工程建设；<br>(2)天气形势对区域大气污染影响智能分析系统工程建设；<br>(3)天气形势对局地大气污染影响智能分析系统工程建设；<br>(4)天气过程对大气污染气象敏感单位大气污染影响智能分析系统工程建设；<br>…… |
| | 大气污染潜势天气智能预报系统建设工程 | (1)区域大气污染潜势天气智能预报系统建设工程；<br>(2)局地大气污染潜势天气智能预报系统建设工程；<br>(3)大气污染气象敏感单位大气污染潜势天气智能预报系统建设工程；<br>…… |
| | 大气污染天气风险智能研判系统建设工程 | (1)区域大气污染天气风险智能研判系统建设工程；<br>(2)局地大气污染天气风险智能研判系统建设工程；<br>(3)大气污染气象敏感单位大气污染天气风险智能研判系统建设工程；<br>…… |
| | 大气污染天气风险管控智能决策系统建设工程 | (1)区域大气污染天气风险管控智能决策系统建设工程；<br>(2)局地大气污染天气风险管控智能决策系统建设工程；<br>(3)大气污染气象敏感单位大气污染天气风险管控智能决策支撑系统建设工程；<br>…… |
| | 重污染天气智能预警系统建设工程 | (1)区域重污染天气智能预警系统建设工程；<br>(2)局地重污染天气智能预警系统建设工程；<br>(3)大气污染气象敏感单位重污染天气智能预警系统建设工程；<br>…… |
| | 重污染天气应急处置智能决策系统建设工程 | (1)区域重污染天气应急处置智能决策系统建设工程；<br>(2)局地重污染天气应急处置智能决策系统建设工程；<br>(3)大气污染气象敏感单位重污染天气应急处置智能决策系统建设工程； |

续表

| 项目名称 | | 主要建设内容 |
|---|---|---|
| 大气污染气象要素风险预报预警建设工程 | 气象要素对大气污染影响智能分析系统工程建设 | (1)气象要素及其耦合效应对大气污染物"扩散与聚集"影响智能分析系统工程建设；<br>(2)气象要素及其耦合效应对大气污染物"湿沉降与干沉降"影响智能分析系统工程建设；<br>(3)气象要素及其耦合效应对大气污染物"输送与迁移"影响智能分析系统工程建设；<br>(4)气象要素及其耦合效应对大气污染物"物理转化与化学转化"影响智能分析系统工程建设；<br>(5)气象要素及其耦合效应对大气污染物"稀释与清除"影响智能分析系统工程建设；<br>…… |
| | 大气污染潜势气象要素智能预报系统建设工程 | (1)区域大气污染潜势气象要素智能预报系统建设工程；<br>(2)局地大气污染潜势气象要素智能预报系统建设工程；<br>(3)大气污染气象敏感单位大气污染潜势气象要素智能预报系统建设工程；<br>…… |
| | 大气污染气象要素风险智能研判系统建设工程 | (1)区域大气污染气象要素风险智能研判系统建设工程；<br>(2)局地大气污染气象要素风险智能研判系统建设工程；<br>(3)大气污染气象敏感单位大气污染气象要素风险智能研判系统建设工程；<br>…… |
| | 大气污染气象要素风险管控智能决策系统建设工程 | (1)区域大气污染气象要素风险管控智能决策系统建设工程；<br>(2)局地大气污染气象要素风险管控智能决策系统建设工程；<br>(3)大气污染气象敏感单位大气污染气象要素风险管控智能决策支撑系统建设工程；<br>…… |
| | 气象要素引发大气污染的智能预警系统建设工程 | (1)气象要素及其耦合效应引发区域大气污染智能预警系统建设工程；<br>(2)气象要素及其耦合效应引发局地大气污染智能预警系统建设工程；<br>(3)气象要素及其耦合效应引发大气污染气象敏感单位大气污染智能预警系统建设工程；<br>…… |
| | 气象要素引发大气污染的应急处置智能决策系统建设工程 | (1)气象要素引发区域大气污染的应急处置智能决策系统建设工程；<br>(2)气象要素引发局地大气污染的应急处置智能决策系统建设工程；<br>(3)气象要素引发大气污染气象敏感单位大气污染的应急处置智能决策系统建设工程；<br>…… |

## 三、开展大气污染气象风险服务系统工程建设，强化气象风险常态化管理的针对性

大气污染气象风险服务是在大气污染气象风险监测和大气污染气候风险预测、天气风险预报预警、气象要素风险预报预警以及重污染天气预警基础上，依托大气污染气象风险服务系统，紧紧围绕大气污染气象风险常态化管理需求、重污染天气防范需求、突发大气污染事件应

急保障需求和大气污染治理需求，及时向政府、部门、公众、社会组织和大气污染敏感单位提供大气污染气象风险信息的服务活动。大气污染气象风险服务能让政府、部门、公众、社会组织和大气污染敏感单位更合理地充分利用气象资源，针对性地采取精准措施降低大气污染气象风险，防范气象因素诱发大气污染风险向大气污染事件转变，杜绝重污染天气事件发生，从而更有效地避免或减少气象因素诱发大气污染带来的危害和损失，对大气污染气象风险管控和大气污染治理具有基础性支撑和保障作用，是大气污染气象风险管控和大气污染治理不可或缺的服务手段。因此，只有通过大气污染气象风险信息的及时提供和科学应用，才能确保政府、部门、公众、社会组织和大气污染敏感单位的大气污染气象风险管控措施具有针对性、精准性。但大气污染气象风险服务系统作为生态环境监管服务体系有机组成部分，还停留在依托气象部门现有公共气象服务系统，使大气污染气象风险服务信息缺乏完整性、精准性，严重影响了大气污染气象风险管理的针对性。

为此，大气污染气象风险服务系统必须根据《大气污染防治行动计划》（国发〔2013〕37 号）和《打赢蓝天保卫战三年行动计划》（国发〔2018〕22 号）文件精神，按照生态环境部《关于进一步深化生态环境监管服务推动经济高质量发展的意见》（环综合〔2019〕74 号）文件中关于“提升‘服’的实效，增强企业绿色发展能力：提升环境政务服务水平，推进‘互联网＋政务服务’信息系统建设，构建实体政务大厅、网上办事、移动客户端等多种形式的公共服务平台，优化政务服务流程。精准‘治’的举措，提升生态环境管理水平：精准实施重污染天气应急减排”的要求，在气象部门现有公共气象服务系统基础上，有针对性地提供大气污染气象风险管控和大气污染治理的大气污染气象风险服务为核心，以构建大气污染气象风险智慧服务平台为抓手，以进一步提升生态环境智慧监管“服”的实效为目标，将大气污染气象风险服务系统纳入推进“互联网＋政务服务”信息系统建设范畴，将重污染天气监测预警服务纳入精准实施重污染天气应急减排的精准举措，开展大气污染气象风险服务系统工程建设，为防范大气污染气象风险、杜绝空气重污染天气事件发生和实现大气污染气象风险常态化管理全过程提供针对性的决策支撑。因此，开展大气污染气象风险服务系统工程建设是强化大气污染气象风险常态化管理针对性的必要环节。

大气污染气象风险服务系统工程建设目标具体分 3 个阶段实施：

到 2025 年，建成“结构合理、技术先进、组织有力、机制完善、协同高效、集约智能、优质精准”的大气污染气象风险服务体系，大数据、云计算、人工智能等信息技术在服务中得到充分应用，初步实现服务产品制作从“体力劳动”向“智能生产”转变，服务模式从“单向推送”向“双向互动”转变，服务体系从“低散重复”向“集约化”转变，智能感知、精准泛在、情景互动、普惠共享的新型智慧大气污染气象风险服务发展生态初步形成，全国大气污染气象风险智慧服务业务初步建立，大气污染气象风险服务业务整体实力与大气污染气象风险管理要求相适应，空气重污染天气服务业务整体实力达到同期世界先进水平，为防范大气污染气象风险、杜绝空气重污染天气事件发生、实现大气污染气象风险管理全过程、大气污染防治攻坚战纵深推进、实现空气质量显著改善提供科学的针对性决策支撑。

到 2030 年，大气污染气象风险服务组织管理体系进一步强化，基于气象大数据云平台，综合应用大数据、可视化、云存储、云计算、数据挖掘、自然语言处理、机器学习、空间推理等技术方法构建的大气污染气象风险智慧服务能力进一步强化并达到同期世界先进水平，实现重污染天气预警服务世界领先，实现服务产品“智能生产”、服务模式“双向互动”、服务体系“集约高效”，智能感知、精准泛在、情景互动、普惠共享的现代智慧大气污染气象风险服务发展生态完全形成，全国大气污染气象风险智慧服务业务建立健全，大气污染气象风险智慧服务综合保障能力进一步强化，为全面解决大气污染问题，保障大气环境安全与人体健康，实现空气质量全面改善提供科学的针对性决策支撑。

到 2035 年，科学、权威、高效、集约、精细、智能的大气污染气象风险智慧服务体系全面建成，全面实现服务产品“智能生产”、服务模式“双向互动”、服务体系“集约高效”，全国大气污染气象风险服务的组织管理体系全面统一，大气污染气象风险智慧服务现代化能力全面提升，实现大气污染气象风险智慧服务世界领先，为获得大气污染防治的绝对控制权、杜绝空气重污染天气事件发生，实现大气污染治理从必然王国向自由王国发展、空气质量根本好转和美丽中国建设目标提供科学的针对性决策支撑。

大气污染气象风险服务系统工程主要由大气污染气象风险服务产品生产系统建设工程、大气污染气象风险服务产品应用系统建设工程、大气污染气象风险服务效益评估系统建设工程、大气污染气象风险服务监督管理平台建设工程 4 大工程及其 15 个子工程构成，其主要建设内容如表 5-3 所示。

**表 5-3　大气污染气象风险服务系统工程建设项目及主要建设内容简表**

| 项目名称 | | 主要建设内容 |
|---|---|---|
| 大气污染气象风险服务产品生产系统建设工程 | 大气污染气象风险服务对象信息智能采集系统建设工程 | (1)大气污染气象风险、重污染天气、气象要素诱发大气污染的决策服务用户信息智能采集系统建设工程；<br>(2)大气污染气象风险、重污染天气、气象要素诱发大气污染的公众服务群体信息智能采集系统建设工程；<br>(3)大气污染气象敏感单位信息智能采集系统建设工程；<br>(4)重大活动空气质量保障背景信息智能采集系统建设工程；<br>…… |
| | 大气污染气象风险服务需求智能研判系统建设工程 | (1)决策用户的大气污染气象风险服务需求、重污染天气预警服务需求、气象要素诱发大气污染预警服务需求的智能研判系统建设工程；<br>(2)公众群体的大气污染气象风险服务需求、重污染天气预警服务需求、气象要素诱发大气污染预警服务需求的智能研判系统建设工程；<br>(3)大气污染气象敏感单位的大气污染气象风险服务需求、重污染天气预警服务需求、气象要素诱发大气污染预警服务需求的智能研判系统建设工程；<br>(4)重大活动空气质量保障的大气污染气象风险服务需求、重污染天气预警服务需求、气象要素诱发大气污染预警服务需求的智能研判系统建设工程；<br>…… |
| | 大气污染气象风险服务产品智能制作系统建设工程 | (1)大气污染气象风险的决策服务产品智能制作系统建设工程；<br>(2)大气污染气象风险的公众服务产品智能制作系统建设工程；<br>(3)大气污染气象风险的大气污染气象敏感单位服务产品智能制作系统建设工程；<br>(4)重大活动空气质量保障的大气污染气象风险服务产品智能制作系统建设工程；<br>…… |
| | 重污染天气服务产品智能制作系统建设工程 | (1)重污染天气预警的决策服务产品智能制作系统建设工程；<br>(2)重污染天气预警的公众服务产品智能制作系统建设工程；<br>(3)重污染天气预警的大气污染气象敏感单位服务产品智能制作系统建设工程；<br>(4)重大活动空气质量保障的重污染天气预警服务产品智能制作系统建设工程；<br>…… |

续表

| 项目名称 | | 主要建设内容 |
|---|---|---|
| 大气污染气象风险服务产品生产系统建设工程 | 气象要素诱发大气污染的服务产品智能制作系统建设工程 | (1)气象要素诱发大气污染预警的决策服务产品智能制作系统建设工程；<br>(2)气象要素诱发大气污染预警的公众服务产品智能制作系统建设工程；<br>(3)气象要素诱发大气污染预警的大气污染气象敏感单位服务产品智能制作系统建设工程；<br>(4)重大活动空气质量保障的气象要素诱发大气污染预警服务产品智能制作系统建设工程；<br>…… |
| 大气污染气象风险服务产品应用系统建设工程 | 大气污染气象风险服务产品应用平台建设工程 | (1)大气污染气象风险服务产品、重污染天气预警服务产品、气象要素诱发大气污染预警服务产品的智能应用平台基础设施建设工程；<br>(2)大气污染气象风险服务产品、重污染天气预警服务产品、气象要素诱发大气污染预警服务产品的智能存储系统建设工程；<br>(3)大气污染气象风险服务产品、重污染天气预警服务产品、气象要素诱发大气污染预警服务产品的“云＋边＋端”协同智能管理系统建设工程；<br>…… |
| | 大气污染气象风险服务产品应用指导系统建设工程 | (1)大气污染气象风险服务产品、重污染天气预警服务产品、气象要素诱发大气污染预警服务产品的应用智能分析系统建设工程；<br>(2)决策服务用户的大气污染气象风险决策服务产品、重污染天气预警决策服务产品、气象要素诱发大气污染预警决策服务产品的应用指导系统建设工程；<br>(3)公众群体的大气污染气象风险公众服务产品、重污染天气预警公众服务产品、气象要素诱发大气污染预警公众服务产品的应用指导系统建设工程；<br>(4)大气污染气象敏感单位的大气污染气象风险服务产品、重污染天气预警服务产品、气象要素诱发大气污染预警服务产品的应用指导系统建设工程；<br>(5)重大活动相关部门和单位的重大活动空气质量保障大气污染气象风险服务产品、重污染天气预警服务产品、气象要素诱发大气污染预警服务产品的应用指导系统建设工程；<br>…… |
| | 大气污染气象风险服务产品应用智能接收系统建设工程 | (1)决策用户的大气污染气象风险服务产品、重污染天气预警服务产品、气象要素诱发大气污染预警服务产品的应用智能接收系统建设工程；<br>(2)公众群体的大气污染气象风险服务产品、重污染天气预警服务产品、气象要素诱发大气污染预警服务产品的应用智能接收系统建设工程；<br>(3)大气污染气象敏感单位的大气污染气象风险服务产品、重污染天气预警服务产品、气象要素诱发大气污染预警服务产品的应用智能接收系统建设工程；<br>(4)重大活动空气质量保障的大气污染气象风险服务产品、重污染天气预警服务产品、气象要素诱发大气污染预警服务产品的应用智能接收系统建设工程；<br>…… |
| 大气污染气象风险服务效益评估系统建设工程 | 决策服务用户大气污染气象风险服务效益评估系统建设工程 | (1)决策用户的大气污染气象风险服务产品应用效益评估系统建设工程；<br>(2)决策用户的重污染天气预警服务产品应用效益评估系统建设工程；<br>(3)决策用户的气象要素诱发大气污染预警服务产品应用效益评估系统建设工程；<br>…… |

续表

| 项目名称 | | 主要建设内容 |
|---|---|---|
| 大气污染气象风险服务效益评估系统建设工程 | 公众群体的大气污染气象风险服务效益评估系统建设工程 | (1)公众群体的大气污染气象风险服务产品应用效益评估系统建设工程；<br>(2)公众群体的重污染天气预警服务产品应用效益评估系统建设工程；<br>(3)公众群体的气象要素诱发大气污染预警服务产品应用效益评估系统建设工程；<br>…… |
| | 大气污染气象敏感单位的大气污染气象风险服务效益评估系统建设工程 | (1)大气污染气象敏感单位的大气污染气象风险服务产品应用效益评估系统建设工程；<br>(2)大气污染气象敏感单位的重污染天气预警服务产品应用效益评估系统建设工程；<br>(3)大气污染气象敏感单位的气象要素诱发大气污染预警服务产品应用效益评估系统建设工程；<br>…… |
| | 重大活动空气质量保障的大气污染气象风险服务效益评估系统建设工程 | (1)重大活动空气质量保障的大气污染气象风险服务产品应用效益评估系统建设工程；<br>(2)重大活动空气质量保障的重污染天气预警服务产品应用效益评估系统建设工程；<br>(3)重大活动空气质量保障的气象要素诱发大气污染预警服务产品应用效益评估系统建设工程；<br>…… |
| 大气污染气象风险服务监督管理平台建设工程 | 大气污染气象风险服务产品生产系统监督管理平台建设工程 | (1)大气污染气象风险服务对象信息智能采集系统的服务功能及其效能监管平台建设工程；<br>(2)大气污染气象风险服务需求智能研判系统的服务功能及其效能监管平台建设工程；<br>(3)大气污染气象风险服务产品智能制作系统的服务功能及其效能督管平台建设工程；<br>(4)重污染天气服务产品智能制作系统的服务功能及其效能督管平台建设工程；<br>(5)气象要素诱发大气污染的服务产品智能制作系统的服务功能及其效能督管平台建设工程；<br>…… |
| | 大气污染气象风险服务产品应用系统监督管理平台建设工程 | (1)大气污染气象风险服务产品应用平台的服务功能及其效能监管平台建设工程；<br>(2)大气污染气象风险服务产品应用指导系统的服务功能及其效能监管平台建设工程；<br>(3)大气污染气象风险服务产品应用智能接收系统的服务功能及其效能监管平台建设工程；<br>…… |
| | 大气污染气象风险服务效益评估系统监督管理平台建设工程 | (1)决策服务用户大气污染气象风险服务效益评估系统的服务功能及其效能监管平台建设工程；<br>(2)公众群体的大气污染气象风险服务效益评估系统的服务功能及其效能监管平台建设工程；<br>(3)大气污染气象敏感单位的大气污染气象风险服务效益评估系统的服务功能及其效能监管平台建设工程；<br>(4)重大活动空气质量保障的大气污染气象风险服务效益评估系统的服务功能及其效能监管平台建设工程；<br>…… |

## 四、开展大气污染气象风险评估工程建设，强化气象风险常态化管理的敏感性

大气污染气象风险评估是在大气污染气象风险监测和大气污染气候风险预测、天气风险预报、气象要素风险预报以及重污染天气预警、气象要素诱发大气污染预警基础上，结合各种大气污染承受体实际状况，依托大气污染气象风险评估系统，紧紧围绕大气污染气象风险常态化管理需求、重污染天气防范需求、气象要素诱发大气污染防范需求、突发大气污染事件应急保障需求和大气污染治理需求，及时向政府、部门、公众、社会组织和大气污染敏感单位提供大气污染事件形成前气象因素诱发大气污染可能性和大气污染事件发生过程中气象因素对大气污染发展、维持、减弱、消亡等变化趋势影响的可能性以及大气污染事件结束后气象因素对改善空气质量影响的可能性的评估活动。大气污染气象风险评估能让政府、部门、公众、社会组织和大气污染敏感单位非常灵敏地预见未来时期大气污染事件发生的气象风险等级、大气污染变化趋势、大气污染危害程度，增强大气污染防范的敏感性具有基础性支撑和保障作用，是大气污染气象风险管控和大气污染治理不可或缺技术手段。因此，只有通过大气污染气象风险评估成果的科学应用，才能确保政府、部门、公众、社会组织和大气污染敏感单位的大气污染防范具有超前的敏感性。但由于气象因素诱发大气污染的原因非常复杂，涉及大气污染发生所在地的天气气候背景、地质地貌、经济社会发展状况和大气污染防范能力等诸多因素，尤其是气象因素的实时动态变化，使气象因素诱发大气污染的发生具有一定的随机性和不确定性。因此，近年来由于对气象因素诱发大气污染气象风险认知的敏感性不强，缺乏大气污染气象风险防范措施的灵敏调整、实时迭代、动态优化，使大气污染气象风险转变为大气污染的事件尤其是空气重污染天气事件时有发生，导致大气污染损失加重。目前大气污染气象风险评估系统作为生态环境风险管控体系有机组成部分，还停留在依托气象部门现有气象灾害风险评估业务服务系统，导致大气污染气象风险评估能力还不能满足大气污染气象风险尤其是空气重污染天气防范措施灵敏调整、实时迭代、动态优化的需求，严重影响了大气污染气象风险管控的敏感性。

为此，大气污染气象风险评估系统必须根据《中共中央 国务院关于全面加强生态环境保护坚决打好污染防治攻坚战的意见》（中发〔2018〕17 号）关于“环境风险得到有效管控，生态环境保护水平同全面建成小康社会目标相适应”精神，按照《“十三五”生态环境保护规划》（国发〔2016〕65 号）关于“严密防控生态环境风险，加快推进生态环境领域国家治理体系和治理能力现代化。实行全程管控，有效防范和降低环境风险：将风险纳入常态化管理，系统构建事前严防、事中严管、事后处置的全过程、多层级风险防范体系，守牢安全底线”的部署和《生态环境监测规划纲要（2020—2035 年）》关于“系统防范区域性、布局性、结构性环境风险，精准支撑污染防治攻坚。有效防范生态环境风险，不断满足人民群众新期待。监测业务从现状监测向预测预报和风险评估拓展”的要求，参考、借鉴、吸收环境保护部编制的《企业突发环境事件风险评估指南（试行）》（环办〔2014〕34 号），生态环境部、国家卫生健康委员会组织编制的《化学物质环境风险评估技术方法框架性指南（试行）》（环办固体〔2019〕54 号）和气象部门制定的《气象灾害敏感单位风险评估技术规范》（DB50/T 580—2014）等有关技术成果，在气象部门现有气象灾害风险评估业务服务系统、气候可行性论证业务服务系统、雷电灾害风险评估业务服务系统基础上，以大气污染气象风险分析和空气重污染天气发生风险分析为核心，以预见大气污染发生的气象风险等级、大气污染变化趋势、大气污染危害程度为重点，以满足大气污染气象风

险尤其是空气重污染天气防范措施灵敏调整、实时迭代、动态优化需求从而更加灵敏、精准支撑大气污染防治攻坚为目标，开展大气污染气象风险评估系统工程建设，为大气污染气象风险防范、空气重污染天气防范和大气污染气象风险全过程常态化管理提供可靠的支撑保障。因此，开展大气污染气象风险评估系统工程建设是实施大气污染气象风险常态化管控措施灵敏调整、实时迭代、动态优化的唯一途径，是强化大气污染气象风险常态化管理敏感性的有效保障。

大气污染气象风险评估系统工程建设目标具体分三个阶段实施：

到2025年，建成“技术方法科学、业务流程规范、业务支撑平台集约智能、结构合理、组织有力、机制完善、协同高效”的大气污染气象风险评估业务体系，大数据、云计算、人工智能等信息技术在评估业务中得到充分应用，初步实现评估业务从“静态风险评估业务”向“静态风险评估业务和实时动态风险评估业务能生产并重”转变，定量化的预评估技术将逐渐取代等级风险评估技术，智能感知、精准泛在、情景互动、普惠共享的新型智慧大气污染气象风险评估业务发展生态初步形成，全国大气污染气象风险智慧评估业务初步建立，大气污染气象风险评估业务整体实力与大气污染气象风险管理要求相适应，空气重污染天气静态综合评估、静态专项评估、实时动态综合评估、实时动态专项评估业务和事后评估业务整体实力达到同期世界先进水平，为实施大气污染气象风险常态化管控措施尤其空气重污染天气事件发生风险常态化管控措施灵敏调整、实时迭代、动态优化，实现大气污染气象风险管理全过程、大气污染防治攻坚战纵深推进、实现空气质量显著改善提供科学灵敏的敏感性决策支撑。

到2030年，大气污染气象风险评估业务组织管理体系进一步强化，基于气象大数据云平台，综合应用大数据、可视化、云存储、云计算、数据挖掘、自然语言处理、机器学习、空间推理等技术方法构建的大气污染气象风险智慧评估业务能力进一步强化并达到同期世界先进水平，实现重污染天气静态综合评估、静态专项评估、实时动态综合评估、实时动态专项评估、事后评估世界领先，实现评估产品“智能生产”、评估业务模式“静态与动态耦合”、评估业务体系“集约高效智能”，智能感知、精准泛在、情景互动、普惠共享的现代智慧大气污染气象风险评估业务发展生态完全形成，全国大气污染气象风险智慧评估业务建立健全，大气污染气象风险智慧评估业务综合保障能力进一步强化，为全面解决大气污染问题，保障大气环境安全与人体健康，实现空气质量全面改善提供科学灵敏的敏感性决策支撑。

到2035年，科学、权威、高效、集约、精细、智能的大气污染气象风险智慧评估业务体系全面建成，全面实现评估产品“智能生产”、评估业务模式“静态与动态耦合”、评估业务体系“集约高效智能”，全国大气污染气象风险评估业务的组织组织管理体系全面统一，大气污染气象风险预智慧评估现代化能力全面提升，实现气污染气象风险智慧评估世界领先，为获得大气污染防治的绝对控制权、杜绝空气重污染天气事件发生，实现大气污染治理从必然王国向自由王国发展、空气质量根本好转和美丽中国建设目标提供科学灵敏的敏感性决策支撑。

大气污染气象风险评估系统工程主要由区域大气污染气象风险评估系统工程、局地大气污染气象风险评估系统工程、大气污染气象敏感单位大气污染气象风险评估系统工程、大气污染气象风险评估监督管理平台建设工程4大工程及其12个子工程构成，其主要建设内容如表5-4所示。

**表 5-4 大气污染气象风险评估系统工程建设项目及主要建设内容简表**

| 项目名称 | | 主要建设内容 |
|---|---|---|
| 区域大气污染气象风险评估系统工程 | 区域大气污染气象风险基础信息智能研判及其采集系统建设工程 | (1)区域大气污染气象风险、重污染天气、气象要素诱发大气污染的风险源智能研判及其信息采集系统建设工程;<br>(2)区域大气污染气象风险、重污染天气、气象要素诱发大气污染的风险行为智能研判及其信息采集系统建设工程;<br>(3)区域大气污染气象风险、重污染天气、气象要素诱发大气污染的风险对象智能研判及其信息采集系统建设工程;<br>(4)区域大气污染气象风险、重污染天气、气象要素诱发大气污染的风险场智能研判及其信息采集系统建设工程;<br>(5)区域大气污染气象风险、重污染天气、气象要素诱发大气污染的风险链智能研判及其信息采集系统建设工程;<br>(6)区域大气污染气象风险、重污染天气、气象要素诱发大气污染的风险度智能研判及其信息采集系统建设工程;<br>(7)区域大气污染气象风险、重污染天气、气象要素诱发大气污染的风险损失智能研判及其信息采集系统建设工程;<br>…… |
| | 区域大气污染气象风险静态风险评估系统建设工程 | (1)基于区域大气污染气象风险、重污染天气、气象要素诱发大气污染等历史信息资料基础上的不利气象因素危险性智能分析评估系统建设工程;<br>(2)基于区域大气污染气象风险、重污染天气、气象要素诱发大气污染等历史信息资料基础上的大气污染承受体暴露性智能分析评估系统建设工程;<br>(3)基于区域大气污染气象风险、重污染天气、气象要素诱发大气污染等历史信息资料基础上的大气污染承受体脆弱性智能分析评估系统建设工程;<br>(4)基于区域大气污染气象风险、重污染天气、气象要素诱发大气污染等历史信息资料基础上的大气污染风险防范能力智能分析评估系统建设工程;<br>(5)基于区域大气污染气象风险、重污染天气、气象要素诱发大气污染等历史信息资料基础上的大气污染风险等级智能分析评估系统建设工程;<br>(6)基于区域大气污染气象风险、重污染天气、气象要素诱发大气污染等历史信息资料基础上的大气污染风险防范措施敏感性准备智能研判决策支撑系统建设工程;<br>…… |
| | 区域大气污染气象风险实时动态风险评估系统建设工程 | (1)基于区域大气污染气象风险、重污染天气、气象要素诱发大气污染等实时监测、预测、预报、预警信息资料基础上的不利气象因素危险性实时动态变化智能分析评估系统建设工程;<br>(2)基于区域大气污染气象风险、重污染天气、气象要素诱发大气污染等实时监测、预测、预报、预警信息资料基础上的大气污染承受体暴露性实时动态变化智能分析评估系统建设工程;<br>(3)基于区域大气污染气象风险、重污染天气、气象要素诱发大气污染等实时监测、预测、预报、预警信息资料基础上的大气污染承受体脆弱性实时动态变化智能分析评估系统建设工程;<br>(4)基于区域大气污染气象风险、重污染天气、气象要素诱发大气污染等实时监测、预测、预报、预警信息资料基础上的大气污染风险防范能力实时动态需求智能分析评估系统建设工程;<br>(5)基于区域大气污染气象风险、重污染天气、气象要素诱发大气污染等实时监测、预测、预报、预警信息资料基础上的大气污染风险等级实时动态变化智能分析评估系统建设工程;<br>(6)基于区域大气污染气象风险、重污染天气、气象要素诱发大气污染等实时监测、预测、预报、预警信息资料基础上的大气污染风险防范措施灵敏调整、实时迭代、动态优化智能研判决策支撑系统建设工程;<br>…… |

续表

| 项目名称 | | 主要建设内容 |
|---|---|---|
| 局地大气污染气象风险评估系统工程 | 局地大气污染气象风险基础信息智能研判及其采集系统建设工程 | (1)局地大气污染气象风险、重污染天气、气象要素诱发大气污染的风险源智能研判及其信息采集系统建设工程；<br>(2)局地大气污染气象风险、重污染天气、气象要素诱发大气污染的风险行为智能研判及其信息采集系统建设工程；<br>(3)局地大气污染气象风险、重污染天气、气象要素诱发大气污染的风险对象智能研判及其信息采集系统建设工程；<br>(4)局地大气污染气象风险、重污染天气、气象要素诱发大气污染的风险场智能研判及其信息采集系统建设工程；<br>(5)局地大气污染气象风险、重污染天气、气象要素诱发大气污染的风险链智能研判及其信息采集系统建设工程；<br>(6)局地大气污染气象风险、重污染天气、气象要素诱发大气污染的风险度智能研判及其信息采集系统建设工程；<br>(7)局地大气污染气象风险、重污染天气、气象要素诱发大气污染的风险损失智能研判及其信息采集系统建设工程；<br>…… |
| | 局地大气污染气象风险静态风险评估系统建设工程 | (1)基于局地大气污染气象风险、重污染天气、气象要素诱发大气污染等历史信息资料基础上的不利气象因素危险性智能分析评估系统建设工程；<br>(2)基于局地大气污染气象风险、重污染天气、气象要素诱发大气污染等历史信息资料基础上的大气污染承受体暴露性智能分析评估系统建设工程；<br>(3)基于局地大气污染气象风险、重污染天气、气象要素诱发大气污染等历史信息资料基础上的大气污染承受体脆弱性智能分析评估系统建设工程；<br>(4)基于局地大气污染气象风险、重污染天气、气象要素诱发大气污染等历史信息资料基础上的大气污染风险防范能力智能分析评估系统建设工程；<br>(5)基于局地大气污染气象风险、重污染天气、气象要素诱发大气污染等历史信息资料基础上的大气污染风险等级智能分析评估系统建设工程；<br>(6)基于局地大气污染气象风险、重污染天气、气象要素诱发大气污染等历史信息资料基础上的大气污染风险防范措施敏感性准备智能研判决策支撑系统建设工程；<br>…… |
| | 局地大气污染气象风险实时动态风险评估系统建设工程 | (1)基于局地大气污染气象风险、重污染天气、气象要素诱发大气污染等实时监测、预测、预报、预警信息资料基础上的不利气象因素危险性实时动态变化智能分析评估系统建设工程；<br>(2)基于局地大气污染气象风险、重污染天气、气象要素诱发大气污染等实时监测、预测、预报、预警信息资料基础上的大气污染承受体暴露性实时动态变化智能分析评估系统建设工程；<br>(3)基于局地大气污染气象风险、重污染天气、气象要素诱发大气污染等实时监测、预测、预报、预警信息资料基础上的大气污染承受体脆弱性实时动态变化智能分析评估系统建设工程；<br>(4)基于局地大气污染气象风险、重污染天气、气象要素诱发大气污染等实时监测、预测、预报、预警信息资料基础上的大气污染风险防范能力实时动态需求智能分析评估系统建设工程；<br>(5)基于局地大气污染气象风险、重污染天气、气象要素诱发大气污染等实时监测、预测、预报、预警信息资料基础上的大气污染风险等级实时动态变化智能分析评估系统建设工程；<br>(6)基于局地大气污染气象风险、重污染天气、气象要素诱发大气污染等实时监测、预测、预报、预警信息资料基础上的大气污染风险防范措施灵敏调整、实时迭代、动态优化智能研判决策支撑系统建设工程；<br>…… |

续表

| 项目名称 | | 主要建设内容 |
|---|---|---|
| 大气污染气象敏感单位大气污染气象风险评估系统工程 | 大气污染气象敏感单位大气污染气象风险基础信息智能研判及其采集系统建设工程 | (1)大气污染气象敏感单位大气污染气象风险、重污染天气、气象要素诱发大气污染的风险源智能研判及其信息采集系统建设工程；<br>(2)大气污染气象敏感单位大气污染气象风险、重污染天气、气象要素诱发大气污染的风险行为智能研判及其信息采集系统建设工程；<br>(3)大气污染气象敏感单位大气污染气象风险、重污染天气、气象要素诱发大气污染的风险对象智能研判及其信息采集系统建设工程；<br>(4)大气污染气象敏感单位大气污染气象风险、重污染天气、气象要素诱发大气污染的风险场智能研判及其信息采集系统建设工程；<br>(5)大气污染气象敏感单位大气污染气象风险、重污染天气、气象要素诱发大气污染的风险链智能研判及其信息采集系统建设工程；<br>(6)大气污染气象敏感单位大气污染气象风险、重污染天气、气象要素诱发大气污染的风险度智能研判及其信息采集系统建设工程；<br>(7)大气污染气象敏感单位大气污染气象风险、重污染天气、气象要素诱发大气污染的风险损失智能研判及其信息采集系统建设工程；<br>…… |
| | 大气污染气象敏感单位大气污染气象风险静态风险评估系统建设工程 | (1)基于大气污染气象敏感单位大气污染气象风险、重污染天气、气象要素诱发大气污染等历史信息资料基础上的不利气象因素危险性智能分析评估系统建设工程；<br>(2)基于大气污染气象敏感单位大气污染气象风险、重污染天气、气象要素诱发大气污染等历史信息资料基础上的大气污染承受体暴露性智能分析评估系统建设工程；<br>(3)基于大气污染气象敏感单位大气污染气象风险、重污染天气、气象要素诱发大气污染等历史信息资料基础上的大气污染承受体脆弱性智能分析评估系统建设工程；<br>(4)基于大气污染气象敏感单位大气污染气象风险、重污染天气、气象要素诱发大气污染等历史信息资料基础上的大气污染风险防范能力智能分析评估系统建设工程；<br>(5)基于大气污染气象敏感单位大气污染气象风险、重污染天气、气象要素诱发大气污染等历史信息资料基础上的大气污染风险等级智能分析评估系统建设工程；<br>(6)基于大气污染气象敏感单位大气污染气象风险、重污染天气、气象要素诱发大气污染等历史信息资料基础上的大气污染风险防范措施敏感性准备智能研判决策支撑系统建设工程；<br>…… |
| | 大气污染气象敏感单位大气污染气象风险实时动态风险评估系统建设工程 | (1)基于大气污染气象敏感单位大气污染气象风险、重污染天气、气象要素诱发大气污染等实时监测、预测、预报、预警信息资料基础上的不利气象因素危险性实时动态变化智能分析评估系统建设工程；<br>(2)基于大气污染气象敏感单位大气污染气象风险、重污染天气、气象要素诱发大气污染等实时监测、预测、预报、预警信息资料基础上的大气污染承受体暴露性实时动态变化智能分析评估系统建设工程；<br>(3)基于大气污染气象敏感单位大气污染气象风险、重污染天气、气象要素诱发大气污染等实时监测、预测、预报、预警信息资料基础上的大气污染承受体脆弱性实时动态变化智能分析评估系统建设工程；<br>(4)基于大气污染气象敏感单位大气污染气象风险、重污染天气、气象要素诱发大气污染等实时监测、预测、预报、预警信息资料基础上的大气污染风险防范能力实时动态需求智能分析评估系统建设工程；<br>(5)基于大气污染气象敏感单位大气污染气象风险、重污染天气、气象要素诱发大气污染等实时监测、预测、预报、预警信息资料基础上的大气污染风险等级实时动态变化智能分析评估系统建设工程；<br>(6)基于大气污染气象敏感单位大气污染气象风险、重污染天气、气象要素诱发大气污染等实时监测、预测、预报、预警信息资料基础上的大气污染风险防范措施灵敏调整、实时迭代、动态优化智能研判决策支撑系统建设工程；<br>…… |

续表

| 项目名称 | | 主要建设内容 |
|---|---|---|
| 大气污染气象风险评估监督管理平台建设工程 | 区域大气污染气象风险评估系统监督管理平台建设工程 | (1)区域大气污染气象风险基础信息智能研判及其采集系统的服务功能及其效能监管平台建设工程；<br>(2)区域大气污染气象风险静态风险评估系统的服务功能及其效能监管平台建设工程；<br>(3)区域大气污染气象风险实时动态风险评估系统服务功能及其效能监管平台建设工程；<br>…… |
| | 局地大气污染气象风险评估系统监督管理平台建设工程 | (1)局地大气污染气象风险基础信息智能研判及其采集系统的服务功能及其效能监管平台建设工程；<br>(2)局地大气污染气象风险静态风险评估系统的服务功能及其效能监管平台建设工程；<br>(3)局地大气污染气象风险实时动态风险评估系统服务功能及其效能监管平台建设工程；<br>…… |
| | 大气污染气象敏感单位大气污染气象风险评估系统监督管理平台建设工程 | (1)大气污染气象敏感单位大气污染气象风险基础信息智能研判及其采集系统的服务功能及其效能监管平台建设工程；<br>(2)大气污染气象敏感单位大气污染气象风险静态风险评估系统的服务功能及其效能监管平台建设工程；<br>(3)大气污染气象敏感单位大气污染气象风险实时动态风险评估系统服务功能及其效能监管平台建设工程；<br>…… |

## 第三节　大气污染气象风险管理的非常态化非工程性对策措施研究

当大气处于不利于大气污染物传输、扩散、迁移、转化、清除导致大气污染物增多、大气环境容量减小、大气自净能力减弱、大气污染物浓度升高的不利气象条件状态下，为防范大气污染形成和应对大气重污染天气与大气污染突发事件而必须采取的大气污染气象风险管理非工程性对策措施称为大气污染气象风险管理非常态化的非工程性对策措施。大气污染气象风险管理非常态化的非工程性对策措施是依据大气污染气象风险实时监测、预测、预报、预警服务信息和评估服务信息，在充分利用大气环境容量和大气污染自净能力的基础上，针对不利气象条件下大气污染物排放管控和大气污染突发事件中大气污染物排放管控，从制度层面规范政府、部门、单位和个人的大气污染气象风险管控行为而采取的非工程性对策措施。因此，大气污染气象风险管理非常态化的非工程性对策措施是做好不利气象条件下大气污染气象风险管控和大气污染突发事件气象应急保障服务的制度基础，是充分发挥不利气象条件下大气污染物排放和大气污染突发事件中大气污染物排放的非常态管控措施作用的制度性保障，必须从大气污染治理体系和治理能力现代化的高度，根据国家行政管理体制改革和“简政放权、放管结合、优化服务”改革要求，研究制定大气污染气象风险管理非常态化的非工程性对策措施：一是完善大气重污染天气应急预案，强化气象风险非常态化管理的前瞻性；二是完善大气重污染天气联防联控机制，强化气象风险非常态化管理的综合性；三是完善大气污染突发事件气象应急处理机制，强化气象风险非常态化管理的科学性。

## 一、完善大气重污染天气应急预案，强化气象风险非常态化管理的前瞻性

众所周知，大气污染是指某些物质进入大气后，其浓度发生变化并持续一定的时间，质变为大气污染物，最终呈现为一种危害人类健康、影响工农业生产的大气环境污染现象，而天气是指某一个地区距离地表较近的大气层在短时间内的具体状态，即某瞬时内大气中各种气象要素空间分布的综合表现。显然，大气污染天气是指某些物质进入大气后，处在各种气象要素耦合形成某种不利气象条件的近地表大气层具体状态中，使其浓度发生变化并持续一定的时间，质变为大气污染物，最终呈现为一种大气环境污染的天气现象。因此，大气污染天气是大气污染物这个大气污染形成的内因和不利气象因素这个大气污染形成的外因共同耦合效应形成大气环境污染的天气现象，所以造成大气污染内因的大气污染物和造成大气污染外因的不利气象因素必须同时纳入大气重污染天气应对工作范畴。

环境保护部为了攻克大气污染排放量超过大气环境容量这个突破口，提高城市大气重污染预测、预警和应急响应能力，切实保障人民群众身体健康，指导县级以上人民政府编制城市大气重污染应急预案工作，于2013年5月6日向各省、自治区、直辖市人民政府办公厅，新疆生产建设兵团办公厅印发了《城市大气重污染应急预案编制指南》(环办函〔2013〕504号)，对规范城市大气重污染应急预案管理，提高城市大气重污染的预测、预警和应急响应能力，在削减空气重污染峰值、降低重污染频次、降低大气重污染危害程度，保障环境安全和公众身体健康等方面发挥了积极作用。该指南明确定义了“大气重污染”是指空气质量指数(AQI)达到5级及以上污染程度的大气污染。即根据《环境空气质量指数(AQI)技术规定(试行)》(HJ 633—2012)确定的空气质量指数(AQI)大于或等于201时，大气处于重污染状态。同时该指南也强调了“大气重污染”与气象因素密切相关，在应急预案主要内容编制中要求：“监测信息包括环境空气质量信息和气象信息”“预警发布与解除根据实际情况，综合考虑AQI指数监测数据、气象数据的要求”“应急状态下环保、气象等部门按当地人民政府要求，根据职责开展监测”“应急保障包括环境监测应急能力保障、气象预测预报能力保障”。但该指南主要针对形成大气污染内因的大气污染物管控编制“大气重污染”的应急预案，使其对“大气重污染天气”应急管理的指导存在一定的局限性。

为此，环境保护部针对“2013年以来，全国不同地区出现了长时间、大范围、高浓度的重污染天气，造成了不利社会影响”的实际情况，为贯彻落实《大气污染防治行动计划》，于2013年11月18日向各省、自治区、直辖市人民政府办公厅，新疆生产建设兵团办公厅下发了《环境保护部关于加强重污染天气应急管理工作的指导意见》(环办[2013]106号)。指导意见明确提出了“重污染天气”及其应急管理工作。意见针对“目前大气污染物排放总量居高不下，在极端不利气象条件下容易出现重污染天气”的实际，要求“将重污染天气应急响应纳入地方人民政府突发事件应急管理体系，实行政府主要负责人负责制；地方各级人民政府要通过完善体制、健全机制，加强能力建设，形成政府组织实施、有关部门和单位具体落实、全民共同参与的重污染天气应急管理体系”“各地要加快重污染天气监测预警体系建设，建立重污染天气监测预警业务平台，完善重污染天气预测预报相关技术规范和标准，尽快形成重污染天气监测预警能力；建立重污染天气监测预警会商制度，健全预警信息发布机制，做好重污染天气过程的趋势分析，提高监测预警的准确率”“完善重污染天气应急预案体系：空气质量未达到规定标准的城市人民政府要根据当地污染物排放和气象条件，分析可能出现的重污染天气，在建立大气污染源清单的基础上，参照《城市大气重污染应急预案编制指南》，编制应急预案，并通过演练和应

对实践修改完善；政府相关部门要按照职责分工制定专项实施方案，包括工业企业限产停产方案，机动车限行方案，扬尘控制方案，气象干预方案，停办大型户外活动方案以及中小学和幼儿园停止户外活动和停课方案等；各省（区）人民政府根据本辖区重污染天气实际情况制定本级应急预案，其应急预案应当与辖区各城市应急预案统筹衔接，重点强调组织、协调和联防联动内容；企事业单位要将重污染天气应对的相关内容纳入本单位突发环境事件应急预案”。该指导意见进一步强调了形成大气污染外因的不利气象因素是“重污染天气应急管理体系”“重污染天气监测预警体系建设”和“完善重污染天气应急预案体系”的重要内容，“气象干预方案”在大气重污染天气应对工作的现实意义。

但由于大气污染涉及不利气象因素极其复杂、专业性强，使全国部分省（区、市）大气重污染天气应急预案存在定位不准、体系不健全、针对性和可操作性不强、应急保障不够等问题。为此，环境保护部于 2014 年 11 月 3 日向各省、自治区、直辖市人民政府办公厅，新疆生产建设兵团办公厅下发了《环境保护部办公厅关于加强重污染天气应急预案编修工作的函》（环办函〔2014〕1461 号），明确要求“各地要系统分析本地近两年来重污染天气形成过程，确定合理的预警分级尤其是红色预警分级标准，并统一采用‘蓝色、黄色、橙色、红色’颜色表述；针对各种可能的预警情形，要结合预测预警能力确定预警条件，明确预警信息发布、解除工作流程，规范每个环节的任务分工、时限要求和工作方式，实施‘预警即响应’以及没有提前预警时的补救措施，避免出现人为因素导致‘滞后预警’或‘不预警’”，“地方政府要对每次重污染天气应对过程进行总结，次年 5 月份对前一年应急预案编修和实施情况进行评估，重点评估应急预案实施情况、应急措施环境效益、社会效益以及经济成本，评估结果要向上一级环境保护主管部门报告；有关省级环境保护主管部门要在 6 月底前将汇总情况报环境保护部”“完善监测网络，整合污染源、环境质量监测和气象数据信息，提升技术支撑能力；充实重污染天气应急管理人员力量，加强预测、预警人才培养，建立专家库，强化人员保障”。

另外，生态环境部为全面贯彻落实《打赢蓝天保卫战三年行动计划》，进一步推进和指导全国开展重污染天气应急预案（以下简称应急预案）修订工作，强化重污染天气应对，不断提高环境管理精细化水平，切实减缓污染程度、保护公众健康，于 2018 年 8 月 23 日向各省、自治区、直辖市人民政府办公厅，新疆生产建设兵团办公厅下发了《生态环境部办公室关于推进重污染天气应急预案修订工作的指导意见》（环办大气函〔2018〕875 号）。该指导意见明确要求避免重污染天气应急措施“一刀切”，工业源减排措施要做到“一厂一策”，并且进一步规范了全国重污染天气预警分级标准（表 5-5）。

**表 5-5　全国重污染天气预警分级标准**

| 类别 | 指标 | 黄色预警 | 橙色预警 | 红色预警 |
| --- | --- | --- | --- | --- |
| 全国 | AQI | 预测 AQI 日均值＞200 将持续 2 d(48 h)及以上，且短时出现重度污染、未达到高级别预警条件 | 预测 AQI 日均值＞200 将持续 3 d(72 h)及以上，且未达到高级别预警条件 | 预测 AQI 日均值＞200 将持续 4 d(96 h)及以上，且预测 AQI 日均值＞300 将持续 2 d(48 h)及以上；或预测 AQI 日均值达到 500 |
| 建议性 | $SO_2$ | 监测 $SO_2$ 浓度（1 h 均值）＞500 μg/m³ | 监测 $SO_2$ 浓度（1 h 均值）＞650 μg/m³ | 监测 $SO_2$ 浓度（1 h 均值）＞800 μg/m³ |
| 备注 | 以 24 h 滑动平均值计算的 AQI 代替原来日均值计算的 AQI，并将持续时间用持续小时数（24 h、48 h、72 h 及 96 h）代替原来的天数（1 d、2 d、3 d 及 4 d）。 | | | |

生态环境部按照《打赢蓝天保卫战三年行动计划》要求，为更好地保障人民群众身体健康，积极应对重污染天气，进一步完善重污染天气应急预案，夯实应急减排措施，细化减排清单，加强区域应急联动，实现依法治污、精准治污、科学治污，在《关于推进重污染天气应急预案修订工作的指导意见》（环办大气函〔2018〕875 号）的基础上，针对重点区域和重点行业领域重污染天气应对工作，于 2019 年 7 月 26 日下发了《关于加强重污染天气应对夯实应急减排措施的指导意见》（环办大气函〔2019〕648 号）。指导意见针对“当前污染物排放总量远超环境容量，在不利气象条件下，重污染天气依然频发，成为人民群众的‘心肺之患’。2018—2019 年秋冬季，京津冀及周边地区‘2＋26’城市重污染天数累计 624 d，同比增加 36.8％；汾渭平原重污染天数累计 250 d，同比增加 42.9％。重污染天气已经成为空气质量持续改善的短板，改善进度与人民群众对美好生活的期盼还存在较大差距”的严峻形势。强调“更加有效开展重污染天气应对，夯实应急减排措施，切实实现‘削峰降速’的减排效果，大幅改善秋冬季空气质量，是打赢蓝天保卫战的关键，也是保护人民群众身体健康的必然要求”“针对重点区域、重点领域，在重点时段对不同环保绩效水平的工业企业，采取更加精准、更加科学的差异化应急减排措施，有利于增强企业预期，提前有序调整生产，减少对正常生产经营的影响；同时，也有利于鼓励“先进”、鞭策“后进”，推动企业绿色发展，促进全行业提标改造升级转型，对进一步深化“放管服”改革，推动经济高质量发展具有积极作用，进一步明确了“坚持底线思维有效应对、坚持突出重点精准减排、坚持绩效分级差异管控、坚持措施可行有据可查”的应急预案修订基本原则。同时指导意见还要求在重污染天气应急响应期间，加大监督问责力度，切实解决“违法成本低、守法成本高”“劣币驱逐良币”等问题，保障应急减排措施有效落实。

基于上述重污染天气应对和重污染天气应急预案编修工作的文件精神，结合“当前污染物排放总量远超环境容量，在不利气象条件下，重污染天气依然频发，大气污染防治攻坚战正处于战略相持阶段”的实际情况，为了避免重污染天气应急措施“一刀切”，切实解决重污染天气应对工作“违法成本低、守法成本高”“劣币驱逐良币”问题，必须以不利气象条件下不出现重污染天气为目标导向，进一步完善重污染天气应急预案，将重污染天气应急预案中重污染天气监测预警体系建设涉及的大气污染气象风险监测、预测、预报、预警、评估等建设内容进一步明确、细化和实施，并纳入逐级落实责任和监督问责范畴，力戒形式主义，切实增强大气污染气象风险监测、预测、预报、预警、评估业务服务能力，充分发挥气象在提升重污染天气监测预警准确率、科学应对重污染天气、杜绝重污染天气应急措施“一刀切”和“劣币驱逐良币”现象发生的基础性、现实性、前瞻性作用，为重污染天气防范措施灵敏调整、实时迭代、动态优化赢得提前量，为实现大气污染依法治污、精准治污、科学治污提供具有针对性、预见性、敏感性、前瞻性的气象科技支撑。因此不断完善大气重污染天气应急预案是强化气象风险非常态化管理前瞻性的重要基础。

## 二、完善大气重污染天气联防联控机制，强化气象风险非常态化管理的综合性

虽然重污染天气预警统一以空气质量指数（AQI）24 h 均值为指标，但大气重污染天气涉及大气污染物和不利气象条件两个因素，而不利气象条件动态变化特征对空气质量指数（AQI）有显著影响，进而对大气重污染天气联防联控措施灵敏调整、实时迭代、动态优化产生影响，使大气重污染天气应对措施能够提前有效落实出现偏差，导致当前污染物排放总量远超环境容量，在不利气象条件下，重污染天气依然频发。例如，生态环境部部长李干杰同志在 2019 年 3 月 11 日举行的十三届全国人大二次会议记者会上，对大气重污染成因与治理攻关

项目的阶段性研究成果做的解读中。他讲到“气象条件在变，一时天气好，不要自满松懈，遇到重污染过程，也不要丧失信心，不要否定改善成果。”他表示，气象条件的影响，年度与年度之间在10%上下。也就是说，同样的污染排放，由于不同年份气象条件的差异，有的可能拉高10%，有的可能拉低10%，个别城市可能还会达到15%。另外，研究还发现了容易造成重污染的不利气象条件：风速低于2 m/s，湿度高于60%，近地面逆温、混合层高度低于500 m。这样的气象条件极容易形成重污染天气。也正因如此，在预测到有这样的气象条件时，一定要进行重污染天气的预警应急，要采取应急措施，把污染排放降下来，才能使重污染过程减轻。

因此，目前我国大气污染防治攻坚战还处于“战略相持”阶段，虽然空气质量改善成效显著，但不利气象条件诱发重污染天气依然频发，重污染天气已经成为空气质量持续改善的短板，改善进度与人民群众对美好生活的期盼还存在较大差距。而保护人民群众身体健康是重污染天气应对的底线，迫切需要充分发挥气象科技在大气重污染天气联防联控中的基础性、现实性、前瞻性作用，为不利气象条件下不出现重污染天气目标的实现，必须进一步完善大气重污染天气联防联控机制，切实强化大气污染气象风险非常态化管理的综合性，这就要求重污染天气联防联控必须从以大气污染主观因素（大气污染物排放）的大气重污染联防联控向基于大气污染客观因素（不利气象条件）与大气污染主观因素耦合效应的大气重污染天气联防联控转变。所以大气重污染天气联防联控必须在以下5个方面进一步完善，才能进一步提高应对重污染天气及其治理的决策科学化水平，确保重污染天气全过程应急响应措施调整灵敏、迭代实时、优化及时，从而更加有效地应对重污染天气，实现依法治污、精准治污、科学治污，不断推进大气污染治理“从必然王国向自由王国发展”。

一是完善重污染天气联防联控治理中的多专业协同研判机制。不利气象条件对不同大气污染物在大气中的湿清除、干清除、扩散、稀释、输送、氧化、还原等物理化学作用是完全不同的，即不利气象条件对不同大气污染物形成大气污染影响机理是有明显差异。例如，不利气象条件诱发机动车尾气污染、燃煤污染、工业废气污染、扬尘污染、生活污染的机理完全不同，其采取的应急响应措施及其监督管理涉及跨学科、跨专业、跨部门、跨行业、跨领域的交叉融合，既有工程性措施也有非工程性措施，既有技术、经济手段还需要行政、法律手段，非常复杂。因此，在重污染天气联防联控治理中不仅需要进一步完善重污染天气预测、预报、预警、评估的多专业协同研判会商制度，完善会商流程和规范，通过视频会商系统，开展专家在线联席会商，形成预警、预报、预测结论和事前、事中、事后影响评估意见；而且还迫切需要进一步完善基于重污染天气预测、预报、预警、评估的重污染天气应急响应措施灵敏调整、实时迭代、动态优化的多专业协同研判机制，建立、健全重污染天气应对专家智库，通过视频会商系统，开展专家在线联席会商，形成从源头到末端的重污染天气全过程应急响应措施调整灵敏、迭代实时、优化及时，从而更加有效地开展重污染天气应对工作，夯实应急减排措施，切实实现“削峰降速”的减排效果，大幅度改善空气质量。

二是完善重污染天气联防联控治理中的信息共享机制。重污染天气信息共享既有利于对突发性大气污染的预警，也有利于高效的开展联动措施，但目前重污染天气信息共享机制还不健全，虽然《环境保护法》第五章对信息公开的层面作了规定，但没有涉及空气环境信息的共享问题，导致重污染天气联防联控的信息共享还不完整、不充分，严重影响重污染天气联防联控治理的效率。因此，迫切需要进一步完善重污染天气信息共享机制，建立、健全重污染天气实时动态监测信息和重污染天气预测、预报、预警、评估信息以及重污染天气全过程应急响应信息共享平台，将重污染天气联防联控信息分类共享给各个联动部门和单位，支撑联动部门和单位依法治污、精准治污、科学治污。

三是完善重污染天气联防联控治理中的信息接收机制。重污染天气信息及时接收对重污染天气联防联控部门和单位在重污染天气应急预案的基础上，实现重污染天气应急处置措施的衔接有序、联动顺畅和早研判、早响应、早应对、早处置具有重要的现实意义。因此，迫切需要进一步完善重污染天气信息接收机制，建立基于互联网的重污染天气信息接收的计算机、电子显示屏、电话、手机等固定和移动终端，确保联防联控部门和单位及其相关工作人员及时收到重污染天气信息，尤其是重污染天气实时动态监测信息和重污染天气预测、预报、预警、评估信息，并结合本部门、本单位实际，及时研判，启动本部门、本单位重污染天气应急预案，使重污染天气全过程应急响应措施调整灵敏、迭代实时、优化及时。

四是完善重污染天气应急响应措施差异化机制。目前现有的突发性大气污染的紧急预警标准太过于片面化的强调统一，大气污染联防联控预警标准强调统一没有错，但一味盲目强调统一往往导致个体差异被忽视，尤其那些投入资金采取了措施管控大气污染物排放，即使在不利气象条件下也不可能对大气造成污染的企业，而要求这些企业与那些没有投入资金采取措施管控大气污染物排放的企业一样“一刀切”地停产、限产、错峰生产，就会出现“劣币驱逐良币”的现象。因此，迫切需要进一步完善空气重污染天气应急响应措施差异化机制，建立企业大气污染治理专项资金补贴机制，出台企业大气污染治理绿色金融支持政策，支持企业发行债券，募集资金用于“在不利气象条件下对大气不造成污染为目标”的大气污染治理和节能改造以及基于重污染天气实时动态监测信息和重污染天气预测、预报、预警、评估信息的大气污染物排放智能管控系统建设，促进大气污染防治攻坚战从“战略相持”阶段向“大气污染问题基本解决”阶段转变，从而不断推进大气污染治理“从必然王国向自由王国发展”。

五是完善大气重污染天气联防联控治理中的公众参与机制。公众参与大气重污染天气联防联控治理中有利于提高大气污染联防联控决策的有效性，并为决策的下一步执行提供便利，实现公众对企业重污染天气应急响应措施落实情况的监督，促进公众参与、行政监管、企业主体的重污染天气联防联控手段的良性互动和有效补充。因此，迫切需要进一步完善重污染天气联防联控的公众参与机制，建立重污染天气应对科普宣传体系，将大气重污染、重污染天气形成、重污染天气应急响应措施等专业知识和重污染天气预测、预报、预警、评估信息及其对重污染天气应急响应措施影响信息等转化为群众理解的科普语言和政府部门一看就明白的行政语言，通过广播、电视、报纸、网站、微博、微信、移动客户端、公共电子显示屏、移动电话、固定电话、科普讲座、宣传挂图（卡片、手册）、宣传车、知识热线等方式，在农村、学校、工厂、社区、机关、公交、广场等场所，普及重污染天气联防联控科普知识。从而有效提升公众参与重污染天气联防联控意识，增强公众对大气环境权益的内生诉求，进一步强化公众参与重污染天气联防联控自觉性，提高公众对重污染天气联防联控监督水平，确保政府、部门、企业在重污染天气应对及其治理的决策更具科学化、精准化。

## 三、完善大气污染突发事件气象应急处突机制，强化气象风险非常态化管理的科学性

由于重污染天气与大气污染突发事件形成机理完全不同，前者是大气污染物依法依规按照有关技术标准排放，但受不利气象条件影响导致大气处于不利于大气污染物传输、扩散、迁移、转化、清除，使大气污染物增多、大气环境容量减小、大气自净能力减弱、大气污染物浓度升高，造成的大气污染事件；而后者是生产过程中操作、管理不当等人为因素和雷电、暴雨、大风、大雾、山洪、泥石流、滑坡、崩塌、地面沉降、森林火灾、风暴潮、海啸等自然因素突然使大气污染

物排放失控，导致大气污染物增多、大气污染物浓度升高，造成的大气污染突发事件。而大气污染突发事件具有事件发生的必然性、不确定性、复杂性，事件发展的不确定性、复杂性、差异性，事件处置的复杂性、差异性，事件后果的严重性；并且根据大气污染事件发生方式，可分为污染物泄漏导致大气污染突发事件、爆炸产生大气污染物导致大气污染突发事件两大类型，必须采取相应的应急处理处置措施予以应对的大气污染突发事件。然而大气污染突发事件发生、发展及其对人体健康的损害、生态环境的破坏均与气象条件有着非常密切的关系，其应急处置措施的科学性、有效性、针对性、及时性涉及大气污染物在大气中的传输路径、扩散方向、扩散范围，以及扩散后的大气污染物浓度是否对人体造成伤害和大气污染物中涉及易燃易爆物质浓度是否达到燃爆极限等技术问题，只有通过当时的天气形势和突发事件现场大气污染气象风险的科学、准确、及时监测、预警、预报、评估来解决。但由于大气污染气象风险的专业性强，大气污染突发事件处置现场重点关注的是对人体造成伤害的大气污染物浓度实时监测与应急处置、大气污染物中涉及易燃易爆物质浓度监测与应急处置，而对大气污染突发事件现场开展大气污染气象风险监测、预警、预报、评估等应急保障服务机制还未完全建立。导致突发事件的应急处置措施：如大气污染物在未来一段时间是否扩散、是否对人员人体造成伤害、人员是否疏散、多大范围的人员疏散、疏散的路径、方向、区域如何确定；大气污染物中涉及易燃易爆物质在未来一段时间是否扩散、在多大范围内形成爆炸极限、应在多大范围内停电和禁止烟火、人员是否疏散、多大范围的人员疏散、疏散的路径、方向、区域如何确定等处置措施的科学性、有效性、针对性、及时性受到限制，有时甚至给国家和人民带来巨大灾难。

例如，1998 年 3 月 5 日 16 时 50 分，陕西西安市在雁塔区大寨路的西安市煤气公司液化石油气管理所储罐区 400 $m^3$ 容积的 11 号球形储罐根部发生泄漏，因罐群附近一个配电箱突然起火爆炸，造成 12 人牺牲(其中消防官兵 7)、30 人受伤，引发了储罐区 3 次闪爆，3 km 范围内近 10 万人被紧急疏散的特大安全事故中，若大气污染突发事件处置现场第一时间开展应急污染气象现场保障服务，就可根据天气形势和大气稳定度、大气混合层、低层大气风、湍流、温度等污染气象因子，准确及时预警、预报、评估出未来每小时煤气扩散浓度、在多大范围形成爆炸极限、应在多大范围停电和禁止烟火，从而避免罐群附近一个配电箱突然起火爆炸，造成灾难的发生。

又如，2003 年 12 月 23 日 21 时 15 分，位于重庆市开县境内的中石油西南油气田分公司川东北气矿罗家 16 号井突发天然气井喷，造成 243 人遇难，4000 多人受伤的特大安全事故中，若大气污染突发事件处置现场第一时间开展应急污染气象现场保障服务，就可根据天气形势和大气稳定度、大气混合层、低层大气风、湍流、温度等污染气象因子，准确及时预警、预报、评估出未来每小时、每 2 小时井喷的 $H_2S$ 气体在空气中的传输路径、扩散方向、扩散范围、扩散浓度，从而确定空气中 $H_2S$ 气体是否对人员人体造成伤害、人员是否疏散、多大范围的人员疏散、疏散的路径、方向、区域，川东钻探公司及有关决策人员就会及时做出对放喷管线实施点火的果断决策和明确指令，科学、及时安排人员的疏散范围和疏散路径，从而避免这次灾难的发生。

因此，为了进一步增强大气污染突发事件应急处置的科学性、有效性、针对性、及时性，杜绝应急处置不当造成灾难发生。迫切需要在大气污染突发事件应急处置工作中完善大气污染突发事件气象应急机制，切实强化气象风险非常态化管理的科学性，从而进一步强化与大气污染物浓度、大气污染物中涉及易燃易爆物质浓度变化趋势密切相关的大气污染气象风险监测、预警、预报、评估等应急保障服务。所以大气污染突发事件气象应急处置机制必须从以下 3 个方面进一步完善，才能进一步增强大气污染突发事件应急处置的科学性、有效性、针对性、及时性，确保大气污染突发事件应急处置全过程措施调整灵敏、迭代实时、优化及时，从而更加有效地控制大气污染突发事件的发展，最大限度地降低大气污染突发事件的损失，确保社会安全稳定。

一是完善大气污染突发事件应急处置中基于气象历史资料的突发性大气污染事件性质智能研判机制。当大气污染突发事件发生后，应对大气污染突发事件的主体根据突发事件性质在预案中选择最合适的应对预案，及时采取最有效的处理措施来解决急需解决的问题，这是应对突发事件的先决条件。而大气污染突发事件发生、演变以及造成危害与复杂多变的气象因素密切相关，并且突发大气污染事件发生时缺乏大量有效和有用的突发大气污染事件现场气象信息。因此，迫切需要以大气污染突发事件为研究对象，依托大数据、可视化、云存储、云计算、数据挖掘、自然语言处理、机器学习、空间推理、案例推理等技术方法构建基于气象历史资料的突发性大气污染事件性质智能研判机制，借助人工智能和案例推理方法推演出突发性大气污染事件的发生原因、事件类型、危害程度、影响范围、污染对象和大气污染物可能发生的物理化学变化及其浓度变化趋势等特征，为突发大气污染事件发生时有限信息条件下选择最合适的应对预案，科学制定突发大气污染事件应急解决方案，采取针对性的处理措施控制事态的发展，及时有效地处置突发大气污染事件提供决策依据。

二是完善大气污染突发事件应急处置中基于气象实时监测资料的突发性大气污染事件发展趋势智能研判机制。在大气污染突发事件对社会实际危害已经发生的应急处置阶段，如何加强对突发性大气污染事件的应急处置能力，尽可能地减少突发大气污染事件造成的财产损失和人员伤亡呢？大量的大气污染突发事件应急处置经验表明：须依据突发性大气污染事件现场气象实时监测资料分析评估大气污染事件发展趋势和预报、预警大气污染事件影响范围及其危害程度，才能确保在大气污染突发事件应急处置过程中的处置措施调整灵敏、迭代实时、优化及时，从而及时、有效、针对性地处置突发大气污染事件，最大限度地降低大气污染突发事件造成的损失。因此，迫切需要以大气污染突发事件为研究对象，依托大数据、可视化、云存储、云计算、数据挖掘、自然语言处理、机器学习、空间推理、案例推理等技术方法构建基于突发性大气污染事件现场气象实时监测资料的突发性大气污染事件发展趋势智能研判机制，借助大气污染事件现场气象实时监测资料和大气污染突发事件演化模型（图 5-6），智能研判突发性大气污染事件在气象因素的影响下演化为大气污染公共安全事件、大气污染重大公共安全事件的可能性，为及时调整、迭代、优化大气污染突发事件应急处置措施，控制大气污染突发事件向恶性方向发展以及阻止大气污染突发事件向大气污染公共安全事件、大气污染重大公共安全事件转变，最终有效处置突发大气污染事件达到维持社会正常运转并良性循环的目的提供决策依据。

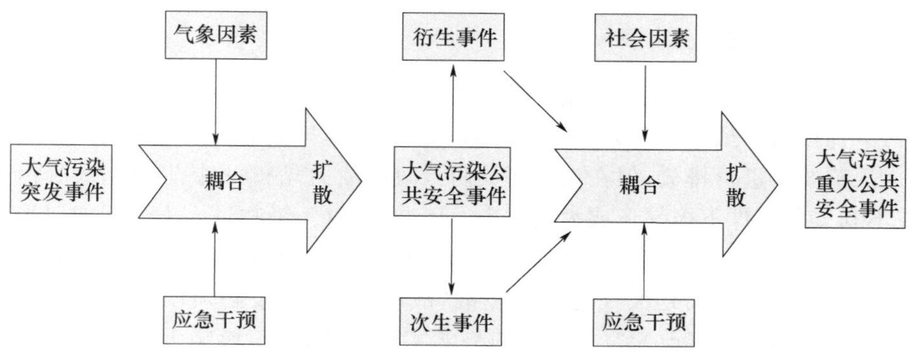


图 5-6　大气污染突发事件演化模型

三是完善大气污染突发事件应急处置中基于气象风险的突发性大气污染事件应急处置决策支撑机制。在大气污染突发事件应急处置过程中，由于大气污染物及其涉及易燃易爆物质的传输、扩散、迁移、转化、清除受到气象因素影响，使大气污染突发事件应急处置决策离不开大气污染气象风险的监测、评估、预报、预警等气象应急保障服务。因此，迫切需要以大气污染突发事件为研究对象，依托大数据、可视化、云存储、云计算、数据挖掘、自然语言处理、机器学习、空间推理、案例推理等技术方法构建基于气象风险的突发性大气污染事件应急处置决策支撑机制，借助大气污染气象风险监测、评估、预报、预警等信息综合应用，为突发性大气污染事件应急处置前瞻性、预防性、针对性、敏感性、可靠性、有效性决策提供气象科技支撑和应急保障，从而进一步健全突发性大气污染事件应对工作机制，科学有序高效应对突发性大气污染事件，保障人民群众生命财产安全和大气环境安全，促进社会全面、协调、可持续发展。

## 第四节　大气污染气象风险管理的非常态化工程性对策措施研究

为防范不利气象条件下大气污染形成和应对大气重污染天气与大气污染突发事件而必须采取大气污染气象风险管理工程性对策措施称为大气污染气象风险管理非常态化的工程性对策措施。大气污染气象风险管理非常态化的工程性对策措施是依据大气污染气象风险实时监测、预测、预报、预警服务信息和评估服务信息，在充分利用大气环境容量和大气污染自净能力的基础上，针对不利气象条件下大气中大气污染物清除和大气污染突发事件中大气污染物排放管控及其清除，从工程技术层面规范政府、部门、单位和个人的大气污染气象风险管控行为，而采取的工程性对策措施。因此，大气污染气象风险管理非常态化的工程性对策措施是做好不利气象条件下大气污染气象风险管控和大气污染突发事件气象应急保障服务的技术基础，是充分发挥不利气象条件下大气污染物清除和大气污染突发事件中大气污染物排放管控及其清除的非常态管控措施作用的技术性保障，必须从大气污染治理体系和治理能力现代化的高度，根据国家行政管理体制改革和“简政放权、放管结合、优化服务”改革要求，研究制定大气污染气象风险管理非常态化的工程性对策措施：一是开展不利气象条件下大气污染的人工增雨改善空气质量应急保障工程建设，强化大气污染气象风险非常态化管理的实践性；二是开展不利气象条件下大气污染的人造雨、雾改善空气质量应急保障工程建设，强化大气污染气象风险非常态化管理的普适性；三是开展大气污染突发事件应急气象保障工程建设，强化大气污染气象风险非常态化管理的支撑性。

### 一、开展人工增雨改善空气质量应急保障工程建设，强化气象风险非常态化管理的实践性

众所周知，改善空气质量的根本途径是对大气污染源的治理，采取一切措施管控大气污染源的大气污染物排放。虽然目前大气污染源的大气污染物排放都必须严格按照有关法律法规规定和技术规范要求进行排放，但在大气污染防治攻坚战的“战略相持”阶段，大气污染物进入大气后，在不利气象条件下极易形成大气污染。因此，大气污染物进入大气后如何采取有效措施减少大气污染物在大气中的含量、降低大气污染物浓度，达到改善空气质量，最终减轻或防止不利气象条件下大气污染是大气污染攻坚战“战略相持”阶段必须攻克解决的科学技术问题。通过大量人工影响天气改善空气质量的科学实践证明：人工影响天气是大气中的大气污染物减少进而降低大气污染物浓度，达到改善空气质量的主要工程技术措施，而人工影响天气

的人工增雨是目前唯一能大范围地使大气中的大气污染物减少降低大气污染物浓度、改善空气质量的人工影响天气工程技术措施，并且应用最成熟、最普遍、最有效。人工增雨改善空气质量的基本原理是指在适合人工增雨的条件下，针对已经进入大气中的大气污染物，应用飞机、火箭、高炮、烟炉等人工增雨作业技术手段影响大气成云致雨条件，促进降雨形成或增加降雨量，使大气污染物通过湿沉降减少大气中大气污染物质，降低大气污染物浓度，从而改善空气质量。

虽然人工增雨改善空气质量工程技术措施的应用受到“人工增雨条件”的限制，但该工程技术措施是目前大气污染攻坚战“战略相持”阶段应对重污染天气和大气污染突发事件不可或缺的工程技术措施，是大气污染防治气象干预措施的具体体现，是人工影响天气科学技术在大气污染治理中有效降低大气污染改善空气质量的具体实践，是改善空气质量人工影响天气试验科学性与实践性有机统一的具体载体，是充分应用人工影响天气科学技术在大气污染气象风险非常态化管理具体实践的重要基础性工程技术措施。因此，开展人工增雨改善空气质量应急保障工程建设对防范重污染天气和大气污染突发事件应急气象保障服务具有重要的现实意义和实践意义，对大气污染气象风险非常态化管理实践的工程性技术支撑具有重要的基础性、现实性、前瞻性作用。

为此，“人工增雨改善空气质量”业务服务系统必须根据《大气污染防治行动计划》（国发〔2013〕37 号）关于“按不同污染等级确定可行的气象干预应对措施”精神，按照《气象部门贯彻落实〈大气污染防治行动计划〉实施方案》（气发[2013]106 号）关于“发展气象干预措施，形成人工影响天气改善空气质量业务能力，实施人工影响天气改善空气质量”要求，在气象部门现有人工影响天气业务服务系统基础上，以适合人工增雨的条件智能研判为核心，以创新人工增雨作业技术提升增雨效果为基础，以改善空气质量为目标，开展人工增雨改善空气质量应急保障工程建设，为防范重污染天气和大气污染突发事件应急气象保障服务以及大气污染气象风险非常态化管理实践提供工程性技术支撑。因此，开展人工增雨改善空气质量应急保障工程建设是强化气象风险非常态化管理实践性的重要保障。

人工增雨改善空气质量应急保障工程建设目标具体分三个阶段实施：

到 2025 年，建成“人工增雨条件许可智能研判精准、人工增雨作业核心技术先进、人工增雨业务服务平台智能、人工增雨改善空气质量效果智能评估、人工增雨业务服务管理科学”的人工增雨改善空气质量研究型业务服务基本形成，人工增雨改善空气质量研究型业务服务安全综合防范能力显著提升，人工增雨改善空气质量研究型业务服务整体实力与大气污染气象风险管理要求相适应，人工增雨改善空气质量研究型业务服务整体实力达到同期世界先进水平，为大气污染气象风险非常态化管理全过程、大气污染防治攻坚战纵深推进、实现空气质量显著改善提供先进的人工影响天气科技支撑。

到 2030 年，人工增雨改善空气质量研究型业务服务组织管理体系进一步强化，基于气象＋大数据云平台，综合应用大数据、可视化、云存储、云计算、数据挖掘、自然语言处理、机器学习、空间推理等技术方法构建的人工增雨改善空气质量研究型业务服务能力进一步强化并达到同期世界先进水平，实现人工增雨的气象条件智能研判世界领先，为全面解决大气污染问题，保障大气环境安全与人体健康，实现空气质量全面改善提供最先进的人工影响天气科技支撑。

到 2035 年，科学、权威、高效、集约、智能、无缝隙的现代人工增雨改善空气质量研究型业务服务体系全面建成，全国人工增雨改善空气质量研究型业务服务的组织管理体系全面统一，人工增雨改善空气质量研究型业务服务现代化能力全面提升，实现人工增雨改善空气质量研究型业务服务世界领先，为获得大气污染防治的绝对控制权、杜绝空气重污染天气事件发生，实现大气污染治理“从必然王国向自由王国发展”、空气质量根本好转和美丽中国建设目标提供现代化的人工影响天气科技支撑。

人工增雨改善空气质量应急保障工程主要由人工增雨改善空气质量的许可条件智能研判系统建设工程、人工增雨改善空气质量的作业技术开发与应用系统建设工程、人工增雨改善空气质量的业务服务智能平台建设工程 3 大工程及其 10 个子工程构成，其主要建设内容如表 5-6 所示。

**表 5-6　人工增雨改善空气质量应急保障工程建设项目及主要建设内容简表**

| 项目名称 | | 主要建设内容 |
|---|---|---|
| 人工增雨改善空气质量的许可条件智能研判系统建设工程 | 改善空气质量的云水资源潜力立体监测系统升级改造工程 | (1)基于改善空气质量的地基云水资源潜力监测升级改造工程建设；<br>(2)基于改善空气质量的空基云水资源潜力监测升级改造工程建设；<br>(3)基于改善空气质量的天基云水资源潜力监测升级改造工程建设；<br>(4)基于改善空气质量的移动式云水资源潜力监测升级改造工程建设；<br>…… |
| | 改善空气质量的空中云水资源转化降水潜力智能研判系统建设工程 | (1)72～24 h 天气系统云水资源转化降水潜力智能研判系统工程建设；<br>(2)24～3 h 天气系统云水资源转化降水潜力智能研判系统工程建设；<br>(3)3～0 h 天气系统云水资源转化降水潜力智能研判系统工程建设；<br>…… |
| | 改善空气质量的人工增雨作业安全许可智能研判系统建设工程 | (1)人工增雨作业空域安全许可智能研判系统建设工程；<br>(2)飞机人工增雨作业起降安全气象条件许可智能研判系统建设工程；<br>(3)高炮火箭人工增雨作业地面安全许可智能研判系统建设工程；<br>(4)烟炉人工增雨作业地面气象条件许可智能研判系统建设工程；<br>…… |
| 人工增雨改善空气质量的技术开发与应用系统建设工程 | 改善空气质量的人工增雨关键技术开发与应用系统建设工程 | (1)人工增雨改善空气质量的暖云催化技术开发与应用系统建设工程；<br>(2)人工增雨改善空气质量的冷云催化技术开发与应用系统建设工程；<br>(3)人工增雨改善空气质量的局地动力干预技术开发与应用系统建设工程；<br>(4)人工增雨改善空气质量的局地热力干预技术开发与应用系统建设工程；<br>(5)人工增雨改善空气质量的电离、激光、低频声波、静电催化等新技术开发与应用系统建设工程；<br>…… |
| | 改善空气质量的人工增雨作业技术开发与应用系统建设工程 | (1)人工增雨改善空气质量的飞机增雨作业技术开发与应用系统建设工程；<br>(2)人工增雨改善空气质量的高炮增雨作业技术开发与应用系统建设工程；<br>(3)人工增雨改善空气质量的火箭增雨作业技术开发与应用系统建设工程；<br>(4)人工增雨改善空气质量的烟炉增雨作业技术开发与应用系统建设工程；<br>…… |
| | 改善空气质量的人工增雨作业站网建设技术研发及站网建设工程 | (1)基于改善空气质量的人工增雨地面作业站网建设规划编制工程；<br>(2)基于改善空气质量的人工增雨地面作业站网建设技术标准编制工程；<br>(3)基于改善空气质量的人工增雨地面作业站网建设建设工程；<br>(4)基于改善空气质量的人工增雨飞机驻地专业保障设施工程；<br>…… |

续表

| 项目名称 | | 主要建设内容 |
|---|---|---|
| 人工增雨作业改善空气质量的服务智能平台建设工程 | 改善空气质量的人工增雨作业信息智能传输与收集平台建设工程 | (1)人工增雨改善空气质量的特种观测资料与作业信息智能收集平台建设工程；<br>(2)人工增雨改善空气质量的作业信息共享平台建设工程；<br>(3)人工增雨改善空气质量的作业信息发布平台建设工程；<br>…… |
| | 改善空气质量的人工增雨业务综合分析处理平台建设工程 | (1)人工增雨改善空气质量的云降水智能精细分析处理平台建设工程；<br>(2)人工增雨改善空气质量的作业产品智能制作平台建设工程；<br>(3)人工增雨改善空气质量的智能空域申报与批复平台建设工程；<br>(4)人工增雨改善空气质量的智能指挥平台建设工程；<br>(5)人工增雨改善空气质量的作业效益智能评估平台建设工程；<br>…… |
| | 改善空气质量的人工增雨安全监管平台建设工程 | (1)人工增雨改善空气质量的作业站点智能安防设备设施及其预警平台建设工程；<br>(2)人工增雨作业改善空气质量的作业安全智能研判及其预警平台建设工程；<br>(3)人工增雨改善空气质量的作业过程智能监控平台建设工程；<br>…… |

## 二、开展人造雨、雾改善空气质量应急保障工程建设，强化气象风险非常态化管理的普适性

随着经济社会快速发展，大气污染物排放总量日趋增大，尤其是大气污染物排放总量总是超过不利气象条件下的大气环境容量，导致不利气象条件下重污染天气频繁发生。因此，在大气污染防治攻坚战的“战略相持”阶段，为实现在不利气象条件下不出现重污染天气的目标，不仅需要进一步加强以不利气象条件下不出现重污染天气为目标导向的产业结构、能源结构、运输结构、用地结构调整力度，不断完善大气污染源向大气排放污染物管控措施；而且必须在进一步加强人工增雨大范围减少大气中大气污染物含量、降低大气污染物浓度不断改善空气质量措施的基础上，针对大气污染源排放影响的敏感地点有限开放空间，如交通运输导致的大气污染敏感路段有限开放空间、建筑施工导致的大气污染敏感工地有限开放空间、企业生产导致的大气污染敏感场所有限开放空间等，还必须采取科学有效、针对性强的人造雨雾改善空气质量工程技术措施，减少敏感地点有限开放空间大气中大气污染物含量、降低大气污染物浓度，不断改善空气质量。而人造雨雾改善空气质量的基本原理是指依据大气污染气象风险预报预警信息，结合大气污染源向大气中排放的污染物物理化学特性，应用现代人工智能工程技术在大气污染源排放影响敏感地点的有限开放空间开展针对性的人工制造雨雾，利用细小的雨雾滴物理化学特性对大气中的气溶胶态污染物进行惯性碰撞、重力、拦截、静电、扩散、凝结等多种作用和对大气中的气态污染物进行溶解、吸收等作用，最终促进大气中大气污染物湿沉降，从而有效清除大气中污染物，达到改善空气质量目的。

虽然人造雨、雾改善空气质量工程技术措施受到科学技术发展的限制，目前只能在大气污染源排放影响的敏感地点有限开放空间实施，还不能在更大地域范围开放空间中实施，但该工程技术措施弥补了人工增雨改善空气质量工程技术措施受到“适合人工增雨条件”的局限，对大气污染源排放影响的敏感地点有限开放空间减少大气中大气污染物含量、降低大气污染物

浓度不断改善空气质量具有普适性，是目前大气污染攻坚战“战略相持”阶段应对重污染天气和大气污染突发事件不可或缺的工程技术措施，是充分应用空气动力学原理、云雾物理学原理、“斯蒂芬流”输送机理、射流破碎理论、液膜破碎雾化理论，采取磁化水降尘技术、预荷电喷雾降尘技术、高压喷雾降尘技术、超声波雾化降尘技术和高效降尘湿润剂复配优选与湿润剂添加技术、气象与环境实时自动监测技术等在大气污染气象风险非常态化管理具体实践的重要基础性工程技术措施。因此，开展人造雨、雾改善空气质量应急保障工程建设对防范重污染天气和大气污染突发事件应急气象保障服务具有重要的现实意义和实践意义，对大气污染气象风险非常态化管理实践的工程性技术支撑具有重要的基础性、现实性、前瞻性作用。

为此，人造雨、雾改善空气质量应急保障必须根据《大气污染防治行动计划》(国发〔2013〕37 号)关于“综合整治城市扬尘，强化移动源污染防治，全面推行清洁生产”和《打赢蓝天保卫战三年行动计划》(国发〔2018〕22 号)关于“推进露天矿山综合整治，加强扬尘综合治理，严格施工扬尘监管”精神，按照《住房和城乡建设部办公厅关于进一步加强施工工地和道路扬尘管控工作的通知》(建办质[2019]23 号)中关于“严格落实施工工地扬尘管控责任，积极采取施工工地防尘降尘措施，积极推进道路扬尘管控，加强监督执法，加强科技支撑，加强宣传教育”要求，在目前人造雨雾改善空气质量应急保障基础上，以降低不利气象条件下大气污染敏感路段、大气污染敏感工地、大气污染敏感场所等有限开放空间可吸入颗粒物($PM_{10}$、$PM_{2.5}$)浓度为核心，以智能运用磁化水降尘技术、预荷电喷雾降尘技术、高压喷雾降尘技术、超声波雾化降尘技术和高效降尘湿润剂复配优选与湿润剂添加技术、气象与环境实时自动监测技术提升人造雨雾清除可吸入颗粒物效率为基础，以不利气象条件下有限开放空间不出现重污染天气为目标，开展智能化人造雨、雾改善空气质量应急保障工程建设，为防范重污染天气和大气污染突发事件应急气象保障服务提供工程性技术支撑，为不同类型大气污染源排放影响的敏感地点有限开放空间减少大气中大气污染物含量、降低大气污染物浓度不断改善空气质量提供工程性技术支撑，为增强大气污染气象风险非常态化管理的普适性提供工程性技术支撑。

人造雨、雾改善空气质量应急保障工程建设目标具体分 3 个阶段实施：

到 2025 年，“普遍适用于各种大气污染源排放影响的敏感地点有限开放空间减少大气中大气污染物含量、降低大气污染物浓度不断改善空气质量”的智能化人造雨、雾改善空气质量应急保障业务服务系统基本建成，智能化人造雨、雾改善空气质量应急保障业务服务整体实力与大气污染气象风险管理要求相适应，智能化人造雨雾改善空气质量应急保障业务服务整体实力达到同期世界先进水平，为大气污染气象风险非常态化管理全过程、大气污染防治攻坚战纵深推进、实现空气质量显著改善提供先进的智能化人造雨、雾科技支撑。

到 2030 年，智能化人造雨、雾改善空气质量应急保障业务服务组织管理体系进一步强化，基于气象与环境＋大数据云平台、综合运用磁化水降尘技术、预荷电喷雾降尘技术、高压喷雾降尘技术、超声波雾化降尘技术和高效降尘湿润剂复配优选与湿润剂添加技术、气象与环境实时自动监测技术等技术方法构建的智能化人造雨、雾改善空气质量应急保障业务服务能力进一步强化并达到同期世界先进水平，实现不利气象条件下施工工地有限开放空间智能化人造雨雾智能降低可吸入颗粒物($PM_{10}$、$PM_{2.5}$)浓度的核心技术世界领先，为全面解决大气污染问题，保障大气环境安全与人体健康，实现空气质量全面改善提供最先进的智能化人造雨、雾科技支撑。

到 2035 年，科学、权威、高效、集约、智能、无缝隙的智能化人造雨、雾改善空气质量应急保障业务服务体系全面建成，全国智能化人造雨、雾改善空气质量应急保障业务服务的组织管理体系全面统一，智能化人造雨、雾改善空气质量应急保障业务服务现代化能力全面提升，实现智能化人造雨、雾改善空气质量应急保障业务服务世界领先，为获得大气污染防治的绝对控制权、杜绝空气重污染天气事件发生，实现大气污染治理从必然王国向自由王国发展、空气质量根本好转和美丽中国建设目标提供现代化的智能人造雨、雾科技支撑。

智能化人造雨、雾改善空气质量应急保障工程主要由改善空气质量的智能化人造雨、雾应急响应智能研判系统工程、改善空气质量的人造雨、雾大气污染物沉降系统建设工程、改善空气质量的人造雨、雾应急保障业务服务智能平台建设工程 3 大工程及其 9 个子工程构成，其主要建设内容如表 5-7 所示。

**表 5-7　人造雨、雾改善空气质量应急保障工程建设项目及主要建设内容简表**

| 项目名称 | | 主要建设内容 |
|---|---|---|
| 改善空气质量的智能化人造雨、雾应急响应智能研判系统工程 | 大气污染敏感地点的大气污染气象风险预报预警信息智能接收终端建设工程 | (1)大气污染敏感工地的施工单位大气污染气象风险预报预警信息智能接收终端建设工程；<br>(2)大气污染敏感路段维护单位大气污染气象风险预报预警信息智能接收终端建设工程；<br>(3)大气污染敏感场所的企业大气污染气象风险预报预警信息智能接收终端建设工程；<br>…… |
| | 大气污染敏感地点的大气污染气象风险与大气环境智能监测系统建设工程 | (1)大气污染敏感工地大气污染气象风险与大气环境质量智能监测系统工程建设；<br>(2)大气污染敏感路段大气污染气象风险与大气环境质量现场智能监测系统工程建设；<br>(3)大气污染敏感场所大气污染气象风险与大气环境质量现场实时智能监测系统工程建设；<br>…… |
| | 大气污染敏感地点的人造雨、雾应急预案启动智能研判系统建设工程 | (1)大气污染敏感工地人造雨、雾应急预案启动智能研究判系统建设工程；<br>(2)大气污染敏感路段人造雨、雾应急预案启动智能研究判系统建设工程；<br>(3)大气污染敏感场所人造雨、雾应急预案启动智能研究判系统建设工程；<br>…… |
| 改善空气质量的人造雨、雾大气污染物沉降系统建设工程 | 基于大气污染物物理化学特性的人造雨、雾技术方案论证评估工程 | (1)基于大气污染敏感工地大气污染物物理化学特性的人造雨、雾技术方案论证评估工程；<br>(2)基于大气污染敏感路段大气污染物物理化学特性的人造雨、雾技术方案论证评估工程；<br>(3)基于大气污染敏感场所大气污染物物理化学特性的人造雨、雾技术方案论证评估工程；<br>…… |
| | 基于大气污染物时空分布特征的人造雨、雾作业技术方案论证评估工程 | (1)基于大气污染物时、空分布特征的地面固定式人造雨、雾作业技术方案论证评估工程；<br>(2)基于大气污染物时、空分布特征的地面移动式人造雨、雾作业技术方案论证评估工程；<br>(3)基于大气污染物时、空分布特征的空中固定式人造雨、雾作业技术方案论证评估工程；<br>(4)基于大气污染物时、空分布特征的空中移动式人造雨、雾作业技术方案论证评估工程；<br>…… |
| | 基于大气污染物时空分布特征的人造雨、雾设施设备优化布局及其安装调试工程 | (1)基于大气污染敏感工地的人造雨、雾设施设备优化布局及其安装调试工程；<br>(2)基于大气污染敏感路段的人造雨、雾设施设备优化布局及其安装调试工程；<br>(3)基于大气污染敏感场所的人造雨、雾设施设备优化布局及其安装调试工程；<br>…… |

续表

| 项目名称 | | 主要建设内容 |
| --- | --- | --- |
| 改善空气质量的人造雨、雾应急保障业务服务智能平台建设工程 | 改善空气质量的人造雨、雾应急保障信息智能传输与收集平台建设工程 | (1)改善空气质量的人造雨、雾特种观测资料与应急保障作业信息智能收集平台建设工程;<br>(2)改善空气质量的人造雨、雾应急保障作业信息共享平台建设工程;<br>(3)改善空气质量的人工增雨应急保障作业信息发布平台建设工程<br>…… |
| | 改善空气质量的人造雨、雾业务综合分析处理平台建设工程 | (1)基于大气污染气象风险预报预警信息和大气污染敏感地点大气污染气象风险与大气环境质量实时监测资料的人造雨、雾作业产品智能制作平台建设工程;<br>(2)基于大气污染气象风险预报预警信息和大气污染敏感地点大气污染气象风险与大气环境质量实时监测资料的人造雨、雾智能指挥平台建设工程;<br>(3)改善空气质量的人造雨、雾作业效益智能评估平台建设工程;<br>(4)改善空气质量的人造雨、雾科普宣传平台建设工程;<br>…… |
| | 改善空气质量的人造雨、雾作业监管平台建设工程 | (1)改善空气质量的人造雨、雾作业地点安防智能监控及其预警平台建设工程;<br>(2)改善空气质量的人造雨、雾作业安全智能判断及其预警平台建设工程;<br>(3)改善空气质量的人造雨、雾作业过程智能监控平台建设工程;<br>(4)改善空气质量的人造雨、雾作业执法监督与信用管理平台建设工程;<br>…… |

## 三、开展大气污染突发事件气象应急保障工程建设，强化气象风险非常态化管理的支撑性

为了将大气污染突发事件产生的威胁减到最低，切实保障国家和人民利益，地方人民政府、生态环保部门和相关职能部门必须根据《中华人民共和国环境保护法》《中华人民共和国大气污染防治法》《中华人民共和国突发事件应对法》有关规定，不断提升应对突发性大气污染事件的应急处置能力。而提升突发性大气污染事件应急处置能力必须结合大气污染突发事件的特点展开，做到统一指挥，采用科学合理的措施进行综合处置，将危害控制在最低。虽然依据大气污染事件发生方式、表现形式和污染物特性等因素，大气污染突发事件主要分为污染物泄漏导致大气污染突发事件、爆炸产生大气污染物导致大气污染突发事件两大类和 4 种表现形式(表 5-8)，必须采取相应的应急措施进行处置，但在这些大气污染突发事件应急处置过程中对气象应急保障服务的需求是相同的，即需要大气污染突发事件发生地的天气形势和实时气象观测资料为研判有毒有害、放射性大气污染物影响的范围、在未来一段时间是否在大气中扩散、是否对人员人体造成伤害、人员是否疏散、多大范围人员疏散、疏散的路径、方向、区域如何确定和易燃易爆物质在未来一段时间是否在大气扩散、在多大范围内形成爆炸极限、应在多大范围内停电和禁止烟火、人员是否疏散、多大范围人员疏散、疏散的路径、方向、区域如何确定等应急处置措施的科学性、有效性、及时性提供气象科技支撑和保障，为大气污染突发事件应急响应终止的科学决策、精准决策提供气象科技支撑和保障，为大气污染突发事件损害评估、突发事件原因调查、突发事件性质确定、突发事件处理建议和今后防范突发事件发生的整改措施建议等后期处置措施的科学性、预见性、针对性、有效性提供气象科技支撑和保障。因此在大气污染突发事件应急处置过程中迫切需要气象应急保障服务，所以地方人民政府、生态环保部门和相关职能部门必须按照国家有关法律规定，在大气污染气象风险监测、大气污染气象风

险预测预报预警、大气污染气象风险服务、大气污染气象风险评估等大气污染气象风险管理常态化工程性对策措施基础上，开展大气污染突发事件气象应急保障服务系统建设，从而进一步提升大气污染突发事件应急处置过程中的气象应急保障服务能力，为大气污染气象风险非常态化管理管理提供坚实工程性技术支撑。

**表 5-8　大气污染突发事件类型及其表现形式**

| 类型 | 形成原因 | 表现形式 |
|---|---|---|
| 污染物泄漏形成类型 | 在生产、经营、储存、运输、使用等环节，由于管理失控、操作不当或自然灾害造成有毒有害物质泄漏进入大气导致的大气污染突发事件 | 气态大气污染物 |
| | | 液态大气污染物 |
| | | 气溶胶态大气污染物 |
| | | 放射性大气污染物 |
| 污染物爆炸形成类型 | 在生产、经营、储存、运输、使用等环节，由于管理失控、操作不当或自然灾害造成易燃易爆物质爆炸或燃烧使有毒有害物质进入大气导致的大气污染突发事件 | 气态大气污染物 |
| | | 液态大气污染物 |
| | | 气溶胶态大气污染物 |
| | | 放射性大气污染物 |

为此，大气污染突发事件气象应急保障作为大气污染突发事件应急处置有机组成部分，必须根据《中华人民共和国突发事件应对法》关于“预防与应急准备、监测与预警、应急处置与救援、事后恢复与重建”的有关规定，按照《国家突发公共事件总体应急预案》关于“根据总体预案切实做好应对突发公共事件的人力、物力、财力、交通运输、医疗卫生及通信保障等工作。加大公共安全监测、预测、预警、预防和应急处置技术研发的投入，不断改进技术装备，建立健全公共安全应急技术平台，提高我国公共安全科技水平”和《国家突发环境事件应急预案》关于“迅速采取有效处置措施，控制事件苗头。事发地人民政府应组织制订综合治污方案，采用监测和模拟等手段追踪污染气体扩散途径和范围。根据突发环境事件影响及事发当地的气象、地理环境、人员密集度等，建立现场警戒区、交通管制区域和重点防护区域，确定受威胁人员疏散的方式和途径，有组织、有秩序地及时疏散转移受威胁人员和可能受影响地区居民，确保生命安全。加强大气、水体、土壤等应急监测工作，根据突发环境事件的污染物种类、性质以及当地自然、社会环境状况等，明确相应的应急监测方案及监测方法，确定监测的布点和频次，调配应急监测设备、车辆，及时准确监测，为突发环境事件应急决策提供依据。支持突发环境事件应急处置和监测先进技术、装备的研发”的要求，以气象科技支撑大气污染突发事件应急处置与救援、事后恢复与重建为核心，以大气污染突发事件现场大气污染气象监测技术、大气污染物浓度扩散预报预警技术、大气污染物浓度扩散数值仿真模拟可视化演化技术、大气中大气污染物清除技术提升大气污染气象应急保障服务能力为基础，以科学、及时、有效处置大气污染突发事件保障人民群众生命财产安全和大气环境安全为目的，开展大气污染突发事件气象应急保障工程建设，为成功处置大气污染突发事件防止损失扩大化和大气污染突发事件气象应急保障服务以及大气污染气象风险非常态化管理实践提供工程性技术支撑。因此，开展大气污染突发事件气象应急保障工程建设是气象风险非常态化管理工程技术支撑的重要保障。

大气污染突发事件气象应急保障工程建设目标具体分 3 个阶段实施：

到 2025 年，“普遍适用于各类大气污染突发事件气象应急保障服务，科学、及时、有效支撑大气污染突发事件应急处置和后期处置”的智能化大气污染突发事件气象应急保障业务服务系统基本建成，智能化大气污染突发事件气象应急保障业务服务整体实力与大气污染突发事件应急处置和后期处置需求相适应、与大气污染气象风险管理要求相适应，智能化大气污染突发事件气象应急保障业务服务整体实力达到同期世界先进水平，为大气污染气象风险非常态化管理全过程、科学有序高效应对大气污染突发事件，将大气污染突发事件产生的威胁减轻到最低，切实保障人民群众生命财产安全和环境安全提供先进的智能化气象应急保障科技支撑。

到 2030 年，智能化大气污染突发事件气象应急保障业务服务组织管理体系进一步强化，基于气象与环境＋大数据云平台、综合运用大气污染突发事件现场大气污染气象监测技术、大气污染物浓度扩散数值预报技术、大气污染物浓度演化模型技术、人工增雨技术、人造雨雾技术等技术方法构建的智能化大气污染突发事件气象应急保障业务服务能力进一步强化并达到同期世界先进水平，实现大气污染突发事件现场大气污染物浓度扩散数值预报和大气污染物浓度演化模型的核心技术世界领先，为全面保障人民群众生命财产安全和环境安全，促进经济社会全面、协调、可持续发展提供最先进的智能化气象应急保障科技支撑。

到 2035 年，科学、权威、高效、集约、智能、无缝隙的智能化大气污染突发事件气象应急保障业务服务体系全面建成，全国智能化大气污染突发事件气象应急保障业务服务的组织管理体系全面统一，智能化大气污染突发事件气象应急保障业务服务现代化能力全面提升，实现智能化大气污染突发事件气象应急保障业务服务世界领先，为获得大气污染突发事件应急处置和后期处置的绝对控制权、确保人民生命财产安全和环境安全，实现美丽中国建设目标提供现代化的气象应急保障科技支撑。

智能化大气污染突发事件气象应急保障工程主要由大气污染突发事件应急响应气象监测系统建设工程、大气污染突发事件现场大气污染物浓度扩散预报预警系统建设工程、大气污染突发事件现场大气污染物清除工程 3 大工程及其 8 个子工程构成，其主要建设内容如表 5-9 所示。

**表 5-9　大气污染突发事件气象应急保障工程建设项目及主要建设内容简表**

| 项目名称 | | 主要建设内容 |
|---|---|---|
| 大气污染突发事件应急响应气象监测系统建设工程 | 大气污染突发事件信息智能采集系统建设工程 | (1)大气污染事件发生方式、表现形式、污染物特性、污染程度等大气污染信息智能采集系统建设工程；<br>(2)大气污染突发事件发生现场地理、气象、经济社会等背景信息智能采集系统建设工程；<br>(3)大气污染突发事件应急处置能力信息智能采集系统建设工程；<br>(4)大气污染突发事件信息智能共享平台建设工程；<br>…… |
| | 大气污染突发事件应急响应气象监测需求智能研判平台建设工程 | (1)大气污染突发事件现场应急响应地基气象监测需求智能研判平台建设工程；<br>(2)大气污染突发事件现场应急响应空地基气象监测需求智能研判平台建设工程；<br>(3)大气污染突发事件现场应急响应天基气象监测需求智能研判平台建设工程；<br>…… |
| | 大气污染突发事件现场应急响应气象监测设施设备优化布局及其安装调试工程 | (1)大气污染突发事件现场应急响应地面气象监测固定站点优化布局及其设施设备安装调试工程；<br>(2)大气污染突发事件现场应急响应移动气象监测车优化布局及其设施设备安装调试工程；<br>(3)大气污染突发事件现场应急响应低空大气廓线综合监测站点选址及其设施设备安装调试工程；<br>…… |

续表

| 项目名称 | | 主要建设内容 |
| --- | --- | --- |
| 大气污染突发事件现场大气污染物浓度扩散预报预警系统建设工程 | 大气污染突发事件现场气象因素对大气污染物浓度影响智能分析系统建设工程 | (1)大气污染突发事件现场气象要素及其耦合效应对大气污染物浓度影响智能分析系统建设工程；<br>(2)大气污染突发事件现场天气形势对大气污染物浓度影响智能分析系统建设工程；<br>(3)大气污染突发事件现场天气过程对大气污染物浓度影响智能分析系统建设工程；<br>…… |
| | 大气污染突发事件现场大气污染物浓度扩散数值预报预警系统建设工程 | (1)大气污染突发事件现场大气污染物浓度扩散方向数值预报预警系统建设工程；<br>(2)大气污染突发事件现场大气污染物浓度扩散路径数值预报预警系统建设工程；<br>(3)大气污染突发事件现场大气污染物浓度扩散影响范围数值预报预警系统建设工程；<br>(4)大气污染突发事件现场大气污染物浓度扩散数值仿真模拟可视化演化模型建设工程；<br>…… |
| | 基于大气污染突发事件现场大气污染物浓度扩散数值预报、预警的应急处置智能决策系统建设工程 | (1)基于大气污染突发事件现场大气污染物浓度扩散数值预报、预警的大气污染应急处置措施智能决策系统建设工程；<br>(2)基于大气污染突发事件现场大气污染物浓度扩散数值预报、预警的大气污染突发事件应急响应终止智能决策系统建设工程；<br>(3)基于大气污染突发事件现场大气污染物浓度扩散数值预报、预警的大气污染突发事件后期处置措施智能决策系统建设工程；<br>…… |
| 大气污染突发事件现场大气污染物清除工程 | 大气污染突发事件现场人工增雨的大气污染物沉降系统建设工程 | (1)大气污染突发事件现场人工增雨许可条件智能研判系统建设工程；<br>(2)大气污染突发事件现场人工增雨作业技术与作业方式选择智能研判系统建设工程；<br>(3)大气污染突发事件现场人工增雨地面作业站点智能选址系统建设工程；<br>(4)大气污染突发事件现场人工增雨业务服务智能平台建设工程；<br>…… |
| | 大气污染突发事件现场人造雨雾的大气污染物沉降系统建设工程 | (1)基于大气污染突发事件现场大气污染物物理化学特性的人造雨、雾技术方案论证评估工程；<br>(2)基于大气污染突发事件现场大气污染物时空分布特征的人造雨、雾作业技术方案论证评估工程；<br>(3)基于大气污染突发事件现场大气污染物时空分布特征的人造雨、雾设施设备优化布局及其安装调试工程；<br>(4)大气污染突发事件现场人造雨雾业务服务智能平台建设工程；<br>…… |

# 第六章　大气污染防治攻坚战的人工影响天气大气污染防治实践与思考

大气污染的本质是大气中污染物浓度超标，而大气中污染物浓度变化与气象条件密切相关，在不利气象条件下极易发生大气污染，因此大气污染防治离不开大气污染气象风险的监测、预测、预报、预警和大气污染气象风险评估、大气污染突发事件气象应急保障、人工影响天气改善空气质量等方面的气象科学技术支撑和保障。虽然实施大气污染源治理，科学管控大气污染源排放是大气污染防治根本途径，但针对已进入大气中的污染物，人工影响天气是降低大气污染物浓度、清除大气污染物、改善空气质量、减轻或防止大气污染等不可或缺的工程技术途径。为此，课题组详细论述了人工影响天气大气污染防治实践的可行性、典型案例和实践启示，为抢抓空气质量优良达标天数、防止或(和)减少重污染天气发生提供人工影响天气科技支撑，为推进大气污染防治攻坚战科学治污、精准治污贡献气象智慧和气象方案。

## 第一节　人工影响天气大气污染防治实践的可行性

### 一、人工影响天气大气污染防治的科学基础

人工影响天气大气污染防治的科学基础是指通过人工影响天气手段，对局部区域内大气中的物理、化学过程某些环节进行人工干预，促使大气中的大气污染物从大气中清除或(和)大气污染物浓度降低，达到改善空气质量、防范大气污染发生、实现大气污染治理的科学原理及其机制。主要包括人工影响天气大气污染防治的大气污染物湿沉降清除科学原理及其机制、大气污染物干沉降清除科学原理及其机制、大气污染物稀释科学原理及其机制、大气污染物化学转化清除科学原理及其机制 4 个方面。

#### (一)人工影响天气大气污染防治的大气污染物湿沉降清除机制

人工影响天气大气污染防治的大气污染物湿沉降清除机制是利用人工增雨(雪)技术、人工消雾技术、人造雨雾技术形成的雨滴、雾滴、雪等降水粒子对大气污染物进行湿沉降清除，其清除机制具体体现为以下两个维度：

一是基于空气动力学原理的清除机制。根据空气动力学原理，人工增雨(雪)、人工消雾、人造雨雾形成的降水粒子在重力作用下的下降过程中，含大气污染物气溶胶粒子的大气气流绕过降水粒子时，大气污染物气溶胶粒子与降水粒子通过惯性碰撞、重力、拦截、静电、扩散、凝结增长等多种作用而被捕获(图 6-1)，然后大气污染物气溶胶粒子通过降水粒子重力沉降到地面而从大气中被清除。

从图 6-1 可知，图中涉及的惯性碰撞捕获是指较大的大气污染物气溶胶粒子在运动过程中遇到降水粒子时，其自身的惯性作用使得它们不能沿气体流线绕过降水粒子，仍保持其原来运动方向碰撞到降水粒子，从而被降水粒子捕获。其捕获效率取决于含大气污染物气溶胶粒

子的气流与降水粒子的相对速度、大气污染物气溶胶粒子的运动轨迹和降水粒子对大气污染物气溶胶粒子的附着能力。

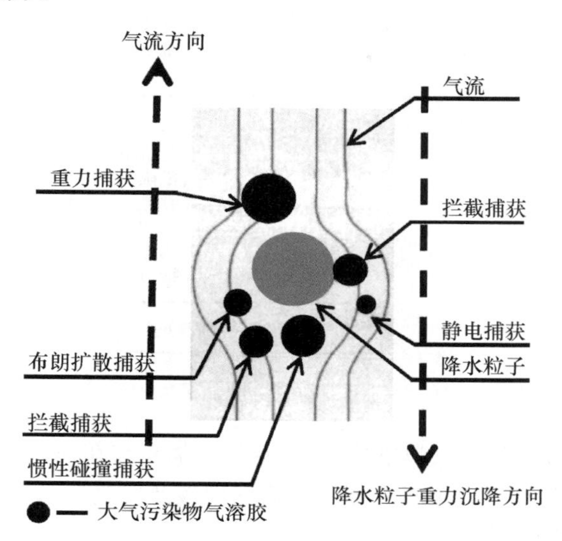


图 6-1 基于空气动力学原理的大气污染物气溶胶粒子被降水粒子捕获的清除机制图解(彩图见书后)

图中涉及的重力捕获是指含大气污染物气溶胶粒子的气流在运动时，粒径和密度大的大气污染物气溶胶粒子可能因重力作用自然沉降下来而被降水粒子捕获。重力作用取决于大气污染物气溶胶粒子的大小、密度和含大气污染物气溶胶粒子的气流与降水粒子的相对速度。

图中涉及的拦截捕获是指当含大气污染物气溶胶粒子的气流携带大气污染物气溶胶粒子向降水粒子运动并在离降水粒子不远处就要开始绕流运动，而对气流中质量较大的大气污染物气溶胶粒子因惯性的作用会脱离流线而保持向降水粒子方向运动，而气流中质量较小的大气污染物气溶胶粒子则和气流同步运动，当气溶胶粒子质心所在流线与降水粒子距离小于气溶胶粒子半径 1/2 时，气溶胶粒子便会与降水粒子接触从而被拦截下来，使其附着于降水粒子上而被降水粒子捕获。

图中涉及的布朗扩散捕获是指微小大气污染物气溶胶粒子随气流运动时，由于布朗扩散作用沉积在降水粒子上而被降水粒子捕获。随着含大气污染物气溶胶粒子气流的流速降低和大气污染物气溶胶粒子直径的减小，布朗扩散作用相应增强。

图中涉及的静电捕获是指降水粒子携带大量电荷时，携带相反电荷的大气污染物气溶胶粒子与降水粒子电荷之间在库仑力作用下发生碰并而被降水粒子捕获。而库仑力作用大小与大气污染物气溶胶粒子、降水粒子携带电荷量和大气污染物气溶胶粒子介电常数密切相关。

二是基于云雾微物理学原理的清除机制。根据云雾微物理学原理，人造雨、雾形成的微小降水粒子——微雨滴、雾滴在含大气污染物气溶胶粒子有限空间里，能在很短时间内蒸发，使含大气污染物气溶胶粒子有限空间内水汽迅速接近饱和或达到饱和、过饱和，导致接近饱和或达到饱和、过饱和水汽凝结在大气污染物气溶胶粒子凝结核上形成新的微雨滴、雾滴；然后在水的相变和微雨滴、雾滴形成所导致的温度梯度、浓度梯度以及大气湍流、大气电场作用下，通过凝结增长、拦截、静电、布朗扩散、热泳移、扩散电泳使携带大气污染物气溶胶粒子的微雨滴、雾滴与人造雨雾形成的微雨滴、雾滴相互碰撞、合并进而增长形成更大的雨滴、雾滴(图 6-2)，然后大气污染物气溶胶粒子与通过更大的雨滴、雾滴重力沉降到地面而从大气中被清除。

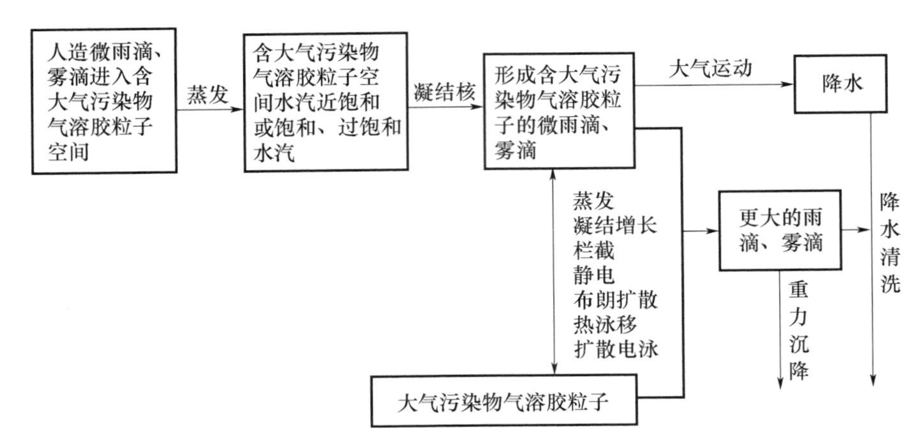


图 6-2　基于云雾微物理学原理的大气污染物气溶胶粒子被雨滴、雾滴捕获而被清除机制图解

从图 6-2 可知，图中拦截捕获、静电捕获、布朗扩散捕获与在前面“基于空气动力学原理的清除机制”中介绍的类似，这里就不再介绍了。而图中涉及的凝结增长是指大气污染物气溶胶粒子作为凝结核吸收水汽形成新的微雨滴、雾滴。

图 6-2 中涉及的热泳移捕获是指大气污染物气溶胶粒子与微雨滴、雾滴在温度梯度力作用下相互移动发生碰并而被微雨滴、雾滴捕获。

图 6-2 中涉及的扩散电泳捕获是指由浓度梯度引导的气溶胶运动。当微雨滴、雾滴在大气中发生蒸发时，微雨滴、雾滴附近大气的水汽浓度随距蒸发表面的距离增大而减少，水蒸气从微雨滴、雾滴表面流出向上的同时，空气分子就移向微雨滴、雾滴表面来取代蒸发流出的水分子，处于这个分子运动中并悬浮在微雨滴、雾滴表面周围的大气污染物气溶胶粒子与水分子碰撞进而被向上推出或被推往下方，由于空气分子规模比水分子大，因此空气分子在这个碰撞竞赛中会起主导作用，并产生一个作用在大气污染物气溶胶粒子上使其向微雨滴、雾滴运动的净作用力，从而导致大气污染物气溶胶粒子与微雨滴、雾滴发生碰并而被微雨滴、雾滴捕获。

图 6-2 中涉及的降水清洗是指雨滴、雾滴在大气运动过程中形成的降水对大气中气溶胶态大气污染物和气态大气污染物冲刷，并将大气污染物携带致地面使其从大气中清除。

（二）人工影响天气大气污染防治的大气污染物干沉降清除机制

人工影响天气大气污染防治的大气污染物干沉降清除机制就是利用磁化水人造云雾技术、预荷电水人造云雾技术、活性化水人造云雾技术、超声波人造云雾技术形成的云滴、雾滴促进大气污染物微细气溶胶粒子团聚和利用人造声波技术形成的声波振动促进大气污染物微细气溶胶粒子团聚，导致团聚长大的大气污染物气溶胶粒子在重力作用下进行干沉降使大气污染物从大气中清除。其清除机制具体体现为以下两个维度：

一是基于高分子化学的絮凝、凝聚原理的清除机制。根据高分子化学的絮凝、凝聚原理，磁化水人造云雾技术、预荷电水人造云雾技术、活性化水人造云雾技术、超声波人造云雾技术形成的特殊云滴、雾滴进入含有大气污染物微细气溶胶粒子有限开放空间，与有限开放空间中的大气污染物微细气溶胶粒子发生布朗扩散碰撞、静电碰撞、热泳移碰撞、扩散电泳碰撞过程中，由于特殊云滴、雾滴独特物理化学特性使大气污染物微细气溶胶粒子极易吞没在云滴、雾滴之中形成新的云滴、雾滴，随着新云滴、雾滴中的水分不断蒸发，将会导致含有高分子溶液的新云滴、雾滴固化成为颗粒物间的固体交联，或者使新云滴、雾滴溶液内溶解物质以晶粒形式析出，并在接触点固化，最终使得颗粒物之间出现固桥连接力产生团聚长大（图 6-3），这些团聚长大的大气污染物气溶胶粒子在重力作用下进行干沉降，最终使大气污染物被干沉降清除。

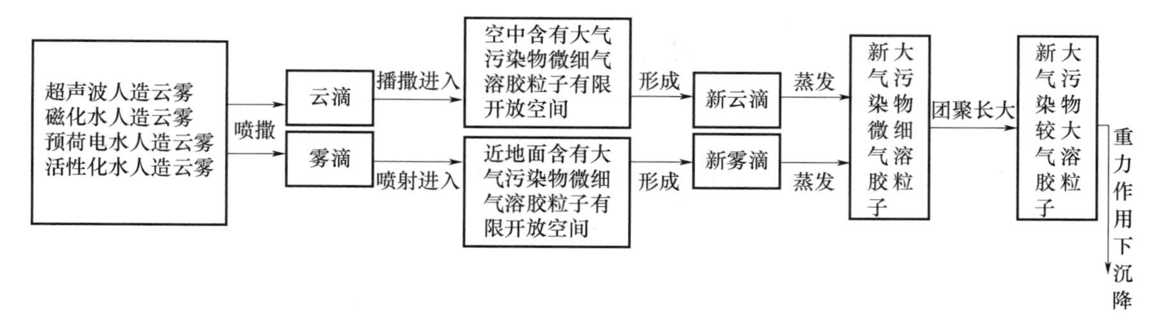


图 6-3　基于高分子化学的絮凝、凝聚原理的大气污染物气溶胶粒子团聚长大的清除机制图解

从图 6-3 可知，图中涉及的超声波人造云雾是指利用超声波发生器产生超声波，超声波产生的共振将液态的水分子结构打散而产生高密集的、直径只有 1～50 μm 的微细云雾滴，由于这些微细云雾滴粒径小，与空气接触面积大，蒸发率高，能使近地面或（和）空中含有大气污染物微细气溶胶粒子有限开放空间的水汽迅速接近饱和或达到饱和、过饱和，通过提高大气污染物微细气溶胶粒子周围环境中水汽分压比使水汽吸附在大气污染物微细气溶胶粒子上，在表面形成一个薄薄的水膜，使微细气溶胶粒子具有亲水性，改善微细气溶胶粒子表面的润湿性，提高微细气溶胶粒子的黏性，增加微细气溶胶粒子与云雾滴或微细气溶胶粒子与微细气溶胶粒子之间凝聚并形成新的云雾滴几率，新的云雾滴中水分不断蒸发固化成为颗粒物间的固体交联，或者使新云滴、雾滴溶液内溶解物质以晶粒形式析出，并在接触点固化，最终使得颗粒物之间出现固桥连接力产生团聚长大。

图 6-3 中涉及的磁化水人造云雾是指水在一定压力作用下，让水流通过磁化装置使水流在施加的外磁场与水流自身通过磁化装置产生的附加磁场相互作用，促使水分子的内聚力下降，黏滞力减弱，成为磁化水，磁化水通过高压人造云雾发生装置形成的黏度、表面张力降低，吸附、溶解能力增强的云雾滴，使大气污染物微细气溶胶粒子极易被吞没在这些云雾滴之中形成新的云雾滴，新的云雾滴中水分不断蒸发固化成为颗粒物间的固体交联，或者使新云滴、雾滴溶液内溶解物质以晶粒形式析出，并在接触点固化，最终使得颗粒物之间出现固桥连接力产生团聚长大。

图 6-3 中涉及的预荷电水人造云雾是指通过最佳水压力为 1.0～1.5 MPa 的人造云雾发生装置让水流高速通过电介喷嘴形成云雾滴时，由于高速水流与电介喷嘴、接触、摩擦及分离原理，使水流在不用电源的条件下产生带负电的云雾滴，通过带负电的云雾滴对带正电大气污染物微细气溶胶粒子的静电吸引力和不带电大气污染物微细气溶胶粒子的镜像吸引力，使大气污染物微细气溶胶粒子极易被吞没在这些负电云雾滴之中形成新的云雾滴，新的云雾滴中水分不断蒸发固化成为颗粒物间的固体交联，或者使新云滴、雾滴溶液内溶解物质以晶粒形式析出，并在接触点固化，最终使得颗粒物之间出现固桥连接力产生团聚长大。

图 6-3 中涉及的活性化水人造云雾是指在人造云雾的水中添加由亲水基和疏水基组成的化合物表面活性湿润剂，由于活性湿润剂溶于水时，其分子完全被水分子包围，亲水基一端被水分子吸引，疏水基一端则被排斥伸向空中，这样表面活性湿润剂物质的分子在水溶液表面形成紧密的定向排列层（界面吸附层），使水的表层分子与空气接触状态发生变化，接触面积大大

缩小，导致水的表面张力降低，同时朝向空气的疏水基与大气污染物微细气溶胶粒子之间有吸附作用。因此，添加成为表面活性湿润的活性化水通过高压人造云雾发生装置形成的表面张力和湿润边角减小的云雾滴，使大气污染物微细气溶胶粒子极易被吞没在这些云雾滴之中形成新的云雾滴，新的云雾滴中水分不断蒸发固化成为颗粒物间的固体交联，或者使新云滴、雾滴溶液内溶解物质以晶粒形式析出，并在接触点固化，最终使得颗粒物之间出现固桥连接力产生团聚长大。

二是基于声波振动原理的清除机。根据声波振动原理，通过声波发生器在含有大气污染物微细气溶胶粒子有限开放空间产生与微细气溶胶粒子相适应的声波，利用声波振动有限开放空间的大气，迫使大气污染物微细气溶胶粒子加剧运动造成距有限开放空间中不同距离、不同状态的大气污染物微细气溶胶粒子的运动也不同，那么大气污染物微细气溶胶粒子表面的电荷导致大气污染物微细气溶胶粒子在布朗扩散运动、声波振动以及磁力作用下相互撞击而引起凝聚的速度大幅度加快，最终造成大气污染物微细气溶胶粒子凝聚成微粒团（图 6-4），这些团聚长大的新大气污染物气溶胶粒子在重力作用下进行干沉降，最终使大气污染物被干沉降清除。

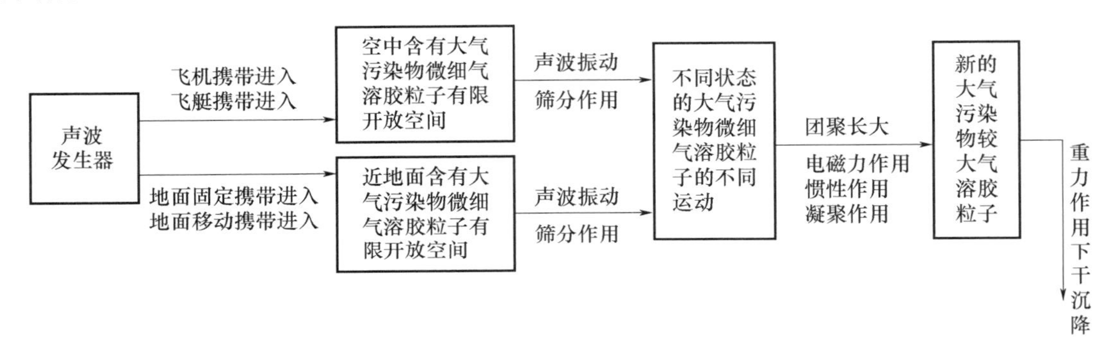


图 6-4　基于声波振动原理的大气污染物气溶胶粒子团聚长大的清除机制图解

从图 6-4 可知，图中涉及的声波振动的筛分作用是指声波发生器在含有大气污染物微细气溶胶粒子有限开放空间产生的声波对大气污染物微细气溶胶粒子进行强迫振动，由于大气污染物微细气溶胶粒子的粒径不同、质量不同、距离声波产生源位置不同以及在声场中大气污染物微细气溶胶粒子的运动状态不同，使大气污染物微细气溶胶粒子在声场运动的过程中相互碰撞加剧的作用。

图 6-4 中涉及的团聚长大的电磁力作用是指近地面或（和）空中含有大气污染物微细气溶胶粒子有限开放空间的大气污染物微细气溶胶粒子在声波的作用下互相摩擦、碰撞、冲击产生静电使其受到电磁力从而影响大气污染物微细气溶胶粒子在有限开放空间气流中的稳定性，导致大气污染物微细气溶胶粒子在电磁力的作用下互相间吸引成微粒团而形成新的大气污染物较大气溶胶粒子并在重力作用下进行干沉降，最终使大气污染物被干沉降清除的作用。

图 6-4 中涉及的团聚长大的惯性作用是指近地面或（和）空中含有大气污染物微细气溶胶粒子有限开放空间的大气污染物微细气溶胶粒子在声波的作用下团聚长大形成新的大气污染物较大气溶胶粒子，这些新的大气污染物较大气溶胶粒子质量也会随着增大，其惯性也会随之增大，导致新的大气污染物较大气溶胶粒子在随着有限开放空间气流运动的过程中发生相互之间惯性碰撞捕获，造成新的大气污染物较大气溶胶粒子进一步团聚长大而形成更大的气溶

胶粒子并在重力作用下进行干沉降，最终使大气污染物被干沉降清除的作用。

图 6-4 中涉及的团聚长大的凝聚作用是指近地面或(和)空中含有大气染物微细气溶胶粒子有限开放空间的大气染物微细气溶胶粒子在声波的作用下发生碰撞，并相互结合，从而促进大气染物微细气溶胶粒子的凝聚，凝聚形成新的大气污染物较大气溶胶粒子在惯性作用和电磁力作用下团聚长大形成更大的气溶胶粒子并在重力作用下进行干沉降，最终使大气污染物被干沉降清除的作用。

(三)人工影响天气大气污染防治的大气污染物稀释机制

人工影响天气大气污染防治的大气污染物稀释机制就是利用人工影响天气动力催化技术、热力扰动技术、动力扰动技术、热力动力混合扰动技术形成运动气流进入含有大气污染物微细气溶胶粒子有限开放空间，影响含有大气污染物微细气溶胶粒子有限开放空间的大气层结稳定性和干扰、破坏大气静稳天气条件，促进含有大气污染物微细气溶胶粒子的大气发生水平和垂直方向的运动，使大气污染物微细气溶胶粒子随着运动气流进行输送稀释、扩散稀释、迁移稀释，最终有效降低有限开放空间大气污染物浓度，减少大气中大气污染物积累到有害的程度。其稀释机制具体体现为以下两个维度：

一是基于人工影响天气动力催化原理的稀释机制。根据人工影响天气动力催化原理，人工影响天气动力催化技术对含有大气污染物微细气溶胶粒子有限开放空间的温度低于 0 ℃冷云迅速播撒大量的人工冰核，在人工冰核作用下使云中的水汽在人工冰核表面凝华成为冰晶、云中的过冷水滴冻结。由于水汽在人工冰核表面凝华和过冷水滴冻结释放的相变潜热导致云内大气温度升高，而云中上升气流的速度主要决定于云内外温差造成的浮力，因此相变潜热形成的浮力促使云内上升气流速度增大，造成云体在垂直和水平方向迅速发展，从而使含有大气污染物微细气溶胶粒子的空气发生水平和垂直方向的运动，导致大气污染物微细气溶胶粒子随着运动气流进行输送稀释、扩散稀释、迁移稀释(图 6-5)，最终有效降低有限开放空间大气污染物浓度，减少大气中大气污染物积累到有害的程度。

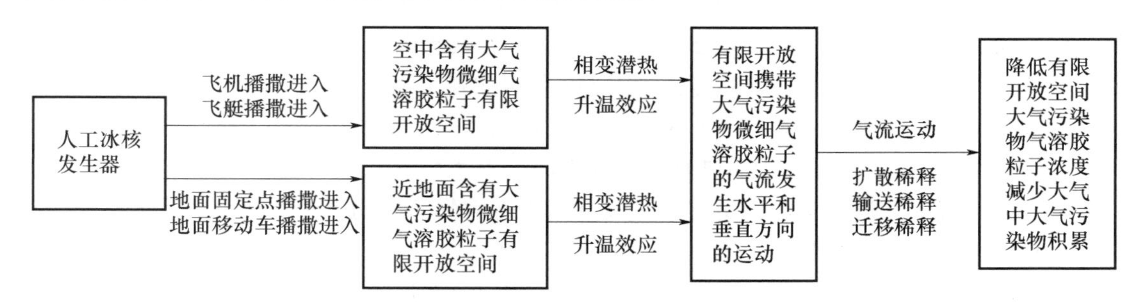


图 6-5　人工影响天气动力催化原理的大气污染物稀释机制图解

从图 6-5 可知，图中涉及的人工冰核发生器是指安装在飞机、飞艇、移动车上或固定地点的能够安全存储、播撒成冰催化剂的装置。

图 6-5 中涉及的相变潜热升温效应是指云中水汽在人工冰核表面凝华释放出的凝华热量和云中过冷水滴冻结释放凝结热量共同作用导致云内大气升温的效应。

图 6-5 中涉及的输送稀释是指有限开放空间中含有大气污染物微细气溶胶粒子的气流发生水平和垂直方向运动，导致有限开放空间之外的新鲜气流从水平方向输入并产生垂直上升运动的过程中与有限开放空间中含有大气污染物微细气溶胶粒子的气流混合，使有限开放空间大气污染物微细气溶胶粒子浓度降低而被稀释。

图 6-5 中涉及的扩散稀释是指有限开放空间中含有大气污染物微细气溶胶粒子的气流在相变潜热加热作用下，在近地面产生垂直上升运动和空中产生水平方向扩散，导致有限开放空间中近地面大气污染物微细气溶胶粒子被气流携带发生垂直和水平方向扩散，使有限开放空间大气污染物微细气溶胶粒子浓度降低而被稀释。

图 6-5 中涉及的迁移稀释是指有限开放空间中含有大气污染物微细气溶胶粒子在凝华、凝结过程和输送稀释、扩散稀释过程中通过凝结、凝华、碰撞、重力、拦截、静电、扩散、热泳移、扩散电泳、团聚等发生干湿沉降迁移出有限开放空间，使有限开放空间大气污染物微细气溶胶粒子浓度降低而被稀释。

二是基于大气流体力学、热力学原理的稀释机制。根据大气流体力学、热力学原理，人工影响天气热力扰动技术、动力扰动技术、热力动力混合扰动技术形成运动气流进入含有大气污染物微细气溶胶粒子有限开放空间，迫使有限开放空间含有大气污染物微细气溶胶粒子的空气发生水平和垂直方向的运动，导致大气污染物微细气溶胶粒子通过输送稀释、扩散稀释、迁移稀释(图 6-6)，最终有效降低有限开放空间大气污染物浓度，降低大气中大气污染物积累到有害的程度几率。

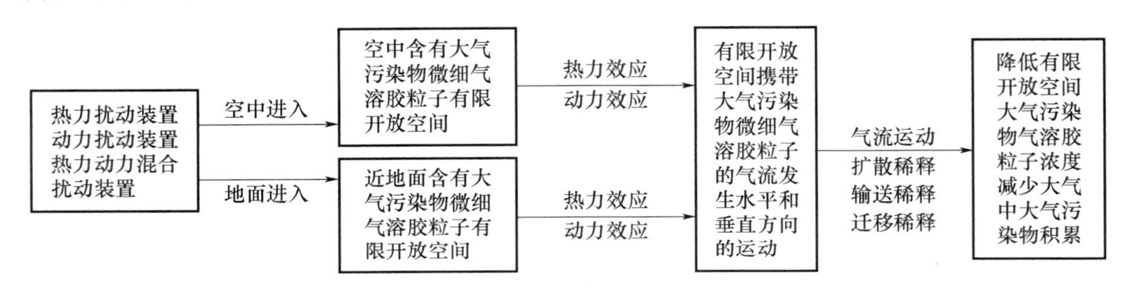


图 6-6　人工影响天气动力催化原理的大气污染物稀释机制图解

从图 6-6 可知，图中涉及的热力扰动装置是指安装在飞机、飞艇、车上、固定地点能加热有限开放空间含有大气污染物微细气溶胶粒子的气流，使气流升温产生垂直上升运动的装置；动力扰动装置是指安装在飞机、飞艇、车上、固定地点的能强迫有限开放空间含有大气污染物微细气溶胶粒子的气流生产生垂直和水平方向运动的装置；热力动力混合扰动装置是指安装在飞机、飞艇、车上、固定地点既能加热有限开放空间含有大气污染物微细气溶胶粒子的气流使其升温产生垂直上升运动又能强迫有限开放空间含有大气污染物微细气溶胶粒子的气流生产生垂直和水平方向运动的装置。

图 6-6 中涉及的空中进入是指扰动装置依托飞机、飞艇载体，对空中有限开放空间含有大气污染物微细气溶胶粒子的气流实施热力扰动、动力扰动或热力动力混合扰动；地面进入是指扰动装置安置在车上、固定地点，对近地面有限开放空间含有大气污染物微细气溶胶粒子的气流实施热力扰动、动力扰动或热力动力混合扰动。

图 6-6 中涉及的热力效应是指由热力扰动装置或热力动力混合装置加热有限开放空间含有大气污染物微细气溶胶粒子的气流使其升温产生垂直上升运动的效应；动力效应是指由动力扰动装置或热力动力混合装置强迫有限开放空间含有大气污染物微细气溶胶粒子的气流产生垂直和水平方向运动的效应。

图 6-6 中输送稀释、扩散稀释、迁移稀释与在前面“基于人工影响天气动力催化原理的稀释机制”中的介绍类似，这里就不再介绍了。

(四)人工影响天气大气污染防治的大气污染物化学转化清除机制

大气污染物化学转化是指大气中的污染物质之间或与其他物质之间不断地发生化学反应,以及污染物质自身的衰减,生成新的物质,从而减少大气环境中初生污染物(一次污染物)的过程。而人工影响天气大气污染防治的大气污染物化学转化清除机制不仅要充分利用人工影响天气技术促进大气污染物化学转化减少大气环境中初生污染物,而且还要充分利用人工影响天气技术阻止或减少大气环境中初生污染物化学转化生成大气环境中新污染物(二次污染物)。因此,人工影响天气大气污染防治的大气污染物化学转化清除机制包含促进大气污染物化学转化的一次污染物清除和阻止或减少大气污染物化学转化的二次污染物清除两个维度,即基于大气污染化学原理的促进化学转化的清除机制和基于大气太阳辐射能量传输原理的阻止或减少化学转化的清除机制。其化学转化清除机制具体体现如下:

一是基于大气污染化学原理的促进化学转化清除机制。根据大气污染化学原理,人工增雨(雪)技术、人造雨雾技术形成的雨滴、云雾滴、雪等降水粒子进入含有气态大气污染物有限开放空间,与有限开放空间的气态大气污染物发生化学转化形成新的物质而被降水粒子捕获后通过降水粒子湿沉降或(和)团聚长大后通过干沉降而从大气中清除的机制(图 6-7)。

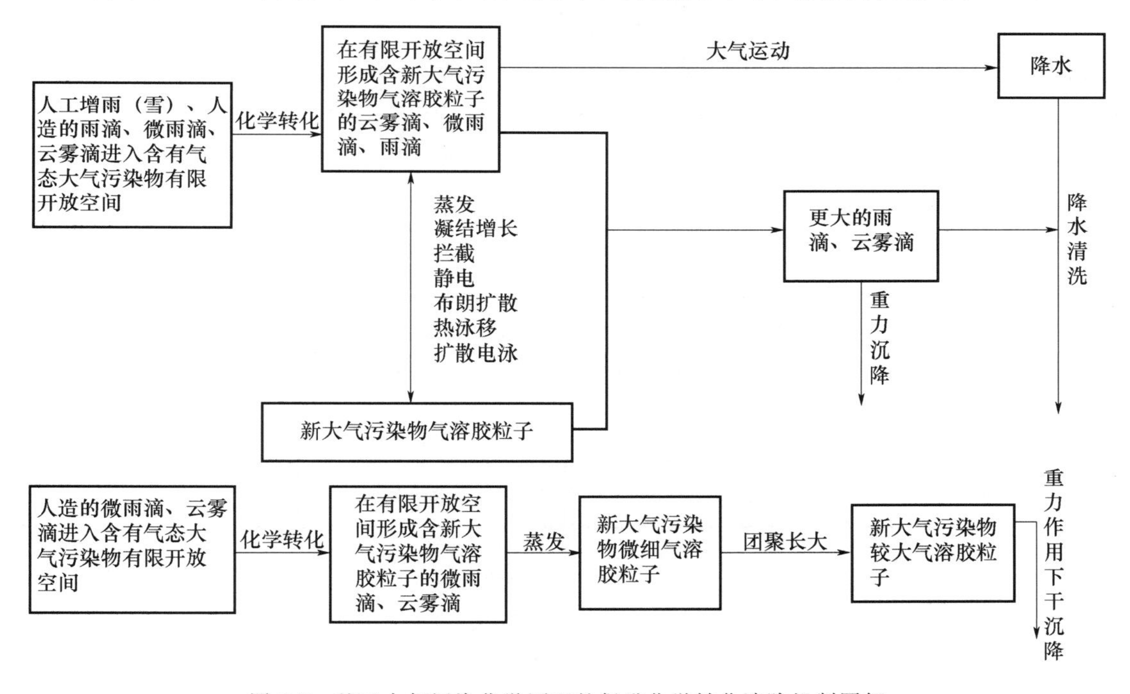


图 6-7　基于大气污染化学原理的促进化学转化清除机制图解

从图 6-7 可知,图中涉及的化学转化是指大气中气态大气污染物溶于雨滴、云雾滴形成新的大气污染物微细气溶胶粒子的化学反应,从而使气态大气污染物减少导致大气中气态大气污染物浓度降低的过程。例如 $SO_2$ 在日光照射下可氧化成 $SO_3$,$SO_3$ 溶于大气中的雨滴、云雾滴,形成硫酸雨滴、云雾滴;$SO_2$ 直接溶于雨滴、云雾滴中可形成亚硫酸,氧化后成硫酸雨滴、云雾滴;$NO_x$ 化物与 $O_3$ 化合溶于雨滴、云雾滴中,形成硝酸雨滴、云雾滴;同时雨滴、雾滴中硫酸和硝酸可与其他物质化合形成盐类粒子等。这些新雨滴、云雾滴和盐类粒子通过干湿沉降到地面而从大气中被清除。

二是基于大气太阳辐射能量传输原理的阻止或减少化学转化清除机制。根据大气太阳辐射能量传输原理，人造云雾技术形成的云滴、雾滴进入含有大气氮氧化物（$NO_x$）和碳氢化合物（HC）等一次污染物的有限开放空间，对有限开放空间的太阳辐射吸收、散射、反射使太阳辐射远离有限开放空间大气或（和）通过云滴、雾滴蒸发吸收有限开放空间大气热量，降低有限开放空间大气太阳辐射强度和大气温度，破坏有限开放空间大气氮氧化物（$NO_x$）和碳氢化合物（HC）、一氧化碳（CO）、二氧化硫（$SO_2$）、烟尘等一次大气污染物发生一系列光化学反应生成臭氧（$O_3$）、过氧乙酰硝酸酯（PAN）、高活性自由基、醛、酮、酸及其盐等二次大气污染物的基础条件，有效阻止或减少大气中二次污染物产生和积累到有害的程度，从而阻止或减少有限开放空间一次大气污染物和二次大气污染物的混合物（气体和颗粒物）——光化学烟雾的形成（图6-8），防止或减少光化学烟危害。

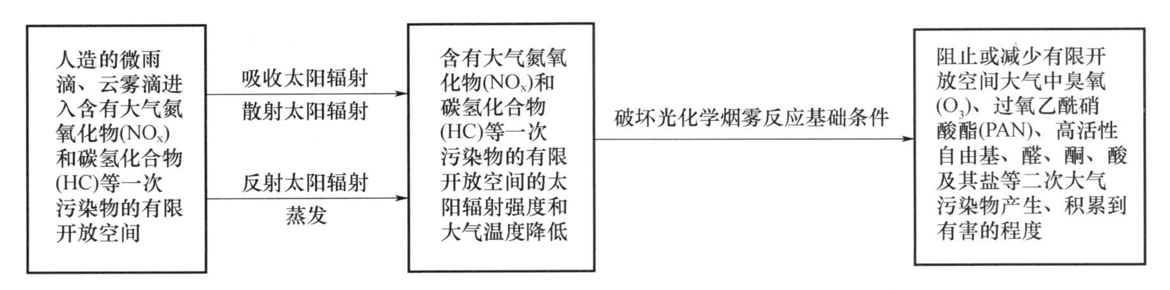


图 6-8　基于大气太阳辐射能量传输原理的阻止或减少化学转化清除机制图解

综上所述，人工影响天气大气污染防治的大气污染物被清除或浓度降低的机理与过程归纳如图 6-9 所示。

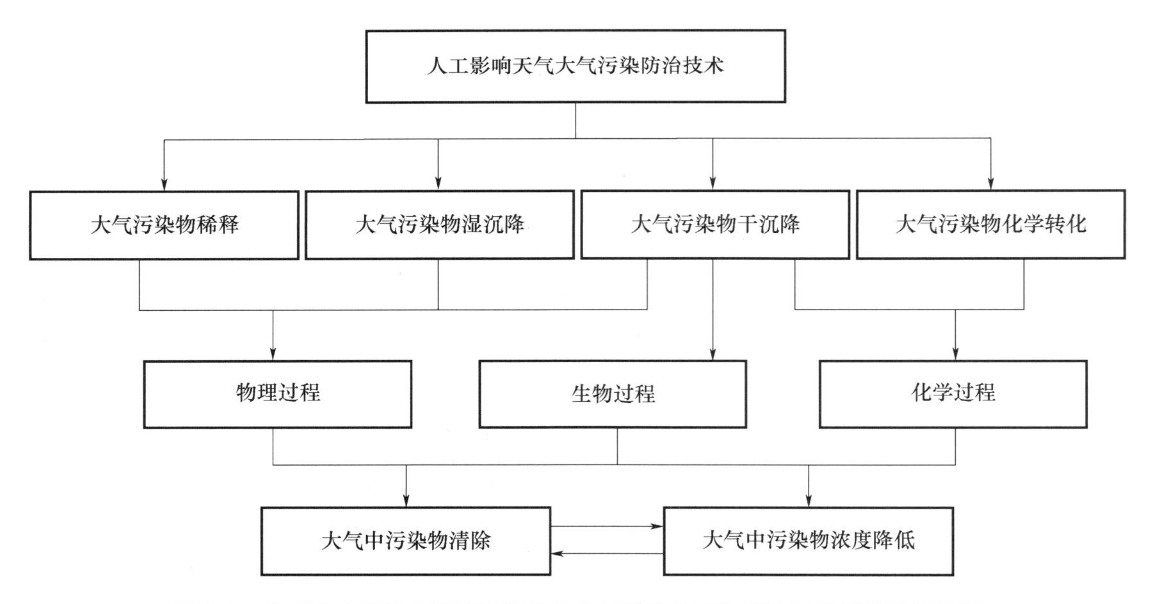


图 6-9　人工影响天气大气污染防治的大气污染物清除或浓度降低的机理图解

## 二、人工影响天气大气污染防治的技术基础

人工影响天气大气污染防治技术就是通过人为手段对局部区域内大气中的物理、化学过

程某些环节进行人工干预，促使大气中大气污染物通过湿沉降、干沉降、化学转化等被清除和通过输送、迁移、扩散等被稀释，有效降低大气污染物浓度、改善空气质量、防范大气污染发生而采取的工程技术，是对大气中大气污染物进行精准治污、科学治污的唯一工程技术手段，是大气污染治理体系和治理能力现代化不可或缺的科学技术手段。虽然人工影响天气大气污染防治技术涉及人工影响天气催化技术、人工增雨(雪)技术、人工消雾技术、人工热力动力扰动技术和人造云、雾、雨技术，是一项多种学科和工程技术融合的系统工程技术，但随着科学技术发展，尤其人工影响天气工程技术进步，为人工影响天气大气污染防治技术在大气污染防治领域广泛应用、科学应用、精准应用奠定坚实的技术基础。人工影响天气大气污染防治的技术基础主要体现在成熟的人工影响天气业务技术体系为人工影响天气大气污染防治技术业务化应用提供了可靠保障、人工影响天气技术进步为人工影响天气大气污染防治技术精准应用提供了技术支撑、人工影响天气新技术研究开发应用为人工影响天气大气污染防治技术突破适用条件苛刻要求成为 3 个方面可能。

一是成熟的人工影响天气业务技术体系为人工影响天气大气污染防治技术业务化应用提供了可靠保障。自 1958 年，我国开展人工影响天气工作以来，全国气象工作者们一直致力于人工影响天气的理论与技术的研究，特别是“十五”期间国家科技攻关项目“人工增雨技术研究及示范”科技成果、“十一五”期间国家科技支撑计划重点项目“人工影响天气关键技术与装备研发”科技成果和“十二五”期间人工影响天气的“气象行业专项”“国家重大科学仪器设备专项”科技成果等的推广应用，以及“十三五”期间《人工影响天气业务现代化建设三年行动计划》的实施，使我国人工影响天气业务技术体系更加成熟，促进了人工影响天气(简称人影)业务能力和技术水平大幅提升。

根据 2018 年全国人工影响天气科技咨评委组成评估专家组对《人工影响天气业务现代化建设三年行动计划》终期评估的报告和中国气象局人工影响天气中心《耕云播雨、服务民生——中国人工影响天气 60 年》的报告表明：经过三年时间，初步建立了以国家级为龙头、省级为核心、市县为基础的现代人影业务体系，人影业务能力、科技水平和服务效益等方面得到大幅提升；并根据我国人工影响天气业务特点首次提出并建立以科学精准催化作业为核心，具有人影作业条件预报、监测预警、方案设计、跟踪指挥和效果检验功能的“横向到边”的“作业天气过程预报和作业计划制定(72～24 h)、作业条件潜力预报和作业预案制定(24～3 h)、作业条件监测预警和作业方案设计(3～0 h)、跟踪指挥和作业实施(0～3 h)、作业效果检验(作业后)”的五段实时业务流程，形成国家(区域)—省—市/县—作业点四级管理、五级指挥、六级作业“纵向到底”的现代化完整的全国业务体系。

国家级人影中心制定完善业务流程，设计制作专题产品模板，建立了抗旱增雨、重大活动保障和大型科学试验等保障服务流程。每日两次定时发布人工影响天气模式系统预报的 4 大类 20 小类的云宏、微观预报产品；每小时发布 7 种卫星反演云特征参量产品，有效指导了国家—省—市—县各级人影业务任务的开展。及时收集全国各省飞机、地面作业信息，分析制作全国作业信息周报、月报、季报和年报。

全国各省(区、市)气象局基本都制订了具有当地特色的人影现代化行动计划实施方案，各地均建立了五段实时业务，并结合本地特点，完善各段业务流程，制作相应的业务产品，建立业务值班、会商、指挥等业务制度。

因此，上述人工影响天气业务技术体系为人工影响天气大气污染防治技术奠定了坚实的技术基础，为人工影响天气大气污染防治技术业务化应用提供了可靠保障。

二是人工影响天气技术进步为人工影响天气大气污染防治技术精准应用提供了技术支撑。随着云降水精细化数值预报系统业务运行，人影作业概念模型和指标体系建立，基于FY-2、FY-4系列卫星和地基遥感、飞机云物理观测的云降水精细处理和分析技术研发与应用，云水资源评估MEM方法发展与应用，现代人影业务的指挥平台基本建成与应用，自动化、信息化、标准化的现代人影装备研发与应用等人工影响天气关键技术取得明显进展，人工影响天气科学作业水平稳步提高。尤其随着《人工影响天气“耕云”行动计划》实施，人工影响天气作业实施更加精准——五段实时业务更加优化，通过作业条件监测预报识别、催化模拟与作业效果预估、效果检验等关键技术研发，建立适当的作业时机、部位和剂量业务指标体系，推进作业实施由“作业时机适当、作业部位适当、作业剂量适当和作业预案合理、作业方案设计合理、作业实施合理”向“作业定点、作业定时、作业定量”转变，综合业务系统升级完善，跨区域协同、空地协同作业机制更加高效，科学性和自动化智能化水平显著提升。

人工影响天气科技水平明显提高——建成地形云增雨、冰雹防控、重大活动保障等6个外场试验基地，云降水机理研究、空中云水资源监测评估、作业条件识别、作业催化技术、局部人工消减雨技术和效果评估等应用基础研究和关键技术开发取得明显进展，“产、学、研、用”深度融合发展机制初步建立，技术成果得到有效转化应用，若干核心领域研究达到国际先进水平。

因此，上述人工影响天气技术科学发展和人工影响天气科学作业水平稳步提升为人工影响天气大气污染防治技术精准应用奠定了坚实的技术基础，提供了可靠的技术支撑。

三是人工影响天气新技术研究开发应用为人工影响天气大气污染防治技术突破适用条件苛刻要求成为可能。虽然近50多年国际人工影响天气科学试验结果表明：目前基于增加云中凝结核和冰核的播撒技术，由于可播撒的窗区非常窄，即目前人工影响天气技术的适用条件非常苛刻，限制了人工影响天气大气污染防治技术在大气污染治理的普适性。但是随着现代科技发展，近几年国内外突破人工影响天气技术适用条件苛刻要求的人工影响天气新技术——电离人工增雨(雪)技术、飞秒激光人工增雨(雪)技术、低频声波人工增雨(雪)技术等研究开发科学试验取得了可喜成果，为人工影响天气大气污染防治技术突破适用条件苛刻要求，促进人工影响天气大气污染防治技术在大气污染治理普遍适用成为可能。

例如，阿联酋政府和瑞士Meteo Systems公司共同成功开发的电离人工增雨(雪)技术，克服了传统人工增雨(雪)技术的适用条件苛刻的缺点。该技术在阿联酋阿布扎比东部的阿莱茵地区建立了5个电离人工增雨基地，各配置了20台空气净化器，利用巨型空气净化器制造出大量负离子向大气中喷洒，负离子会自动依附沙漠地区空气中无所不在的气溶胶粒子。太阳辐射产生的局地加热导致气流上升，这些上升的气流携带着含有负离子的气溶胶粒子向上运动。一旦气溶胶粒子上升到对流层中层、上层，负离子就会吸收空气中的水分子，在周围凝结成水滴。随着空气中湿度升高，无数的水滴最终会变成云，进而化作雨落到地面。2010年7—8月，在当地气象台预报无云和无雨的气象条件下，该技术在阿莱茵沙漠地区成功实现了52次人造暴雨。因此，阿联酋阿布扎比东部的阿莱茵地区人造雨是科学家首次真正在晴朗的天空中制造出降雨过程，是首次名副其实的人造雨。

因此，电离人工增雨(雪)技术、飞秒激光人工增雨(雪)技术、低频声波人工增雨(雪)技术等人工影响天气新技术研究开发应用为人工影响天气大气污染防治技术突破适用条件苛刻要求，促进人工影响天气大气污染防治技术在大气污染治理普遍适用成为可能提供了科学的技术路径。

## 三、人工影响天气大气污染防治的实践基础

人工影响天气大气污染防治的实践就是为了促使大气中大气污染物通过湿沉降、干沉降、化学转化等被清除和通过输送、迁移、扩散等被稀释，有效降低大气污染物浓度、改善空气质量、防范大气污染发生，对局部区域内含有大气污染物的大气物理、化学过程某些环节进行人工干预的人工影响天气大气污染防治科学试验。这些科学试验成果和经验进一步促进人工影响天气大气污染防治能力提升，为人工影响天气大气污染防治奠定了坚实的实践基础。

例如，重庆市人民政府根据重庆市地理特征、气象条件不利于污染物扩散的实际情况，为有效降低大气污染物浓度、改善空气质量、防范大气污染发生，创新思路采取常规的大气污染源排放管控措施和不利气象条件下人工增雨措施控制大气污染的应急措施并举。早在 2009 年 3 月 9 日召开的市政府环保“四大行动”第一次调度会上，凌月明副市长要求市气象局研究制定冬春季不利气象条件下人工增雨措施控制空气污染的应急措施；在重庆市委办公厅、市政府办公厅《关于印发 2009 年环境保护工作目标任务分解的通知》(渝委办〔2009〕41 号)中也明确要求“市气象局牵头会同市环保局、市财政局制定并实施冬春季主城区人工增雨作业控制空气污染工作方案”；在 2009 年 6 月 24 日凌月明副市长主持召开的市政府环保“四大行动”第二次调度会审议了《冬春季主城区人工增雨作业保障空气质量工作方案》，要求市气象局、市环保局、市财政局进一步修改细化工作方案后报市政府，并抓紧做好相关准备工作，确保在今年第四季度实施。

为此重庆市气象局牵头会同市环保、市财政局制定了《重庆市“蓝天行动”人工增雨保障服务工作方案》《重庆市“蓝天行动”人工增雨保障服务实施方案》和《重庆市“蓝天行动”人工增雨保障服务技术方案》，并组织重庆市主城区周围的铜梁、合川、北碚、渝北、巴南、璧山、长寿、涪陵、江津、沙坪坝 10 个区开展了重庆市主城区人工影响天气大气污染防治科学试验。2009 年，重庆市气象局抓住 10 月 26—27 日、10 月 31 日—11 月 1 日、11 月 10 日的有利天气过程，进行了人工影响天气大气污染防治的人工增雨作业，使作业后空气污染指数分别从 109 降到 55、从 71 降到 51、98 降到 49，空气质量明显好转。因此，从 2009 年开始，重庆市主城区人工影响天气大气污染防治工作纳入重庆市“蓝天行动”常态化工作措施，助力“蓝天行动”，取得可喜成绩(图 6-10)。

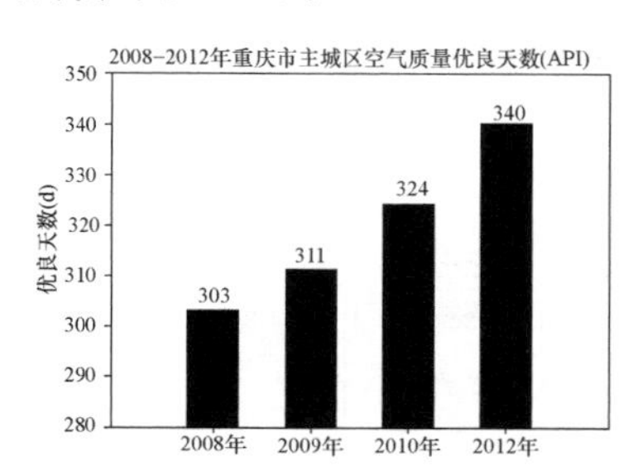

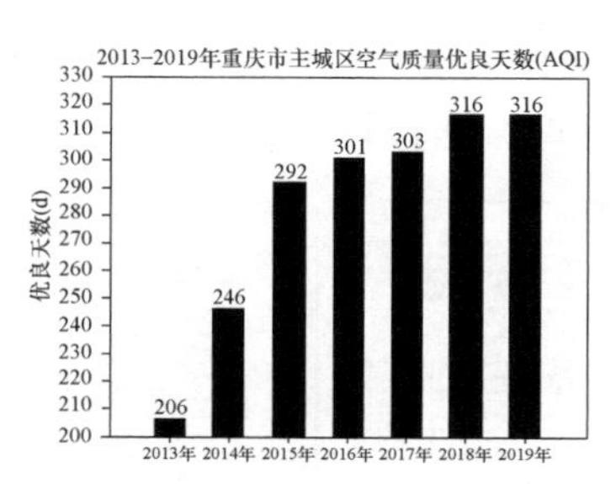

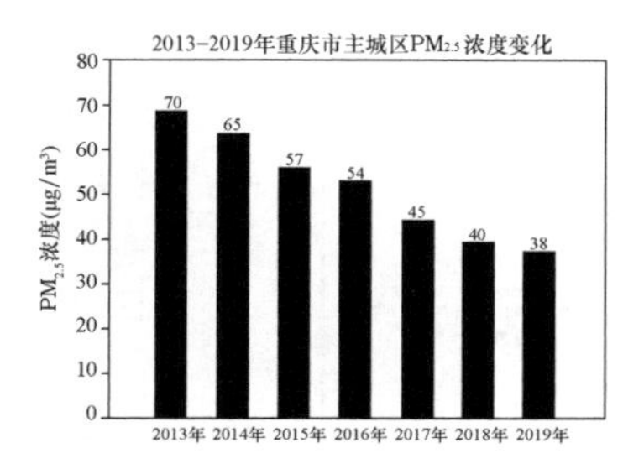


图 6-10 重庆市主城区人工影响天气大气污染防治工作开展后的优良天数与 $PM_{2.5}$ 变化趋势(彩图见书后)

另外，通过 2004—2008 年和 2014—2018 年重庆市主城区冬春季日降水量对大气污染物日平均清除率和日指数平均下降率统计结果(表 6-1)分析表明：重庆市主城区冬、春季日降水量对大气污染物有显著的清除作用，随着日降水量的增加其清除作用更明显。同时通过 2004—2008 年和 2014—2018 年重庆市主城区冬、春季不同等级日降水量每增加 1 mm 对大气污染物日平均清除率和日指数平均下降率统计结果(表 6-2)表明：日降水量为小雨(1.0～

9.9 mm)时，日降水量每增加 1 mm 对 $SO_2$、$NO_x$、$PM_{10}$ 的日平均清除率可分别增加 2.4%、1.5%、3.9%，对 2013 年前的空气污染指数 API 可增加下降率 3.2%、2013 年后的空气质量指数 AQI 可增加下降率 2.7%。由于人工影响天增雨作业可增加 15%～25%的降雨量，而重庆市主城区每年冬春季日降水量小于 10 mm 的平均降水天数为 63.7 d，因此重庆市主城区人工影响天气冬春季增雨作业是改善重庆市主城区空气质量不可或缺的工程技术措施，对重庆市主城区大气污染防治具有重要的现实意义。

**表 6-1　重庆市冬春季日降水量对大气污染物日平均清除率和日指数平均下降率统计结果**

| 日降水量(mm) | | | 污染物日平均清除率(%) | | | | 日指数平均下降率(%) | |
|---|---|---|---|---|---|---|---|---|
| 时间 | 雨量期间 | 平均雨量 | $SO_2$ | $NO_x$ | $PM_{10}$ | $PM_{2.5}$ | API | AQI |
| 2004—2008 年 | 1.0～4.9 | 2.40 | 12.89 | 5.20 | 12.91 | — | 9.05 | — |
| | 5.0～9.9 | 7.09 | 21.11 | 12.46 | 27.30 | — | 19.65 | — |
| | 10.0～14.9 | 12.15 | 25.11 | 15.94 | 26.30 | — | 17.26 | — |
| | 15.0～19.9 | 16.02 | 42.51 | 32.02 | 49.74 | — | 40.97 | — |
| | ≥20.0 | 23.60 | 50.57 | 37.20 | 58.83 | — | 55.42 | — |
| 2014—2018 年 | 1.0～4.9 | 2.31 | 20.17 | 7.92 | 16.63 | 12.47 | — | 11.66 |
| | 5.0～9.9 | 6.49 | 25.07 | 13.19 | 30.47 | 24.09 | — | 20.95 |
| | 10.0～14.9 | 11.80 | 40.87 | 23.00 | 32.18 | 23.94 | — | 21.71 |
| | 15.0～19.9 | 16.68 | 47.83 | 22.22 | 45.45 | 48.00 | — | 39.13 |
| | ≥20.0 | 34.82 | 51.48 | 33.82 | 57.73 | 51.23 | — | 39.94 |

**表 6-2　重庆市冬、春季日降水量每增加 1 mm 可提升大气污染物日平均清除率和日指数平均下降率统计结果**

| 日降水量(mm) | | 污染物日平均清除率(%) | | | | 日指数平均下降率(%) | |
|---|---|---|---|---|---|---|---|
| 雨量等级 | 雨量范围 | $SO_2$ | $NO_x$ | $PM_{10}$ | $PM_{2.5}$(2013 年后) | API(2013 年前) | AQI(2013 年后) |
| 1 | 1.0～9.9 | 2.4 | 1.5 | 3.9 | 3.3 | 3.2 | 2.7 |
| 2 | 10.0～14.9 | 0 | 0 | 0 | 0 | 0 | 0 |
| 3 | ≥15.0 | 0.8 | 1.1 | 1.1 | 0 | 2.5 | 0 |

因此，2018 年 7 月重庆市环境保护局与重庆市气象局就全面实施“大气污染防治环境与气象合作打赢蓝天保卫战”签署战略合作协议(图 6-11)。

战略合作协议

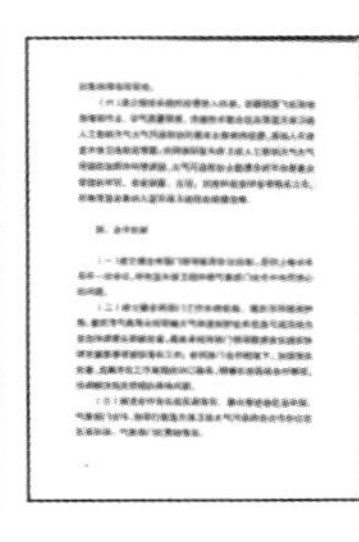

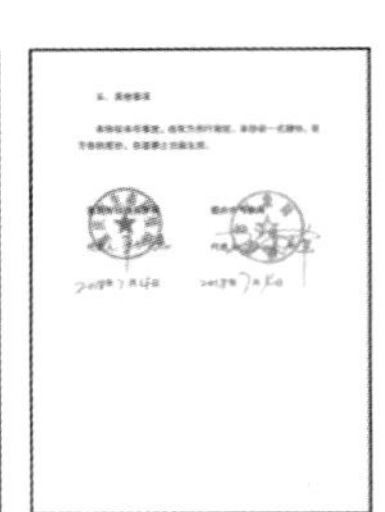

图 6-11　战略合作协议

战略合作的工作目标是：以提升打好、打准、打赢蓝天保卫战为目标，完善环保部门和气象部门合作与会商机制，提高大气污染应急联动响应能力，联合推进空气质量预警预报智能化水平、大气污染防治人工影响天气作业能力及野外试验科技水平、大气污染防治环境与气象关键技术科技攻关等工作，为实现全市年度空气质量优良天数稳定在300 d以上，把重庆建设成为“山清水秀美丽之地”做出应有的贡献。

战略合作的内容是：

（一）开展重庆蓝天保卫战人工影响天气大气污染防治野外科学试验。在大气环境与气象现有资源共享的基础上，结合重庆主城区以及周边区县打赢蓝天保卫战的实际，以提升重庆蓝天保卫战人工影响天气大气污染防治能力为目标，实施6大工程。即以物联网为基础的重庆蓝天保卫战环境与气象综合观测系统升级改造工程、以智能化为基础的重庆蓝天保卫战环境与气象预报预警系统工程、以信息化为基础的蓝天保卫战人工影响天气作业系统升级改造工程、以大数据为基础的不利气象条件下重庆蓝天保卫战大气污染综合治理科学决策支撑工程、以问题为导向的重庆蓝天保卫战人工影响天气大气污染防治关键技术研究与开发工程、以重庆市人工影响天气增雨防雹作业基地为基础的重庆蓝天保卫战人工影响天气大气污染防治野外科学试验基地升级改造工程。

（二）建立健全重污染天气预警应急联动机制。充分发挥各自领域专业优势，建立重污染天气监测预警会商机制，共同研判重污染天气过程和变化趋势，以主城片区和渝西片区为重点，分时段、分区域、分点位共同提出启动和调整预警等级的建议。完善重污染天气预警时人工影响天气作业响应标准及工作流程。

（三）完善城市智能化空气质量预报和大气污染扩散应急气象保障体系。联合开展空气质量预报预测技术攻关，优化完善大气环境数值预报模式和空气质量预报系统，建立环境气象预报会商系统，建立高时空分辨率空气质量预报网格预报业务，强化主城片区和渝西片区精细化空气质量预测预报，逐步延伸预报范围，实现在全市范围内联合开展空气质量7～10 d预测预报。完善突发大气污染扩散应急气象预警系统，实现为全市范围内突发大气污染扩散提供实时应急气象保障服务。强化专业人员技术交叉培训或互派人员短期交流学习。

（四）建设蓝天保卫战大气污染防治大数据分析平台，强化信息共享。建立健全环保与气象监测数据和服务产品等信息共享机制，合作共建蓝天保卫战大气污染防治大数据分析平台，强化监测数据、服务产品交换，实现两部门信息共享。

（五）联合推进科技攻关。加强城市空气质量预报技术方法的研究；建立蓝天保卫战人工影响天气作业指标体系，提高大气污染预警时应急的针对性和可操作性。联合开展蓝天行动人工增雨作业服务绩效评估、重庆市气象条件对环境空气质量的影响等项目研究。

（六）建立稳定长效的经费投入机制。足额预算飞机和地面增雨作业、空气质量预报、关键技术联合攻关等蓝天保卫战人工影响天气大气污染防治的基本业务维持经费，并纳入年度蓝天保卫战财政预算。共同做好蓝天保卫战人工影响天气大气污染防治野外科学试验、大气污染防治大数据分析平台等重点项目的可研、资金测算、立项、实施和效益评估等相关工作，并将项目经费纳入蓝天保卫战财政保障范畴。

重庆市人民政府将战略合作协议核心内容“开展重庆蓝天保卫战人工影响天气大气污染防治野外科学试验”纳入《重庆市贯彻国务院打赢蓝天保卫战三年行动计划实施方案》(渝府办发[2018]134号)。另外，重庆市人民政府于2019年7月11日与中国气象局签订的《中国气象局 重庆市人民政府共同推进新时代重庆气象现代化发展合作备忘录》(图6-12)，也将“重点开展人工影响天气大气污染防治野外科学试验，加强智能化空气质量预报，强化人工增雨作业，助力打赢蓝天保卫战”纳入“共同实施生态文明建设气象保障工程，助力重庆在推进长江经济带绿色发展中发挥示范作用”。为此，重庆市气象局会同重庆市生态环境局将《重庆蓝天保卫战人工影响天气大气污染防治野外科学试验工程》纳入重庆市“十四五”生态环境保护规划、重庆市“十四五”重点区域大气污染防治规划、成渝地区双城经济圈生态共建环境共保建设规划。

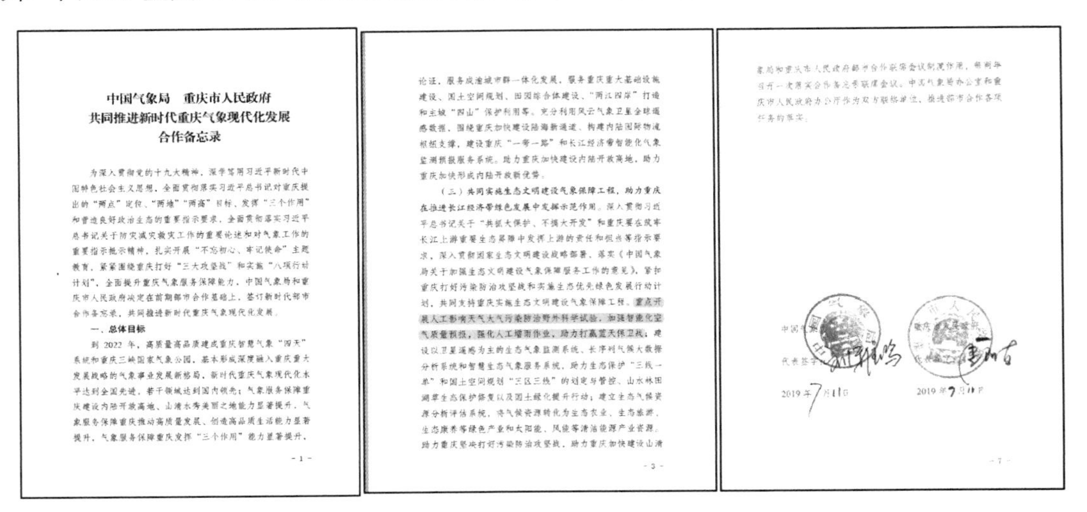

**中国气象局　重庆市人民政府**
**共同推进新时代重庆气象现代化发展**
**合作备忘录**

为深入贯彻党的十九大精神，深学笃用习近平新时代中国特色社会主义思想，全面贯彻落实习近平总书记对重庆提出的“两点”定位、“两地”“两高”目标、发挥“三个作用”和营造良好政治生态的重要指示要求，全面贯彻落实习近平总书记关于防灾减灾救灾工作的重要论述和对气象工作的重要指示批示精神，扎实开展“不忘初心、牢记使命”主题教育，紧紧围绕重庆打好“三大攻坚战”和实施“八项行动计划”，全面提升重庆气象服务保障能力，中国气象局和重庆市人民政府决定在前期部市合作基础上，签订新时代部市合作备忘录，共同推进新时代重庆气象现代化发展。

**一、总体目标**

到 2022 年，高质量高品质建成重庆智慧气象“四天”系统和重庆三峡国家气象公园，基本形成深度融入重庆重大发展战略的气象事业发展新格局，新时代重庆气象现代化水平达到全国先进，若干领域达到国内领先；气象服务保障重庆建设内陆开放高地、山清水秀美丽之地能力显著提升，气象服务保障重庆推动高质量发展、创造高品质生活能力显著提升，气象服务保障重庆发挥“三个作用”能力显著提升，

- 1 -

论证，服务成渝城市群一体化发展，服务重庆重大基础设施建设、国土空间规划、田园综合体建设、“两江四岸”打造和主城“四山”保护利用等。充分利用风云气象卫星全球遥感数据，围绕重庆加快建设陆海新通道、构建内陆国际物流枢纽支撑，建设重庆“一带一路”和长江经济带智能化气象监测预报服务系统。助力重庆加快建设内陆开放高地，助力重庆加快形成内陆开放新优势。

**（三）共同实施生态文明建设气象保障工程，助力重庆在推进长江经济带绿色发展中发挥示范作用。**深入贯彻习近平总书记关于“共抓大保护、不搞大开发”和重庆要在筑牢长江上游重要生态屏障中发挥上游的责任和担当等指示要求，深入贯彻国家生态文明建设战略部署，落实《中国气象局关于加强生态文明建设气象保障服务工作的意见》，紧扣重庆打好污染防治攻坚战和实施生态优先绿色发展行动计划，共同支持重庆实施生态文明建设气象保障工程。重点开展人工影响天气大气污染防治野外科学试验，加强智能化空气质量预报，强化人工增雨作业，助力打赢蓝天保卫战；建设以卫星遥感为主的生态气象监测系统、长序列气候大数据分析系统和智慧生态气象服务系统，助力生态保护“三线一单”和国土空间规划“三区三线”的划定与管控、山水林田湖草生态保护修复以及国土绿化提升行动；建立生态气候资源分析评估系统，将气候资源转化为生态农业、生态旅游、生态康养等绿色产业和太阳能、风能等清洁能源产业资源。助力重庆坚决打好污染防治攻坚战，助力重庆加快建设山清

- 3 -

象局和重庆市人民政府部市合作联席会议制度作用，每两年召开一次落实合作备忘录联席会议。中国气象局办公室和重庆市人民政府办公厅作为双方联络单位，推进部市合作各项任务的落实。

中国气象局　　重庆市人民政府

代表签字：　　代表签字：

2019年7月11日　　2019年7月11日

- 7 -

图 6-12　中国气象局 重庆市人民政府共同推进新时代重庆气象现代化发展合作备忘录

因此，上述重庆市人民政府创新思路采取常规的大气污染源排放管控措施和不利气象条件下人工增雨控制大气污染的应急措施并举，开展了 12 年的重庆市主城区人工影响天气大气污染防治科学试验表明：县级以上地方政府根据《中华人民共和国大气污染防治法》第九十六条规定，为科学应对重污染天气，迫切需要组织开展人工影响天气作业等应急措施，有效降低大气污染物浓度、改善空气质量、防范大气污染事件发生。因此，地方政府对人工影响天气大气污染防治实践的迫切需求，为人工影响天气大气污染防治提供了广阔的实践空间；其科学试验成果和经验为人工影响天气大气污染防治奠定了坚实的实践基础，同时又促进了人工影响天气改善空气质量研究型业务实践科学发展。尤其是“十四五”期间将实施的《重庆蓝天保卫战人工影响天气大气污染防治野外科学试验工程》必将进一步促进重庆人工影响天气改善空气质量研究型业务科学发展，必将为我国人工影响天气大气污染防治实践贡献重庆智慧和重庆方案。

## 第二节　人工影响天气大气污染防治实践的案例分析

人工影响天气大气污染防治技术是人工影响天气的一个重要分支学科，具有非常强的专业性、实践性，而人工影响天气大气污染防治实践是一项非常复杂的系统工程，因此人工影响天气大气污染防治须在人工影响天气业务技术体系基础上，结合人工影响天气大气污染防治特点开展人工影响天气大气污染防治科学实践，并通过实践不断检验人工影响天气大气污染防治技术的科学性、有效性、精准性，不断提升人工影响天气大气污染防治业务技术水平，不断完善人工影响天气大气污染防治业务技术体系，最终实现大气污染科学治污、精准治污。为此，下面以北京市人工影响消减雾霾试验研究实践、上海市重大活动人工影响天气改善空气质量实践、天津市污染突发事故人工影响天气应急保障实践、四川省人工影响天气技术应对大气污染实践、重庆市主城区人工影响天气改善空气质量实践为例，论述人工影响天气大气污染防治科学实践。

## 一、重庆市主城区人工影响天气改善空气质量研究型业务实践的典型案例

### （一）重庆市主城区人工影响天气改善空气质量研究型业务实践的需求背景

随着经济社会快速发展，重庆特殊的气候背景和地理位置使其成为全国空气污染较为严重的城市之一，不仅给当地居民的生活与健康带来诸多不利影响，而且也影响了重庆市的投资环境和竞争力，尤其是在重庆直辖时，党中央、国务院把“加强生态环境保护与建设”作为“四件大事”之一交办给重庆市政府。因此，重庆市政府按照党中央、国务院要求，采取了一系列有效措施，坚持改善环境质量，着力解决影响可持续发展和损害群众健康的突出环境问题。1999—2001 年重庆市政府组织实施了“清洁能源”工程，重点解决了主城区 $SO_2$ 污染问题；2002—2004 年重庆市政府组织实施了“主城区采（碎）石场、小水泥厂关闭，加强主城区机动车排气污染控制，主城区裸露地面绿化硬化，主城区大于 10 t/h 的燃煤锅炉洁净煤工程，主城区大气污染企业关迁改调”的主城区“五管齐下净空”工程，并进一步强化主城区道路扬尘、施工扬尘、餐饮业油烟废治理和主城区全面建成基本无煤区等尘污管控措施。2004 年主城区环境空气质量达到和好于Ⅱ级以上的天数为 243 d，占全年总天数的 66.4%，$SO_2$、$PM_{2.5}$ 和 $NO_2$ 年平均浓度分别为 113 $\mu g/m^3$、142 $\mu g/m^3$、67 $\mu g/m^3$，相比 2001 年有一定程度的下降，主城区环境空气质量得到进一步改善。

虽然 2000 年以来，重庆主城区通过实施“清洁能源”工程、“五管齐下”净空工程和进一步控制扬尘污染等一系列重大环保措施，使主城区空气质量明显好转，但环境空气质量依然较差，环境保护形势依然严峻。借鉴国内外大气污染控制的成功经验，根据主城区 $SO_2$ 总量控制、大气颗粒物来源解析及空气质量和气象条件的相关性分析等研究结果，2004 年市政府组织制定了《重庆市主城“蓝天行动”实施方案（2005—2010 年）》，并在 2005 年开始全面实施。随着重庆市主城“蓝天行动”的深入推进，“蓝天行动”2005 年、2006 年、2007 年 2008 年的目标任务顺利完成（表 6-3），但是仅仅依靠常规的大气污染源排放管控措施难以完成 2009 年的年度目标任务。其主要原因如下：

**表 6-3　2005—2010 年重庆市主城“蓝天行动”目标**

| 时间 | 主城空气质量目标 | 各类污染物排放总量控制目标 | | | “蓝天行动”时段划分 |
|---|---|---|---|---|---|
| | | 可吸入颗粒物最高允许排放量 | $SO_2$ 最高允许排放量 | $NO_2$ 最高允许排放量 | |
| 2005 年 | 主城区空气质量满足Ⅱ级天数的比例达到 70% | 6.9 万t/a | 17.5 万t/a | 13.7 万t/a | 第一阶段 |
| 2006 年 | 主城区空气质量满足Ⅱ级天数的比例达到 72% | 6.3 万t/a | 16.8 万t/a | 12.7 万t/a | 第二阶段 |
| 2007 年 | 主城区空气质量满足Ⅱ级天数的比例达到 75% | 5.9 万t/a | 16.3 万t/a | 12.2 万t/a | 第三阶段 |
| 2008 年 | 主城区空气质量满足Ⅱ级天数的比例达到 77% | | | | |
| 2009 年 | 主城区空气质量满足Ⅱ级天数的比例达到 79% | 5.5 万t/a | 15.9 万t/a | 11.8 万t/a | 第四阶段 |
| 2010 年 | 主城区空气质量满足Ⅱ级天数的比例达到 80% | | | | |

注：1. 第一阶段目标任务还包括完成亚太城市市长峰会环境污染专项整治。

2. 各年度污染物削减量的目标是根据当年各类污染物排放总量控制目标和污染物的预测排放量确定。

一是重庆市通过实施蓝天行动，主城空气质量逐年改善，2008 年主城空气质量优良天数达到 297 d(比 2000 年增加 110 d，比例首次超过 80%)。但由于重庆特殊地理气象条件不利于大气污染物扩散，城区道路和施工扬尘污染较重，以燃煤为主的能源结构和老工业基地的产业结构尚处于调整中，进一步改善空气质量难度较大、空间有限。

二是 2009 年上半年，重庆市进一步创新思路强力推进蓝天行动，相关职能部门组织开展联合执法百日行动，将 12 个重点污染源分到 6 个有关部门包案督办，开展大型工地控制扬尘的示范与宣传，启用环境违法行为告知书，两次启动空气质量预警，但截至 7 月 28 日，2019 年主城区空气质量满足优良达标天数仅有 184 d，而 2019 年优良天数目标是力争 300 d，在余下的 156 d 中最多只能有 40 d(2008 年同期超标 38 d)允许超标。根据 2004—2008 年重庆主城区 13 个环境监测点全年空气质量达标天数的统计分析(图 6-13)，可预测 2009 年重庆主城 8—12 月将有 38 d 空气质量不达标，而根据气象部门预测 2009 年冬季气象条件又比往年更不利于污染物扩散，那么 2009 年重庆主城区 8—12 月空气质量不达标天数将大于 40 d。因此，如果仅采取常规的大气污染源排放管控措施，将难以完成 2009 年蓝天目标任务。

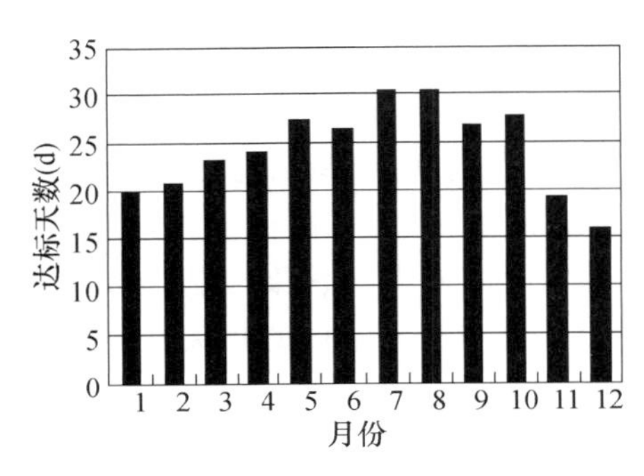


图 6-13　重庆主城区空气质量月平均达标天数变化(彩图见书后)

另外，2008 年重庆周边的成都、长沙、西安、贵阳优良天数均超过 300 d，而重庆市优良天数在全国 47 个环保重点城市排名仅列第 40 位，迫切需要在采取常规的大气污染源排放管控措施基础上，采取提升重庆主城大气自净能力达到改善空气质量的非常规措施。而在适当气象条件下，进行人工增雨湿沉降大气污染物来提升大气自净能力达到改善空气质量是基于人工影响天气科学原理的成熟工程技术措施。因此，重庆市气象局在“蓝天行动”的工作任务和责任中不仅仅是“负责提供大气污染气象分析、空气质量预测和预警所需要的气象数据，协助环保部门开展主城空气质量预报预警工作，分析大气污染的气象原因”，而且还必须按照重庆“蓝天行动”需求，依托重庆气象部门人工影响天气业务技术体系基础上，建立、健全重庆市主城区人工影响天气改善空气质量研究型业务技术体系，开展重庆市主城区人工影响天气改善空气质量研究型业务实践，为重庆市大气污染治理提供人工影响天气科技支撑和保障。

为此，重庆市政府在 2009 年 3 月 9 日召开的市政府环保“四大行动”第一次调度会就明确了常规的大气污染源排放管控措施和不利气象条件下人工增雨控制大气污染的应急措施并举，要求市气象局牵头会同市环保局、市财政局制定并实施冬春季主城区人工增雨作业控制空气污染工作方案，依托重庆气象部门人工影响天气业务技术体系基础上逐步建立、健全重庆市主城区人工影响天气改善空气质量研究型业务技术体系，并确保在 2009 年第四季度适时组织开展重庆市主城区人工影响天气改善空气质量研究型业务科学实践。

### (二)重庆市开展主城区人工影响天气改善空气质量研究型业务实践的科学依据

重庆市主城区人工影响天气改善空气质量研究型业务实践主要依据人工影响天气科学原理,在适当的气象条件下通过飞机、高炮、火箭、烟炉等人工影响天气作业技术手段,将人工增雨催化剂播撒到具有降水潜力的云中,促使云降雨或(和)增加降雨量,导致大气中的污染物被降水粒子携带到地面而被清除,达到天气改善空气质量的目的。而国内外人工影响天气增雨试验研究表明(表 6-4),对具有降水潜力的云层进行人工增雨催化影响,其增加降水的幅度可达 13%～90%,其平均幅度可达 37.8%,但目前国内科学家一般认可为增加降水 15%～25%。因此,在重庆市开展主城区人工影响天气改善空气质量研究型业务实践是否具有科学依据分析中,选择人工增雨降水增加幅度为 15%～25%。

**表 6-4　不同云系人工增雨试验效率统计**

| 国家与地区 | 时间 | 人工增雨作业云系 | 人工增雨作业方法 | 增雨效果(%) |
|---|---|---|---|---|
| 中国吉林 | 1963—1985 年 | 层状云、混合云 | 飞机撒干冰、尿素 | 14 |
| 中国福建古田 | 1975—1986 年 | 混合云、层状云 | 37 高炮、AgI 小火箭 | 24 |
| 中国内蒙古 | 1974—1985 年 | 层状云 | 飞机播撒催化剂 | 21 |
| 以色列 | 1960—1975 年 | 层状云 | 飞机播撒催化剂 | 13～15 |
| 美国蒙大拿州 | 1969—1972 年 | 地形云 | — | 50 |
| 美国加利福尼亚州 | 1969—1973 年 | 地形云 | — | 25 |
| 美国加利福尼亚州 | 1969—1973 年 | 浓积云 | — | 60 |
| 古巴<br>(与俄罗斯合作) | 1986—1990 年 | 对流云<br>(云顶 6.5～8 km) | 飞机播撒干冰、液氮、<br>发射 AgI 焰弹 | 65 |
| 国际试验计划 | | 浓积云<br>深厚层状云 | — | 90<br>15 |
| 平均值 | | | | 37.8 |

1. 重庆市主城区人工增雨的潜力分析

根据 2004—2008 年 1—3 月和 11—12 月重庆主城渝北、北碚、沙坪坝和巴南 4 个国家气象观测站同期日降水平均获得的主城区降水资料统计分析表明:2004—2008 年 11—3 月这 5 个月主城区出现降水的天数有 343 d,占总天数 45.4%,但 90%降水是小雨,其中,降雨量在 0.0～0.9 mm 的微量降水有 137 d,占总降水天数 40.0%;平均降雨量在 0.30 mm,降雨量在 1.0～9.9 mm 的小雨有 187 d,占总降水天数 54.5%;平均降雨量在 3.77 mm,降雨量在 10.0～24.9 mm 的中雨仅有 19 d,占降水天数的 5.5%;平均雨量在 13.73 mm,没有超过 25.0 mm 的大雨出现,无降水的天数为 413 d。而传统人工增雨作业技术的先决条件是作业地区必须具有降水潜力云存在,因此重庆主城区冬半年降水天数比较多,平均每 3 d 就有 1 次降水,即平均每 3 d 就有 1 次"具有降水潜力云存在"的传统人工增雨作业条件,这表明在冬半年人工增雨具有很大潜力,实施传统人工增雨作业的机会较多。重庆主城区自然降水主要以小雨和微雨为主。有关研究表明,小雨对大气污染的清除能力远大于微雨,若在冬半年能够实时地抓住每一次人工增雨作业的时机,尽可能将微雨转变成小雨,增加小雨的雨量,必然显著改善城市空气质量。

2. 重庆市主城区的降水与大气污染相关性分析

根据 2004—2008 年 1—3 月和 11—12 月重庆主城区日平均污染浓度和指数资料与重庆

主城渝北、北碚、沙坪坝和巴南4个气象观测站同期日降水平均获得的主城区降水资料统计分析得到的主城区的降水与大气污染相关系数如表6-5所示。

**表6-5 主城区的降水与大气污染相关性表**

| 相关系数 | $SO_2$ | $NO_x$ | $PM_{10}$ | $SO_2$指数 | $NO_x$指数 | $PM_{10}$指数 | 综合污染指数 |
|---|---|---|---|---|---|---|---|
| 日降雨量 | −0.200 | −0.157 | −0.243 | −0.227 | −0.152 | −0.250 | −0.248 |
| 有无降水 | −0.224 | −0.190 | −0.282 | −0.249 | −0.178 | −0.286 | −0.279 |

从表6-5可知，重庆市主城区各污染物含量和污染指数与主城区降雨量、有无降水呈明显的负相关，表明主城区降雨过程能够改善主城区空气质量。并且，有无降水与各污染物含量和污染指数的相关明显好于日降雨量，更能反映降雨对大气污染物的净化作用，也从另外一个侧面证明人工增雨有利于主城区空气质量改善。另外，$PM_{10}$和$SO_2$污染物浓度和污染指数与降雨指标的相关明显好于$NO_x$，表明降水对大气中$PM_{10}$和$SO_2$净化作用要强于$NO_x$。

另外，从重庆市主城区日降水量与空气质量达标天数、不达标天数的统计分析表明：当24 h降水量大于6 mm时，空气质量达标天数明显增多，空气质量不达标的天数极少，只有3 d（图6-14）。

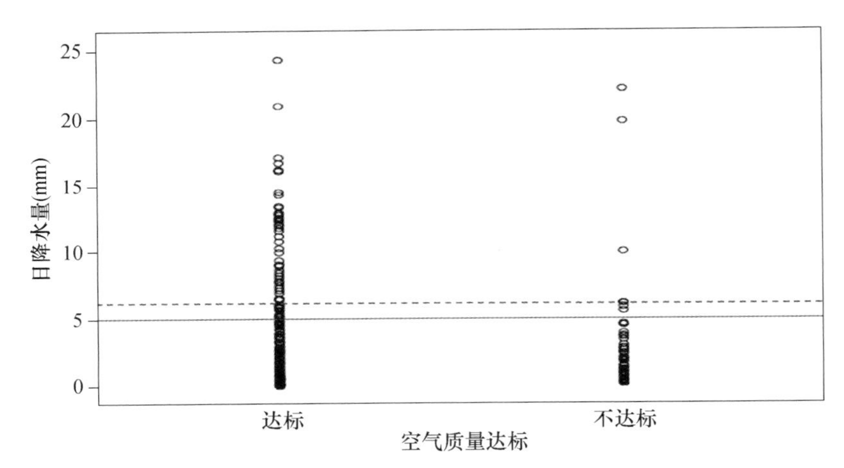


图6-14 降水时空气质量达标天数、不达标天数与降雨量情况分布（彩图见书后）

具体分析这3 d降雨前的污染状况发现：其降雨前都出现连续多天的空气质量不达标，如2007年2月7日出现22.1 mm降水，但空气质量仍然不达标，主要是由于降雨之前已经出现连续8 d超标，降雨的前一天API达到206为中度污染，降水后API迅速降低到132。由此发现，重庆市主城区日降水量强度与当日空气质量是否达标存在一个6 mm的临界点。当日降雨量≥6 mm时，大气污染物主要通过降雨湿沉降清除机制从大气中被清除，降雨单独对空气质量具有显著净化作用，从而促使空气质量达标；当日降雨量＜6 mm时，空气质量达标天数比例为2.2∶1，这表明不能单独依靠日降雨量＜6 mm的降雨净化空气使空气质量达标，大气污染物从大气中被清除还需要日降雨量＜6 mm的降雨与其他大气污染物清除因素的耦合效应才能促使空气质量达标，但日降雨量＜6 mm的降雨与其他大气污染物清除因素的耦合效应净化空气促使空气质量达标的过程中其作用非常显著。

根据重庆市气象局对重庆主城区冬、春季降水强度对大气污染物影响研究发现，日降雨量＜6 mm的降雨在净化空气促使空气质量达标的过程中起显著作用的主要原因如下：

一是降雨量在 0.1～0.9 mm 的微量降水能减少大气中污染物浓度增加的幅度。另外，大气污染物浓度由于微量降水的介入不降反升现象仅仅表明包含了微量降水导致大气中污染物与微量降水混合后的质量浓度增加的表面现象，并非反映大气中污染物质真正增加的客观事实。

二是降雨量在 1.0～4.9 mm 的降水能清除当天大气中污染物的增量，使得空气质量基本维持在前一日的水平，污染物浓度略有下降，空气质量略为好转。

三是降雨量在 5.0～6.0 mm 的降水对大气中污染物清除更显著，并且随着降雨量增加，大气中污染物浓度降低更明显，空气质量好转越明显。

四是降雨量在 1.0～4.9 mm 的降水对 $SO_2$ 的平均湿清除率为 7.97%，对 $NO_x$ 的平均湿清除率为 3.36%，对 $PM_{10}$ 的平均湿清除率为 10.39%，可使 API 平均下降 9.05%；降雨量在 5.0～9.9 mm 的降水对 $SO_2$ 的平均湿清除率为 19.65%，对 $NO_x$ 的平均湿清除率为 12.19%，对 $PM_{10}$ 浓度的平均湿清除率为 26.13%，可使 API 平均下降 19.65%。

五是降雨量在 1.0～9.9 mm 的降水，每增加 1 mm 降雨量，就有 3% 的 $SO_2$、1.6% 的 $NO_x$、4% 的 $PM_{10}$ 被湿清除，使得 API 指数下降 3.2%。

上述分析表明：日降雨量 6 mm 是降雨湿沉降清除机制能否独立发挥作用使空气质量达标的"临界阈值"，而日降雨量＜6 mm 的降水与其他大气污染物清除因素的耦合效应净化空气促使空气质量达标的过程中其作用非常显著。因此，日降雨量 6 mm 这个"临界阈值"的发现为人工影响天气促使降雨形成或(和)增加降雨量从而改善空气质量提供了科学依据，也为大气污染物降雨湿沉降清除机制在大气污染物从大气中被清除过程中是否独立发挥作用找到了判断依据和检验标准。

3. 重庆市主城区人工增雨对空气质量影响分析

(1)主城区较强降水时的人工增雨对空气质量影响

研究表明，降水的重要性在于云内的吸附过程和降水冲刷，通过分析降雨量、降水时数和降水强度对大气污染物浓度的影响，发现降水强度最重要，大气污染物浓度随降水强度增大而迅速降低。根据重庆主城区 2004—2008 年 1—3 月与 11—12 月的降水资料分析发现，24 h 降雨量较大时，相应的降水时数也较长，但对应的每小时的降水强度也较小，此时人工增雨能够有效地增加降水强度，对环境空气质量影响效果最好。当按人工增雨效率 15%计算时，即当主城区日自然降水在 5.2 mm 以上，理论上经过增雨后降雨量将都在 6 mm 以上，这时可以认为主城区空气质量完全达标。由于重庆主城区 2004—2008 年 1—3 月与 11—12 月期间，自然降水 5.2 mm 以上而小于 6.0 mm 的空气质量不达标天数有 7 d，经过人工增雨后可达标；同理，当按人工增雨效率 25%计算时，由于重庆主城区 2004—2008 年 1—3 月与 11—12 月期间，自然降水 4.8 mm 以上而小于 6.0 mm 的空气质量不达标天数有 12 d，经过人工增雨后可达标。也即重庆主城区 2004—2008 年 1—3 月与 11—12 月期间，通过人工增雨后可增加空气质量达标天数 7～12 d。

(2)主城区弱降水时的人工增雨对空气质量影响

当实施人工增雨作业后，其 24 h 降雨量仍达不到 6 mm 这个"临界阈值"时，而实际情况是降雨量在 6 mm 这个"临界阈值"以下仍然有 142 d 空气质量达标，因此有必要研究分析主城区弱降水时的自然降雨量、人工增雨量对主城区空气污染指数的影响。从支配大气污染物浓度变化过程的质量连续性方程出发，推导出表述降水清洗作用的显式数学描述，发现大气污染物浓度随降水时间呈指数衰减关系公式为：

$$C=C_0\exp^{-At} \tag{6-1}$$

式中：$C$——大气污染物浓度。

$A$——清洗系数，$A\approx J_0^{\frac{3}{4}}$，其中 $J_0$ 是降水强度，显然降水强度大，清洗系数就大。

$t$——清洗时间。

由于该方程仅适用于瞬时和空间平均的大气污染物浓度场，而不适用于时间平均的浓度场，为了研究空气污染指数在降水日的变化，也采取大气污染物浓度在降水过程中呈指数减少，由于空气污染具有持续性，即某日大气中的污染物浓度不仅与浓度监测和当时的气象参数有关，而且与前一天或前几天的气象和污染条件有关，因此可以用前一天的空气污染指数来描述，其关系公式为：

$$P_i=\alpha_0 P_{i-1}-e^{b_0 R_i}P_{i-1}+n_0 \tag{6-2}$$

式中：$P_i$——第 $i$ 天的空气综合污染指数，$P_{i-1}$ 为第 $i-1$ 天空气综合污染指数。

$R_i$——为第 $i$ 天的降雨量。

$\alpha_0$——常数。

$b_0$——常数。

$n_0$——与当日污染物总排放量有关的参数，假定每日污染物总排放量不变，可将其看成常数。

由于实施了人工增雨，则空气污染指数考虑增雨效果后的计算公式为：

$$P'_i=\alpha_0 P_{i-1}-e^{b_0(R_i-\Delta R_i)}P_{i-1}+n_0 \tag{6-3}$$

式中：$P'_i$——第 $i$ 天进行增雨作业后的空气综合污染指数。

$\Delta R_i$——第 $i$ 天进行增雨作业后增加的降雨量。

因此，实施人工增雨后的空气综合污染指数变化值的计算公式为：

$$\Delta P_i=P'_i-P_i=e^{b_0 R_i}P_{i-1}-e^{b_0(R_i-\Delta R_i)}P_{i-1} \tag{6-4}$$

式中：$\Delta P_i$——第 $i$ 天实施增雨作业后的空气综合污染指数变化值。

如果知道$b_0$的值就可以得出增雨后空气质量变化的 $\Delta P_i$值。由于$\alpha_0 P_{i-1}$为其他因素总的对空气质量影响，并且从$P_i=\alpha_0 P_{i-1}-e^{b_0 R_i}P_{i-1}+n_0$公式计算$\alpha_0$、$b_0$比较麻烦，误差较大，也不容易求出$b_0$，因此通过增加第 $i+1$ 的空气质量综合指数来求$b_0$的值。

$$P_{i+1}=\alpha_0 P_i-e^{b_0 R_{i+1}}P_i+n_0 \tag{6-5}$$

将上述 4 个计算公式建立联立方程组可得以下关系式：

$$e^{b_0 R_i}-e^{b_0 R_{i+1}}-\left(\frac{P_{i+1}}{P_i}-\frac{P_i}{P_{i-1}}\right)=0 \tag{6-6}$$

若定义$B=e^{b_0}$，$C_{i+1}=\dfrac{P_{i+1}}{P_i}-\dfrac{P_i}{P_{i-1}}$；则上述 4 个计算公式建立联立方程组可得的关系式可调整为以下关系式：

$$B^{R_i}-B^{R_{i+1}}-C_{i+1}=0 \tag{6-7}$$

将连续有 2 d 降水且降雨量小于 6 mm 的数据代入调整后的关系式进行计算求解 $B$，并将 $B$ 的虚数解和较小的解舍去，留下较大的解，发现 $B$ 的值都在 1.0 附近摆动，其平均值为 1.15（图 6-15）（陈小敏 等，2010）。

因此，实施了人工增雨作业后的空气综合污染指数的计算公式可调整为：

$$P'_i=P_i+e^{b_0 R_i}P_{i-1}-e^{b_0(R_i-\Delta R_i)}P_{i-1}=P_i+(1.15)^{R_i}P_{i-1}-(1.15)^{(R_i-\Delta R_i)}P_{i-1} \tag{6-8}$$

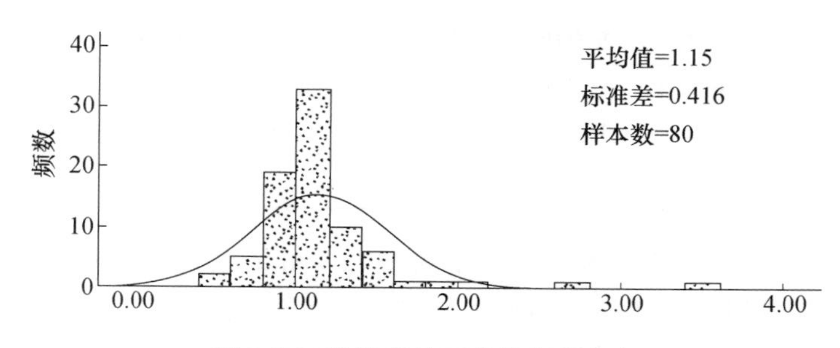


图 6-15　计算出的 B 值的频数分布

将降水数据和空气质量数据代入调整了的人工增雨作业后的空气综合污染指数计算公式计算。当按人工增雨效率 15%计算时，即使实施人工增雨作业后其 24 h 降雨量仍达不到 6 mm 这个"临界阈值"，但重庆主城区 2004—2008 年 1—3 月与 11—12 月期间空气质量达标的天数可增加 7 d；同理，当按人工增雨效率 25%计算时，即使实施人工增雨作业后其 24 h 降雨量仍达不到 6 mm 这个"临界阈值"，但重庆主城区 2004—2008 年 1—3 月与 11—12 月期间空气质量达标的天数可增加 16 d。也即重庆主城区 2004—2008 年 1—3 月与 11—12 月期间，主城区弱降水时通过人工增雨对空气质量影响，可增加空气质量达标天数 7～16 d。

(3)主城区人工增雨对空气污染的后续影响

由于空气质量的连续性，人工增雨后的第 2 天，其空气质量也将受到增雨的影响，如果第 2 天有降水，则其空气质量受当日降水影响更大，如果第 2 天没有降水，则增雨效果也会对第 2 天仍有影响。这是因为人工增雨对大气污染物的清除作用提升了第 2 天大气环境对大气污染物的容纳能力使其不易被污染，也即人工增雨对大气污染物的清除为第 2 天大气环境容纳大气污染物增加了"库容"。通过分析重庆主城区 2004—2008 年 1—3 月与 11—12 月期间空气质量第 2 天与第 1 天的相关，发现其相关显著，相关系数为 0.69，线性回归方程为：

$$P'_{i+1}=P_{i+1}-0.69(P'_i-P_i) \tag{6-9}$$

式中：$P'_i$——第 $i$ 天进行增雨作业后的空气综合污染指数。

$P'_{i+1}$——第 $i$ 天增雨作业后，第 $i+1$ 天的空气综合污染指数。

$P_i$——没有增雨时第 $i$ 天实际空气污染综合污染指数。

$P_{i+1}$——没有增雨时第 $i+1$ 天实际空气污染综合污染指数。

将重庆主城区 2004—2008 年 1—3 月与 11—12 月期间降水数据和空气质量数据代入线性回归方程计算，发现不论人工增雨效率为 15%或是 25%，实施人工增雨作业后，重庆主城区 2004—2008 年 1—3 月与 11—12 月期间空气质量达标的天数均可增加 3 d。

上述分析表明，重庆主城区 2004—2008 年 1—3 月与 11—12 月期间，通过实施增雨作业，按人工增雨效率 15%～25%计算，让实际降水量增加至超过 6 mm 的"临界阈值"，从而直接使空气质量达标的天数增加 7～12 d；当增加降雨量小于 6 mm 的"临界阈值"时，在降雨因素主导下，降雨因素与其他大气污染物清除因素的耦合效应可改善空气质量，使空气质量达标的天数增加 7～16 d；并且人工增雨通过提升大气环境对大气污染物的容纳能力，增加大气环境容纳大气污染"库容"，使人工增雨后续影响可增加空气质量达标天数 3 d。也即重庆主城区在 2004—2008 年 5 年中 11—3 月这 5 个月期间，通过人工影响天气的增雨作业，可以明显地改善城区空气质量，若按 15%～25%的人工增雨效率计算，可增加空气质量达标天数总计 17～31 d，平均每年增加 3.4～6.2 d(表 6-6)。

表 6-6 人工增雨对重庆主城区 2004—2008 年 1—3 月与 11—12 月期间的空气质量的影响

| 较强降水时人工增雨增加空气质量达标天数(d) | 较弱降水时人工增雨增加空气质量达标天数(d) | 人工增雨后续影响增加空气质量达标天数(d) | 人工增雨每年平均增加空气质量达标天数(d) |
|---|---|---|---|
| 7～12 | 7～16 | 3 | 3.4～6.2 |

综上所述，不论从重庆市主城区人工增雨的潜力分析结论还是重庆市主城区的降水与大气污染相关性分析结论以及重庆市主城区人工增雨对空气质量影响分析结论，都为重庆市开展主城区人工影响天气改善空气质量研究型业务实践提供坚实的科学依据。

(三)重庆市主城区人工影响天气改善空气质量研究型业务实践方案设计

1. 人工影响天气改善空气质量研究型业务的人工增雨作业方式评估

目前，人工影响天气的作业方式主要有 3 种，高炮、火箭和飞机作业，而重庆市人工影响天气作业以高炮和火箭作业为主。

高炮由于体积较大，一般安放在固定的作业点上进行定点作业。其射高在 3～5 km，射距在 2～4 km，每枚高炮炮弹含 AgI 约 1 g，在－10 ℃层的有效成核率约为 $2\times10^{9}$ 个/g。高炮作业的播撒方式为“点源播撒”，采用了将含有催化剂的炮弹推进云区或上升气流区爆炸，利用爆炸产生的冲击波去影响云中垂直气流结构，同时又利用撒播在云中的催化剂在云体的小部位大剂量定点快速反应，形成过量的人工胚胎去争食水分，并通过不断改变射击方位形成扇面催化区达到催化效果。催化方式是以爆炸法与催化法相结合的多点催化方式。

火箭一般是安放或者挂载在机动车辆上，机动性较好，能够跟踪云团，灵活地进行移动作业。其射高在 4～8 km，射距在 3～8 km，所携带的催化剂是目前世界上最先进的高效能碘化银焰剂，每枚火箭含 AgI 约 10 g，在－10 ℃层的有效成核率约为 $1.8\times10^{15}$ 个/g，比高炮的碘化银成核率高 10 万倍，在形成人工冰核争食水分的能力上明显高于高炮。火箭作业的播撒方式为“线源播撒”，采用的是沿火箭飞行弹道连续撒播人工晶核，并向周边迅速扩散，播撒后在云层中形成一条线状催化带。催化方式是单一的播撒催化。

高炮与火箭作业参数如表 6-7 所示。

表 6-7 人工影响天气高炮和火箭作业参数

| 作业装备 | 影响范围 | | 催化剂含量(g/枚) | 有效成核率(－10 ℃层) | 播撒方式 | 催化方式 | 作业方式 |
|---|---|---|---|---|---|---|---|
| | 射高(km) | 射距(km) | | | | | |
| 高炮 | 3.3～4.6 | 2.4～4.0 | 1 | $2\times10^{9}$ 个/g | 点源播撒 | 爆炸法和催化法相结合 | 固定 |
| 火箭 | 4～8 | 3～8 | 10 | $1.8\times10^{15}$ 个/g | 线源播撒 | 催化法 | 移动 |

飞机作业是利用飞机携带催化剂在云层上方或者云层中间进行播撒。其作业的手段比较多，可以根据不同的云层条件和需要，选用不同的催化剂及播撒装置。飞机作业的播撒方式可以做到“面源播撒”，通过悬挂在飞机两侧的播撒装置，在飞机飞行的航线上连续播撒催化剂，随着飞机的来回飞行，播撒的催化剂向周边扩散，形成一个播撒平面。其催化方式是单一的播撒催化剂方式。

高炮、火箭与飞机 3 种人工影响天气的增雨作业特点对比如表 6-8 所示。

**表 6-8　高炮、火箭与飞机三种人工影响天气的增雨作业特点对比表**

| 作业方式 | 播撒方式 | 携带催化剂量 | 作业高度 | 最佳播撒云系 | 作业效果 | 操作灵活性 | 作业安全性 | 运行维持费用 |
|---|---|---|---|---|---|---|---|---|
| 高炮 | 点源 | 较少 | 较低 | 对流云 | 较好 | 一般 | 一般 | 较少 |
| 火箭 | 线源 | 较多 | 较高 | 层状云 | 好 | 最好 | 较高 | 较多 |
| 飞机 | 面源 | 最多 | 最高 | 层状云 | 最佳 | 较复杂 | 最佳 | 最多 |

在人工影响天气实际工作中，高炮主要用于局地对流性天气作业，特别是防雹作业明显。因为局地对流云团范围小，云层低，上升运动强，持续时间短，高炮的速射能力强，能在短时间发射大量炮弹，且采用爆炸法与催化法相结合的催化方式，能使雹云在很短时间内发生弱化，效果较为明显。火箭和飞机作业由于影响路径长，覆盖面积大，作业高度高，对大型天气过程有显著效果，适用于大范围的人工增雨作业。

由于重庆主城区 11—12 月和来年的 1—3 月期间的降水主要源于层状云降水，这类云系范围较大，云内上升气流小，云层较为稳定，持续时间长，云内含水量较小，雨量分布均匀。而有关研究表明：层状云降水机制主要是“蒸—凝过程”和“碰并过程”，即过冷云中无冰晶时，它是稳定的，一旦出现了冰水共存状态，就会出现蒸—凝过程，产生冰水转化。冰晶长大为降水粒子后，可以通过与过冷水滴碰冻结凇附增长，降至暖区融化后，再经重力碰并进一步长大，最后形成较大的降水粒子。

针对重庆主城区这种云系特点，向云中播撒催化剂的作用就是制造冰晶，破坏云的微结构稳定。而且由于云中上升气流速度较小，云层范围较大，所以催化层高度应尽可能高些，催化范围尽可能大些，以使人工冰晶形成后能充分利用较厚云层的增长条件提高增雨效率。另外，重庆市主城区环境空气污染主要发生在 11—12 月和来年的 1—3 月，此期间主城区以层状云降水为主。因此，重庆市主城区实施人工影响天气改善空气质量的增雨作业方式主要以对大范围层状云比较有效的地面火箭和空中飞机作业两种方式。

虽然在地面火箭人工增雨作业和空中飞机人工增雨作业两种方式中，有关研究表明飞机人工增雨效果明显优于地面火箭人工增雨效果。但考虑到现阶段“蓝天行动”对人工增雨作业改善空气质量的紧迫需求，以及目前气象部门现有地面人工增雨火箭装备资源，因此 2009 年采取地面火箭人工增雨作业方式改善主城区环境空气质量，2009 年以后增加空中飞机人工增雨作业，从而构建重庆主城区空、地协同的人工影响天气改善空气质量增雨作业的业务技术体系。

2. 人工影响天气改善空气质量研究型业务的人工增雨作业布局设计

(1)人工影响天气改善空气质量的地面人工增雨火箭作业布局设计

根据重庆 11—12 月和来年的 1—3 月受西风带系统影响，高空低槽东移，北方冷空气南下与南方暖湿气流交汇，是重庆市主城区降水过程的主要天气系统。北方冷空气南下的路径主要有：西北、北和东北回流。因此，重庆市主城区 11—12 月和来年的 1—3 月的降水云系的主要移向是：自西向东、自北向南，自东北向西南方向。所以重庆主城区人工影响天气改善空气质量研究型业务的人工增雨作业布局时，主要考虑在西部、北部和东北部方向的区域。另根据地面人工增雨火箭播撒催化剂的扩散时间和层状云移动速度，计算出可影响主城区降水的地理范围，结合重庆主城区北碚区、渝北区、沙坪坝区和巴南区现有 4 个地面人工增雨火箭作业系统和主城区周边璧山县、铜梁县、合川区、江津区、长寿区、涪陵区现有 6 个地面人工增雨火箭作业系统实际，须在合川、铜梁、璧山、江津、长寿、涪陵北碚、巴南、渝北新增 9 个地面人工增雨火箭作业系统,从而构成重庆主城区人工影响天气改善空气质量的地面人工增雨火箭作业体系。重庆主城区人工影响天气改善空气质量的地面人工增雨火箭作业系统具体布局如图 6-16 所示。

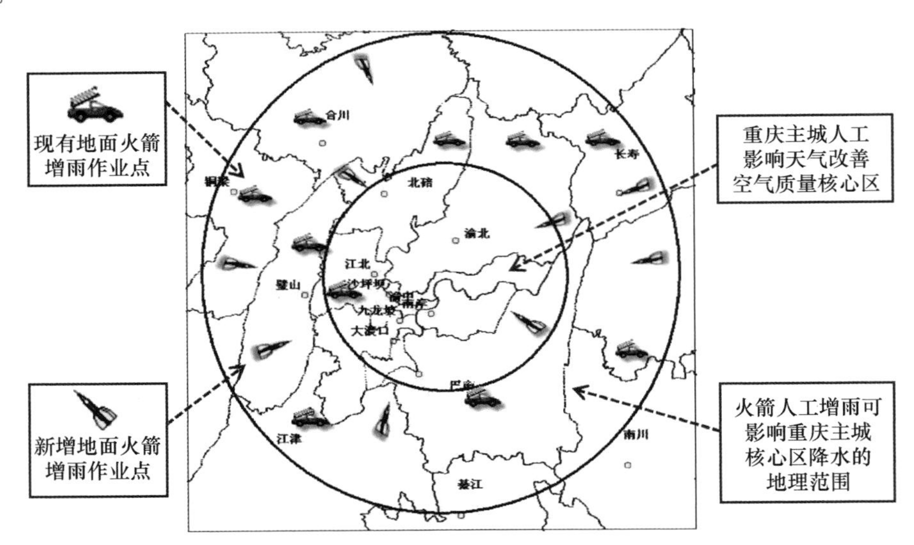


图 6-16　重庆主城区人工影响天气改善空气质量的地面人工增雨火箭作业系统布局(彩图见书后)

(2)主城区人工影响天气改善空气质量的空中飞机人工增雨作业布局设计

1)确定飞机作业空域

根据重庆 11—12 月和来年的 1—3 月降水云层条件和飞机人工增雨作业特点,结合重庆主城区人工影响天气改善空气质量的空中飞机人工增雨作业空域的实际情况,确定不同时段可影响重庆主城核心区降水的飞机人工增雨作业空域。

当具备飞机人工增雨作业条件的时段为夜间和下午(21—05 时、15—18 时)时,飞机人工增雨作业空域和空气质量改善区域如图 6-17 所示。

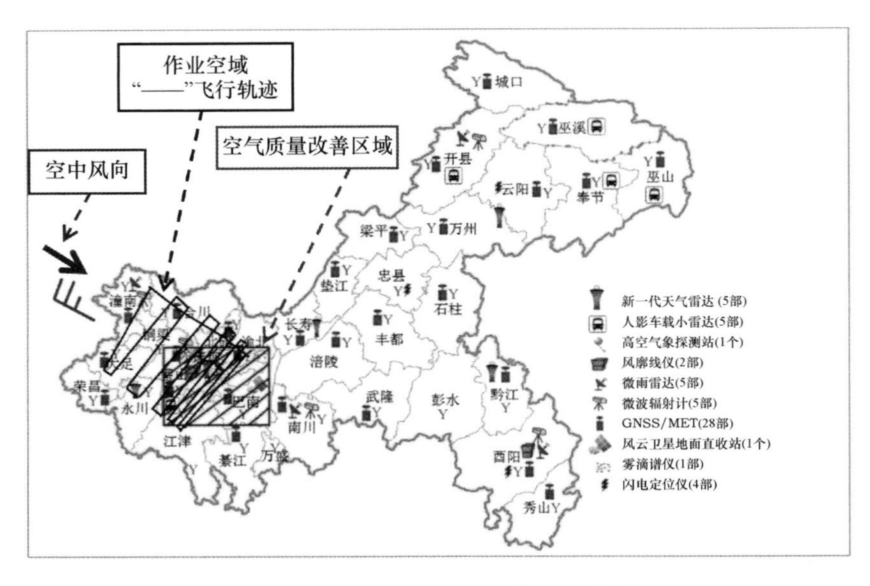


图 6-17　夜间和下午的飞机人工增雨作业空域(彩图见书后)

当具备飞机人工增雨作业条件的时段为凌晨和上午(03—08时、10—11时)时,飞机人工增雨作业空域和空气质量改善区域如图6-18所示。

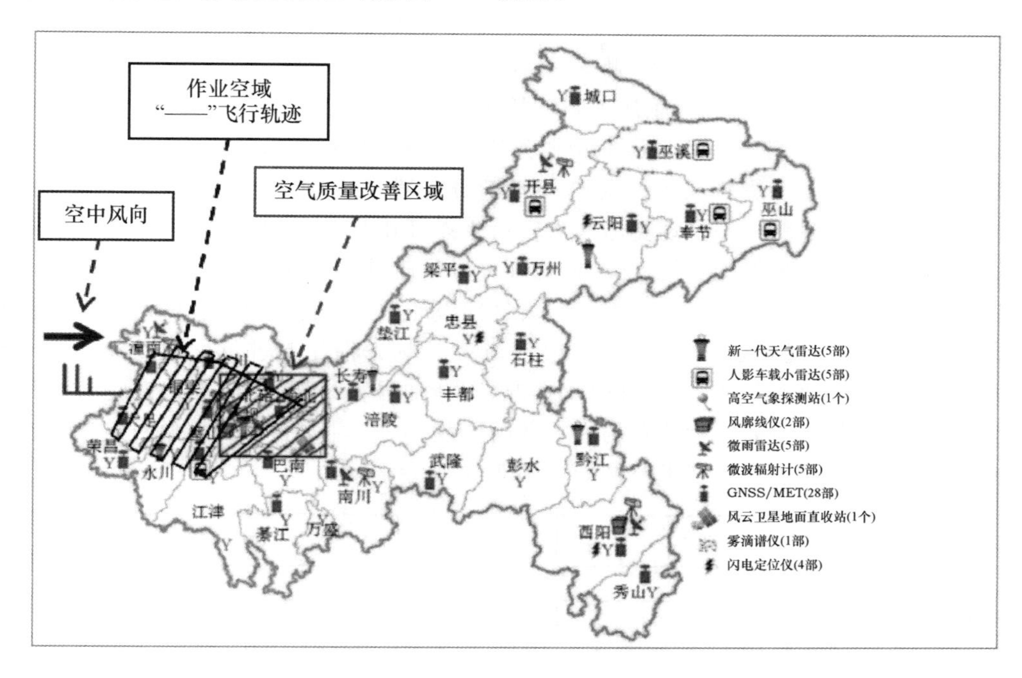


图6-18　凌晨和上午的飞机人工增雨作业空域(彩图见书后)

当具备飞机人工增雨作业条件的时段为中午(12—15时)时,飞机人工增雨作业空域和空气质量改善区域如图6-19所示。

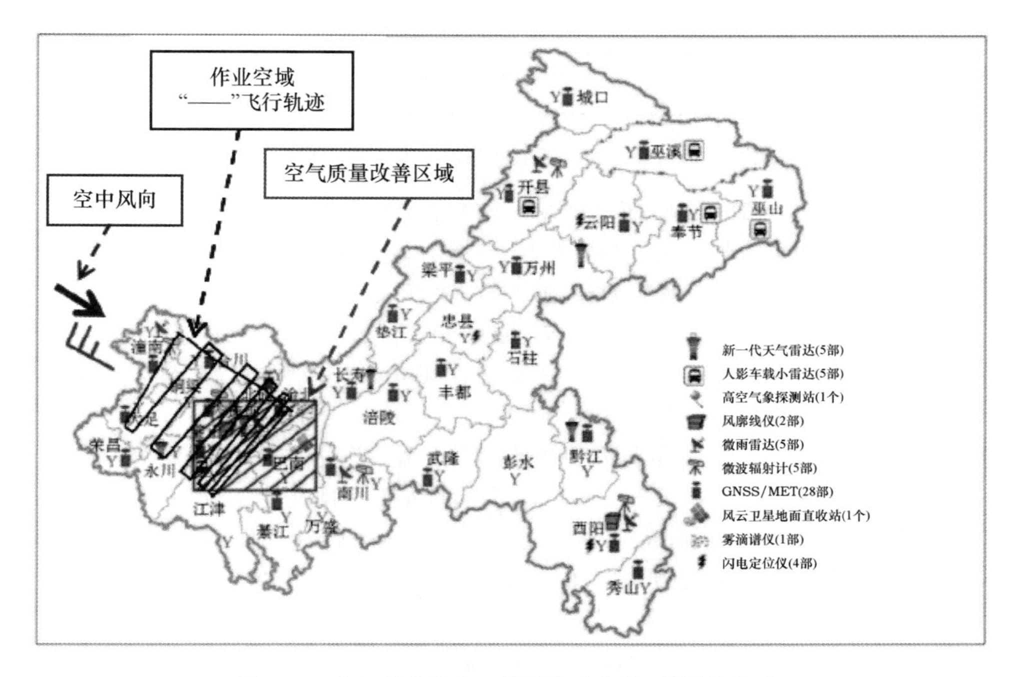


图6-19　中午的飞机人工增雨作业空域(彩图见书后)

2)确定人工增雨作业飞机数量及其机型

人工增雨作业飞机为1～2架，夏延、运-7、运-12、新60、空中国王等类型的高性能人影飞机均适用，最优选择是空中国王高性能人工影响天气飞机，其人工增雨机载设备的最基本配置为空地信息传输系统、GPS及温湿探测系统、AgI烟条发生器。确定人工影响天气飞机停靠机场为重庆江北机场，备用机场为重庆万州五桥机场和重庆大足机场。

3. 人工影响天气改善空气质量研究型业务的人工增雨作业技术路线

按照重庆主城区人工影响天气改善空气质量研究型业务“边探索、边研究、边实践”的原则，首先依托重庆市环境保护局(现更名为重庆市生态环境局)布设的环境空气质量监测网络和重庆气象局布设的气象探测网络，严密监视环境空气质量和天气变化，结合重庆市环境保护局的环境空气质量预报产品和重庆市气象的天气预报产品，进行人工增雨作业条件分析，制定人工增雨作业方案，通过发射火箭，以及飞机播撒AgI烟条催化剂进行增雨作业。同时在作业过程中密切关注环境空气质量、云和降水实况，不断加强科学研究，不断修改完善和优化人工影响天气改善空气质量研究型业务的人工增雨作业方案。主城区人工影响天气改善空气质量研究型业务的人工增雨作业技术路线如如图6-20所示。

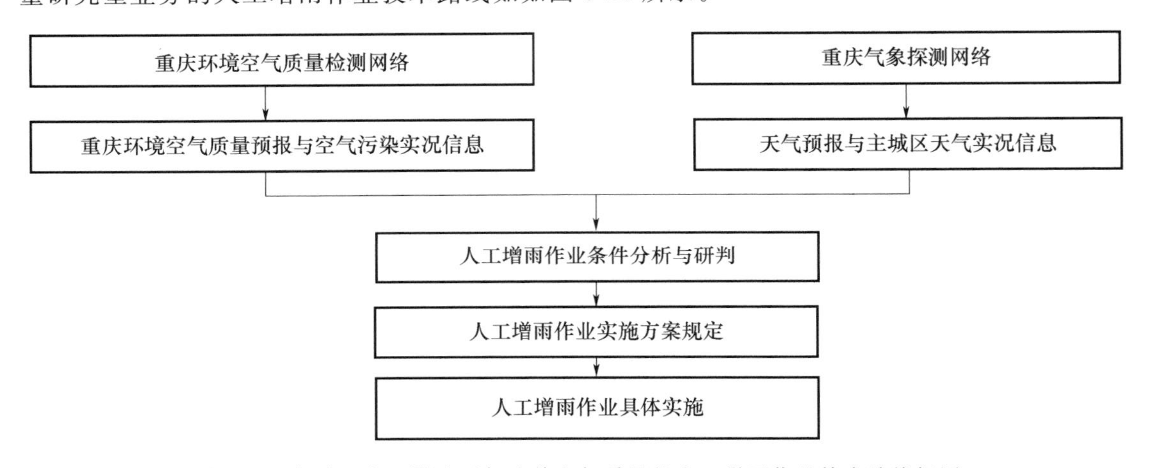


图6-20 主城区人工影响天气改善空气质量的人工增雨作业技术路线框图

4. 人工影响天气改善空气质量研究型业务的人工增雨作业条件分析

综合利用中短期和短时临近天气预报产品，有效地预测未来天气形势、大气层结特性、降水情况及云场特征等重要信息。根据对预测和预报及相关服务产品的综合分析，可初步判断未来人工影响天气作业条件，选择作业工具和方法。结合滚动预报及实时监测，做好人工影响天气作业相关准备，拟定作业实施方案。主城区人工影响天气改善空气质量研究型业务的人工增雨作业条件分析流程如图6-21所示。

5. 人工影响天气改善空气质量研究型业务的人工增雨作业方案的制定

根据获得的主城区人工影响天气改善空气质量的人工增雨作业条件指导产品，结合专家建议，综合分析研判确定人工影响天气改善空气质量的空中或(和)地面人工增雨作业方式，制定相应的飞机人工增雨作业方案或(和)地面火箭人工增雨作业方案。在人工增雨作业实施前，及时根据主城区大气污染监测和气象探测最新实况资料和短时临近天气预报，调整、改进、完善相应的人工增雨作业方案。同时联系空中管制部门申请人工增雨作业空域和作业时间，发布作业指令，并根据空域批复的作业空域、作业时间及时组织实施人工增雨作业。人工增雨

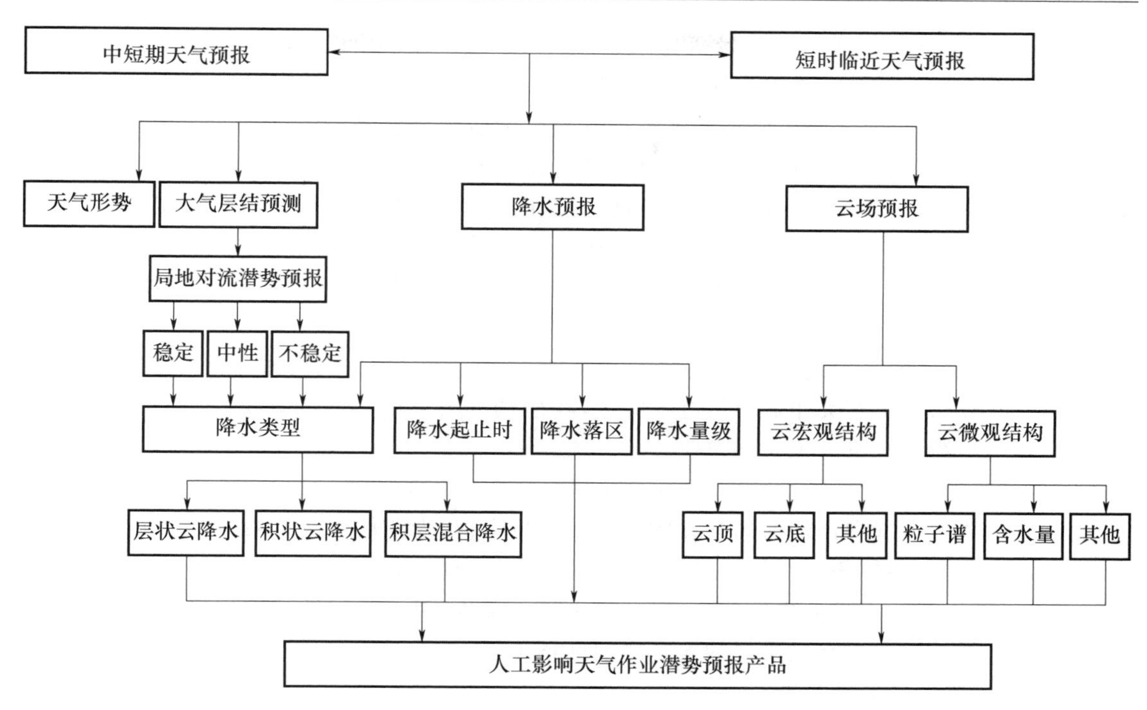


图 6-21　主城区人工影响天气改善空气质量的人工增雨作业条件分析流程

作业过程中，进行作业跟踪指挥，及时收集作业信息和作业效果信息；作业结束后立即进行作业信息分析和作业效果检验，为人工增雨作业方案进一步优化调整提供宝贵的实践经验和实践成果。重庆主城区人工影响天气改善空气质量研究型业务的人工增雨作业方案制定流程如图 6-22 所示。

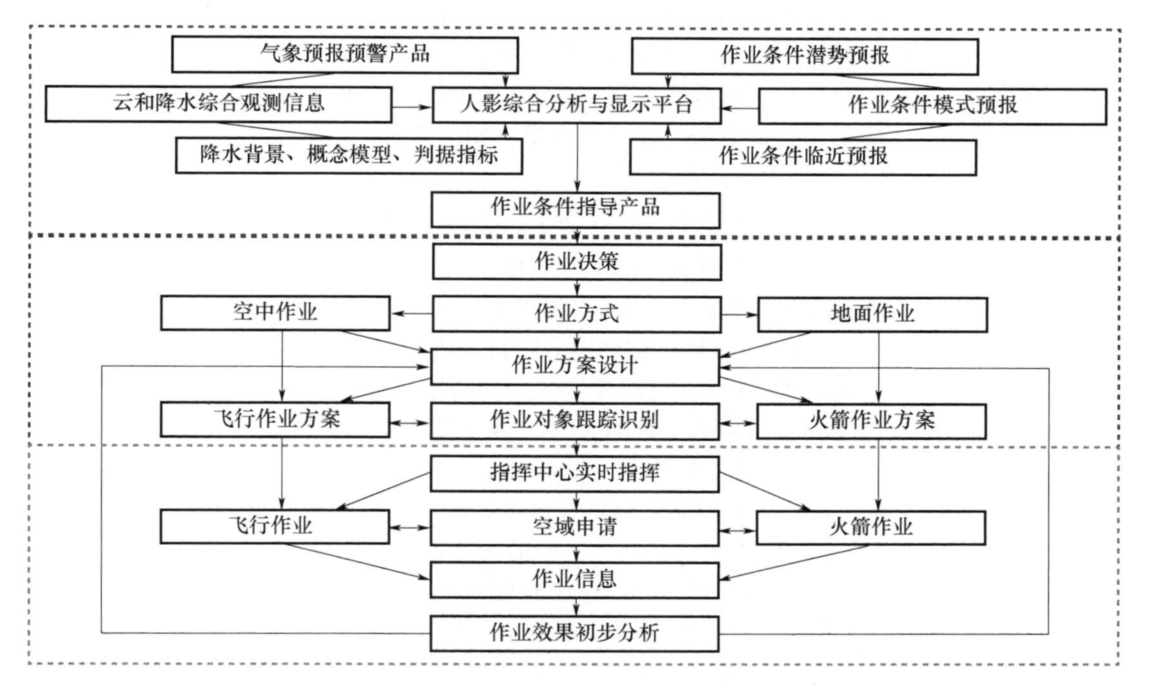


图 6-22　重庆主城区改善空气质量的人工增雨作业方案制定流程

6. 人工影响天气改善空气质量研究型业务的人工增雨作业组织实施

(1)成立专门办公室明确工作任务

为了确保重庆主城区人工影响天气改善空气质量研究型业务的人工增雨工作顺利开展，重庆市气象局与重庆市环境保护局(环保局)专门成立重庆市“蓝天行动”人工增雨保障工程协调办公室，负责组织、协调、指挥、实施人工增雨工作。协调办公室下设天气保障组、人工增雨作业组、环境监测组、效果评估组 4 个专项工作组，其具体工作任务如下：

1)天气保障组主要任务：分析天气形势，提前 24 h 向协调办公室和人工增雨组发出天气形势预报。

2)人工增雨作业组主要任务：依据天气保障组的天气形势预报发出作业预警，并及时组织火箭和弹药调配，组织有关作业单位进入阵地，在协调办公室的实时指挥下，抓住最有利的增雨时机，实施火箭和飞机人工增雨作业。

3)环境监测组主要任务：及时获取重庆市区环境空气质量的演变情况，提供人工增雨作业前、后的空气质量数据和市环保局布设的自动站雨量数据，为评估作业效果提供第一手资料。

4)效果评估组主要任务：对人工增雨作业后收集的资料和数据进行分析研究，并分别从环境空气污染状况和增雨方面进行效果评估，提供评估报告，上报政府部门和相关领导。

(2)做好主城区改善空气质量的人工增雨准备工作

1)完成火箭作业装备采购

按照重庆市主城区人工影响天气改善空气质量研究型业务的人工增雨需要，重庆市人工影响天气办公室严格按照政府采购程序，于 2009 年 10 月 25 日前完成 9 套人工增雨火箭作业系统和 1 辆火箭牵引车的采购工作，并将新增人工增雨火箭作业系统安装调试到位，投入重庆市主城区人工影响天气改善空气质量研究型业务的人工增雨作业业务。

2)完成工作部署和作业人员培训工作

为了更好地开展重庆主城区人工影响天气改善空气质量研究型业务工作，重庆市人工影响办公室在 2009 年 10 月 13 日前，组织召开重庆主城区人工影响天气改善空气质量研究型业务工作涉及的 10 个区、县气象局局长专题工作会，部署重庆市主城区人工影响天气改善空气质量研究型业务的人工增雨作业有关工作；同时，组织相关的人工增雨作业人员开展作业前上岗培训和安全培训，确保持证上岗，安全作业。

### (四)重庆市开展主城区人工影响天气改善空气质量研究型业务具体实践

2009 年以来，重庆市气象局在牵头组织实施重庆主城区人工影响天气改善空气质量研究型业务实践中，根据《重庆市主城“蓝天行动”实施方案(2008—2012 年)》《重庆市污染防治攻坚战实施方案(2018—2020 年)》《重庆市贯彻国务院打赢蓝天保卫战三年行动计划实施方案》安排部署，结合重庆主城区地理特征、气候背景和大气污染特点，坚持“边探索、边研究、边应用”的原则，持续开展重庆市主城区人工影响天气改善空气质量研究型业务的科学实践，实施蓝天行动人工增雨作业，不断改善空气质量。

2009—2019 年，重庆市气象局不断完善重庆市主城区人工影响天气改善空气质量研究型业务技术体系，建立了常态化的重庆主城区人工影响天气改善空气质的人工增雨作业工作机制，制定了蓝天行动人工增雨作业值班制度、作业流程等人工影响天气改善空气质量研究型业务工作制度；开展地面火箭人工增雨作业 1047 箭・次，发射火箭弹 3109 枚；飞机人工增雨作业 200 架・次，飞行 502.5 h，发射碘化银焰弹 2813 枚、燃烧碘化银烟条 6413 根、喷撒液氮 1050 L(表 6-9)。为重庆主城区不断改善空气质量，如期完成重庆“蓝天行动”不同阶段目标任务和打赢蓝天保卫战的战略目标奠定了坚实基础和可靠保障。

**表 6-9　2009～2019 年人工影响天气改善空气质量的人工增雨作业实践统计表**

| 年份 | 火箭人工增雨作业 | | 飞机人工增雨作业 | | | 人工增雨作业效果 | |
|---|---|---|---|---|---|---|---|
| | 作业次数（箭·次） | 用弹数量（枚） | 作业次数（架·次） | 飞行时间（h） | 催化剂量 | 空气质量优良目标天数(d) | 人工增雨作业后的实际达标天数(d) |
| 2009 年 | 12 | 40 | — | — | — | 297 | 303(API) |
| 2010 年 | 117 | 315 | 4 | 12 | 碘化银焰弹 710 枚 | 311 | 311(API) |
| 2011 年 | 80 | 232 | 14 | 33.5 | 碘化银焰弹 767 枚<br>碘化银烟条 106 根<br>液氮 800 L | 311 | 324(API) |
| 2012 年 | 58 | 161 | 11 | 24 | 碘化银焰弹 740 枚<br>碘化银烟条 162 根 | 311 | 340(API) |
| 2013 年 | 75 | 227 | 22 | 47 | 碘化银焰弹 596 枚<br>碘化银烟条 172 根<br>液氮 50 L | 考核标准改变未确定目标天数 | 206(AQI) |
| 2014 年 | 69 | 248 | 22 | 57 | 碘化银烟条 694 根<br>液氮 200 L | 216 | 246(AQI) |
| 2015 年 | 37 | 115 | 16 | 45 | 碘化银烟条 295 根 | 240 | 292(AQI) |
| 2016 年 | 119 | 379 | 26 | 67.5 | 碘化银烟条 1108 根 | ≥300 | 301(AQI) |
| 2017 年 | 158 | 469 | 26 | 61.5 | 碘化银烟条 1248 根 | ≥300 | 303(AQI) |
| 2018 年 | 140 | 409 | 18 | 46.5 | 碘化银烟条 864 根 | ≥300 | 316(AQI) |
| 2019 年 | 182 | 514 | 41 | 108.5 | 碘化银烟条 1800 根 | ≥300 | 316(AQI) |
| 2009—2019 年 | 1047 | 3109 | 200 | 502.5 | 碘化银焰弹 2813 枚<br>碘化银烟条 6413 根<br>液氮 1050 L | — | 超额完成空气质量优良目标天数 |

下面以蓝天行动人工增雨作业具体实践的案例，详细论述蓝天行动人工增雨作业实践在清除大气污染物或(和)降低大气污染物浓度达到改善改善空气质量的基础性、现实性、前瞻性作用。

1.2010 年 1 月 22 日火箭人工增雨作业改善空气质量实践案例分析

(1)重庆主城区改善空气质量需求分析

根据重庆主城区 2010 年 1 月 15—22 日的空气质量监测资料(图 6-23)，重庆主城区空气处于轻微污染状态，这表明重庆主城区大气环境对大气污染物的容纳能力已达到极限，其大气环境容纳大气污染物的“库容”已达到临界容量。而根据重庆沙坪坝区气象的探空资料、地面气象观测资料和重庆市气象台天气历史资料分析表明：15—20 日，重庆大部分时间受均压或低压场影响，无北方冷空气侵入，地面风速多为静风或静小风、其地面平均风速为 0.7 m/s，相对湿度基本维持在 80%～90%，湿度处于较高位，为静稳天气状态，空气水平流动差；并且 15—19 日期间，08—20 时，低层均出现较明显逆温现象，空气的垂直运动受到抑制，垂直扩散条件差，对污染物的扩散较为不利。因此，迫切需要抓住有利气象条件进行人工增雨作业，改善空气质量。

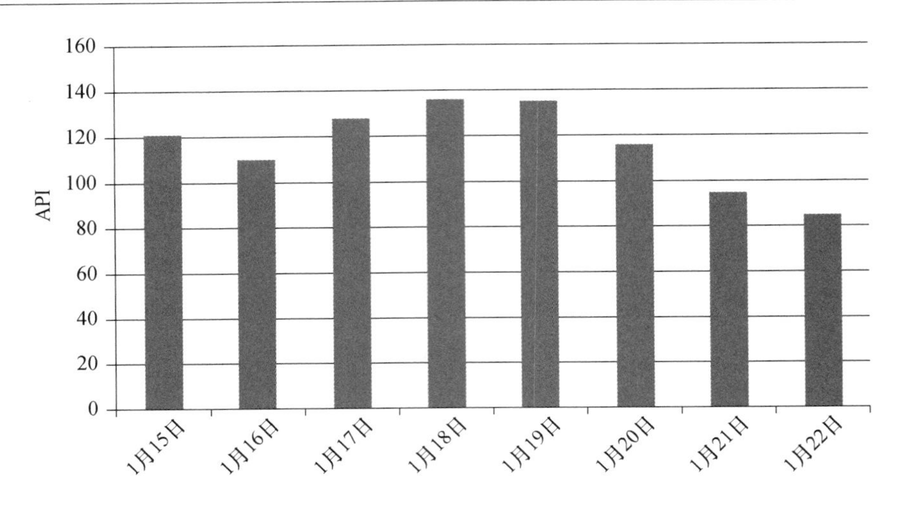


图 6-23　2010 年 1 月 15—22 日重庆主城区空气污染指数 API 日变化趋势

(2)人工增雨作业气象条件分析

根据重庆市气象台 2010 年 1 月 21 日天气预报资料分析表明:21 日后,重庆受高原波动槽和低层切变共同影响有一次降水天气过程,但由于切变线主要位于重庆西部,降水的主要落区也主要在重庆的中西部地区,降水云系持续时间较长,降水分布较为均匀,为层状冷云降水,降水量级为小雨,预计主要降水时段为 2010 年 1 月 22 日 01—22 时,小时降雨量都较小,但降水持续时间都较长,仅部分地区降水有间歇。因此,1 月 22 日 01—22 时有人工增雨作业气象条件,适宜开展人工增雨作业。

(3)人工增雨的作业建议

建议重庆市人工影响天气办公室组织涉及重庆"蓝天行动"和主城区周边区、县气象局密切监视天气,抓住有利气象条件适时开展火箭人工增雨作业,并于 1 月 21 日 17 时制作完成火箭人工增雨作业方案,火箭人工增雨的作业时段为 1 月 21 日 23 时—1 月 22 日 22 时,火箭人工增雨作业范围为涪陵、沙坪坝、北碚、渝北、巴南、长寿、江津、合川、璧山、铜梁等区、县。

(4)火箭人工增雨作业实施

重庆市人工影响天气办公室根据人工增雨作业气象条件和作业空域批复情况,于 1 月 22 日 01 时 48 分—16 时 42 分,先后组织沙坪坝、铜梁、北碚、璧山、合川、江津 6 个区、县气象局结合当地天气实况,针对此次天气过程分 3 个阶段进行 12 箭・次的火箭人工增雨作业,发射人工增雨火箭 32 枚(表 6-10)。

**表 6-10　22 日火箭人工增雨作业情况表**

| 作业区县 | 作业次数(箭・次) | 作业时间 | 用弹数量(枚) |
| --- | --- | --- | --- |
| 沙坪坝 | 3 | 01:48,02:37,16:00 | 6 |
| 铜梁 | 3 | 01:56,09:40,16:42 | 8 |
| 北碚 | 2 | 09:20,15:59 | 6 |
| 璧山 | 2 | 09:35,16:20 | 6 |
| 合川 | 1 | 09:55 | 3 |
| 江津 | 1 | 10:49 | 3 |
| 6 个区、县 | 12 | 01:48～16:42 | 32 |

(5)人工增雨作业效果评估

1)人工增雨效果分析

① 火箭人工增雨作业后 01—22 时累计降水雨量的分布

根据重庆市气象局自动气象站观测的降水资料(图 6-24)可知,火箭人工增雨作业期间及作业后的 01—22 时降水主要集中在西部地区,最大降雨量在永川与江津交界线偏南的山区,雨量为 10～12 mm;沙坪坝、巴南和铜梁降雨量次之,为 9～10 mm,其中沙坪坝自动站雨量为 11.1 mm;西部其余地区降雨量普遍在 4～6 mm,中部地区降雨量最小,为 0.1～1 mm。主城区(沙坪坝、渝北、北碚和巴南 4 区、县,下同)及周边区、县火箭人工增雨作业主要分成 3 个时间段:第一个阶段为 22 日 01—02 时,主要作业区、县为沙坪坝和铜梁,用弹量分别为 3 枚和 2 枚,其中沙坪坝分为两次作业;第二阶段为 09—10 时,主要作业区、县为北碚、璧山、铜梁、合川和江津,用弹量均为 3 枚;第三阶段为 16—17 时,主要作业区、县为北碚、沙坪坝、璧山和铜梁,用弹量均为 3 枚。主城区及周边共 6 个区、县出动 12 箭・次,发射火箭弹 32 枚。根据有关火箭人工增雨外场观测试验表明:火箭增雨最佳效果在作业后 1～6 h 内,其中最佳效果在 1～3 h,本次作业三个阶段间隔为 6～7 h,上一次作业效果对下次作业影响较小,因此统计作业效果具有很好的代表性。另外,铜梁、合川、沙坪坝、巴南、璧山、北碚、渝北、江津火箭人工增雨作业点在当地气象局自动气象站几千米范围内(图 6-25),故在火箭人工增雨作业后降雨分布的分析用气象局自动气象站观测的降雨量代表相对应的作业点降雨量。

图 6-24　2010 年 1 月 22 日 01—22 时重庆市降水雨量分布(mm)(彩图见书后)

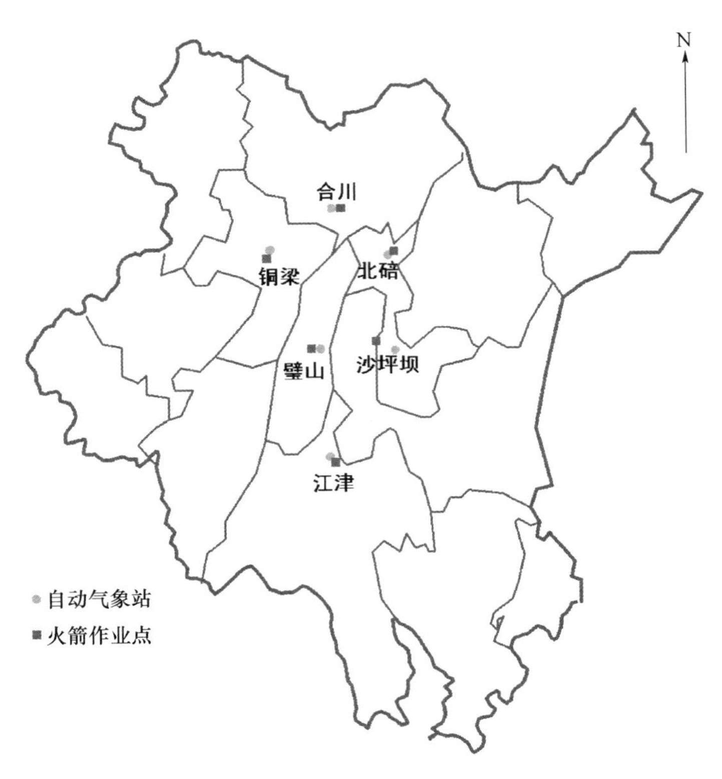


图 6-25 人工增雨作业点与自动气象站位置(彩图见书后)

② 火箭人工增雨的各作业阶段雨量变化及增量分布的分析

A. 人工增雨作业第一阶段的雨量变化及增量分布

根据重庆市气象局自动气象站观测的 22 日 02—05 时降水资料(图 6-26)可知,此次天气过程的降水云系自西向东发展,01—02 时(图 6-26a),雨区主要集中在偏西地区,雨量在 0.5 mm 左右,主城区降水刚刚开始,雨量较小,为 0.1 mm 左右。沙坪坝和铜梁在 01 时 48 分和 01 时 56 分分别作业 1 枚和 2 枚火箭弹。在 02—03 时(图 6-26b),雨区向东扩展,雨量分布较前一小时均匀,主城区降水仍较少,仅沙坪坝雨量有所增加,但主城区周边铜梁、璧山、江津区域雨量增大,其中,铜梁以南降水较强中心范围扩大,雨量增加,江津以南出现一个降水较强中心。沙坪坝在 02 时 37 分又作业 2 枚火箭弹。03—04 时(图 6-26c)雨量分布范围与 02—03 时基本一致,仅铜梁、沙坪坝、巴南降水有明显增加,江津降水略有减少,其中,铜梁附近雨量增加最为明显,雨量在 0.7～1.1 mm,沙坪坝雨量增加至 0.3 mm,巴南以南区域雨量增加可能是江津区域降水云团移至巴南上空。04—05 时(图 6-26 d),雨区范围基本维持,铜梁、合川、北碚、沙坪坝雨量增加,其中,铜梁附近强降水中心维持,雨量略有增加,合川区域有一个较强降水中心存在,雨量在 0.9 mm 左右,沙坪坝雨量增至 0.5 mm 以上,北碚雨量在 0.3～0.5 mm,其余区域雨量变化不大。总体来看,作业点附近雨量在 02—05 时增加较为明显,特别是铜梁地区,一直有一个较强的降水区域维持,且雨量也逐渐增加,主城区沙坪坝降雨量较周边渝北、北碚、巴南等都大,从 03—04 时和 04—05 时明显可以看出沙坪坝站附近出现较小的降水中心。

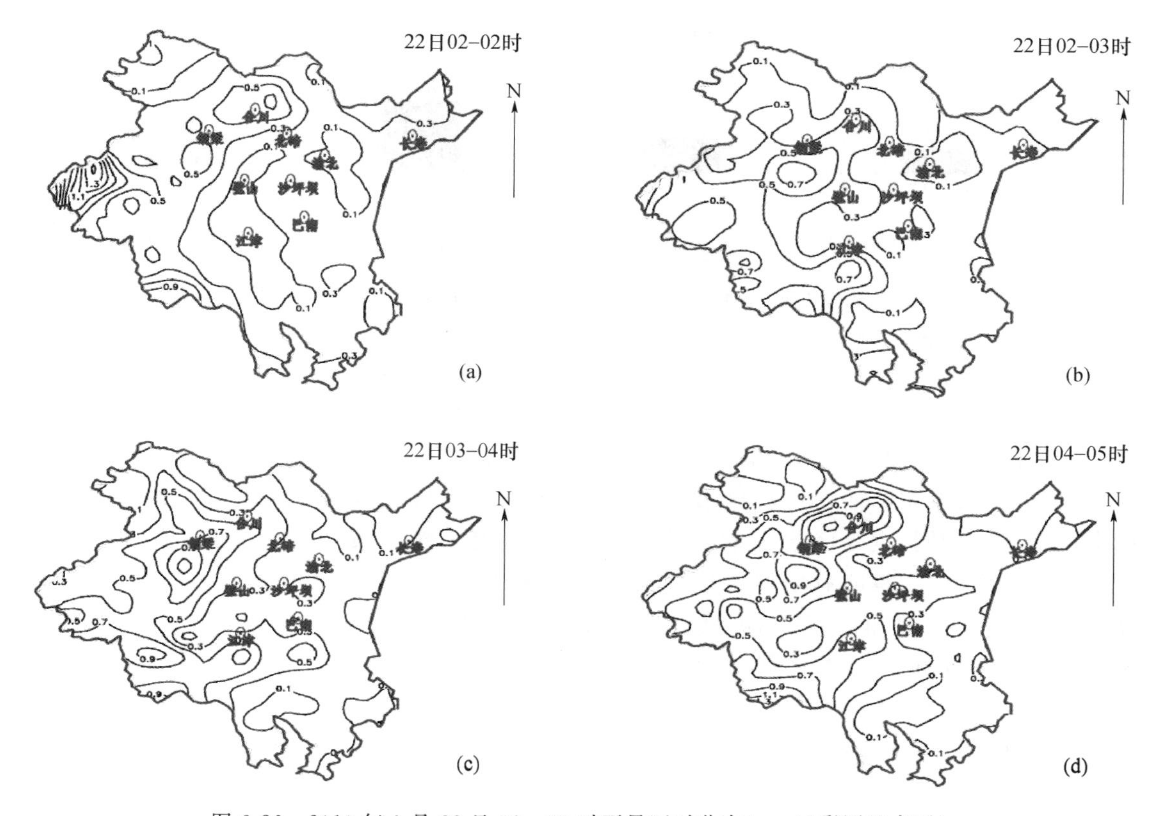


图 6-26　2010 年 1 月 22 日 02—05 时雨量逐时分布(mm)(彩图见书后)

从作业点附近自动气象站逐时雨量变化来看，在作业后 3 h，雨量都有明显增加。如铜梁作业点附近自动气象站 03 时降雨量为 0.3 mm，04 时为 0.8 mm，05 时为 1.1 mm，雨量持续增加，最大增幅在 04 时，增量为 0.5 mm，最大雨量在 05 时，从 06 时开始下降，降雨量为 0.9 mm(图 6-27)；而沙坪坝作业点附近自动气象站雨量变化与铜梁较一致，03 时雨量为 0.2 mm，04 时为 0.3 mm，05 时为 0.6 mm，也是一个持续增加过程，最大增幅在 05 时，增量为 0.3 mm，最大雨量也在 05 时(图 6-28)，这点较铜梁有所不同，可能是与沙坪坝在 2 时 27 分又作业 2 枚火箭弹有关。06 时雨量开始下降，降雨量为 0.5 mm。经分析可以发现，两次作业后最大增雨时段不是在作业后第 1 小时，而是在作业后第 2 小时，主要是由于此时作业是在降水初期作业，降水云系仍处于发展阶段，云中气相、液相和固相三相转换过程较慢，播撒后催化剂对云层影响较慢，但催化影响持续时间较长，雨量增幅较大。

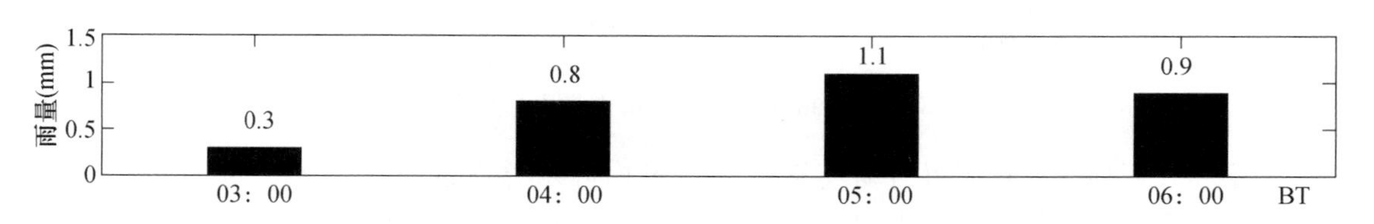


图 6-27　2010 年 1 月 22 日 03—06 时铜梁作业点附近自动气象站雨量逐时变化

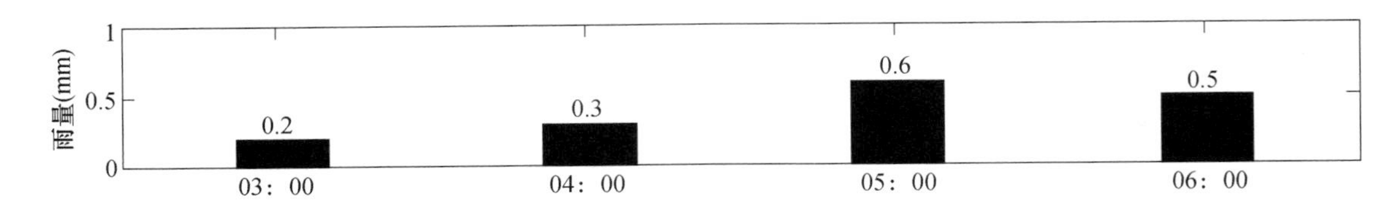


图 6-28　2010 年 1 月 22 日 03—06 时沙坪坝作业点附近自动气象站雨量逐时变化(mm)

另外,从图 6-29 给出的 04 时和 05 时较前 1 小时雨量增量的分布,可以看出,04 时雨量增量区域主要分布在铜梁、北碚、巴南以南和沙坪坝区,铜梁区增量最为明显,雨量增量在 0.3 mm 以上,其次是巴南以南区域,雨量增量 0.1～0.3 mm,北碚和沙坪坝区域增量在 0.1 mm 左右。主城区以西雨量增量分布较均匀,以铜梁为中心,雨量增加主要是降水云系发展和增雨作业共同作用。巴南以南区域增量主要是图 6-26 中分析的江津区域降水云系东移引起的,云系东移使得江津区域降水减少,巴南以南区域从无到有。北碚区域增量与巴南以南区域相同,也是降水云系东移,降水从无到有。沙坪坝区域降水增加主要是第一次增雨作业影响,雨量略有增加。05 时雨量增量区域范围较 04 时有所减小,主要有两块区域,一块是铜梁至合川一带,一块是璧山、江津与沙坪坝一带。铜梁至合川一带雨量增加主要是降水云系东移与催化剂后续作用共同影响,以云系东移影响为主。璧山、江津与沙坪坝一带雨量增加也是降水云系移动与催化作业共同影响,但沙坪坝区域雨量增加以催化作业影响为主,云系移动影响较小,江津区域雨量增加是有新降水云系移至产生降水形成。

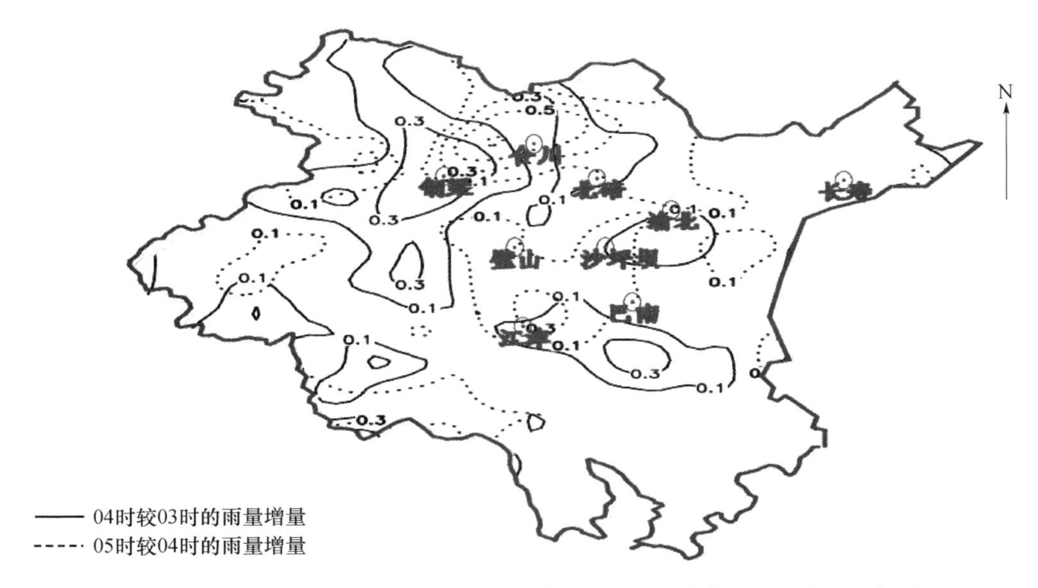


图 6-29　2010 年 1 月 22 日 03—05 时重庆市雨量增量分布(mm)(彩图见书后)

铜梁和沙坪坝作业点附近自动气象站 03—05 时降水总增量分别是 0.8 mm 和 0.4 mm,都受降水云系和催化作业共同影响,其中铜梁区受云系移动较大,沙坪坝区受云系影响较小,因此火箭人工增雨使铜梁区降雨量增加 0.6 mm,使沙坪坝区增加 0.4 mm,增雨效率分别为 27.3%和 36.4%。

B. 人工增雨作业第二阶段的雨量变化及增量分布

第二阶段作业时，降水云系范围较第一阶段略有减少，降水主要集中在主城区及周边区县，荣昌、大足、潼南降水趋于结束。图 6-30 给出了 2010 年 1 月 22 日 10—13 时西部地区雨量逐时分布，09—10 时(图 6-29a)，降水分布较零散，出现 4 个降水较集中区域，分别是铜梁以南、合川、主城区和江津以南区域。其中江津以南靠近边界区域降雨量较大，为 0.5～0.9 mm，铜梁以南区域降雨量为 0.3～0.7 mm，主城区降雨量为 0.3～0.5 mm，合川区域降雨量在 0.3 mm 左右。其余地区雨量都极小，在 0.1 mm 左右。北碚在 09 时 20 分开展作业，璧山在 09 时 35 分开展作业，铜梁在 09 时 40 分开展作业，合川在 09 时 55 分开展作业，各作业点均发射火箭弹 3 枚。10—11 时(图 6-29b)，降水中心较前一时次范围更为缩小，铜梁以南降水中心范围缩小，略有北移，主要集中在铜梁气象站附近，雨量变化不大，仍为 0.3～0.7 mm，铜梁自动气象观测站雨量有所增加。合川区降水中心范围略有增大，雨量也增加至 0.3～0.5 mm。主城区降水中心南移，沙坪坝站降水明显减少，降水主要集中在巴南气象站附近，雨量在 0.3～0.5 mm，靠近江津有极小范围的雨量较大区域，雨量在 0.7～0.9 mm。江津在 10 时 49 分开展增雨作业，发射火箭弹 3 枚。11—12 时(图 6-29c)，北部降水明显减少，铜梁区降水减少最明显，降水中心消失，雨量减少至 0.1 mm 左右，合川区域降水中心面积减少，仅在合川气象站附近有 0.3 mm 降水。降水较大区域南移，在璧山站以南和江津与巴南一带雨量较大，其中璧山站以南降水在 0.5～0.7 mm，江津至巴南一带在 0.3～0.5 mm。12—13 时(图 6-29 d)，降水减少得更为明显，仅沙坪坝至巴南一带雨量在 0.3 mm 左右，其余区域降水都在 0.1 mm 以下，部分地区没有降水。总体而言，此次作业的时段大范围降雨逐渐减少，雨量也逐渐减小，时机相对与第一阶段要差，但在作业点区域雨量仍有增加，只是增雨范围和增雨量较小，只有在江津区域，配合雨带向南移动，作业后雨量增加明显。因此，本次作业降水云系移动对雨量增加影响较小，增雨主要是播撒催化的影响。

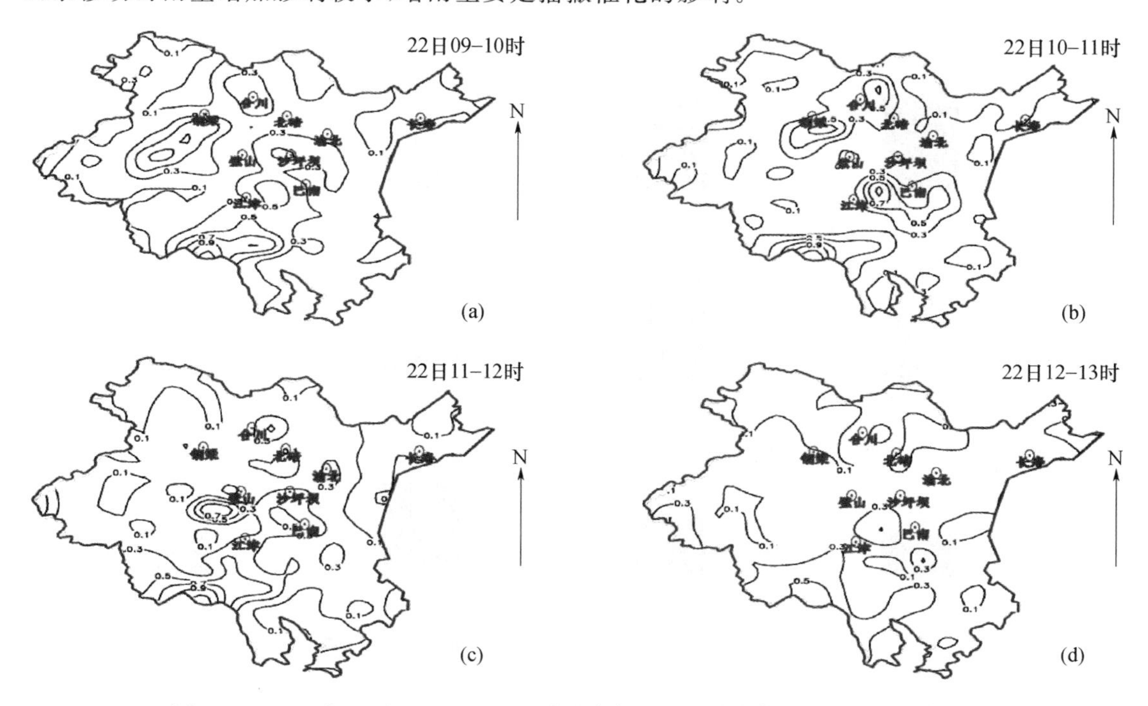


图 6-30　2010 年 1 月 22 日 10—13 时重庆市雨量逐时分布(mm)(彩图见书后)

图 6-31 给出了北碚、璧山、铜梁、合川和江津自动气象站雨量逐时变化。09—10 时作业的区县中，除璧山雨量在随后 1～2 h 雨量未增加，铜梁雨量维持不变，其余北碚与合川雨量在 11 时都有增加，北碚雨量从 10 时 0.2 mm 增加到 11 时的 0.3 mm，增量为 0.1 mm，12 时后减小至 0.1 mm，13 时无降水。合川雨量从 10 时 0.2 mm 增加到 11 时的 0.3 mm，增量也为 0.1 mm，12 时也将少至 0.1 mm，13 时降水维持在 0.1 mm。铜梁站在 10 时和 11 时降水维持在 0.3 mm，随后雨量在 12 时减少至 0.1 mm，13 时无降水。璧山雨量在 11 时未有增加，仅在 10 时维持 0.3 mm，其后 11 时和 12 时都只有 0.1 mm，13 时雨量倒是增加至 0.4 mm，这主要是雨带南移，降水增加。江津作业时间较晚，在 10 时 46 分作业，并伴随着雨带的南移，因此，增雨主要在 12 时，雨量在 10 时为 0.3 mm，11 时为 0.4 mm，12 时增至 0.6 mm，随后雨量又减少至 0.3 mm。对比可以发现，本次作业增雨时段在作业后第 1 个小时，与第一阶段增雨时段在作业后第 2 小时略有不同，主要是由于第二阶段作业时，降水云系已处于发展后期快要消亡阶段，云中气相转化较少，仅液相和固相转化，播撒催化剂后能很快消耗过冷水增加降雨，加快降水云系发展，直至消亡。

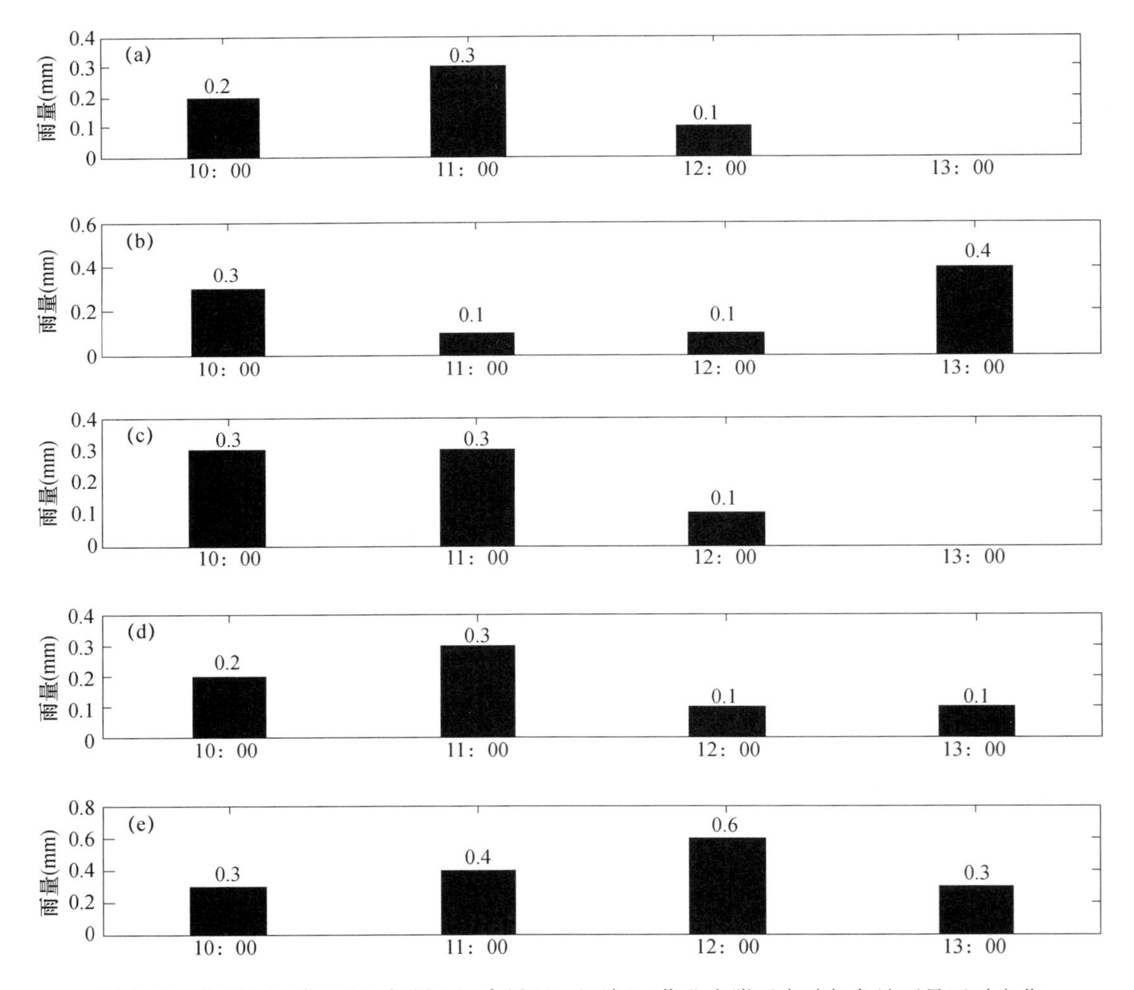


图 6-31 北碚(a)、璧山(b)、铜梁(c)、合川(d)、江津(e)作业点附近自动气象站雨量逐时变化

另从雨量增量分布(图 6-32)也可以看出,11 时雨量增量主要在铜梁、合川、北碚和巴南四个区,增量区域范围都较小,各增量中心较为独立,雨量增量都在 0.1～0.3 mm,合川区增量略大。铜梁、合川和北碚区雨量增加主要是受播撒催化影响,巴南区域雨量增加主要受云系向南移动影响。12 时雨量增量主要在璧山以南和江津区,璧山以南区域雨量增量在 0.5～0.7 mm,江津区域雨量增量在 0.1～0.3 mm,其余区域雨量未有增加。璧山以南区域雨量增加也可能主要受降水云系移动影响,江津区域雨量增加主要受播撒催化剂影响和降水云系影响共同影响,以催化剂影响为主。

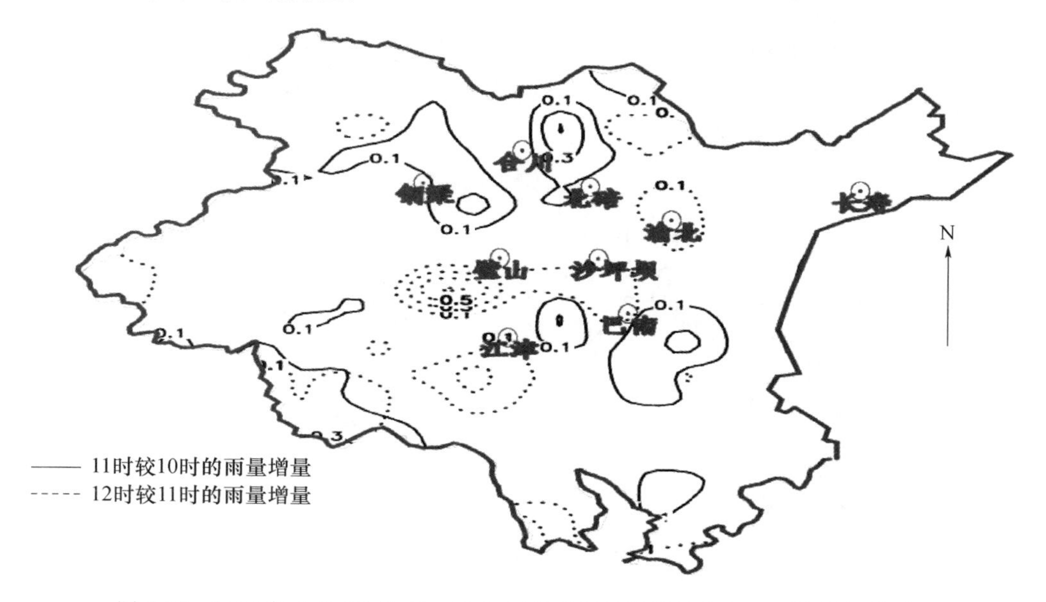


图 6-32　2010 年 1 月 22 日 10—12 时重庆市雨量增量分布(mm)(彩图见书后)

各作业点附近自动气象站降雨增量都在 0.1 mm 左右,10—12 时各自动气象站雨量累计均在 0.6 mm 左右,因此此阶段火箭人工增雨作业的增雨效率为 16.7%左右。

C. 人工增雨作业第三阶段的雨量变化及增量分布

随着自西向东降水云系减弱并消亡,13 时以后,大部分地区降雨极小,部分地区无降水。到 22 日 16 时,江津南部云系发展旺盛,并向北移动,主城区及周边地区又有一轮新的降水。图 6-33 给出了 2010 年 1 月 22 日 17—20 时西部地区逐时雨量分布,降水云系自南向北移动,16—17 时(图 6-33a),降水主要集中在江津南部和主城区南部,主城区偏西和偏北地区降水极小。江津南部区域雨量在 0.9～1.1 mm,主城区南部沙坪坝降雨量在 0.3～0.5 mm,巴南降雨量在 0.5～0.9 mm。北碚在 15 时 59 分开展作业,沙坪坝在 16 时开展作业,璧山在 16 时 20 分开展作业,铜梁在 16 时 42 分开展作业,各作业点分别发射火箭弹 3 枚。17—18 时(图 6-33b),雨区向北扩展,江津南部降水中心雨量减小,为 0.3～0.5 mm,主城区及周边以沙坪坝为中心雨量增加明显,沙坪坝雨量在 0.5～0.7 mm,巴南地区略有下降,为 0.5～0.7 mm,其余地区为 0.3 mm 左右。18—19 时(图 6-33c),江津南部区域降水中心范围减小,雨量维持在 0.3～0.5 mm,江津站雨量减少至 0.1～0.3 mm,沙坪坝降水中心范围增加,雨量普遍在 0.7 mm 左右,北碚与合川区域雨量维持在 0.1～0.3 mm,雨区范围减少,铜梁雨量在 0.1 mm 作业,雨区范围也减小。19—20 时(图 6-33 d),江津南部雨区消散,仅剩下沙坪坝雨区,雨区范围略有北移,雨量明显减小,为 0.3～0.5 mm,周边区、县雨量减少至 0.1 mm。总体而言,

17～20 时，沙坪坝区域降水中心维持，雨量较大，随着人工影响天气作业开展，雨量也有所明显增加，由于云系自南向北移动，铜梁一直处于云系边缘，雨量较小，璧山和北碚受降水云系北移和催化作业影响，雨量有不同程度增加。

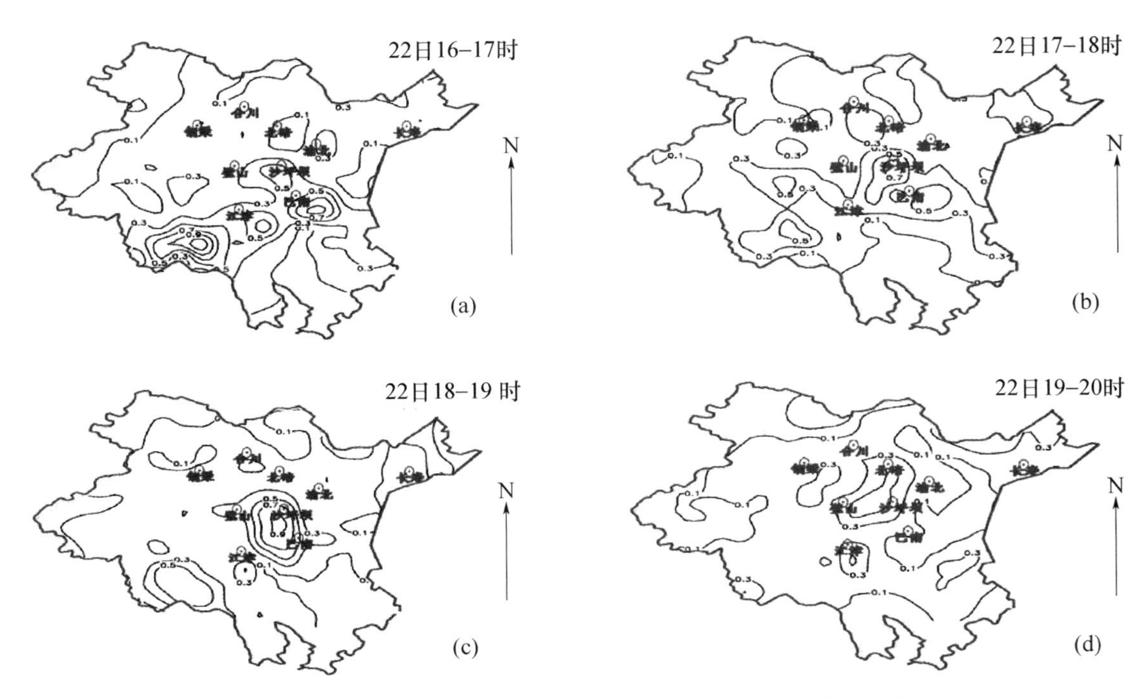


图 6-33　2010 年 1 月 22 日 17—20 时雨量逐时分布(mm)(彩图见书后)

17—20 时各作业点附近自动气象站雨量分布如图 6-34 所示，沙坪坝区域一直是一个降水中心，其作业时间为 16 时，此时沙坪坝上空降水云系处于发展中期，播撒后，催化剂与云团中三相过程转化较迅速，雨量增加明显，雨量从 16 时 0.6 mm 增加至 17 时的 1.1 mm，到 18 时为 1.3 mm，19 时减少至 0.9 mm，20 时云系北移，雨量又为 0.6 mm。由于铜梁和北碚位于沙坪坝西北部，播撒初期云系降水才开始，因此受云系北移和播撒催化剂共同影响，雨量随后持续增加。北碚 17 时雨量为 0.1 mm，18 时为 0.2 mm，19 时为 0.3 mm，20 时为 0.5 mm，其中 17—19 时雨量增量主要受催化作业影响，20 时雨量变化是降水云系自沙坪坝向北移动影响。铜梁 17 时无降水，18 时雨量为 0.1 mm，19 时也为 0.1 mm，20 时雨量为 0.3 mm，由于铜梁区域一直位于降水云系边缘，作业条件一般，18—19 时雨量变化不大，作业后效果不是很明显，20 时受云系移动影响，降水才略有增加。璧山在 17—20 时雨量分别为 0.3 mm、0.2 mm、0.5 mm 和 0.3 mm，作业后第 2 个小时，雨量增加最明显，增量为 0.3 mm，与其他火箭人工增雨外场观测试验关于“降水云系发展初期催化作业第 2 小时为最大增雨时段”的结论一致。

另从雨量增量分布(图 6-35)可知，在 18 时，合川、北碚和沙坪坝区域都有较明显雨量增加，雨量增量都在 0.1 mm 左右，由于沙坪坝最大增雨时段在 17 时，增量为 0.5 mm，增雨作业区域与雨量增加区域配合较好，雨量增加主要是催化作业影响。在 19 时，雨量增量主要集中在璧山、沙坪坝和巴南一带，其中璧山和沙坪坝增量在 0.1 mm 左右，主要受催化作业后续影响，巴南雨量增量在 0.3～0.5 mm，主要受降水云系北移影响。

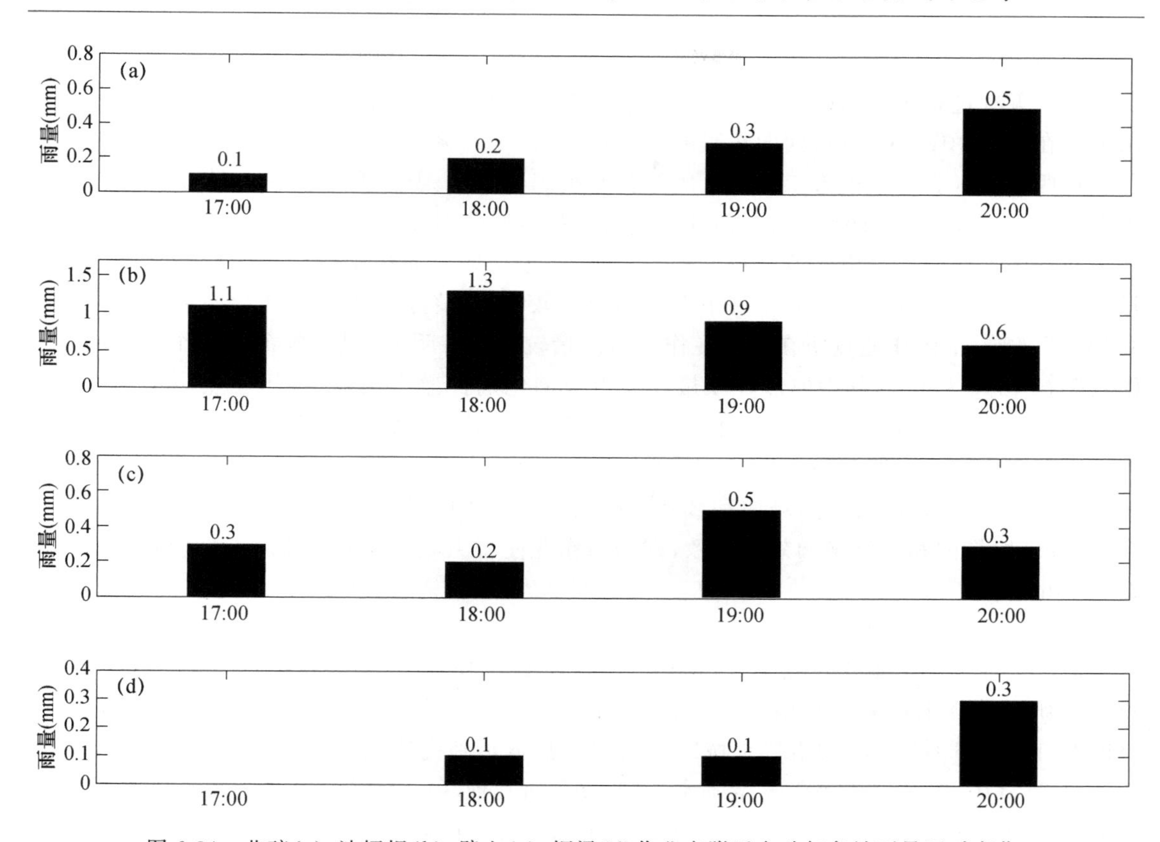


图 6-34　北碚(a)、沙坪坝(b)、璧山(c)、铜梁(d)作业点附近自动气象站雨量逐时变化

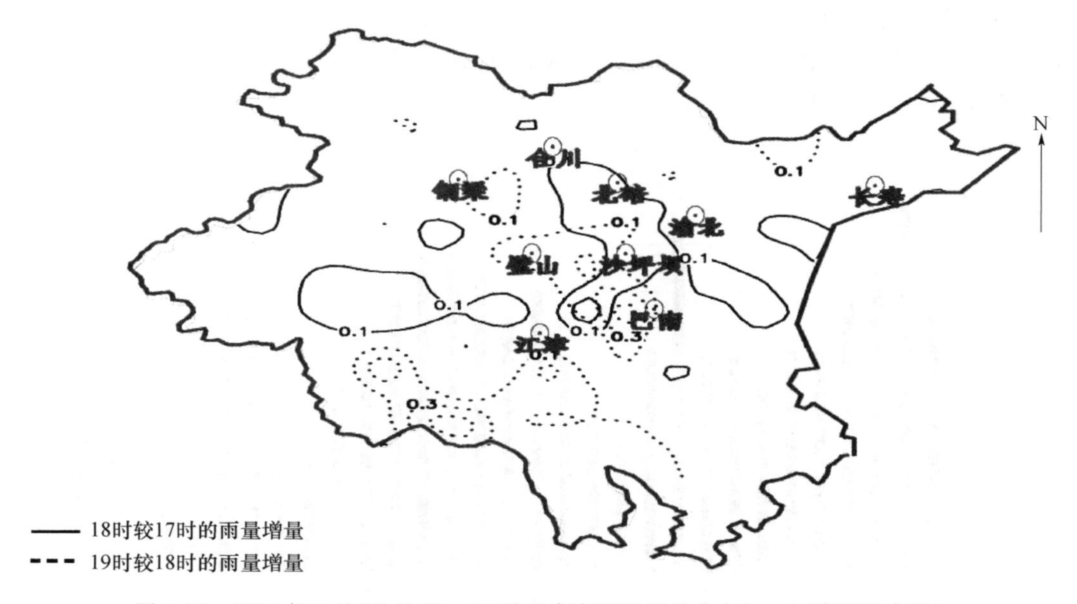


图 6-35　2010 年 1 月 22 日 17—19 时重庆市雨量增量分布(mm)(彩图见书后)

17—19 时,北碚和铜梁雨量增量都在 0.1 mm 左右,累计雨量为 0.5～0.6 mm,增雨效率约为 16.7%,璧山雨量增量在 0.2 mm,累计雨量在 1.0 mm,增雨效率为 20%,沙坪坝雨量增量在 0.7 mm,累计雨量为 3.0 mm,增雨效率为 23.3%。

③ 结论

本次天气过程主要由两个降水云系相继影响重庆西部地区，降水持续时间较长，第一个降水云系在22日01—14时自西向东影响西部地区，第二个降水云系在22日16—22时自南向北影响西部地区。重庆市人工影响天气办公室组织有关区、县气象局对两个降水云系都开展了人工增雨作业，第一个降水云系在其发展初期和后期分别开展了作业，第二个降水云系在发展中期开展了作业。增雨作业取得了较好的效果，主城区及周边雨量明显较西部其余区域雨量大。在降水云系发展初期和发展中期增雨效果较好，在降水后期增雨效果较差。从作业的3个阶段来看，增雨作业点所在区域在作业后雨量较周边有明显增加，各个阶段作业点域内增雨效率在16%～36%，其中以沙坪坝最高。由于催化剂扩散作用，且各作业点作业基本处于主城区周边，增雨作业域外效应也能提高主城区降水，不同降水云系阶段增雨作业的域内与域外增雨效率不同。一般来说，降水云系初期和中期域外增雨量高于域内增雨量，降水云系后期域内增雨量高于域外增雨量，域内和域外增雨效应共同作用，使得主城区及周边雨量明显较其余地区高，取域内和域外增雨效率一致，则增雨作业使得主城区及周边地区雨量较其余地区高2～3 mm。

2)空气质量变化分析

此次火箭人工增雨作业效果较为明显，增雨效率为16%～36%，在火箭人工增雨作业后，重庆主城区总降水量有明显增加，导致重庆主城区空气污染指数(API)明显下降，从1月22日的85降到23日的52，使重庆主城区空气质量基本达到优质状态，这也是重庆主城区2010年1月31 d中，唯一一天空气质量基本达到Ⅰ级，而其他30 d的空气污染指数(API)为66—158，平均值为103.8(图6-36)。从图6-36还可知，人工增雨后的重庆主城区空气污染指数API逐渐升高，但空气质量仍然长时间维持在良好状态，表明人工增雨有效提升了重庆主城区大气环境对大气污染物的容纳能力，增加了重庆主城区大气环境容纳大气污染物“库容”，使重庆主城区空气质量良好状态维持时间延长。因此，此次火箭人工增雨对空气污染的湿清除效果非常明显，空气质量改善效果较好。

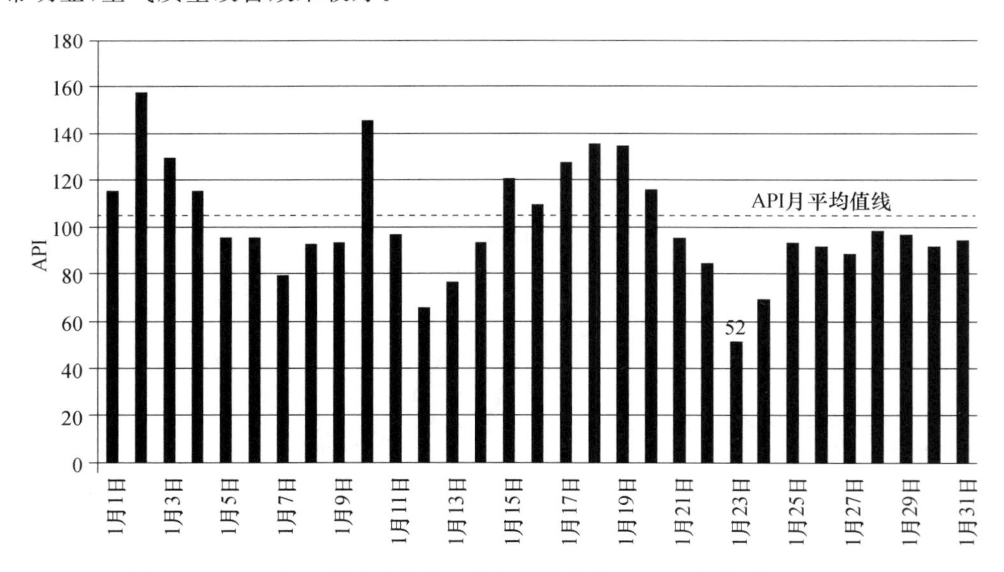


图6-36　2010年1月重庆主城区空气污染指数API日变化(彩图见书后)

2. 2019 年 3 月 14 日飞机人工增雨作业改善空气质量实践案例分析

(1)重庆主城区改善空气质量需求分析

根据重庆市主城区 2019 年 3 月 13 日 11 时的空气质量监测资料(图 6-37),3 月 13 日上午主城区大部地区空气质量指数为良-轻度污染。而 3 月 13 日 08 时重庆区沙坪坝气象的探空资料、地面气象观测资料和重庆市气象台的天气预报资料分析表明:3 月 13 日重庆主城区中低层大气的相对湿度大,近地面风速小,天气以阴为主,对污染物的扩散较为不利,容易促使大气污染加重,空气质量可能从良向轻度污染、中度污染甚至重度污染转变。因此,需要进行人工增雨作业改善空气质量。

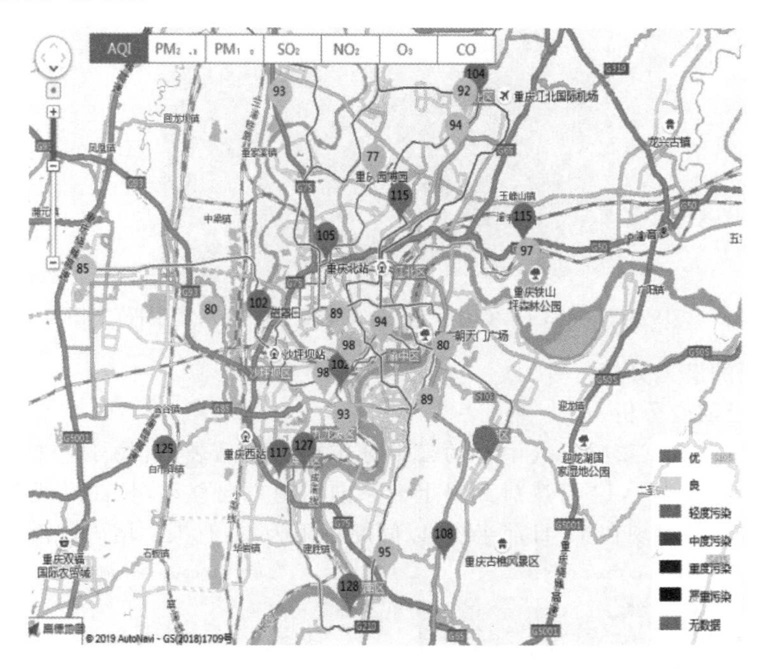


图 6-37　2019 年 3 月 13 日 11 时重庆主城区空气质量(彩图见书后)

(2)人工增雨作业气象条件分析

1)重庆天气形势分析

根据 2019 年 3 月 13 日 08 时天气形势分析(图 6-38):500 hPa 受西波动气流影响,700 hPa 在西部偏北有风切变,地面有持续冷空气侵入,相对湿度迅速上升,中低层大气在夜间偏南地区湿度较大,考虑重庆中西部偏南地区夜间有间断小雨,其余地区阴天到多云。预计在 13 日夜间,重庆市西部地区有弱降水过程,因此,有一定的人工增雨作业条件。

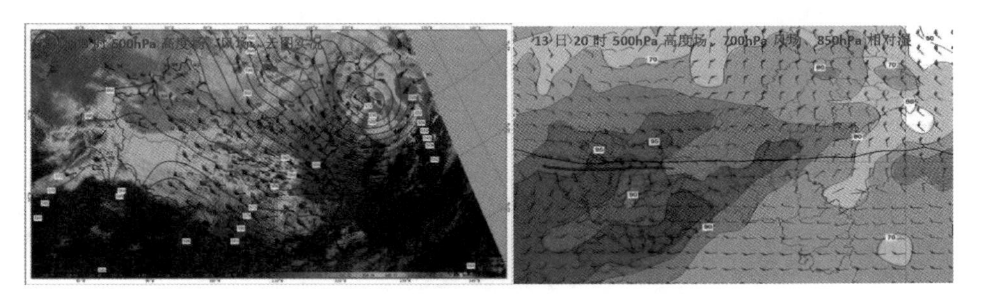


图 6-38　2019 年 3 月 13 日 08 时天气形势(彩图见书后)

2)重庆地区降水预报分析

据重庆市气象台短期天气预报：13日夜间，中西部偏南地区有间断小雨(0.2 mm)，其余地区阴天；14日白天，长江以北地区阴天转多云，其余地区阴天(图6-39)。因此，13日夜间中西部有人工增雨作业条件，适宜开展人工增雨作业。

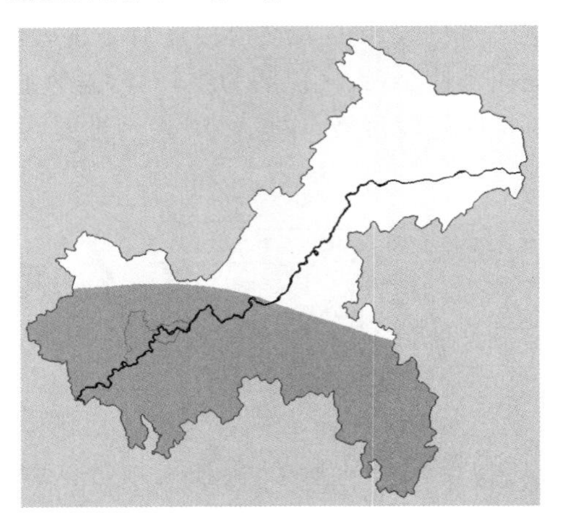

图6-39　2019年3月13日20时—14日20时重庆市降水量预报(彩图见书后)

(3)人工增雨的潜力分析

1)云系特征及演变分析

根据中国气象局人工影响天气中心的云带分布预报产品表明：13日夜间，重庆市大部分地区有云层覆盖(图6-40)，14日凌晨到早上云系向东南方向移动，长江沿线及其以北地区天气逐渐转好，降水主要出现在13日前半夜，以间断小雨为主，有人工增雨的潜力。

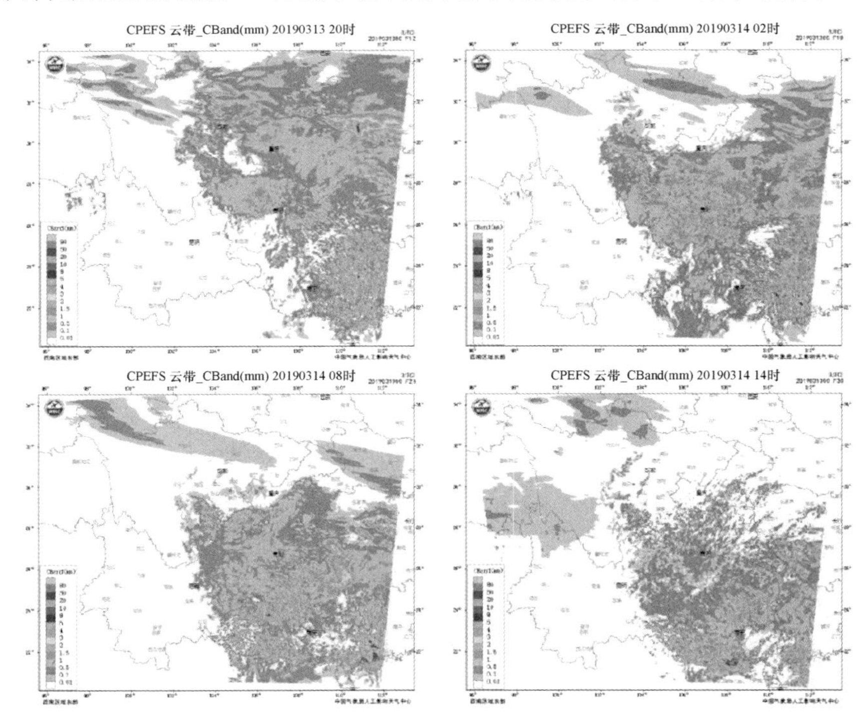


图6-40　2019年3月13日20时—14日14时云带分布预报产品(彩图见书后)

2)云垂直结构分析

根据中国气象局人工影响天气中心的云垂直结构预报产品表明:13 日 20 时—14 日 02 时,重庆市上空的云水、过冷水含量比较丰富,0 ℃层大约在 700 hPa 高度,0 ℃层至－10 ℃层的液态水较为丰富,但冰晶分布较少(图 6-41),有人工增雨的潜力。

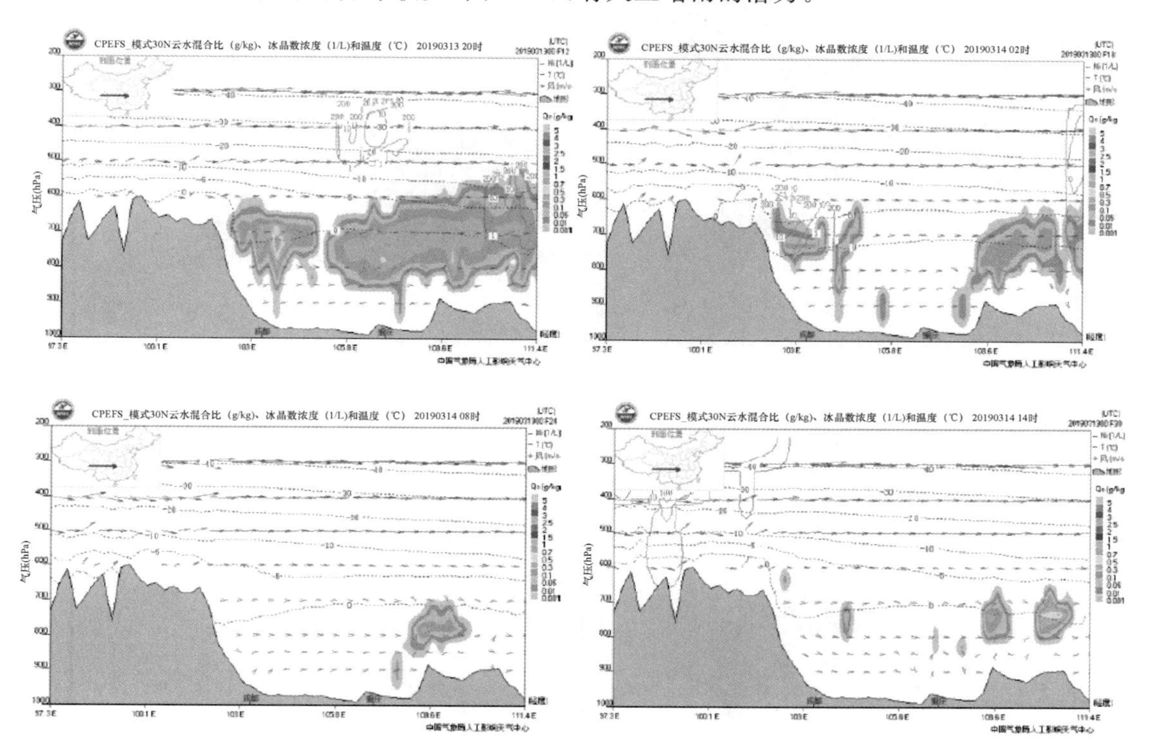

图 6-41　2019 年 3 月 13 日 20 时—14 日 14 时 30°N $Q_c$、$N_i$、$T$ 垂直剖面图预报产品(彩图见书后)

3)人工增雨的潜力区分析

根据重庆市人工影响天气办公室人工增雨潜力区预报产品表明:13 日 20 时—14 日 02 时,重庆市各地均有人工增雨的潜力;14 日 02—08 时,增雨潜力区在重庆市中西部偏南和东南部地区;14 日 08—14 时,增雨潜力区在重庆市东南部地区;14 日 14—20 时,重庆市各地均无人工增雨的潜力区(图 6-42)。

(4)飞机人工增雨的作业建议

建议重庆市人工影响天气办公室密切监视天气,抓住有利时机开展飞机人工增雨作业,并于 3 月 13 日 17 时制作完成飞机人工增雨作业方案,飞机人工增雨作业时间为 3 月 13 日 20 时前后,飞机人工增雨作业高度为 4000 m,飞机航程为 510 km、飞行时间为 2.5 h,飞机人工增雨作业面积 2000 $km^2$。

(5)飞机人工增雨作业实施

3 月 13 日 19 时 11 分—21 时 51 分,重庆市人工影响天气办公室在重庆市的西部地区进行了飞机增雨作业。此次飞机人工增雨作业的区域为重庆市的中西部地区的空域,覆盖了重庆市出现轻度空气污染的地区(图 6-43),共消耗碘化银烟条 12 根。

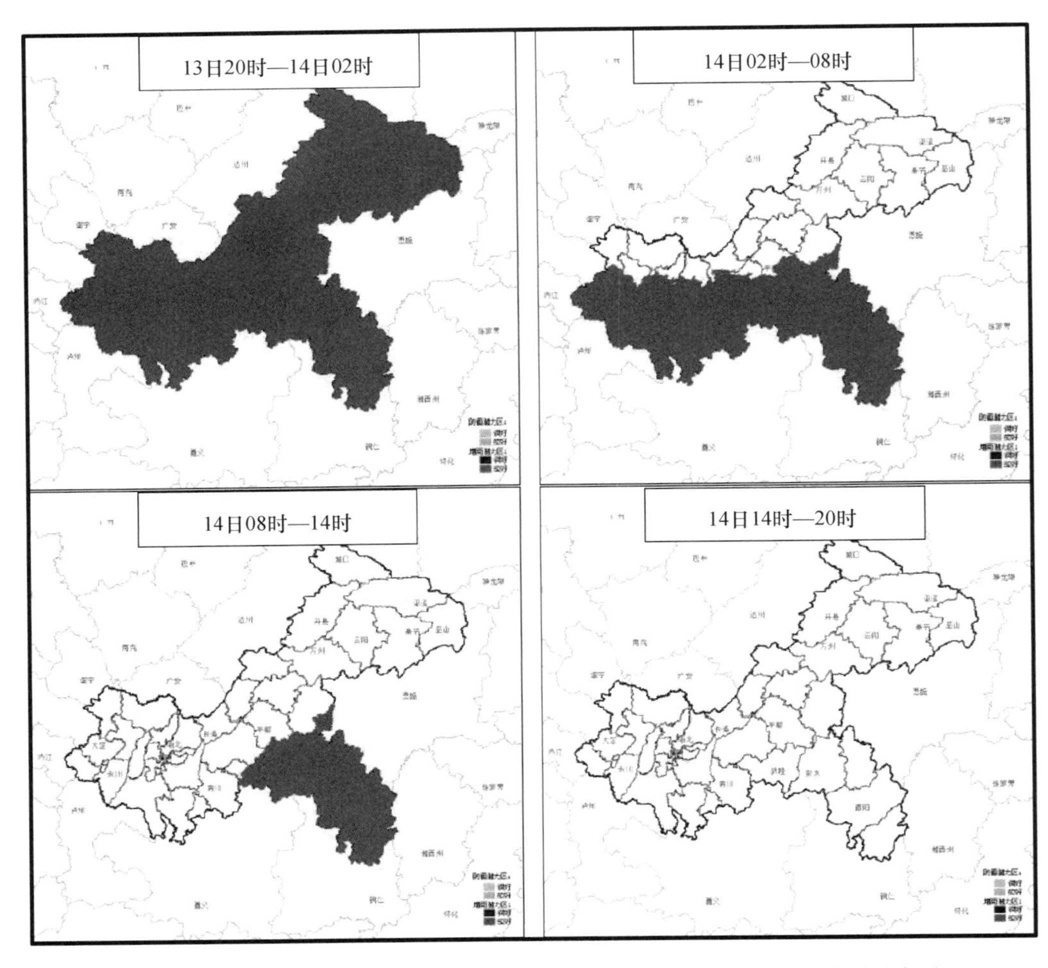


图 6-42　2019 年 3 月 13 日 20 时—14 日 14 时人工增雨潜力区分布(彩图见书后)

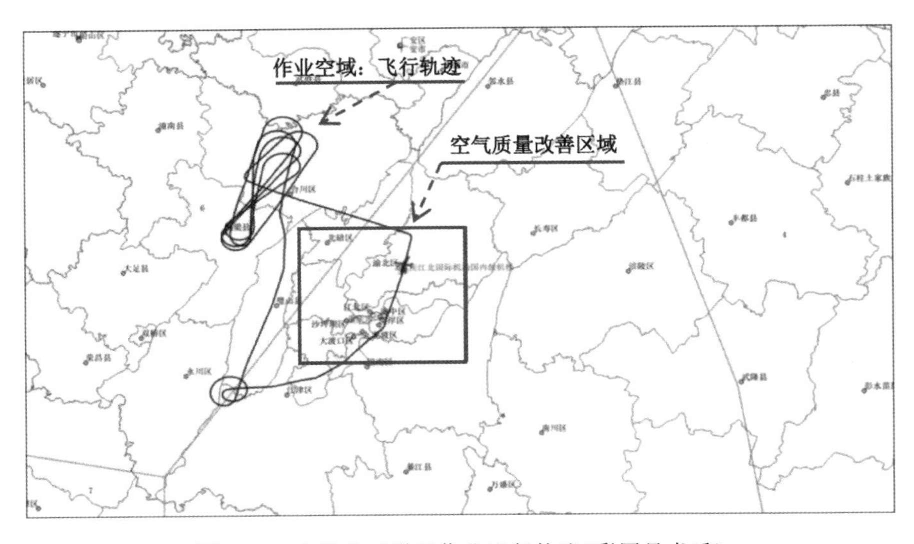


图 6-43　飞机人工增雨作业飞行轨迹(彩图见书后)

(6)飞机人工增雨作业效果评估

1)人工增雨效果分析

此次天气过程的飞机人工增雨作业时间把握较好。2019 年 3 月 13 日 19 时开始进行飞机人工增雨作业，21 时开始，重庆市西部地区开始出现较为明显的降水，其中在 22 时、23 时，雨量较为明显，增雨效果显著(图 6-44)，作业面积达 5000 $km^2$。

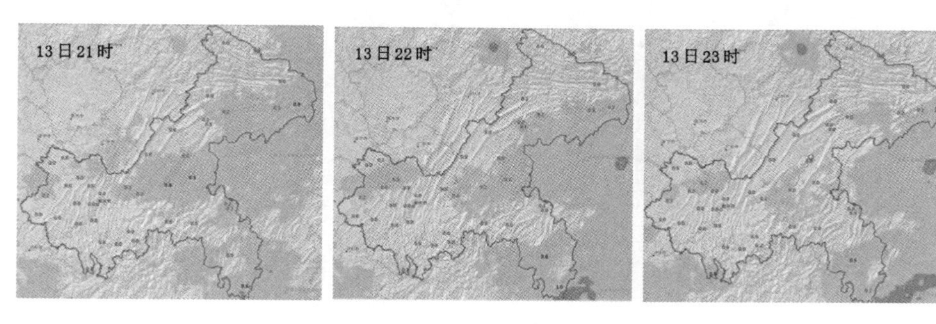


图 6-44　2019 年 3 月 13 日 19 时飞机人工增雨后的 21—23 时降水雨量(彩图见书后)

2)空气质量变化分析

由于此次飞机人工增雨作业效果较为明显，在飞机人工增雨作业后，重庆市主城区周边涉及蓝天行动的 10 个区总降水量有明显增加，导致重庆主城区空气质量指数 AQI 逐渐降低，从 13 日 19 时的 104 降低至 14 日 08 时的 42(图 6-45)。同时从图 6-45 还可知，人工增雨后的重庆主城区空气质量维持在良好状态长达 6 d，表明人工增雨还能有效提升了重庆主城区大气环境对大气污染物的容纳能力，增加了重庆主城区大气环境容纳大气污染物"库容"，使重庆主城区空气质量良好状态维持时间延长。因此，此次飞机人工增雨对空气污染的湿清除效果非常明显，空气质量改善效果较好。

(五)重庆市主城区人工影响天气改善空气质量研究型业务实践取得的成效

重庆市主城区人工影响天气改善空气质量研究型业务自 2009 年开展以来，重庆市气象局在中国气象局和重庆市委市政府的领导下，在中国气象局人工影响天气中心支持下，在重庆市生态环境局协助配合下，通过十多年人工影响天气改善空气质量研究型业务实践，不断完善人工影响天气改善空气质量研究型业务体制机制，扎实开展人工影响天气改善空气质量研究型业务技术体系建设和人工影响天气改善空气质量科学研究，在人工影响天气改善空气质量研究型业务方面取得了一定的成效，总结如下。

1. 重庆人工影响天气改善空气质量研究型业务技术体系建设初见成效

在现代气象观测、预报、服务体系基础上，结合重庆主城区人工影响天气改善空气质量需求，通过十余年的重庆主城区蓝天行动人工增雨作业条件监测与预报能力建设工程、蓝天行动地面火箭人工增雨装备建设工程、蓝天行动空中飞机人工增雨的飞机保障工程、蓝天行动人工增雨业务平台建设工程和蓝天行动人工增雨作业空域申报管理系统建设工程、蓝天行动人工增雨作业指挥系统建设工程、蓝天行动人工增雨作业效果评估系统建设工程的实施，初步建成重庆人工影响天气改善空气质量研究型业务技术体系，常态化的重庆主城区"蓝天行动"人工影响天气改善空气质量研究型业务基本形成。2009—2019 年，开展蓝天行动地面火箭人影作业 1047 箭·次、飞机人工增雨作业 200 架·次，为重庆主城区不断改善空气质量，如期完成重庆"蓝天行动"不同阶段目标任务和打赢蓝天保卫战的战略目标奠定了坚实基础和可靠保障。

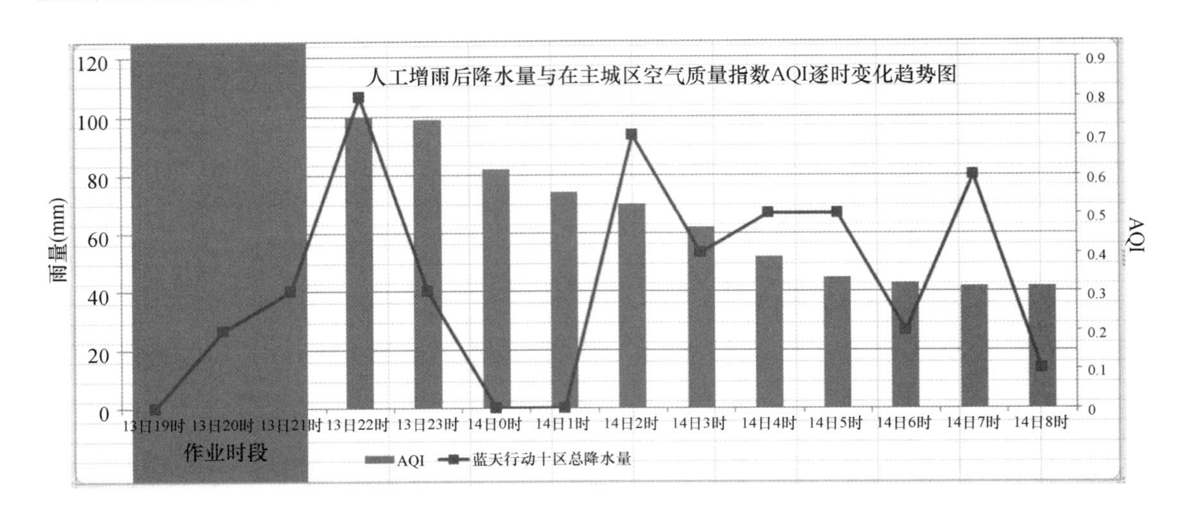


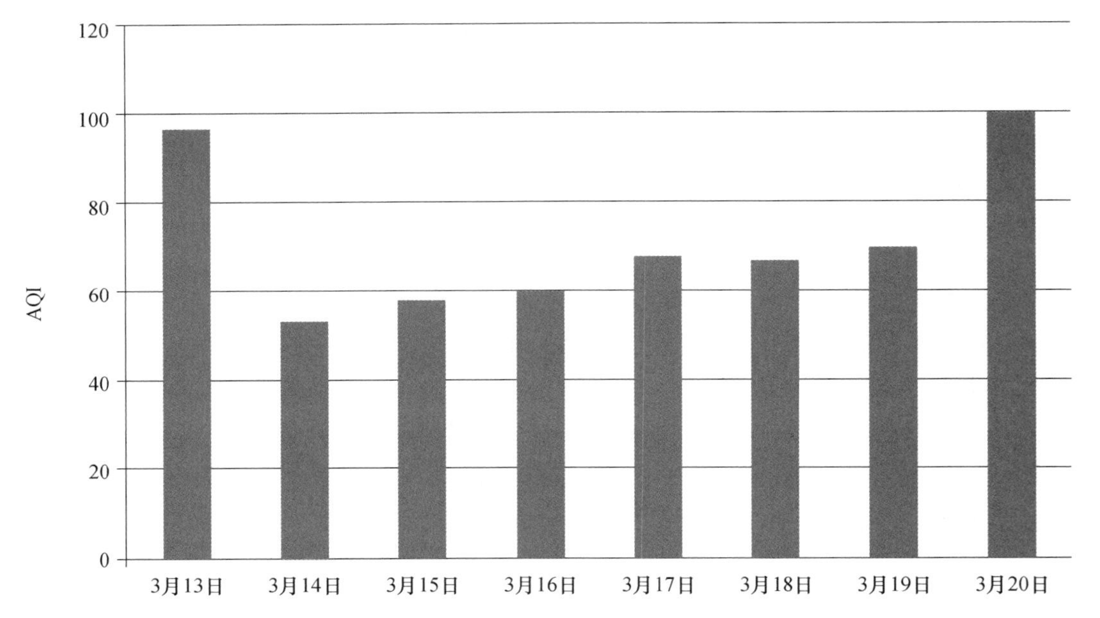


图 6-45　2019 年 3 月 13—20 日飞机人工增雨后降水量与重庆主城区空气质量指数 AQI 变化情况(彩图见书后)

同时为国内兄弟省、市常态化开展人工影响天气改善空气质量研究型业务提供了丰富的实践经验。

“十四五”期间,重庆市气象局将根据中国气象局《气象部门贯彻落实〈大气污染防治行动计划〉实施方案》(气发[2013]106 号)关于“发展气象干预措施,实施人工影响天气改善空气质量”精神,按照《中国气象局 重庆市人民政府共同推进新时代重庆气象现代化发展合作备忘录》关于“重点开展人工影响天气大气污染防治野外科学试验,加强智能化空气质量预报,强化人工增雨作业,助力打赢蓝天保卫战”要求,以及《重庆市贯彻国务院打赢蓝天保卫战三年行动计划实施方案》关于“深化环保与气象战略合作协议,开展重庆蓝天保卫战人工影响天气大气污染防治野外科学试验”的安排部署,联合重庆市生态环境局开展重庆蓝天保卫战人工影响天气大气污染防治野外科学试验,共同实施蓝天保卫战环境与气象综合观测系统升级改造工程、蓝天保卫战环境与气象预报预警系统工程、蓝天保卫战人工影响天气作业系统升级改造工程、不利气象条件下重庆蓝天保卫战大气污染综合治理科学决策支撑工程、重庆蓝天保卫战人工影响天气大气污染防治关键技术研究与开发工程和重庆蓝天保卫战人工影响天气大气污染防治野外科学试验基地升级改造工程，从而构建现代化的重庆市主城区人工影响天气改善空气质量研究型业务技术体系，为重庆市主城区最终实现大气污染科学治污、精准治污提供人工影响天气科技支撑和保障。

2. 重庆人工影响天气改善空气质量研究型业务实践取得了一些科技创新成果

重庆市气象局在十余年的重庆市主城区人工影响天气改善空气质量研究型业务实践过程中，按照"边探索、边研究、边应用"原则，通过"人工增雨改善重庆市主城区空气质量技术研究""重庆主城区冬春季降水强度对大气污染物影响研究""重庆地区积层混合云过程的催化模拟试验研究""重庆主城周边区县冬春季降水特征及人工增雨潜力研究"等一系列的人工影响天气改善空气质量科学研究，取得了一些创新性科技成果。具体体现在以下几方面：

一是通过重庆市主城区人工影响天气改善空气质量研究型业务实践，率先研究发现并率先归纳凝练总结出"冬春季日降雨量 6 mm 是降雨湿沉降清除机制能否独立发挥作用使空气质量达标的'临界阈值'"的科学结论。

二是通过重庆市主城区人工影响天气改善空气质量研究型业务实践，研究发现并率先归纳凝练总结出"冬春季大气污染物浓度由于降雨量在 0.1～0.9 mm 的微量降水的介入导致气溶胶颗粒物吸湿增长使其浓度不降反升现象，仅仅表明包含了微量降水的质量浓度增加的表面现象，而并非反映大气中污染物质真正增加的客观事实。因此，得出降雨量＜6 mm 的降水与其他大气污染物清除因素的耦合效应净化空气促使空气质量达标的过程中具有显著作用"的科学结论。

三是通过重庆市主城区人工影响天气改善空气质量研究型业务实践，研究发现并率先归纳凝练总结出"人工增雨后能有效促进大气环境对大气污染物的容纳能力提升，增加了大气环境容纳大气污染物'库容'，使大气空气质量良好状态维持时间延长。其实质是人工增雨提前使大气环境中的污染物被清除，为未来进入大气环境的污染物腾出了容纳的'库容'，即人工增雨具有给大气污染物'腾库纳染'功能。因此，人工增雨具有提前腾出容纳大气污染物'库容'，促进大气污染程度减轻，可使空气质量从轻度污染向良好状态转变、空气质量从良好状态向最优状态转变，也即人工增雨具有改善空气质量的'延滞效应'，这个'延滞效应'为常态化开展人工影响天气改善空气质量研究型业务实践提供了科学依据，对抢抓空气质量优良达标天数具有非常重要现实意义"的科学结论。

四是通过重庆市主城区人工影响天气改善空气质量研究型业务实践，研究发现并率先归纳凝练总结出"冬春季降雨量在 1.0～4.9 mm 的降水对 $SO_2$ 的平均湿清除率为 12.89%，对 $NO_x$ 的平均湿清除率为 5.20%，对 $PM_{10}$ 的平均湿清除率为 12.91%，可使 2013 年前的 API 平均下降 9.05%、2013 年后的 $PM_{2.5}$ 平均下降 12.47% 和 AQI 平均下降 11.66%；降雨量在 5.0～9.9 mm 的降水对 $SO_2$ 的平均湿清除率为 21.11%，对 $NO_x$ 的平均湿清除率为 12.46%，对 $PM_{10}$ 浓度的平均湿清除率为 27.30%，可使 2013 年前的 API 平均下降 19.65%、2013 年后的 $PM_{2.5}$ 平均下降 24.09% 和 AQI 平均下降 20.95%；降雨量在 10.0～14.9 mm 的降水对 $SO_2$ 的平均湿清除率为 25.11%，对 $NO_x$ 的平均湿清除率为 15.94%，对 $PM_{10}$ 的平均湿清除率为 26.30%，可使 2013 年前的 API 平均下降 17.26%、2013 年后的 $PM_{2.5}$ 平均下降 23.94% 和

AQI 平均下降 21.71%；降雨量在 15.0～19.9 mm 的降水对 $SO_2$ 的平均湿清除率为 42.51%，对 $NO_x$ 的平均湿清除率为 32.02%，对 $PM_{10}$ 的平均湿清除率为 49.74%，可使 2013 年前的 API 平均下降 40.97%、2013 年后的 $PM_{2.5}$ 平均下降 48.00% 和 AQI 平均下降 39.13%；降雨量≥20.0 mm 的降水对 $SO_2$ 的平均湿清除率为 50.57%，对 $NO_x$ 的平均湿清除率为 37.20%，对 $PM_{10}$ 的平均湿清除率为 58.83%，可使 2013 年前的 API 平均下降 55.42%、2013 年后的 $PM_{2.5}$ 平均下降 51.23% 和 AQI 平均下降 39.94%”的科学结论。

五是通过重庆市主城区人工影响天气改善空气质量研究型业务实践，研究发现并归纳率先凝练总结出“冬春季降雨量 1.0～9.9 mm 的降水，每增加 1 mm 降雨量，就有 2.4% 的 $SO_2$、1.5% 的 $NO_x$、3.9% 的 $PM_{10}$ 被湿清除，使 2013 年前的 API 指数下降 3.2%、2013 年后的 $PM_{2.5}$ 下降 3.3% 和 AQI 下降 2.7%；降雨量在 10.0～14.9 mm 的降水，其湿清除能力维持在 10.0 mm 降水时的清除能力。降雨量超过 15 mm 的降水，每增加 1 mm 降水，就有 0.8% 的 $SO_2$、1.1% 的 $NO_x$ 和 $PM_{10}$ 被湿清除，使 2013 年前的 API 指数下降 2.5%，而 2013 年后的 $PM_{2.5}$ 和 AQI 下降率不显著”的科学结论。

上述创新性科技成果为人工影响天气促使降雨形成或(和)增加降雨量从而改善空气质量提供了科学依据，为抢抓空气质量优良达标天数而常态化开展人工影响天气改善空气质量研究型业务实践提供了科学依据，为大气污染物降雨湿沉降清除机制在大气污染物从大气中被清除过程中是否独立发挥作用找到了判断依据和检验标准，从而促进了人工影响天气改善空气质量研究型业务的科学发展，为推进大气污染治理体系和治理能力现代化提供人工影响天气科技支撑。

3. 重庆人工影响天气改善空气质量研究型业务保障制度进入形成更加成熟定型新阶段

2009 年以来，重庆市气象局根据重庆市政府“蓝天行动”的部署，结合重庆市主城区大气污染治理的实际需求，按照“边探索、边研究、边应用”原则，开展了常态化的人工影响天气改善空气质量研究型业务科学实践。在实践过程中充分应用实践成果不断完善人工影响天气改善空气质量研究型业务体制、机制，促进重庆人工影响天气改善空气质量研究型业务保障制度逐步完善、成熟、定型，使重庆人工影响天气改善空气质量研究型业务保障制度在全国率先进入形成更加成熟定型的新阶段。

重庆在改革和完善大气污染治理体系上一直坚持率先实践。早在 2009 年重庆市政府在大气污染防治方面就创新思路，采取常规的大气污染源排放管控措施和不利气象条件下人工增雨控制大气污染的应急措施并举，部署重庆市气象局牵头会同市环保局、市财政局组织开展重庆市主城区人工影响天气改善空气质量研究型业务实践。随着重庆市主城区人工影响天气改善空气质量研究型业务实践的不断深入，重庆市政府不断将重庆市主城区人工影响天气改善空气质量研究型业务实践的成功实践经验转化为保障人工影响天气改善空气质量研究型业务实践顺利开展的政策法规体系。具体体现在以下几方面：

一是经过 2009 年、2010 年人工影响天气改善空气质量的人工增雨探索性实践，重庆市政府于 2011 年 8 月 2 日向主城各区人民政府，市政府有关部门，有关单位下发了《重庆市人民政府办公厅关于印发主城区大气污染预警与应急处置工作预案的通知》(渝办〔2011〕63 号)，将《重庆市主城蓝天行动实施方案(2008 — 2012 年)》(渝府〔2007〕224 号)未纳入并经 2009 年、2010 年人工影响天气改善空气质量的人工增雨探索性实践证明切实有效的人工增雨控制大气污染的临时应急措施，正式确定为“及时、有效地控制主城区大气环境污染，确保实现主城‘蓝天行动’目标”的一项常年性预警应急响应常态化措施。同时，该文件还明确“主城区大气环境污染应急处置工作由市政府组织指挥，主城各区人民政府（含北部新区管委会，下同）负责具体实施，市政府有关部门负责督促指导并落实本部门承担的事项，市政府主城蓝天行动督查组负责监督检查工作预案执行情况。本预案的执行是一项常年性的工作，且具有工作量不确定的特点，必须采取措施保证“设备配备、人员组织、措施落实”三到位。主城各区人民政府应将所需资金在本级财政中足额安排，市级相关部门所需资金由市财政根据实际需要统筹解决”。因此，经市政府同意的《主城区大气污染预警与应急处置工作预案》的出台，为重庆市气象局常态化组织开展“主城区人工影响天气改善空气质量研究型业务实践”和主城各区人民政府、市政府有关部门、有关单位协同配合重庆市气象局常态化组织开展“主城区人工影响天气改善空气质量研究型业务实践”提供了政策依据和经费保障。

二是重庆市政府于2013年6月7日向各区、县（自治县）人民政府，市政府有关部门，有关单位下发了《重庆市人民政府关于印发重庆市环境保护“五大行动”实施方案（2013 — 2017年）的通知》（渝府发〔2013〕43号）。该文件涉及环境保护“五大行动”之一的《重庆市蓝天行动实施方案（2013 — 2017年）》第四部分“工程措施及投资估算”中，将人工影响天气改善空气质量的“人工增雨”作为增强大气污染监管能力的工程项目，要求在冬春季节以及启动空气污染预警情况下，通过高炮、火箭、飞机等综合手段，适时开展蓝天行动人工增雨作业，降低空气中大气污染物浓度，增加空气质量达标的天数；第五部分“保障措施”中，进一步明确了市气象局负责提供大气污染气象分析、空气质量预报和预警所需的气象数据，协助环保部门开展主城空气质量预报、预警工作，分析大气污染的气象原因。负责在冬春季节启动空气污染预警及时实施人工增雨。因此，经2013年5月20日市政府第10次常务会议通过的《重庆市蓝天行动实施方案（2013 — 2017年）》，为重庆市气象局在组织开展人工影响天气改善空气质量研究型业务实践过程中不断提升人工影响天气改善空气质量的“人工增雨”工程建设水平，不断增强大气污染气象监管的能力建设，从而确保重庆人工影响天气改善空气质量研究型业务实践不断深入推进奠定了坚实的政策基础。

三是2017年3月29日重庆市第四届人民代表大会常务委员会第三十五次会议通过的《重庆市大气污染防治条例》第一章“总则”第四条：各级人民政府对本行政区域的大气环境质量负责，建立政府主导、部门监管、企业尽责、公众参与的大气污染防治机制，控制或者逐步削减大气污染物的排放量，保障大气环境质量达到规定的标准并逐步改善。市、区县（自治县）人民政府应当将大气环境保护工作纳入国民经济和社会发展规划，加大对大气污染防治的财政投入，转变经济发展方式，加强对大气污染的综合防治，推行重点区域大气污染联防联控和预警预控，对颗粒物、二氧化硫、氮氧化物、挥发性有机物等大气污染物实施协同控制。第二章“监督管理”的第二十三条：市、区县（自治县）人民政府应当将重污染天气应对纳入突发事件应急管理体系，加强重污染天气动态监测系统建设，制定重污染天气应急预案，并向社会公布，明确政府及其部门、企业事业单位、公众在启动预警期间的责任。第二十四条：环境保护主管部门会同气象主管机构等有关部门建立重污染天气监测预警机制。可能发生重污染天气的，应当及时向本级人民政府报告。市、区县（自治县）人民政府依据重污染天气预报信息，进行综合研判，确定预警等级并及时发出预警。其他任何单位和个人不得擅自向社会发布重污染天气预报预警信息。第二十五条：市、区县（自治县）人民政府应当依据重污染天气的预警等级，及时启动应急预案，根据应急需要可以采取减少燃煤使用、责令有关企业停产或者限产、停止工地土石方作业和建筑施工、限制部分机动车行驶、停止露天烧烤、禁止燃放烟花爆竹、增加人工降雨等应急措施，告知公众采取健康防护措施。有关企业事业单位和其他生产经营者应当按照规定落实应急措施。因此,《重庆市大气污染防治条例》的出台,为人工影响天气改善空气质量的"人工增雨"工程建设纳入市、区县(自治县)人民政府的国民经济和社会发展规划和加大人工影响天气改善空气质量的"人工增雨"工程建设的财政投入奠定了坚实的法治基础,为重庆人工影响天气改善空气质量研究型业务实践机制纳入"政府主导、部门监管、企业尽责、公众参与"的大气污染防治机制提供了法律依据,确保了常态化重庆人工影响天气改善空气质量研究型业务实践依法持续推进。

四是重庆市委市政府于 2018 年 6 月 8 日向各区县(自治县)党委和人民政府,市政府各部委,市级国家机关各部门,各人民团体和高等院校下发了《中共重庆市委重庆市人民政府关于印发〈重庆市污染防治攻坚战实施方案(2018—2020 年)〉的通知》(渝委发[2018]28 号)。《重庆市污染防治攻坚战实施方案(2018—2020 年)》第二部分"加强突出环境问题治理,让天蓝地绿水清成为城乡底色"中关于"强化气象观测,采用高炮、火箭或飞机等多种方式及时实施人工增雨作业,有效应对污染天气"的部署,进一步强调了人工影响天气改善空气质量的"人工增雨"是有效应对污染天气不可或缺的工程性措施。为此,重庆市政府于 2018 年 9 月 13 日向各区县(自治县)人民政府,市政府有关部门,有关单位下发了《重庆市贯彻国务院打赢蓝天保卫战三年行动计划实施方案》(渝政办发[2018]134 号)。《重庆市贯彻国务院打赢蓝天保卫战三年行动计划实施方案》第二部分"主要任务"第 20 项"加强重污染天气应急联动"任务中专门安排了"深化环保与气象战略合作协议,开展重庆蓝天保卫战人工影响天气大气污染防治野外科学试验"工作任务,为重庆人工影响天气改善空气质量研究型业务科学发展提供了机遇与挑战,同时也为重庆人工影响天气改善空气质量研究型业务科学发展指明了方向。

综上所述,随着重庆市主城区人工影响天气改善空气质量研究型业务实践科学性、有效性、精准性认识的不断深入,进一步促进了重庆人工影响天气改善空气质量研究型业务保障制度在全国率先进入形成更加成熟定型的新阶段。例如,为了保障重庆市大气污染治理工作顺利推进,重庆市财政局根据 2020 年度预算安排,给市气象局下达了 2020 年蓝天行动飞机人工增雨作业业务维持经费 800 万元及空气质量预报制作发布业务维持补贴经费 30 万元,给主城周边 17 个区下达了 2020 年地面蓝天行动人工增雨作业业务维持补贴经费 170 万元(图 6-46),为重庆抢抓空气质量优良达标天数而常态化开展重庆人工影响天气改善空气质量研究型业务实践提供了可靠的财政保障。

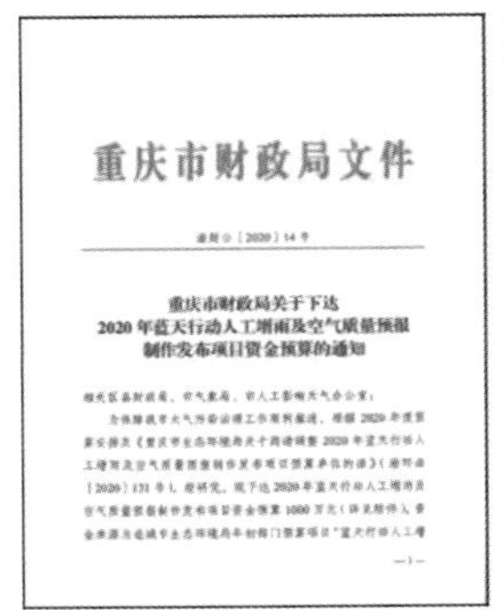

重庆市财政局文件

重庆市财政局关于下达
2020 年蓝天行动人工增雨及空气质量预报制作发布项目资金预算的通知

2020 年蓝天行动人工增雨
及空气质量预报制作发布项目资金预算表

图 6-46　2020 年度重庆人工影响天气改善空气质量研究型业务实践经费预算安排的通知

## 二、天津市污染突发事故人工影响天气应急保障实践的典型案例

### （一）突发事故的人工影响天气应急保障需求背景

2015 年 8 月 12 日天津港“8·12”瑞海公司危险品仓库因高温（天气）诱发火灾爆炸造成特别重大生产安全责任突发事故，突发事故造成 165 人遇难、8 人失踪、798 人受伤，304 幢建筑物、12428 辆商品汽车、7533 个集装箱受损，截至 2015 年 12 月 10 日已核定直接经济损失 68.66 亿元。突发事故造成环境污染情况如下：

通过分析事发时瑞海公司储存的 111 种危险货物的化学组分，确定至少有 129 种化学物质发生爆炸燃烧或泄漏扩散，其中，$NaOH$、$KNO_3$、$NH_4NO_3$、$NaCN$、$Mg$ 和 $Na_2S$ 这 6 种物质的重量占到总重量的 50%。同时，爆炸还引燃了周边建筑物以及大量汽车、焦炭等普通货物。本次事故残留的化学品与产生的二次污染物逾百种，对局部区域的大气环境、水环境和土壤环境造成了不同程度的污染。具体如下：

一是大气环境污染情况。事故发生 3 h 后，环保部门开始在事故中心区外距爆炸中心 3～5 km 范围内开展大气环境监测。8 月 20 日以后，在事故中心区外距爆炸中心 0.25～3 km 范围内增设了流动监测点。经现场检测与专家研判确定，本次事故关注的大气环境特征污染物为 $NaCN$、$H_2S$、$NH_3$、$CHCl_3$ 和 $C_7H_8$ 等挥发性有机物。

监测分析表明，本次事故对事故中心区大气环境造成较严重的污染。事故发生后至 9 月 12 日之前，事故中心区检出的 $SO_2$、$NaCN$、$H_2S$、$NH_3$ 超过《工作场所有害因素职业接触限值》（GB Z2—2007）中规定的标准值 1～4 倍；9 月 12 日以后，检出的特征污染物达到相关标准要求。

事故中心区外检出的污染物主要有 $NaCN$、$H_2S$、$NH_3$、$CHCl_3$、$C_6H_6$、$C_7H_8$ 等，污染物浓度超过《大气污染物综合排放标准》（GB 16297—1996）和《天津市恶臭污染物排放标准》（DB 12/059—95）等规定的标准值 0.5～4 倍，最远的污染物超标点出现在距爆炸中心 5 km 处。8 月 25 日以后，大气中的特征污染物稳定达标，9 月 4 日以后达到事故发生前环境背景值水平。

采用大气扩散轨迹模型、气象场模型与烟团扩散数值模型叠加的空气质量模型模拟表明，事故发生后，在事故中心区上空约 500 m 处形成污染烟团，烟团在爆炸动力与浮力抬升效应以及西南和正西主导风向的作用下向渤海方向漂移，13～18 h 后逐步消散。这一模拟结果与卫星云图显示的污染烟团在时间和空间上的变化吻合。对天津主城区和可能受事故污染烟团影响的地区（北京、河北唐山、辽宁葫芦岛、山东滨州等区域）事故发生后 3 d 内 6 项大气常规污染物（$SO_2$、$NO_2$、$CO$、$O_3$、$PM_{10}$、$PM_{2.5}$）的监测数据进行分析，并模拟了事故发生后 18 h 内污染烟团扩散对上述区域近地面大气环境的影响，均显示污染烟团基本未对上述区域的大气环境造成影响。

本次事故对事故中心区外近地面大气环境污染较快消散的主要原因是：事故发生地位于渤海湾天津市东疆港东岸线的西南侧，与海岸线直线距离仅 6.1 km；在事故发生后污染烟团扩散的 24 h 内，91.2%的时间为西南和正西风，在以后的 9 d 内，71.3%的时间为西南和正西风。事故发生地的地理位置和当时的气象条件有利于污染物快速飘散。

二是水环境污染情况。本次事故主要对距爆炸中心周边约 2.3 km 范围内的水体（东侧北段起吉运东路、中段起北港东三路、南段起北港路南段，西至海滨高速；南起京门大道、北港路、新港六号路一线，北至东排明渠北段）造成污染，主要污染物为氰化物。事故现场两个爆坑内的积水严重污染；散落的化学品和爆炸产生的二次污染物随消防用水、洗消水和雨水形成的地表径流汇至地表积水区，大部分进入周边地下管网，对相关水体形成污染；爆炸溅落的化学

品造成部分明渠河段和毗邻小区内积水坑存水污染。8月17日对爆坑积水的检测结果表明，呈强碱性，氰化物浓度高达421 μg/L。

天津市及有关部门对受污染水体采取了有效的控制和处置措施，经处理达标后通过天津港北港池排入渤海湾。截至10月31日，已排放处理达标污水76.6万t，削减氰化物64.2～68.4 t，折合121～129 t氰化钠。目前，由于雨雪水和地下水的补给，爆坑内仍有少量污水，正在采用抽取外运及工程隔离措施开展处置。

由于海水容量大，事故处置过程中采取的措施得当，并且严执行排放标准，本次事故对天津渤海湾海洋环境基本未造成影响。在邻近事故现场的天津港北港池海域、天津东疆港区外海、北塘口海域约30 km范围内开展的海洋环境应急监测结果显示，海水中氰化物平均浓度为0.00086 μg/L，远低于海水水质Ⅰ类标准值0.005 μg/L。此外，与历史同期监测数据相比，挥发酚、有机碳、多环芳烃等污染物浓度未见异常，浮游生物的种类、密度与生物量未发生变化。

事故发生后，在事故中心区外5 km范围内新建了27口地下水监测井，监测结果显示：24口监测井氰化物浓度满足地下水Ⅲ类水质标准；3口监测井(2口位于爆炸中心北侧753 m处，1口位于爆炸中心南侧964 m处)氰化物超过地下水Ⅲ类水质标准，同时检出硫酸盐、$CHCl_3$、$C_6H_6$等本次事故的相关污染物。近期超标地下水监测井的监测结果表明，污染浓度有逐步下降的趋势。初步分析，事故中心区外局部30 m以上地下水受到污染，地表污染水体下渗、地下管网优势通道渗流是地下水受污染的主要原因。事故中心区及其附近地下水的污染范围与成因仍在进一步勘查确认中。

三是土壤环境污染情况。本次事故对事故中心区土壤造成污染，部分点位氰化物和砷浓度分别超过《场地土壤环境风险评价筛选值》(DB11/T 798—2011)中公园与绿地筛选值的0.01～31.0倍和0.05～23.5倍，苯酚、多环芳烃、二甲基亚砜、氯甲基硫氰酸酯等有检出，目前仍在对事故中心区的土壤进行监测。事故对事故中心区外土壤环境影响较小，事故发生一周后，有部分点位检出氰化物。一个月后，未再检出氰化物和挥发性、半挥发性有机物，虽检出重金属，但未超过《场地土壤环境风险评价筛选值》中公园与绿地的筛选值；下风向东北区域检测结果表明，二噁英类毒性当量低于美国环保局推荐的居住用地二噁英类致癌风险筛选值，苯并[a]芘浓度低于《场地土壤环境风险评价筛选值》中公园与绿地的筛选值。

四是特征污染物的环境影响。事故造成320.6 t氰化钠未得到回收。经测算，约39%在水体中得到有效处置或降解，58%在爆炸中分解或在大气、土壤环境中气化、氧化分解、降解。事故发生后，现场喷洒大量双氧水等氧化剂，极大地促进了NaCN的快速氧化分解。但是，截至10月31日，事故中心区土壤中仍残留约3%不同形态的NaCN，以及少量不易降解、具有生物蓄积性和慢性毒性的化学品与二次污染物。

五是事故对人的健康影响。本次事故未见因环境污染导致的人员中毒与死亡的情况，住院病例中虽有17人出现因吸入粉尘和污染物引起的吸入性肺炎症状，但无实质损伤，预后良好；距爆炸中心周边约3 km范围外的人群，短时间暴露于大气环境污染造成不可逆或严重健康影响的风险极低；未采取完善防护措施进入事故中心区的暴露人群健康可能会受到影响。

通过上述突发事故造成环境污染情况分析表明：突发事故基本未对天津主城区和可能受事故污染烟团影响的地区(北京、河北唐山、辽宁葫芦岛、山东滨州等区域)的大气环境造成影响，并且事故发生地的地理位置和当时的气象条件有利于污染物快速飘散。但是，由于爆炸核心区范围内存有大量有毒危险化学品，如大量的氰化物呈片状散落在爆炸核心区地面，NaCN遇水后溶于水并渗入地面，增加土壤污染，同时NaCN遇水发生化学反应，将产生剧毒气体，可能再次引发火灾。因此，降水甚至弱降水都会给现场救援和周围民众带来生命危险、增加土壤污染，大雨或暴雨将会导致核心区污水外溢扩散和滨海新区地下排放扩散，进而污染地下水和海水。为此，天津市气象局立即积极开展事故的应对和爆炸处置现场的气象保障服务工作，并组织天津市人工影响天气办公室孟辉等专家制定了针对此次突发事故的防范降水引发人员伤亡等次生灾害的人工消减雨试验方案。

（二）突发事故应急保障的人工消减雨试验方案设计

1. 人工消减雨试验方案设计依据

天津市人工影响天气办公室孟辉等专家根据突发事故附近的天津市塘沽气象局 1971—2010 年 8 月中旬至 9 月中旬塘沽气象局历史降水资料统计分析表明：该时段逐旬出现降水的概率分别为 45.75%、40.5%、39.5% 和 35.75%，其中出现 1 mm 以下降水的概率最大为 22.63%，出现 1～4.9 mm、5～9.9 mm 以下、中雨和大雨以上降水概率分别为 6.44%、4.50%、4.19% 和 2.63%。因此，突发事故核心区在救援和清理期间出现引发人员伤亡等次生灾害的降水的可能性较大，为开展人工消减雨作业提供了科学依据。

2. 人工消减雨防线设计

天津市人工影响天气办公室孟辉等专家根据天津市气候背景和地理特征，借鉴 2008 年奥运会、2009 年国庆 60 周年阅兵人工影响天气保障等方案，结合天津市现有人工影响天气作业站点的布局和火箭、高炮作业影响范围等实际情况，设计了人工消减雨两道防线：第一道防线设置在降水系统距核心区 50～100 km 圆弧形区域，防线宽度 50 km；第二道防线设置在降水系统距核心区 10～50 km 环形区域，防线宽度 40 km。

3. 人工消减雨技术方案制定

天津市人工影响天气办公室孟辉等专家根据人工消减雨原理制定了人工消减雨技术方案：当有利于作业的云系结构已形成，且正处于发展阶段，即为人工催化的有利时机；催化剂须播撒入过冷云中，对应的温度应在 −6 ℃～−12 ℃；根据降雨量大小及云系发展情况确定催化剂播撒剂量（表 6-11）；当出现降水性天气时，两道防线均采用过量播撒方式进行作业，作业时间间隔 20～30 min。

**表 6-11　催化剂用量表**

| 云系特征 | 回波强度（dBz） | 作业工具 | 催化用弹量 |
|---|---|---|---|
| 层状云 | <20 | 火箭 | 4～8 |
| | | 高炮 | 30～60 |
| 弱积层混合云 | 20～30 | 火箭 | 8～12 |
| | | 高炮 | 60～100 |
| 强积层混合云系、积状云系 | >30 | 火箭 | 12～30 |
| | | 高炮 | 100～150 |

4. 人工消减雨作业流程确定

天津市人工影响天气办公室孟辉等专家根据人工消减雨原理和人工影响天气作业流程确定了人工消减雨作业流程：当预报未来 24 h 有降水天气出现时，初步确定降水性质、落区、量级等，并给出作业方案。通过多种探测设备对天气系统进行跟踪，判断云的移向、移速，预计降水将在未来 0～6 h 影响保障区时，第一道防线的高炮和火箭做好作业准备，待降水云团抵达时，迅速组织地面消减雨作业；第二道防线作业点进入待命状态。若第一道防线作业后降雨仍未停止，则第二道防线与第一道防线作业点同时进行消雨作业。

（三）突发事故应急保障的人工消减雨科学实践

根据突发事故应急保障的人工消减雨试验方案，针对突发事故保障区有威胁的降水天气过程，天津市人影办共组织10次地面人工消减雨作业试验（表6-12）。并对作业站点作业前后天气现象做对比，把天气趋于稳定或雨量减小定义为作业有效，雨量增大或无法判断变化情况定义为无效，试验期间消减雨作业有效率为37.5%；按云的性质分，对积云作业有效率为50%，积层混合云作业有效率为25%。

**表6-12　天津"8·12"爆炸事故地面人工消减雨作业情况**

| 序号 | 日期(月．日) | 区县 | 云系特征 | 防线 | 工具 | 作业前天气 | 作业后天气 | 效果 |
|---|---|---|---|---|---|---|---|---|
| 1 | 8.18 | 西青 | 积云 | 1 | 高炮 | 雷雨 | 减弱 | 有效 |
| | | 北辰 | 积云 | 1 | 高炮 | 雷雨 | 减弱 | 有效 |
| 2 | 8.22 | 蓟县 | 积云 | 1 | 高炮 | 大风、雷雨 | 小雨 | 有效 |
| | | 汉沽 | 积云 | 2 | 高炮 | 雷雨 | 雷雨 | 无效 |
| | | 宁河 | 积云 | 2 | 高炮 | 雷闪大风 | 降雨 | 无效 |
| 3 | 8.23 | 蓟县 | 积云 | 1 | 高炮 | 雷闪 | 大雨 | 无效 |
| | | 东丽 | 积云 | 2 | 高炮 | 雷闪大风 | 云散、无雹 | 有效 |
| 4 | 8.24 | 宁河 | 积云 | 2 | 高炮 | 雷闪 | 降雨 | 无效 |
| 5 | 8.26 | 宁河 | 积云 | 2 | 高炮 | 雷闪大风 | 降雨 | 无效 |
| 6 | 8.28 | 蓟县 | 积云 | 1 | 高炮 | 雷闪大风 | 降雨 | 无效 |
| | | 宁河 | 积云 | 2 | 高炮 | 雷闪大风 | 降雨 | 无效 |
| 7 | 8.29 | 蓟县 | 积云 | 1 | 高炮 | 雷闪 | 大雨 | 无效 |
| 8 | 8.30 | 蓟县 | 积层混合云 | 1 | 高炮 | 小雨 | 小雨 | 无效 |
| | | 武清 | 积层混合云 | 1 | 高炮 | 小雨 | 小雨 | 无效 |
| | | 北辰 | 积层混合云 | 1 | 火箭 | 小雨 | 雨量加大 | 无效 |
| | | 静海 | 积层混合云 | 1 | 高炮 | 雷雨 | 降雨 | 有效 |
| | | 东丽 | 积层混合云 | 2 | 高炮 | 黑云，风 | 云打散 | 有效 |
| | | 西青 | 积层混合云 | 1 | 高炮 | 降雨 | 降雨 | 无效 |
| 9 | 8.31 | 大港 | 积层混合云 | 1 | 高炮 | 小雨 | 中雨 | 无效 |
| | | 蓟县 | 积层混合云 | 1 | 高炮 | 小雨大风 | 中雨 | 无效 |
| | | 宝坻 | 积层混合云 | 1 | 高炮 | 小雨 | 小雨 | 无效 |
| 10 | 9.1 | 北辰 | 积层混合云 | 1 | 高炮 | 小雨 | 小雨 | 无效 |

（四）突发事故应急保障的人工消减雨科学实践的典型个例分析

1. 作业情况

8月18日06时，在保定地区有降水回波生成，该回波在自西向东移动过程中逐渐加强，未来将对爆炸核心区产生影响；08时56分双口、前丁庄炮站高炮作业；09时05分至09时08分，进行第二轮作业，09时38分水高庄和当城炮站作业，09时50分双口和前丁庄炮站进行第三轮作业。

2. 消减雨作业效果分析

08—09 时、09—10 时、10—11 时三个不同时段小时累计降水量如图 6-47 所示。

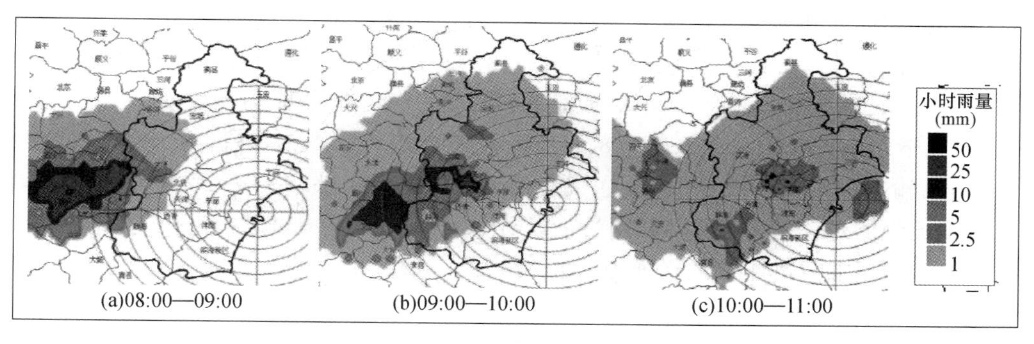


图 6-47　8 月 18 日三个时段小时累计降水量(彩图见书后)

从图 6-47 可见，在作业开始前的 1 h，累计降水量中心值在 25～50 mm，中心面积较大，作业开始后的 1 h 累计降水量中心值虽在 25～50 mm，中心面积明显减小，作业结束后 1 h 累计降水量中心值降为 10 mm 以下，爆炸核心区雨量 0.8 mm，本次试验取得明显效果。

（五）突发事故应急保障的人工消减雨科学实践的总结

天津市人工影响天气办公室孟辉等专家在突发事故应急保障的人工消减雨科学试验任务完成后，进行了总结，得到了两点结论：

一是对于污染突发事故人工影响天气应急保障服务，应分析污染突发事故保障背景、需求、特点，根据保障对象需求制定人工影响天气保障服务方案。

二是人工消雨作业目前仍处于试验阶段，并不是所有降水系统都可以进行消雨作业。

## 三、上海市重大活动人工影响天气改善空气质量实践的典型案例

（一）上海市重大活动“进博会”人工影响天气改善空气质量需求背景

2018 年 11 月 5—10 日，上海中国国际进口博览会（简称“进博会”）召开，为保障空气质量，上海市政府要求上海市气象局开展人工增雨应对“进博会”期间可能出现的大气污染天气过程的重大活动人工影响天气改善空气质量科学试验。为此，上海市气象局在中国气象局的指导协调下，联合上海市生态环境局（原上海市环保局）、中国气象局人工影响天气中心、安徽、江苏等气象部门，于 2018 年 10 月 16 日—11 月 10 日期间，在上海市大气污染物空中输入通道上游（安徽北部—江苏南部），为降低上游大气污染气团对上海市的大气污染物输送强度达到改善空气质量的目的，实施了空地协同的人工增雨改善空气质量保障试验。

（二）上海市重大活动“进博会”人工影响天气改善空气质量科学试验方案设计

1. 明确试验组织与任务分工

(1)中国气象局人工影响天气中心负责制定工作方案和技术方案，并组织开展作业试验。

(2)上海市气象局和上海市环保局负责为试验提供协调保障和观测、预报服务，并联合开展作业效果评估。

(3)安徽省气象局参加作业试验并为试验提供人员、驻地和物资等支持，江苏省气象局参加作业试验，并作好扬州备用机场启用后为试验提供人员、驻地和物资等支持。

(4)成立试验工作组，工作组下设专家组和技术组。专家组负责为工作组提供科技咨询和

辅助决策;技术组在工作组领导下,在专家组帮助下负责试验涉及的监测、预报、作业指挥、资料收集、效果分析评估等有关工作。

2."进博会"期间开展人工影响天气改善空气质量试验的科学依据

根据上海市2008—2017年气象资料和2013—2017年$PM_{2.5}$资料统计分析表明:"进博会"(11月1—10日)期间,上海地区水平风速下降约35%,扩散能力明显变差;平均降水量24.9 mm,大于5 mm的降水日数为1.8 d;静稳天气的概率为33%,静稳天气时$PM_{2.5}$浓度为48.7 μg/m³;输送天气概率为29%,输送天气的$PM_{2.5}$浓度为55.8 μg/m³;在西风和西北风条件下传输型天气的$PM_{2.5}$浓度最高分别为76.5 μg/m³和76.9 μg/m³,上海市的西风和西北风是影响上海市空气质量的主要输送通道(图6-48、图6-49)。

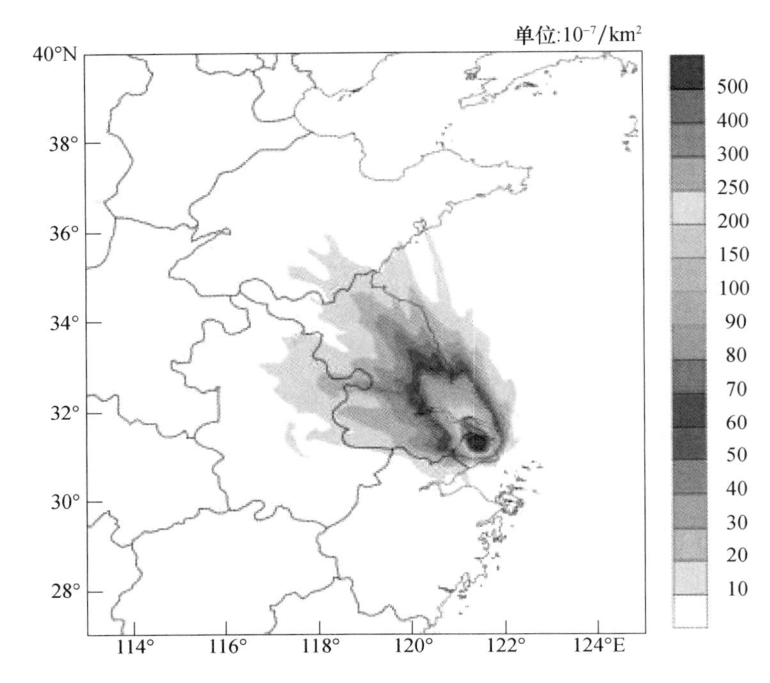


图6-48　2008—2017年11月上旬上海地区"西北型"污染物输送示意(彩图见书后)

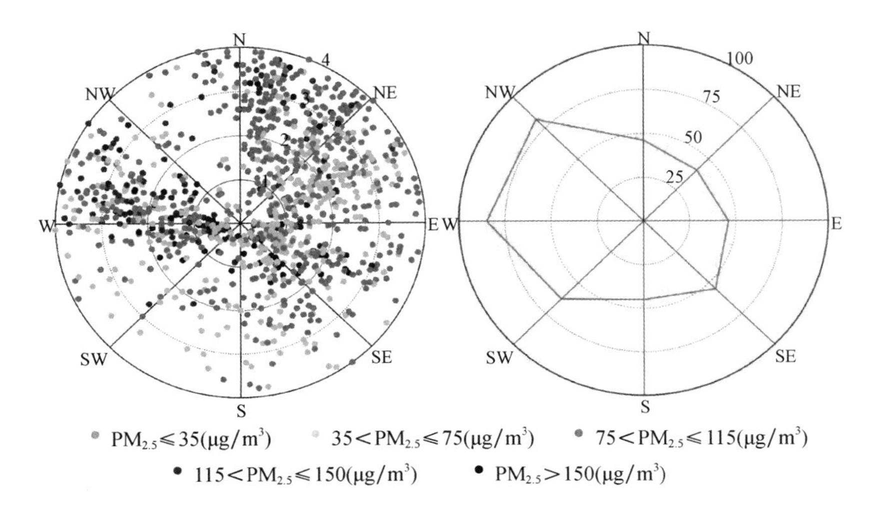


图6-49　2013—2017年11月上旬上海地区$PM_{2.5}$浓度散点图和风向玫瑰图(彩图见书后)

因此，11 月上旬上海市污染气象条件总体不利，其大气污染物空中输入通道上游的大气污染气团主要来自上海市西和西北方向的安徽北部—江苏南部，为“进博会”期间在上海市大气污染物空中输入通道上游地区（安徽北部一江苏南部）开展降低上游大气污染气团对上海市大气污染物输送强度的空地协同人工增雨改善空气质量试验提供了科学依据。

3. 人工增雨作业试验方案制定

（1）确定试验覆盖空域

以上海市举办“进博会”场地为中心，在上海市西和西北方向设置了 500 km 人工增雨改善空气质量保障半径，划分外围探测警戒区（300～500 km）、作业试验区（60～300 km）、核心保障区（0～60 km）和 27 个空域（图 6-50）。并在外围探测警戒区开展前期探测和作业试验，在作业试验区开展前期作业试验和作业保障。

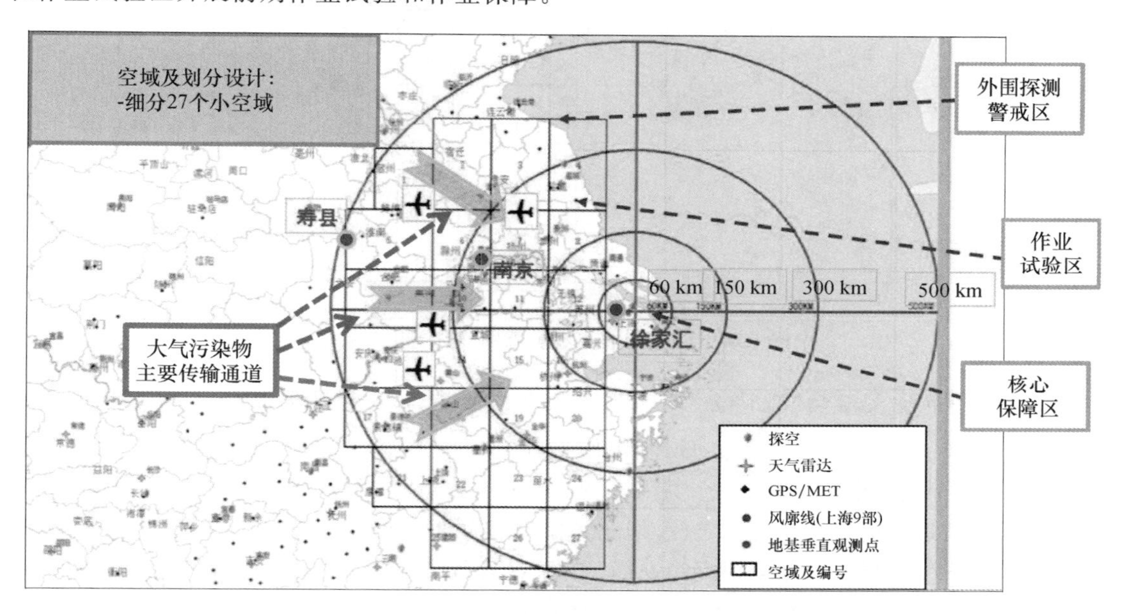


图 6-50　试验覆盖空域示意（周毓荃提供）（彩图见书后）

（2）确定空中探测和人工催化增雨作业飞机数量及其机型

空中探测和人工催化增雨作业飞机为 3 架，分别是新舟 60、“空中国王”、运-12 高性能人工影响天气飞机；并确定人工影响天气飞机停靠机场为安徽蚌埠机场和安徽池州九华山机场，备用机场为安徽黄山屯溪国际机场和江苏扬州泰州国际机场。

（3）确定飞机作业空域

按照在距离上海较远距离的污染源地或污染输送通道上开展固定目标区人工催化增雨消污作业的核心理念和“进博会”期间上海市大气污染物空中输入通道上游在上海市西和西北方向的安徽北部—江苏南部，因此，在试验覆盖空域内确定飞机作业空域——“黑色方格”空域如图 6-51 所示。

（4）人工增雨作业流程确定

在上海搭建了现场指挥平台，建立包含监测、预报、作业设计、飞行增雨、效果评估的业务技术全套流程。

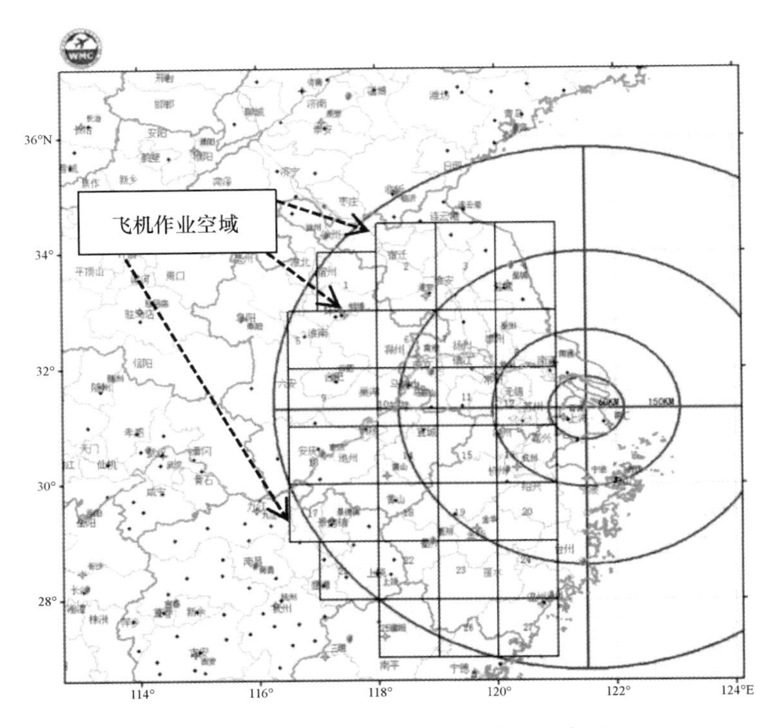


图 6-51　飞机作业空域示意图(彩图见书后)

(三)上海市重大活动“进博会”人工影响天气改善空气质量科学实践

2018 年 10 月 16 日—11 月 10 日，利用新舟 60、“空中国王”、运-12 三架高性能人工影响天气飞机开展探测和催化增雨作业，共飞行 27 架・次，累积飞行 74 h 21 min，播撒烟条 170 余根。尤其是“进博会”11 月 4—10 日，华北污染过程频繁，随冷空气扩散不断影响长三角地区。为此，中国气象局临时组织山东、安徽、江苏三省气象部门开展地面同步人工增雨作业 186 轮・次，发射人工增雨炮弹 123 发、人工增雨火箭弹 471 枚(图 6-52)。

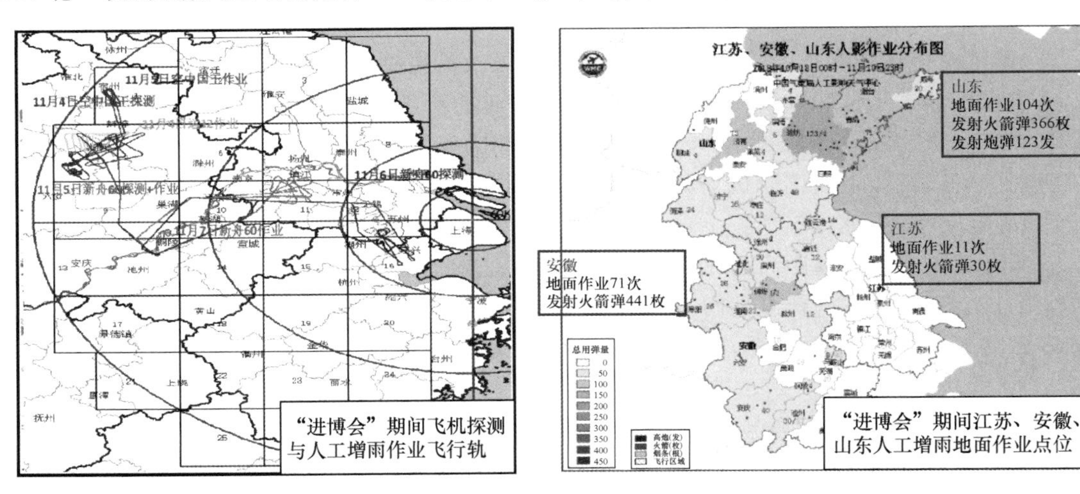


图 6-52　“进博会”11 月 4—10 日空地协同人工增雨作业状况(彩图见书后)

“进博会”人工增雨改善空气质量试验通过跨部门合作、跨区域联动首次探索了人工增雨减污的科学性和有效性，初步形成了人工增雨减污作业的整套技术方案和作业流程，为长三角区域大气污染防治提供了新的思路并积累了宝贵经验。

（四）上海市重大活动“进博会”人工影响天气改善空气质量典型个例效果评估

“进博会”11 月 4—8 日期间，受西南暖湿气流影响，长三角地区出现了 3 次降水过程，累计雨量普遍达到 25～70 mm，呈“北高南低”的空间分布特点（图 6-53），有效降低了华北污染气团对长三角的输送影响。数值计算显示“进博会”11 月 4—8 日期间长三角降雨对区域 $PM_{2.5}$ 浓度具有明显的清除作用。江苏中部、安徽中部累计雨量超过 50 mm，对 $PM_{2.5}$ 的清除作用超过 30～50 μg/m³，部分地区超过了 70 μg/m³。“进博会”11 月 4—8 日期间上游空气质量改善和本地降雨清除作用相叠加，使得上海的 $PM_{2.5}$ 总浓度下降超过 30 μg/m³，北部地区达到 50～70 μg/m³，有效改善了空气质量。

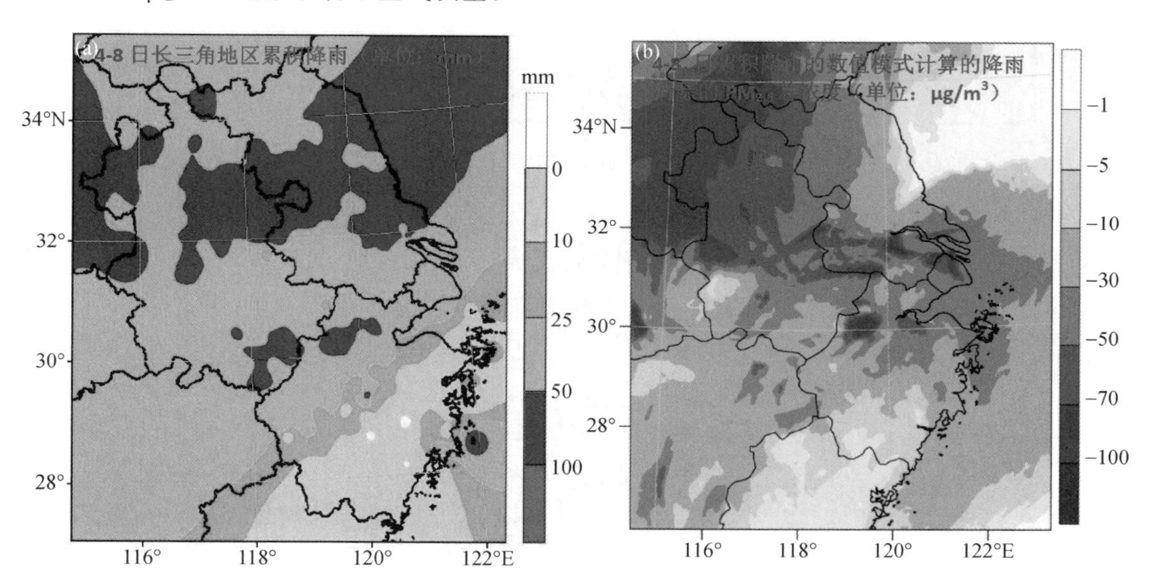


图 6-53　进博会 11 月 4—8 日期间长三角地区累计降雨量(a)时及其清除的 $PM_{2.5}$ 总浓度(b)（彩图见书后）

11 月 2—3 日，华北出现了区域性重污染过程。污染气团随冷空气扩散南下，前锋在 11 月 5 日 08 时到达安徽北部。亳州、淮北、阜阳等地的 $PM_{2.5}$ 浓度快速上升至轻度到中度污染，$PM_{2.5}$ 平均浓度超过 100 μg/m³。根据天气预报，5—6 日长三角区域北部受高空槽东移影响将出现大范围降雨过程，因此 5 日上午在长三角区域北部有明显回波发展、云层深厚并且安徽和江苏中北部地区出现零星降水的人工增雨有利条件出现时，为降低华北污染气团大气污染物输送的影响，经过气象、环保部门的会商，5 日上午在安徽淮南、蚌埠一线组织实施了飞机人工增雨作业，取得了较好的人工增雨减污效果。安徽北部累计雨量超过 10 mm，其中在亳州、阜阳和淮南等地达到大雨量级。降雨结束后长三角区域大部分地区 $PM_{2.5}$ 浓度显著下降（超过 30 μg/m³），其中安徽西部和北部超过 70 μg/m³，有效降低了华北污染气团的输送影响（图 6-54）。

1. 人工增雨作业试验过程

人工增雨作业区设置在安徽北部淮南—蚌埠—宿州一带（图 6-55）。“空中国王”飞机从蚌埠机场起飞，作业时段为 09 时 20 分—10 时 10 分，催化高度 4800 m，释放焰条 34 根。新舟 60 飞机从九华山机场起飞，作业时间为 10 时—11 时 10 分，催化高度 4500 m，释放焰条 12 根。

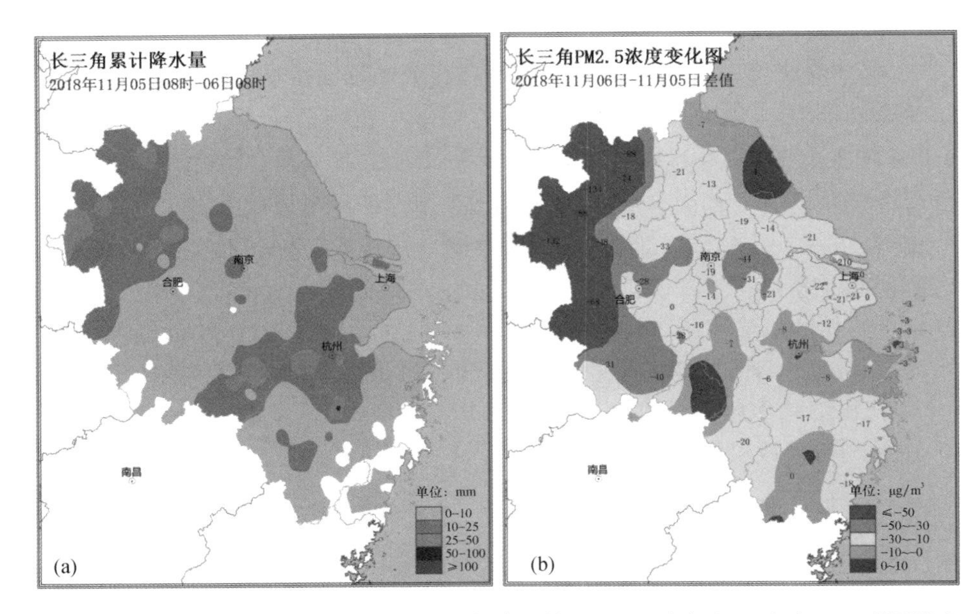


图 6-54 人工增雨后长三角地区累计雨量(a)与降雨前后 $PM_{2.5}$ 浓度差($\mu g/m^3$)(b)(彩图见书后)

两架飞机到达预设作业区后开展蛇形飞行，达到充分播撒 AgI 的效果。作业结束后，作业区雷达回波向西南方向移动约 5 h，15 时到达苏皖交界处，增雨扩散长度约 180 km。中国气象局人工影响天气中心对此次人工增雨评估结果显示，本次作业影响面积为 5000 $km^2$，扩散影响面积约为 13000 $km^2$。作业区和扩散区都普降小雨。

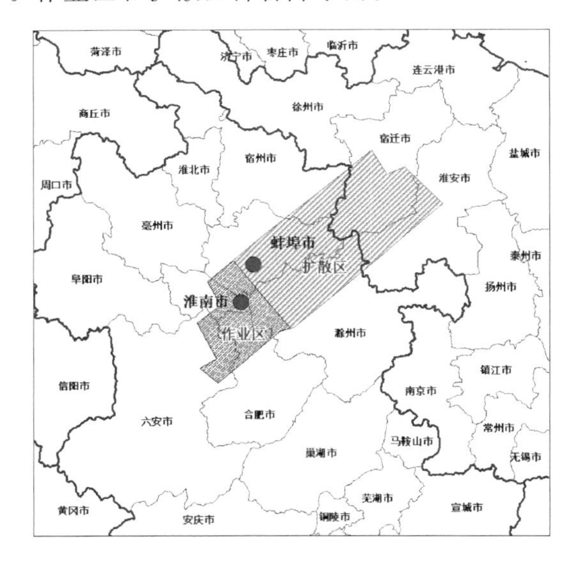


图 6-55 飞机人工增雨作业区域(黄色)和扩散区域(灰色)示意图(彩图见书后)

2. 人工增雨改善空气质量效果评估

将位于作业区内的淮南和扩散区内的蚌埠作为评估点。作业开始之前雨带主要位于江西境内，安徽北部处于雨带边缘，云层深厚，但没有观测到明显降水。作业开始后半小时淮南出现弱降雨，从 10 时持续到 14 时，小时雨量 1～2 mm。对比作业前后的雨量分布发现，作业区淮南附近的雨量较周边明显增加，表明人工增雨取得效果(图 6-56)。

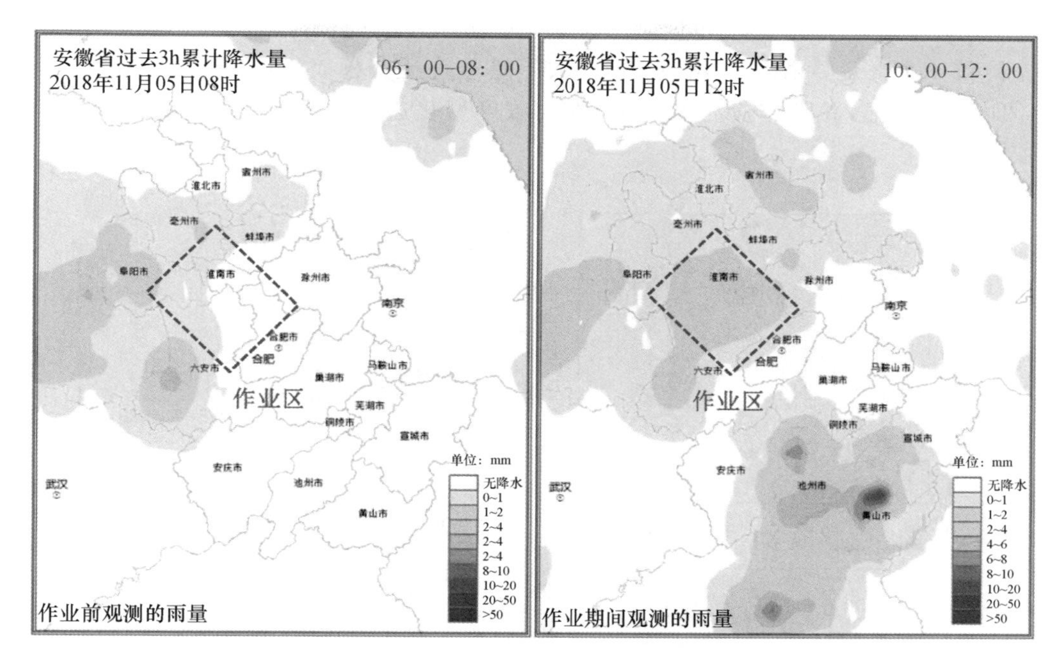


图 6-56　人工增雨作业前与作业期间观测的雨量图(mm)(彩图见书后)

分析环境部门的观测数据发现，作业开始之前(08 时左右)淮南的 $PM_{2.5}$ 浓度接近轻度污染，增雨作业期间 $PM_{2.5}$ 浓度逐步下降，到 14 时下降至 55 μg/m³，每小时清除 $PM_{2.5}$ 约 3～4 μg/m³。蚌埠位于增雨作业的扩散区内，降雨较淮南晚 2～3 h 出现(13 时)，小时雨量和淮南相近，受降雨影响从 13 时到 15 时 $PM_{2.5}$ 浓度下降约 20 μg/m³。另外选取淮南、蚌埠为受人工增雨影响站点，合肥为未受人工影响对比站点，六安为系统上游站点，分析降水对 $PM_{2.5}$ 的清除作用发现：淮南和蚌埠地区受降水影响 $PM_{2.5}$ 浓度有不同程度降低，而没有降水的合肥、六安 $PM_{2.5}$ 浓度无明显变化(图 6-57)。

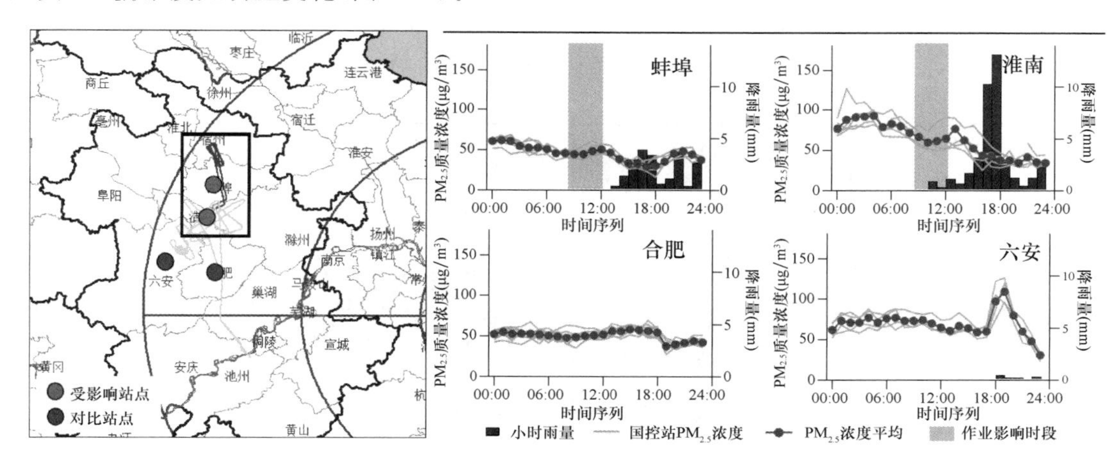


图 6-57　降水(含人工增雨)影响站点与作业影响区外站点的 $PM_{2.5}$ 浓度变化速率(彩图见书后)

通过新舟飞机人工增雨作业时段(10 时 02 分—11 时 08 分)作业影响区的 63 个地面雨量自动站雨量资料和 15 个环境国控监测站点 $PM_{2.5}$ 浓度资料统计分析表明：飞机人工增雨作业后，$PM_{2.5}$ 浓度显著下降，并且作业后 6 h 内 $PM_{2.5}$ 浓度变化速率约为 −4.3 μg/(m³·h)；通过

“国王”飞机人工增雨作业时段(09 时 27 分—10 时 16 分)作业影响区的 26 个地面雨量自动站雨量资料和 4 个环境国控监测站点 $PM_{2.5}$ 浓度资料统计分析表明：飞机人工增雨作业后，$PM_{2.5}$ 浓度下降明显，并且作业后 4 h 内 $PM_{2.5}$ 浓度变化速率为约为 $-2.5\ \mu g/(m^3 \cdot h)$(图 6-58)。

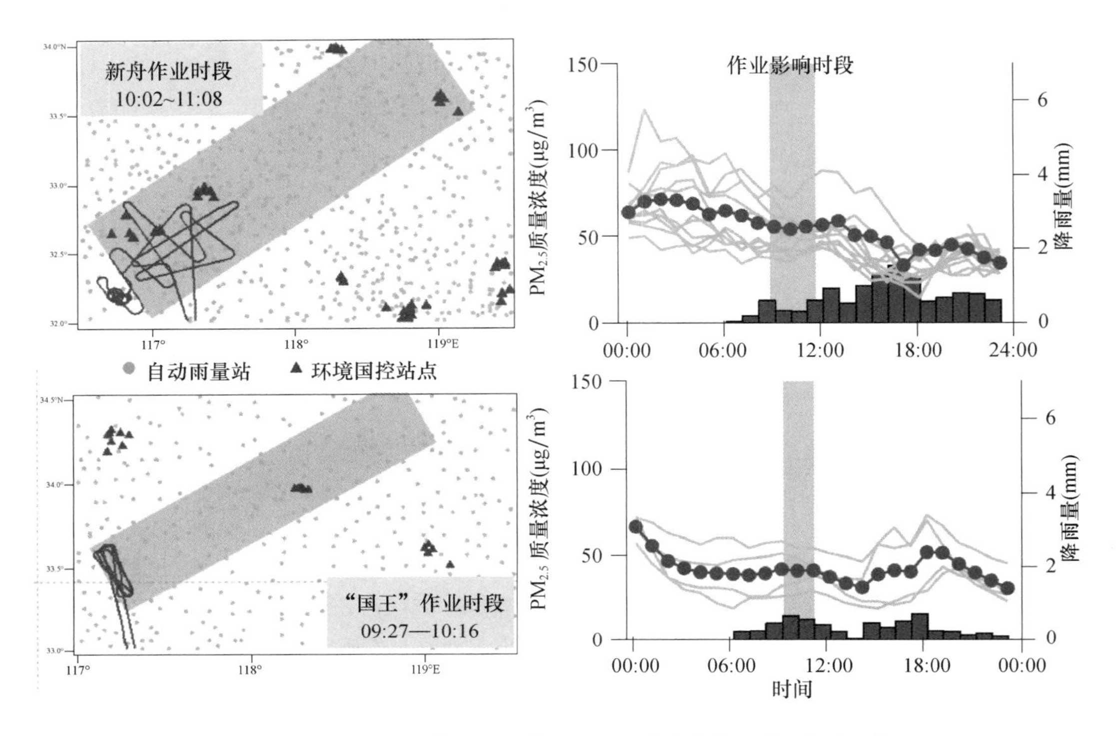


图 6-58 作业影响区内作业时段外的 $PM_{2.5}$ 浓度变化速率(彩图见书后)

另外，中国气象局人工影响天气中心开展了区域动态多参量增雨效果检验，检验结果显示本次人工增雨作业累计增加降水约 450 万 t，作业区和扩散区的雨量比周围偏多 0.3～1.5 mm。超过 90%的站点 $PM_{2.5}$ 浓度出现下降，平均每小时下降约 2.5～4 $\mu g/m^3$(图 6-59)。

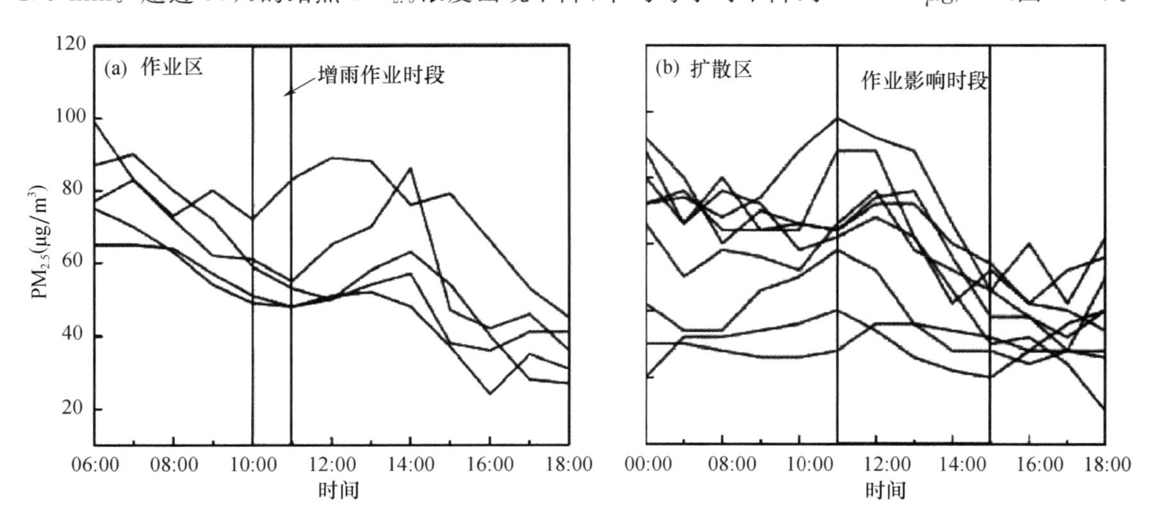


图 6-59 作业区(a)和扩散区(b)站点观测的 $PM_{2.5}$ 浓度的变化($\mu g/m^3$)

进一步利用数值模型评估自然降水和人工增雨清除 $PM_{2.5}$ 的效果。结果显示，自然降水使得安徽大部分地区、浙江北部和上海西部的 $PM_{2.5}$ 浓度下降了 5～50 $\mu g/m^3$。其中安徽北部和南部雨量最大，$PM_{2.5}$ 的下降幅度也较大，基本均超过 30 $\mu g/m^3$。其他地区雨量较小，对 $PM_{2.5}$ 的清除作用约为 1～10 $\mu g/m^3$。上海市降雨虽然不明显，但由于上游地区的 $PM_{2.5}$ 浓度下降，清洁气团的输入使得本市西部地区 $PM_{2.5}$ 浓度也下降了 5～10 $\mu g/m^3$。另外，人工增雨对 $PM_{2.5}$ 的清除作用主要体现在作业区和扩散区，其中作业区内的 $PM_{2.5}$ 下降了 20～30 $\mu g/m^3$，和观测基本一致。作业结束后 1 h 对 $PM_{2.5}$ 的清除作用达到最强，之后清除作用逐步影响扩散区并减弱，有效清除时间约为 5 h。随着扩散距离的延伸清除效果不断降低，扩散区边缘苏皖交界处 $PM_{2.5}$ 浓度下降仅为 1～3 $\mu g/m^3$（图 6-60）。

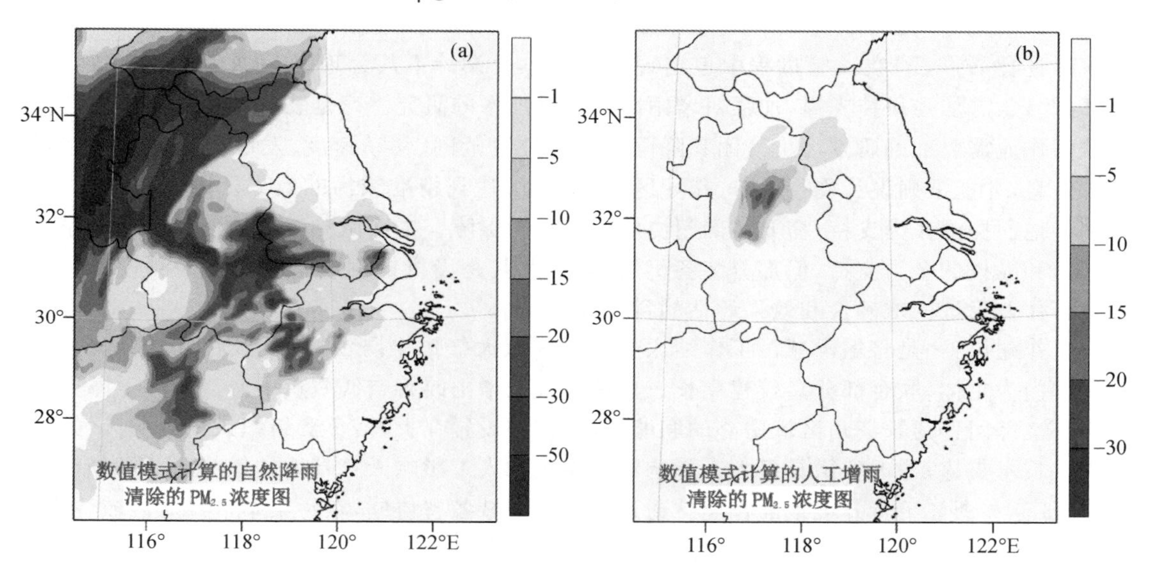


图 6-60　数值模式计算的 11 月 5 日自然降雨(a)和人工增雨清除的 $PM_{2.5}$ 浓度（$\mu g/m^3$）(b)（彩图见书后）

（五）上海市重大活动“进博会”人工影响天气改善空气质量科学实践的总结

上海市气象局在重大活动“进博会”人工影响天气改善空气质量科学试验任务完成后，联合上海市生态环境局编制了《2018 年长三角区域人工增雨改善空气质量试验报告》，并专题向中国气象局报告，报告总结了本次人工增雨改善空气质量试验特点、取得的成效、存在的问题和下一步工作建议。

试验特点：一是保障空域广，协调难度大。本次试验覆盖空域超过 2.5 万 $km^2$，空域极其繁忙。为此上海市领导组织空军、民航等部门召开专题会议协调空域和机场使用等难题，为后期实施飞机增雨作业提供了重要保障；二是区域联动、空地协同。中国气象局高度重视本次人工增雨工作，由中国气象局人工影响天气中心联合上海、安徽等气象局及部分高校协同实施。在上海搭建了现场指挥平台，建立了包含监测、预报、作业设计、飞行增雨、效果评估的业务技术全套流程。安徽、山东、江苏等气象部门全力支持，不但临时实施了地面增雨作业，而且为本次试验提供人员、驻地、物质等保障；三是气象和生态环境部门紧密合作、全程跟踪。按照目标区空气质量保障的实际需求，气象和生态环境部门根据污染源监测、污染气团预报和降雨落区预报每天密切会商，科学制定作业区域和作业时间，增雨减污取得良好效果。

试验成效：本次试验首次探索了人工增雨改善空气质量的可行性和科学性，并且证实了增雨减污的可行性、科学性和有效性，在“进博会”期间的空气质量保障中发挥了作用，受到上海市领导的肯定。同时形成了动态多参量增雨效果检验、增雨清除气溶胶定量评估、增雨潜势分析预报等若干关键技术，建立了准确预判、科学设计、多机作业和跟踪监控的多部门联动作业流程，为长三角区域和其他区域开展大气污染治理提供了新的思路和技术途径。

存在问题：一是缺乏机制保障。增雨减污包含观测预报、空域协调、地面保障、飞机作业、地面作业等多个环节，涉及气象、生态环境、空军、民航等多个部门，尤其是对空域和机场的保障要求很高。根据北方省份常年开展飞机作业消雹、增雪的经验，人工影响天气工作首先必须建立多部门协同的保障机制，尤其是保障空域和机场使用，才能确保当天气形势满足作业要求时能及时开展飞机作业。二是科技支撑薄弱。本次试验初步探索了增雨减污的关键技术，加深了对一些关键问题的理解。但是增雨减污涉及气象、环境、飞行等多个学科，目前的科学认识水平还比较肤浅，在试验过程中也出现了个别作业设计不甚合理、作业效果无法解释的问题，因此，急需加强科技支撑，加强对增雨减污关键技术的研究。三是装备缺乏、能力薄弱。增雨减污作业需要准确研判污染气团和降雨云团的位置范围、移动速度、发展高度、物理化学特性等信息，才能准确设计飞行轨迹、作业区域和高度，达到精准减污的效果。因此需要完善的空中和地面探测作为支持，需要多部门协同会商作为保障。本次试验得到长三角区域气象、环境部门和高校的全力支持，但部分装备仍然不足，尤其是飞机探测设备和地基探测设备，制约了飞行作业设计的准确性和效果评估的科学性。

工作建议：一是将增雨减污工作纳入长三角区域大气污染防治协作机制。以气象和生态环境部门为主体，联合部分高校建立长三角区域人工增雨改善空气质量中心。发挥上海气象、生态环境部门作为长三角区域中心的职能，将指挥部设置在上海，负责组织人工影响天气会商和提供技术支撑；考虑安徽具备人工影响天气飞机和人工影响天气基地的优势，负责实施飞机作业；江苏和浙江负责开展地面作业。通过长三角区域各省协同，在污染季节针对区域性污染过程开展人工增雨作业，降低华北输送以及静稳天气对长三角区域空气质量的不利影响，达到精准治理、区域共赢的目的。二是建立长三角区域人工增雨改善空气质量联席会议制度。增雨减污涉及环境、气象、空军、民航等多个部门。紧密的空地协同、多部门联动跟踪对科学实施增雨作业、精准减污至关重要。为此必须建立完善的增雨减污业务流程，明确各部门在增雨减污中的职责，定期组织相关部门召开长三角区域人工增雨改善空气质量联席会议，确保空域、机场、物质、装备等保障条件。三是加强增雨减污关键技术的联合攻关。推动长三角科技资源共享和实施大型科学试验。提升增雨潜势预报、污染空地协同观测、数值评估等关键技术，提高增雨减污的精准度和及时性。

## 四、北京市人工影响消减雾、霾试验研究的典型案例

### （一）北京市开展人工影响消减雾、霾科学试验的需求背景

随着经济社会发展，北京市发生雾、霾天气越来越频繁（图 6-61），并且霾天气自 2000 年以后，呈现系统性增多的变化趋势；2005 年以后，霾的影响天数直线上升。2010 年霾天气总数是 63 d，2011 年 92 d，2012 年达到 124 d，霾天数占到了全年总天数的 47%。尤其是 2013 年 1 月，北京市雾、霾天气出现频次多，持续时间长，能见度低，在历史同期非常少见。仅 1 月，雾、霾天气整月总计达 26 d，占全月的 83.9%；并发生 4 次连续重污染过程（AQI>200 连续 2 d 及以上），其中以 1 月中旬初（9 日至 15 日）重污染过程最为严重（表 6-13）。

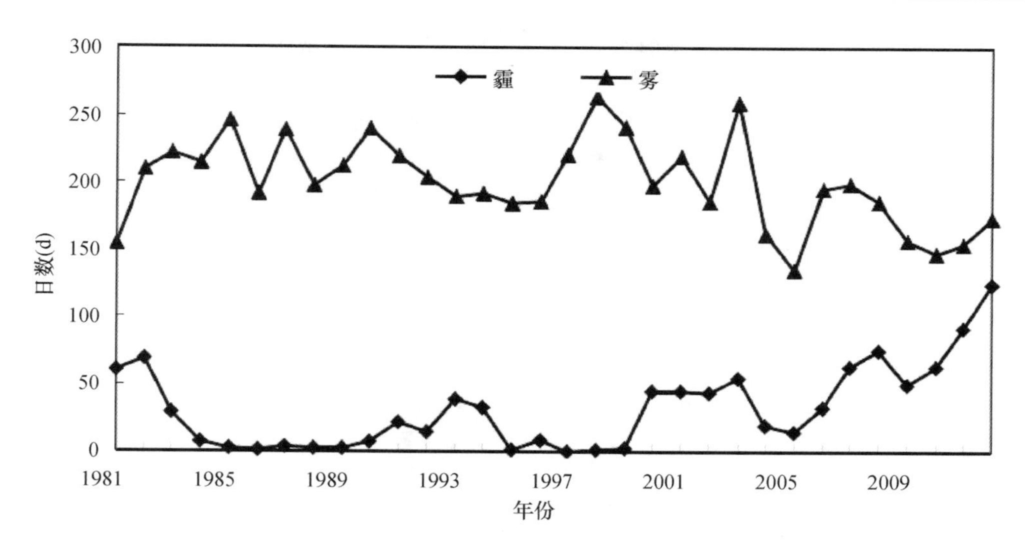


图 6-61　北京地区 1981—2012 年雾、霾年际变化

**表 6-13　2013 年 1 月 9 日—15 日北京地区 AQI 与逐日天气状况**

| 项目 | 时间(月—日) | | | | | | |
|---|---|---|---|---|---|---|---|
| | 01—09 | 01—10 | 01—11 | 01—12 | 01—13 | 01—14 | 01—15 |
| AQI | 80 | 267 | 376 | 473 | 419 | 287 | 133 |
| $\rho(PM_{2.5})/(\mu g/m^3)$ | 59 | 216 | 325 | 459 | 378 | 237 | 101 |
| 地面气压场 | 高压 | 均压转低压 | 低压转均压 | 高压底部 | 均压 | 高压底转低压 | 低压转高压前 |
| 500 hPa 高度场 | 槽后 | 浅槽 | 偏西气流 | 浅槽 | 偏西北气流 | 浅槽 | 偏西北气流 |
| 地面平均网速/(m/s) | 2.02 | 1.39 | 1.64 | 1.46 | 1.44 | 1.41 | 1.86 |
| 平均相对温度/% | 35 | 68 | 69 | 82 | 73 | 76 | 73 |
| 24 h 降雨量/mm | 0 | 0 | 0 | 0 | 0 | 0 | 0.1 |

从表 6-13 可知，空气质量从 9 日的二级跳至 10 日五级重度污染，11—13 日空气质量连续 3 d 严重污染，14 日降为重度污染，15 日转为轻度污染，至此重污染过程结束。此次重污染过程 $PM_{2.5}$浓度为 323 $\mu g/m^3$，11—13 日空气污染最为严重，12 日 $PM_{2.5}$浓度达到了 459 $\mu g/m^3$，这 3 d 也是风速较低、相对湿度较高的时期。而低风速不利于污染物扩散，高相对湿度有利于气态污染物向颗粒物的二次转化，污染会进一步加重。重污染期间，北京地区 500 hPa 高度场有 3 次浅槽过境，高空以偏南、偏西气流为主，地面天气形势以均压、低压、高压底部为主，少云无明显降水，高空云量较少，整体来说这种不利于污染物扩散的高低空天气形势的配合会导致区域性连续静稳天气出现，抑制了污染物的快速消散，从而为大气污染的形成及维持提供了稳定的大气环境背景。

面对频繁发生的雾、霾天气，北京市政府采取有效措施管控大气污染物排放总量，并逐年降低大气污染物排放总量。2012 年，北京市的 $SO_2$、$NO_x$ 排放量同比 2011 年分别下降了 9.36%、7.63%，减排幅度继续保持全国领先。而 2012 年北京市空气中 $SO_2$、$NO_2$ 和 $PM_{2.5}$浓度分别为 28 $\mu g/m^3$、52 $\mu g/m^3$ 和 109 $\mu g/m^3$，同比 2011 年也分别下降了 1.5%、5.5% 和

4.4%，平均降幅达到3.8%，其中$SO_2$和$PM_{2.5}$浓度创历史新低，实现了空气质量第14年的连续改善，但在不利气象条件下仍然会发生重污染天气。

频繁发生的雾、霾天气严重阻碍了北京社会、经济的发展。北京市政府在强化大气污染源排放管控措施的同时，于2013年1月发布了《空气重污染日应急方案》，通过启动重污染日应急措施，有效抵消气象条件的不利影响，为大气污染治本赢得时间。而加强重污染日应急措施的研究与制定就显得尤为重要，所以在2013年12月17日召开的北京市气象现代化工作会议上，北京市副市长林克庆表示，北京市将开展人工消减雾、霾科学试验，为大气污染防治提供气象科学依据。为此，2014年北京市气象局财政预算中专门安排2000万专项经费用于人工消霾试验及仪器采购。

(二)北京市开展人工影响消减雾霾科学试验前的有关工作

1. 成立人工影响天气消减雾、霾工作组

为更好地贯彻落实《大气污染防治行动计划》和中国气象局关于环境气象业务的系列工作部署，根据2013年10月24日召开的2013年京津冀及周边地区环境气象工作讨论会精神，成立了京津冀及周边地区人工影响天气消减雾、霾工作组，主要负责京津冀及周边地区防治大气污染的人工影响天气工作，包括科学组织实施人工增雨(雪)作业及人工消雾、霾试验。

2. 制定人工消减雾、霾试验技术方案

根据2013年京津冀及周边地区环境气象工作讨论会精神，制定了3种人工消减雾、霾试验技术方案：

一是具有人工增雨(雪)条件的消减雾、霾方案，通过跨区域联合增雨(雪)作业，加大雨水对霾粒子的冲刷，达到消减雾、霾的目的。

二是具有消减云雾条件的消减雾方案，通过开展局部人工消雾试验，探索人工消雾的技术和方法。

三是纯霾天气条件下的消减试验，尝试使用物理搅拌法、水冲刷法、电磁法等试验方法开展消减霾试验。

3. 明确人工消减雾、霾工作流程：

根据2013年京津冀及周边地区环境气象工作讨论会精神，确定了人工消减雾霾工作流程：当预报或实况出现区域性重度污染且有作业天气条件时开展区域联合作业，人工消减雾、霾工作组向京津冀及周边地区环境气象工作领导小组办公室报告，启动应急响应。在工作组协调下，组织中国气象局人工影响天气中心、有关省(区、市)人工影响天气办公室开展区域联动作业会商，确定人工影响天气联动作业方案，随后根据方案具体组织实施跨区域防治大气污染人工影响天气工作。作业后，区域人工影响天气工作组联合分析评估作业对降低大气污染的效果。

(三)北京市开展人工影响消减雾、霾科学试验具体实践

1. 人工增雨(雪)的消减雾、霾科学试验具体实践

(1)2014年人工增雨(雪)消减雾、霾科学试验

2014年，共开展人工增雨(雪)的消雾减霾作业试验5次。其试验内容、预期目标、结果如(表6-14)所示。

**表 6-14　2014 年人工增雨(雪)的消减雾霾科学试验有关情况表**

| 序号 | 日期（年．月．日） | 试验内容 | 预期目标 | 试验结果 |
|---|---|---|---|---|
| 1 | 2014.02.26 | 北京、天津、河北、山西及山东、内蒙古6省(区、市)人工影响天气办公室根据雾霾天气变化，适时开展人工消雾减霾作业 | 区域联合消雾减霾 | 区域联合人工增雨(雪)作业前、后 $PM_{2.5}$ 观测值有所变化 |
| 2 | 2014.03.28 | 北京市人工影响天气办公室组织石景山、海淀、昌平、密云、门头沟、房山和延庆 7 个区、县气象局进行高山地基增雨作业和飞机增雨作业 | 北京人工增雨消减雾、霾 | 对北京地区污染物扩散起到了一定的积极作用，能见度有所改善 |
| 3 | 2014.10.11 | 北京、天津、河北、山西及山东、内蒙古6省(区、市)人工影响天气办公室开展多批次的空中和地面的以减轻雾、霾影响为目的增雨作业 | 区域联合消雾减霾 | 受雨水冲刷和北风的影响，北京市的空气污染状况得到改善 |
| 4 | 2014.10.31 | 北京市人工影响天气办公室组织延庆、石景山、密云 3 个区、县气象局进行高山地基及火箭增雨作业；组织 2 架飞机增雨作业 | 北京人工增雨消减雾、霾 | 受雨水冲刷和北风的影响，北京市的空气污染状况得到改善 |
| 5 | 2014.11.29 | 北京市人工影响天气办公室组织延庆、昌平、海淀、密云、平谷、石景山 6 个区、县气象局进行高山地基增雨雪作业 | 北京人工增雨(雪)消减雾 | 受雨水冲刷和北风的影响，北京市的空气污染状况得到改善 |

(2)2016—2018 年人工增雨(雪)消减雾、霾科学试验

2016—2018 年，共开展人工增雨(雪)的消雾减霾作业试验 6 次。其试验内容、预期目标、结果如(表 6-15)所示。

**表 6-15　2016—2018 年人工增雨(雪)的消减雾霾科学试验有关情况表**

| 序号 | 日期（年．月．日） | 试验内容 | 预期目标 | 试验结果 |
|---|---|---|---|---|
| 1 | 2016.11.09—2016.11.10 | 根据雾霾天气变化，适时开展高山地基烟炉增雪作业 | 区域联合消雾减霾 | 对区域消减雾霾效果不显著 |
| 2 | 2016.03.22—2016.03.23 | 北京、天津、河北 3 省市人工影响天气办公室开展 7 架・次飞机和地面的以减轻雾霾影响为目的增雨作业 | 区域联合消雾减霾 | 对区域空气污染状况得到改善起到了积极作用 |
| 3 | 2017.04.04—2017.04.05 | 北京、天津、河北 3 省市人工影响天气办公室开展 2 架・次飞机和地面的以减轻雾霾影响为目的增雨作业 | 区域联合消雾减霾 | 北京市的空气污染状况得到改善。5 日 09 时北京房山 $PM_{2.5}$ 浓度由 230 μg/m³ 下降到 70 μg/m³、通州 $PM_{2.5}$ 浓度由 200 μg/m³ 下降到 80 μg/m³，延庆野鸭湖 $PM_{2.5}$ 浓度由 40 μg/m³ 下降到 20 μg/m³ 以下 |

续表

| 序号 | 日期（年．月．日） | 试验内容 | 预期目标 | 试验结果 |
|---|---|---|---|---|
| 4 | 2017.04.07—2017.04.05 | 北京、天津、河北3省市人工影响天气办公室开展1架·次飞机和地面的以减轻雾霾影响为目的增雨作业 | 区域联合消雾减霾 | 区域空气污染状况得到改善。7日到8日，石家庄地区空气质量指数（AQI）由228下降167，北京由于降水量较小，空气质量指数变化不大 |
| 5 | 2017.10.07—2017.10.10 | 北京、天津、河北3省市人工影响天气办公室开展6架·次飞机和地面的以减轻雾、霾影响为目的增雨作业 | 区域联合消雾减霾 | 对区域空气污染状况得到改善起到了积极作用 |
| 6 | 2018.09.27—2018.09.28 | 北京、天津、河北、山西4省市人工影响天气办公室开展14架·次飞机和地面的以减轻雾、霾影响为目的增雨作业 | 区域联合消雾减霾 | 对区域空气污染状况得到改善起到了积极作用 |

2. 消减云雾条件的消减雾科学试验具体实践

(1)2014年飞机消雾减霾试验

2014年，共组织开展飞机消雾减霾试验6次过程，共计飞行17架·次，飞行时间23.23 h。其试验内容、预期目标、结果如（表6-16）所示。

**表6-16　2014年飞机消雾减霾试验有关情况表**

| 序号 | 日期（年．月．日） | 试验内容 | 预期目标 | 试验结果 |
|---|---|---|---|---|
| 1 | 2014.02.21—2014.02.24 | 组织开展4次超级美洲豹直升机局地消雾减霾作业试验 | 直升机局地消雾减霾 | 4次作业过程后，能见度呈微弱的波动，先降低后升高，显著的变化趋势并未体现 |
| 2 | 2014.03.25—2014.03.27 | 组织开展3次超级美洲豹直升机局地消雾减霾作业试验 | 直升机局地消雾减霾 | 3次作业过程后，能见度呈微弱的波动，先降低后升高，显著的变化趋势并未体现 |
| 3 | 2014.11.16 | 运-5飞机、米8T直升机联合消雾作业试验，试验运-5飞机全自动静电播撒装置和米8T飞机播撒设备，检验静电水、液氮和消暖雾剂消雾效果 | 运-5飞机、米8T直升机联合消雾减霾 | 进行催化剂播撒后，能见度逐步升高，$PM_{2.5}$质量浓度升高。作业结束后，能见度逐渐转好 |
| 4 | 2014.11.20 | 运-5飞机、米8T直升机和美洲豹直升机联合消雾作业试验，试验消雾减霾作业效果 | 运-5飞机、米8T直升机和美洲豹直升机联合消雾减霾 | 效果不明显 |
| 5 | 2014.11.26 | 北京、天津、河北3省市人工影响天气办公室开展6架·次飞机和地面的以减轻雾霾影响为目的增雨作业 | 运-5飞机、米8T直升机和美洲豹直升机联合消雾减霾 | 效果不明显 |
| 6 | 2014.11.29 | 运-5飞机、米8T直升机联合消雾作业试验，试验消雾减霾作业效果 | 运-5飞机、米8T直升机联合消雾作业试验 | 效果不明显 |

(2)2014—2015 年地面作业消雾减霾试验

2014—2015 年,共组织开展地面人工消雾减霾试验 5 次。其试验内容、预期目标、结果如(表 6-17)所示。

**表 6-17　2014—2015 年地面人工消雾减霾试验有关情况表**

| 序号 | 日期（年．月．日） | 试验内容 | 预期目标 | 试验结果 |
|---|---|---|---|---|
| 1 | 2014.10.19 | 在北京市气象局和北京市农科院地区开展液氮消雾减霾外场试验 | 局地消雾减霾 | 集中作业时段,在作业区下游出现了能见度小幅升高以及相对湿度小幅下降 |
| 2 | 2014.10.20 | 在北京市农科院进行液氮消雾试验,在农科院外围进行高效吸湿剂的地面播撒尝试 | 局地消雾减霾 | 能见度小幅升高,相对湿度小幅下降 |
| 3 | 2014.10.24—2014.10.25 | 在北京延庆张山营作业点、马庄村和南郊观象台进行人工消雾减霾外场作业试验,试验液氮、吸湿性烟弹低空发射装置和新型消雾剂的消雾效果 | 局地消雾减霾 | 能见度小幅升高,相对湿度小幅下降 |
| 4 | 2014.11.01 | 在北京南五环附近开展新型消雾剂和液氮的联合消雾试验 | 局地消雾减霾 | 能见度小幅升高,相对湿度小幅下降 |
| 5 | 2015.01.05 | 在华北高速大羊坊收费站液氮消雾 | 局地消雾减霾 | 地面能见度未见明显改善 |

3. 人造声波消雾减霾科学试验进展

为探索试验人工影响天气作业新装备,2017 年 11 月 13 日,低频声波人工影响天气技术研讨会在北京人工影响天气综合科学试验基地(平谷)召开。来自北京大学、清华大学、中国科学院大气物理研究所、北京应用气象研究所、中国气象局系统等单位的专家学者参加了会议。清华大学席葆树教授介绍了低频声波技术装备的研发应用情况,北京应用气象研究所许焕斌研究员讲解了低频声波应用的动力学、云物理原理,北京市人工影响天气办公室黄梦宇副主任介绍了前期外场试验观测分析结果。与会专家就低频声波技术应用于人工影响天气作业等进行了讨论并一致认为,低频声波技术在人工消雾减霾和人工增雨(雪)方面具有重要的应用价值,建议进一步开展室内外实验研究和验证,争取有关部门立项支持。目前,低频声波消雾减霾科学试验正在积极推进中。

(四)北京市开展人工影响消减雾、霾科学试验的典型个例分析

1. 直升机播撒吸湿剂消霾科学试验个例分析

(1)试验时间:2014 年 2 月 21—24 日。

(2)试验飞机:超美洲豹直升机

(3)直升机作业区域:北京市观象台上空(图 6-62)。

(4)作业区域气象与环境条件:温度 −4.4～5.8 ℃、湿度＞80％、风 1.2～2.0 m/s、能见度 1.0～2.3 km;$PM_{2.5}$浓度为 130～300 $\mu g/m^3$。

(5)试验过程:超美洲豹直升机在作业区域进行了 4 次作业过程,共播撒吸湿剂 600 kg。

(6)试验结果:超美洲豹直升机在播撒作业前、后的作业区域能见度和 $PM_{2.5}$ 浓度变化如图 6-63 所示。

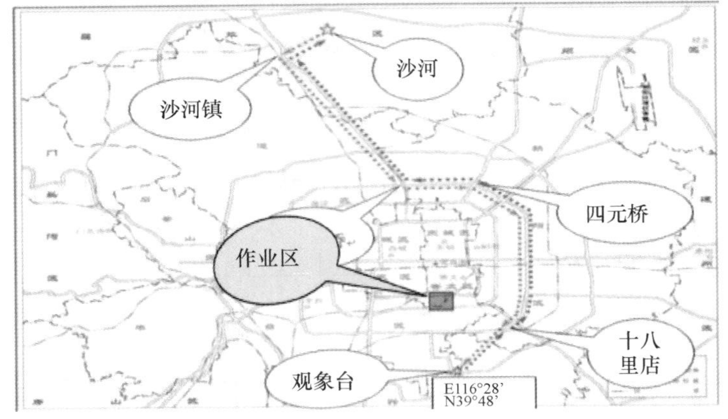


图 6-62　直升机作业区域(彩图见书后)

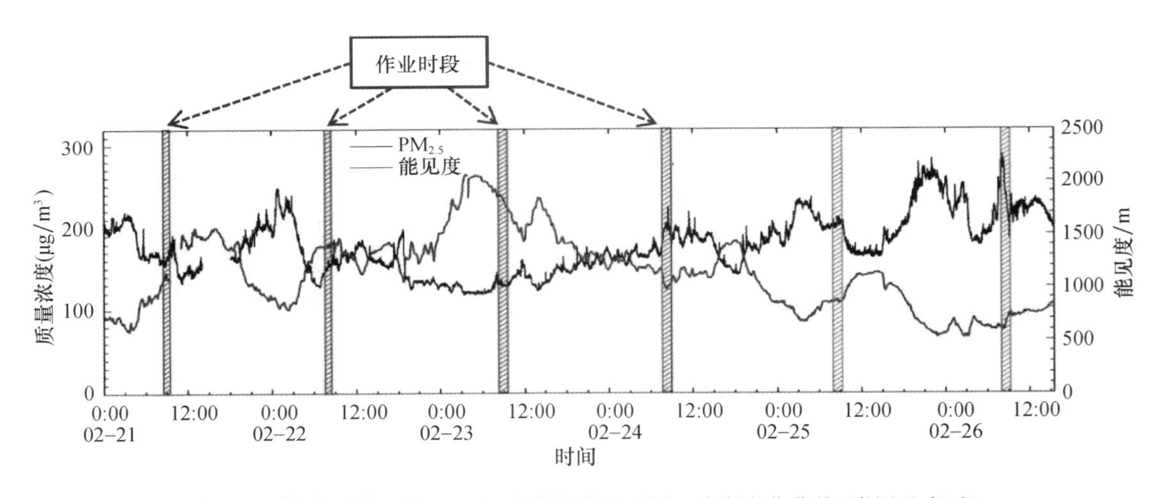


图 6-63　作业区域 2 月 21—26 日能见度和 $PM_{2.5}$ 浓度变化曲线(彩图见书后)

从图 6-63 可知，超美洲豹直升机 4 次播撒作业前后的 $PM_{2.5}$ 浓度发生较大波动，但 25 日、26 日没有进行播撒作业而污染物仍表现出较大波动，因此无法判断 4 次播撒作业前后的 $PM_{2.5}$ 浓度发生较大波动是自然变化趋势本身存在波动变化，还是播撒作业产生的效果。另外，从能见度变化趋势来看，4 次播撒作业过程后，能见度呈微弱的波动，先降低后升高，显著的变化趋势并未体现。因此，飞机播撒吸湿剂消减雾霾局地作业的效果不明显。

2. 液氮罐车喷撒吸湿剂消霾科学试验个例分析

(1)试验时间:2014 年 10 月 20 日。

(2)喷撒装置:液氮槽车。

(3)喷撒作业地点:北京市农科院附近(图 6-64)

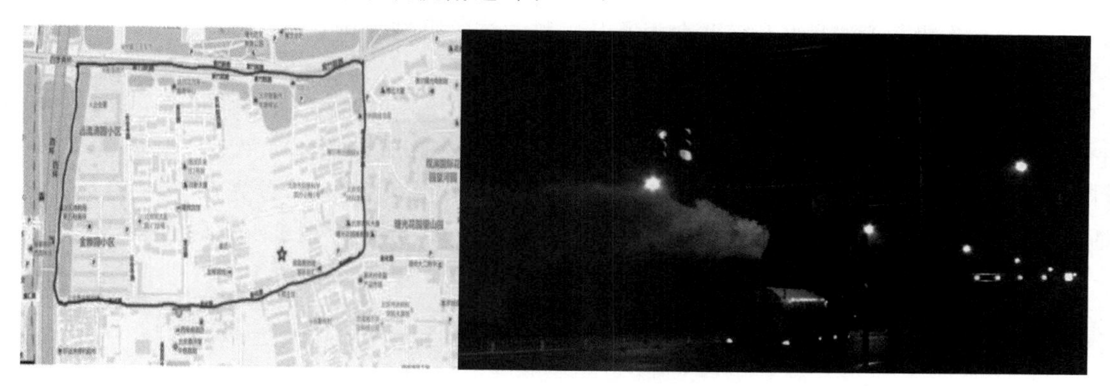

图 6-64　液氮喷撒作业地点(彩图见书后)

(4)作业地点气象与环境条件:温度为 15～16 ℃、湿度>80%、能见度 1.2～1.8 km;$PM_{2.5}$浓度为 250～300 μg/m³。

(5)试验过程:液氮槽车在作业区集中作业时段喷撒液氮 7000 L,并且在作业点下风向 25 m 处设置气象与环境观测站点。

(6)试验结果:液氮槽车在在喷撒作业前、后的作业区域温度(*T*)、相对湿度(*RH*)、能见度(*VIS*)和 $PM_{2.5}$浓度变化如图 6-65 所示。

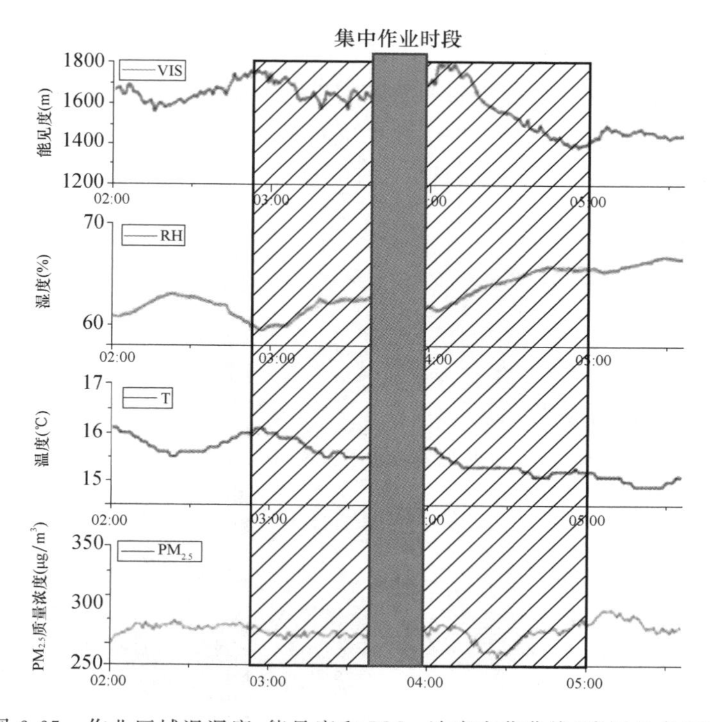


图 6-65　作业区域温湿度、能见度和 $PM_{2.5}$浓度变化曲线(彩图见书后)

从图 6-64 可知，液氮槽车在喷撒液氮的集中作业时段，在作业区下游出现了能见度小幅升高，但提高程度非常小，而且影响区域较小、时间较短，而 $PM_{2.5}$ 浓度在集中作业时段无明显变化，在作业结束后 20 min 有小幅下降，但在 10 min 后又恢复上升到原值。因此，槽车喷撒液氮消减雾霾局地作业有一定效果，但时间较短。

3. 运-5 飞机与米 8T 直升机联合消雾减霾科学试验个例分析

(1)试验过程

2014 年 11 月 16 日 07 时 30 分，运-5 飞机从北京八达岭机场起飞，紧随其后米 8T 直升机起飞。运-5 飞机在 08 时前后抵达作业区，紧贴雾顶进行静电播撒水 600 kg，作业 20 min 后（图 6-66 的红色标注区），离开作业区返程。此时，米 8T 抵达作业区，首先在 08 时 18—26 分播撒暖雾剂 17 袋（图 6-66 的蓝色标注区），随后在 08 时 27 分—09 时 20 分播撒液氮 255 L（图 6-66 的绿色标注区），然后结束作业离开作业区返程。

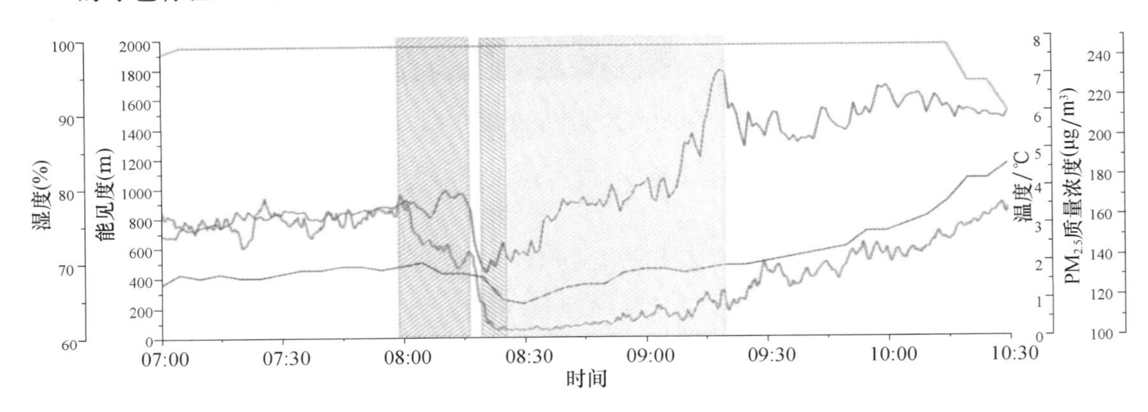


图 6-66　消雾减霾试验作业区的温度、湿度、能见度和 $PM_{2.5}$ 质量浓度变化（彩图见书后）

(2)试验结果：根据地面气象要素资料分析（图 6-66），运-5 飞机静电播撒作业后，$PM_{2.5}$ 质量浓度有所下降，能见度也降低；米 8T 直升机进行催化剂播撒后，能见度逐步升高，$PM_{2.5}$ 质量浓度升高。作业结束后，能见度逐渐转好（图 6-67）。

2014年11月16日飞机消雾减霾作业前照片(直升飞机上观测雾顶)

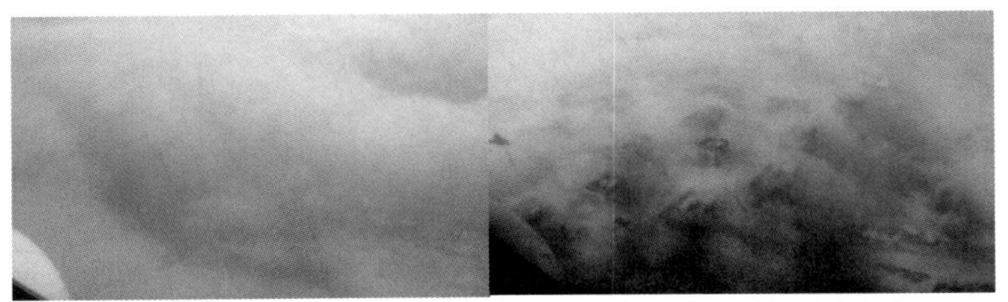

2014年11月16日飞机消雾减霾作业后照片(直升飞机上观测雾顶)

图 6-67　飞机消雾减霾作业前、后对比照片（彩图见书后）

因此，运-5飞机静电播撒作业对降低PM2.5质量浓度显著的积极作用。

（五）北京市开展人工影响消减雾霾科学实践的初步认识

一是联合人工增雨（雪）消减雾霾效果比较显著，是目前人工影响消减雾、霾，改善空气质量首选技术措施，但其应用受到适合的气象条件限制。

二是大功率的直升机搅拌对浅薄的雾、霾在局部范围内有一定的消散作用，但长时间维持直升机搅拌消散雾霾的经费投入比较高。

三是仍需继续加强开展新型技术在人工消减雾、霾应用的科学试验研究。

## 五、四川省成都市人工影响天气技术应对大气污染实践的典型案例

（一）四川省成都市人工影响天气技术应对大气污染实践的需求背景

1. 不利的气象条件是四川成都地区大气污染形成的重要原因

四川成都地区与京津冀地区、长三角地区和珠三角地区一起成为我国大气污染高发地区（图6-68）。2013年以来，成都地区因不利气象条件诱发的重度污染与严重污染日数为23 d/a，其中2013年重度污染日数达到了49 d，严重污染日数达到了13 d。有关研究表明：四川盆地内经济社会快速发展带来的污染排放增加是成都地区大气污染加重的主要原因，而成都地区大气污染扩散气象条件先天不足是形成成都地区大气污染最重要的诱发因素。这主要是因为四川盆地受青藏高原大地形影响，处于西风气流中的背风位置，整个成都地区位于风速“死水区”内，叠加北部秦岭大巴山对北方冷空气的阻挡和南部云贵高原对南风气流的阻挡，使得成都地区内气团交换能力被极大地削弱，大气污染物的稀释扩散能力受到限制；另外，成都地区大气层结大多数时候处于稳定状态，在逆温层形成的5种机制（下沉气流增温形成、夜间地面逆辐射形成、暖湿平流形成、地形形成和冷暖空气相持）中，除了冷暖空气相持外，成都地区就占了4种，加之成都地区终年湿度大、云雾多，降雨集中，破坏逆温层的条件也差，导致盆地内逆温层发生频率高、强度大，使得大气污染物垂直扩散的能力受到极大压制（图6-69）。

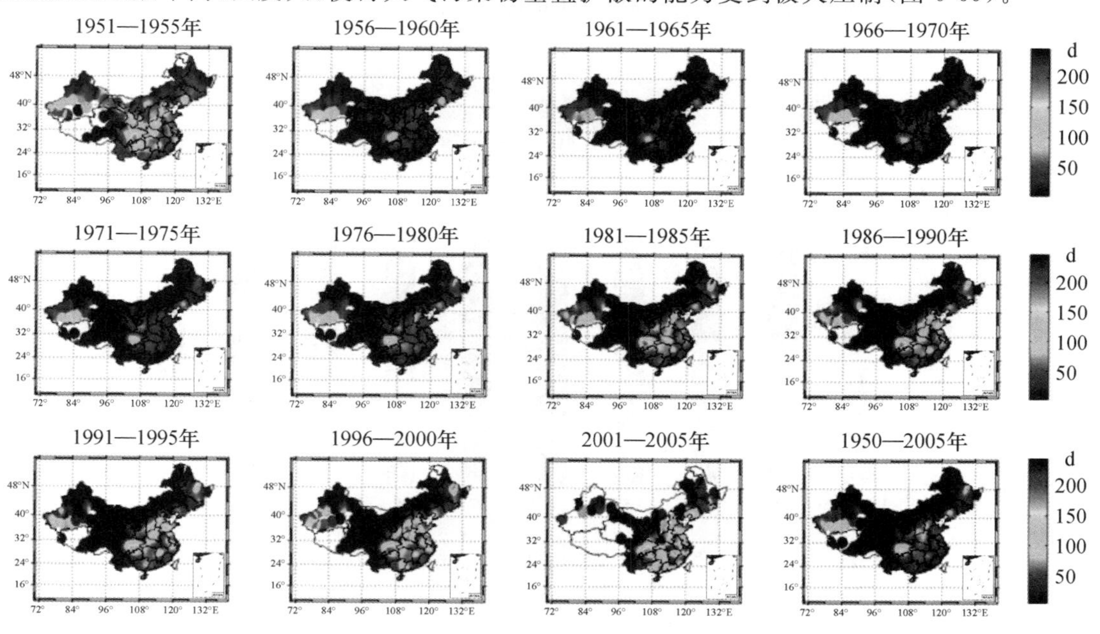


图6-68　全国霾日数分布（彩图见书后）

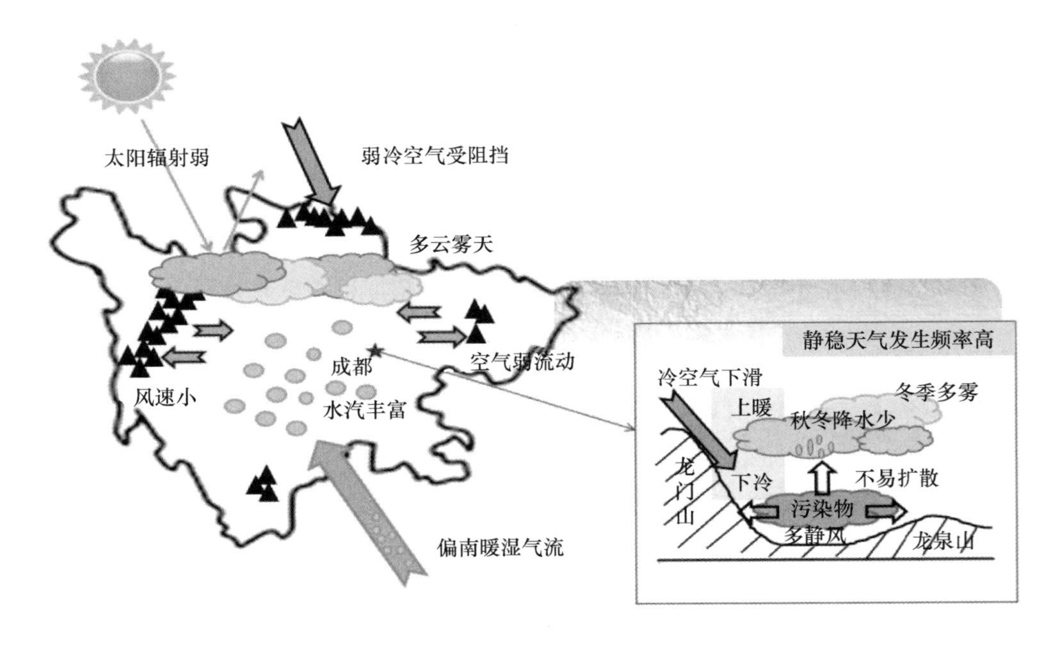


图 6-69　四川成都地区静稳天气频繁发生图解(彩图见书后)

例如,成都地区直接影响大气污染物水平扩散能力的风,常年处于静、小风状态:地面日平均风速为 1.2 m/s;累年日平均风速低于 1.5 m/s(静小风)的日数高达 245 d,静小风频率为 67%。冬季静小风频率最高,超过 70%(图 6-70)。并且抑制大气污染垂直扩散能力的逆温层频发、强度大,尤其 08 时和 20 时贴地逆温年平均出现频率分别为 76%和 60%、年平均贴地逆温强度分别为 1.11 ℃/(100 m)和 1.25 ℃/(100 m)、年平均贴地逆温层厚度分别为 120 m 和 60 m(表 6-18),并且具有多层结构,极端贴地逆温层厚度可达到 600 m、极端贴地逆温强度可达 9.5 ℃/(100 m),极端贴地逆温最长持续时间可达 16 d,严重抑制了大气污染物的垂直扩散能力。

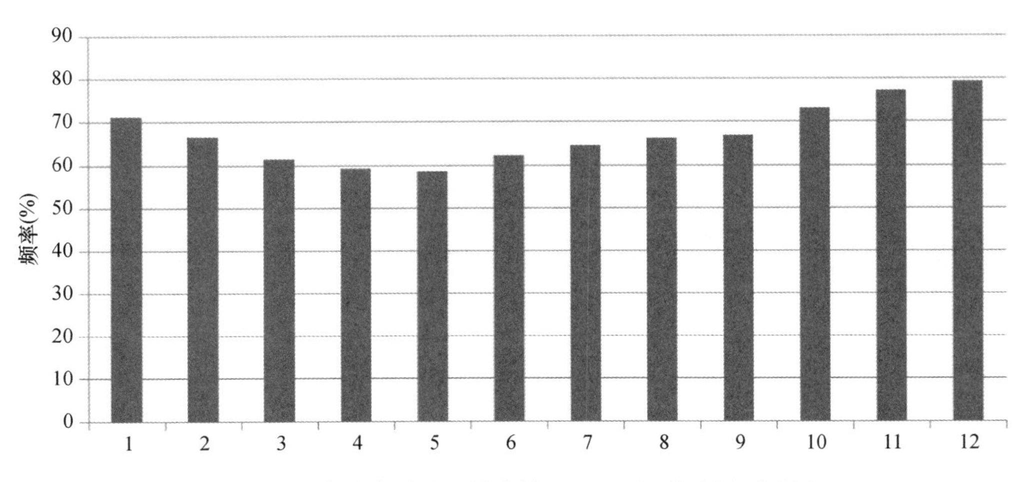


图 6-70　成都市各月地面风速低于 1.5 m/s(静小风)的频率

表 6-18　2005—2016 年成都地区贴地逆温特征统计表

| 季节与时间 | | 逆温出现频率(%) | 逆温平均强度(9.5 ℃/(100 m)) | 逆温层平均厚度(m) |
|---|---|---|---|---|
| 春季 | 08 时 | 80 | 1.05 | 128 |
| | 20 时 | 58 | 0.84 | 76 |
| 夏季 | 08 时 | 79 | 0.84 | 114 |
| | 20 时 | 53 | 0.90 | 64 |
| 秋季 | 08 时 | 75 | 0.90 | 117 |
| | 20 时 | 70 | 1.13 | 71 |
| 冬季 | 08 时 | 71 | 1.11 | 120 |
| | 20 时 | 57 | 1.25 | 55 |
| 全年 | 08 时 | 76 | 1.01 | 120 |
| | 20 时 | 60 | 1.05 | 66 |

2.“科学治气”工作思路对人工影响天气应对大气污染提出了新的要求

四川省成都市人民政府十分重视气象在大气污染防控中的作用。2007 年，市人民政府提出了“‘科学治气’推进全市大气环境质量持续改进”的思路，要求气象、环保部门发挥行业优势，协作配合，突出大气污染治理的科学性，重点围绕大气污染物排放源清单、边界层气象条件监测分析、大气污染潜势预报、重污染天气分析研判与预警、重污染天气应对与应急干预等方面开展工作。市政府安排专项经费 50 万元，由成都市气象局牵头，成都市环保局等部门协作，开展“成都市大气环境资源与承载力分析及污染控制决策支持服务系统”的可行性研究。2007 年市政府批复立项建设“成都市人工影响天气作业指挥系统工程”，在全市建立、健全了地基与空基、固定与移动相结合的人工影响天气作业体系；2013—2017 年立项建设“大气污染监测预警气象支撑系统”一期、二期和三期，建立完善了大气污染气象条件监测、预报服务体系。

成都市气象部门不断深入开展大气污染防控气象监测预报服务工作，并运用人工影响天气技术参与大气污染防控实践。经过十几年的实践和发展，环保、气象、交通、城建等部门围绕污染源调查、重污染天气研判与预报预警、分阶段的大气污染物减排措施、重污染天气应急与处置等内容开展了积极协作。成都市气象部门在参与大气污染防控的实践中，切实感受到气象监测预报和人工影响天气对减缓大气污染物积累、中断或消除重污染天气的作用越来越突显。

### (二)四川省成都市开展人工影响天气技术应对大气污染实践的工作基础

1. 建成大气边界层气象监测网为应对大气污染提供了重要的气象基础支撑

大气边界层内气象条件决定了大气污染物是否在汇聚、积累或者稀释、扩散。为充分掌握边界层内气象要素的变化规律，为大气污染气象条件分析研究打下基础，成都市气象局通过成都市“十二五”气象事业发展规划和“大气污染监测预警气象支撑系统”等重点项目的实施，建成大气污染边界层气象条件监测网(图 6-71)，建设了由风廓线雷达、大气微波辐射计、拉曼温廓线雷达、气溶胶激光雷达、激光云高仪、边界层梯度铁塔为核心的边界层气象条件立体监测站网；建设了以太阳辐射站、紫外线辐射仪、大气成分与大气光学特性站为主的臭氧污染气象条件监测网；在彭州建成了成都市大气环境气象综合探测基地。对全市的风廓线、温湿度廓线、气溶胶廓线、风梯度、水汽通量、太阳辐射、大气光学特性等气象要素进行实时观测与研究实验。并在此基础上，开展了风廓线雷达组网与边界层气象物理量反演、GPS 反演水汽技术、边界层风梯度计算技术等研究工作，完成了大气污染扩散气象条件定量评价、盆地内污染天气分型、重污染潜势预报模型、精细化污染气象条件预报、月季尺度气象条件评估等业务建设，成果已经在重污染天气诊断、重污染天气研判与预警方面发挥作用，有效地支撑起大气污染防控工作。

图 6-71　成都市大气污染边界层气象条件监测网及监测设备示意（彩图见书后）

2. 人工影响天气作业体系为人工影响天气大气污染防治技术业务化应用奠定了坚实基础

成都市气象局通过市政府“十一五”“十二五”气象事业发展规划和重点项目的实施，先后完成人工影响天气作业决策指挥系统、人工影响天气作业指挥调度系统和人工影响天气支撑系统的建设，形成了拥有 45 部高炮、29 部火箭、16 套地面碘化银发生器，80 个人工影响天气作业阵地，租用 1 架国王飞机开展人工增雨飞机作业的人工影响天气作业体系，建立了全年性、常态化的人工影响天气作业机制（图 6-72）。人工增雨作业已经成为成都市“空气质量达优”民生工程的最重要抓手。

图 6-72　成都市人工影响天气作业装备及指挥系统示意（彩图见书后）

3. 重污染天气气象风险研判与部门联动为人工影响天气大气污染防治科学决策提供了可靠保障

四川成都市政府成立了污染防治攻坚战领导小组（大气污染防治工作领导小组），编制完成了重污染天气应急预案，每年根据大气污染防控形势和大气污染物减排措施落实情况进行修订完善，依靠制度统筹各部门力量，共同开展大气污染的科学治理。同时为履行好重污染天气预警、大气污染物减排与重污染天气应急处置的牵头职责，成都市气象与环保部门之间还建立了更深入的业务协作机制和部门联动机制，进一步明确了气象部门主要负责气象背景分析、污染气象条件研判和人工增雨处置措施的组织实施等工作任务；环保部门主要负责大气污染形势研判、大气污染排放情况调查分析和大气污染物减排措施的安排部署等工作任务。双方实现了资源共享，共同研究开发大气污染监测、预报的新技术、新方法，共同研判大气污染形势，共同为政府做好大气污染防控的决策参谋。

为了扎实做好重污染天气气象风险研判，成都市气象局还联合中国气象科学研究院、成都信息工程大学、中国科学院大气物理研究所、北京师范大学等单位，利用边界层气象条件监测数据，开展了风廓线雷达组网技术、边界层风梯度规律、气象条件对污染扩散影响定量关系、污染潜势自动化预报、重污染天气预警等技术研究与开发工作，建成了气象卫星遥感资料反演污染物分布系统、风廓线雷达数据综合应用系统、边界层大气污染气象条件预报系统、环境气象综合业务工作平台、大气污染减排措施气象效果评估系统等业务系统（图 6-73）。初步形成了边界层特性分析、大气污染气象条件评价与预报、重污染天气成因诊断与重污染天气预警、重污染天气减排措施效果气象评估的业务能力。

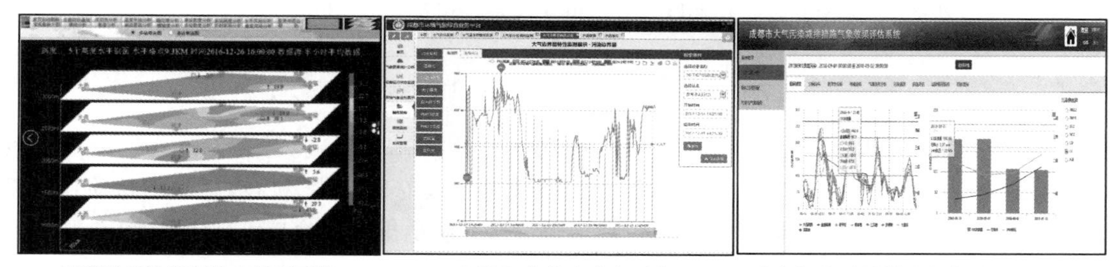

风廓线雷达数据综合处理系统　　环境气象综合业务平台　　大气污染减排措施气象效果评估系统

图 6-73　部分业务系统示意（彩图见书后）

（三）四川省成都市在大气污染防控中应用人工影响天气技术的案例分析

1. 开展人工增雨改善空气质量的实践成效

根据 2015 年成都市综合源解析成果表明：成都市易于管控并能够有效组织起来开展大气污染物减排工作的工业源排放只占 6%。而分布广、点位多、单位排放强度小的移动源、燃煤、扬尘却占到了多数。这个特点决定了成都市大气污染防控需要多种手段综合运用并常年坚持，其中引入人工影响天气技术对大气污染物的积累过程进行提前干预，就成为一个重要的手段。2006 年起，成都市气象局与成都市环保局按照市政府的工作要求，探索开展全年性、常态化的人工增雨作业试验，力求通过降雨带来的湿沉降作用冲刷大气污染物，改善空气质量。

成都市年均人影作业达到飞机作业 30 架・次，地面作业 280 次，实践表明，人工影响天气在大气污染防控中成果贡献率越来越凸显，大气污染防控中应用人工影响天气技术促进了成都市的空气质量的逐步改善，使空气质量为优良的天数逐渐增加、污染的天数逐渐减少（图 6-74）。在 2017 年 9 月 22 日成都市环境保护局组织召开的“2014—2016 年成都市大气污染防治措施成效评估专家会”上，成都市环境科学研究院有关专家表示：高频次人工影响天气作业发挥了很好的作用，综合评估对 AQI 达标的贡献率为 7%。

2. 应用冷却技术的人工影响逆温层研究与试验的成效

常年降低大气污染本底值和减轻重污染天气，是深入开展大气污染防控的两个重点。为此，成都市政府提出要科技治霾、精准治霾，要强化人工干预措施，要敢想敢试、敢于创新。市政府召集了国内外环保、气象、工程类专家，经过研讨，提出了静稳天气人工干预、可吸入颗粒物应急清除、提高增雨效率、汽车尾气净化等 10 个方向的工程性措施方向。经研讨和专家论证，成都市科技局于 2017 年 6 月提出了“应用冷却技术人工影响逆温层的研究与试验”项目，

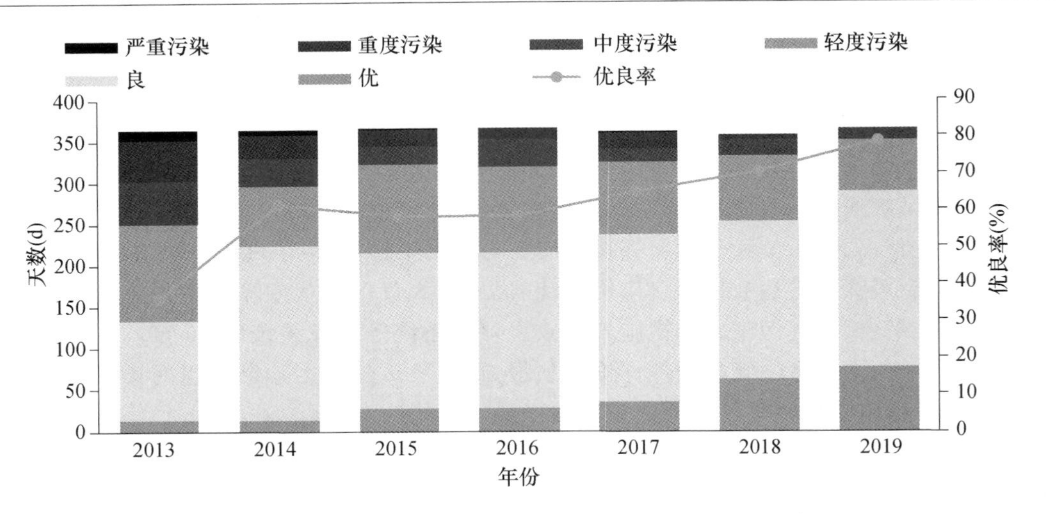


图 6-74　成都市 2013—2019 年空气质量演变趋势(彩图见书后)

其目的在于寻求重污染天气应急背景下对局部逆温层进行干扰、破坏,人为改善气象扩散条件,快速改善空气质量的新方法、新技术,该项目被成都市政府确定为"科技治霾"创新项目。成都市气象局联合成都信息工程大学、成都市环境科学研究院承担了试验与研究任务(图 6-75)。

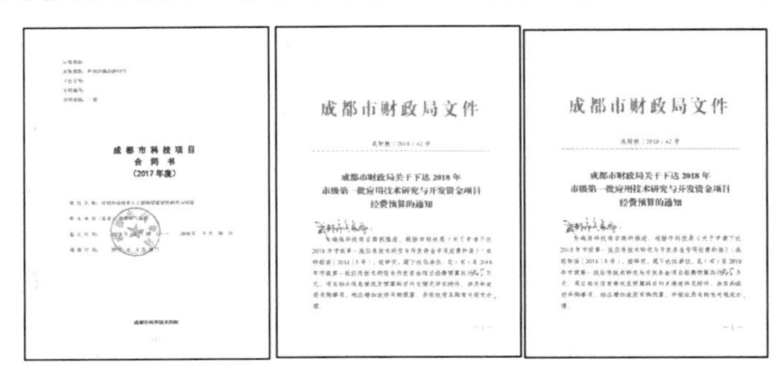
成都市科技项目
合同书
(2017年度)

成都市财政局文件

成都市财政局关于下达2018年
市级第一批应用技术研究与开发资金项目
经费预算的通知

成都市财政局文件

成都市财政局关于下达2018年
市级第一批应用技术研究与开发资金项目
经费预算的通知

图 6-75　科研课题合同及财政拨款文件

该项目经过 1 年半(2017 年 3 月 20 日—2018 年 9 月 30 日)的研究与试验(图 6-76),重点开展了以下工作:

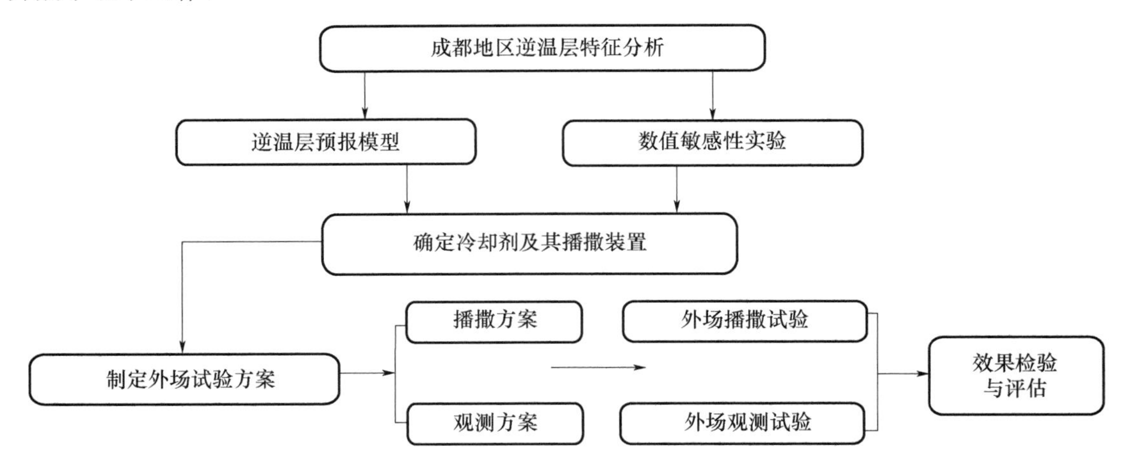


图 6-76　项目研究与试验执行流程

一是对成都地区逆温层的频率、厚度、强度、层数以及逆温层高度等特性进行详细分析，并归纳分析各类逆温层出现大气环流形势，建立逆温层天气学模型。

二是对制冷剂进行论证选型，最终选定液氮作为催化手段，并研究确定了用量估算；开展基于中尺度天气模式WRF预报近地面层逆温层的研究与业务化工作，通过引入本地观测数据进行WRF模式本地化，建立成都地区逆温层预测方法模型(图6-77)。

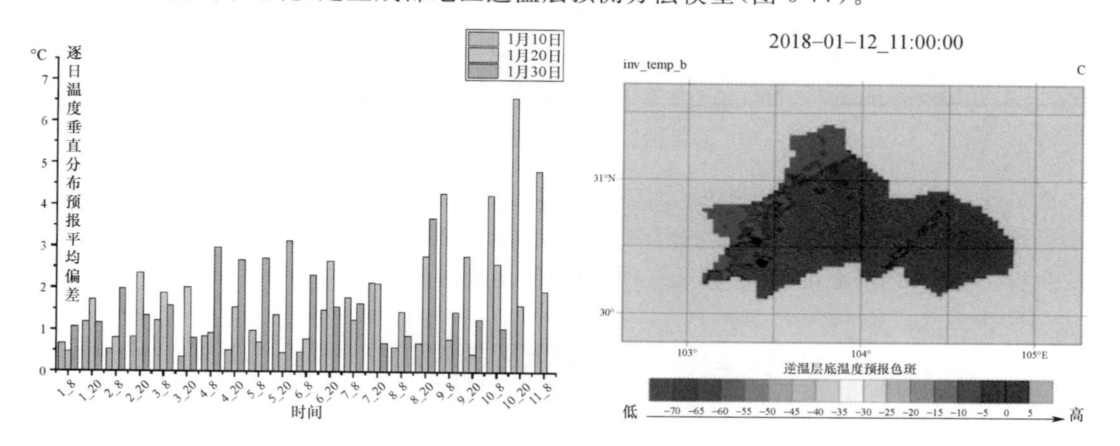


图6-77 WRF预报成都地区逆温层示意(彩图见书后)

三是开展大气边界层内逆温层扰动数值模拟试验工作，使用WRF-LES气象模式耦合CHEM空气质量模式，建立起分辨率为300 m的数值模拟平台，模拟在不同高度的逆温层中播撒不同剂量的制冷剂后，逆温层特性的改变情况和可吸入颗粒物浓度的变化情况(图6-78)。

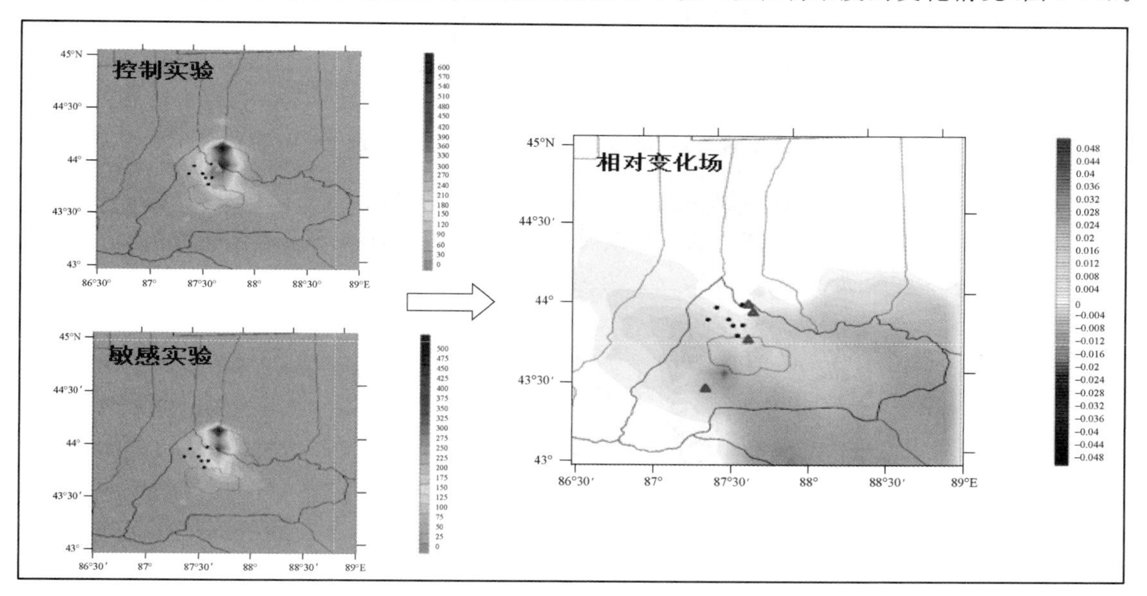


图6-78 数值模拟试验示意(彩图见书后)

四是开展了飞机播撒制冷剂外场试验与气象观测工作，利用逆温层预报模型研究成果和制冷剂喷洒模拟成果，设计制造了播撒装置，制定冷凝剂外场播撒方案，选定高度400 m左右开展飞机外场播撒制冷剂作业，同步采用高精度廓线观测设备对温度、湿度、风以及可吸入颗粒物进行观测，获取连续的观测数据(图6-79)。

图 6-79 外场播撒试验与观测试验(彩图见书后)

五是开展了外场播撒制冷剂试验对逆温层和地面可吸入颗粒物影响效果的检验与评估工作。通过 WRF-LES 联合 CMAQ 的观测数据回算,证明在静稳天气背景下,在逆温层中播撒制冷剂后,逆温层内的温度廓线、风廓线得到破坏,地面可吸入颗粒物明显下降(图 6-80)。

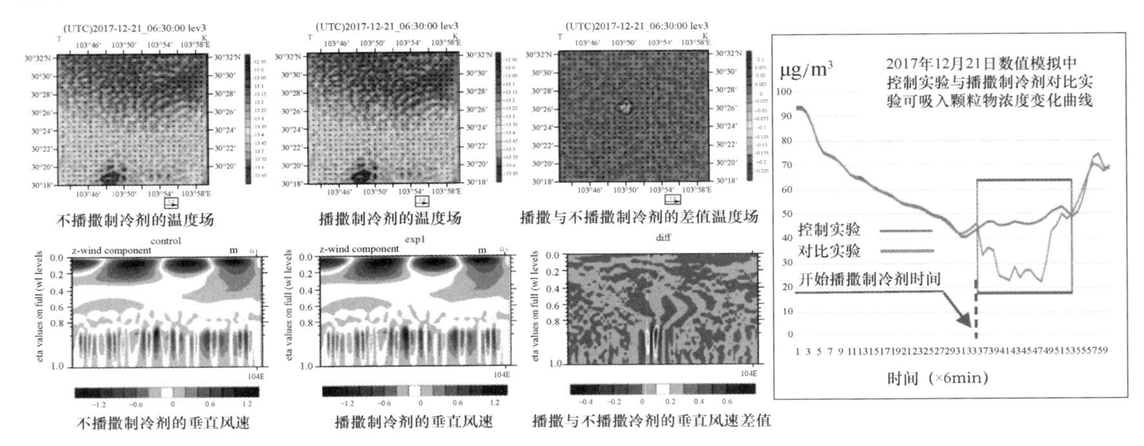


图 6-80 数值模式计算温度廓线、风廓线、可吸入颗粒物浓度变化效果(彩图见书后)

通过对 17 次外场播撒试验观测数据的评估表明播撒制冷剂后,对温度廓线、边界层高度、垂直风速和地面可吸入颗粒物产生的明显改善效果如图 6-81、图 6-82、图 6-83 所示。

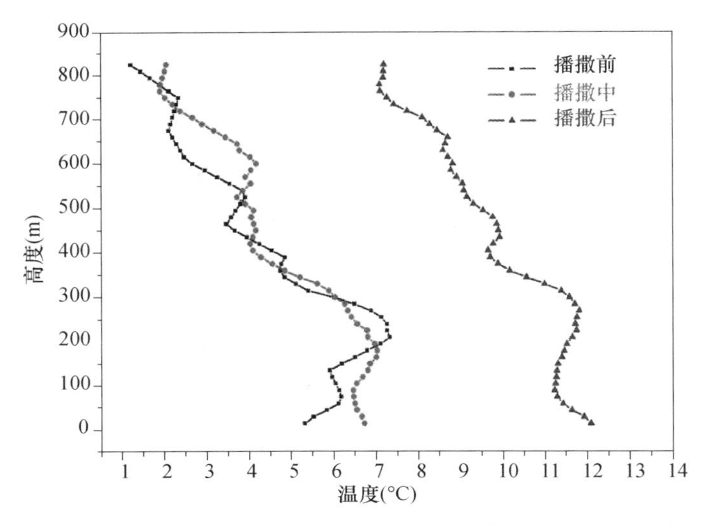


图 6-81 2018 年 1 月 11 日播撒作业前、后温度廓线对比(彩图见书后)

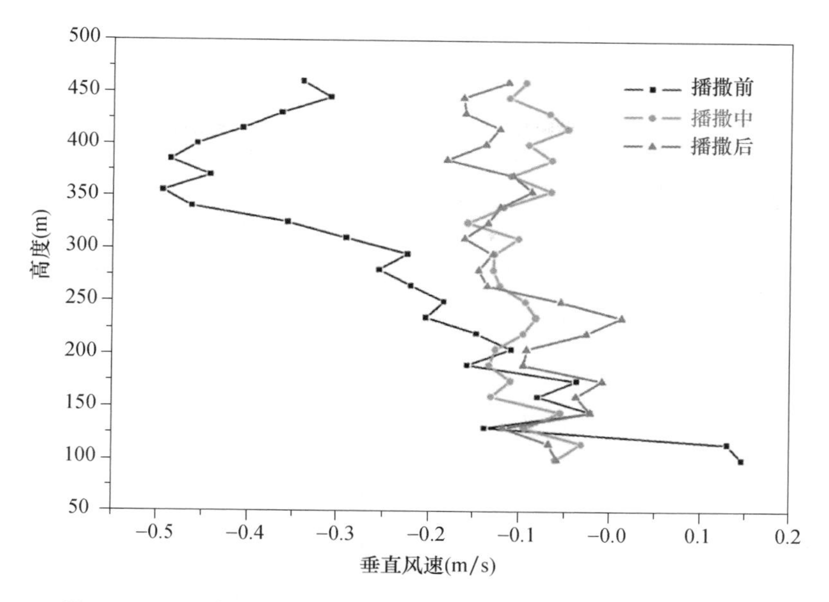


图 6-82 2018 年 1 月 11 日播撒作业前、后风廓线对比(彩图见书后)

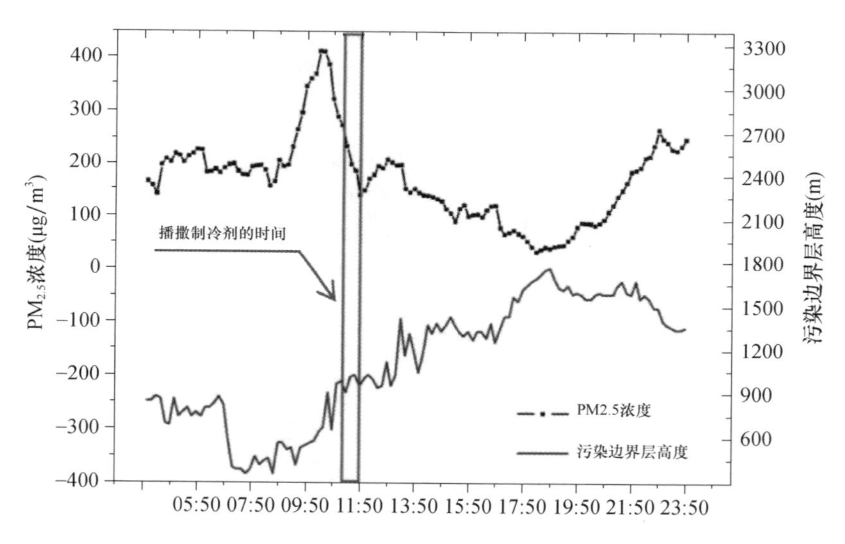


图 6-83 2018 年 1 月 11 日播撒作业前后边界层高度、地面可吸入颗粒物浓度对比(彩图见书后)

该项目于 2019 年 11 月 14 日在成都市气象局通过了成都市科技局组织的课题验收。取得以下成果：

一是证明了在大气边界层的近地面逆温层中播撒制冷剂，能够对局地的贴地逆温层造成破坏作用，改善气象扩散条件，进而降低地面可吸入颗粒物浓度，为人工影响天气技术应对大气污染实践提供了新的探索途径。

二是掌握了成都地区秋冬季逆温层特征及其对成都地区气象扩散条件的影响，建立起逆温层预报的天气学概念模型；建立起基于 WRF 的成都地区逆温层预测方法模型，为提前应对成都地区秋冬季逆温诱发重污染天气事件赢得了时间，为防控决策提供了气象科技支撑。

三是形成的边界层气象条件高分辨率数值模拟技术方案，对今后进一步开展城市通风廊道规划与设计、边界层气象条件研究及城市小气候研究、城市气象观测站网布局模拟等工作提供了可用的技术手段。

项目取得的科研成果得到成都市政府的充分肯定，罗强市长在成都市气象局关于《应用冷却技术人工影响逆温层的研究与试验》项目完成情况的报告作了批示（图 6-84）："这个课题成果很有意义，要应用好。在极端天气和重污染天气条件下，人工播撒制冷剂辅之其他手段也是可用的措施。要落实下步工作思路，进一步探索改善冬季排放条件的方法"。因此，该项目研究成果对进一步深入广泛地应用人工影响天气技术应对大气污染有重要的促进作用。

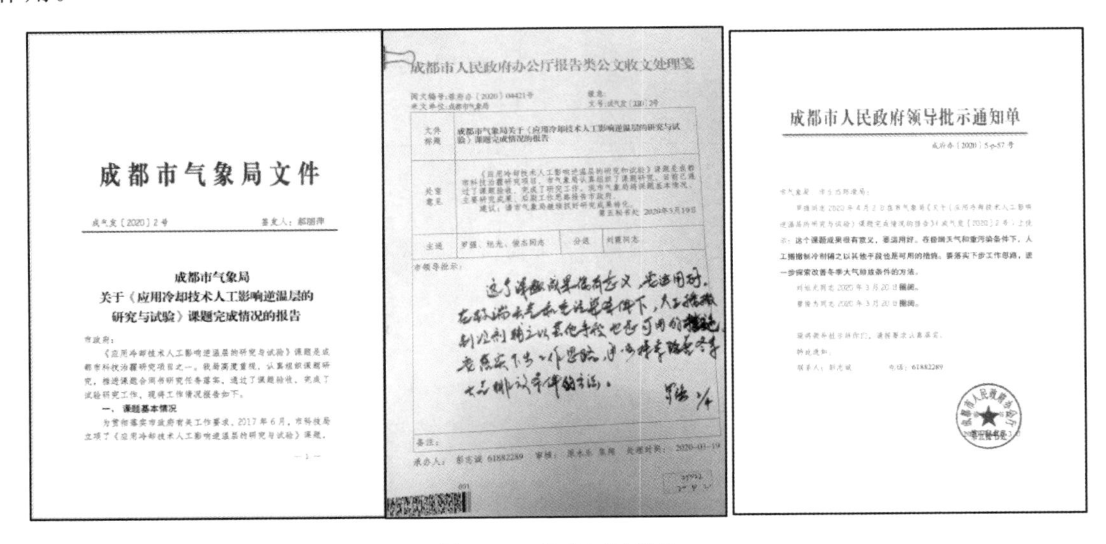

成都市气象局文件

成气发〔2020〕2号　　签发人：郝丽萍

成都市气象局
关于《应用冷却技术人工影响逆温层的
研究与试验》课题完成情况的报告

市政府：

《应用冷却技术人工影响逆温层的研究与试验》课题是成都市科技治霾研究项目之一。我局高度重视，认真组织课题研究，推进课题合同书研究任务落实，通过了课题验收，完成了试验研究工作，现将工作情况报告如下。

一、课题基本情况

为贯彻落实市政府有关工作要求，2017年6月，市科技局立项了《应用冷却技术人工影响逆温层的研究与试验》课题，

— 1 —

成都市人民政府办公厅报告类公文收文处理笺

| 文件标题 | 成都市气象局关于《应用冷却技术人工影响逆温层的研究与试验》课题完成情况的报告 |
| --- | --- |

成都市人民政府领导批示通知单

这个课题成果很有意义，要运用好。在极端天气和重污染条件下，人工播撒制冷剂辅之以其他手段也是可用的措施。要落实下步工作思路，进一步探索改善冬季大气排放条件的方法。

电话：61882289

图 6-84　政府领导批示

（四）四川省成都市在大气污染防控中开展人工影响天气实践的初步认识

一是大气污染气象条件的监测分析和研判是人工影响天气技术应对大气污染实践中最关键的环节。大气污染防控工作已经提出了污染治理需要提前预警、提前减排、提前应对的迫切需求。提高气象条件监测预报准确率、延长气象条件预见期是上述需求的最根本解决办法。因此，迫切需要在人工影响天气技术应对大气污染实践中进一步提升大气污染气象条件的监测、预报能力，强化大气污染形成气象机制的研究。

二是人工影响天气在大气污染防控中的作用尚未得到充分发挥。空中云水资源观测能力、人工影响天气作业装备及作业能力与人工影响天气技术应对大气污染实践需求不相适应，针对性不强、精准性不足等因素，严重制约了人工影响天气在大气污染防控中的作用发挥。因此，迫切需要建立健全与需求相适应的人工影响天气改善空气质量的研究型业务体系，确保云物理探测水平更高、人工影响天气作业条件把握更精准、作业效果评估更可靠。

三是人工影响天气的新技术、新方法还需进一步探索、研究、试验。大气污染防控的巨大压力将持续存在，政府和社会公众对改善空气质量的需求依然迫切，如何更好的响应需求、服务社会，凸显气象科技创新催生大气污染防控新技术，就需要不断探索、研究和试验各种人工影响天气新技术、新方法、新手段，为大气污染防控技术创新发展提供更先进的气象方案，展现气象新作为。

# 第三节　人工影响天气大气污染防治实践的启示

通过大气污染防治攻坚战的人工影响天气大气污染防治实践有关资料研究分析，尤其是通过重庆市长达12年的常态化人工影响天气改善空气质量研究型业务实践过程的剖析和一系列实践案例研究，发现许多部门、社会单位和个人对人工影响天气大气污染防治的科学理解存在偏差，对践行人工影响天气改善空气质量研究型业务科学实践的责任担当，扎实推进人工影响天气改善空气质量研究型业务科学实践；推进人工影响天气改善空气质量研究型业务科技创新，不断突破人工影响天气改善空气质量研究型业务科学技术瓶颈；精准实施人工影响天气改善空气质量研究型业务实践，依法落实人工影响天气改善空气质量研究型业务实践协同配合责任等的科学认识不到位。目前抢抓空气质量优良达标天数的常态化开展人工影响天气改善空气质量研究型业务科学实践还未能全面展开，严重影响了大气污染治理体系和治理能力现代化历史进程。为此，下面详细论述在人工影响天气大气污染防治实践有关资料研究分析和重庆人工影响天气改善空气质量研究型业务实践过程获得关于"践行责任担当扎实推进人工影响天气改善空气质量研究型业务科学实践、推进科技创新不断突破人工影响天气改善空气质量研究型业务科学技术瓶颈、实施精准治污依法落实人工影响天气改善空气质量研究型业务实践协同配合责任"的科学认识与启示，从而促进常态化人工影响天气改善空气质量研究型业务科学实践的保障机制不断完善，不断推动人工影响天气改善空气质量研究型业务科学实践常态化地顺利开展，为抢抓空气质量优良达标天数，防止或(和)减少重污染天气贡献气象智慧和气象方案。

## 一、践行责任担当扎实推进人工影响天气改善空气质量研究型业务科学实践

大气重污染成因与治理攻关项目的阶段性研究成果表明：气象条件对城市年度空气质量优良达标天数的正负影响幅度可达10%左右，即在同样的大气污染物排放管控下，由于不同年份气象条件的差异，有利气象条件可使城市年度空气质量优良达标天数增加10%，而不利气象条件可使城市年度空气质量优良达标天数降低10%，甚至个别城市年度空气质量优良达标天数还可能降低15%。而目前我国大气污染防治攻坚战处于战略相持阶段，大气污染治理总体还处于"气象影响型"时期，即一旦出现不利气象条件，大气治理成效就会大打折扣，因此应当以在不利气象条件下，不出现重污染天气为目标导向，在进一步加大产业结构、能源结构、运输结构、用地结构调整力度，不断强化大气污染源的大气污染物排放管控措施的基础上，如何通过科学技术手段人工影响大气状态，改变不利气象条件，人为增强大气对已进入大气污染物的输送、扩散、沉降、迁移、转化、清除等方面的大气自净能力，有效降低大气中污染物浓度，削弱大气污染影响程度，防止或减少大气污染事件发生，从而抢抓空气质量优良达标天数是我国大气污染防治攻坚战战略相持阶段"气象影响型"时期持续打赢蓝天保卫战必须解决的科学难题。

通过大量的科学研究和野外试验表明，人工影响天气工程技术是目前唯一可以在一定气象条件下影响大气自净能力的工程技术手段，尤其是通过实施科学合理的区域性人工增雨和局地小范围人工增雨，促进大气污染物湿沉降，从而有效清除大气中的污染物，并取得了明显成效。通过重庆长达12年的常态化人工影响天气改善空气质量研究型业务实践成果表明：人工影响天气改善空气质量的人工增雨不仅能够促使降雨形成或(和)增加降雨量从而改善空气

质量，而且还具有给大气污染物"腾库纳染"，促进大气污染程度减轻，可使空气质量从轻度污染向良好状态转变、空气质量从良好状态向最优状态转变的改善空气质量的"延滞效应"，是抢抓城市年度空气质量优良达标天数不可或缺的科技手段。

大气污染防治攻坚战是决胜全面建成小康社会"三大攻坚战"之一的污染防治攻坚战有机组成部分，打赢蓝天保卫战，是党的十九大做出的重大决策部署，事关满足人民日益增长的美好生活需要，事关全面建成小康社会，事关经济高质量发展和美丽中国建设。而不利气象条件是大气污染事件产生、发展和结束的外因，因此摆脱不利气象条件对大气污染防治的限制和约束，防止不利气象条件诱发大气污染气象风险向大气污染事件转变，杜绝空气重污染天气事件发生，促进空气质量从轻度污染向良好状态转变、空气质量从良好状态向最优状态转变，推动大气污染治理体系和治理能力现代化发展，实现大气污染防治攻坚战的战略相持阶段向大气污染问题基本解决的更高阶段转变。迫切需要全国各省（直辖市、自治区）气象部门根据《气象部门贯彻落实大气污染防治行动计划实施方案》（气发[2013]106 号）文件精神，发展气象干预措施，实施人工影响天气改善空气质量。按照 2020 年全国气象局长会议工作报告——《坚持服务国家服务人民加快推进气象强国建设》关于"做好污染防治攻坚战气象服务，保障打赢蓝天保卫战"的要求，践行人工影响天气改善空气质量研究型业务科学实践的责任担当，扎实推进人工影响天气改善空气质量研究型业务科学实践。

由于人工影响天气改善空气质量研究型业务科学实践具有典型的属地特征，因此全国各省（直辖市、自治区）气象部门应该提高政治站位，践行人工影响天气改善空气质量研究型业务科学实践的责任担当，坚持在贯彻落实党中央国务院和生态环境部、中国气象局、省委省政府（直辖市委市政府、自治区委区政府）有关大气污染攻坚战和打赢蓝天保卫战的重大决策部署中发展人工影响天气改善空气质量研究型业务，确保中国特色社会主义制度的显著优势转化为人工影响天气改善空气质量研究型业务实践成效，确保党中央国务院和生态环境部、中国气象局、省委省政府（直辖市委市政府、自治区委区政府）有关大气污染攻坚战和打赢蓝天保卫战重大决策部署、重大战略推进、重大工作安排都能全面落实到人工影响天气改善空气质量研究型业务实践活动的全过程、各环节。把开展人工影响天气改善空气质量研究型业务实践作为自觉贯彻落实习近平新时代中国特色社会主义思想和党的十九大关于"坚持全民共治、源头防治，持续实施大气污染防治行动，打赢蓝天保卫战"精神的具体行动，为有效应对大气污染，基本消除重污染天气，不断改善空气质量，促进大气污染治理从必然王国向自由王国发展和建设美丽中国作出更大贡献。

## 二、推进科技创新不断突破人工影响天气改善空气质量研究型业务科学技术瓶颈

人工影响天气改善空气质量研究型业务是基于人工影响天气科学技术发展起来的涉及多个学科和工程技术融合的研究型业务，虽然人工影响天气技术已开展了 70 多年，但目前人工影响天气技术的适用条件比较苛刻，限制了人工影响天气改善空气质量研究型业务的快速发展。但是，随着现代科技进步，人工影响天气新技术研究开发应用为人工影响天气大气污染防治技术突破适用条件苛刻要求成为可能，尤其是电离人工增雨（雪）技术、飞秒激光人工增雨（雪）技术、低频声波人工增雨（雪）技术等研究开发科学试验取得了可喜成果和有限开放空间实施磁化水降尘技术、预荷电喷雾降尘技术、高压喷雾降尘技术、超声波雾化降尘技术、高效降尘湿润剂复配优选与湿润剂添加技术的人造雨雾改善空气质量实践成果，为人工影响天气大气污染防治技术突破适用条件苛刻要求，拓展人工影响天气改善空气质量研究型业务在大气

污染治理普遍适用性提供了技术路线。而围绕大气污染防治攻坚战和打赢蓝天保卫战，以气象部门人工影响天气业务技术体系和大气环境与气象资源共享为基础，以提升蓝天保卫战人工影响天气大气污染防治能力为目标，开展人工影响天气大气污染防治野外科学试验是不断突破人工影响天气改善空气质量研究型业务科学技术瓶颈的有效途径。

因此，建议中国气象局会同生态环境部组织全国各省（直辖市、自治区）气象部门和生态环境厅（局）开展人工影响天气大气污染防治野外科学试验，实施人工影响天气大气污染防治野外科学试验工程建设，为不断突破人工影响天气改善空气质量研究型业务科学技术瓶颈，破解人工影响天气改善空气质量研究型业务在大气污染治理普遍适用的科学难题，促进大气污染防治攻坚战从战略相持阶段向大气污染问题基本解决的更高阶段转变提供人工影响天气科学技术支撑和实践经验。

蓝天保卫战人工影响天气大气污染防治野外科学试验工程建设目标：围绕大气污染防治攻坚战和持续打赢蓝天保卫战，以气象部门人工影响天气业务技术体系和大气环境与气象资源共享为基础，以提升蓝天保卫战人工影响天气大气污染防治能力为目标，建立、健全以物联网为基础的蓝天保卫战环境与气象综合观测系统、以智能化为基础的蓝天保卫战环境与气象预报预警系统、以信息化为基础的蓝天保卫战人工影响天气作业系统、以大数据为基础的不利气象条件下蓝天保卫战大气污染综合治理科学决策系统，建立大气污染防治人工影响天气野外科学试验基地，开展以问题为导向的蓝天保卫战人工影响天气大气污染防治关键技术研究与开发，为落实地方政府蓝天保卫战人工影响天气大气污染防治属地责任和领导责任、相关部门蓝天保卫战人工影响天气大气污染防治直接监管责任、大气污染气象敏感单位蓝天保卫战人工影响天气大气污染防治直接责任和逐步提升全社会蓝天保卫战人工影响天气大气污染防治能力和水平提供气象科技支撑和保障，形成满足蓝天保卫战人工影响天气大气污染治理体系和治理能力现代化的蓝天保卫战人工影响天气大气污染防治管控体系，为不断突破人工影响天气改善空气质量研究型业务科学技术瓶颈，促进大气污染防治攻坚战从战略相持阶段向大气污染问题基本解决的更高阶段转变提供科学技术支撑和实践经验。

人工影响天气大气污染防治野外科学试验工程主要建设内容：按照法律法规规定和党中央、国务院要求，为精准落实蓝天保卫战人工影响天气大气污染防治地方政府属地责任、领导责任，部门监管责任，企事业单位主体责任，联合生态环境部规制定《蓝天保卫战人工影响天气大气污染防治管理办法》部门规章，指导地方政府制定《蓝天保卫战人工影响天气大气污染防治管理办法》政府规章或制度性规范文件；为了蓝天保卫战人工影响天气大气污染防治工作的规范化、标准化、流程化，研究制定《大气污染气象敏感单位大气污染气象风险评估技术规范》《大气污染气象敏感单位大气污染防范气象保障技术规范》《蓝天保卫战环境与气象综合观测技术规范》《蓝天保卫战环境与气象预报预警技术规范》《蓝天保卫战环境与气象预报预警服务技术规范》《蓝天保卫战人工影响天气作业技术规范》《蓝天保卫战大气污染综合治理科学决策指南》等一系列技术标准；开展污染气象敏感单位大气污染气象风险评估业务系统建设，开展国家—省—市—县四级一体化的蓝天保卫战环境与气象综合观测系统、气象预报预警系统、服务系统、预警信息发布系统及不利气象条件下蓝天保卫战大气污染综合治理科学决策系统建设；开展针对大气污染防治的人工影响天气作业系统建设和北京、上海、重庆大气污染防治人工影响天气野外科学试验基地建设，开展的蓝天保卫战人工影响天气大气污染防治关键技术研究与开发；开展大气污染气象敏感单位蓝天保卫战人工影响天气大气污染防治的监督管理平台和诚信体系；开展北京、上海、重庆蓝天保卫战人工影响天气大气污染防治示范工程建设。

## 三、精准施策依法落实人工影响天气改善空气质量研究型业务实践协同配合责任

人工影响天气改善空气质量研究型业务实践是一项极其复杂的系统工程，不仅涉及科研和业务充分融合，应用最新现代人工影响天气科学技术成果，持续推进人工影响天气改善空气质量研究型业务能力建设，而且在人工影响天气改善空气质量研究型业务实践活动中还涉及政府、部门、大气污染气象敏感单位协同配合。而按照国务院总理李克强于在2020年5月22日在第十三届全国人民代表大会第三次会议上所做的《政府工作报告》关于“提高生态环境治理成效。突出依法、科学、精准治污。深化重点地区大气污染治理攻坚”安排部署，提高大气污染治理成效，突出大气污染依法、科学、精准治理，深化城市大气污染治理攻坚就离不开精准实施人工影响天气改善空气质量研究型业务实践。虽然通过开展人工影响天气大气污染防治野外科学试验，实施人工影响天气大气污染防治野外科学试验工程建设，持续推进科技创新不断突破人工影响天气改善空气质量研究型业务科学技术瓶颈，可促进人工影响天气改善空气质量研究型业务能力提升。但是在人工影响天气改善空气质量研究型业务实践活动中还涉及政府、部门、大气污染气象敏感单位协同配合就必须根据中共中央办公厅、国务院办公厅印发的《关于构建现代环境治理体系的指导意见》精神，参考重庆市政府不断将重庆市主城区人工影响天气改善空气质量研究型业务实践的成功实践经验转化为保障人工影响天气改善空气质量研究型业务实践顺利开展的政策法规体系，依法构建人工影响天气改善空气质量研究型业务实践协同配合的责任体系。

依法构建人工影响天气改善空气质量研究型业务实践协同配合责任体系的主要目的是：精准实施人工影响天气改善空气质量研究型业务实践，抢抓城市年度空气质量优良达标天数，提高大气污染治理成效，突出大气污染依法、科学、精准治理，从而不断推进大气污染治理体系和治理能力现代化。

依法构建人工影响天气改善空气质量研究型业务实践协同配合责任体系的重点建设内容是：建立健全人工影响天气改善空气质量研究型业务实践协同配合的政府主导自上而下，部门联动横向到边、纵向到底，社会参与到具体大气污染气象敏感单位的全方位、立体化“人工影响天气改善空气质量研究型业务实践协同配合的责任链条”，进一步明确政府、部门、大气污染气象敏感单位在人工影响天气改善空气质量研究型业务实践协同配合全过程每个环节的工作任务和责任，确保精准实施人工影响天气改善空气质量研究型业务实践协同配合全过程中上下衔接沟通无接头，左右并联协作无缝隙，形成政府主导、部门监管、大气污染气象敏感单位尽责、社会组织和公众共同参与的齐抓共管、各司其职，共筑人工影响天气改善空气质量研究型业务实践的新格局。

# 附录 大气污染防治攻坚战气象工程与非工程措施研究课题总结报告

"大气污染防治攻坚战气象工程与非工程措施研究"课题是中国气象局2019年度气象软科学研究的重点项目(2019ZDIANXM07),由项目承担单位重庆市气象局、四川省气象局,项目协作单位重庆市生态环境局,项目参与单位四川省成都市气象局和重庆市人工影响天气办公室、四川省人工影响天气办公室联合研究。经过课题组全体科研人员两年多的辛勤努力,圆满完成研究任务,达到预期目的。

## 一、研究的目的

本项目研究的目的就是为全面贯彻党的十九大精神,认真落实习近平总书记在2018年全国生态环境保护大会上关于"坚决打赢蓝天保卫战是重中之重,要以空气质量明显改善为刚性要求,强化联防联控,基本消除重污染天气,还老百姓蓝天白云、繁星闪烁"的讲话精神和习近平总书记在2020年全国两会参加内蒙古代表团审议时关于"要保持加强生态文明建设的战略定力,牢固树立生态优先、绿色发展的导向,持续打好蓝天、碧水、净土保卫战"的讲话精神以及《中共中央国务院关于全面加强生态环境保护坚决打好污染防治攻坚战的意见》(中发〔2018〕17号)文件精神,按照《打赢蓝天保卫战三年行动计划》(国发〔2018〕22号)关于"强化区域联防联控,有效应对重污染天气"战略部署和《气象部门贯彻落实〈大气污染防治行动计划〉实施方案》(气发[2013]106号)关于"发展气象干预措施,实施人工影响天气改善空气质量"的具体部署以及中国气象局党组书记刘雅鸣在2020年全国气象局长会议上关于"做好污染防治攻坚战气象服务,保障打赢蓝天保卫战"具体要求,充分发挥气象科技在大气污染防治攻坚战的基础性、现实性、前瞻性作用,切实提升打好、打准、打赢蓝天保卫战的气象科技支撑能力和气象技术保障水平,研究分析并归纳总结出以人工影响天气大气污染防治技术为核心的大气污染防治攻坚战气象工程与非工程措施,为大气污染综合治理科学决策提供气象科学依据和气象技术保障。

## 二、研究的技术路线

本项目研究采取文献查阅、现场调查、统计分析、归纳法、分层法、排除法等方法对大气污染防治的气象工程性与非工程性措施应用有关资料进行系统分析研究,归纳总结出大气污染防治的气象工程性与非工程性措施应用的现状、存在问题、产生原因,重点分析大气污染防治的气象工程性与非工程性措施应用的重要性、紧迫性、可行性,研究大气污染防治攻坚战人工影响天气的大气污染防治机理和人工影响天气的大气污染防治技术,从而归纳总结出以人工影响天气大气污染防治技术为核心的大气污染防治攻坚战气象工程与非工程措施。

## 三、研究开展的主要工作

课题组研究人员在项目研究期间开展的主要工作情况如下：

(1)文献查阅和现场调研，并进行课题有关研究成果交流。

(2)气象保障大气污染防治攻坚战的重要性分析、紧迫性、可行性研究分析。

(3)大气污染防治的科学内涵、历史进程、基本途径研究分析。

(4)大气污染防治攻坚战的科学内涵、历史进程、战略措施研究分析。

(5)蓝天保卫战的科学内涵、历史进程、战略措施研究分析。

(6)蓝天保卫战与大气污染防治攻坚战的关系研究分析。

(7)人工影响天气与污染气象的关系研究分析。

(8)气象因素对大气污染的影响研究分析。

(9)诱发大气污染的不利气象条件研究分析。

(10)不利气象条件下大气污染形成机制研究分析。

(11)不利气象条件下大气污染风险管理的科学内涵研究分析。

(12)不利气象条件下大气污染风险的形成机制研究分析。

(13)不利气象条件下大气污染风险管理的基本构成、基本流程研究分析。

(14)不利气象条件下大气污染风险管理的风险分析方法、风险分级方法及其评估程序、风险评估原则、风险评估原理、风险评估方法研究分析。

(15)不利气象条件下大气污染风险管理的风险评估实用模型研究分析。

(16)不利气象条件下大气污染风险管理的风险预警与控制研究分析。

(17)大气污染气象风险管理常态化的工程性与非工程性对策措施研究分析。

(18)大气污染气象风险管理的非常态化的工程性与非工程性对策措施研究分析。

(19)人工影响天气大气污染防治的科学基础、技术基础、实践基础研究分析。

(20)人工影响天气大气污染防治实践的案例研究分析。

## 四、研究的主要内容

课题根据我国大气污染防治攻坚战处于战略相持阶段“气象影响型”时期的实际状况，以重庆气象局 12 年探索开展重庆蓝天保卫战人工影响天气改善空气质量研究型业务科学实践为载体，参考、借鉴、吸收四川、上海、北京、天津等部分省(直辖市、自治区)人工影响天气重大活动保障实践成果和有关大气物理、大气化学、云雾微物理学、高分子化学、人工影响天气工程技术、大气污染治理工程技术等方面的研究成果，应用文献查阅、现场调查、统计分析、归纳法、分层法、排除法等，按照大气污染气象风险管理的思路，开展了大气污染防治攻坚战气象工程与非工程措施研究，其主要研究内容如下。

一是研究分析了大气污染防治攻坚战涉及气象工程与非工程措施在大气污染防治中实施现状、存在问题及其对大气污染防治攻坚战的重要性、紧迫性、可行性和现实意义。

二是研究分析了大气污染防治的科学内涵、历史进程、基本途径，大气污染防治攻坚战的科学内涵、历史进程、取得阶段性胜利的战略措施，蓝天保卫战的科学内涵、历史进程、战略措施，蓝天保卫战与大气污染防治攻坚战的关系和人工影响天气与污染气象的关系。

三是研究分析了气象要素、天气因素、气候因素等气象因素及其耦合效应对大气污染的影响，以及诱发大气污染的不利气象条件的科学内涵、诱发大气污染的不利气象条件主要类型、不利气象条件下大气污染的类型，不利气象因素诱发新生大气污染物形成的机理和不利气象因素诱发大气污染形成的机理、形成过程。

四是研究分析了不利气象条件下大气污染风险管理的科学内涵及其密切相关的不利气象条件下大气污染风险的形成机制（包含大气污染风险的基本概念、风险形成的基本要素、风险形成的机理）和不利气象条件下大气污染风险管理的基本构成与基本流程。

五是研究分析了不利气象条件下大气污染风险管理的风险分析方法、风险分级方法及其评估程序、风险评估原则与原理及评估方法、风险预警与控制。

六是研究分析并创建了不利气象条件下大气污染风险管理的风险评估实用模型，研究制定了风险评估实用模型的工作程序。

七是研究分析了大气污染气象风险管理常态化的工程性与非工程性对策措施和大气污染气象风险管理非常态化的工程性与非工程性对策措施以及大气污染物人工影响天气清除措施。

八是研究分析了人工影响天气改善空气质量的大气污染物湿沉降清除机制、干沉降清除机制、稀释机制、化学转化清除机制科学内涵及机制图解等人工影响天气大气污染防治的科学基础以及技术基础、实践基础。

九是研究分析了以人工影响天气大气污染防治技术为核心的大气污染防治攻坚战气象工程与非工程措施——重庆蓝天保卫战人工影响天气大气污染防治野外科学试验工程。

十是研究分析北京市人工影响消减雾、霾试验研究实践、上海市重大活动人工影响天气改善空气质量实践、天津市污染突发事故人工影响天气应急保障实践、四川省成都市人工影响天气技术应对大气污染实践和重庆市主城区人工影响天气改善空气质量实践等一系列实践案例。

## 五、研究的主要创新成果

本课题研究取得以下 17 方面的创新成果：

(1)通过现有法律法规、技术标准、规范性文件和案例分析得到气象观测是大气污染防治的重要基础、气象评估是大气污染防治的重要依据、气象预报是大气污染防治的重要途径、人工影响天气是大气污染防治的重要手段的科学结论；通过气象在确定区域大气环境容量标准、减轻大气污染的城市规划、建设项目大气环境影响评价、提前采取大气防治污措施等大气污染防治攻坚战方面具有前瞻性作用分析和降水对大气污染物的湿清除作用、降水之外的其他气象因素对大气污染物的干清除作用、气象因素对大气污染物的化学转化清除作用等方面大气污染物清除作用分析以及气象在大气污染突发事件应急启动时、应急处置期间、应急结束后的应急保障作用等方面分析，得到气象是大气污染防治攻坚战的有机组成部分的新认识；通过气象对大气污染防治攻坚战的重要意义研究分析，得到气象对大气污染防治攻坚战具有重要的理论意义、实践意义、经济意义、政治意义的观点。同时科学回答气象保障大气污染防治攻坚战的重要性问题。

(2)通过我国大气污染防治现状和大气污染发生实际状况分析，得到我国处于大气污染防治攻坚战“战略相持”阶段的“气象影响”时期，大气污染形势仍然严峻的科学判断；归纳凝练总结出大气污染气象风险管理方面存在对“不利气象条件下大气污染事件既是生态环境灾害又是气象衍生、次生灾害”和“不利气象条件下大气污染风险”科学认识不到位以及“坚持以防为主、防抗救相结合，坚持常态减灾和非常态救灾相统一；努力实现从注重灾后救助向注重灾前预防转变,从应对单一灾种向综合减灾转变,从减少灾害损失向减轻灾害风险转变(两坚持、三转变)”科学内涵理解偏差的思想认识、不利气象条件下大气污染事件的内因和外因辩证统一关系处置不当的气象科学素养、行政监管“一刀切”和出现“劣币驱良币”现象发生、经费保障严重不足等思想认识、气象科学素养、行政监管、经费保障方面局限性问题,导致大气污染防治攻坚战涉及气象工程与非工程措施建设项目还未建立健全,尤其是人工影响天气大气污染防治野外科学试验还未全面开展,人工影响天气改善空气质量研究型业务科学实践还未全面常态化实施,使气象科技在大气污染防治攻坚战的基础性、现实性、前瞻性作用未能充分发挥;通过现有法律法规、《“十三五”生态文明建设气象保障规划》、规范性文件分析,得到了“做好大气污染防治攻坚战的气象保障工作是气象部门历史使命”科学结论。同时科学回答气象保障大气污染防治攻坚战的紧迫性问题。另外,率先提出并定义了“大气污染气象敏感单位”,即是指根据大气污染物排放单位的地理位置、气候背景、环境条件、大气污染物特性及单位污染源排放管控措施,通过大气污染气象风险综合分析、评估,确认在不利气象条件下可能发生大气污染的单位。为大气污染“精准治污、科学治污、依法治污”找到了着力点。

(3)通过气象现代化成果、气象科技成果、气象人才强业战略以及大气污染防治的气象保障实践分析,得到了“气象现代化为大气污染防治攻坚战提供了坚实的物质基础、气象科技成果为大气污染防治攻坚战提供了可靠的科技支撑、人才强业战略为大气污染防治攻坚战提供了重要的智力保障、大气污染防治的气象保障实践为大气污染防治攻坚战提供了丰富的宝贵经验”科学结论,并科学回答气象保障大气污染防治攻坚战的可行性问题。

(4)通过大气污染防治的科学内涵、历史进程、基本途径,气污染防治攻坚战的科学内涵、历史进程、战略措施,蓝天保卫战的科学内涵、历史进程、战略措施,蓝天保卫战与大气污染防治攻坚战关系等方面分析,发现了蓝天保卫战与大气污染防治攻坚战存在一脉相承关系和蓝天保卫战对与大气污染防治攻坚战不同阶段具有承上启下作用,存在互为因果的关系。

(5)通过污染气象的科学内涵、大气污染扩散的基本原理、人工影响天气的科学内涵、人工影响天气的基本原理、人工影响天气与污染气象的关系等方面分析,发现了人工影响天气与污染气象存在的 3 大关系,即人工影响天气对污染气象的科学催化关系、科学改变关系、科学试验关系。

(6)通过气象因素及其耦合效应对大气污染的影响分析和诱发大气污染的不利气象条件科学内涵分析,归纳凝练总结出诱发大气污染的不利气象条件 6 大主要类型和不利气象条件下大气污染的类型(“局地”型、“输入”型、“局地+输入”型大气污染,“一次”型、“二次”型、“一次+二次”型大气污染,“气溶胶”型、“气态”型、“气溶胶+气态”型大气污染),给出了不利气象因素诱发大气污染构成要素及大气污染形成机理图解和不利气象因素诱发大气污染形成的孕育期、潜伏期、预兆期、爆发期、持续期、衰减期和平息期等 7 个阶段全过程图解。

(7)通过不利气象条件下大气污染风险管理的科学内涵、不利气象条件下大气污染风险的基本概念和大气污染风险形成的不利气象因素的危险性、大气污染承受体的暴露性、大气污染承受体的脆弱性、不利气象条件下大气污染的防范能力 4 个基本要素的分析,给出了不利气象条件下大气污染风险 4 要素相互影响、共同作用而形成大气污染风险的机理图解和不利气象条件下大气污染风险管理的基本流程图。

(8)通过不利气象条件下大气污染风险管理的风险分析方法、风险分级方法、风险评估程序、风险评估原则、风险评估原理、风险评估方法等方面分析,率先创建了适合不利气象条件下大气污染风险管理的 CQDQWRMES 风险评估实用模型,并制定了 CQDQWRMES 模型参数选择原则和评估实用模型的人员伤害与财产损失的风险等级的处置原则以及风险评估实用模型的评估工作程序。

(9)通过大气污染气象风险管理常态化非工程性对策措施的科学内涵分析，研究并提出了适应大气污染气象风险管理常态化的非工程性对策措施：一是建立大气污染气象风险管理地方法规体系，强化大气污染气象风险常态化管理的合法性；二是完善大气污染气象风险管理标准体系，强化大气污染气象风险常态化管理的规范性；三是健全大气污染气象风险管理责任链条，强化大气污染气象风险常态化管理的社会性；四是建立大气污染气象风险管理联席会议制度，强化大气污染气象风险常态化管理的可操作性；五是加强大气污染气象风险排查，强化大气污染气象风险常态化管理的精准性。

(10)通过大气污染气象风险管理常态化工程性对策措施科学内涵分析，研究并提出了适应大气污染气象风险管理常态化的工程性对策措施：一是开展大气污染气象风险监测系统工程建设，强化大气污染气象风险常态化管理的可靠性；二是开展大气污染气象风险预报系统工程建设，强化大气污染气象风险常态化管理的预见性；三是开展大气污染气象风险服务系统工程建设，强化大气污染气象风险常态化管理的针对性；四是开展大气污染气象风险评估系统工程建设，强化大气污染气象风险常态化管理的敏感性。

(11)通过大气污染气象风险管理非常态化的非工程性对策措施的科学内涵分析，研究并提出了适应大气污染气象风险管理非常态化的非工程性对策措施：一是完善大气重污染天气应急预案，强化气象风险非常态化管理的前瞻性；二是完善大气重污染天气联防联控机制，强化气象风险非常态化管理的综合性；三是完善大气污染突发事件气象应急处置机制，强化气象风险非常态化管理的科学性。

(12)通过大气污染风险管理的非常态化工程性对策措施的科学内涵分析，研究并提出了适应大气污染气象风险管理非常态化的工程性对策措施：一是开展不利气象条件下大气污染的人工增雨改善空气质量应急保障工程建设，强化大气污染气象风险非常态化管理的实践性；二是开展不利气象条件下大气污染的人造雨、雾改善空气质量应急保障工程建设，强化大气污染气象风险非常态化管理的普适性；三是开展大气污染突发事件应急气象保障工程建设，强化大气污染气象风险非常态化管理的支撑性。同时率先研究探索了“以空气动力学原理、云雾物理学原理、‘斯蒂芬流’输送机理、射流破碎理论、液膜破碎雾化理论为基础，以智能运用磁化水降尘技术、预荷电喷雾降尘技术、高压喷雾降尘技术、超声波雾化降尘技术和高效降尘湿润剂复配优选与湿润剂添加技术、气象与环境实时自动监测技术为支撑，以突破人工影响天气适用条件苛刻要求促进人工影响天气大气污染防治技术在大气污染治理普遍适用为目标”的有限开放空间人造雨、雾改善空气质量研究型业务技术路径。

(13)通过人工影响天气改善空气质量的大气污染物湿沉降清除机制、干沉降清除机制、稀释机制、化学转化清除机制 4 大机制科学内涵分析，给出了 4 大机制图解和人工影响天气改善空气质量的大气污染物清除或浓度降低的机理图解，为人工影响天气改善空气质量研究型业务实践奠定了坚实的理论基础。同时提出了人工影响天气的大气污染物湿沉降清除机制包含基于空气动力学原理的清除机制和基于云雾微物理学原理的清除机制 2 个维度、大气污染物干沉降清除机制包含基于高分子化学的絮凝、凝聚原理的清除机制和基于声波振动原理的清除机制 2 个维度、大气污染物稀释机制包含基于人工影响天气动力催化原理的稀释机制和基于大气流体力学、热力学原理的稀释机制 2 个维度、大气污染物化学转化清除机制包含基于大气污染化学原理的促进化学转化清除机制和基于大气太阳辐射能量传输原理的阻止或减少化学转化清除机制2个维度的观点。

(14)通过12年的重庆市主城区人工影响天气大气污染防治科学实践分析，发现了冬春季日降雨量6 mm是降雨湿沉降清除机制能否独立发挥作用使空气质量达标的“临界阈值”，为大气污染物降雨湿沉降清除机制在大气污染物从大气中被清除过程中是否独立发挥作用找到了判断依据和检验标准。

(15)通过12年的重庆市主城区人工影响天气改善空气质量实践分析，发现了冬春季大气污染物浓度由于降雨量在0.1～0.9 mm的微量降水的介入导致气溶胶颗粒物吸湿增长使其浓度不降反升现象，仅仅表明包含了微量降水的质量浓度增加的表面现象，而并非反映大气中污染物质真正增加的客观事实；并且降雨量＜6 mm的降水与其他大气污染物清除因素的耦合效应净化空气促使空气质量达标的过程中具有显著作用。

(16)通过12年的重庆市主城区人工影响天气改善空气质量实践分析，发现了人工增雨具有给大气污染物“腾库纳污”功能和改善空气质量的“延滞效应”，为常态化开展人工影响天气改善空气质量研究型业务实践提供了科学依据，对抢抓空气质量优良达标天数具有非常重要的实践意义。

(17)通过北京、上海、天津、四川、重庆人工影响天气大气污染防治科学实践分析，得到“践行责任担当扎实推进人工影响天气改善空气质量研究型业务科学实践、推进科技创新不断突破人工影响天气改善空气质量研究型业务科学技术瓶颈、实施精准治污依法落实人工影响天气改善空气质量研究型业务实践协同配合责任”的科学认识与启示，提出了建设内容涵盖适应不利气象条件下大气污染风险管理常态化与非常态化的工程性与非工程性的“5433”对策措施的“开展人工影响天气大气污染防治野外科学试验，实施人工影响天气大气污染防治野外科学试验工程建设”建议，并形成了《提高政治站位 践行责任担当 扎实推进人工影响天气改善空气质量研究型业务科学实践》的咨询报告，从而进一步促进常态化人工影响天气改善空气质量研究型业务科学实践的保障机制不断完善，人工影响天气改善空气质量研究型业务科学技术瓶颈不断突破，人工影响天气改善空气质量研究型业务在大气污染治理普遍适用的科学难题不断破解，为不断推动人工影响天气改善空气质量研究型业务科学实践常态化地顺利开展和抢抓空气质量优良达标天数、防止或(和)减少重污染天气贡献了气象智慧和气象方案。

上述创新成果从以下3方面，科学回答了大气污染防治攻坚战“为什么”要实施气象工程与非工程措施、大气污染防治攻坚战气象工程与非工程措施必须“做什么”、大气污染防治攻坚战气象工程与非工程措施应该“怎么做”的问题。

一是课题关于“气象观测是大气污染防治的重要基础、气象评估是大气污染防治的重要依据、气象预报是大气污染防治的重要途径、人工影响天气是大气污染防治的重要手段”和“气象现代化为大气污染防治攻坚战提供了坚实的物质基础、气象科技成果为大气污染防治攻坚战提供了可靠的科技支撑、人才强业战略为大气污染防治攻坚战提供了重要的智力保障、大气污染防治的气象保障实践为大气污染防治攻坚战提供了丰富的宝贵经验”的研究结论、“气象是大气污染防治攻坚战的有机组成部分”的新认识、“气象对大气污染防治攻坚战具有重要的理论意义、实践意义、经济意义、政治意义”的观点、“我国处于大气污染防治攻坚战‘战略相持’阶段的‘气象影响’时期，大气污染形势仍然严峻”和“大气污染气象风险管理方面存在思想认识、科学素养、行政监管、经费保障等局限性问题，导致大气污染防治攻坚战涉及气象工程与非工程措施建设项目还未建立健全，尤其是人工影响天气大气污染防治野外科学试验还未全面开展，人工影响天气改善空气质量研究型业务科学实践还未全面常态化实施，使气象科技在大气污染防治攻坚战的基础性、现实性、前瞻性作用未能充分发挥”的科学判断等创新成果，科学回答了大气污染防治攻坚战“为什么”要实施气象工程与非工程措施的问题。

二是课题关于“大气污染气象敏感单位”的率先提出并定义、发现的“蓝天保卫战与大气污染防治攻坚战存在一脉相承关系和蓝天保卫战对与大气污染防治攻坚战不同阶段具有承上启下作用，存在互为因果”的关系和“人工影响天气对污染气象的科学催化关系、科学改变关系、科学试验关系”、给出的“不利气象因素诱发大气污染构成要素及大气污染形成机理图解，不利气象因素诱发大气污染形成的孕育期、潜伏期、预兆期、爆发期、持续期、衰减期和平息期 7 个阶段全过程图解，不利气象条件下大气污染风险 4 要素相互影响、共同作用而形成大气污染风险的机理图解，不利气象条件下大气污染风险管理的基本流程图”、创建的“适合不利气象条件下大气污染风险管理的 CQDQWRMES 风险评估实用模型以及制定的 CQDQWRMES 模型参数选择原则、评估实用模型的人员伤害与财产损失风险等级的处置原则、风险评估实用模型的评估工作程序”、归纳凝练出“适应不利气象条件下大气污染风险管理常态化与非常态化的工程性与非工程性的‘5433’对策措施”等创新成果，科学回答了大气污染防治攻坚战气象工程与非工程措施必须“做什么”的问题。

三是课题归纳凝练总结出的“人工影响天气改善空气质量的大气污染物湿沉降清除机制、干沉降清除机制、稀释机制、化学转化清除机制 4 大机制图解和人工影响天气改善空气质量的大气污染物清除或浓度降低的机理图解”“冬春季日降雨量 6 mm 是降雨湿沉降清除机制能否独立发挥作用使空气质量达标的‘临界阈值’”“大气污染物浓度由于降雨量在 0.1～0.9 mm 的微量降水的介入导致气溶胶颗粒物吸湿增长使其浓度不降反升现象，仅仅表明包含了微量降水的质量浓度增加的表面现象，而并非反映大气中污染物质真正增加的客观事实；并且降雨量＜6 mm 的降水与其他大气污染物清除因素的耦合效应净化空气促使空气质量达标的过程中具有显著作用”“人工增雨具有给大气污染物‘腾库纳污’功能和改善空气质量的‘延滞效应’”等科学结论，得到“践行责任担当扎实推进人工影响天气改善空气质量研究型业务科学实践、推进科技创新不断突破人工影响天气改善空气质量研究型业务科学技术瓶颈、实施精准治污依法落实人工影响天气改善空气质量研究型业务实践协同配合责任”的科学认识与启示，提出了“开展人工影响天气大气污染防治野外科学试验，实施人工影响天气大气污染防治野外科学试验工程建设，扎实推进人工影响天气改善空气质量研究型业务科学实践”的建议，并形成《提高政治站位 践行责任担当 扎实推进人工影响天气改善空气质量研究型业务科学实践》的咨询报告。这些创新成果，科学回答了大气污染防治攻坚战气象工程与非工程措施应该“怎么做”的问题。

总之课题研究创新成果为不利气象条件下空气重污染天气事件发生风险的科学管理、精准施策，有效杜绝环保监管“一刀切”和大气污染治理中“劣币驱良币”现象发生提供了气象科技支撑和保障，为抢抓空气质量优良达标天数、防止或（和）减少重污染天气，实现大气污染精确治理、科学治理、依法治理贡献了气象智慧和气象方案。课题研究成果的推广应用必将展现气象在有效应对大气污染、基本消除重污染天气、不断改善空气质量、持续打好大气污染防治攻坚战和打赢蓝天保卫战、促进大气污染治理从必然王国向自由王国发展和建设美丽中国等方面的新担当、新作为、新贡献。

## 六、研究成果应用情况

本课题研究成果按照“边探索、边研究、边应用”的原则，其实践应用主要体现以下方面：

一是重庆市人民政府于2019年7月11日与中国气象局签订的《中国气象局 重庆市人民政府共同推进新时代重庆气象现代化发展合作备忘录》，将"重点开展人工影响天气大气污染防治野外科学试验，加强智能化空气质量预报，强化人工增雨作业，助力打赢蓝天保卫战"纳入"共同实施生态文明建设气象保障工程，助力重庆在推进长江经济带绿色发展中发挥示范作用"范畴。

二是为了促进课题成果的推广应用，保障重庆人工影响天气改善空气质量研究型业务科学实践顺利开展，重庆市财政局根据《重庆市生态环境局关于商情调整2020年蓝天行动人工增雨及空气质量预报制作发布项目预算单位的函》(渝环函[2020]131号)，于2020年5月15日以《重庆市财政局关于下达2020年蓝天行动人工增雨及空气质量预报制作发布项目资金预算的通知》(渝财公[2020]14号)方式，从环保经费中给市气象局下达了2020年蓝天行动飞机人工增雨作业业务维持经费800万元及空气质量预报制作发布业务维持补贴经费30万元，给主城周边17个区下达了2020年地面蓝天行动人工增雨作业业务维持补贴经费170万元，为重庆抢抓空气质量优良达标天数而常态化开展重庆人工影响天气改善空气质量研究型业务实践提供了可靠的财政保障。

三是为了促进课题成果的推广应用，重庆市气象局、重庆市规划和自然资源局、重庆市生态环境局、重庆市农业农村委员会、重庆市文化和旅游发展委员会、重庆市林业局于2019年5月13日联合向各区县(自治县)气象局、规划自然资源局、生态环境局、农业农村委、文化旅游委、林业局，市生态环境局两江新区分局，两江新区市场监管局，万盛经开区生态环境局、旅发委等单位印发了《重庆市生态文明建设气象行动方案(2019—2022年)》(渝气发[2019]60号)，将建设基于"互联网＋"的智能人工影响天气系统和"完善大气环境数值预报模式和空气质量预报系统，建设大气污染综合治理气象大数据决策支持系统，开展主城区精细化空气污染气象条件预报，逐步实现在全市范围内开展空气质量预报，发挥突发大气污染扩散应急气象预警系统作用，做好突发大气污染扩散应急气象保障。强化重污染天气的连续监测和联合会商，建立重污染天气预警信息发布服务机制，充分利用突发事件预警信息发布平台及时发布重污染天气预警信息。推进人工影响天气大气污染防治野外科学试验基地建设，提升蓝天保卫战人工影响天气作业条件监测评估能力，强化飞机在蓝天保卫战人影作业的主导作用，优化蓝天保卫战地面人工影响天气作业区域布局，提高地面作业装备、人员、作业条件的保障水平，完善蓝天保卫战人工影响天气作业响应标准及工作流程，提高作业频次和扩大范围，为坚决打赢蓝天保卫战提供有力支撑的实施污染防治攻坚战气象保障行动纳入《重庆市生态文明建设气象行动方案(2019—2022年)》范畴。

四是为深入贯彻落实党中央关于推动成渝地区双城经济圈建设重大战略部署，根据《中共重庆市委关于立足"四个优势"发挥"三个作用"加快推动成渝地区双城经济圈建设的决定》(渝委发[2020]8号)文件精神，按照《深化四川重庆合作推动成渝地区双城经济圈建设工作方案》(渝委发[2020]7号)要求，扎实推进课题成果的应用，重庆市气象局会同四川省气象局将"共同建设生态环境气象保障体系。充分发挥气象在服务生态良好方面的作用，助力打好大气污染防治攻坚战，加强区域空气质量联合预报预警，联合开展大气污染防治人工影响天气作业"纳入《四川省气象局重庆市气象局共同推动成渝地区双城经济圈建设气象合作协议》10大重点内容。

## 七、研究成果应用前景预测

由于目前我国大气污染防治攻坚战处于战略相持阶段“气象影响型”时期，虽然我国采取了一系列法律、行政、经济、技术手段进行大气污染防治，但大气污染形势仍然严峻。而气象观测是大气污染防治的重要基础、气象评估是大气污染防治的重要依据、气象预报是大气污染防治的重要途径、人工影响天气是大气污染防治的重要手段，气象对大气污染防治攻坚战具有前瞻性作用，具有重要理论意义、实践意义、经济意义、政治意义。同时课题研究成果科学回答了大气污染防治攻坚战“为什么”要实施气象工程与非工程措施、大气污染防治攻坚战气象工程与非工程措施必须“做什么”、大气污染防治攻坚战气象工程与非工程措施应该“怎么做”的问题。因此，本课题研究成果应用前景非常广阔。

另外，本课题归纳凝练出的大气污染气象风险管理常态化与非常态化的工程性与非工程性“5433”对策措施，人工影响天气改善空气质量的大气污染物湿沉降清除机制、干沉降清除机制、稀释机制、化学转化清除机制科学内涵及机制图解和人工增雨具有给大气污染物“腾库纳污”功能和改善空气质量的“延滞效应”，以及率先研究探索的“以空气动力学原理、云雾物理学原理、‘斯蒂芬流’输送机理、射流破碎理论、液膜破碎雾化理论为基础，以智能运用磁化水降尘技术、预荷电喷雾降尘技术、高压喷雾降尘技术、超声波雾化降尘技术和高效降尘湿润剂复配优选与湿润剂添加技术、气象与环境实时自动监测技术为支撑，以突破人工影响天气适用条件苛刻要求促进人工影响天气大气污染防治技术在大气污染治理普遍适用为目标”的有限开放空间人造雨、雾改善空气质量研究型业务技术路径等创新性研究成果，为常态化开展人工影响天气改善空气质量研究型业务实践提供了科学依据，为人工影响天气改善空气质量研究型业务科学实践奠定了坚实的科学基础。同时地方政府对人工影响天气大气污染防治实践来改善空气质量、抢抓空气质量优良达标天数的迫切需求，为本课题研究成果推广应用提供了前所未有的机遇和广阔的应用空间，必将促进人工影响天气改善空气质量研究型业务实践科学发展。

因此，本课题研究成果的推广应用必将为我国大气污染精准治污、科学治污、依法治污贡献气象智慧和气象方案，必将进一步推动在全国省级气象部门人工影响天气研究型业务改革与转型发展。所以本课题研究成果在气象部门“发展气象干预措施，实施人工影响天气改善空气质量，做好大气污染防治攻坚战气象服务，保障打赢蓝天保卫战”的大气污染防治攻坚战气象工程与非工程措施实施进程中具有非常广阔的应用前景。

## 八、课题组的建议

根据我国大气污染防治攻坚战处于战略相持阶段“气象影响型”时期的实际状况，结合本课题研究成果，提出以下对策建议。

1. 大气污染气象风险管理常态化的非工程性对策措施建议

一是建立大气污染气象风险管理地方法规体系，强化大气污染气象风险常态化管理的合法性。

二是完善大气污染气象风险管理标准体系，强化大气污染气象风险常态化管理的规范性。

三是健全大气污染气象风险管理责任链条，强化大气污染气象风险常态化管理的社会性。

四是建立大气污染气象风险管理联席会议制度，强化大气污染气象风险常态化管理的可操作性。

五是加强大气污染气象风险排查，强化大气污染气象风险常态化管理的精准性。

2. 大气污染气象风险管理常态化的工程性对策措施建议

一是开展大气污染气象风险监测系统工程建设，强化大气污染气象风险常态化管理的可靠性。

二是开展大气污染气象风险预报系统工程建设，强化大气污染气象风险常态化管理的预见性。

三是开展大气污染气象风险服务系统工程建设，强化大气污染气象风险常态化管理的针对性。

四是开展大气污染气象风险评估系统工程建设，强化大气污染气象风险常态化管理的敏感性。

3. 大气污染气象风险管理非常态化的非工程性对策措施建议

一是完善大气重污染天气应急预案，强化气象风险非常态化管理的前瞻性。

二是完善大气重污染天气联防联控机制，强化气象风险非常态化管理的综合性。

三是完善大气污染突发事件气象应急处突机制，强化气象风险非常态化管理的科学性。

4. 大气污染气象风险管理非常态化的工程性对策措施建议

一是开展不利气象条件下大气污染的人工增雨改善空气质量应急保障工程建设，强化大气污染气象风险非常态化管理的实践性。

二是开展不利气象条件下大气污染的人造雨雾改善空气质量应急保障工程建设，强化大气污染气象风险非常态化管理的普适性。

三是开展大气污染突发事件应急气象保障工程建设，强化大气污染气象风险非常态化管理的支撑性。

5. 大气污染气象风险管理常态化与非常态化的工程性和非工程性对策措施建设项目以及人工影响天气改善空气质量研究型业务项目纳入地方“十四五”规划建议

大气污染防治攻坚战是决胜全面建成小康社会“三大攻坚战”之一的污染防治攻坚战的有机组成部分，打赢蓝天保卫战，是党的十九大作出的重大决策部署，事关满足人民日益增长的美好生活需要，事关全面建成小康社会，事关经济高质量发展和美丽中国建设。而不利气象条件是大气污染事件产生、发展和结束的外因。因此，摆脱不利气象条件对大气污染防治的限制和约束，防止不利气象条件诱发大气污染气象风险向大气污染事件转变，杜绝空气重污染天气事件发生，促进空气质量从轻度污染向良好状态转变、从良好状态向最优状态转变，推动大气污染治理体系和治理能力现代化发展，实现大气污染防治攻坚战的战略相持阶段向大气污染问题基本解决的更高阶段转变。迫切需要全国各省（直辖市、自治区）气象部门根据《大气污染防治行动计划》（国发〔2013〕37 号）关于“按不同污染等级确定可行的气象干预应对措施”精神，按照《气象部门贯彻落实〈大气污染防治行动计划〉实施方案》（气发[2013]106 号）关于“发展气象干预措施，形成人工影响天气改善空气质量业务能力，实施人工影响天气改善空气质量”要求，结合人工影响天气改善空气质量研究型业务科学实践属地特征，在气象部门现有人工影响天气业务服务系统基础上，以适合人工增雨的条件智能研判为核心，以创新人工增雨作业技术提升增雨效果为基础，以改善空气质量为目标，开展人工影响天气改善空气质量研究型业务技术体系工程建设，为防范重污染天气和大气污染突发事件应急气象保障服务以及大气污染气象风险管理实践提供工程性技术支撑。

故特建议全国各省（直辖市、自治区）气象局将大气污染气象风险管理常态化与非常态化的工程和非工程性对策措施建设项目以及人工影响天气改善空气质量研究型业务项目纳入地方“十四五”规划。

6. 推进科技创新不断突破人工影响天气改善空气质量研究型业务科学技术瓶颈的建议

人工影响天气改善空气质量研究型业务是基于人工影响天气科学技术发展起来的涉及多个学科和工程技术融合的研究型业务，虽然人工影响天气技术已发展了70多年，但目前人工影响天气技术的适用条件比较苛刻，限制了人工影响天气改善空气质量研究型业务的快速发展。但是，随着现代科技进步，人工影响天气新技术研究开发应用为人工影响天气大气污染防治技术突破适用条件苛刻要求成为可能，尤其是电离人工增雨(雪)技术、飞秒激光人工增雨(雪)技术、低频声波人工增雨(雪)技术等研究开发科学试验取得了可喜成果和有限开放空间实施磁化水降尘技术、预荷电喷雾降尘技术、高压喷雾降尘技术、超声波雾化降尘技术、高效降尘湿润剂复配优选与湿润剂添加技术的人造雨、雾改善空气质量实践成果，为人工影响天气大气污染防治技术突破适用条件苛刻要求，拓展人工影响天气改善空气质量研究型业务在大气污染治理普遍适用性提供了技术路线。而围绕大气污染防治攻坚战和打赢蓝天保卫战，以气象部门人工影响天气业务技术体系和大气环境与气象资源共享为基础，以提升蓝天保卫战人工影响天气大气污染防治能力为目标，开展人工影响天气大气污染防治野外科学试验是不断突破人工影响天气改善空气质量研究型业务科学技术瓶颈的有效途径。

因此，建议中国气象局会同生态环境部组织全国各省(直辖市、自治区)气象局和生态环境厅(局)开展人工影响天气大气污染防治野外科学试验，实施人工影响天气大气污染防治野外科学试验工程建设，为不断突破人工影响天气改善空气质量研究型业务科学技术瓶颈，破解人工影响天气改善空气质量研究型业务在大气污染治理普遍适用的科学难题，促进大气污染防治攻坚战从战略相持阶段向大气污染问题基本解决的更高阶段转变提供人工影响天气科学技术支撑和实践经验。

蓝天保卫战人工影响天气大气污染防治野外科学试验工程建设目标：建立健全以物联网为基础的蓝天保卫战环境与气象综合观测系统、以智能化为基础的蓝天保卫战环境与气象预报预警系统、以信息化为基础的蓝天保卫战人工影响天气作业系统、以大数据为基础的不利气象条件下蓝天保卫战大气污染综合治理科学决策系统，建立大气污染防治人工影响天气野外科学试验基地，开展以问题为导向的蓝天保卫战人工影响天气大气污染防治关键技术研究与开发，为落实地方政府蓝天保卫战人工影响天气大气污染防治属地责任和领导责任、相关部门蓝天保卫战人工影响天气大气污染防治直接监管责任、大气污染气象敏感单位蓝天保卫战人工影响天气大气污染防治直接责任和逐步提升全社会蓝天保卫战人工影响天气大气污染防治能力和水平提供气象科技支撑和保障，形成满足蓝天保卫战人工影响天气大气污染治理体系和治理能力现代化的蓝天保卫战人工影响天气大气污染防治管控体系，为不断突破人工影响天气改善空气质量研究型业务科学技术瓶颈，促进大气污染防治攻坚战从战略相持阶段向大气污染问题基本解决的更高阶段转变提供科学技术支撑和实践经验。

蓝天保卫战人工影响天气大气污染防治野外科学试验工程主要建设内容：按照法律法规规定和党中央、国务院要求，为精准落实蓝天保卫战人工影响天气大气污染防治地方政府属地责任、领导责任，部门监管责任，企事业单位主体责任，联合生态环境部规制定《蓝天保卫战人工影响天气大气污染防治管理办法》部门规章，指导地方政府制定《蓝天保卫战人工影响天气大气污染防治管理办法》政府规章或制度性规范文件；为蓝天保卫战人工影响天气大气污染防治工作的规范化、标准化、流程化，研究制定《大气污染气象敏感单位大气污染气象风险评估技术规范》《大气污染气象敏感单位大气污染防范气象保障技术规范》《蓝天保卫战环境与气象综合观测技术规范》《蓝天保卫战环境与气象预报预警技术规范》《蓝天保卫战环境与气象预报预警服务技术规范》《蓝天保卫战人工影响天气作业技术规范》、《蓝天保卫战大气污染综合治理科学决策指南》等一系列技术标准；开展污染气象敏感单位大气污染气象风险评估业务系统建设，开展国家—省—市—县四级一体化的蓝天保卫战环境与气象综合观测系统、气象预报预警系统、服务系统、预警信息发布系统及不利气象条件下蓝天保卫战大气污染综合治理科学决策系统建设；开展针对大气污染防治的人工影响天气作业系统建设和北京、上海、重庆大气污染防治人工影响天气野外科学试验基地建设，开展蓝天保卫战人工影响天气大气污染防治关键技术研究与开发；开展大气污染气象敏感单位蓝天保卫战人工影响天气大气污染防治的监督管理平台和诚信体系建设；开展北京、上海、重庆蓝天保卫战人工影响天气大气污染防治示范工程建设。

7. 精准施策依法落实人工影响天气改善空气质量研究型业务实践协同配合责任的建议

人工影响天气改善空气质量研究型业务实践是一项极其复杂的系统工程，不仅涉及科研和业务充分融合，应用最新现代人工影响天气科学技术成果，持续推进人工影响天气改善空气质量研究型业务能力建设，而且在人工影响天气改善空气质量研究型业务实践活动中还涉及政府、部门、大气污染气象敏感单位协同配合。而按照国务院总理李克强于在 2020 年 5 月 22 日在第十三届全国人民代表大会第三次会议上所作的《政府工作报告》关于“提高生态环境治理成效。突出精准、科学、依法治污。深化重点地区大气污染治理攻坚”部署，提高大气污染治理成效，突出大气污染精准、科学、依法治理，深化城市大气污染治理攻坚就离不开精准实施人工影响天气改善空气质量研究型业务实践。虽然通过开展人工影响天气大气污染防治野外科学试验，实施人工影响天气大气污染防治野外科学试验工程建设，持续推进科技创新不断突破人工影响天气改善空气质量研究型业务科学技术瓶颈，可促进人工影响天气改善空气质量研究型业务能力提升。但是在人工影响天气改善空气质量研究型业务实践活动中还涉及政府、部门、大气污染气象敏感单位协同配合，因此建议中国气象局会同生态环境部组织全国各省(直辖市、自治区)气象局和生态环境厅(局)根据中共中央办公厅、国务院办公厅印发的《关于构建现代环境治理体系的指导意见》精神，参考重庆市政府不断将重庆市主城区人工影响天气改善空气质量研究型业务实践的成功经验转化为保障人工影响天气改善空气质量研究型业务实践顺利开展的政策法规体系，依法构建人工影响天气改善空气质量研究型业务实践协同配合的责任体系。

依法构建人工影响天气改善空气质量研究型业务实践协同配合责任体系的主要目的是：精准实施人工影响天气改善空气质量研究型业务实践，抢抓城市年度空气质量优良达标天数，提高大气污染治理成效，突出大气污染精准、科学、依法治理，从而不断推进大气污染治理体系和治理能力现代化。

依法构建人工影响天气改善空气质量研究型业务实践协同配合责任体系的重点建设内容是：建立、健全人工影响天气改善空气质量研究型业务实践协同配合的政府主导自上而下，部门联动横向到边、纵向到底，社会参与到具体大气污染气象敏感单位的全方位、立体化“人工影响天气改善空气质量研究型业务实践协同配合的责任链条”，进一步明确政府、部门、大气污染气象敏感单位在人工影响天气改善空气质量研究型业务实践协同配合全过程每个环节的工作任务和责任，确保精准实施人工影响天气改善空气质量研究型业务实践协同配合全过程中上下衔接无接头，左右并联协作无缝隙，形成政府主导、部门监管、大气污染气象敏感单位尽责、社会组织和公众共同参与的齐抓共管、各司其职，共筑人工影响天气改善空气质量研究型业务实践的新格局。

## 九、课题结题验收专家组意见

中国气象局政策法规司于2020年10月12日，在北京组织了气象软科学重点项目“大气污染防治攻坚战气象工程与非工程措施研究”结题验收。验收专家组听取了课题组关于项目执行情况和研究成果汇报，审查了提交的验收资料，并进行了质疑和讨论，形成验收意见如下：

(1)该项目研究总体思路清晰、方法科学、框架结构合理，分析论证充分。提交的技术报告内容全面，按照立项要求完成了大气污染防治攻坚战涉及气象工程与非工程措施在大气污染防治中实施现状、存在问题及其对大气污染防治攻坚战的重要性、紧迫性、可行性和现实意义等研究分析，完成了不利气象条件下的大气污染形成机理、大气污染风险管理、大气污染风险管理的对策措施等研究分析和大气污染防治攻坚战的人工影响天气大气污染防治实践可行性、典型案例、实践启示等研究分析。

(2)课题组按照大气污染气象风险管理的思路和“边探索、边研究、边应用”的原则，通过研究分析率先提出并定义的“大气污染气象敏感单位”、发现的“人工增雨具有给大气污染物‘腾库纳污’功能和改善空气质量的‘延滞效应’”、创建的“大气污染风险管理的CQDQWRMES风险评估实用模型”、归纳总结出具有普遍指导意义的大气污染风险管理常态化与非常态化的工程性与非工程性的“5433”对策措施等创新成果，为大气污染精准治污、科学治污、依法治污提供了气象科技支撑和保障，贡献了气象智慧和气象方案。

(3)课题研究成果系统回答了大气污染防治攻坚战“为什么”要实施气象工程与非工程措施和具体“做什么”、应该“怎么做”的问题，具有较强的创新性、系统性、实用性、针对性、前瞻性，对持续打好大气污染防治攻坚战、打赢蓝天保卫战具有非常重要的现实意义，达到了研究目的。

验收组专家一致认为该项目验收材料齐全，格式规范，经费使用合理，成果效益明显，完成了课题任务书确定的各项研究任务和内容，同意该项目通过验收。

# 参考文献


阿斯娅·克里木,帕丽旦·克里木,2002.光化学烟雾大气污染的形成机理[J].新疆师范大学学报(自然科学版),21(3):26-30.

北京大学大气物理学编写组,1987.大气物理学[M].北京:气象出版社,47-83.

陈小敏,李轲,2010.重庆主城区人工增雨对空气质量的影响分析[J].西南师范大学学报(自然科学版),35(6):152-156.

邓北胜,李宏宇,张蔷,等,2011.人工影响天气技术与管理[M].北京:气象出版社,1-169.

邓北胜,2011.人工影响天气技术与管理[M],北京:气象出版社,1-158.

丁俊男,赵熠琳,李健军,2018.中国中东部一次大范围重污染过程特征分析[J].中国环境监测,34(3):1-7.

杜怡心,胡琳,王琦,等,2018.2016 年西安市气象条件对大气污染影响评价[J].陕西气象,(1):30-33.

冯贵霞,2016.中国大气污染防治政策变迁的逻辑——基于政策网络的视角[D].济南:山东大学,5-181.

黄美元,沈志来,洪延超,2003.半个世纪的云雾、降水和人工影响天气研究进展[J].大气科学,27(3):536-551.

江淑芳,朱德明,林楚雄,等,2016.天气形势预测法在深圳市空气质量预报中的应用研究[J].环境科学与技术,39(3):176-181.

蒋维楣,孙鉴泞,曹文俊,等,1998.空气污染气象学教程(第二版)[M].北京:气象出版社,257-298.

靳卫齐,2008.光化学烟雾的形成机制及其防治措施[D].西安:长安大学,1-57.

李干杰,2018.坚决打好污染防治攻坚战[J].紫光阁,(1):9-10.

李干杰,2018.以习近平生态文明思想为指导坚决打好污染防治攻坚战[J].行政管理改革,(11):4-11.

李宗恺,潘云仙,孙润桥,1985.空气污染气象学原理及应用[M].北京:气象出版社,1-598.

连东英,林长城,吴德辉,等,2009.三明市 $PM_{10}$ 浓度突变及影响因子分析[J].福建气象,(6):39-43.

梁成思,2019.燃煤烟气中气溶胶颗粒形成及长大的机理研究[D].杭州:浙江大学,1-67.

陆忠汉,陆长荣,王婉馨,1984.实用气象手册[M].上海:上海辞书出版社,39-132.

马克明,殷哲,张育新,2018.绿地滞尘效应和机理评估进展[J].生态学报,38(12):4482-4491.

马志强,孟燕军,林伟立,2013.气象条件对北京地区一次光化学烟雾与霾复合污染事件的影响[J].气象科技进展,3(2):59-61.

孟辉,宋薇,王婉,等,2017."8·12"天津港爆炸事故处置现场人工影响天气保障方案设计与实现[J].灾害学,32(2):136-140.

孟燕军,程丛兰,2002.影响北京大气污染物变化地面天气形势分析[J].气象,28(4):42-47.

《气象改革开放 40 年研究》课题组,2019.气象改革开放 40 年[M].北京:气象出版社,86-148.

秦阳,2017.南京地区气溶胶干沉降观测与数值模拟研究[D].南京:南京信息工程大学,2-48.

尚子微,2018.不同气候区代表城市空气污染与气象条件的关系及其预报研究[D].兰州:兰州大学,2-79.

盛裴轩,毛节泰,李建国等,2003.大气物理学[M].北京:北京大学出版社,6-412.

宋文彪,1985.空气污染控制工程[M].北京:冶金工业出版社,1-72.

王聪雯,2019.大气污染防治中公众参与问题研究——以郑州市为例[D].郑州:郑州大学,3-47.

王明星,1999.大气化学[M].北京:气象出版社,78-79.

徐祥德,施晓晖,谢立安,等,2005.城市冬、夏季大气污染气、粒态复合型相关空间特征[J].中国科学 D 辑(地球科学),35(增刊1):53-65.

许焕斌,2009.关于在人工影响天气中更新学术观念的探讨[J].干旱气象,27(4):305-307,56.

许小峰,丁一汇,端义宏,等,2016.中国气象百科全书·气象科学基础卷[M].北京:气象出版社,25-103.

阎杰,谢军,宋丽华,等,2017.大气复合污染物及颗粒物间的多相反应对雾霾影响的研究进展[J].应用化工,46(9):1780-1782.

叶兴南,陈建民,2009.大气二次细颗粒物形成机理的前沿研究 [J].化学进展,21(2/3):288-296.

叶兴南,陈建民,2013.灰霾与颗粒物吸湿增长[J].自然杂志,35(5):337-341.

殷永泉、李昌梅、马桂霞,等,2004.城市臭氧浓度分布特征[J].环境科学,25(6):16-17.

中国人民共和国生态环境部,2019.《蓝天保卫战——中国空气质量改善报告(2013—2018)》[R].

仲峻霆,2018.北京冬季重污染事件中PM2.5爆发性增长与边界层气象要素的反馈机制研究[D].北京:中国气象科学研究院,1-42.

周铭凯,2019.城市基层政府大气污染治理政策执行研究——以X区重污染天气治理为例[D].郑州:郑州大学,2-40.

周毓荃,陈英英,李娟,等,2008.用FY-2C/D卫星等综合观测资料反演云物理特性产品及检验[J].气象,34(12):27-37.

周兆媛,张时煌,高庆先,等,2014.京津冀地区气象要素对空气质量的影响及未来变化趋势分析[J].资源科学,36(1):191-199.

朱彬、肖辉、黄美元,等,2001.应用查表法模拟区域对流层$O_3$、$NO_x$分布和演化的研究[J].大气科学,25(1):49-60.

朱蓉,张存杰,梅梅,2018.大气自净能力指数的气候特征与应用研究[J].中国环境科学,38(10):3601-3610.

# 参考书目


阿碧,2011."人造云"为赛场降温[J].发明与创新,(7):34.

常倩云,2017.细颗粒物荷电、凝并脱除多过程强化机理研究[D].杭州:浙江大学,1-150.

陈浩,2017.声波联合电场作用细颗粒物脱除机理与方法[D].杭州:浙江大学,1-140.

程浩,2014.城市建筑扬尘与雾霾产生的关系及应对措施[J].建筑安全,(4):50-52.

代梦艳,吴文健,胡碧茹,2006.人工造雾成雾过程微物理性能分析[J].国防科技大学学报,28(6):129—133.

戴灵慧,2012.南京北郊大气降尘观测研究[D].南京:南京信息工程大学,1-57.

党娟,苏正军,房文,等,2017.几种粉末型吸湿性催化剂的试验研究[J].气象科技,45(2):398-404.

杜婷婷,2011.突发性环境污染事件应急管理体系研究[D].南京:南京大学,7-62.

段婧,楼小凤,卢广献,2017.国际人工影响天气技术新进展[J].气象,43(12):1562-1571.

方祺伟,2016.突发性大气污染事故应急预案生成与动态推演研究[D].福州:福州大学,2-74.

高建秋,林镇国,林俊君,等,2014.珠三角地区人工增雨消霾的可行性分析[J].广东气象,36(1):59-62.

郭强,2019.光化学烟雾的形成机制[J].山东化工,48(2):210-213.

郭学良,方春刚,卢广献,等,2019.2008—2018年我国人工影响天气技术及应用进展[J].应用气象学报.30(6):641-650.

郭学良,2010.大气物理与人工影响天气[M].北京:气象出版社:1-625.

韩素芹,李培彦,金陶胜,等,2009.天津市的突发性大气污染事故预警应急系统研究[J].灾害学,24(2):34-36,56.

何森,刘胜强,曾毅夫,等,2015.磁化水高压喷雾除尘技术治理城市$PM_{2.5}$[J].灾害学,30(1):24-27.

侯双全,吴嘉,席葆树,2012.低频声波对水雾消散作用的实验研究[J].流体力学实验与测量,16(4):52-56,63.

胡志晋,王广河,王雨增,2000.人工影响天气工程系统[J].中国工程科学,2(7):87-91.

华凤皎,2017.降雨和沉积效应对城市气溶胶的清除特性研究[D].上海:东华大学,3-144.

蒋华刚,2009.平面驻波声场中声波除尘研究[D].西安:陕西师范大学,1-54.

矫梅燕,2016.中国气象百科全书·气象服务卷[M].北京:气象出版社:210-266.

景跃军,张昀,李元,2014.大气污染突发事件演化过程及应急管理探讨[J].环境保护,2014,42(11):52-53.

鞠晶晶,刘建胜,孙海轶,2019.飞秒激光人工影响天气的物理机理及研究进展[J].中国激光,46(5):38-52.

李琛,刘瑾,王彦民,2017.气压对西安市城区空气质量的影响[J].环境工程,35(3):101-122.

李大山,2002.人工影响天气现状与展望[M].北京:气象出版社:1-356.

李德文,严昌炽,1993.荷电水雾对呼吸尘的捕集机理及捕集效率[J].煤矿安全,(12):5-9.

李德文,1994.预荷电喷雾降尘技术的研究[J].煤炭工程师,(6):8-13.

李刚,2009.高效水雾降尘技术的实验研究及工程应用[D].湘潭:湖南科技大学,2-83.

李红艳,2018.基于光电检测的喷雾降温降尘技术研究[D].淮南:安徽理工大学,2-54.

李凯飞,2018.京津冀地区大气污染云下湿清除作用研究[D].南京:南京信息工程大学,2-50.

李良福,覃彬全,杨磊,等,2016.气象安全生产事故风险管理与实践[M].北京:气象出版社:198-290.

李良福,覃彬全,张拜平,等,2011.气象灾害敏感单位安全气象保障技术规范[S].北京:气象出版社.

李琼,李福娇,叶燕翔,等,1999.珠江三角洲地区天气类型与污染潜势及污染浓度的关系[J].热带气象学报,

15(4):363-369.

李夕兵,2007.企业环境保护行为信用等级评价研究与实践[D].重庆:重庆大学,2-51.

李岩,陈筱涵,杨开甲,2015.人工增雨对福州空气质量的影响分析[J].海峡科学,(8):24-26,32.

刘冰,彭宗超,2015.跨界危机与预案协同——京津冀地区雾霾天气应急预案的比较分析[J].同济大学学报(社会科学版),26(4):67-75.

刘晨书,2009.北京大气气溶胶及干沉降中有机酸的来源特征研究[D].北京:首都师范大学,1-52.

刘霞,2011.阿联酋沙漠下起名符真实的"人造雨"[J].科技与生活,(1):41.

刘星,2017.大气PM2.5中铵盐形成机制与降雨清除效率[D].南昌:南昌大学,3-55.

刘艳杰,许敏,李娜,等,2017.京津冀连续雾霾及重污染天气特征分析[J].防灾科技学院学报.19(1):47-55.

陆玉霞,2015.南京北郊大气莫氧变体特征及其影响因素研究[D].南京:南京信息工程大学,2-48.

吕洪良,2007.区域大气环境容量核算方法研究——以大庆石化规划区域为例[D].青岛:中国石油大学(华东),1-98.

梅梅,朱蓉,孙朝阳,2019.京津冀及周边"2+26"城市秋冬季大气重污染气象条件及其气候特征研究[J].气候变化研究进展,15(3):270-281.

孟宪宇,马雯昕,董华伦,等,2017.静电除雾霾的技术研究及应用[J].现代盐化工,(12):49-50.

倪思聪,2017.南京青奥会开闭幕式人工减雨作业效果的回波分析[D].南京:南京信息工程大学,2-53.

宁贵财,2018.四川盆地西北部城市群冬季大气污染气象成因及其数值模拟研究[D].兰州:兰州大学,3-135.

欧阳琰,王体健,张艳,等,2003.一种大气污染物干沉积速率的计算方法及其应用[J].南京气象学院学报,26(6):210-218.

潘垣,于克训,2017.带电粒子催化人工降雨雪新原理新技术及应用示范(天水计划)[J].中国环境管理,9(3):115-116.

蒲茜,2017.长三角高温热浪期间臭氧的形成机理及辐射效应研究[D].南京:南京大学,1-78.

任阵海,万本太,虞统,等,2004.不同尺度大气系统对污染边界层的影响及其水平流场输送[J].环境科学研究,17(1):7-13.

申庆赟,2019.工地喷雾降尘系统设计[J].河南科技,(8):96-99.

盛永财,玉米提·哈力克,阿不都拉·阿不力孜,2018.气象因素对乌鲁木齐市$PM_{2.5}$浓度影响分析[J].环境工程,36(11):64-69.

孙奕敏,1994.云中催化剂的扩散[M].北京:气象出版社:29-227.

孙兆彬,李梓铭,廖晓农,等,2017.北京大气热力和动力结构对污染物输送和扩散条件的影响[J].中国环境科学,37(5):1693-1705.

谭笑,卢佳敏,刘欣宇,等,2012.高电压放电产生等离子体在人工降雨中的应用[J].高电压技术,38(12):3375-3380.

陶双成,2007.城市光化学烟雾形成的动力学模拟及影响因素[D].西安:长安大学,1-60.

汪安璞,1992.大气污染化学研究概况[J].环境化学,11(6):1-13.

汪安璞,1994.我国大气污染化学研究进展[J].环境科学进展,2(3):1-18.

王虹虹,范一鹤,李娜,2017.降霾除尘喷雾技术研究进展[J].绿色科技.(10):8-10.

王体健,李宗恺,1994.影响气体和粒子干沉积的敏感因子分析[J].南京气象学院学报,17(3):385-390.

王晓飞,2018.基于降低雾霾影响的寒地城市通风廊道构建研究—以长春市为例[D].长春:吉林建筑大学,1-130.

王亚英,李萍,武小钢,等,2015.昼间气象条件对城市道路绿化带空气净化效果的影响——以太原市为例[J].生态学报.35(4):1267-1273.

王银生,王英敏,1996.静电喷雾除尘适于微细粉尘的理论分析[J].东北大学学报(自然科学版),17(3):301-304.

王瑛,2014.气溶胶云下降雨清除的理论及观测研究[D].南京:南京信息工程大学,1-39.

温武瑞,2017. 天津市重污染天气应对的经验与启示[J]. 环境保护,45(8):19-22.
吴莹,2011. 北京及太行山东麓河北三城市大气污染联合观测与比对分析研究[D]. 南京:南京信息工程大学,4-58.
夏伟,2015. 新型磁化雾降尘技术及煤尘润湿剂研究[D]. 江苏徐州:中国矿业大学,1-66.
夏伟,2015. 新型磁化雾降尘技术及煤尘润湿剂研究[D]. 江苏徐州:中国矿业大学,3-66.
徐灵芝,吕江津,卜清军,等,2018. 气象条件对天津港爆炸事故应急救援服务的影响分析[J]. 天津科技,45(7):92-96.
徐先荞,2019. 长江中下游江面雾水化学与典型城市大气气溶胶污染形成过程、健康风险研究[D]. 济南:山东大学,1-93.
许冬花,2010. 自吸喷雾磁化降尘研究[D]. 江苏镇江:江苏大学,1-63.
薛富利,郭海军,2016. 柔翼无人机用于人工消雾的应用研究[J]. 中国新技术新产品,(4):11.
杨帆. 降雨对大气颗粒物和气态污染物的清除效率及机制[D]. 南昌:南昌大学,1-55.
杨利敏,李良福,2006. 气象信息与安全生产[M]. 北京:气象出版社:124-188.
杨艳霞,2013. 不利气象条件的确定方法在大气环境风险评价事故后果预测中的应用[D]. 兰州:兰州大学,5-147.
姚文辉,2018. 大气环境标准实施中的一些问题及分析[J]. 新疆环境保护,40(3):24-27.
殷钦霖,2016. 基于模糊 PID 算法的建筑工地自动喷雾降尘系统设计[J]. 工业控制计算机,29(7):149-150.
于晶晶,2015. 北京市空气质量影响因素及改善措施研究[D]. 北京:首都经济贸易大学,11-48.
于静,张志伟,蔡文婷,2011. 城市规划与空气质量关系研究[J]. 城市规划,2011,35(12):51-56.
于子平,2014. 现代化人工影响天气装备技术概论[M]. 北京:气象出版社:1-523.
郁珍艳,李正泉,高大伟,等,2017. 浙江省空气质量与大气自净能力的特征分析[J]. 气象,43(3):323-332.
袁野,王成章,张苏,2007. 云的垂直速度特征分析及人工影响天气作业措施探讨[J]. 气象科学,27(5):502-508.
曾庆伟,高太长,刘磊,等,2019. 飞秒激光成丝诱导形成水凝物的机理研究进展[J]. 红外与激光工程. 48(4):102-107.
曾睿,2010. 基于案例推理的突发大气污染事件应急支持系统的研究[D]. 昆明:昆明理工大学,2-54.
湛含辉,张晶晶,张晓琪,等,2004. 无机絮凝剂的混凝机理研究[J]. 湘潭矿业学院学报,19(1):84-87.
张安明,李德文,1997. 电介喷嘴高效喷雾降尘的试验研究[J]. 煤炭工程师,(1):3-5.
张翠萍,温琰茂,2005. 大气污染植物修复的机理和影响因素研究[J]. 云南地理环境研究,17(6):82—86.
张红,2017. 典型沿江城市空气污染物特征及与气象条件的耦合关系研究[D]. 合肥:中国科学技术大学,3-160.
张慧娇,2018. 南京青奥会开幕式人工催化消减雨作业的效果和机理研究[D]. 南京:南京大学,2018 年硕士学位论文:1-77.
张洁琼,王雅倩,高爽,等,2018. 不同时间尺度气象要素与空气污染关系的 KZ 滤波研究[J]. 中国环境科学,2018,38(10):3662-3672.
张景红,2010. 人工影响天气纳米催化剂粉体的制备与成冰性能研究[D]. 长春:吉林大学,1-80.
张丽,梁碧玲,李磊,2019. 深圳市臭氧污染气象条件指数研究及业务应用[J]. 气象科技进展,9(3):160-165.
张宁,2016. $PM_{2.5}$ 沙尘气溶胶和干湿沉降物的理化特征及源解析研究[M]. 北京:气象出版社:4-279
张蔷,郭恩铭,何晖,等,2011. 人工影响天气试验研究与应用[M]. 北京:气象出版社:13-385.
张蔷,郭恩铭,刘建忠,等,2008. 雾的宏微观物理结构与人工消雾研究[M]. 北京:气象出版社:72-157.
张天宇,张丹,王勇,等,2019. 1951-2108 年重庆主城区大气自净能力变化特征分析[J]. 高原气象,38(4):901-910.
张小曳,孙俊英,王亚强,等,2013. 我国雾-霾成因及其治理的思考[J]. 科学通报,58(13):1178-1187.
赵辰航,2015. 上海地区光化学烟雾特征及分级标准研究[D]. 上海:东华大学,3-67.

赵艳博,2010.突发环境污染事件应急预案管理系统原型设计与开发[D].上海:华东师范大学,3-64.

周莉萍,2017.无人机机载喷雾系统喷雾特性及影响因素的研究[D].杭州:浙江大学,9-50.

朱良,周刚,孙明东,等,2014.喷雾降尘用化学除尘剂的实验研究[J].煤炭工程,46(9):96-98,102.

朱晓艳,李念,郑昭佩,2017.济南市气象要素对大气污染物浓度的影响[J].济南大学学报(自然科学版),31(5):438-444.

朱云,2014.重污染天气环境应急体系构建路径[J].环境经济,(3):60-62.

Alessio Pollice,Giovanna Jona Lasinio,2010. Spatiotemporal analysis of the $PM_{10}$ concentration over the Taranto area[J]. Environ Monit Assess,162:177-190.

Alexander Baklanov,2000. Application of CFD methods for modelling in air pollution problems: possibilities and gaps[J]. Environmental Monitoring Assessment,65: 181-189.

Bobbink R,Hornung M,Roelofs J G M. 2014. The effects of air-borne nitrogen pollutants on species diversity in natural and semi-natural European vegetation[J]. Ecology,86(5).

Han L,Zhou W,Li W,et al,2014. Impact of urbanization level on urban air quality:A case of fine particles (PM2.5) in Chinese cities[J]. Environmental Pollution,194:163-170.

Lin H,Liu T,Fang F,et al,2017. Mortality benefits of vigorous air quality improvement interventions during the periods of APEC Blue and Parade Blue in Beijing,China[J]. Environmental Pollution,220(PT. A): 222-227.

Almbauer R A,Piringer M,Baumann K,et al,2000. Analysis of the daily variations of wintertime air pollution concentrations in the city of Graz,Austria[J]. Environmental Monitoring and Assessment,65:79-87.

Renate Forkel,Johannes Werhahn,Ayoe Buus Hansen,et al,2012. Effect of aerosol-radiation feedback on regional air quality:A case study with WRF/Chem[J]. Atmospheric Environment,53:202-211.

Sun L,Wei J,Duan D H,et al,2016. Impact of Land-Use and Land-Cover Change on urban air quality in representative cities of China[J]. Journal of Atmospheric and Solar-Terrestrial Physics,142:43-54.

图 1-1　罗家 2 号井天然气渗漏事故现场及应急气象观测设备布局与现场气象观测

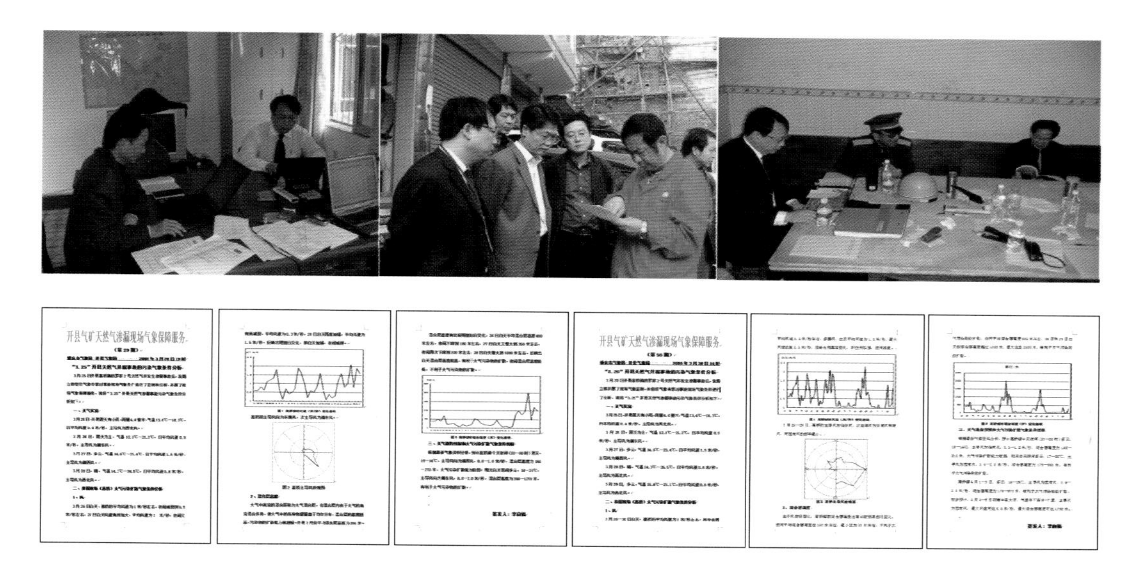
开县气矿天然气渗漏现场气象保障服务

（第29期）

开县气矿天然气渗漏现场气象保障服务

（第30期）

图 1-2　罗家 2 号井天然气渗漏事故气象保障服务材料及现场服务工作示意图

图 1-5　开县井喷特别重大安全责任事故现场

图 1-14　北京房山区环保局生态环境执法支队执法检查现场(李木易 摄)

图 1-15　北京市海淀区西北旺镇工地“空气重污染预警二级(橙色)”警示牌(浦峰 摄)

图 1-16　北京市朝阳区太阳宫城管队队员执法检查现场(吴宁 摄)

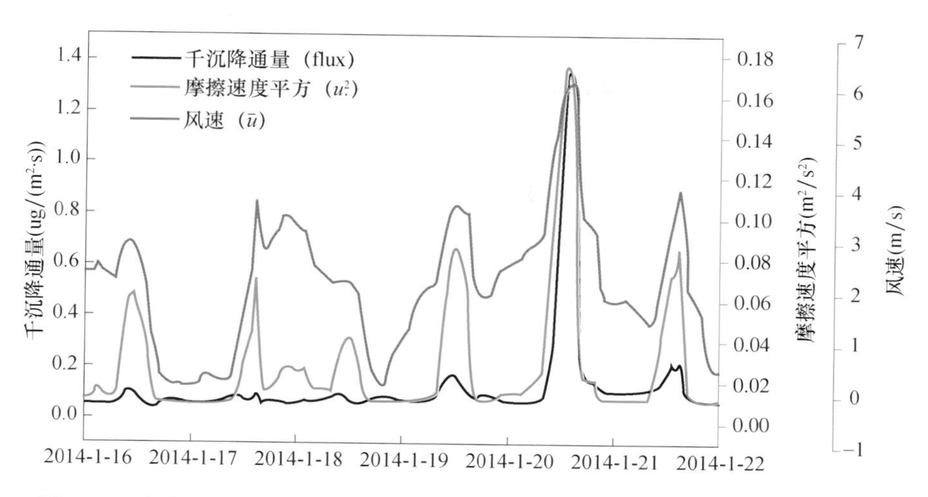


图 1-17　南京地区 2014 年 1 月 16—21 日的干沉降通量、摩擦速度、风速时间序列

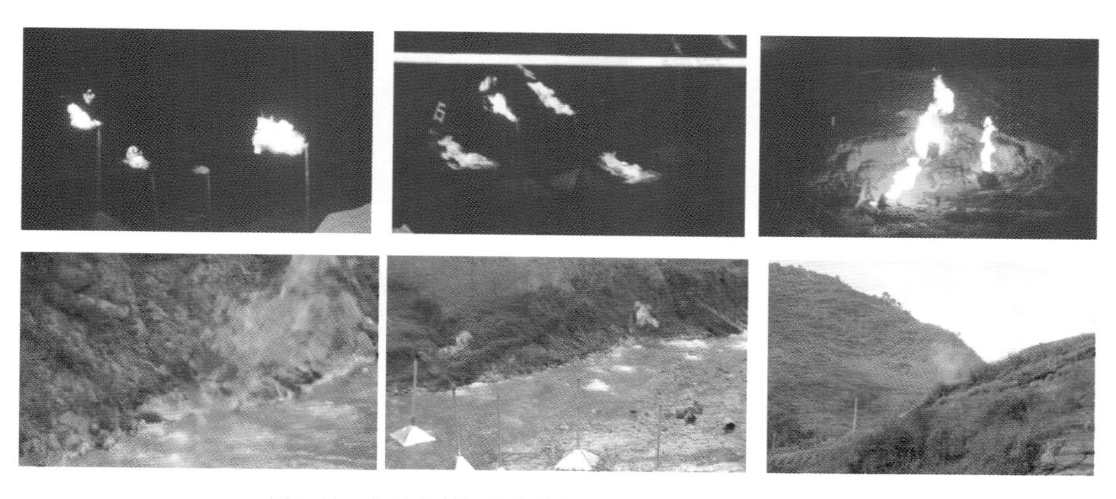

图 1-19　含硫化氢气体的井漏天然气点火应急处置现场

图 1-20　事故现场气象观测及 8 月 12—16 日观测的风向、风速时间序列

图 1-21　事故现场及与泄漏期间大气污染物扩散预报

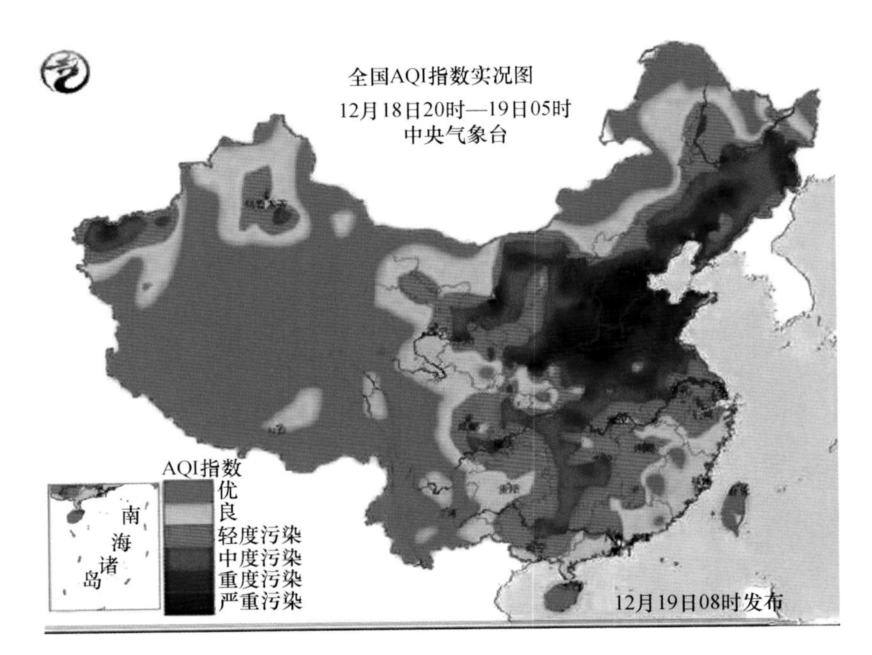


图 1-22　2016 年 12 月 18 日 20 时—19 日 05 时全国 AQI 指数实况

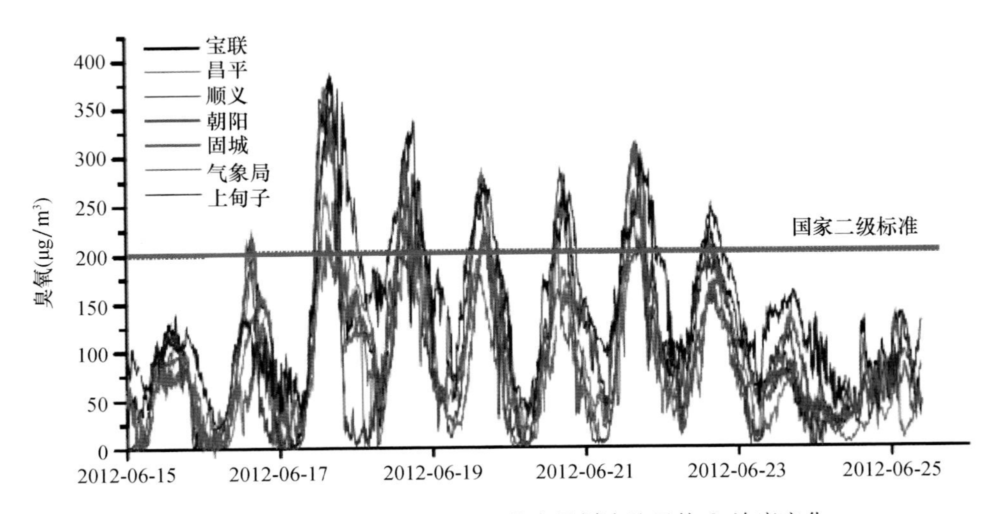


图 1-24　2012 年 6 月 15—25 日北京及周边地区的 $O_3$ 浓度变化

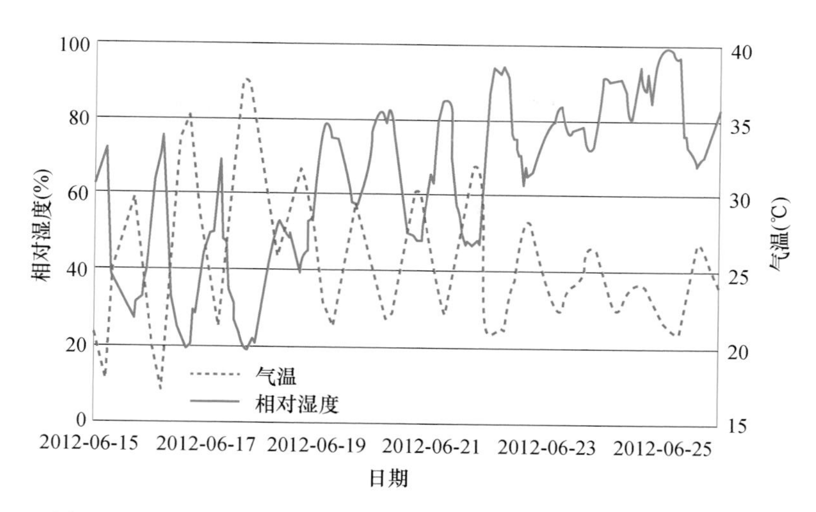


图 1-25　2012 年 6 月 15—25 日南郊观象台气温和相对湿度逐时变化

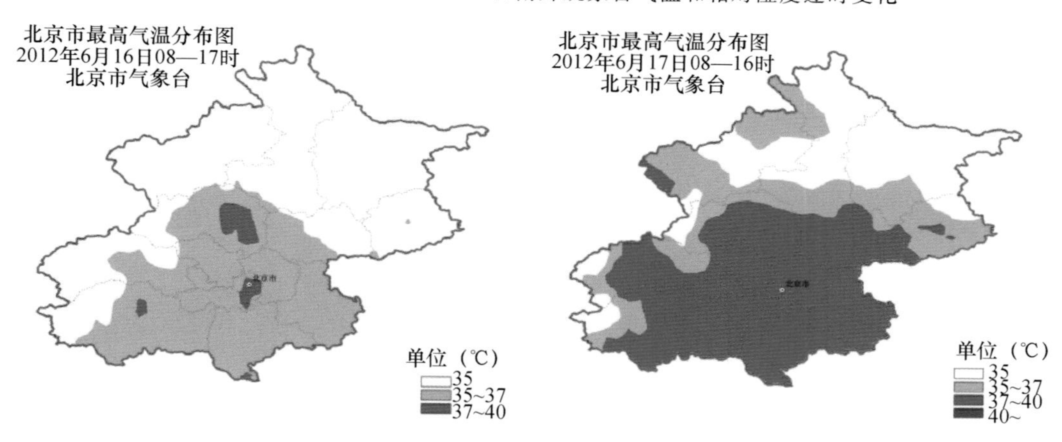


图 1-26　2012 年 6 月 16—17 日最高气温分布

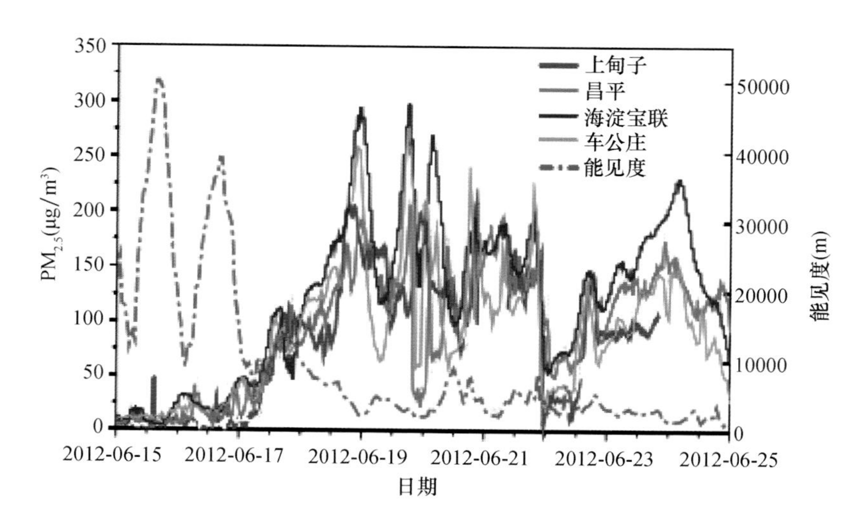


图 1-27　6 月 15—25 日北京地区 4 个站点 $PM_{2.5}$ 浓度和南郊观象台能见度变化

图 1-29　新建的大唐国际丰都核电项目气象观测站

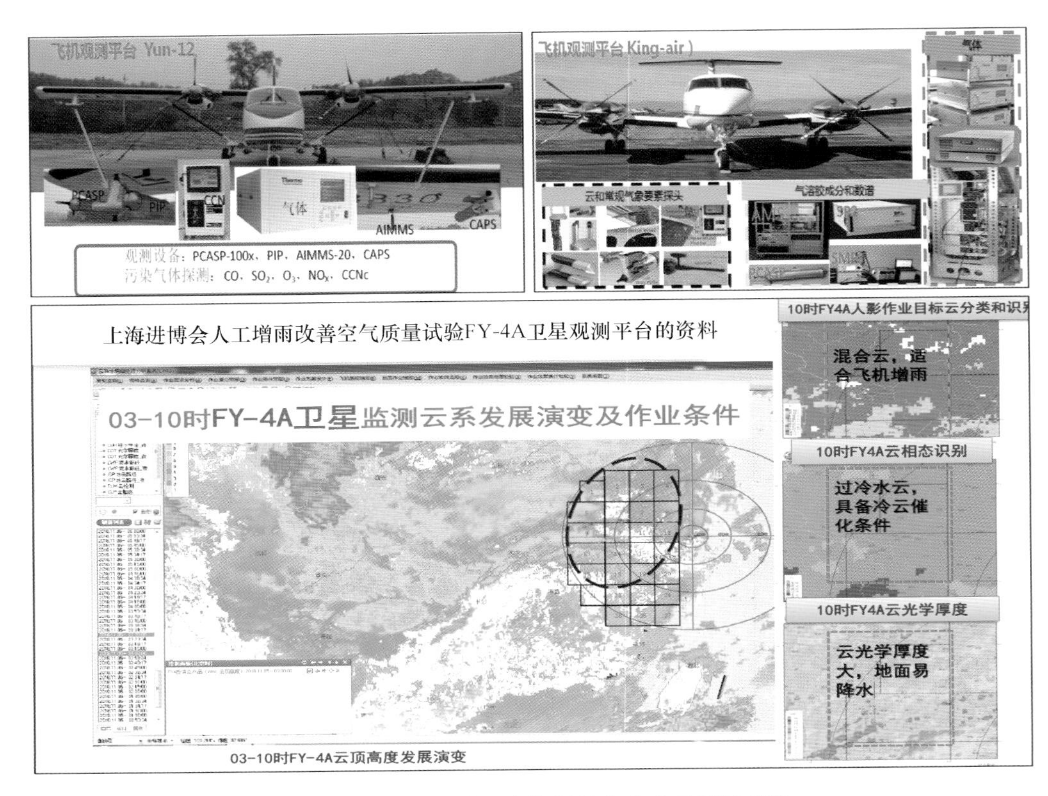


图 1-30　空基、天基云水资源及作业条件探测系统

图 1-31　日本工厂采用标准化生产方式进行房屋构件生产图片

图 1-32　浇混凝土之前工人正用高压水枪清洗施工区域

建筑物被防尘布包得严严实实的施工现场

房完工后拆除防尘布工地现场对比

图 1-33　防尘布对房屋进行帷幕的施工现场

进出车辆确保洁净　　工人正使用鞋面清洁器　　工地无尘土

图 1-34　没有尘土的施工场地

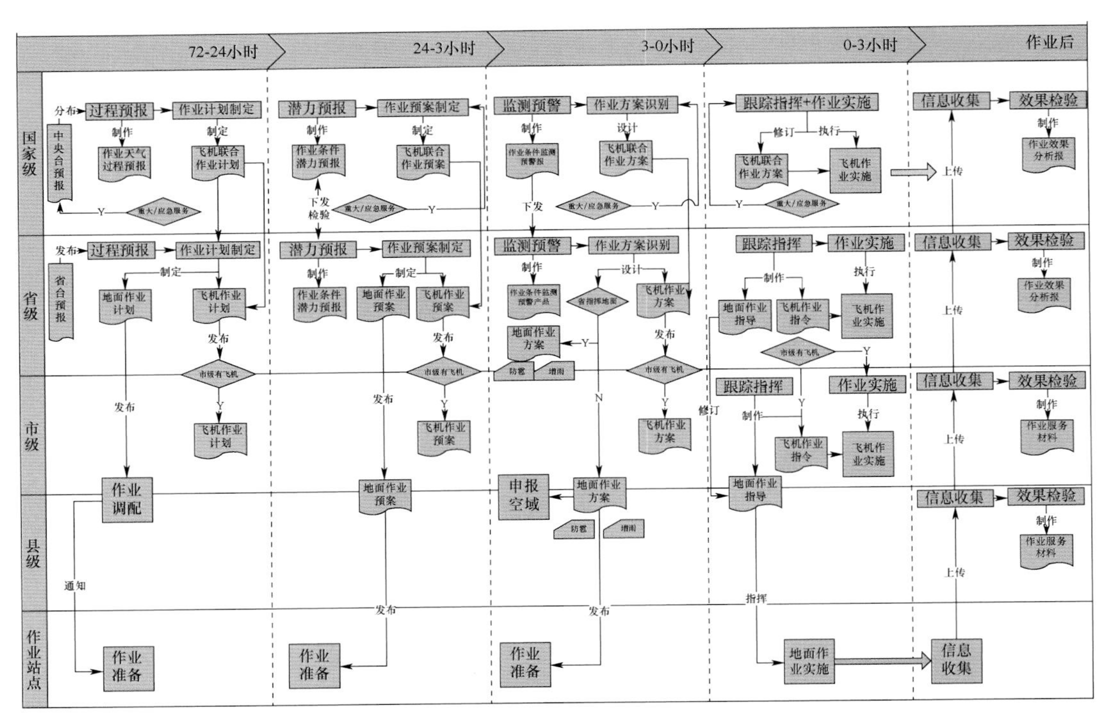

图 2-30 人工影响天气业务流程

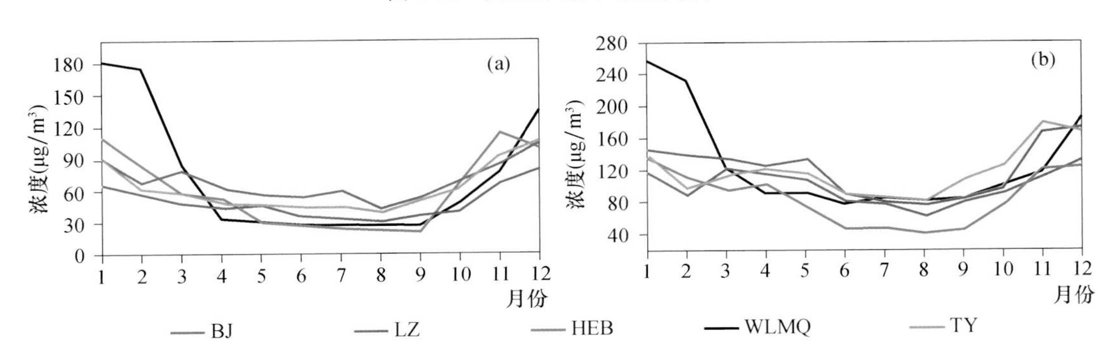

图 3-3 北方代表城市 2015—2017 年 $PM_{2.5}$(a)、$PM_{10}$(b)浓度的年变化

(BJ:北京、LZ:兰州、HEB:哈尔滨、WLMQ:乌鲁木齐、TY:太原)

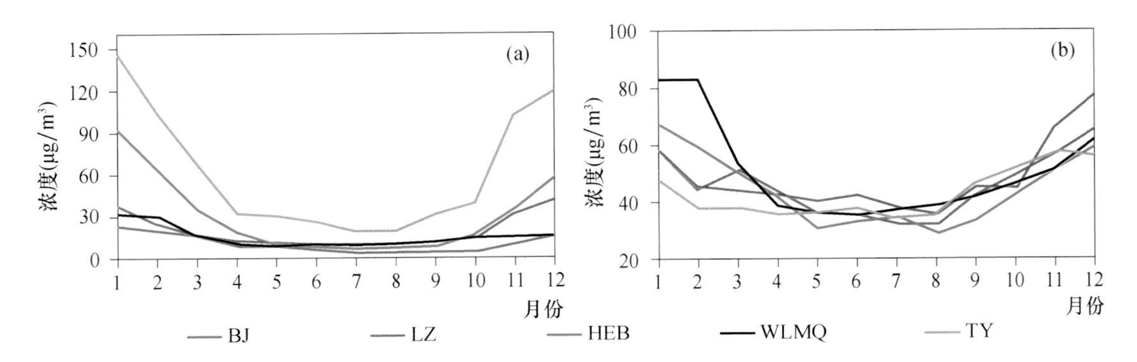

图 3-4 北方代表城市 2015—2017 年 $SO_2$(a)、$NO_2$(b)浓度的年变化

(BJ:北京、LZ:兰州、HEB:哈尔滨、WLMQ:乌鲁木齐、TY:太原)

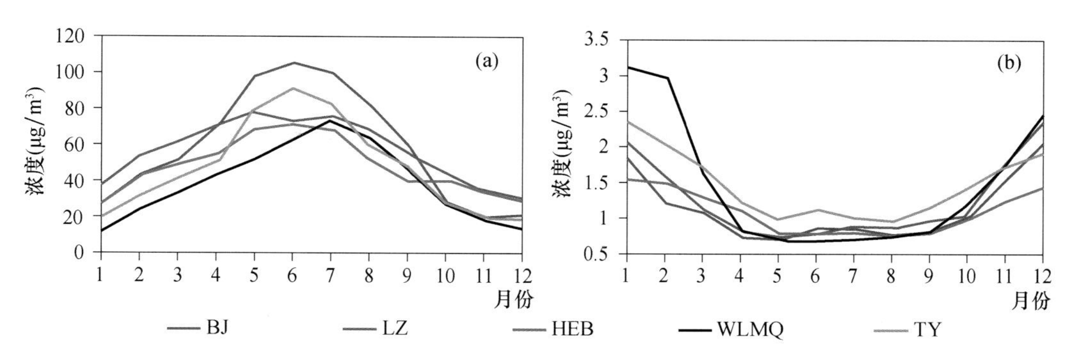


图 3-5　北方代表城市 2015—2017 年 $O_3$、CO 浓度的年变化

（BJ：北京、LZ：兰州、HEB：哈尔滨、WLMQ：乌鲁木齐、TY：太原）

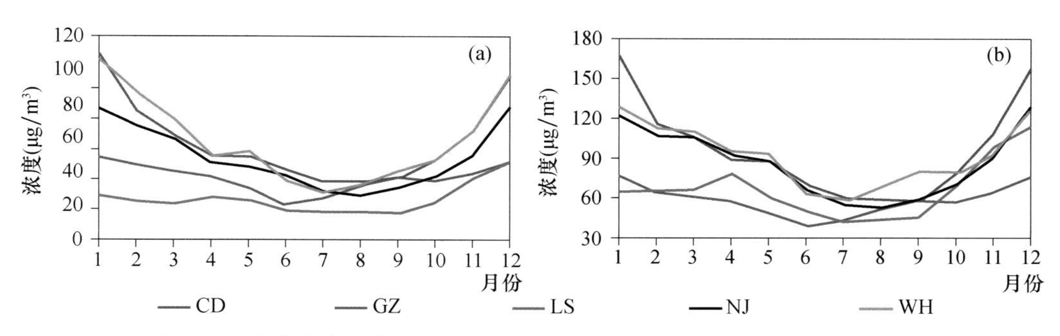


图 3-6　南方代表城市 2015—2017 年 $PM_{2.5}$(a)、$PM_{10}$(b)浓度的年变化

（CD：成都、GZ：广州、LS：拉萨、NJ：南京、WH：武汉）

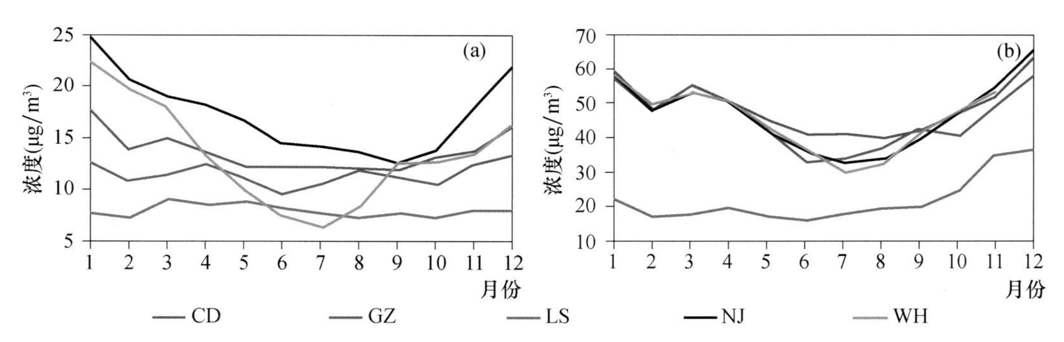


图 3-7　北方代表城市 2015—2017 年 $SO_2$(a)、$NO_2$(b)浓度的年变化

（CD：成都、GZ：广州、LS：拉萨、NJ：南京、WH：武汉）

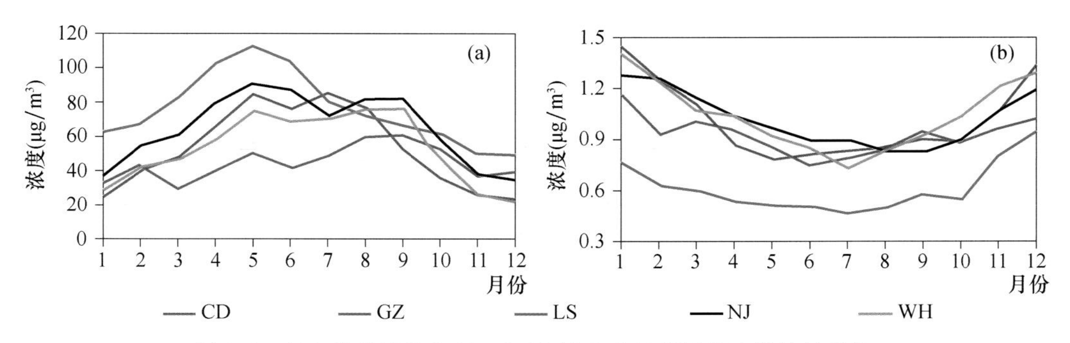


图 3-8　南方代表城市 2015—2017 年 $O_3$(a)、CO(b)浓度的年变化

（CD：成都、GZ：广州、LS：拉萨、NJ：南京、WH：武汉）

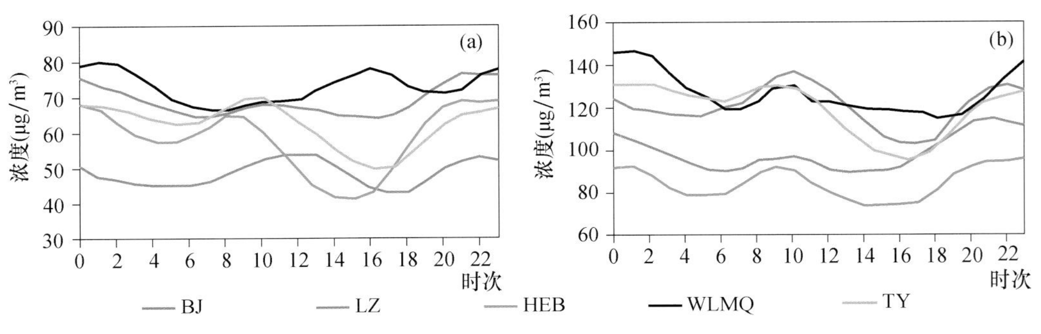


图 3-9　北方代表城市 2015—2017 年 $PM_{2.5}$(a)、$PM_{10}$(b)浓度的日变化

(BJ:北京、LZ:兰州、HEB:哈尔滨、WLMQ:乌鲁木齐、TY:太原)

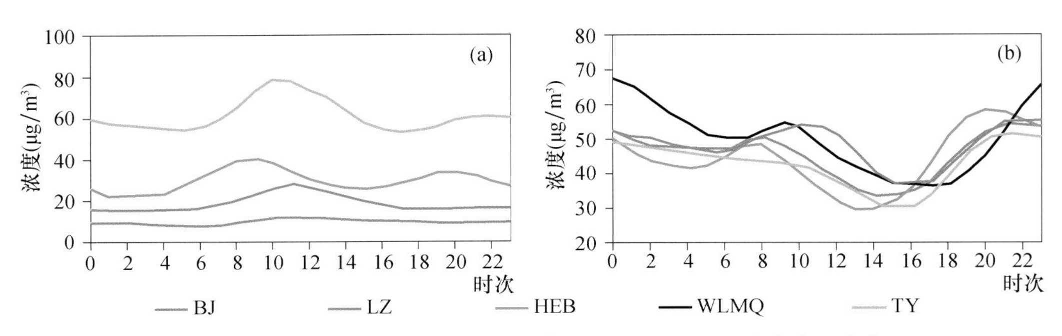


图 3-10　北方代表城市 2015—2017 年 $SO_2$(a)、$NO_2$(b)浓度的日变化

(BJ:北京、LZ:兰州、HEB:哈尔滨、WLMQ:乌鲁木齐、TY:太原)

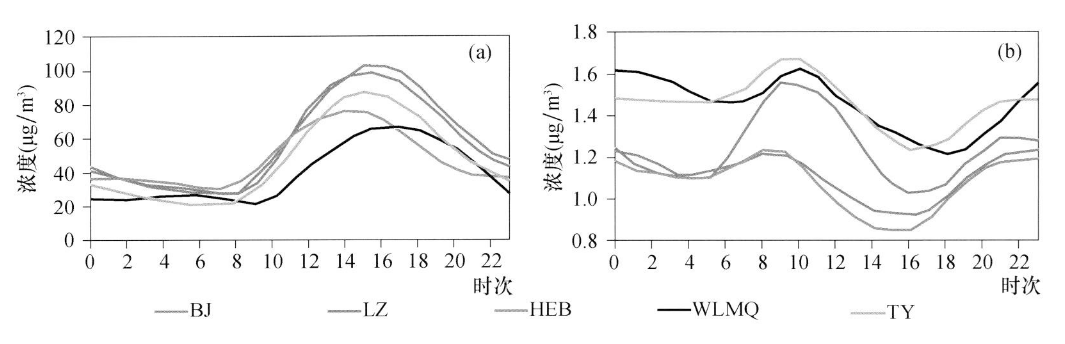


图 3-11　北方代表城市 2015—2017 年 $O_3$(a)、CO(b)浓度的日变化

(BJ:北京、LZ:兰州、HEB:哈尔滨、WLMQ:乌鲁木齐、TY:太原)

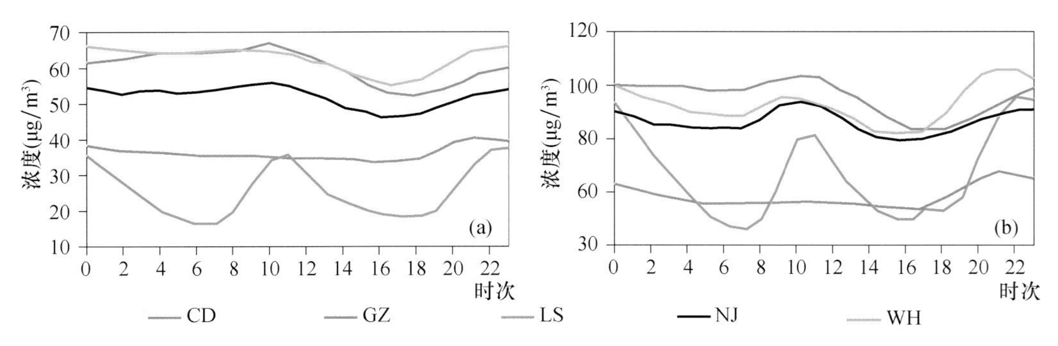


图 3-12　南方代表城市 2015—2017 年 $PM_{2.5}$(a)、$PM_{10}$(b)浓度的日变化

(CD:成都、GZ:广州、LS:拉萨、NJ:南京、WH:武汉)

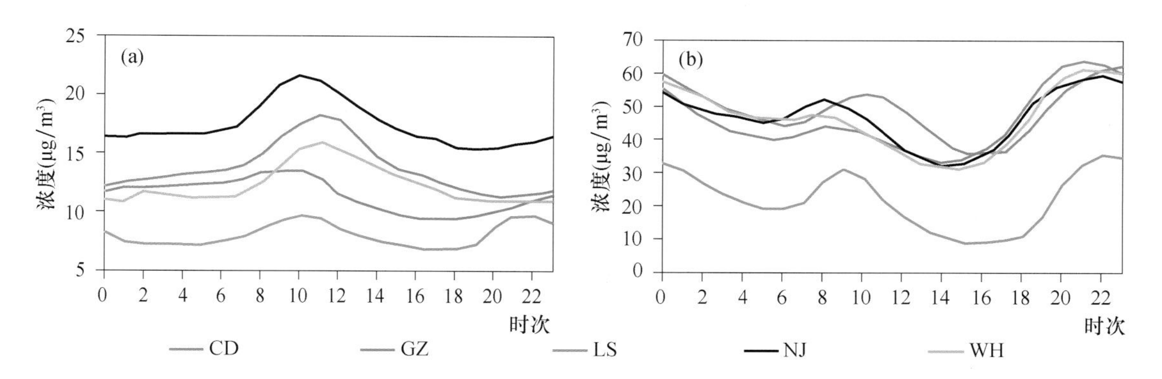


图 3-13 南方代表城市 2015—2017 年 $SO_2$(a)、$NO_2$(b)浓度的日变化

(CD:成都、GZ:广州、LS:拉萨、NJ:南京、WH:武汉)

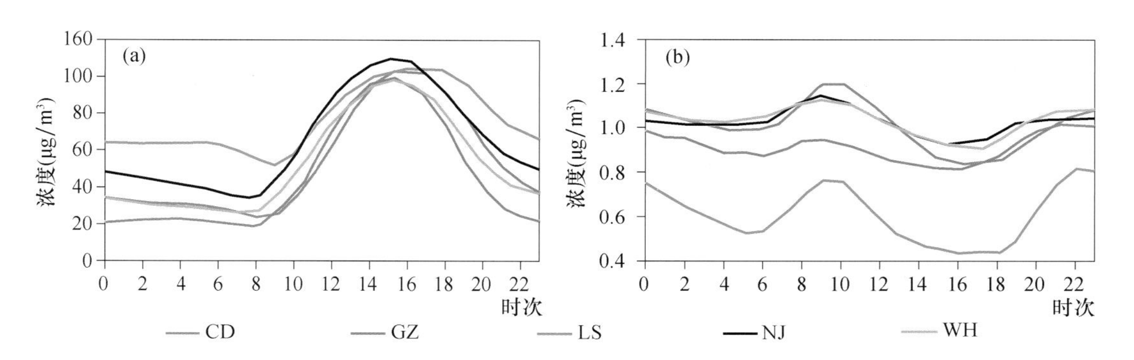


图 3-14 南方代表城市 2015—2017 年 $O_3$(a)、CO(b)浓度的日变化

(CD:成都、GZ:广州、LS:拉萨、NJ:南京、WH:武汉)

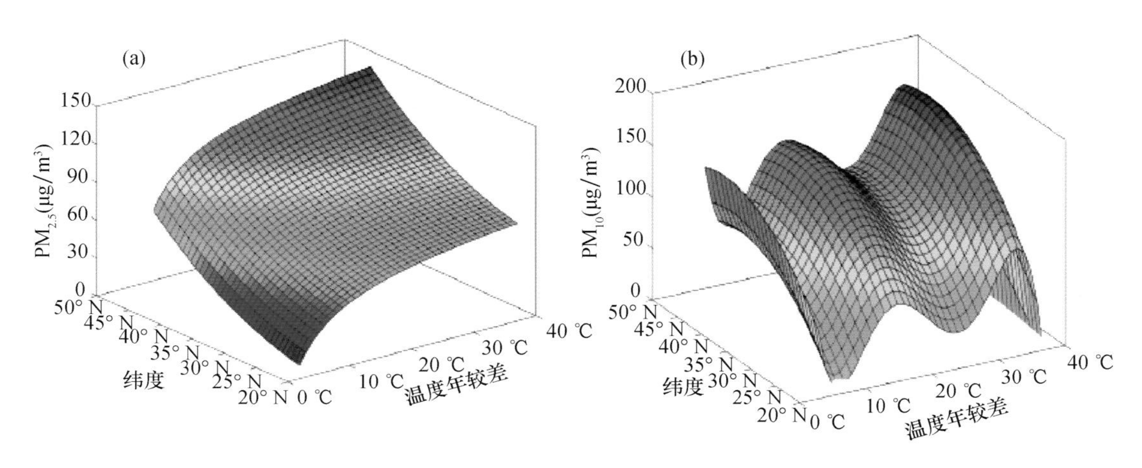


图 3-15 温度年较差与纬度的协同作用对 $PM_{2.5}$(a)、$PM_{10}$(b)浓度年较差影响的平滑曲面图

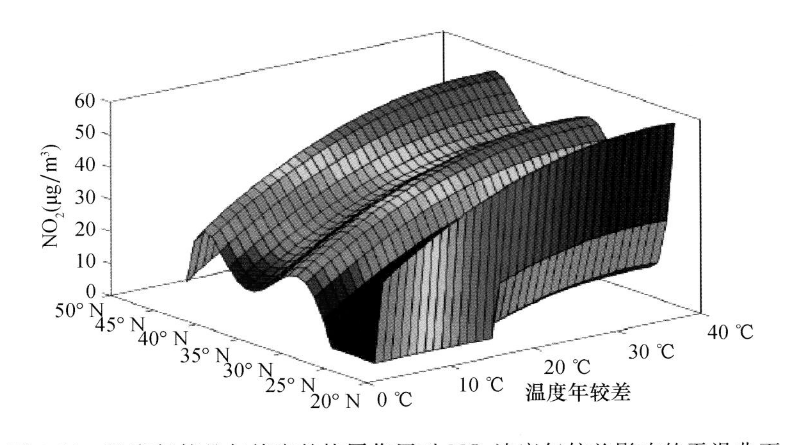


图 3-16　温度年较差与纬度的协同作用对 $NO_2$ 浓度年较差影响的平滑曲面

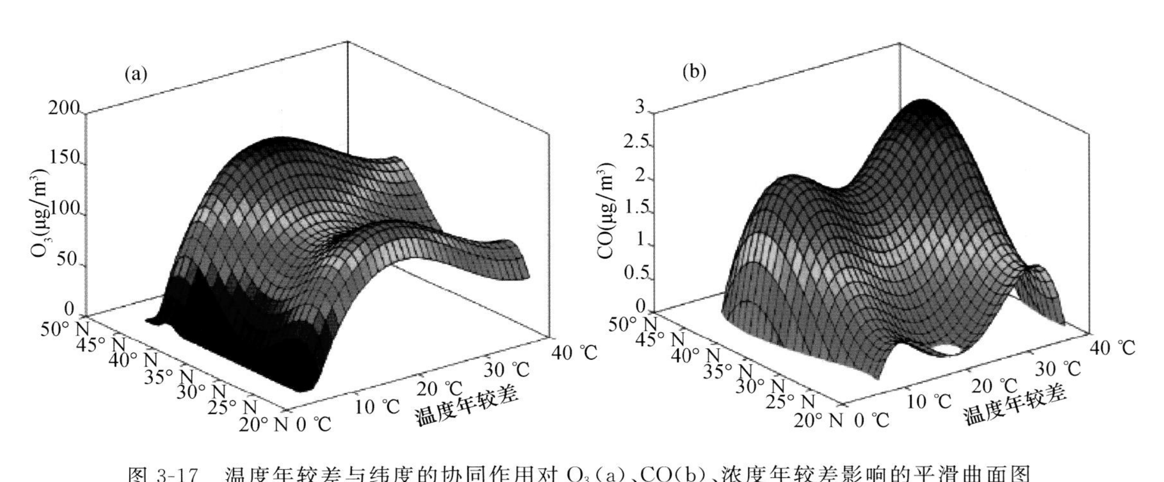


图 3-17　温度年较差与纬度的协同作用对 $O_3$(a)、CO(b)、浓度年较差影响的平滑曲面图

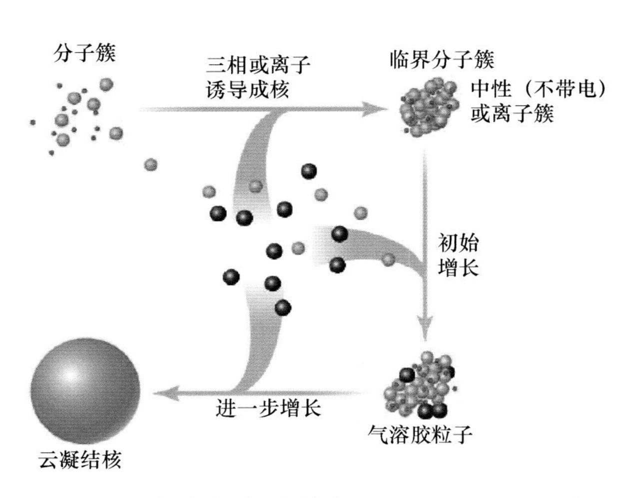


图 3-22　气溶胶颗粒凝结中的形核与长大过程示意

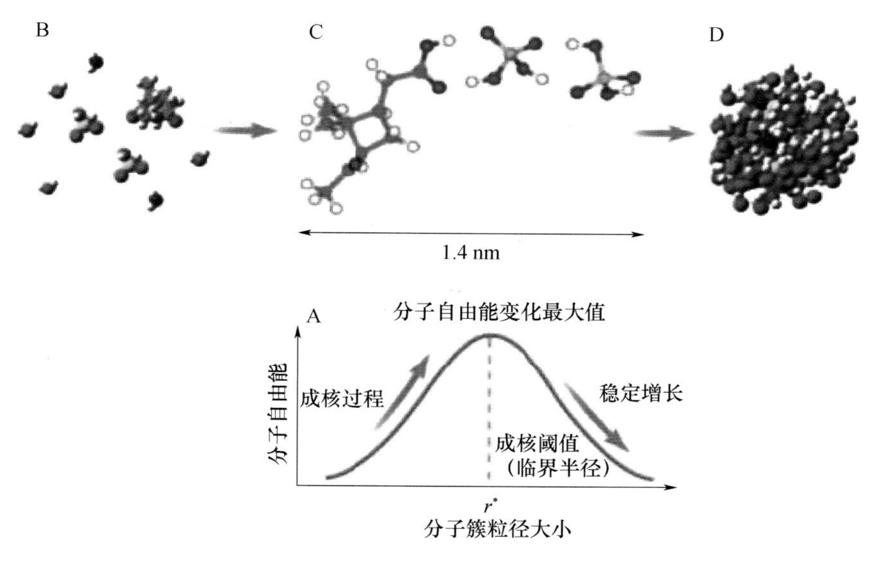


图 3-23 分子簇形成过程中的自由能变化

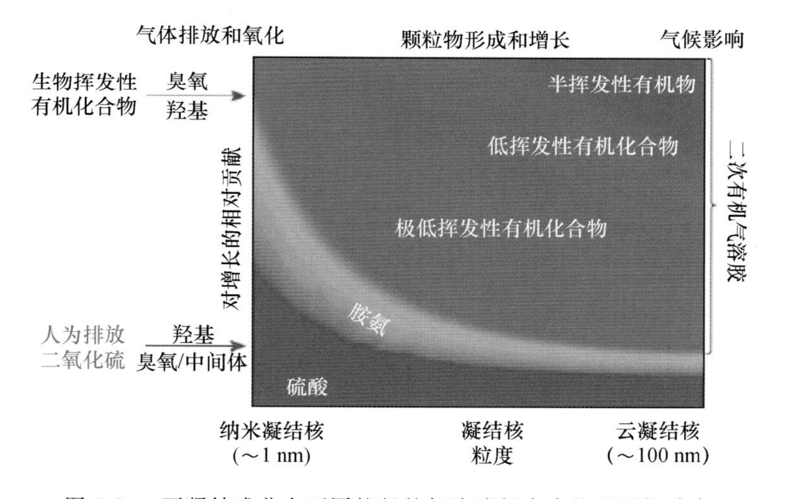


图 3-24 可凝结成分在不同粒径的气溶胶长大中的重要性分布

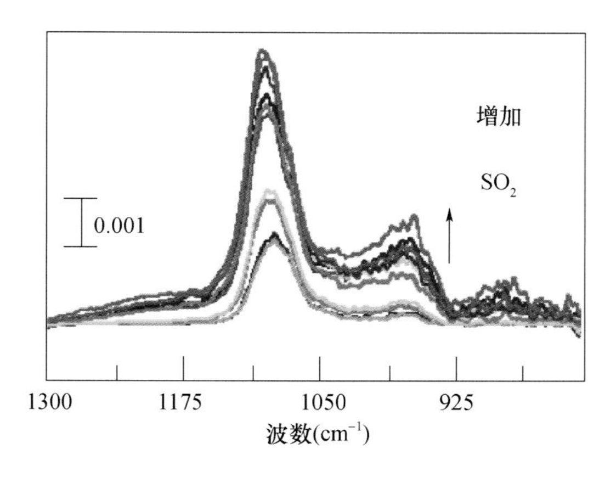


图 3-30 $SO_2$ 与氧化铁多相反应的 DRIFTS 图谱

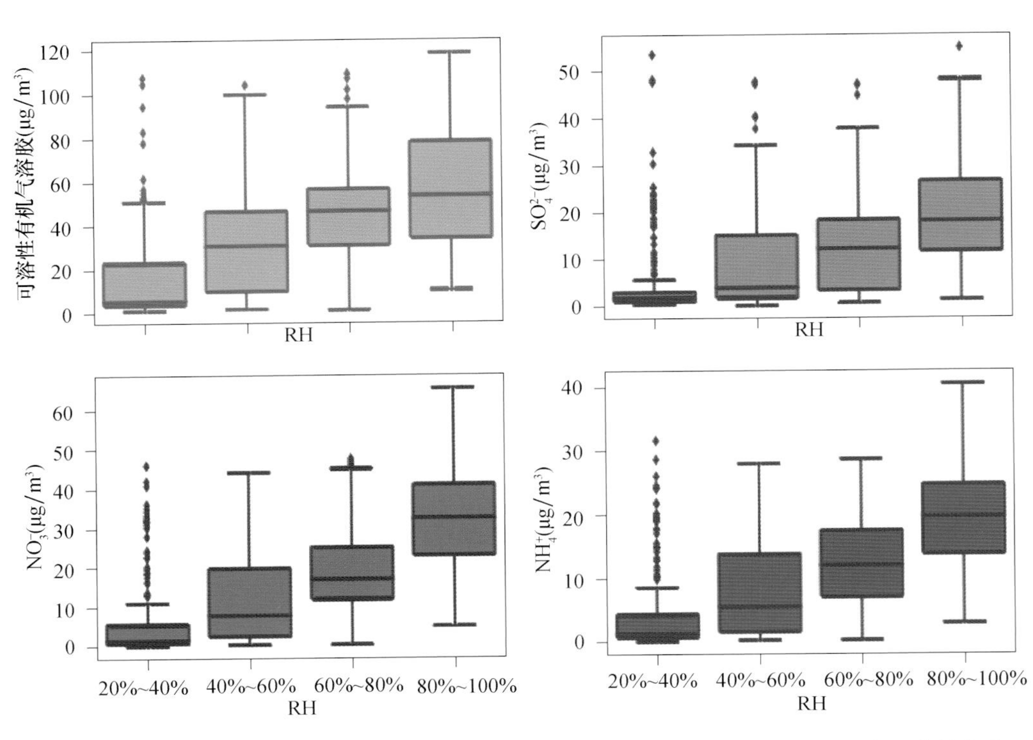


图 3-33 北京地区 2016 年 12 月 1 日至 2017 年 1 月 3 日不同相对湿度下 $PM_1$ 各个组分的分布

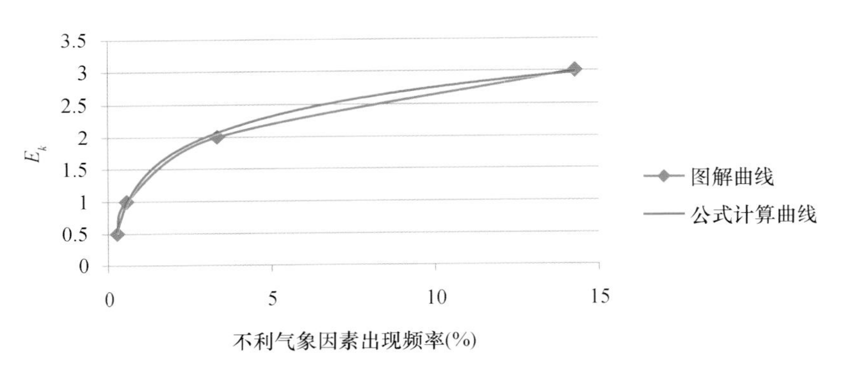


图 4-7 $P<14.2587\%$的 $E_K$ 与 $P$ 关系的公式计算曲线与图解曲线比较

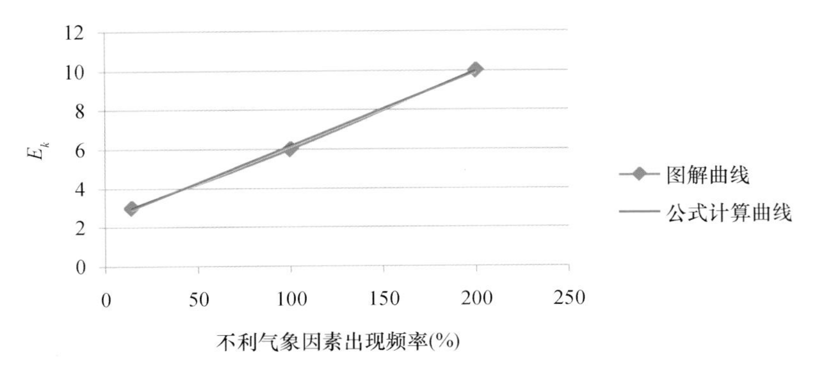


图 4-8 $P>14.2587\%$的 $E_K$ 与 $P$ 关系的公式计算曲线与图解曲线比较

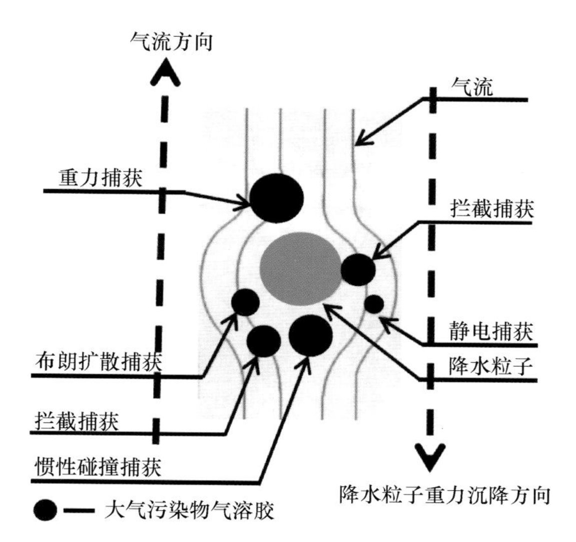


图 6-1　基于空气动力学原理的大气污染物气溶胶粒子被降水粒子捕获的清除机制图解

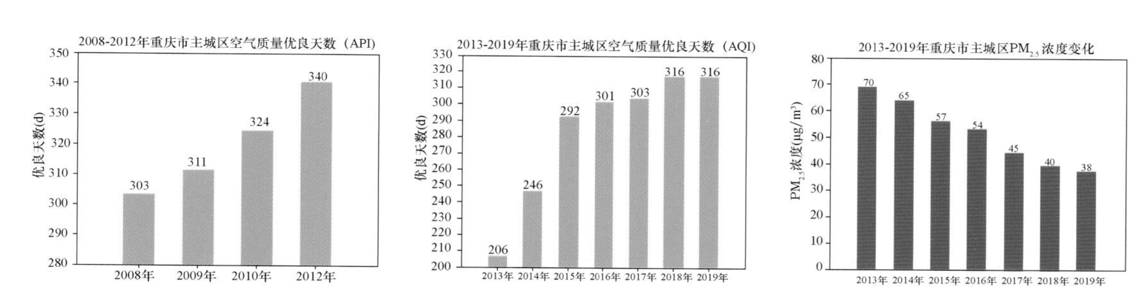


图 6-10　重庆市主城区人工影响天气大气污染防治工作开展后的优良天数与 $PM_{2.5}$ 变化趋势

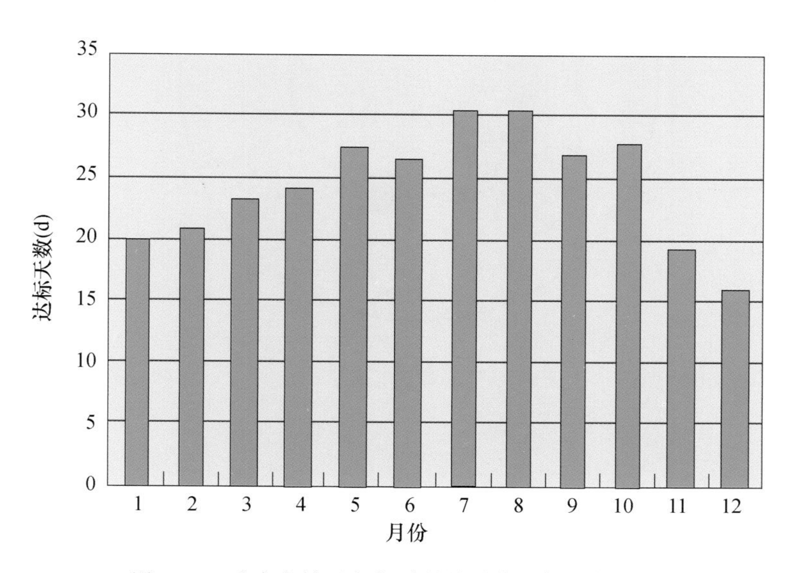


图 6-13　重庆主城区空气质量月平均达标天数变化

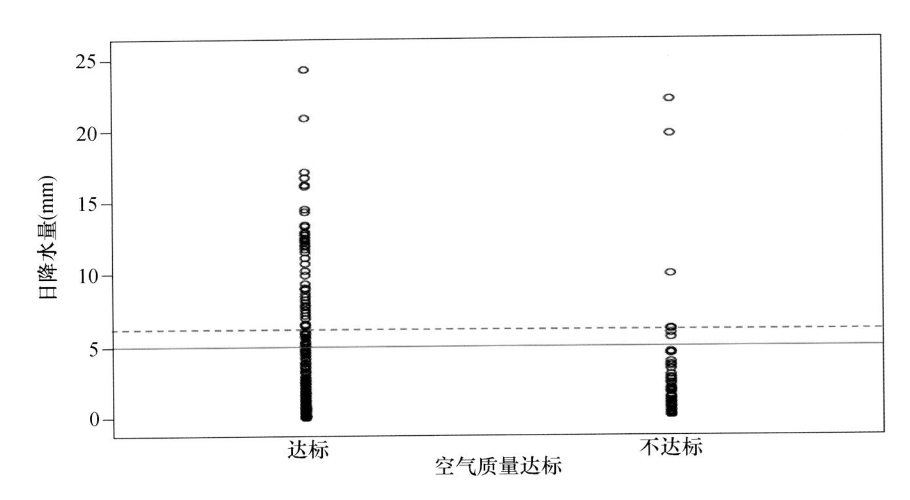


图 6-14　降水时空气质量达标天数、不达标天数与降雨量情况分布

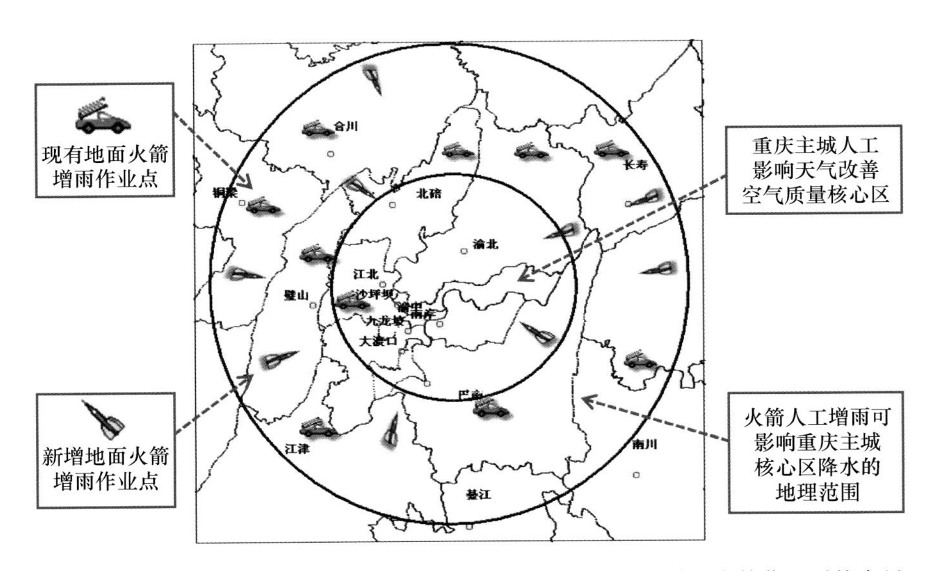


图 6-16　重庆主城区人工影响天气改善空气质量的地面人工增雨火箭作业系统布局

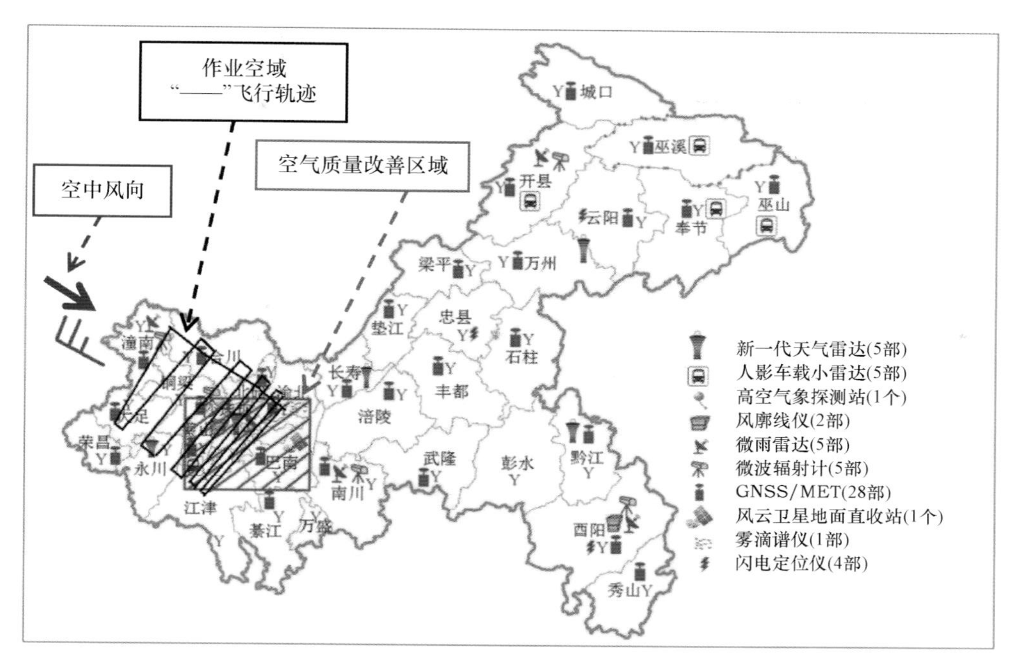


图 6-17　夜间和下午的飞机人工增雨作业空域

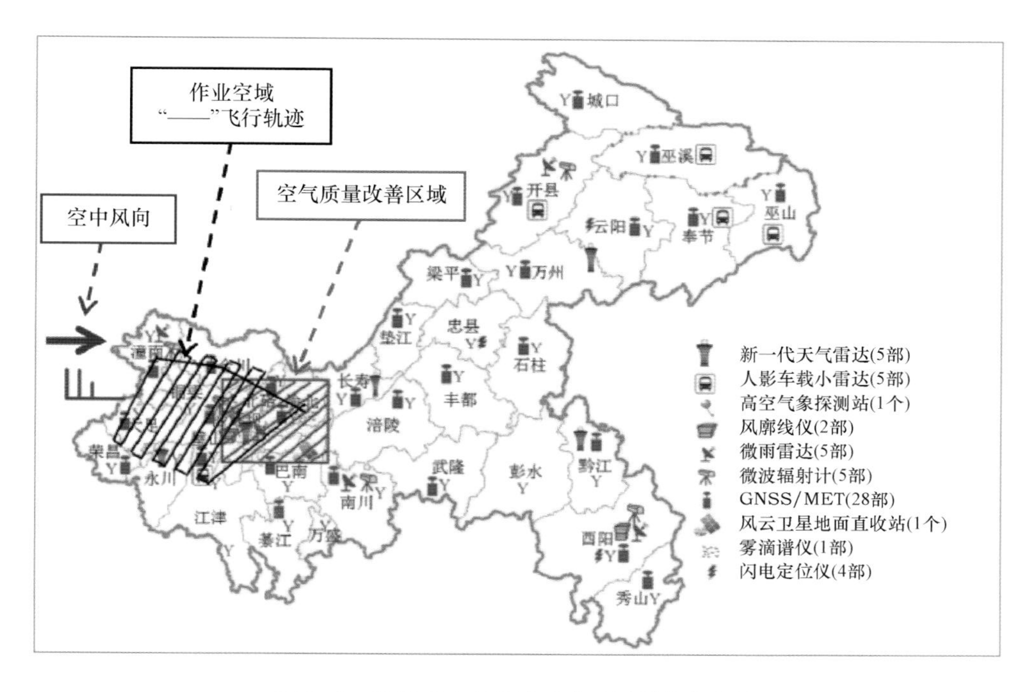


图 6-18　凌晨和上午的飞机人工增雨作业空域

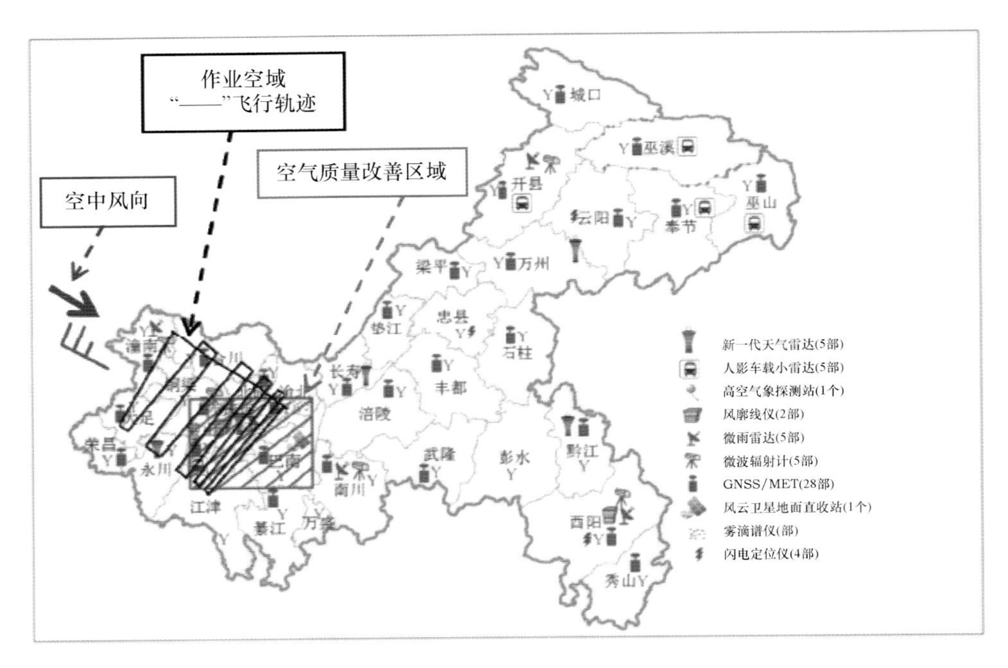


图 6-19　中午的飞机人工增雨作业空域

图 6-24　2010 年 1 月 22 日 01—22 时重庆市降水雨量分布(mm)

图 6-25 人工增雨作业点与自动气象站位置

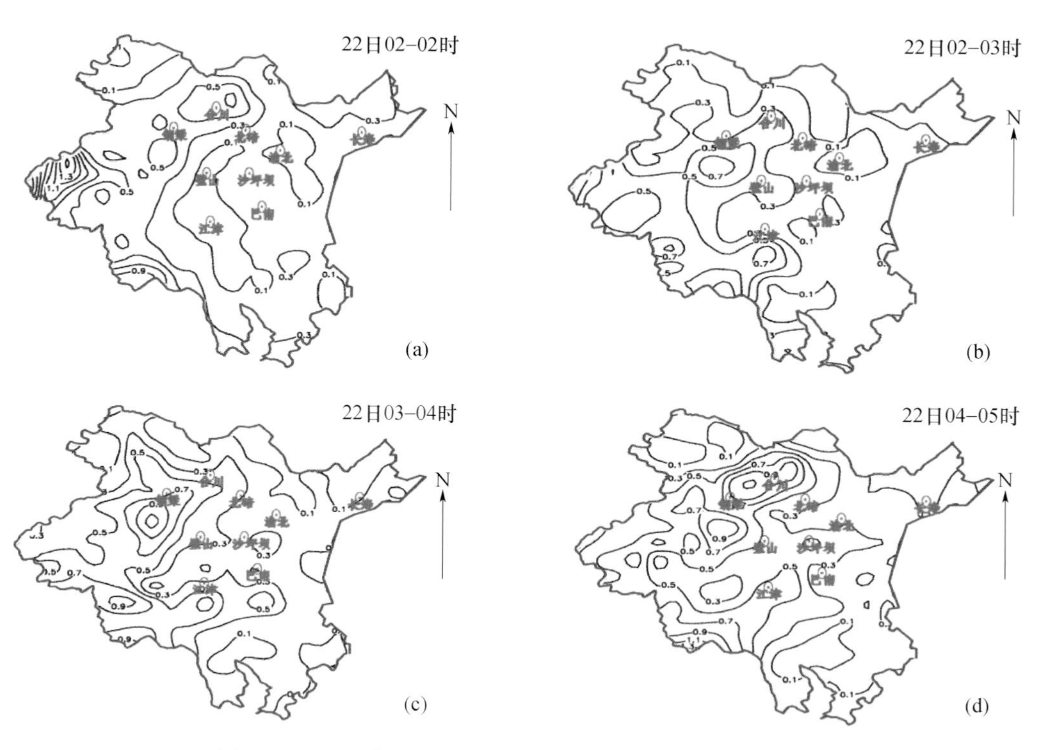


图 6-26 2010 年 1 月 22 日 02—05 时雨量逐时分布(mm)

图 6-29　2010 年 1 月 22 日 03—05 时重庆市雨量增量分布(mm)

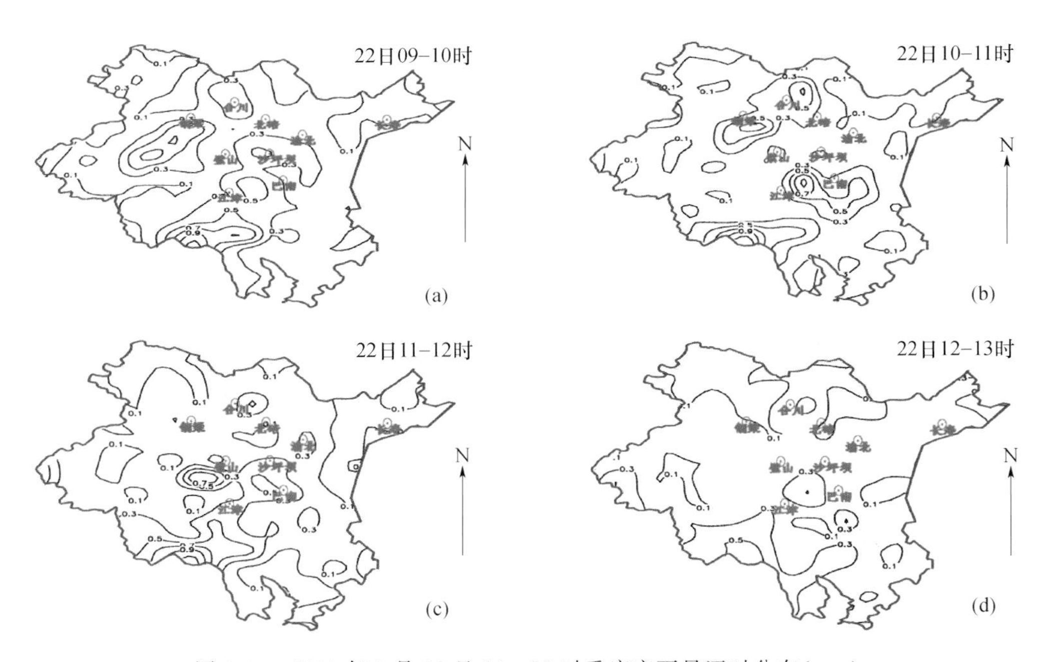


图 6-30　2010 年 1 月 22 日 10—13 时重庆市雨量逐时分布(mm)

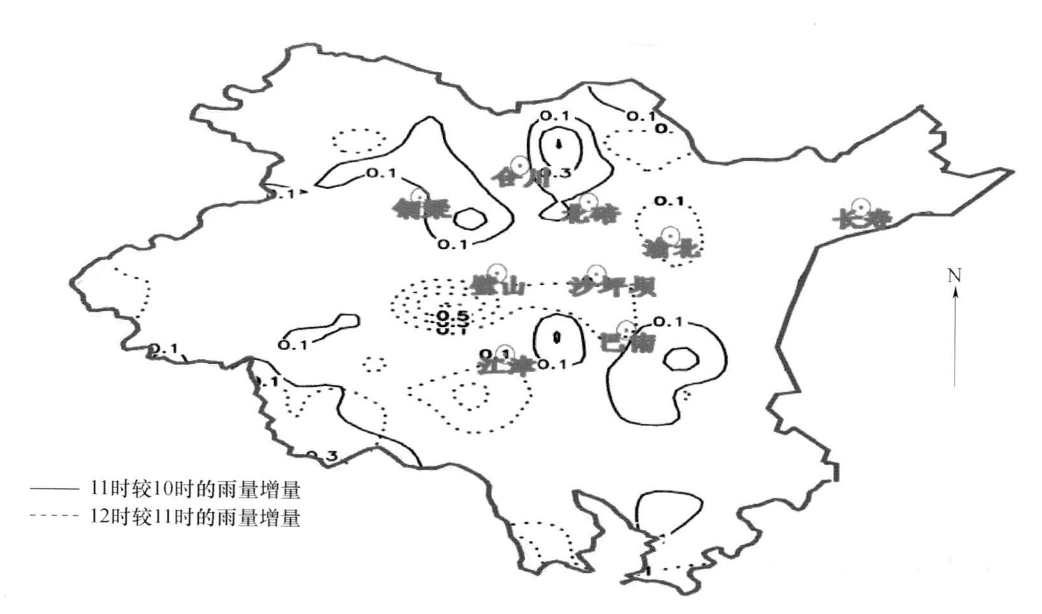


图 6-32　2010 年 1 月 22 日 10—12 时重庆市雨量增量分布(mm)

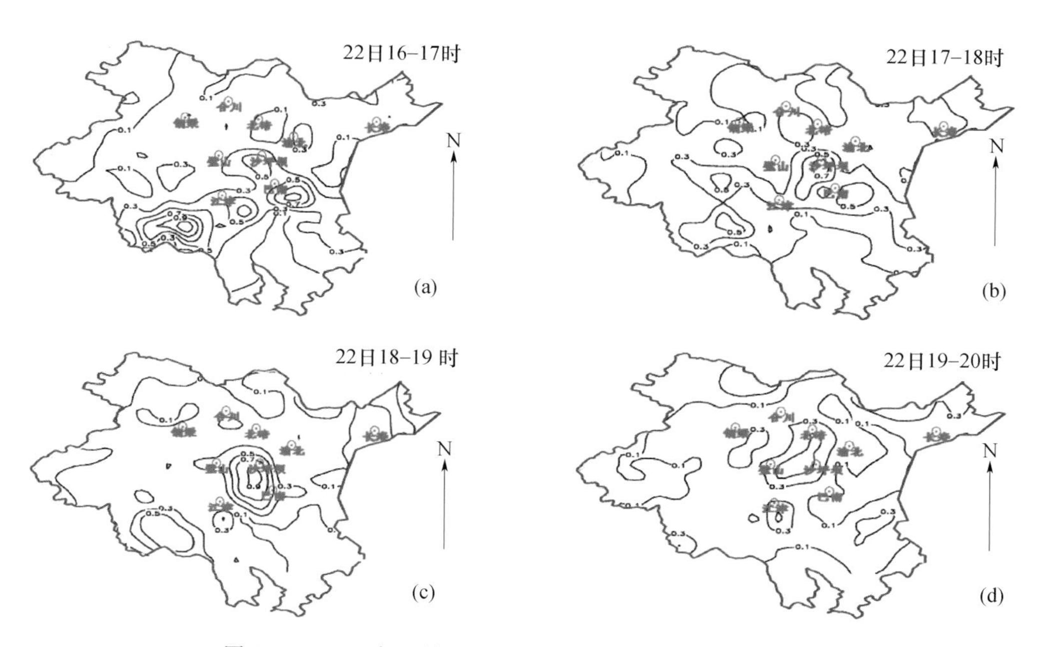


图 6-33　2010 年 1 月 22 日 17—20 时雨量逐时分布(mm)

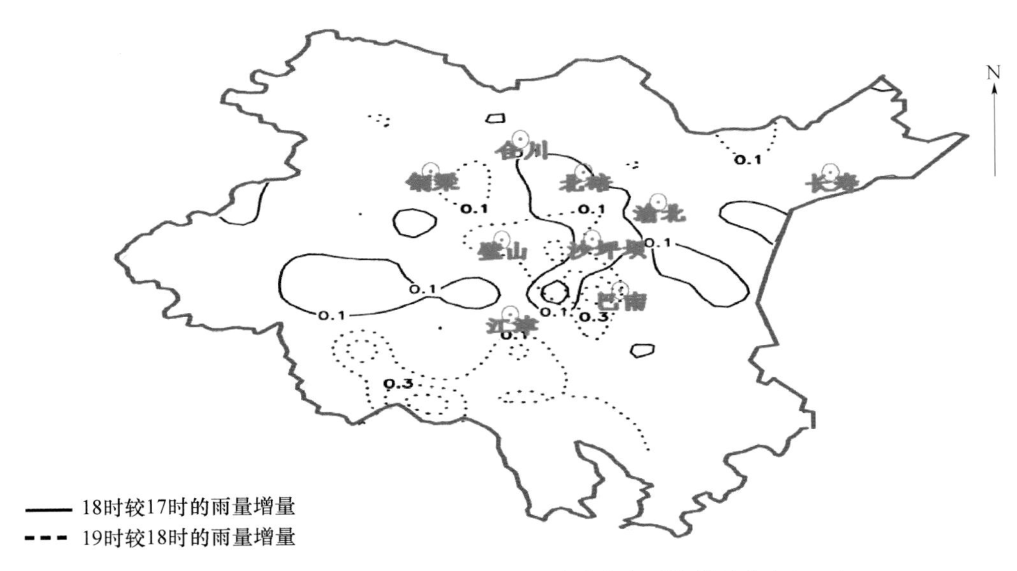


图 6-35　2010 年 1 月 22 日 17—19 时重庆市雨量增量分布(mm)

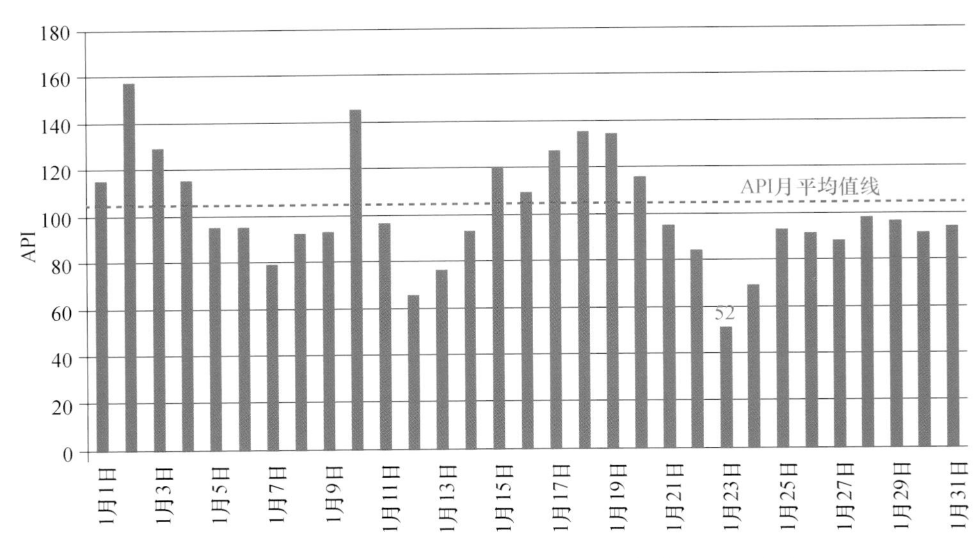


图 6-36　2010 年 1 月重庆主城区空气污染指数 API 日变化

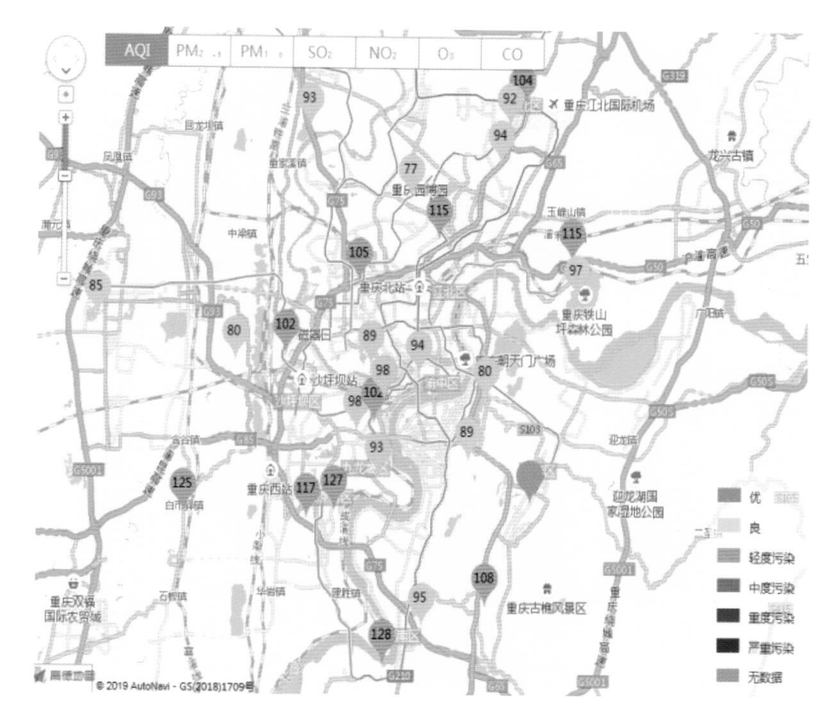


图 6-37　2019 年 3 月 13 日 11 时重庆主城区空气质量

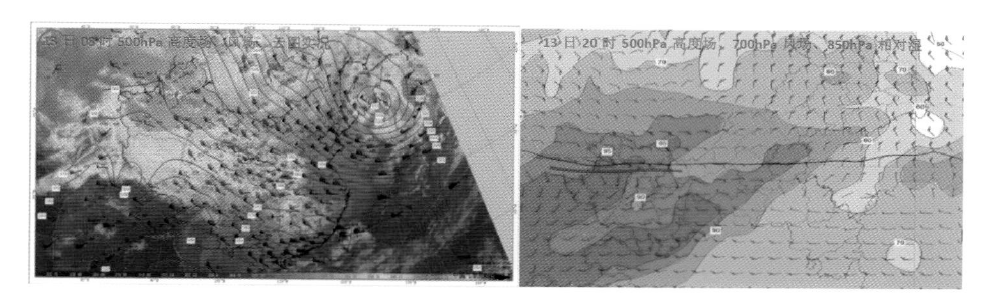


图 6-38　2019 年 3 月 13 日 08 时天气形势

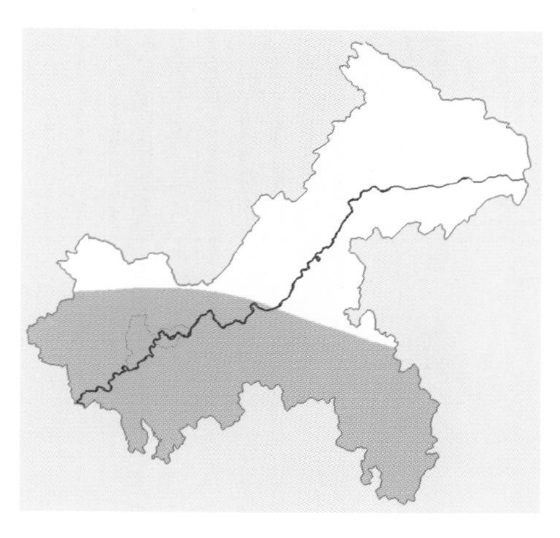

图 6-39　2019 年 3 月 13 日 20 时—14 日 20 时重庆市降水量预报

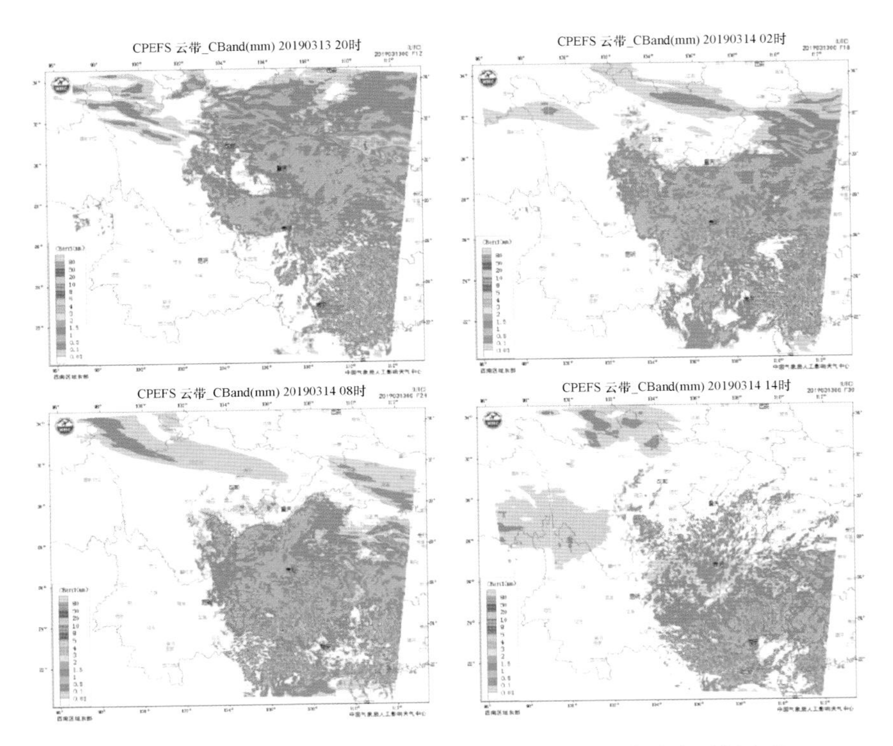


图 6-40　2019 年 3 月 13 日 20 时—14 日 14 时云带分布预报产品

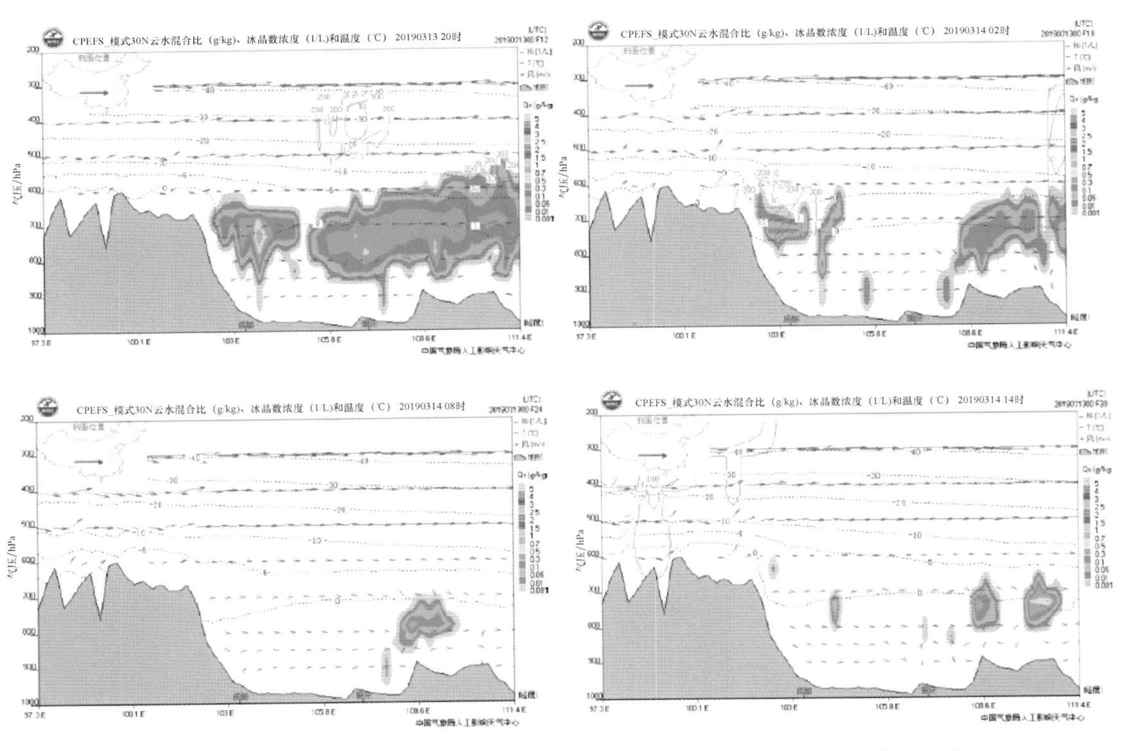


图 6-41　2019 年 3 月 13 日 20 时—14 日 14 时 30°N $Q_c$、$N_i$、$T$ 垂直剖面图预报产品

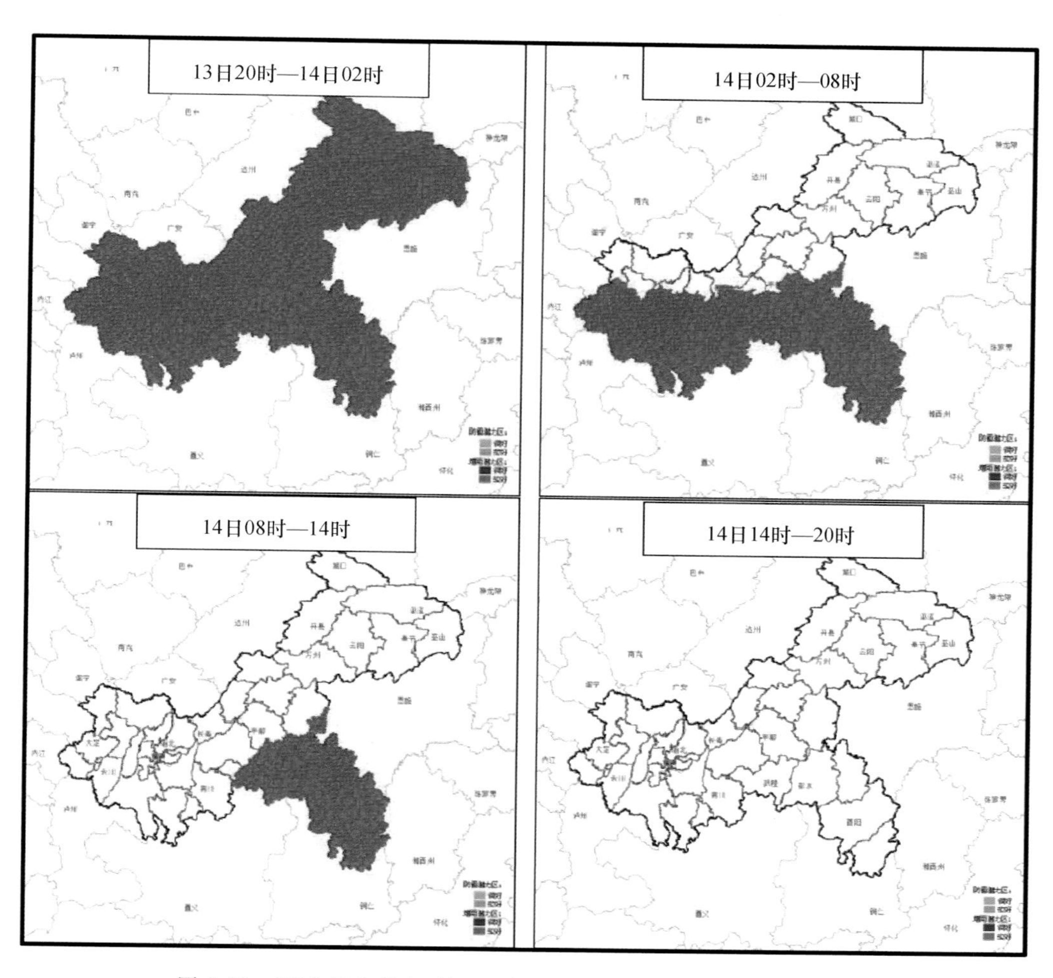


图 6-42　2019 年 3 月 13 日 20 时～14 日 14 时人工增雨潜力区分布

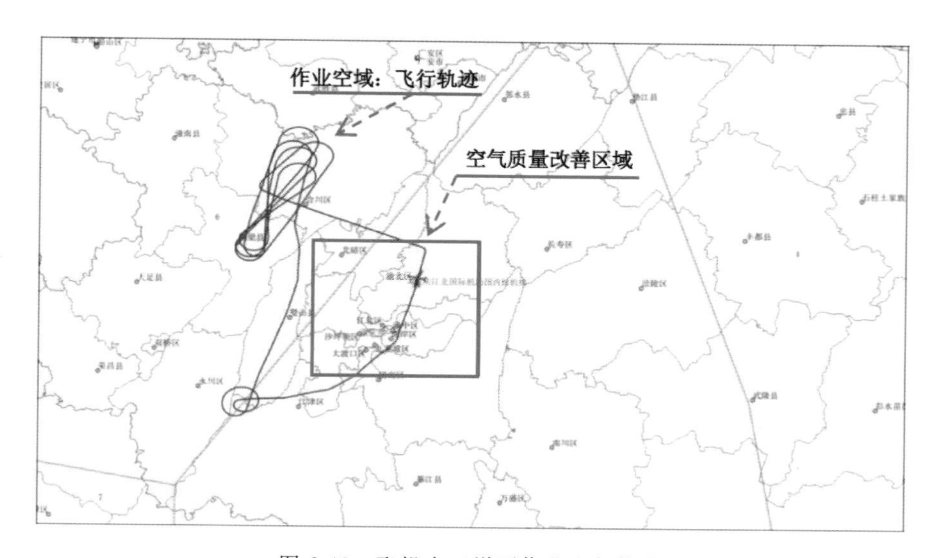


图 6-43　飞机人工增雨作业飞行轨迹

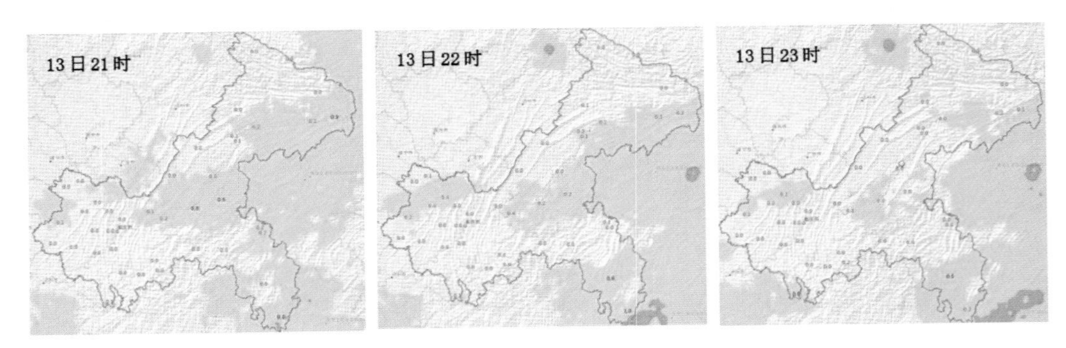


图 6-44　2019 年 3 月 13 日 19 时飞机人工增雨后的 21—23 时降水雨量

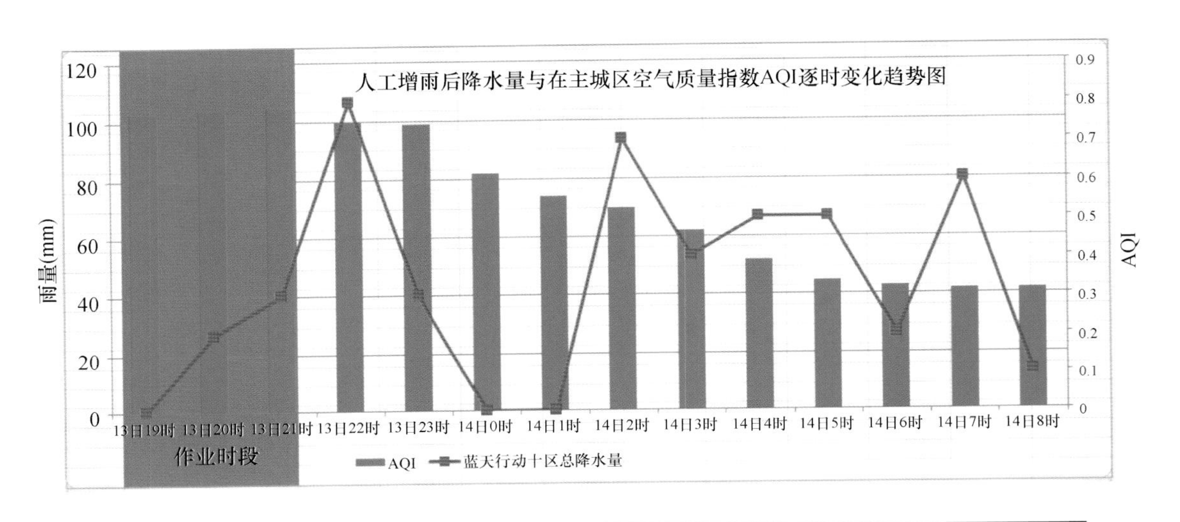


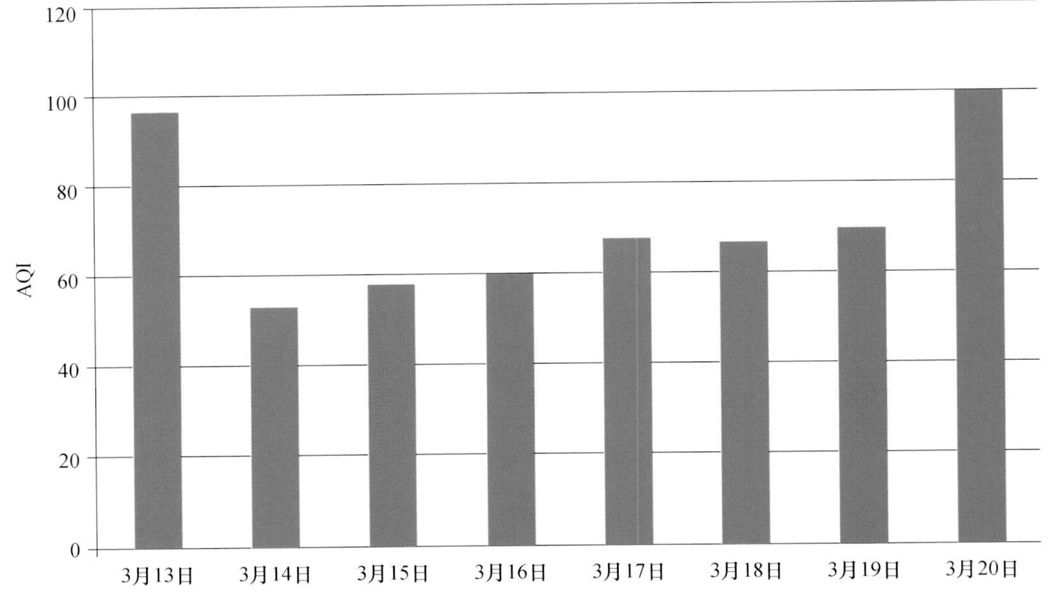


图 6-45　2019 年 3 月 13—20 日飞机人工增雨后降水量与重庆主城区空气质量指数 AQI 变化情况

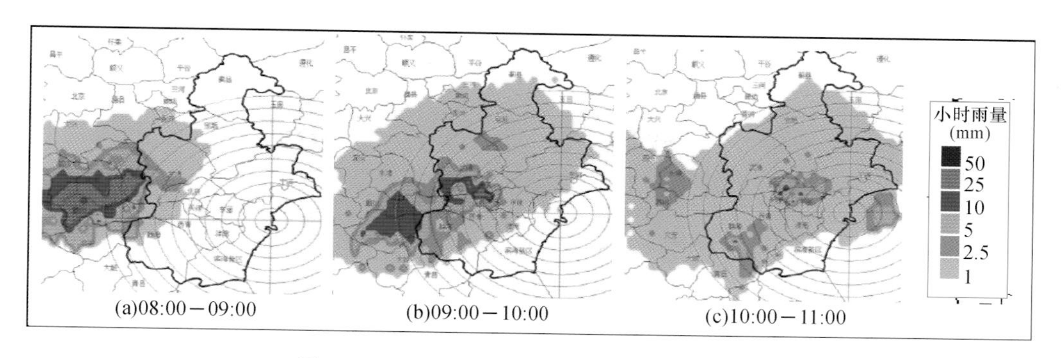


图 6-47　8 月 18 日三个时段小时累计降水量

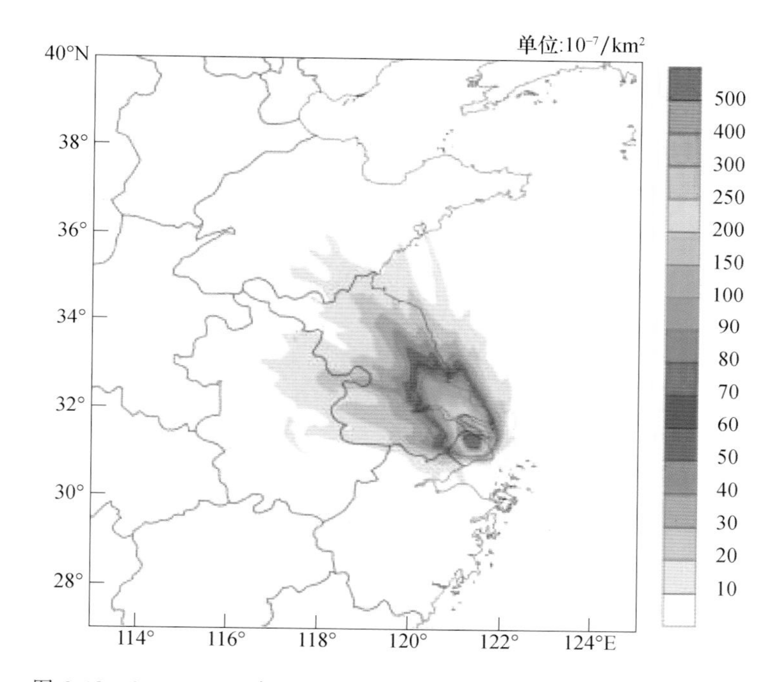


图 6-48　2008—2017 年 11 月上旬上海地区“西北型”污染物输送示意

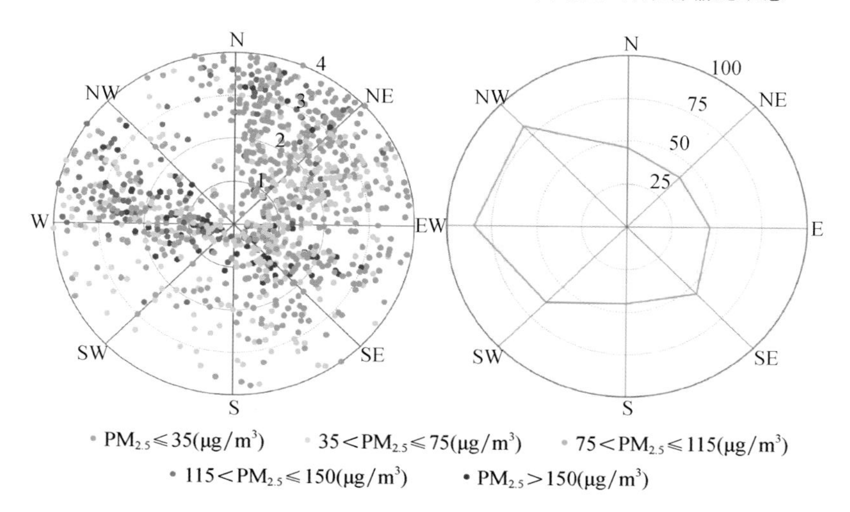


图 6-49　2013—2017 年 11 月上旬上海地区 $PM_{2.5}$ 浓度散点图和风向玫瑰图

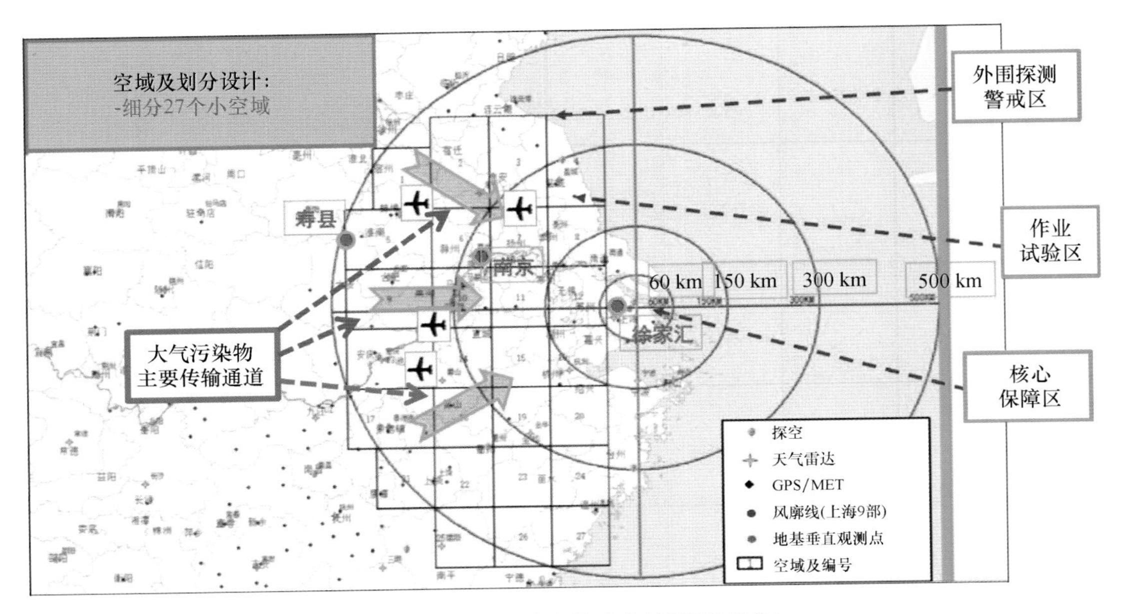


图 6-50　试验覆盖空域示意(周毓荃提供)

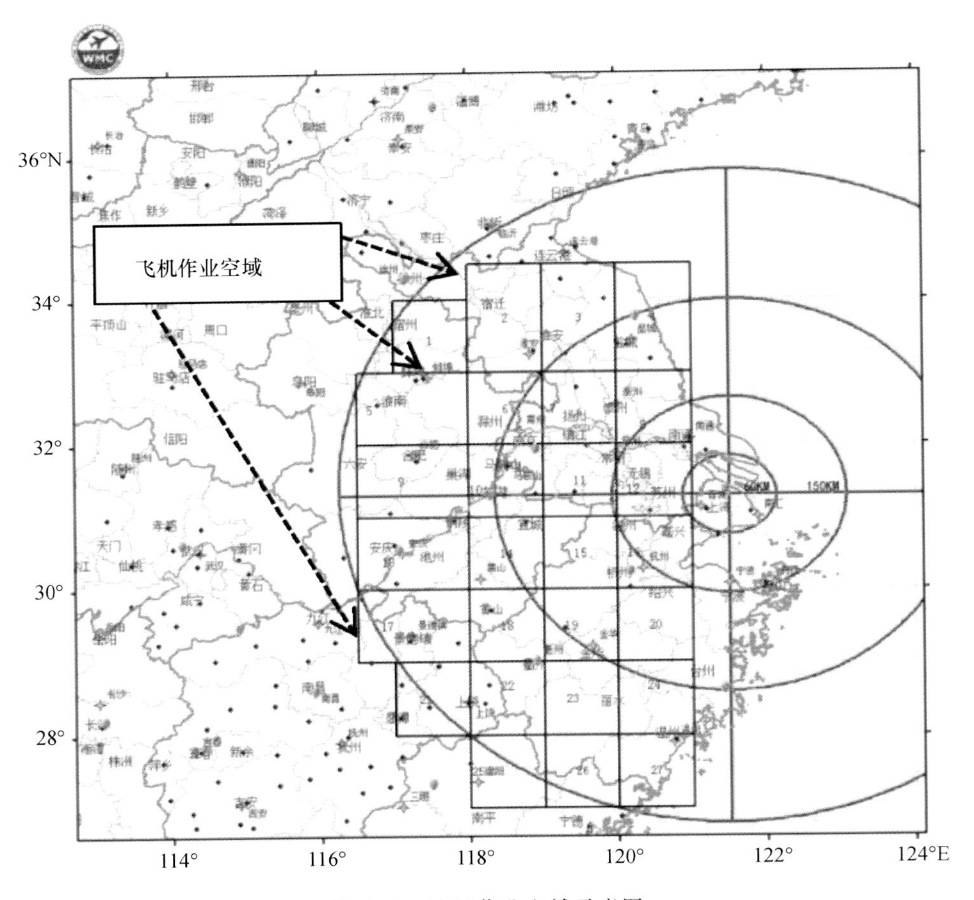


图 6-51　飞机作业空域示意图

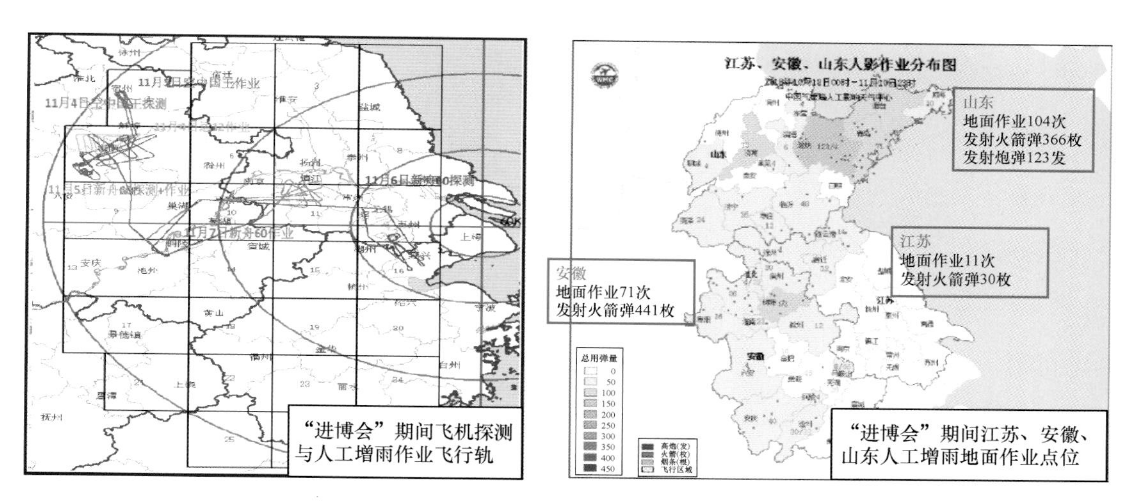


图 6-52 "进博会"11 月 4—10 日空地协同人工增雨作业状况

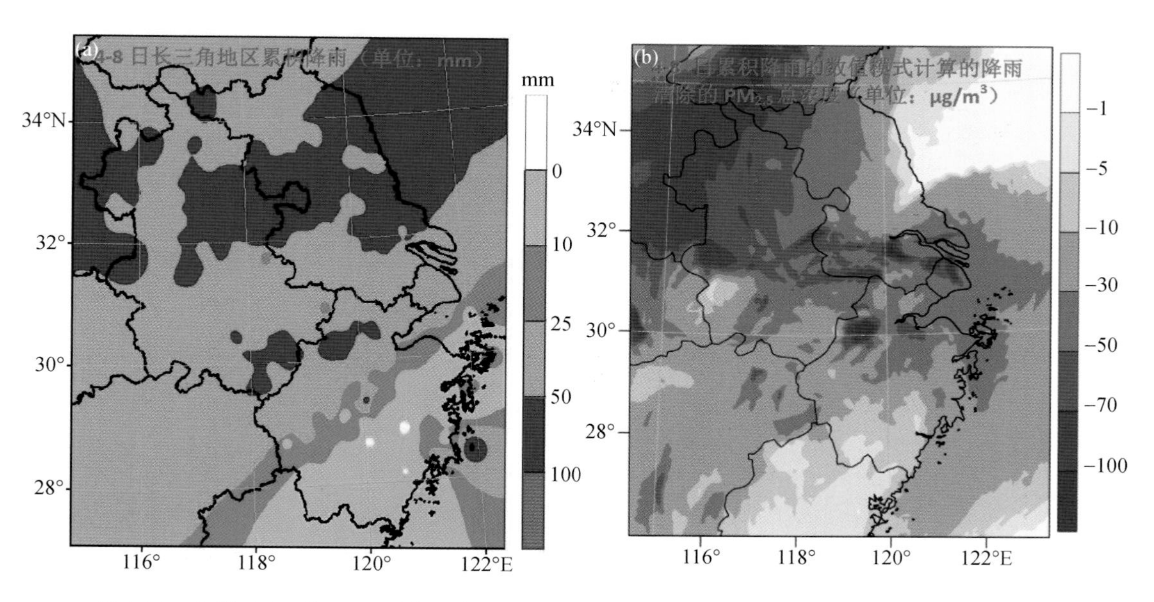


图 6-53 进博会 11 月 4—8 日期间长三角地区累计降雨量(a)时及其清除的 $PM_{2.5}$ 总浓度(b)

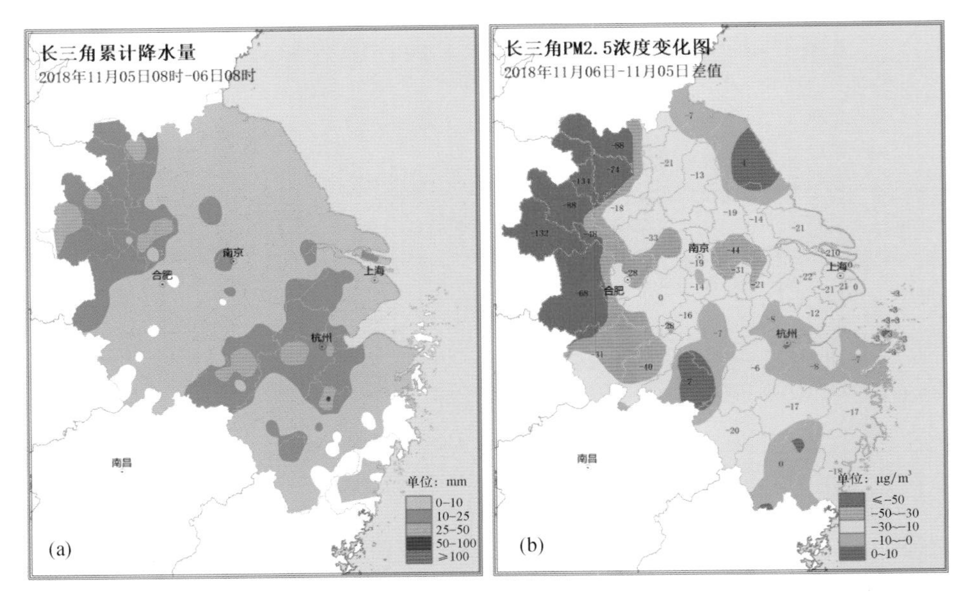


图 6-54　人工增雨后长三角地区累计雨量(a)与降雨前后 $PM_{2.5}$ 浓度差($\mu g/m^3$)(b)

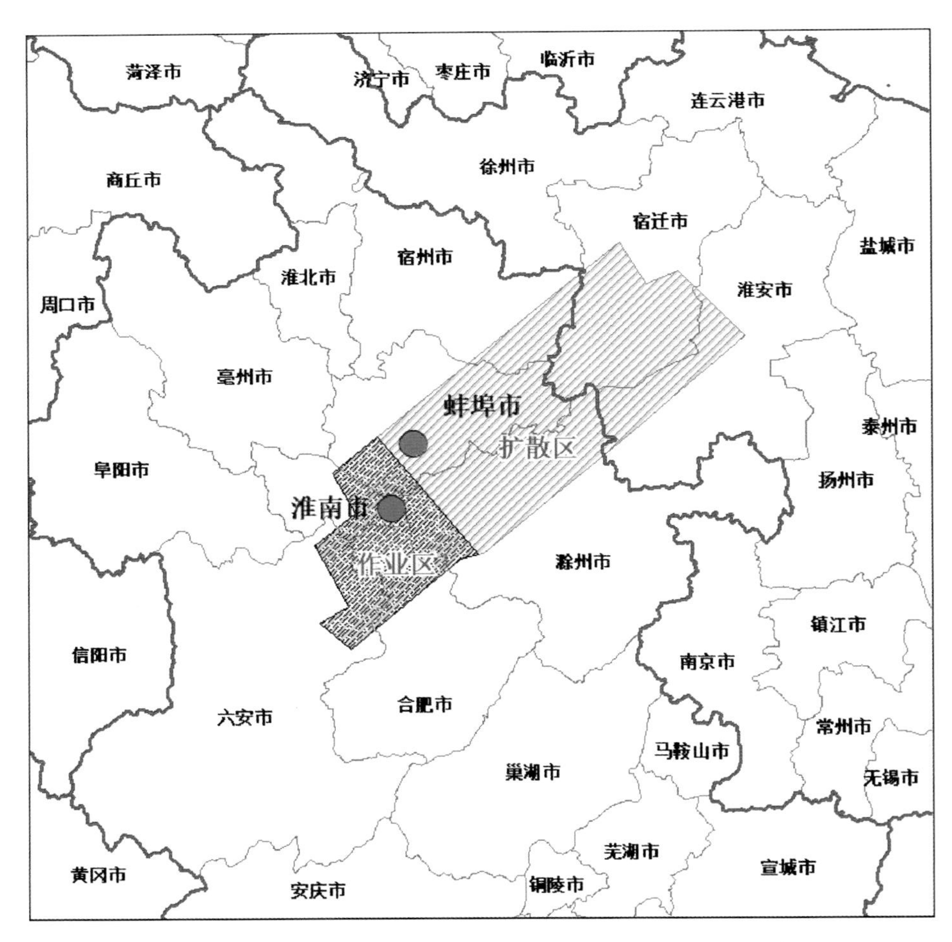


图 6-55　飞机人工增雨作业区域(黄色)和扩散区域(灰色)示意图

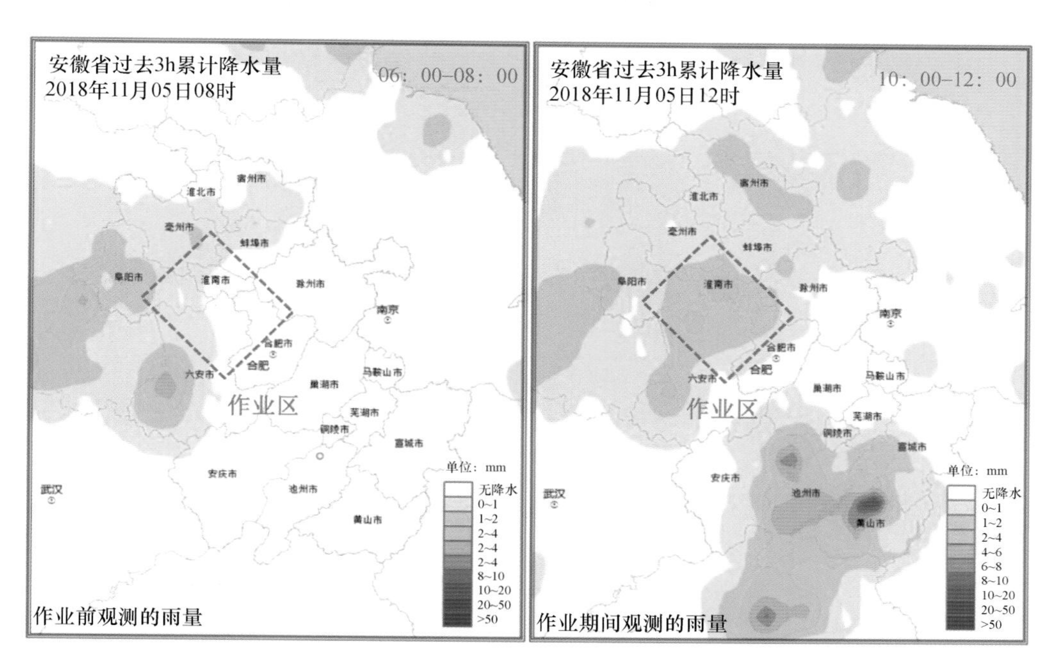


图 6-56 人工增雨作业前与作业期间观测的雨量图(mm)

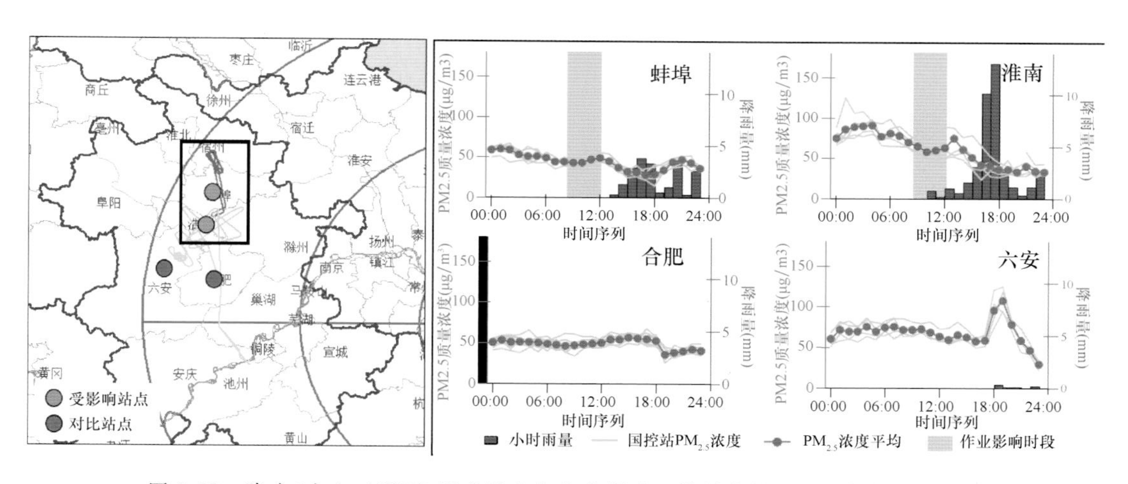


图 6-57 降水(含人工增雨)影响站点与作业影响区外站点的 $PM_{2.5}$ 浓度变化速率

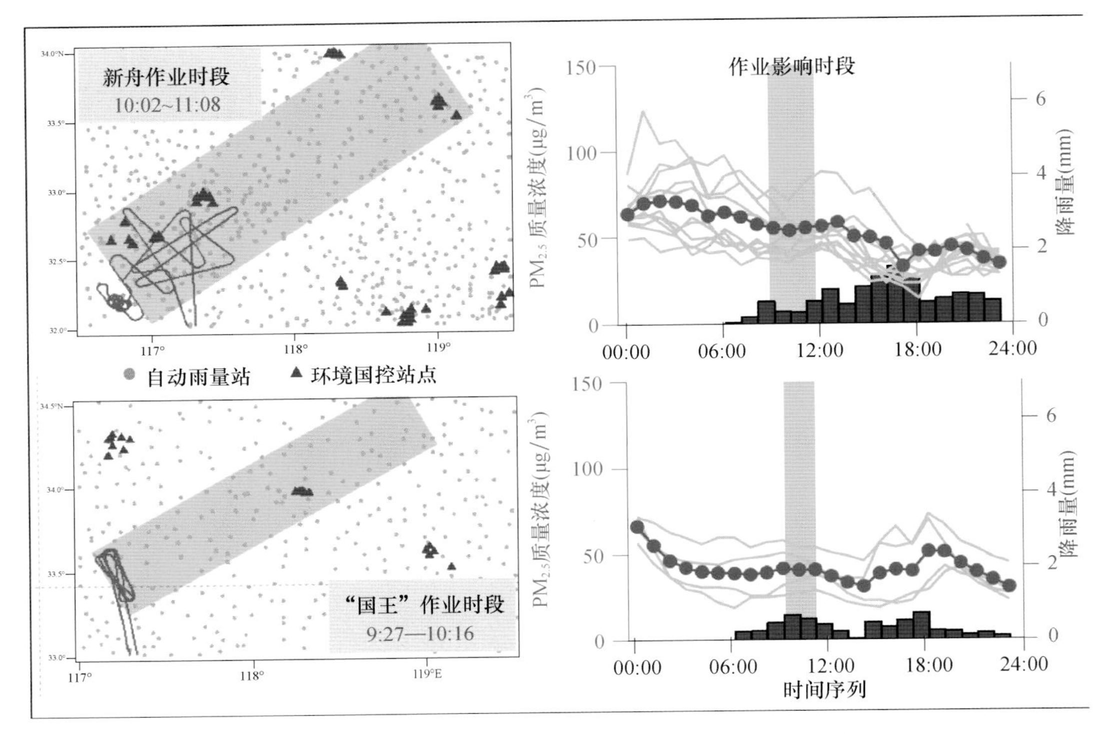


图 6-58　作业影响区内作业时段外的 $PM_{2.5}$ 浓度变化速率

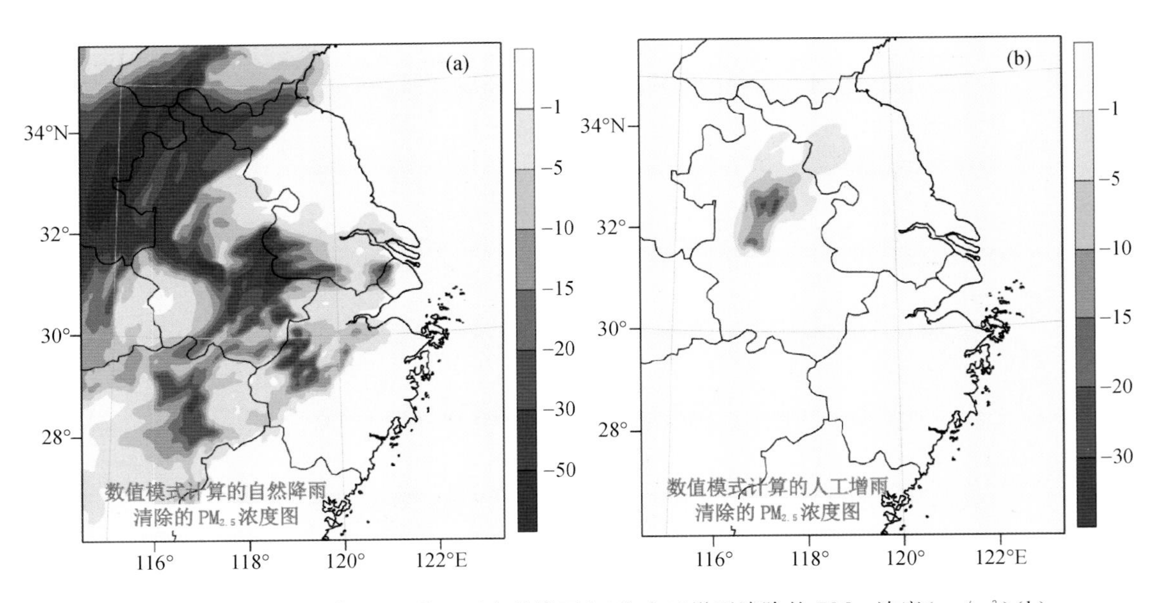


图 6-60　数值模式计算的 11 月 5 日自然降雨(a)和人工增雨清除的 $PM_{2.5}$ 浓度($\mu g/m^3$)(b)

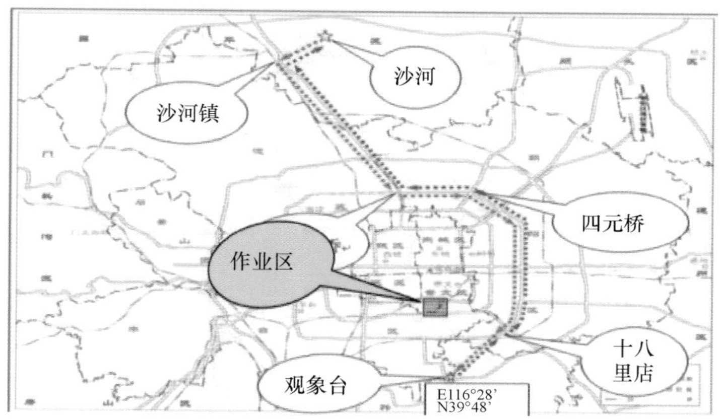



图 6-62　直升机作业区域

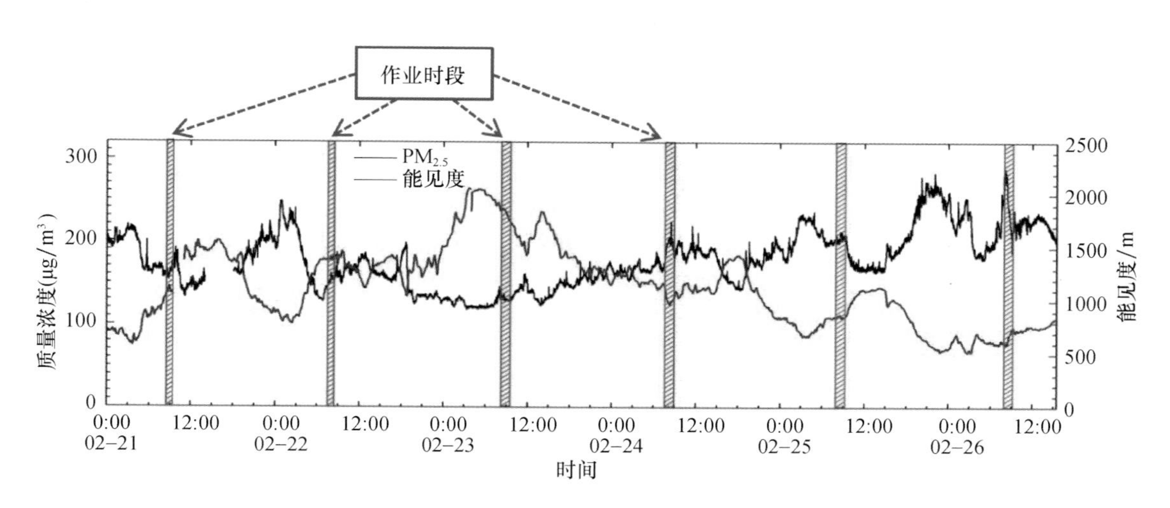



图 6-63　作业区域 2 月 21—26 日能见度和 $PM_{2.5}$ 浓度变化曲线

图 6-64　液氮喷撒作业地点

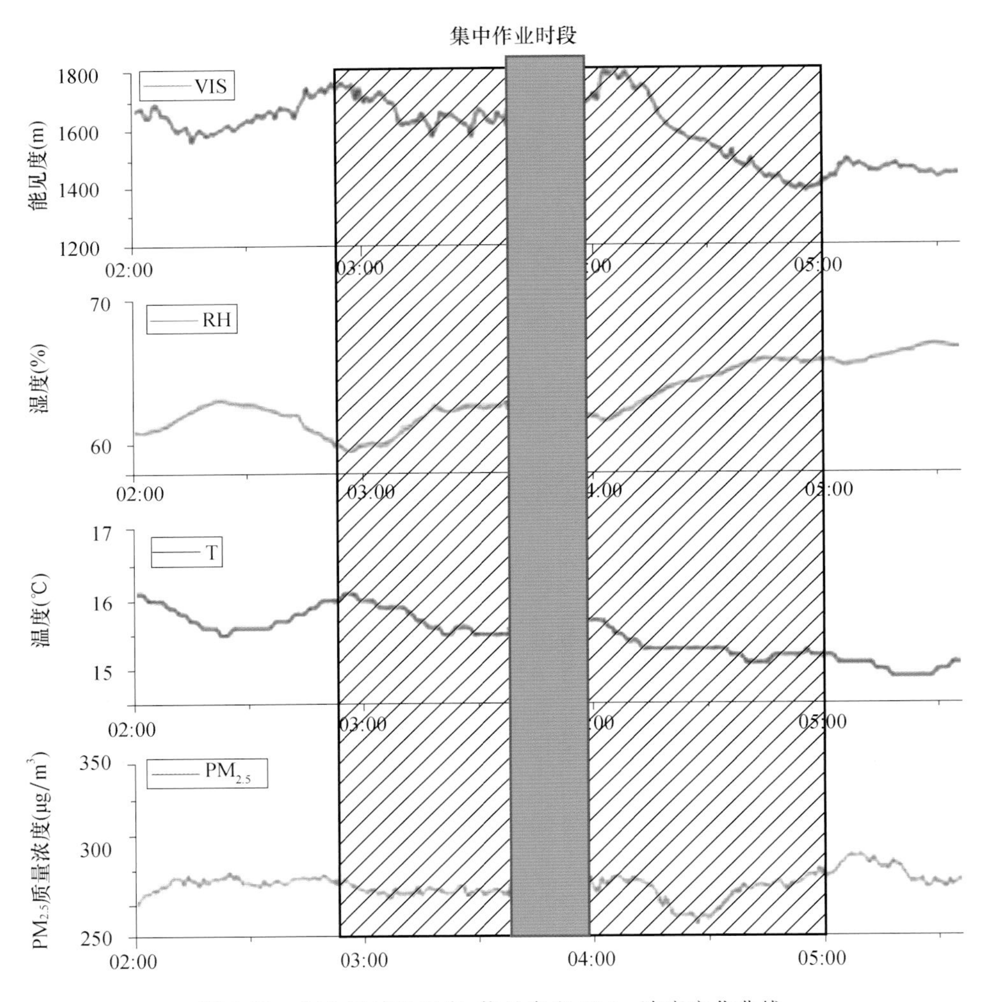


图 6-65　作业区域温湿度、能见度和 $PM_{2.5}$ 浓度变化曲线

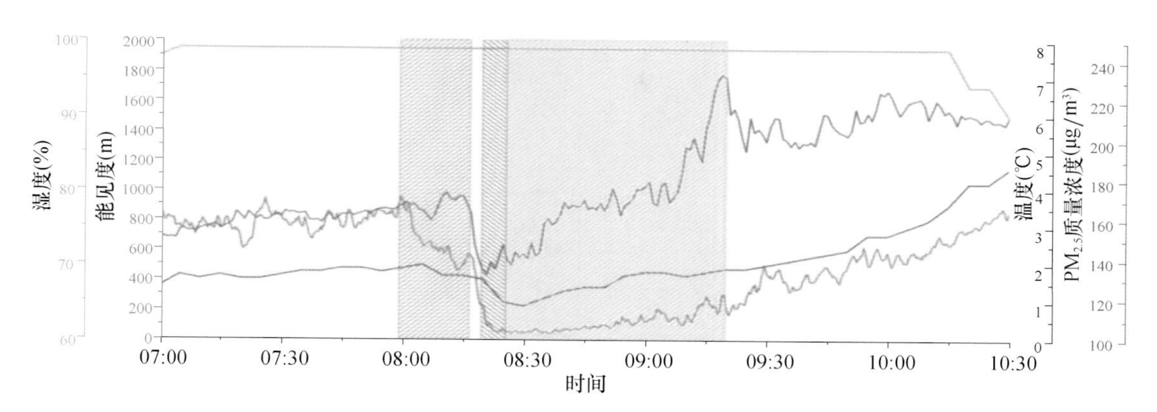


图 6-66　消雾减霾试验作业区的温度、湿度、能见度和 $PM_{2.5}$ 质量浓度变化

2014年11月16日飞机消雾减霾作业前照片(直升飞机上观测雾顶)

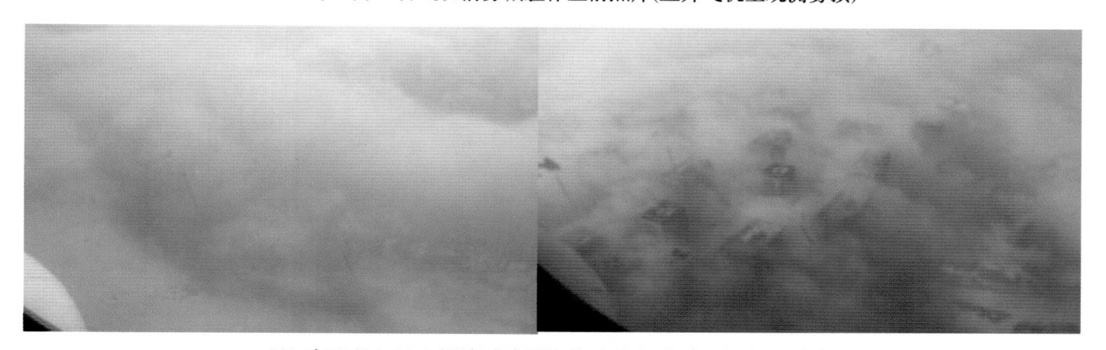

2014年11月16日飞机消雾减霾作业后照片(直升飞机上观测雾顶)

图 6-67　飞机消雾减霾作业前、后对比照片

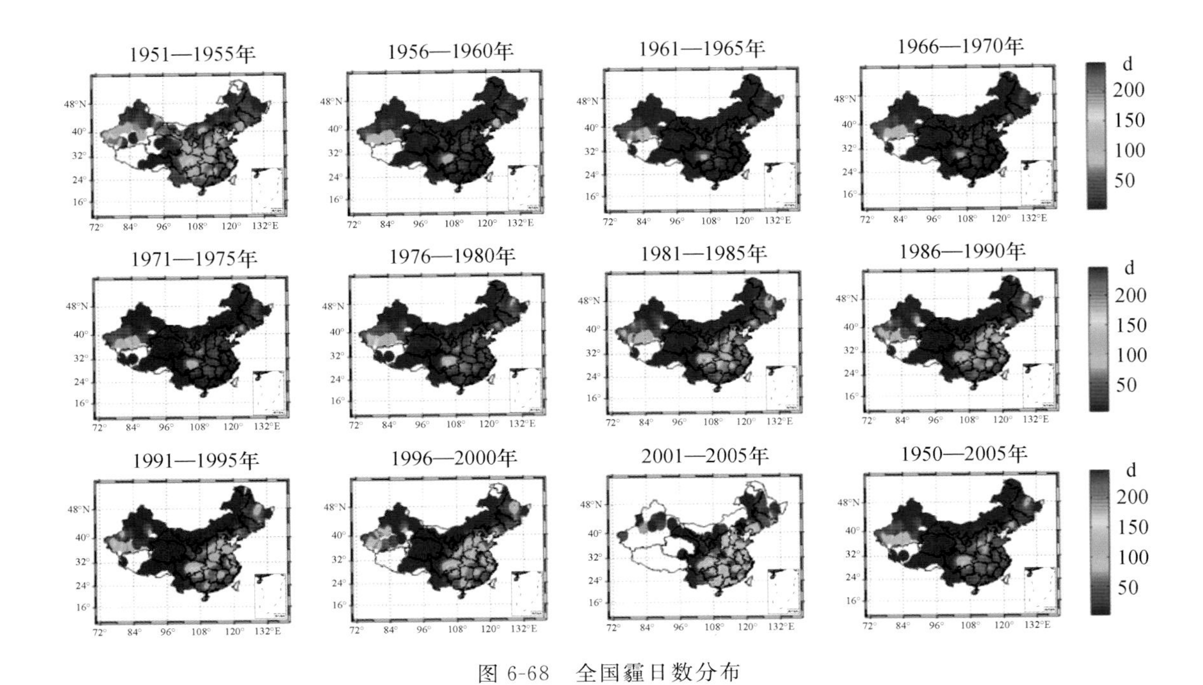


图 6-68 全国霾日数分布

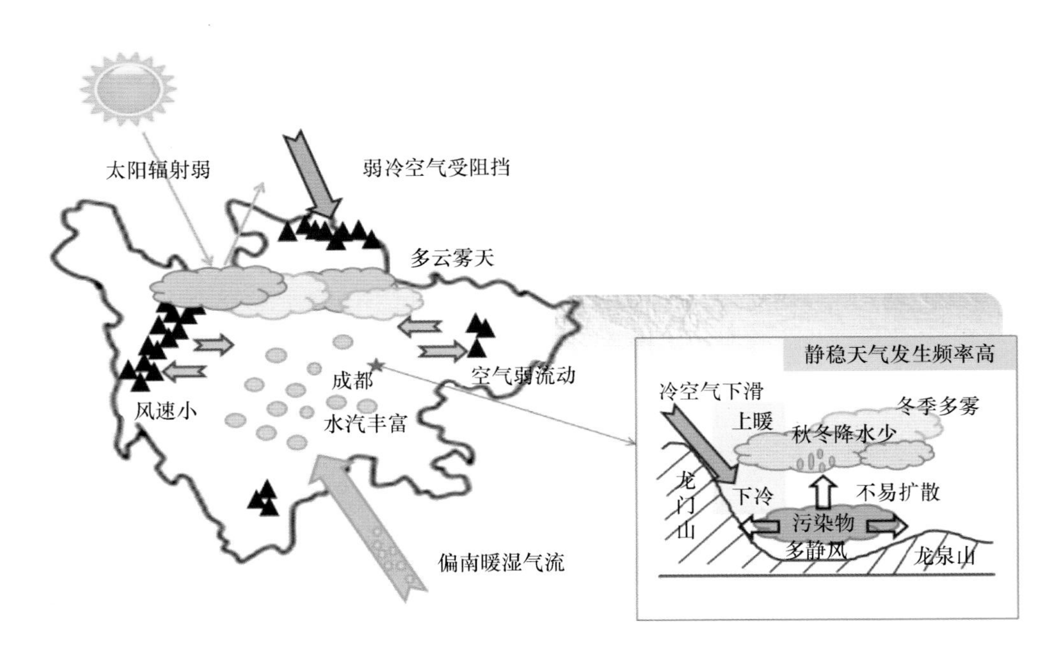


图 6-69 四川成都地区静稳天气频繁发生图解

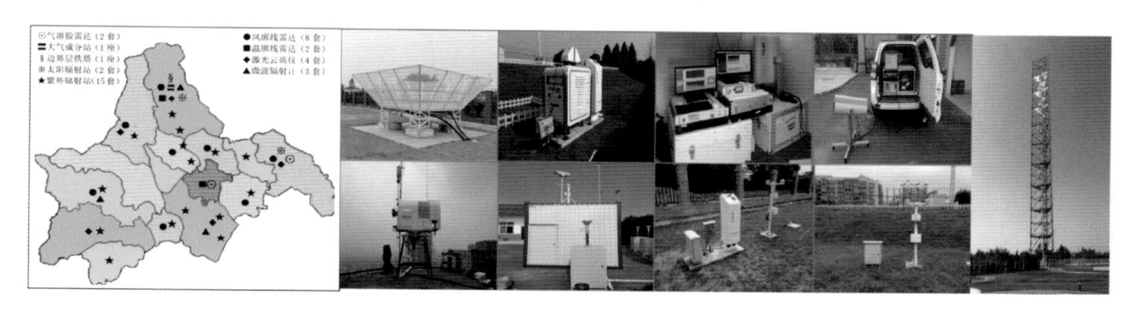


图 6-71　成都市大气污染边界层气象条件监测网及监测设备示意

图 6-72　成都市人工影响天气作业装备及指挥系统示意

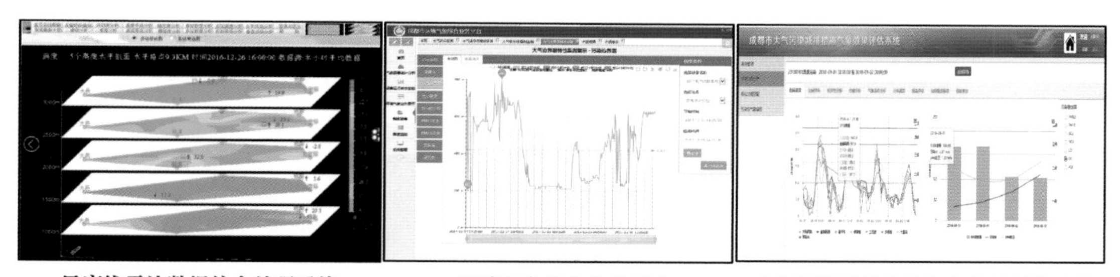


图 6-73　部分业务系统示意

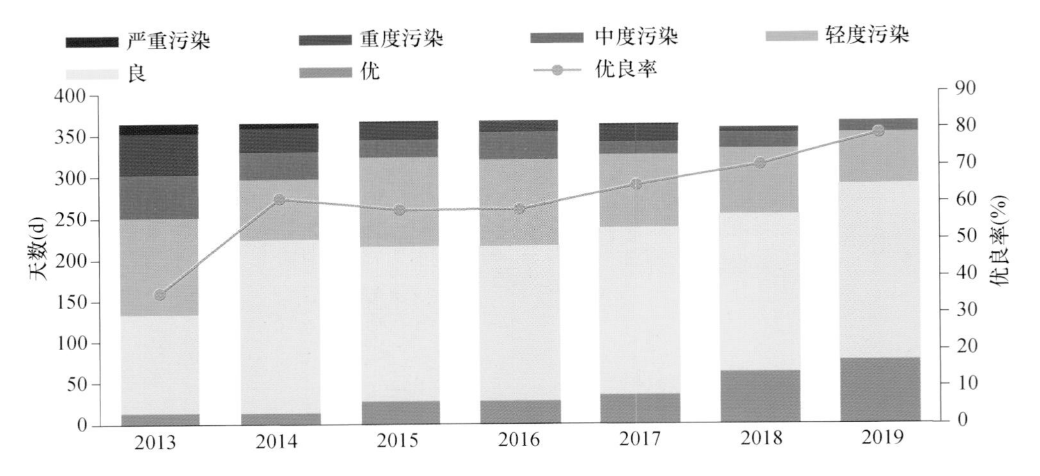


图 6-74　成都市 2013—2019 年空气质量演变趋势

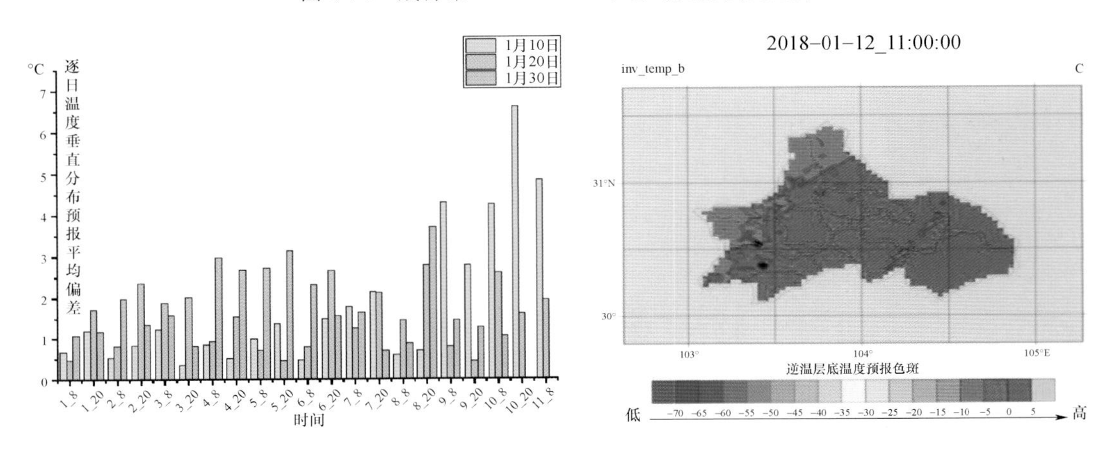


图 6-77　WRF 预报成都地区逆温层示意

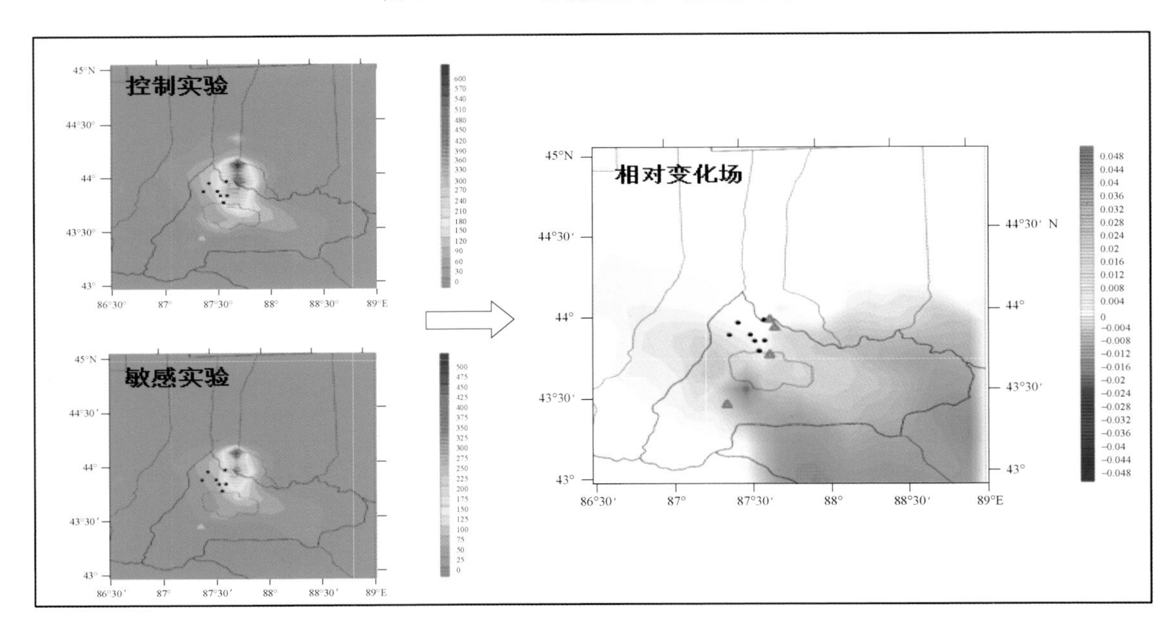


图 6-78　数值模拟试验示意

图 6-79　外场播撒试验与观测试验

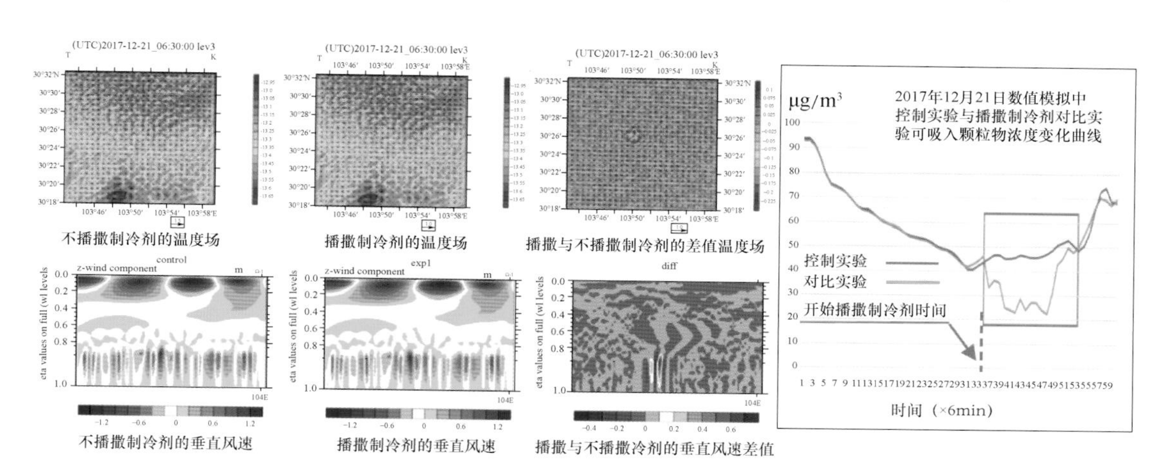

图 6-80　数值模式计算温度廓线、风廓线、可吸入颗粒物浓度变化效果

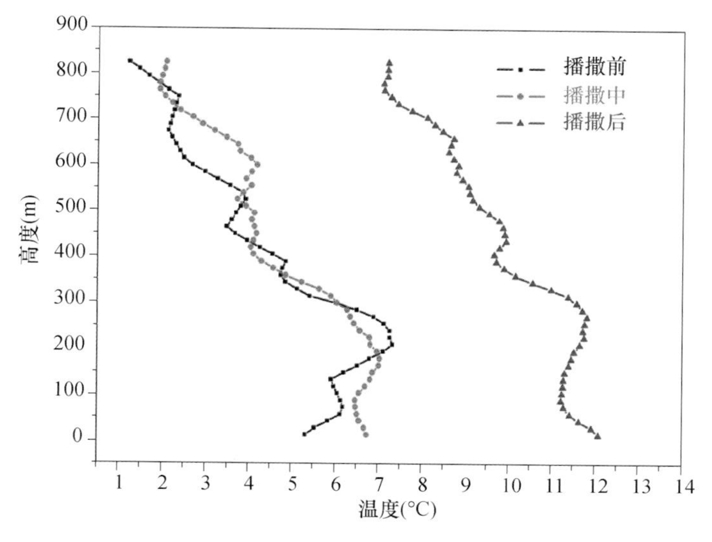

图 6-81　2018 年 1 月 11 日播撒作业前、后温度廓线对比

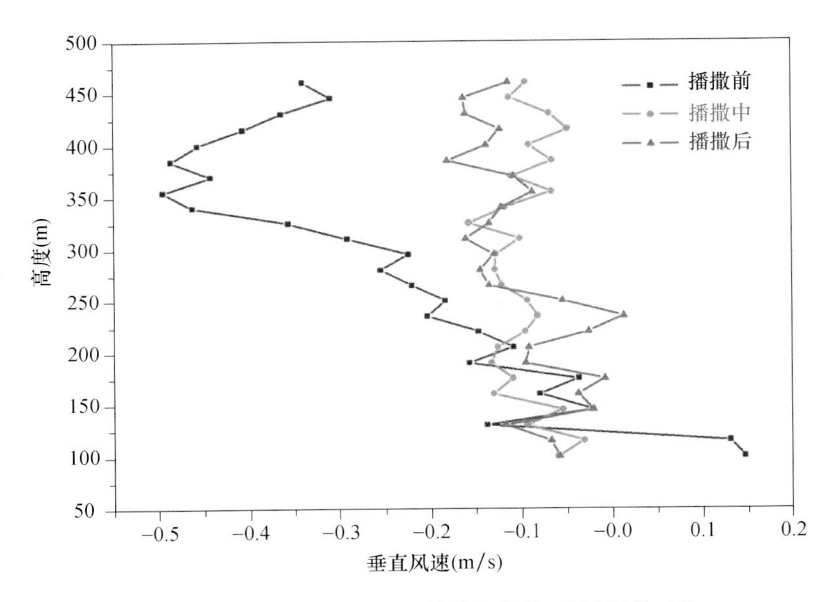


图 6-82　2018 年 1 月 11 日播撒作业前、后风廓线对比

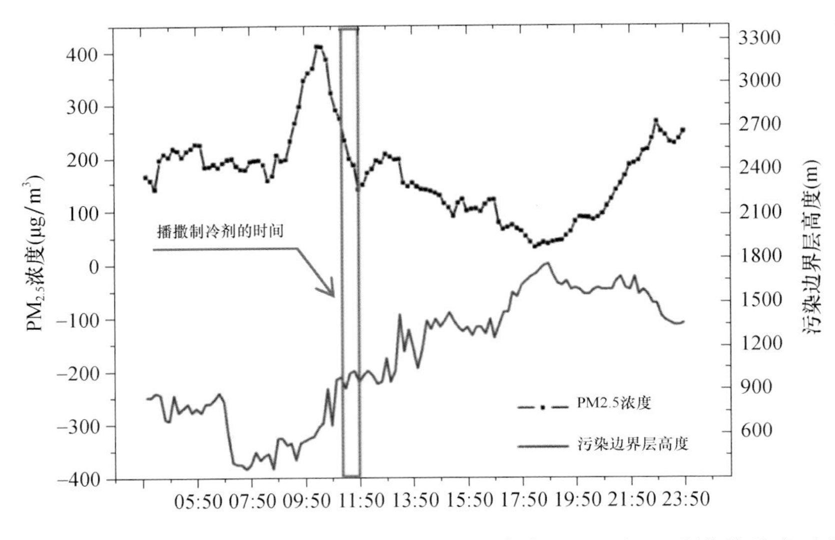


图 6-83　2018 年 1 月 11 日播撒作业前后边界层高度、地面可吸入颗粒物浓度对比